“十三五”国家重点出版物出版规划项目
名校名家基础学科系列

飞行特色大学物理

上册

第3版

白晓明　邵　伟　编著

机械工业出版社

本书是空军航空大学飞行特色基础课程教材，根据教育部最新颁布的《理工科类大学物理课程教学基本要求》（2010年版），并结合作者大学物理课程教学改革实际情况和多年教学经验编写而成。本书内容包括质点的运动、牛顿运动定律、功和能、冲量和动量、刚体的定轴转动、机械振动、机械波、气体动理论、热力学基础、相对论等，另外还配置了惯性导航、微加速度计、卫星家族、火箭推进技术简介、惯性导航中的各种陀螺仪、混沌简介、反声探测技术和孤立波、航空大气数据计算机、新能源技术及其军事应用、太空“利剑”——粒子束武器等小篇幅阅读材料供学员选读。本书的主要特色是：突出历史背景与物理思想发展脉络，展示科学家的创新过程；各节设相关内容的物理知识应用，突出理论联系实际和学以致用；在应用能力训练和章后习题中融入大量与生活、飞行和军事相关的习题，激发学员的兴趣，提高教学的针对性和有效性。

本书为高等军事或航空航天院校本科生的大学物理教材，也可作为其他各层次学生的教材或自学参考书。

图书在版编目（CIP）数据

飞行特色大学物理．上册/白晓明等编著．—3版．—北京：机械工业出版社，2018.12 （2022.1重印）
“十三五”国家重点出版物出版规划项目　名校名家基础学科系列
ISBN 978-7-111-61440-1

Ⅰ.①飞…　Ⅱ.①白…　Ⅲ.①物理学-高等学校-教材　Ⅳ.①O4

中国版本图书馆CIP数据核字（2018）第267298号

机械工业出版社（北京市百万庄大街22号　邮政编码100037）
策划编辑：李永联　责任编辑：李永联
责任校对：王　延　封面设计：马精明
责任印制：郜　敏
北京富资园科技发展有限公司印刷
2022年1月第3版第4次印刷
184mm×260mm · 24.75印张 · 655千字
标准书号：ISBN 978-7-111-61440-1
定价：53.50元

凡购本书，如有缺页、倒页、脱页，由本社发行部调换
电话服务　　网络服务
服务咨询热线：010-88379833　　机 工 官 网：www.cmpbook.com
读者购书热线：010-88379649　　机 工 官 博：weibo.com/cmp1952
教育服务网：www.cmpedu.com
金 书 网：www.golden-book.com

第3版前言

课程设置、课程内容是大学教育体系中极为重要的核心部分，面对知识、信息大爆炸，学时压缩等现实问题，“大学物理”作为高等学校理工科各专业学生必修的重要通识性基础课程，其教学内容的改革已成为现实和紧迫的问题。面向未来的具有前瞻性的高效的课程内容传递给学生的一定是令其受用终身的学科思想和方法，学生获得的一定是其终身实践中独立发现、分析和解决问题的能力。为此，本书从物理学史、物理思想方法、解决实际问题和学科融合等多角度，强调了工科物理教学的指向性和目的性，从物理知识应用、能力培养、飞行学员现实需求和未来需求等多角度诠释了教材的飞行特色内涵，紧贴部队，聚焦实战，从物理知识拓展、应用性习题例题和自主学习材料等多角度突出了飞行特色工科物理教学的创新性和前瞻性。本书使用五年来，深受广大师生厚爱，多次被评为最受欢迎的教材，教材的针对性和有效性得到了学员的广泛认可，同时也激发了广大学员的学习热情。下面这些基于飞行特色的学科融合的改革经验为高效教学内容的构建提供了可能路径。

1. 通过学科融合建立物理与飞行的联系。这种联系的建立，发散和拓展了思维，强调了物理教育的应用性、职业性，展示了科学理论的特殊性与普遍性。例如，我们把飞机的斤斗运动理想化为铅垂面的圆周运动，取代了传统教材中理想化的绳拉球的运动；用能量守恒定律求解飞机改出俯冲的高度损失，激发学员的学习兴趣，解决了中国高等教育从苏联体制向西方体制转型中的理论和实际脱节、创新性不足等问题。

2. 通过增加历史和应用模块深化内容。每一章增加了历史背景及物理思想发展脉络模块，介绍物理学史，从中提炼创新过程，培养创新意识。物理学史也是一门课程，我们在学时数不变的前提下做了融合，这就是高效教学！在每一节的物理知识应用模块中，重视用物理学原理解决飞行军事应用问题，如飞机定常运动、盘旋运动分析等，突出飞行特色。

3. 以能力培养牵引课程内容改革。将传统的知识传授变为能力培养，突出学科思想方法，重视思想方法上的学科交叉融合。如物理学的简谐振动与电工电子的交流电，它们分析解决问题的思想方法相同，运用类比方法进行讲解，就会大大节省时间，同时建立不同领域知识、思想和方法上的联系，充分体现科学魅力。

4. 以学员现实需求牵引课程内容改革。针对飞行学员部分专业基础课缺失的情况，如没有“工程热力学”课程的理论支撑，就要学习“航空动力装置”等课程，我们以学员现实需求来整合课程内容，如工程热力学中的压气机、喷气发动机、开口系热力学第一定律等作为拓展内容引入到通识基础课里。通过学科交叉，物理老师把物理原理运用到工程实际，增强了教员的理论自信，如压气机的物理原理就是定向运动气体的动能转化为分子热运动的能量，压气机原理蕴含的能量转化与飞机高度表原理蕴含的重力势能与动能转化，体现了科学思想的一脉相承，凸显科学原理的统一性和简单性，充分彰显了本科基础课程的教学目的：用简单朴实的原理指导学员一生的科学实践。

5. 以飞行员未来需求牵引课程内容改革。未来是电子战、信息战和智能战，其基础是电磁场理论、微波、天线原理等。针对飞行员可能的未来需求，在教材中我们加入了电磁波辐射、天线阵原理等内容，并且重整教学内容，如机械波、电磁波、光波同时讲授，把相控阵、孔径雷达、声呐、射电望远镜等看似不相关的技术领域建立了物理思想和问题解决方法上的联系，大大提高了教学综合效率。同时，教员在教学实践中主动拓展学科领域，打通学科间的界限，寻求学科间的联系，进而促进学科综合价值的实现，体现教学学术的价值追求。

另外，本书为适应军事高等教育新大纲的改革要求，增加了量子物理的氢原子描述等内容；为回应广大教员和学员在教与学实践中的中肯意见和建议，改正了上一版中出现的疏漏及个别表达上有欠缺的内容和词句。

本书为解决高等教育扩招带来的学员初等物理知识水平参差不齐等问题而开展分层次教学提供了方便有效的选择路径。对于高层次学员，可以把物理知识拓展内容作为必讲或重点讲授内容；对于普通层次学员，可以把物理知识拓展内容作为选讲、研讨或感兴趣的自学内容；对于文科或物理基础差的学员，可以把物理知识应用模块内容作为选讲、研讨或感兴趣的自学内容，不讲物理知识拓展内容。

本书由白晓明、邵伟编著。本书的修订出版是在学校和学院的大力支持下完成的。在出版过程中始终得到学校机关和物理教研室全体教员的支持和帮助，特此一并致谢。

由于时间仓促，编者的学识水平和教学经验有限，书中不当之处难免，敬请读者批评指正。

编　者

第2版前言

本书自2013年问世以来，受到学校各级领导的肯定、支持和鼓励，为学校的教学改革起到了引领和示范作用，曾两次获得大学优秀教学成果一等奖，并已上报全军优秀教学成果三等奖。教材使用两年来，深受广大师生厚爱，教材特色的针对性和有效性得到了学员的广泛认可，同时也激发了广大学员的学习热情。

为了适应军事高等教育紧贴部队、聚焦实战的改革要求，回应教员和学员在教材使用中的意见和建议，解决上一版教材中部分内容飞行特色不突出的问题，我们对本书做了必要的修订，重点有以下几方面的工作。

(1) 在保留原有风格和特色的基础上，更加突出飞行特色，在物理知识应用、物理知识拓展和应用能力训练模块中增加了与飞行相关的物理知识，例如，飞机的机动飞行、斤斗、盘旋、飞机撞鸟、飞机静电、飞机油量传感器等内容。

(2) 对教材原有框架和体系做了适当变更，如将机械波的干涉和驻波内容移到下册，以便与电磁波和波动光学结合讲解，提高教学效率。本书在内容上也做了适当调整，删去了与时代不相适应的内容，增加了与信息化战争需求相适应的电磁波的极化和飞机天线等内容，更新了部分特色习题。

(3) 改正了上一版中出现的疏漏及个别表达上略有欠缺的内容和词句。

本书的修订出版是在学校和基地的资助下完成的。在出版过程中始终得到大学机关和物理教研室全体教员及机械工业出版社各方面的关注、支持和帮助，特此一并致谢。

由于时间仓促，编者的学识水平和教学经验有限，书中不当之处难免，敬请读者批评指正。

编　者

第1版前言

进入21世纪后，随着我国综合国力的增强和国防建设的转型，对空军未来发展提出了越来越高的要求。同时，新世纪爆炸式的知识信息增长使知识更新的周期不断缩短。大学扩招变原来的“精英教育”为“素质教育”，引起了生源综合能力素质的改变。在这种大背景下，再继续沿用近几十年来的物理教学模式，特别是物理教材模式，就很难适应这种时代的变化。因此，大学新课程体系人才培养方案对飞行人才在科学文化知识、能力和素质上都提出了明确要求：“掌握终身发展必备的自然科学基础理论和基本知识，了解其在军事飞行领域中的应用，了解科学发现的过程，领悟科学探究方法，形成科学创新意识；具有一定的科学思维和创新思维能力；具备运用科学思想和科学方法解决问题的能力，具有求真的科学精神、务实的科学态度和严谨的科学方法。”

大学物理作为本科生必修的一门重要基础课，在为后续课程及以后的再学习打下必要的物理基础，使学生在获得必要的自然科学知识的同时，还能得到良好的物理学思想和物理学方法的培养和训练。因此，它在落实大学人才培养目标方面具有举足轻重、难以推卸的责任。为此，我们融合我校基础部多年来飞行特色基础教育改革的经验和成果，编写了这套《飞行特色大学物理》教材。本书的主要特色是：

（1）每章开篇设“引言”，重点介绍与本章内容相关的物理学史。科学并不完全等于技术，它还应该是一种文化，既面对自然，以理性的态度看待自然，也深入人性，弘扬诚实、合作、为追求真理而不屈不挠的献身精神。读史使人明智，了解科学思想的逻辑发展和历史行程，不仅对学生牢固掌握物理理论有益，还可以增强他们的质疑和批判精神。力求以发展、变化、联系的思想为标准来裁决和审视一切科学假说与科学理论，不迷信权威，这是科学能不断向前发展的动力。创新是我们时代的主题，由物理学概念、原理逐步形成的历史，就是无数智者质疑、批判和创新的历史，他们经历的科学创新过程对学员形成科学创新意识有重要的启迪作用。

（2）每章后设“飞行军事及工程应用”阅读材料，介绍与本章物理基础知识相关的航空理论、航空设备、电子技术和未来军事装备发展的前沿知识，体现飞行特色、军事特色，充满知识性、趣味性、可读性、前瞻性、应用性、启发性和教育性，这里搭建的是一个理论联系实际、激发创新思想和引领学术前沿的平台，也是吸引军校大学生课外学习探究的园地。

（3）每章后设“本章归纳总结”，引导学生对繁杂的知识进行归纳、总结和升华。

（4）课后习题：习题配置充分反映物理知识在生活、工程和军事中的应用，特别是在航空等方面的实际应用，在把枯燥、单调的物理学学习转变为有趣、充满活力和生动的课程的同时，强化理论联系实际的意识和观念，开发科学思维和创新思维的能力。

（5）每节内容分为四个部分：

1）物理学基本内容：根据教育部颁布的《理工科类大学物理课程教学基本要求》（2010年版），精选教学内容，强调科学素质的培养，从大学生的认知特点、教学规律以及物理知识体系出发，强调物理知识的系统性、整体性，强调各部分知识间的相互联系。把每节物理知识内容按照物理概念、物理规律和知识运用划分为三个层次，知识运用层次放到“航理及军事应用”或“应用能力训练”栏目，部分较深较难或教学基本要求次级要求的问题放到“物理知识拓展”

栏目。

2）航理及军事应用：主要介绍与本节物理内容密切相关的航理及军事应用知识，用物理学定理（定律）分析解决航理及军事、工程应用问题，从而调动学生的学习热情，加深学生对物理知识的理解，在提高教学效能的同时，实现军事航空装备科技信息的全程灌输，建立物理基础知识在应用领域中的互通性、统一性，适应科技时代多元化和科技发展综合化的要求。

3）物理知识拓展：把部分较深较难的问题放到这里，供学有余力的学生学习和探究。

4）应用能力训练：这里开辟例题、应用性习题、物理知识应用等，培养学生应用知识解决实际问题的能力。

本套书上册第 5 ~ 10 章由白晓明编著；第 2 ~ 4 章由邵伟编著，绪论和第 1 章由佘辉编著；矢量和题解由于华民编著。下册第 17 ~ 19 章由李春萍编著；第 11 ~ 16 章及第 20 章主要由白晓明编著，其中第 11 章、第 12 章习题和阅读材料由张健编著，第 14 章、第 16 章习题内容由郭秀娟编著。本书在编著过程中参考了国内外许多优秀教材，谨此致谢。

诚然，由于编者知识和能力有限，再加上时间紧迫，虽然有很多好的愿望，但是在实践中不可避免地会出现许多不足，因此，希望本套书的每一位读者都是能给予我们最直接帮助的朋友。您在阅读或使用本书时感到的不足，对我们则正是最需要、最宝贵的意见和建议，也正是我们最希望了解和知道的，请不吝赐教。

虽然本书的编写只是教改的一个尝试，但我们还是愿意在学校、教务处及基础部等各级领导的支持下，在大家的帮助下，通过共同努力，把我校大学物理的教学改革推向新的阶段。

编　者

目 录

第 3 版前言
第 2 版前言
第 1 版前言

绪论 …… 1

0.1 什么是科学 …… 1
0.2 科学理论的评判标准 …… 2
0.3 科学思维方式 …… 3
0.4 物理学是科学的世界观和方法论的基础 …… 5
0.5 物理学的社会教育和思想文化功能 …… 6
0.6 科学教育的目标及性质 …… 8

第 1 章 质点的运动 …… 10
历史背景与物理思想发展脉络 …… 10
1.1 参考系 质点 …… 11
1.2 描述运动的四个物理量 …… 15
1.3 平面曲线运动 …… 27
1.4 相对运动 …… 38
本章归纳总结 …… 42
本章习题 …… 43
本章军事应用及工程应用阅读材料——惯性导航 …… 46

第 2 章 牛顿运动定律 …… 49
历史背景与物理思想发展脉络 …… 49
2.1 牛顿运动定律的内容 …… 50
2.2 流体力学的基本概念 …… 56
2.3 力学中常见的力 …… 62
2.4 牛顿运动定律的应用 …… 70
2.5 非惯性系 惯性力 …… 76
本章归纳总结 …… 81
本章习题 …… 81
本章军事应用及工程应用阅读材料——微加速度计 …… 86

第 3 章 功和能 …… 89
历史背景与物理思想发展脉络 …… 89

3.1　功　动能定理……90
3.2　保守力与势能……99
3.3　机械能守恒定律……105
本章归纳总结……115
本章习题……116
本章军事应用及工程应用阅读材料——卫星家族……119

第4章　冲量和动量……122
历史背景与物理思想发展脉络……122
4.1　冲量　动量定理……123
4.2　动量守恒定律……132
4.3　质心　质心运动定理……140
4.4　质量流动与火箭飞行原理……145
本章归纳总结……150
本章习题……150
本章军事应用及工程应用阅读材料——火箭推进技术简介……155

第5章　刚体的定轴转动……157
历史背景与物理思想发展脉络……157
5.1　刚体及刚体运动……158
5.2　转动定律……164
5.3　定轴转动中的功能关系……174
5.4　角动量　角动量守恒定律……178
本章归纳总结……190
本章习题……191
本章军事应用及工程应用阅读材料——惯性导航中的各种陀螺仪……198

第6章　机械振动……201
历史背景与物理思想发展脉络……201
6.1　简谐振动……202
6.2　简谐振动的旋转矢量表示法　相位差……211
6.3　简谐振动的能量　能量平均值……215
6.4　简谐振动的合成……220
6.5　阻尼振动　受迫振动　共振……227
本章归纳总结……232
本章习题……233
本章军事应用及工程应用阅读材料——混沌简介……236

第7章　机械波……239
历史背景与物理思想发展脉络……239
7.1　机械波的一般概念……240
7.2　平面简谐波的波函数和物理意义……247
7.3　波的能量　能流密度（波强）……254

7.4 多普勒效应 …… 260
本章归纳总结 …… 263
本章习题 …… 263
本章军事应用及工程应用阅读材料——反声探测技术和孤立波 …… 265

第8章 气体动理论 …… 269
历史背景与物理思想发展脉络 …… 269
8.1 平衡态 状态参量 …… 270
8.2 理想气体的压强和温度 …… 275
8.3 能量均分定理 热力学能 …… 282
8.4 气体分子热运动的速率分布 …… 286
本章归纳总结 …… 296
本章习题 …… 296
本章军事应用及工程应用阅读材料——航空大气数据计算机 …… 298

第9章 热力学基础 …… 300
历史背景与物理思想发展脉络 …… 300
9.1 热力学第一定律 …… 301
9.2 热力学第一定律对理想气体的应用（闭口系） …… 308
9.3 绝热过程 …… 314
9.4 循环过程 卡诺循环 …… 319
9.5 热力学第二定律 …… 327
本章归纳总结 …… 337
本章习题 …… 338
本章军事应用及工程应用阅读材料——新能源技术及其军事应用 …… 342

第10章 相对论 …… 345
历史背景与物理思想发展脉络 …… 345
10.1 狭义相对论 …… 346
10.2 狭义相对论的时空观 …… 353
10.3 狭义相对论动力学 …… 360
本章归纳总结 …… 365
本章习题 …… 366
本章军事应用及工程应用阅读材料——太空“利剑”——粒子束武器 …… 367

部分习题参考答案 …… 369

附录 …… 377
附录A 矢量 …… 377
附录B 常用物理常数表 …… 382
附录C 质量尺度表 …… 383
参考文献 …… 384

绪 论

自1840年鸦片战争以来，在中国出现最多的一个词就是“科学”，即使在今天，我们也随处可以看到诸如“全面提高科学素质”之类的宣传语。物理学是自然科学的基础，在学习它之前，我们有必要首先明确“科学”一词的涵义。

0.1 什么是科学

科学是一个历史的、发展的、庞大的概念，要给出一个全面的、确切的定义是十分困难的。一般而言，科学有广义和狭义之分。广义地说，科学包括自然科学、人文科学、社会科学和思维科学。狭义地说，科学仅指自然科学。要讲自然科学，首先要知道什么是自然界。广义的自然界就是宇宙的总和，包括人和社会；狭义的自然界，即自然环境的同义语。一般来说，自然科学是研究狭义的自然界不同事物的运动、变化和发展规律的科学。科学是人对客观世界的正确认识，是人类寻求知识的过程及成果体系。

现代自然科学包括基础科学、技术科学和应用科学三大部分。基础科学是发现，回答“是什么”和“为什么”；技术科学是人类为达到物质性目的而使用的成套的知识系统，它回答“做什么”和“怎么做”。

基础科学以自然界某种特定的物质形态及其运动形式为研究对象，目的在于探索和揭示自然界物质运动形式的基本规律。它的任务是探索新领域，发现新原理，并为技术科学、应用科学和社会生产提供理论指导和开拓美好的应用前景。基础科学是整个自然科学的基石，是现代科学发展的前沿，也是技术发明的“思想发动机”。物理、化学、天文学、地理学和生物学等是典型的基础科学。

技术科学以基础科学的理论为指导，研究同类技术中具有共性的理论问题，目的在于揭示同类技术的一般规律。它是直接指导工程技术研究的理论基础。技术科学的研究都有明确的应用目的，是基础科学转化为直接生产力的桥梁，也是基础科学和应用科学的主要生长点。因此，技术科学在经济发展中占有重要的地位，是现代科学中最活跃、最富有生命力的研究领域。如在第二次世界大战后，属于技术科学的原子能科学、计算机科学、能源科学、航天科学、机械工程学、材料科学、空间科学和冶金学等一系列新兴技术科学的迅猛发展，成为世界第三次科技革命的重要标志。

应用科学是综合运用技术科学的理论成果，创造性地解决具体工程和生产中的技术问题，创造新技术、新工艺和新生产模型的科学。如农业工程学、水工程学和生物医药工程学等。应用科学是自然科学体系中的应用理论和应用方法。它直接作用于生产，针对性强，讲究经济效益，与技术科学在某些方面无严格界限，所包括的学科门类最多，社会对其投入的人力、物力、财力也最多。应用科学按照不同的应用领域可划分为工程技术科学、农业技术科学和交通技术科学等。

现代自然科学的这三大部分各有研究的对象和目的，既是自然科学体系中的不同组成部分，又是三个密切联系的不同层次，互相影响，互相促进。

怎样的知识体系能够称为科学理论而不是伪科学呢？对庞大的现代自然科学理论体系的深刻总结和高度升华，凝练出如下的科学理论的判断标准。

0.2 科学理论的评判标准

“自然科学”的概念是精确的，“自然科学”理论的共性特征就形成了科学理论的理性标准，满足这个标准的理论就是科学理论，否则就是伪科学。那么，科学理论有哪些理性标准呢？

1. 内部连贯性

首先，要求科学概念的内部联系具有内部连贯性，即不存在逻辑矛盾和数学矛盾。无矛盾性（或自洽性）是一个理论正确性的最重要的标准。

逻辑理性：理论要对科学知识进行逻辑重构，成为“假设—演绎”体系。每一个科学结论，在进行逻辑论证时，必须找到论据，在寻找论据时，需不断向后追溯，但这是无终止的，也就是不可操作的。可操作的办法是，在逻辑链的某个点上，中断论证程序，这个中断点就是任何科学理论的基本假设、公理系统和基础概念框架，它作为未加论证的前提而被引进，有约定或假设的性质（如力学中质量的概念是中断点，今天我们还在讨论质量的原因）。任何由此通过逻辑演绎途径得出的结论，它的证实是相对的而非绝对的，前提的假设性传递给了结论，因此，任何科学的理论体系，都是假设—演绎体系。从这个意义上说，逻辑理性要求全部科学知识都是假设性的，包含了信仰的成分。

科学理论的这一基本特征，决定了人们在构建科学理论时，可以自由地选择公理系统（原理、原则、准则、前提、初始命题），这些公理，既不是“自明”的，也不一定是不可“证实”的，只是为了构建理论，人们必须从某个地方开始论证而放弃了证明它的企图。科学理论的逻辑理性要求无矛盾性，这表明，一种理论若在其前提、演绎或结论中显示了一种矛盾，则肯定是错误的了，人们可以通过揭露其矛盾来驳倒这个理论（如伽里略的斜塔实验）。一个包含矛盾的理论，由于矛盾与非连贯性会激发人们的好奇性，以及寻找一种更佳理论的巨大兴趣，如科学理论中发现的许多“悖论”，通常会导致理论的发展，甚至是新理论的产生。

数学理性：逻辑给知识以确定性，但只有逻辑的知识并不能成为科学。墨家定义“力，形之所以奋也”，但在中国却没有诞生出牛顿力学。数学给知识以精密性。数学作为科学的语言，精确地描述了大自然，“大自然这本书是用数学语言写成的”，而“数学化”也早已成为科学知识的公认准则。科学理论的内部连贯性同时要求有数学理性，不存在数学矛盾。这里有两个基本问题。

一是对科学理论的逻辑理性与数学理性要求是否是相互独立的？英国数学家罗素认为，数学不过是逻辑的延伸，企图从不可怀疑的逻辑公理出发演绎出全部数学真理，结果这种努力失败了，表明了它们的独立性，二者不可替代。

另一个，数学理论有假设性吗？德国数学家希尔伯特在研究数学基础问题时，把数学命题与逻辑法则用符号写成公式，得到一个形式化的公理系统，并企图证明公理内部的相容性，以确保通过演算、证明获得的数学结论的无矛盾性，如果这种相容性得以证明，则所有的数学结论都是确定的，都是“真”的，而哥德尔的不完备性定理宣告了这种努力的失败。

数学系统作为一个“公理—演绎”系统，其公理集的相容性是无法证明的，它对数学推演的数学结论，能否摆脱矛盾，我们除了猜测外，并不能给予明确的答复。因此，数学公理集与定理之间的关系类似于理论与经验事实之间的关系，数学公理集与理论一样，本质上是假设性的，数学定理能否证明，与经验事实能否说明一样，是一个悬而未决的问题。英国数学家拉卡托斯提出了“数学是拟经验的”观点，数学系统固然是一个由公理集到定理集沿逻辑展开的演绎系统，但这个系统中公理集内部的相容性是不可证明的，因而不具有内禀真理的功能，而某些特殊定理却具有真理功能。数学公理集的真理性，不是通过证明，而是从它们推导定理的真理性获得的。一个公理集，如果由它推出的定理经过验证是真的，则这个公理集可能是真的；如果它推出的真的定理愈多，则该公理集为真的概率就愈大。数学系统的真理性最终是建筑在经验基础上的，通过归纳方法来考察其成功的程度，数学系统的公理集本身并没有为系统提供真理的基础，而是提供一种解释，它与逻辑公理集一样，使科学理论具有解释功能。

数学理性与逻辑理性一样揭示了科学知识的假设性，同样要求科学理论成为“假设—演绎”系统。

2. 外部连贯性

实验理性：要求科学理论有外部连贯性，即理论与观察的一致性。一种理论，如果它本身或者从它推出的结论，能够通过实验得以证实或证伪，它就是可以检验的，不可检验的陈述是无意义的，实验理性必然要求科学假设具有可检验性。科学理论不仅必须描写为一个逻辑系统和数学系统，以描述一个可能的世界，更重要的还要描述我们的经验世界。逻辑系统和数学系统本身虽然适用于描述世界，但对现实世界却一筹莫展；它作为一个形式化和符号化系统，既不能通过经验得到证实，也不能通过经验而被驳倒，它的正确性，仅是从公理集中无矛盾地推导出来。只有实验才能建立关于现实世界的认识，使得逻辑和数学系统可能成为科学理论。

可检验性原则：它为科学假设提供了一个方法论原则，即科学假设原则上是可检验的。不具备可检验性的假设，不能成为科学假设，应从科学理论中排除，这又称为科学的实证性。科学理论的一组假设是演绎的前提，科学理论作为一个整体即“假设—演绎”系统发展着，一个理论原则上有无限多的逻辑推理。因此，对于科学理论的最终“实验证实”是不可能的。波普尔主张理论永远得不到证实，但原则上必可被证伪，这再一次揭示了科学理论的假设性。逻辑的、数学的、实验的理性要求是科学理论的必要标准，其他则是有用标准。

3. 美学要求

一个科学理论只在某些特定接触点，即通过某些实验事实与实在世界有联系，这些实验事实支持了这个科学理论，但并没有证实这个理论。实际上，在这些接触点（实验事实）保持不变的情况下，往往可以有多个科学理论可供选择。那么，哪一个理论更好呢？

若两种理论在经验上等价，描述了同样的经验资料，则简单性是一个有用的标准，即公理集中有最少数量的独立假设的那个理论更好。若两种理论在经验上不等价，则统一性、概括性、普遍性也是一个有用的标准，即应用经验范围广、说明价值高的那个理论更好。对称性在现代科学发展中已成为一个新标准，即对称性更高的理论更好。

简单性、统一性、对称性展示了对科学理论的审美要求，这样的要求传达了这样一个信息：大自然是在最基础的水平上按美学原则设计的，现代科学理论既需要理性框架，还需要审美框架。美学标准更多地应用在科学实践中，在面临新假设、新观念的情况下更为有用，在理论创新中它是科学家所追求的东西（超过了逻辑理性）。

0.3 科学思维方式

物理学是一门基础科学，它的研究对象是自然界物质的物理性质、相互作用及运动规律。以物理学为根基的世界观作为全社会通行的一般思维方式的基础，对思维方式的变迁有重大影响。物质世界是一个多层次结构的系统，科学思维方式就是要通过不断发展的层内分析与逾层分析，推动对这个系统的整体认识。所谓层内分析，是把处在某一层次的系统进行整体研究，使用本层面的术语描写本层次内涌现出来的属性，讨论本层面的问题。在此层面内构建的科学理论，它能解决的问题自然也仅局限于这个层面，如对原子，用量子力学；对宏观物体，用经典力学；对宇宙，用广义相对论。当我们讨论由一个层面涌现特性的起源问题时，如超导体的特性如何从其带电粒子的组合中产生出来，金刚石或石墨的性质如何从碳原子的组合中获得，就要应用逾层分析，研究两个层次之间的相互关系问题（也是整体与部分，系统与元素之间的相互关系），力求层次贯通。由于高层次的涌现属性不能从低层次的理论中逻辑地推导出来，所以通过逾层分析，寻求把描述两个层次的理论概念联系起来的规律时，必然有新发现并导致新理论。

人类的认识是从其所生活的狭小天地开始的，人类通过直观形式与经验范畴构建的世界图像（世界观）与现实世界结构（部分的）相一致，这使人类特别良好地适应了生物学环境。知觉认识与经验认识是在适应这个生物学环境的进化过程中形成的，并通过遗传固化下来，作为一种天生的禀赋来适合这个环境，就像尚未降生的马蹄已适合于草原、孵化以前的鱼鳍已适合于水域一样。这个日常经验范围以人为中心，其量值的数量级基准为

时间：s；　　空间：m；　　质量：kg；

并成为世界系统的一个宏观层次。由此出发，科学通过实验、观察、测量，不断拓展经验范围，通过直觉、逻辑、数学，不断提出与这个拓宽了的经验范围相符的新的世界图像。

1. 空间尺度

从物理学研究对象所涉及的空间尺度来看，相差是很大的。现代天文观测表明，河外星系普遍存在光谱红移现象，说明宇宙是处在膨胀过程中，从宇宙诞生到现在，宇宙延展了10^{10}ly（光年）以上，即10^{26}m以上，这说的是宇宙之大的下限。从整个宇宙来看，我们的太阳系只是这宇宙中的沧海一粟。从物质可以小到什么程度来看，《庄子·天下篇》中引用了一段名言：“一尺之棰，日取其半，万世不竭”，说的是物质世界往小的方向可以无限分割下去。现代物理告诉我们，宏观物体是由各种分子原子组成，原子的大小是10^{-10}m量级。原子核是由质子和中子组成，每个质子和中子的大小约为10^{-15}m，大概是原子大小的十万分之一。原子核比质子或中子大的倍数依赖于原子核中包含多少个质子和中子。但是，原子核比10^{-15}m仍大不了多少。质子和中子又由更为基本的粒子——夸克组成。用间接的方法得知，夸克和电子的大小将小于10^{-18}m。所以，实物的空间尺度从10^{26}m到10^{-18}m，相差44个数量级！表0-1列出了物质世界中各种实物空间尺度的数量级。

表0-1　物质世界的空间尺度

空间尺度/m	实物	空间尺度/m	实物
10^{26}	宇宙大小	10^{6}	地球半径
10^{23}	星系团大小	10^{3}	地球上的高山
10^{21}	地球到最近的河外星系的距离	1	人的身高
10^{20}	地球到银河系中心的距离	10^{-3}	一颗细砂粒
10^{16}	地球到最近的恒星的距离	10^{-5}	细菌
10^{12}	冥王星的轨道半径	10^{-8}	大分子
10^{11}	地球到太阳的距离	10^{-10}	原子半径
10^{9}	太阳的半径	10^{-15}	原子核、质子和中子
10^{8}	地球到月球的距离	10^{-18}	电子和夸克

2. 时间尺度

从物理学研究对象所涉及的时间尺度来看相差也是很大的，我们所知的宇宙的寿命至少为100 亿年，即10^{18}s，而粒子物理实验表明，有一类基本粒子的寿命为10^{-25}s，两者相差43 个数量级！表0-2 列出了物质世界中各种实物的时间尺度的数量级。

表0-2　物质世界的时间尺度

时间尺度/s	实物运动的周期、寿命或半衰期	时间尺度/s	实物运动的周期、寿命或半衰期
10^{18}	宇宙寿命	1	脉冲星周期
10^{17}	太阳和地球的年龄，^{238}U 的半衰期	10^{-3}	声振动周期
10^{16}	太阳绕银河中心运动的周期	10^{-6}	μ 子寿命
10^{11}	^{226}Ra 的半衰期	10^{-8}	π^+、π^-介子寿命
11^{9}	哈雷彗星绕太阳运动的周期	10^{-12}	分子转动周期
10^{7}	地球公转周期	10^{-14}	原子振动周期
10^{4}	地球自转周期	10^{-15}	可见光
10^{3}	中子寿命	10^{-25}	中间玻色子 Z^0

既然物理世界在时空尺度上跨越了这么大的范围，我们进行描述也自然要把它划分为许多层次，在每个层次里，物质的结构和运动规律将表现出不同特色。凡速度 v 接近光速 c 的物理现象，称为高速现象，$v << c$ 的称为低速现象。在物理上，把原子尺度的客体叫作微观系统，大小在人体尺度上下几个数量级范围之内的客体，叫作宏观系统。如果把物理现象按空间尺度来划分可分为三个区域：量子力学、经典物理学和宇宙物理学。如果把物理现象按速率大小来划分，可分为相对论物理学和非相对论物理学。人类对物理世界的认识首先从研究低速宏观现象的经典物理学开始，到20 世纪初才深入扩展到了研究高速、微观领域的相对论和量子力学。

时空为世间万物的存在和演化提供了舞台，对宇宙的探索是人类自远古以来就孜孜以求的目标之一，中文里“宇宙”中的“宇”指上下四方的空间，“宙”指古往今来的时间，对宇宙及世间万物的认识就构成了人们的世界观。

0.4　物理学是科学的世界观和方法论的基础

物理学描绘了物质世界的一幅完整图像，它揭示出各种运动形态的相互联系与相互转化，充分体现了世界的物质性与物质世界的统一性，19 世纪中期发现的能量守恒定律，被恩格斯称为伟大的运动基本定律，它是19 世纪自然科学的三大发现之一和唯物辩证法的自然科学基础。著名的物理学家法拉第、爱因斯坦对自然力的统一性怀有坚定的信念，他们一生都在矢志不渝地为证实各种现象之间的普遍联系而努力着。

物理学史告诉我们，新的物理概念和物理观念的确立是人类认识史上的一次飞跃，只有冲破旧的传统观念的束缚才能得以问世。例如普朗克的能量子假设，由于突破了“能量连续变化”的传统观念，而遭到当时物理学界的反对。普朗克本人也由于受到传统观念的束缚，在他提出能量子假设后多年，长期惴惴不安，一直徘徊不前，总想回到经典物理的立场。同样，狭义相对论也是爱因斯坦在突破了牛顿的绝对时空观的束缚后而建立起来的。而洛伦兹由于受到绝对时空观的束缚，虽然提出了正确的坐标变换式，但却不承认变换式中的时间是真实时间，因此一直没有提出狭义相对论。这说明，正确的科学观与世界观的确立对科学的发展具有重要的作用。

物理学是理论和实验紧密结合的科学。物理学中很多重大的发现、重要原理的提出和发展都体现了实验与理论的辩证关系：实验是理论的基础，理论的正确与否要接受实验的检验，而理论对实验又有重要的指导作用，两者的结合推动物理学向前发展。一般物理学家在认识论上都坚持科学理论是对客观实在的描述，著名理论物理学家薛定谔声称，物理学是“绝对客观真理的载体”。

综上所述，通过物理教学培养学生正确的世界观是物理学科本身的特点，是物理教学的一种优势。要充分发挥这一优势，就要提高自觉性，把世界观的培养融入到教学中去。

一种科学理论的形成过程离不开科学思想的指导和科学方法的应用。科学的思维和方法是在人的认识上实现从现象到本质，从偶然性到必然性，从未知到已知的桥梁。传统教学有一种误解，认为事实或知识是纯客观的，学生获得知识，了解事实，只需要把它们从外界搬到记忆中，死记硬背就行了。其实不然，一种知识、一个事实，都有主观成分。当应用科学理论把它演绎出来后，才完成对它的说明或解释，才把无意义的信息、观测数据转化为有意义的知识或事实，并凝练成科学的思维方法。科学方法是学生在学习过程中打开学科大门的钥匙，在未来进行科技创新的锐利武器，教师在向学生传授知识时，要启迪和引导学生掌握本课程的方法论，这是培养具有创造性人才所必需的。

0.5 物理学的社会教育和思想文化功能

1. 科学的双重功能

把物理学仅仅看成一门专业性的自然科学是不全面的。从物理学史的简短介绍即可看出，物理学的基本观点是人们自然观和宇宙观的重要组成部分。近代科学的发展过程首先是天文学和物理学的发展过程，是从无知和偏见中解放出来的过程，也是人们从漫长的中世纪社会中解放出来的过程。这一过程在20世纪发展到一个新的更高的阶段，相对论和量子力学的建立不仅是物理学上的伟大革命，而且常被认为是第三次科学革命，也可以说是人类思想史上的伟大革命。

马克思在一百多年前就曾说过，科学是“最高意义上的革命力量。”1883年马克思逝世时，恩格斯致悼词说：“在马克思看来，科学是一种在历史上起推动作用的、革命的力量。任何一门理论科学的每一个新发现，即使它的实际应用甚至还无法预见，都使马克思感到衷心喜悦，但是，当有了立即会对工业、对一般历史发展产生革命影响的发现的时候，他的喜悦就完全不同了。”

爱因斯坦也说过：“科学对于人类事务的影响有两种方式，一是大家都熟知的：科学直接地、并在更大程度上间接地生产出完全改变了人类生活的工具；二是教育的性质——它作用于心灵。”

21世纪物理学的“文化味”越来越浓，也就是说，它日益成为社会一般知识、社会一般意识形态的重要组成部分了。下面将列举一些特点来说明：物理学既是科学，也是文化；首先是科学，但同时又是一种高层次、高品位的文化。

2. 物理学是“求真”的

物理学研究“物”之“理”，从一开始就具有彻底的唯物主义精神，一切严肃而认真的物理学家都会坚持“实践是检验真理的唯一标准”这个原则，并且这种“实践”在物理学中发展出了特定的“实践”方法，具有其他学科还达不到的精密程度，再结合严格的推理，发展出了一套成功的物理学研究方法，进而不断发现新的物理规律。规律是真理，而这种“真理”又都是相对真理：物理学家清醒地懂得：一切具体的真理都是相对的而非绝对的，我们只能通过对相对真理的认识不断逼近绝对真理。因此，迷信历史上的权威和原有的认识是不对的，企图追求一种终极的理论也是不对的。

3. 物理学是“至善”的

物理学致力于把人从自然界中解放出来，导向自由，帮助人认识自己，促使人的生活趋于高尚，从根本上说，它是“至善”的。从四百多年的历史来看，物理学已经历了几次革命：力学率先发展，完成了物理学的第一次大综合，这是第一次革命；第二次是能量守恒和转化定律的建立，完成了力学和热学的综合；第三次是把光、电、磁三者统一起来的麦克斯韦电磁理论的建立；到20世纪，第四次革命则是由相对论和量子力学带动起来的。每一次革命都会产生观念上的深刻转变，而处在每一转变时期的物理学，在本质上都是批判性的。但是，这种批判是非常平心静气和讲道理的，高明的后辈物理学家总是非常尊重前辈物理学家，在肯定他们杰出的历史功绩的同时，根据实验事实和时代发展的需要，指出他们的不足或片面之处，从而达到认识上的飞跃，建立新理论。新理论决不是对旧理论的简单否定，而是一种批判的继承和发展，是认识上的一种螺旋式上升。新理论必须把旧理论中经过实践检验为正确的那一部分很自然地包含或融入在内。高明的物理学家又总是很务实的，他们决不会让自己处于一种旧的“破”掉了、而新的又“立”不起来、以致两手空空的僵局。物理学，尤其是量子力学发展史在这方面提供的经验，是值得其他科学借鉴的。

不过，物理学也有自己的教训。有过这样一段历史时期，物理学受到“哲学”的外来干预，有些人喜欢对各种物理理论简单地贴上“唯心论”或“唯物论”的标签。例如，量子力学的“哥本哈根观点”就常被扣上一顶“唯心论”的帽子。历史事实已经证明，这种态度对科学的发展是非常有害的，那些批评者远远没有被批评者来得高明。我们必须看到，重要的是前辈物理学家说对了或做对了什么（哪怕是不明显地或不自觉地），而不是他们曾讲错了一两句什么话，因为在他们那时讲错一两句话，跟今天的我们多讲对一两句话一样，都是毫不稀奇的事情。人类知识的发展从来都是一种集体积累的长期而曲折的过程，这个过程永远不会终结。在科学探索中，我们一定要有这种历史的观点和“宽以待人、严以律己”的态度。物理学之所以发展得这样快，就是由于在主流上一直有着这种良好的或者说宽松和务实的研究传统和学术氛围。

4. 物理学是“美”的

如果几千年前人们要问：“大地是圆的还是方的”，几百年前人们关心“地球是不是位于宇宙的中心”，那么今天人们要关心的问题就不仅是“宇宙演化的过去、现在和将来”，而是“人类的生存环境究竟怎样?”“能源问题的出路何在?”“我们的子孙将生活在一个什么样的世界上”，等等。我们应当引导青少年从小就关心这样的问题，启发他们思考新的问题。

1969年法国数学家曼德布罗特（B. Mandelbrot）提出了一个问题：“英国的海岸线究竟有多长?”乍一听来，这是一个无意义的问题。其实不然，海岸线总是曲曲折折的，你测量时究竟用怎样的标度，是用望远镜、普通的尺子、放大镜，还是用显微镜？对这一问题的深入研究导致一门新学科的产生，即所谓分形（fractal）或自相似理论。人们一旦理解了之后，马上会惊奇地发现，自然界原来存在那么多的“分形”或“自相似结构”（局部中又包含整体的无穷嵌套的几何结构）。例如，溶液中结晶的析出过程、固体金属的断裂面、生物体中的DNA构型、人体中血管从主动脉到微血管的分支构造、人肺中肺泡的空间结构，等等。

与非线性运动中的混沌现象相伴随的图形，仔细分析起来，往往具有分形的构造。今天已能用计算机将这种图形放大、用彩色绘制出来，它们美丽的程度是惊人的。几百年来，人们对物理学中的“简单、和谐和美”赏心悦目，赞叹不已。事实上，对这三个词含义的理解不断地随时间而深化，这是一种不断地再发现和再创造的过程。首先，物理规律在各自适用的范围内有其普遍的适用性（普适性）、统一性和简单性，这本身就是一种深刻的“美”。表达物理规律的语言是数学，而且往往是非常简单的数学，这又是一种微妙的美。其中，物理学家不仅发现了对称的美，也发现了不对称的美，更美妙的是发现了对称中不对称的美与不对称中对称的美。再说“和谐”，人们曾经以为，只有将相同的东西放在一起才是和谐的，而物理学，特别是量子物理学的发展揭示的真理证明了古希腊哲学家赫拉克利特的话是对的：“自然……是从对立的东西产生和谐，而不是从相同的东西产生和谐。”至于“简单”，人们曾以为原子是最简单而不可分的物质，后来知道它不简单，可以分，一直分到了“粒子”，如中子、质子，电子。它们“简单”吗？非常不简单，用加速器去打它，它照样可以“分”，并且变出许多新的粒子来。一个粒子的稳定存在是与环境分不开的，如一个中子在不同的核环境下就有不同的寿命（半衰期）。“一个多体体系是由单体组成的，单体的存在是多体存在的前提”。这话不错，但只说了一半，另一半应该是：“单体的稳定性（粒子的质量和寿命等性质）是由多体（环境）所保证（或赋予）的，多体的存在是单体存在的前提。”当我们深入到小宇宙中去的时候，时刻也不能忘记作为背景的大宇宙的存在。中国古代哲学讲“天人合一”，包含有深刻的道理，我们前面说到希腊的原子论观点还需要中国“元气”学说作为补充，也是这个缘故。在我们看来，现代物理学的发展正在把东西方的智慧融合起来，并生长出真正的（非外来的）自然哲学，而这种哲学对于我们自己怎样做好一个现代人，并成为现代社会中的一个深思熟虑、负责任而有远见的成员，不会是没有启迪的。

中华民族要在21世纪屹立于世界民族之林，就必须在科学技术上迎头赶上发达国家的水平，而科学技术的灵魂在于创新，创新需要很高的理论水平。现象往往是十分复杂而丰富多彩的，而探索其背后的本质，则是科学的任务。爱因斯坦说：“从那些看来与直接可见的真理十分不同的各种复杂现象中认识到它们的统一性，那是一种壮丽的感觉。”科学的统一性本身就显示出一种崇高的美。李政道也认为：“科学和艺术是不可分割的，就像一枚硬币的两面，它们共同的基础是人类的创造力，它们追求的目标都是真理的普遍性，普遍性一定植根于自然，而对它的探索则是人类创造性的最崇高表现。”吴健雄则指出：“为了避免出现社会可持续发展中的危机，当前一个刻不容缓的问题是消除现代文化中两种文化——科学文化和人文文化——之间的隔阂。”而为了加强这两方面的交流和联系，没有比大学更合适的场所了。只有当两种文化的隔阂在大学校园里加以弥合之后，我们才能对世界给出连贯而令人信服的描述。

0.6 科学教育的目标及性质

科学教育所追求的目标或所要解决的问题是培养学生如何研究客观世界及其规律，认识客观世界及其规律，进而改造客观世界，其本质是求真。科学知识是科学教育的内容，它不带任何感情色彩，不以人的意志和感情为转移。人们的活动越符合客观世界变化规律，就越科学，越真实。因此，科学教育的内容是一个关于客观世界的知识体系、认识体系，是逻辑的、实证的、一元的，是独立于人的精神世界之外的。

科学求真但不能保证其方向正确。科学教育之所以重要，主要是因为如下几方面的原因：

1）科学知识是生产力发展的源泉，生产力的发展直接依赖于科学知识的发展，“科学技术是第一生产力”。

2）科学思想是正确思想的基础，科学思想主要是严密的逻辑思维和保持前后的一致性、连贯性，因此它是正确思想的基础。

3）科学方法是事业成功的前提，是科学知识按照科学思想付诸行动的行为，它能保证行为是正确的，实施是成功的。

4）科学知识是先进文化的代表，是反对愚昧落后、封建迷信的有力武器。

5）科学精神是科学发展的动力，是求真、求实、创新、质疑、刻苦耐劳、敬业奉献、不怕牺牲的精神，这是科学的精髓。科学精神一直是科学技术发展的内在动力，是科学实践的范式。离开这种科学精神的激励和导向，近现代科学获得迅速发展是不可想象的。此外，科学精神是一种社会力量，它所揭示的真、善、美，它在活动中形成的科学共同体的精神准则和范式，以及科学家的人格精神力量，历来是社会精神文明、思想道德、世界观和人生观及价值观建设的重要源泉。科学精神本质上就是求真的人文精神。

第1章 质点的运动

历史背景与物理思想发展脉络

力学是物理学中发展最早的一个分支，它和人类的生活与生产联系最为密切。早在遥远的古代，人们就在生产劳动中应用了杠杆、螺旋、滑轮、斜面等简单机械，从而促进了静力学的发展。古希腊时代，就已形成比重和重心的概念，出现杠杆原理；阿基米德（Archimedes，约公元前287—前212）的浮力原理提出于公元前200多年。我国古代的春秋战国时期，以《墨经》为代表作的墨家，总结了大量力学知识，例如：时间与空间的联系、运动的相对性、力的概念、杠杆平衡、斜面的应用以及滚动和惯性等现象的分析，涉及力学的许多分支。虽然这些知识尚属力学科学的萌芽，但在力学发展史中应有一定的地位。

16世纪以后，由于航海、战争和工业生产的需要，力学的研究得到了真正的发展。钟表工业促进了匀速运动的理论；水磨机械促进了摩擦和齿轮传动的研究；火炮的运用推动了抛射体的研究。天体运行的规律提供了机械运动最纯粹、最精确的数据资料，使得人们有可能排除摩擦和空气阻力的干扰，得到规律性的认识。天文学的发展为力学找到了一个最理想的“实验室”——天体。但是，天文学的发展又和航海事业分不开，直到16、17世纪，这时资本主义生产方式开始兴起，海外贸易和对外扩张刺激了航海的发展，这才提出对天文进行系统观测的迫切要求。第谷·布拉赫（Tycho Brahe，1546—1601）顺应了这一要求，以毕生精力采集了大量观测数据，为开普勒（Johannes Kepler，1571—1630）的研究做了准备。开普勒于1609年和1619年先后提出了行星运动的三条规律，即开普勒三定律。

与此同时，数学上也有人为新科学的诞生作了准备，13—14世纪，英国牛津大学的梅尔顿（Merton）学院集聚了一批数学家，对运动的描述做了研究，他们提出了平均速度的概念，后来又提出加速度的概念。不过，他们从未用之于落体运动。以伽利略（Galileo Galilei，1564—1642）为代表的物理学家对力学开展了广泛研究，得到了落体定律。伽利略的两部著作：《关于托勒密和哥白尼两大世界体系的对话》（1632年）和《关于力学和运动两种新科学的谈话》（简称《两门新科学》）（1638年），为力学的发展奠定了思想基础。随后，牛顿（Isaac Newton，1642—1727）把天体的运动规律和地面上的实验研究成果加以综合，进一步得到了力学的基本规律，建立了牛顿运动三定律和万有引力定律。牛顿建立的力学体系经过D. 伯努利（Daniel Bernoulli，1700—1782）、拉格朗日（J. L. Lagrange，1736—1813）、达朗贝尔（Jean le Rond d' Alembert，1717—1783）等人的推广和完善，形成了系统的理论，取得了广泛的应用并发展出了流体力学、弹性力学和分析力学等分支。到了18世纪，经典力学已经相当成熟，成了自然科学中的主导和领先学科。

机械运动是最直观、最简单、也最便于观察和最早得到研究的一种运动形式。但是，任何自然界的现象都是错综复杂的，不可避免地会有干扰因素，不可能以完全纯粹的形态自然地展现在人们面前，力学现象也不例外。因此，人们要从生产和生活中遇到的各种力学现象中抽象出客观规律，必定要有相当复杂的提炼、简化、复现、抽象等实验和理论研究的过程。和物理学的其他学科相比，力学的研究经历了更为漫长的过程。从古希腊时代算起，这个过程几乎达两千年之久。之所以会如此漫长，一方面是由于人类缺乏经验，弯路在所难免，只有在研究中自觉或不自觉地摸索到了正确的研究方法，才有可能得出正确的科学结论；另一方面是生产水平低下，没有适当的仪器设备，无法进行系统的实验研究，难以认识和排除各种干扰。例如，摩擦和空气阻力对力学实验来说恐怕是无处不在的干扰因素，如果不加分析，凭直觉进行观察，往往得到错误结论。例如亚里士多德（Aristotle，公元前384—前322）认为的物体运动速度与外力成正比、重物下落比轻物快以及后来人们用“冲力”解释物体的持续运动和用“自然界惧怕真空”来解释抽水唧筒等种种论点，它们看起来确与经验没有明显的矛盾，所以长期没有人怀疑。而伽利略和牛顿的功绩，就是把科学思维和实验研究正确地结合到了一起，从而为力学的发展开辟了一条正确的道路。

1.1　参考系　质点

物理学基本内容

为了找出物体随时间发生各种变化所遵循的规律，我们必须首先描述这些变化，并用某种方式把它们记录下来。在物体中要观察的最简单的变化就是物体的位置随时间的明显改变，我们把它称为机械运动。飞机起飞前，必须沿着跑道滑行多远的距离才能达到起飞的速度？当你将一个棒球竖直向上抛入空中时，它能达到多高？当一个玻璃杯从你的手中滑落时，在它落到地板之前，你若要接住它，需要多少时间？一个击出的棒球落在哪里由什么因素决定？如何描述过山车沿着弯曲的轨道运动或飞速盘旋呢？如果你把一个水球从窗口水平抛出，它会与直接从该处掉落的水球同时落到地面吗？在本章中，你将学会回答这些运动学问题，首先我们来建立研究对象的物理模型。

1.1.1　质点

1. 质点的定义

物体是研究对象的统称，实际物体总有一定的大小、形状和内部结构，而且一般说来，它们在运动中可以同时有旋转、变形等，物体内部各点的位置变化各不相同，物体运动的描述变得十分困难。但是，如果物体的大小和形状在所研究的问题中不起作用或作用很小，或者说把物体的大小和形状对运动有影响的情况另辟领域来研究，我们就可以忽略物体的大小和形状，而把物体抽象为只有质量而没有形状和大小的几何点，这样的研究对象在力学中称为**质点**。例如，当我们讨论地球公转问题时，并不涉及地球自转所引起的各部分运动的差别，地球的形状、大小无关紧要，因此可以把地球看作是一个质点。质点的机械运动只有它的位置变化，当然没有形状变化的问题。

质点是一个抽象的理想化模型，当在一个力学问题中物体的大小、形状可以忽略时，我们可以把它当作一个有质量的点来处理，这就是质点概念。例如我们讨论地球的公转，或讨论气体分子在空间的运动轨迹时，无论地球多么大，分子多么小，我们总可以把它们当作质点来处理，而几乎不会引起什么误差。质点模型的优点是能使复杂的问题在一定的条件下得以简化，使我们能够忽略那些次要因素而专注于问题的主要方面。

2. 实际物体可视为质点的条件

当物体的形状和大小对运动没有影响或其影响可以忽略的情况下，该物体就可以当成质点。

在一个具体问题中，一个物体是否能当成质点，并不在于物体的大小，而在于问题是否确实与物体的大小、形状无关。在上述问题中，地球和分子都当成了质点，但是，如果我们讨论的是地球或分子的自转，就不能把它们当作质点来处理，因为质点是无从考虑自转的。

3. 实际物体可视为多个或无限多个质点的组合

实际物体总是由原子、分子组成的，若将每个原子或分子看成质点，物体就可以认为是由多个质点组成的。更一般的情况下，实际物体通过无限小分割（微分），总可以使每个微元无限小进而当成质点，整个物体就可以看成是由无限多个质点组成的。因此，任何物体都能看作质点的集合。所以，讨论质点的运动规律，也就构成了讨论任何复杂事物运动规律的基础。

1.1.2 参考系

1. 运动描述的相对性

宇宙间任何物体都在永恒不停地运动着，绝对静止的物体是没有的。例如，静止在地球上的物体看来是静止的，但是它们和地球一起绕着太阳公转，并和地球一起绕着地轴转动，即参与地球的公转和自转运动。太阳也不是不动的，太阳相对银河系的中心运动，甚至于我们所在的银河系，从银河系以外的其他星系来看，也是运动着的。这些事实表明，运动是普遍的、绝对的，而“静止”只有相对的意义。

虽然运动具有绝对性，但是，对运动情况的具体描述则具有相对性。例如，在水平匀速前进的火车中，一乘客竖直向上抛出一个小球，车上乘客观察到该小球是沿直线运动的，而站台人员观察到的却是小球沿一条抛物线运动。这是因为车上乘客选择车厢为标准，而站台人员以地面为标准，从而得出不同的结论。可见，一个运动相对于不同的标准具有不同的运动描述，这就叫作运动描述的相对性。

2. 参考系的定义

为了描写物体的运动而选作参考的物体或没有相对运动的物体群，叫参考系。

本章的主要目的是描述质点的机械运动，也就是质点的位置变化。当我们谈到某物体的位置时，总是要相对于另一参考物体而言。例如“电话亭在教学楼南面50m处”，描述很清楚。但如果仅仅说：“电话亭在南面50m处”，就实在令人费解了。这个例子中的“教学楼”就是运动描述中的参考系。

当我们在描述一个运动时必须首先指明它的参考系。唯一的例外是以地球表面为参考系时可以不叙述它。

在运动学中，参考系的选择是任意的。描述同一物体的运动时，选用不同的参考系可以得到不同的结果。例如，当车厢沿轨道行驶时，对固连于车厢的参考系来说，车厢里坐着的乘客是静止的，而对固连于地球上的参考系来说，乘客则是随车厢一起运动的。因此，为了明确起见，必须首先指出问题中的参考系。

最常用的参考系是地球表面。当然，根据研究问题的不同还可以选其他物体作为参考系。实际工作中参考系的选取要考虑运动的性质和研究的方便以及描述结果的简单性。

1.1.3 坐标系

有了参考系，我们就可以定性地描述物体的运动。但是作为一个科学的理论是要对运动进行定量描述的。为了定量描述物体（质点）的运动，应将参考系进行量化。量化后的参考系就称为坐标系。量化方式的不同就形成了不同的坐标系。

坐标系是参考系的一个数学抽象，在同一个参考系中，可以选择不同的坐标系，根据运动的性质和研究的方便恰当地选择坐标系，可以使问题的处理得到简化，并突出科学的简单性原则。质点运动学经常采用直角坐标系、极坐标系、柱坐标系和球坐标系，飞机运动中经常采用机体坐标系、气流坐标系、航迹坐标系等。

1. 直角坐标系

直角坐标系又可以有平面（见图1-1）和三维立体坐标系（见图1-2）之分。

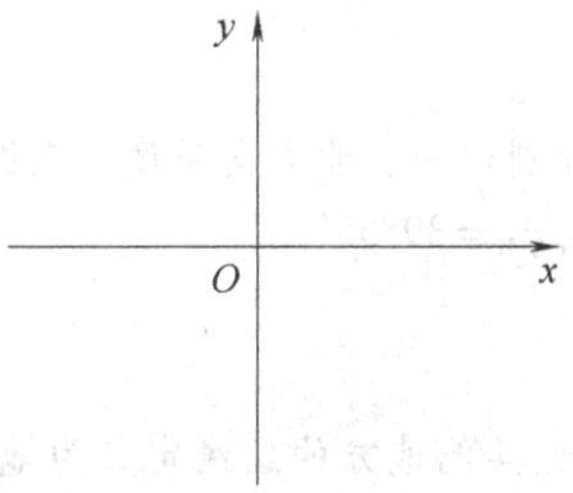

图 1-1

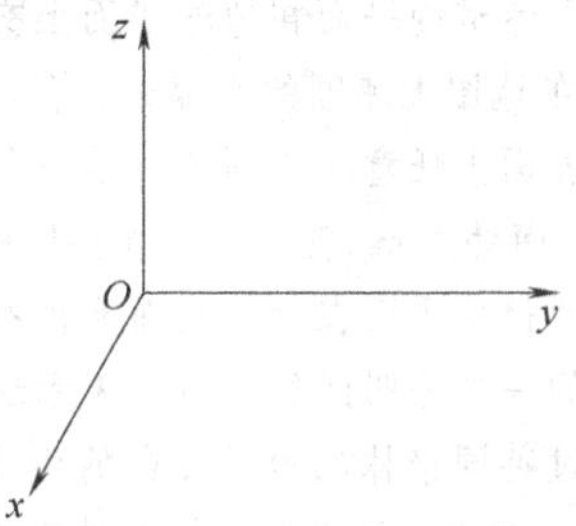

图 1-2

坐标系总是和参考系固定在一起的。我们总是在参考系上选一个点作为坐标原点，选择两个（或三个）相互垂直的方向建立坐标轴，从而形成直角坐标系。

例如，描述飞行器运动的地面坐标系 A（x_d，y_d，z_d）是固定在地球表面的一种坐标系。原点 A 位于地面任意选定的某固定点（例如飞机起飞点、导弹发射点）；Ax_d轴指向地平面某任意选定方向；Ay_d轴铅垂向上；Az_d轴垂直Ax_d和Ay_d平面，并按右手定则确定。飞行器的位置和姿态以及速度、加速度等都是相对于此坐标系来衡量的。

2. 自然坐标系

在已知物体运动轨迹（如铁路、公路、航迹）的前提下，用自然坐标系描述质点的运动更方便。自然坐标系是以质点运动轨迹的切向和法向作为坐标轴的方向建立的坐标系。由于随着质点的运动，不同时刻质点所在位置处轨迹的切向和法向是不同的，因此，自然坐标系是活动坐标系，它随质点运动而变化。

1.1.4 时间

物体运动总是与空间和时间相联系的。物体运动的进行总意味着时间的变化。因此，描述物体运动总会碰到时间的问题。例如，位置随时间的变化，速度随时间的变化等。从数学上看，我们描述运动的物理量总是用以时间为自变量的函数表示的。应该注意的问题是与运动质点的位置相对应的是时刻，与该质点所经过的某一段路程相对应的是时间。

时间和空间究竟意味什么？这种深刻的哲学命题在物理学上必须十分小心地加以分析，而这并不是容易做到的。相对论表明我们关于空间和时间的观念并不如人们乍一看来可以想象的那么简单。然而，就我们当前的目的而论，对我们在开始时所要求的精确度来说，我们假设时间和空间是绝对的。

物理知识应用

地理坐标系

用全球统一的坐标系和经纬度来描述飞机的位置是现代飞行领航的基本要求。按统一的坐标系和经纬度标明机场、航路点、导航设施位置也是飞行领航的基本要求。因此我们介绍能满足飞行要求的地球的地理坐标系。

地理坐标系可以看成由下列的一些基本点、线、圈构成。

地理坐标系原点：地球中心（地心）。

地轴：假想的地球自转轴线。

地极：地轴和地球球面相交的两点。靠向北极星一侧的叫北极，用N表示；另一极叫南极，用S表示。

赤道：通过地心，垂直于地轴的一个假想平面在地球表面交出的大圆圈。

纬圈：平行于赤道的平面在地球球面上交出的小圆圈。

纬线：表现在地图上纬圈的一部分，代表当地的东西方向。

纬度：地球表面上任意一点到地心连线与赤道面的夹角。从赤道分别向南、北方向量度，范围各90°。北纬用φ_N表示，南纬用φ_S表示。例如：北京位于北纬39°55′，常写成$\varphi_N=39°55'$。

经圈：通过两极的平面在地球表面交出的大圆圈。

经线：经圈的一部分叫经线，用来表示通过点的南北方向。

经度：将通过英国格林尼治天文台的经线定义为零度经线。将通过其他地方的经线定义为地方经线。经线和地轴所围平面叫经线平面，其他地方经线平面和零度经线平面所夹角度叫经度。从零度经线平面分别向东、西方向量度的经度叫东经和西经，范围为0°~180°，东经用λ_E表示，西经用λ_W表示。例如：北京地方经线平面与零度经线平面所夹角度是116°23′，表示成$\lambda_E=116°23'$。

物理知识拓展

航空位置

有了地理坐标系，我们就可以用经纬度来统一表示世界上所有的机场、电台、航路点以及飞机位置等。在飞行导航中表示飞机位置有两种方法，一是用飞机离航线已知点的已飞距离或未飞距离和飞机偏航距离表示飞机的相对位置；二是用地理坐标的经、纬度表示飞机的绝对位置。在飞机导航计算机采用经、纬度显示位置时，需要确定经、纬度与飞行距离的关系。地球表面距离与经、纬度的关系由分析图1-3可知。

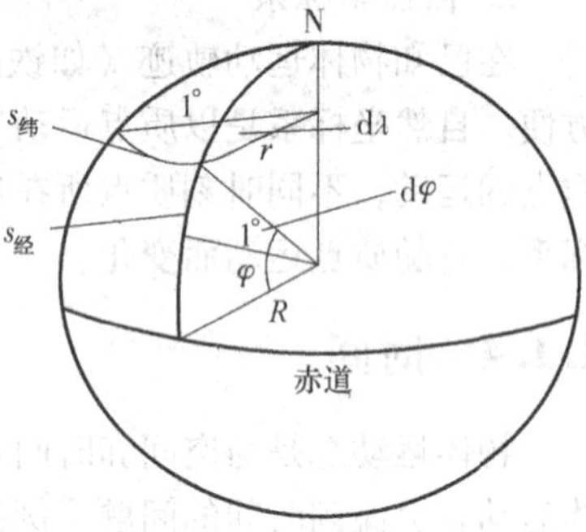

图 1-3

地球为一旋转椭球体，其东西方向膨大，长半轴约为6378.25km，南北方向扁平，短半轴约为6356.86km。为领航上使用方便，常把地球近似看成$R=6371$km的正球体，球心角为360°。

由此可知，1°球心角沿经线方向量度，对应距离约111km或60n mile（海里）（1n mile = 1.852km），即纬度1°对应球面距离为60n mile或111km；在赤道上沿纬线方向量度，1°经度对应的球面距离约为60n mile或111km。在不同纬线上经度1°对应的距离为该纬度上的纬线长$s=r\mathrm{d}\lambda=R\cos\varphi\mathrm{d}\lambda$。因此，在不同纬度上1°经度与距离的对应关系为$1°=111\cos\varphi$。飞行中可用领航计算尺进行换算。

应用能力训练

大圆航线

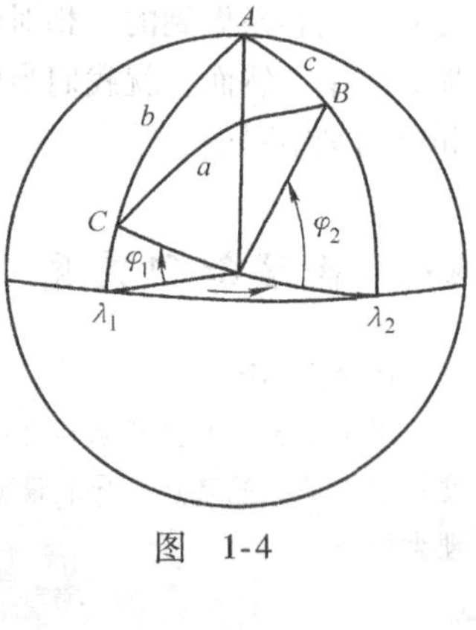

图 1-4

在地球表面上沿两点间大圆圈建立的航线叫大圆航线。一般情况下，大圆航线与经线夹角都不相同。因此，飞行中以从航线起点经线北端顺时针方向量到航线去向的夹角定义为航线角，范围0°~360°（见图1-4）。从图中看出：AC和AB为球面上的经线弧，CB为球面上的大圆航线，$\triangle ABC$为球面三角形，边长a，b，c用角度表示，球面三角形内角为A，

B，C。设航线起止点坐标分别为 $C(\varphi_1,\lambda_1)$，$B(\varphi_2,\lambda_2)$，由球面三角形余弦定律可得

$$\cos\alpha = \sin\varphi_1\sin\varphi_2 + \cos\varphi_1\cos\varphi_2\cos(\lambda_2 - \lambda_1)$$

【例1-1】已知某飞机航线起点坐标（$\varphi_1 = 30°\text{N},\lambda_1 = 100°\text{E}$），终点坐标（$\varphi_2 = 50°\text{N},\lambda_2 = 120°\text{E}$），求大圆航线距离。

【解】将航线起点坐标、终点坐标代入公式有

$$\begin{aligned}\cos\alpha &= \sin30°\sin50° + \cos30°\cos50°\cos(120° - 100°)\\ &= 0.9059\end{aligned}$$

查0.9059的反余弦函数

$$\alpha = 25°$$

换算成航线距离为

$$s = 25° \times \frac{2\pi}{360°} \times 6371\text{km} = 2778\text{km}$$

通过上面的分析可知，大圆航线的优点是飞行距离比其他航线短；缺点是航线角与飞机所在位置真航线角不同，需要有陀螺系统的罗盘才能飞行。除了沿赤道和经线飞行，大圆航线角和距离等于等角航线角和距离外，大圆航线的飞行距离比等角航线短。什么是等角航线呢？

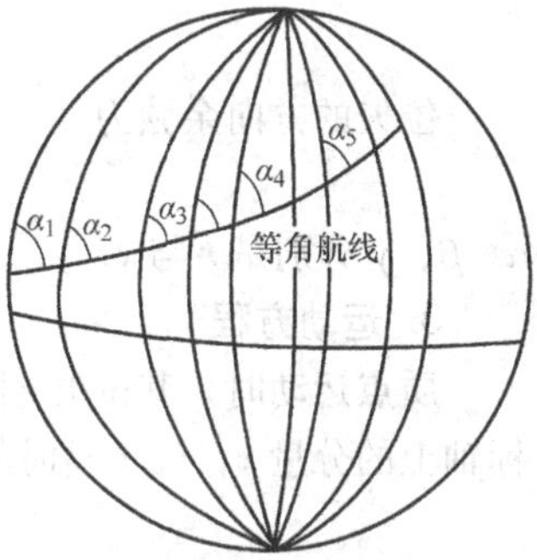

图 1-5

飞行航线与航线经过各点的经线夹角都相等的航线称为等角航线（图1-5中 $\alpha_1 = \alpha_2 = \cdots = \alpha_5$）。等角航线航线角可以从航线任意点的经线北端顺时针方向进行量度，范围在0°～360°。等角航线的特点是航线角可以从任意位置经线开始量取，飞行员在飞行中也不需要改变航线角。飞行操作比较方便，但航线距离略大于大圆航线长。采用现代导航计算机的飞机，其等角航线距离可用计算机计算。（如例1-1的等角航线距离为2786km，略大于大圆航线。等角航线航线角和航线距离的计算方法较繁，读者课后可以自主研究一下。飞行实际中为简化计算，通常计算大圆航线）。

1.2 描述运动的四个物理量

物理学基本内容

飞机从滑跑开始，上升到机场上空的安全高度，这一加速运动过程称为起飞。它所经过的水平距离和所需时间称为起飞距离和起飞时间，飞行员必须会计算。安全高度应根据机场四周的障碍物来选取，我国定为15m（对于军机定为25m）。若把飞机视为理想刚体，则飞机在空中的一般运动可以分解为飞机质心的运动和绕质心的转动。如何描述飞机质心的运动呢？首先把飞机模型化为质点，然后描述运动。

1.2.1 位置矢量

1. 位置矢量的定义

要描述质点的运动，即质点位置的变化，首先要描述质点位置。质点位置具有相对性，首先要考虑设定参考系。参考系设定后，决定质点位置就只有两个因素：相对于参考系的距离和方向。因此，在最一般的情况下，当确定了坐标系后，由坐标原点（即参考系）指向质点 P 的矢量可以简单、准确地描述质点位置，这个矢量称为位置矢量，简称位矢，常用 $\boldsymbol{r}$ 来表示。在一般的三维空间中，质点运动必须使用这种同时表示了距离和方向的矢量来描述它的位置，除非质

点被限定在一个已知的曲线上运动我们才可以使用只表示了距离（或路程）的标量来表述它的位置（如直线运动）。图1-6表示了位置矢量的定义。

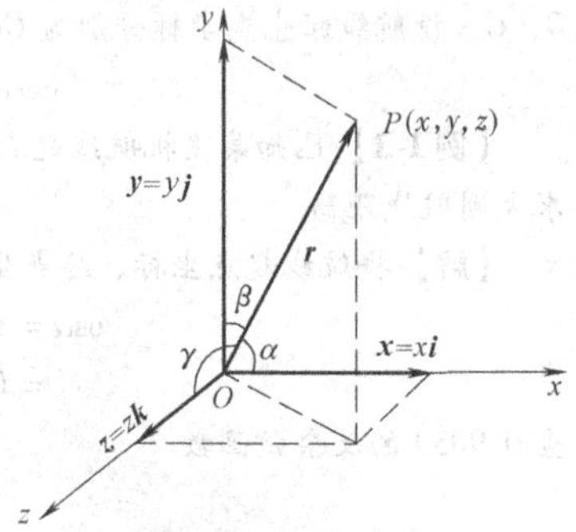

图 1-6

2. 位置矢量的分解

如图1-6所示，设P点在x，y，z三个坐标轴上的坐标为x，y，z，则可以把$\boldsymbol{r}$表示为$\boldsymbol{r}=x\boldsymbol{i}+y\boldsymbol{j}+z\boldsymbol{k}$。其中$\boldsymbol{i}$，$\boldsymbol{j}$，$\boldsymbol{k}$为沿三个坐标轴方向的单位矢量（大小为1，仅表示方向）。x，y，z称为位矢$\boldsymbol{r}$在三个坐标轴上的分量，坐标轴上的分量是标量，有大小和符号。由位矢的三个坐标轴上的分量可以求出位矢的大小（模）以及表示方向的方向余弦。

位矢的大小为

$$r=|\boldsymbol{r}|=\sqrt{x^2+y^2+z^2} \tag{1-1}$$

位矢的方向余弦为

$$\cos\alpha=x/r,\ \cos\beta=y/r,\ \cos\gamma=z/r \tag{1-2}$$

α，β，γ分别是$\boldsymbol{r}$与x，y，z三个坐标轴正方向之间的夹角。

3. 运动方程

质点运动时，其位矢$\boldsymbol{r}$随时间变化，也就是说，位矢$\boldsymbol{r}$是时间t的函数，这意味着位矢在坐标轴上的分量x，y，z是时间的函数。

$$\boldsymbol{r}=\boldsymbol{r}(t)=x(t)\boldsymbol{i}+y(t)\boldsymbol{j}+z(t)\boldsymbol{k} \tag{1-3}$$

这个矢量函数表示了质点位置随时间的变化关系，称为质点的运动方程。上式也可以用坐标轴上的分量表示为

$$x=x(t),y=y(t),z=z(t) \tag{1-4}$$

式（1-4）叫作运动方程的分量形式。在任何一个具体问题中，上式中的x，y，z都是具体的函数。例如，Oxy平面内的平抛运动，质点的位矢$\boldsymbol{r}=v_0t\boldsymbol{i}+\frac{1}{2}gt^2\boldsymbol{j}$，其坐标轴上的分量为$x=v_0t$，$y=\frac{1}{2}gt^2$。运动方程表示质点位置随时间变化的规律，由它可以确定质点在任意时刻t的位矢$\boldsymbol{r}$。质点运动方程包含了质点运动中的全部信息，是解决质点运动学问题的关键所在，也是我们解题通常的目标。

矢量式和分量式所反映的物理内容是相同的，矢量式与坐标系的选取无关，用矢量式描述物理规律，其方程式的形式具有不变性，而且形式简洁，物理意义明确；分量式是代数式，便于具体计算。一般来说，描述物理规律用矢量式，解题运算用代数式。分量式在不同的坐标系中有不同的表达形式，选取恰当的坐标系，突出简单性原则，是解决物理问题的基本技能之一。

4. 轨迹与轨迹方程

质点运动时所经过的空间点的集合称为轨迹（或轨迹曲线）。描写此曲线的数学方程叫轨迹方程。在运动方程的分量式中消去时间t就得到轨迹方程。由数学概念，运动方程的分量式也可以称为质点运动轨迹的参数方程。

1.2.2 位移矢量

1. 位移矢量的定义

如前所述，机械运动就是物体位置的变化。由上一个知识点我们知道了质点位置的描述方

法，现在我们来介绍位置变化的描述方法。在一般情况下，质点在一个时间段内位置的变化可以用质点初时刻位置指向末时刻位置的矢量来描写，这个矢量叫位移矢量，常用 $\Delta\boldsymbol{r}$ 来表示。

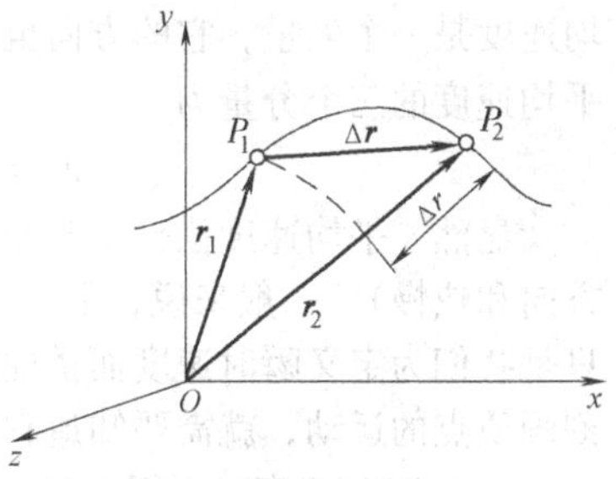

图 1-7

2. 位移矢量的表示方法

如图1-7所示，质点 t 时刻在 P_1点，位矢为 $\boldsymbol{r}_1$，$t+\Delta t$ 时刻在 P_2点，位矢为 $\boldsymbol{r}_2$，则由位移矢量的定义可知，该时间段内质点的位移为

$$\Delta\boldsymbol{r} = \boldsymbol{r}_2 - \boldsymbol{r}_1 \tag{1-5}$$

按位置矢量的分量表示，则有

$$\begin{aligned}\Delta\boldsymbol{r} = \boldsymbol{r}_2 - \boldsymbol{r}_1 &= (x_2 - x_1)\boldsymbol{i} + (y_2 - y_1)\boldsymbol{j} + (z_2 - z_1)\boldsymbol{k} \\ &= \Delta x\boldsymbol{i} + \Delta y\boldsymbol{j} + \Delta z\boldsymbol{k}\end{aligned} \tag{1-6}$$

可见位移矢量的三个分量为

$$\Delta x = x_2 - x_1,\quad \Delta y = y_2 - y_1,\quad \Delta z = z_2 - z_1$$

若知道了位移矢量的三个分量 Δx、Δy 和 Δz，则位移的大小和方向余弦可以按照求位矢的大小和方向时所用的方法求出，即

$$|\Delta\boldsymbol{r}| = \sqrt{(\Delta x)^2 + (\Delta y)^2 + (\Delta z)^2} \tag{1-7}$$

$$\cos\alpha = \Delta x/|\Delta\boldsymbol{r}|,\cos\beta = \Delta y/|\Delta\boldsymbol{r}|,\ \cos\gamma = \Delta z/|\Delta\boldsymbol{r}| \tag{1-8}$$

位移与参考系有关，同一个质点的位移，其大小和方向在不同参考系中是不相同的（如从运动的火车和静止地面两个参考系观察火车上小球的竖直上抛运动），所以，位移具有相对性。

3. 路程

描述质点位置变化的另一个概念是路程，质点运动过程中经过的轨迹长度叫作路程，常用 s 或 Δs 表示。路程是个正的标量。

4. 路程与位移的区别和联系

路程只有大小，没有符号，更没有方向，这一点容易和位移区别开，而且在一般情况下，路程与位移的大小 $|\Delta\boldsymbol{r}|$ 也不相等。如图1-7所示，在 t 到 $t+\Delta t$ 过程中，质点的路程 s 为 P_1 与 P_2 两点之间的弧长 $\overset{\frown}{P_1P_2}$，而位移的大小 $|\Delta\boldsymbol{r}|$ 为 P_1 与 P_2 之间线段的长度 $\overline{P_1P_2}$。但是在 $\Delta t\to 0$ 时，路程等于位移的大小，即 $\mathrm{d}s = |\mathrm{d}\boldsymbol{r}|$。

运动过程中质点到原点 O 的距离 r 的变化用 $\Delta r = \Delta|\boldsymbol{r}|$ 表示（见图1-7）。在一般情况下，它与位移的大小 $|\Delta\boldsymbol{r}|$ 也不相等，即 $\Delta r \neq |\Delta\boldsymbol{r}|$。例如圆周运动中，若以圆心为坐标原点，则质点到原点 O 的距离 r 是一个常量，即有 $\Delta r = 0$，但是质点位移的大小 $|\Delta\boldsymbol{r}|$ 则显然不为零。

1.2.3 速度矢量

1. 速度的定义与物理意义

如前一个知识点所述，质点位置的变化都是与一段时间相联系的，位置变化的快慢和运动的方向用速度来描述。将位移矢量与时间的比定义为速度，用 $\boldsymbol{v}$ 来表示，它也是一个矢量。它的物理意义是单位时间内质点所发生的位移。

2. 速度的数学计算公式

(1) 平均速度　有限长时间内质点位移与时间的比叫作平均速度。数学上表示为

$$\overline{\boldsymbol{v}} = \Delta\boldsymbol{r}/\Delta t \tag{1-9}$$

式中，Δt 为考察的时间段；$\Delta\boldsymbol{r}$ 为该时间段内质点所发生的位移。平均速度对应时间。显然，平

均速度是一个矢量，它的方向也就是过程中质点位移的方向。按矢量的分量表示方法，可以得到平均速度的三个分量为

$$\bar{v}_x = \Delta x/\Delta t,\quad \bar{v}_y = \Delta y/\Delta t,\quad \bar{v}_z = \Delta z/\Delta t \tag{1-10}$$

显然，平均速度依赖于时间间隔 Δt，它只能粗略地刻画这段时间内质点运动的情况（运动方向和快慢）。一般来说，平均速度少有实际意义（如质点做圆周运动一周，平均速度为0），它只是我们为定义瞬时速度而搭建的中间桥梁。质点运动的方向和快慢可能时刻都在变化，精确刻画质点的运动，就需要知道它在每个时刻的运动情况（瞬时速度）。

（2）瞬时速度　无限短时间内质点位移与时间的比叫作瞬时速度，简称为速度。根据高等数学关于极限的意义，速度可以表示为平均速度的极限，即

$$\boldsymbol{v} = \lim_{\Delta t\to 0}\frac{\Delta \boldsymbol{r}}{\Delta t} = \frac{\mathrm{d}\boldsymbol{r}}{\mathrm{d}t} \tag{1-11}$$

即速度为位矢对时间的变化率（或位矢对时间的一阶导数），瞬时速度对应时刻。

位移与参考系有关，具有相对性。同样，利用位移定义的速度也与参考系有关，具有相对性。

（3）速度的分量形式　在直角坐标系中，由位置矢量的分量形式，我们有

$$\boldsymbol{v} = \frac{\mathrm{d}\boldsymbol{r}}{\mathrm{d}t} = \frac{\mathrm{d}x}{\mathrm{d}t}\boldsymbol{i} + \frac{\mathrm{d}y}{\mathrm{d}t}\boldsymbol{j} + \frac{\mathrm{d}z}{\mathrm{d}t}\boldsymbol{k}$$

定义速度的三个分量为

$$v_x = \frac{\mathrm{d}x}{\mathrm{d}t},\quad v_y = \frac{\mathrm{d}y}{\mathrm{d}t},\quad v_z = \frac{\mathrm{d}z}{\mathrm{d}t} \tag{1-12}$$

式中，v_x，v_y，v_z 分别叫作速度的 x、y 和 z 分量。对比可知

$$\boldsymbol{v} = v_x\boldsymbol{i} + v_y\boldsymbol{j} + v_z\boldsymbol{k} \tag{1-13}$$

速度的大小和方向余弦也可根据矢量运算的一般方法由它的三个分量确定，如

$$|\boldsymbol{v}| = \sqrt{v_x^2 + v_y^2 + v_z^2}$$

3. 运动的方向

速度是矢量，它的方向即 $\Delta t\to 0$ 时 $\Delta \boldsymbol{r}$ 的极限方向。如图1-8所示，当 $\Delta t\to 0$ 时 $\Delta \boldsymbol{r}$ 趋于轨道在 P_1 点的切线方向。所以我们说：速度的方向是沿着轨道的切向，且指向前进的一侧。质点的速度描述质点的运动状态，速度的大小表示质点运动的快慢，速度的方向即为质点的运动方向。

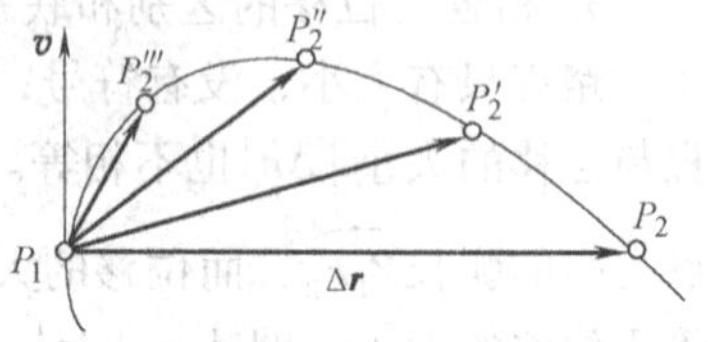

图 1-8

4. 运动的快慢

运动的快慢也用速率来描述。

速率：质点所走过的路程与时间的比叫作速率。即单位时间内质点所走过的路程。

平均速率：有限长时间内质点路程与时间的比叫作平均速率。数学上表示为

$$\bar{v} = \frac{\Delta s}{\Delta t}$$

瞬时速率：无限短时间内质点路程与时间的比叫作瞬时速率，简称为速率。同样根据高等数学关于极限的意义，速率可以表示为平均速率的极限，即

$$v = \frac{\mathrm{d}s}{\mathrm{d}t} \tag{1-14}$$

5. 速率与速度的区别与联系

速度与速率的区别是非常明显的，首先它们的定义是不同的，其次速度是矢量，而速率是标量。但在 $\Delta t\to 0$ 时由于 $\mathrm{d}s = |\mathrm{d}\boldsymbol{r}|$，而 $\mathrm{d}t$ 永远是正量，所以 $v = \frac{\mathrm{d}s}{\mathrm{d}t} = \frac{|\mathrm{d}\boldsymbol{r}|}{\mathrm{d}t} = \left|\frac{\mathrm{d}\boldsymbol{r}}{\mathrm{d}t}\right| = |\boldsymbol{v}|$，即速率等

于速度矢量的大小。值得注意的是，这种关系对有限长时间段内的平均速度和平均速率之间则不一定成立。

1.2.4 加速度矢量

1. 加速度矢量的定义

在很多情况下，质点运动速度的大小或方向都是变化的，我们常需要知道速度的变化情况。比如火车从车站开出，需要多长时间才能达到它的正常速度，飞机起飞时需要滑行多远，跑道需要多长，这些都和描述速度变化的加速度有关。根据牛顿第二定律，力对物体作用的直接效果是产生加速度，因此，加速度是一个重要的物理量。速度变化的快慢用加速度来描述。一段时间内速度的增量与时间的比定义为加速度。质点的加速度描述质点速度的大小和方向变化的快慢，由于速度是矢量，所以无论质点的速度大小还是方向发生变化，都意味着质点有加速度。

2. 速度增量的概念

在考察的时间段内，质点末时刻的速度（简称为末速度）与初时刻的速度（简称为初速度）的矢量差叫作速度的增量。如图 1-9 所示，$\boldsymbol{v}_2$表示末速度，$\boldsymbol{v}_1$表示初速度，而$\Delta\boldsymbol{v}$表示速度的增量。

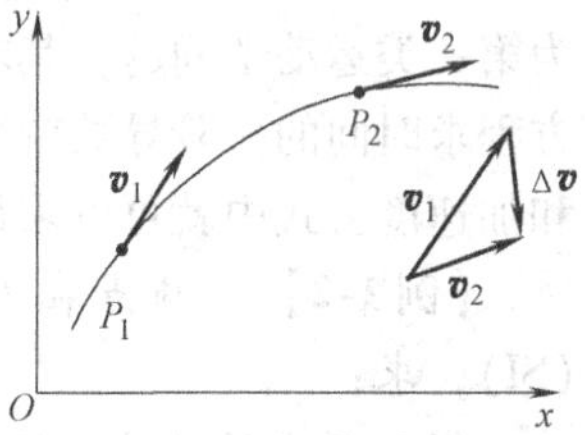

图 1-9

3. 平均加速度

在有限长时间段内速度增量与时间的比叫作平均加速度。

设质点在 t 时刻速度为$\boldsymbol{v}_1$，在 $t+\Delta t$ 时刻速度为$\boldsymbol{v}_2$，速度增量$\Delta\boldsymbol{v}=\boldsymbol{v}_2-\boldsymbol{v}_1$，则平均加速度为

$$\bar{\boldsymbol{a}}=\frac{\Delta\boldsymbol{v}}{\Delta t} \tag{1-15}$$

平均加速度在课程学习中使用较少，它的分量形式这里就不介绍了。

4. 瞬时加速度

在无限短时间内速度增量与时间的比叫作瞬时加速度，简称加速度。结合高等数学中极限的思想，加速度可以表示为 $\Delta t\to 0$ 时平均加速度的极限

$$\boldsymbol{a}=\lim_{\Delta t\to 0}\frac{\Delta\boldsymbol{v}}{\Delta t}=\frac{\mathrm{d}\boldsymbol{v}}{\mathrm{d}t}=\frac{\mathrm{d}^2\boldsymbol{r}}{\mathrm{d}t^2} \tag{1-16}$$

即加速度为速度对时间的变化率（速度对时间的一阶导数，或位置矢量对时间的二阶导数）。很明显，加速度与速度的关系类似于速度与位矢的关系。加速度矢量 $\boldsymbol{a}$ 的方向为 $\Delta t\to 0$ 时速度变化$\Delta\boldsymbol{v}$的极限方向。在直线运动中，加速度的方向与速度方向相同或相反，相同时速率增加，如自由落体运动；相反时速率减小，如竖直上抛运动。而在曲线运动中，加速度方向与速度方向并不一致，如斜抛运动中速度方向在抛物线轨迹的切向，而加速度方向始终在竖直向下的方向上。

定义

$$\boldsymbol{a}=a_x\boldsymbol{i}+a_y\boldsymbol{j}+a_z\boldsymbol{k} \tag{1-17}$$

式中，a_x，a_y，a_z 分别叫作加速度的 x，y 和 z 分量。根据速度的分量表达式可以得到加速度矢量的三个分量

$$a_x=\frac{\mathrm{d}v_x}{\mathrm{d}t}=\frac{\mathrm{d}^2x}{\mathrm{d}t^2} \tag{1-18}$$

$$a_y=\frac{\mathrm{d}v_y}{\mathrm{d}t}=\frac{\mathrm{d}^2y}{\mathrm{d}t^2} \tag{1-19}$$

$$a_z=\frac{\mathrm{d}v_z}{\mathrm{d}t}=\frac{\mathrm{d}^2z}{\mathrm{d}t^2} \tag{1-20}$$

由加速度的三个分量可以确定加速度的大小和方向余弦，如

$$|\boldsymbol{a}| = \sqrt{a_x^2 + a_y^2 + a_z^2}$$

关于加速度需要注意的是：①加速度是矢量，是速度对时间的变化率，不管是速度的大小改变或方向改变，都一定有非零的加速度；②加速度描写速度的变化，某时刻的加速度与该时刻的速度值没有关系；③加速度是个瞬时量。

1.2.5 运动学问题的分类与解题方法

（1）运动学问题的分类　位矢、位移、速度和加速度四个物理量可以完备地描述质点的运动。运动学的问题一般可以分为几类。其他问题往往具有一定的技巧性，只能依靠读者的基础知识来求解。而如下两类问题则有固定的求解方法，大家只要记住这些方法就可以顺利解题。

1）已知运动方程求速度、加速度的问题（在曲线运动中还可以求运动轨迹）：这类问题称为第一类运动学问题，其求解方法是非常简单的，根据在前面学习的公式，读者可以看到对运动方程求时间的一阶导数就得到速度，再求一次导数就得到加速度。再将具体的时间代入到速度和加速度公式中就可以求得任意时刻的速度和加速度。

【例1-2】一质点在 Oxy 平面内运动，其运动学方程（参数方程）为 $x = 2t$，$y = 19 - 2t^2$（SI），求：

（1）质点的轨迹方程；

（2）第2s末的位矢；

（3）第2s末的速度及加速度。

【解】（1）消去参数 t，建立 $y=f(x)$ 关系式即为轨迹方程。由题设条件知 $t = \dfrac{x}{2}$ 代入 y 的关系式得轨迹方程

$$y = 19 - 2\left(\frac{x}{2}\right)^2$$
$$= 19 - \frac{x^2}{2}$$

（2）位矢常用表达式为坐标式，将 $t=2\text{s}$ 的坐标 x、y 值代入运动学方程得位矢

$$\boldsymbol{r} = x\boldsymbol{i} + y\boldsymbol{j} = (4\boldsymbol{i} + 11\boldsymbol{j})\text{m}$$

（3）先据定义求出速度及加速度的表达式，后将 $t=2\text{s}$ 代入即为所求。

$$\boldsymbol{v}(2) = \left(\frac{\mathrm{d}x}{\mathrm{d}t}\boldsymbol{i} + \frac{\mathrm{d}y}{\mathrm{d}t}\boldsymbol{j}\right)_{t=2}$$
$$= (2\boldsymbol{i} - 4t\boldsymbol{j})_{t=2}$$
$$= (2\boldsymbol{i} - 8\boldsymbol{j})\text{m} \cdot \text{s}^{-1}$$
$$\boldsymbol{a}(2) = \frac{\mathrm{d}^2x}{\mathrm{d}t^2}\boldsymbol{i} + \frac{\mathrm{d}^2y}{\mathrm{d}t^2}\boldsymbol{j}$$
$$= [0\boldsymbol{i} + (-4)\boldsymbol{j}]\text{m} \cdot \text{s}^{-2}$$
$$= -4\boldsymbol{j}\text{m} \cdot \text{s}^{-2}$$

2）已知加速度和初始条件求速度、运动方程的问题（在曲线运动中还可以求运动轨迹）：这类问题称为第二类运动学问题，在数学上看是典型的积分问题。积分常数的确定常常需要一些已知条件，即初始条件。初始条件是指问题给定时刻（通常是 t 为零的时刻，但也有 t 不为零的情况）质点运动的速度和位置（常用 v_0 和 x_0 来表示）。下面我们来详细讨论这类问题的求解

方法。

（2）第二类运动学问题的求解方法　在加速度为已知的情况下，由 $\boldsymbol{a}=\frac{\mathrm{d}\boldsymbol{v}}{\mathrm{d}t}$可得 $\mathrm{d}\boldsymbol{v}=\boldsymbol{a}\mathrm{d}t$，把此式对过程积分可得到速度与加速度的积分关系

$$\Delta\boldsymbol{v}=\boldsymbol{v}-\boldsymbol{v}_0=\int_0^t\boldsymbol{a}\mathrm{d}t \tag{1-21}$$

式中，$\boldsymbol{v}_0$为 $t=0$ 时质点的速度（初始条件中的初速度），它的分量形式为

$$v_x-v_{0x}=\int_0^t a_x\mathrm{d}t \tag{1-22}$$

$$v_y-v_{0y}=\int_0^t a_y\mathrm{d}t \tag{1-23}$$

$$v_z-v_{0z}=\int_0^t a_z\mathrm{d}t \tag{1-24}$$

通过上面的积分我们求得了速度，再由速度公式可得 $\mathrm{d}\boldsymbol{r}=\boldsymbol{v}\mathrm{d}t$，此式表示，在 $\Delta t\to 0$ 时，质点的位移 $\mathrm{d}\boldsymbol{r}$ 等于速度 v 与时间间隔 $\mathrm{d}t$ 的乘积。这很像匀速运动，因为在极短的时间内，速度确实是可以看作不变的。把上式对过程积分，若初始条件为 $t=0$ 时质点位矢为 $\boldsymbol{r}_0$，又设在任意 t 时刻质点位矢为 $\boldsymbol{r}$，则有积分

$$\int_{r_0}^{r}\mathrm{d}\boldsymbol{r}=\int_0^t\boldsymbol{v}\mathrm{d}t \tag{1-25}$$

即

$$\Delta\boldsymbol{r}=\boldsymbol{r}-\boldsymbol{r}_0=\int_0^t\boldsymbol{v}\mathrm{d}t \tag{1-26}$$

上式为位移与速度的积分关系，称为位移公式。用这个公式可由速度$\boldsymbol{v}$来求位移 $\Delta\boldsymbol{r}$，进而通过初始位置 $\boldsymbol{r}_0$ 来求位矢 $\boldsymbol{r}$。同理可得到位移公式的三个分量式

$$x=x_0+\int_0^t v_x\mathrm{d}t,\quad y=y_0+\int_0^t v_y\mathrm{d}t,\quad z=z_0+\int_0^t v_z\mathrm{d}t \tag{1-27}$$

上述公式说明了在已知加速度和初始条件的情况下求解速度和运动方程的一般方法。

1.2.6 直线运动应用示例

1. 直线运动的简化数学处理

所谓直线运动，是指质点运动的轨迹是直线。在这种情况下，我们将坐标系的一个坐标轴建立在该直线轨迹上，能够使数学处理大大简化。因为，当一个坐标轴建立在该运动直线上时，所有描述运动的物理量的其他坐标分量都为零而不需要做任何计算和处理，只有一个坐标分量需要计算和处理。在通常的情况下，如果质点在水平方向上做直线运动，我们就将 x 轴建立在运动直线上，这时描述运动的物理量就只有 x 分量。如果质点在竖直方向做直线运动，就将 y 轴建立在该运动直线上，这时描述运动的物理量只有 y 分量。下面我们以 x 轴为例来给出在直线运动中的公式，当使用其他坐标时只需要将 x 替换成相应的分量即可（如 y 或 z）。

在直线运动特例下对运动进行描述，即是回答描述运动的四个物理量的问题。

位置：使用位置坐标 x（标量）来确定。运动方程为

$$x=x(t) \tag{1-28}$$

位移：质点在 t 时刻位置坐标为 x_1，$t+\Delta t$ 时刻位置坐标为 x_2。质点的位移使用标量 Δx 来确定：

$$\Delta x=x_2-x_1$$

位移的大小为 $|\Delta x|$，位移的方向由 Δx 的正负来决定，$\Delta x>0$ 表示沿 x 轴正向运动。

速度
$$v = v_x = \frac{\mathrm{d}x}{\mathrm{d}t} \tag{1-29}$$

加速度
$$a = a_x = \frac{\mathrm{d}v}{\mathrm{d}t} = \frac{\mathrm{d}^2 x}{\mathrm{d}t^2} \tag{1-30}$$

上述公式是直线运动中的基本公式。在上述结论中，v 和 a 通常不再加上标，因为它们的正负可以表明方向。例如，如果 v 为正，表明速度方向与 x 轴的正向一致；v 为负，表明速度方向在 x 轴的负向。

2. 第二类运动学问题的深入讨论

在直线运动中第二类运动学问题可以化简为

$$v - v_0 = \int_0^t a\mathrm{d}t \tag{1-31}$$

$$x - x_0 = \int_0^t v\mathrm{d}t \tag{1-32}$$

显然，上面的积分公式只能在加速度是常数或加速度是随时间变化的函数时才能使用。在大学物理中常常会碰到更为复杂的情况，下面以直线运动为例进行讨论。

1）加速度是速度的函数，即 $a=a(v)$ 的情况：

当加速度是速度的函数时，上述加速度的时间积分是不能进行的。这时应该先从加速度的微分公式进行变量调整，即

$$a = \frac{\mathrm{d}v}{\mathrm{d}t} \Rightarrow \mathrm{d}t = \frac{\mathrm{d}v}{a(v)} \tag{1-33}$$

然后进行积分，得

$$\int_0^t \mathrm{d}t = \int_{v_0}^{v} \frac{\mathrm{d}v}{a(v)} \tag{1-34}$$

积分完成后，求一次反函数就可以得到速度随时间的变化关系，然后将速度对时间积分就得到运动方程。

2）加速度是位置的函数，即 $a=a(x)$ 情况：

当加速度是位置的函数时，计算是较为复杂的。首先将加速度公式进行如下变形

$$a = \frac{\mathrm{d}v}{\mathrm{d}t} \Rightarrow a = \frac{\mathrm{d}v}{\mathrm{d}x}\frac{\mathrm{d}x}{\mathrm{d}t} = \frac{v\mathrm{d}v}{\mathrm{d}x} \Rightarrow a(x)\mathrm{d}x = v\mathrm{d}v \tag{1-35}$$

将上述结果进行积分

$$\int_{x_0}^{x} a(x)\mathrm{d}x = \int_{v_0}^{v} v\mathrm{d}v \tag{1-36}$$

将得到速度随位置的变化关系（函数）。为了计算出运动方程，还得将速度公式进行如下变化

$$v = \frac{\mathrm{d}x}{\mathrm{d}t} \Rightarrow \mathrm{d}t = \frac{\mathrm{d}x}{v} \tag{1-37}$$

这时才能积分

$$\int_0^t \mathrm{d}t = \int_{x_0}^{x} \frac{\mathrm{d}x}{v} \tag{1-38}$$

积分完成后，通过求反函数得到位置 x 随时间的变化（即运动方程）。

上述情况和计算方法在大学物理中经常碰到。希望读者能够准确掌握。更为复杂的情况在大学物理中不要求，可以在其他课程中学习到。

【例1-3】一质点沿 x 轴运动，其速度与位置的关系为 $v=-kx$，其中 k 为一正值常量。若 $t=0$ 时质点在 $x=x_0$ 处，求任意时刻 t 质点的位置、速度和加速度。

【解】按题意有 $v=-kx$，按速度的定义把上式改写为

$$\frac{\mathrm{d}x}{\mathrm{d}t}=-kx$$

这是一个简单的一阶微分方程，可以通过分离变量法求解。分离变量有

$$\frac{\mathrm{d}x}{x}=-k\mathrm{d}t$$

对方程积分，按题意 $t=0$ 时质点位置在 x_0，又设 t 时刻质点位置在 x，有

$$\int_{x_0}^{x}\frac{\mathrm{d}x}{x}=\int_0^t-k\mathrm{d}t$$

积分得

$$\ln\frac{x}{x_0}=-kt$$

解出质点位置为

$$x=x_0\mathrm{e}^{-kt}$$

质点速度

$$v=\mathrm{d}x/\mathrm{d}t=-kx_0\mathrm{e}^{-kt}$$

质点加速度

$$a=\mathrm{d}v/\mathrm{d}t=k^2x_0\mathrm{e}^{-kt}$$

物理知识应用

【例1-4】飞机起飞过程分为地面加速滑跑和离地加速上升两个阶段，如图1-10所示。设飞机在地面滑跑中的加速度为 $a=a_0-cv^2$，飞机离地速度为 v_{ld}，求飞机地面滑跑距离 d_1 和时间 t_1。

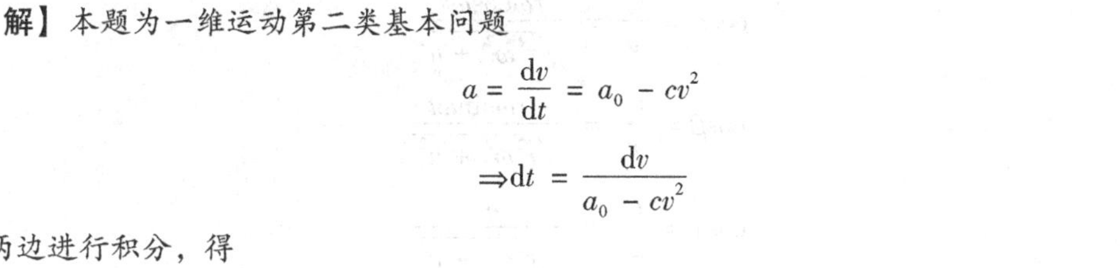

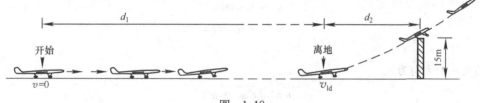

图　1-10

【解】本题为一维运动第二类基本问题

$$a=\frac{\mathrm{d}v}{\mathrm{d}t}=a_0-cv^2$$

$$\Rightarrow\mathrm{d}t=\frac{\mathrm{d}v}{a_0-cv^2}$$

上式两边进行积分，得

$$\int_0^{t_1}\mathrm{d}t=\int_0^{v_{\mathrm{ld}}}\frac{\mathrm{d}v}{a_0-cv^2}=\frac{1}{2\sqrt{ca_0}}\int_0^{v_{\mathrm{ld}}}\left[\frac{-\mathrm{d}(\sqrt{a_0}-\sqrt{c}v)}{\sqrt{a_0}-\sqrt{c}v}+\frac{\mathrm{d}(\sqrt{a_0}+\sqrt{c}v)}{\sqrt{a_0}+\sqrt{c}v}\right]$$

$$t_1=\frac{1}{2\sqrt{ca_0}}\ln\frac{\sqrt{a_0}+\sqrt{c}v}{\sqrt{a_0}-\sqrt{c}v}\Bigg|_0^{v_{\mathrm{ld}}}=\frac{1}{2\sqrt{ca_0}}\ln\frac{\sqrt{a_0}+\sqrt{c}v_{\mathrm{ld}}}{\sqrt{a_0}-\sqrt{c}v_{\mathrm{ld}}}$$

为求飞机地面滑跑距离 d_1，把加速度变形为

$$a = \frac{\mathrm{d}v}{\mathrm{d}x}\frac{\mathrm{d}x}{\mathrm{d}t} = \frac{\mathrm{d}v}{\mathrm{d}x}v = a_0 - cv^2$$

移项得

$$\frac{v}{a_0 - cv^2}\mathrm{d}v = \mathrm{d}x$$

上式两边进行积分，得

$$\int_0^{v_{\mathrm{ld}}} \frac{v}{a_0 - cv^2}\mathrm{d}v = \int_0^{d_1}\mathrm{d}x$$

$$d_1 = -\frac{1}{2c}\int_0^{v_{\mathrm{ld}}} \frac{1}{a_0 - cv^2}\mathrm{d}(a_0 - cv^2) = \frac{1}{2c}\ln\frac{a_0}{a_0 - cv_{\mathrm{ld}}^2}$$

【例1-5】 飞机做桶滚运动，已知其质心运动方程为

$$\begin{cases} x = r\sin\omega t & ① \\ y = r\cos\omega t & ② \\ z = ut & ③ \end{cases}$$

式中，r，u，ω 是常数，试求飞机质心的运动轨迹、速度和加速度。

【解】 首先求飞机质心的运动轨迹。从式①、式②和式①、式③中消去时间 t，得

$$x^2 + y^2 = r^2 \qquad ④$$

$$x = r\sin\frac{\omega z}{u} \qquad ⑤$$

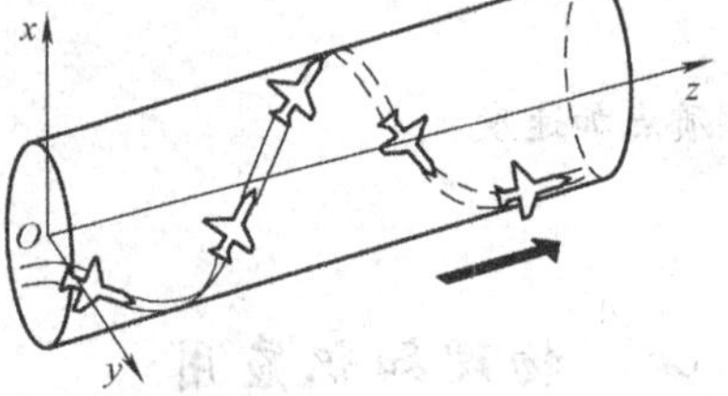

图 1-11

方程④表示半径为 r，母线与 z 轴平行的圆柱面；方程⑤表示一个曲面。这两个曲面的交线是一条螺旋线，就是飞机质心的运动轨迹，如图1-11所示。

将运动方程对时间求一阶导数，得

$$v_x = r\omega\cos\omega t$$

$$v_y = -r\omega\sin\omega t$$

$$v_z = u$$

速度的大小和方向为

$$v = \sqrt{r^2\omega^2 + u^2}$$

$$\cos\alpha = \frac{v_x}{v} = \frac{r\omega\cos\omega t}{\sqrt{r^2\omega^2 + u^2}}$$

$$\cos\beta = \frac{v_y}{v} = \frac{-r\omega\sin\omega t}{\sqrt{r^2\omega^2 + u^2}}$$

$$\cos\gamma = \frac{v_z}{v} = \frac{u}{\sqrt{r^2\omega^2 + u^2}}$$

由以上可知，飞机质心的速度的大小是一恒量，速度矢量的方向沿轨迹的切线，并与 z 轴所夹的角 γ 大小保持不变。因此，速度矢端曲线是半径为 $r\omega$ 的圆周。将 v_x、v_y、v_z 分别对时间求一阶导数，得

$$a_x = -r\omega^2\sin\omega t$$

$$a_y = -r\omega^2\cos\omega t$$

$$a_z = 0$$

加速度的大小和方向为

$$a = \sqrt{a_x^2 + a_y^2 + a_z^2} = r\omega^2$$

$$\cos\alpha' = \frac{a_x}{a} = -\sin\omega t$$

$$\cos\beta' = \frac{a_y}{a} = -\cos\omega t$$

$$\cos\gamma' = \frac{a_z}{a} = 0$$

由此可见，飞机质心的加速度大小也为一恒量，加速度矢在 Oxy 面内，指向轴线。

物理知识拓展

一些物体运动的速度、加速度量级（见表1-1和表1-2）

表1-1 一些物体运动的速度量级（$m \cdot s^{-1}$）

大陆漂移	$\sim 10^{-9}$
头发生长	$\sim 3 \times 10^{-9}$
步枪子弹离开枪口时	$\sim 7 \times 10^2$
喷气式飞机	$\sim 2.5 \times 10^2$
人造地球卫星	$\sim 7.9 \times 10^3$
地球公转	3×10^4
太阳在银河系中运动	3×10^5
电子绕核运动	$\sim 2.2 \times 10^8$
北京正负电子对撞机中电子	$99.999998\% c$
光在真空中	3.0×10^8

表1-2 一些物体运动的加速度量级（$m \cdot s^{-2}$）

太阳绕银河系中心转动的加速度	$\sim 3 \times 10^{-6}$
地球公转加速度	6×10^{-3}
月球表面的自由落体加速度	1.7
地球表面的重力加速度	9.8
使人昏晕的加速度	$\sim 7 \times 10$
火箭升空的加速度	$\sim 50 \sim 100$
步枪子弹在枪膛中的加速度	$\sim 5 \times 10^5$
质子在加速器中的加速度	$\sim 10^{13} \sim 10^{14}$

应用能力训练

在这个部分中我们将通过一些例题来向读者介绍运动学问题的求解方法。

【例1-6】 如图1-12所示，河岸上有人在 h 高处通过定滑轮以速度 v_0 收绳拉船靠岸。求船在距岸边为 x

处时的速度和加速度。

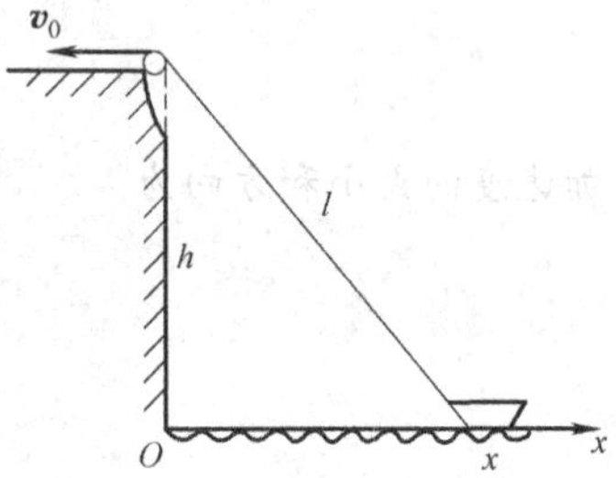

图 1-12

【解】本题为一维运动求速度问题，只要找出船的坐标 x（运动方程），再对时间求导，即可解（即属于第一类运动学问题）。

建立如图 1-12 所示坐标轴（x 轴），设小船到岸边距离为 x，绳子长度为 l，则船离岸的坐标

$$x = \sqrt{l^2 - h^2} = (l^2 - h^2)^{\frac{1}{2}} \quad ①$$

故船速

$$v = \frac{dx}{dt} = \frac{dx}{dl}\frac{dl}{dt} = -v_0\frac{dx}{dl}$$

$$= -v_0\frac{l}{\sqrt{l^2 - h^2}} = -v_0\frac{\sqrt{h^2 + x^2}}{x}$$

小船的加速度为

$$a = \frac{dv}{dt} = \frac{d}{dt}\left(-v_0\frac{l}{x}\right) = -\frac{v_0}{x^2}\left(\frac{dl}{dt}x - l\frac{dx}{dt}\right) = -\frac{v_0}{x^2}\left(-v_0 x + l\frac{v_0 l}{x}\right) = -\frac{h^2 v_0^2}{x^3}$$

在上式的推导中用到了 $\frac{dx}{dt} = v$，即为小船的速度。

细心的读者会发现，上面的计算过程还是比较繁琐的。如果把式①看作运动方程的隐式，采用隐函数求导的方法求速度和加速度会简便一些。将式①两边平方同时对时间 t 求导可得

$$2l\frac{dl}{dt} = 2x\frac{dx}{dt}$$

注意到上式中

$$\frac{dl}{dt} = -v_0, \quad \frac{dx}{dt} = v$$

故有

$$-lv_0 = xv \quad ②$$

解得

$$v = -\frac{lv_0}{x} = -\frac{\sqrt{x^2 + h^2}}{x}v_0$$

再将式②对时间 t 求导得到

$$-\frac{dl}{dt}v_0 = \frac{dx}{dt}v + x\frac{dv}{dt}$$

式中，$\frac{dv}{dt} = a$ 为船的加速度，故有

$$v_0^2 = v^2 + xa$$

解得

$$a = \frac{v_0^2 - v^2}{x} = -\frac{h^2 v_0^2}{x^3}$$

【例 1-7】 飞机从安全高度处下滑过渡到地面滑跑，直到完全停止运动的整个减速运动过程，称为着陆。着陆过程通常也可近似分为两个阶段，即减速下滑阶段和着陆滑跑阶段，如图 1-13 所示。下滑减速阶段，飞机从安全高度开始，发动机以慢车工作状态直线下滑，至离地 5 ~ 8m，驾驶员拉杆将飞机改平，至机轮离地 1m 左右，保持减速平飞，直

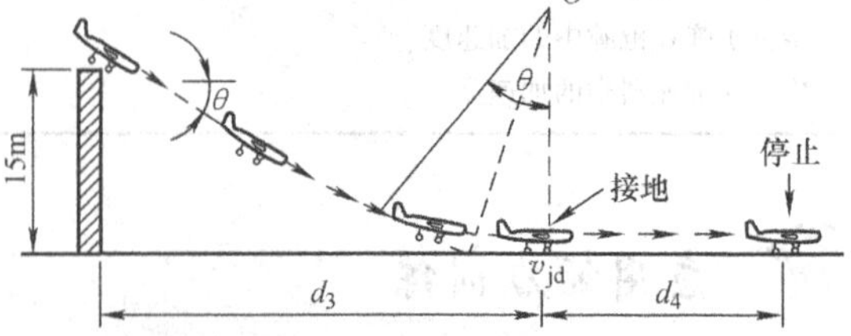

图 1-13

到升力不再能平衡飞机重力，飞机自行飘落，以主轮接地结束。接地滑跑阶段，飞机先以主轮开始保持两点滑跑，当速度减到一定程度时，驾驶员松杆使前轮接地，进行三点滑跑，同时使用制动减速，直到飞机安全停止运动。

接地滑跑段开始是两点滑跑，后段是三点滑跑。实践表明，两点滑跑时间很短，在同样速度下，两点滑跑时迎角大，阻力也大，但不使用制动，摩擦力较小；三点滑跑时，则迎角小，阻力也小，但使用制动，摩擦力较大。故可认为这两段的阻力加上摩擦力之和近似相等。因此可把整个滑跑过程作为三点滑跑进行估算。设飞机在地面三点滑跑中的加速度为 $a=-b-cv^2$，飞机接地速度为 v_{jd}，求飞机地面滑跑距离 d_4 和时间 t_4。

【解】 本题为一维运动的第二类运动学问题

$$a=\frac{\mathrm{d}v}{\mathrm{d}t}=-b-cv^2$$

$$\Rightarrow \mathrm{d}t=\frac{\mathrm{d}v}{-b-cv^2}$$

上式两边进行积分，得

$$\int_0^{t_4}\mathrm{d}t=\int_{v_{\mathrm{jd}}}^0\frac{\mathrm{d}v}{-b-cv^2}$$

$$t_4=\int_0^{v_{\mathrm{jd}}}\frac{\mathrm{d}v}{b+cv^2}=\frac{1}{\sqrt{bc}}\arctan\left(v_{\mathrm{jd}}\sqrt{\frac{c}{b}}\right)$$

为求飞机地面滑跑距离 d_4，把加速度变形为

$$a=\frac{\mathrm{d}v}{\mathrm{d}x}\frac{\mathrm{d}x}{\mathrm{d}t}=\frac{\mathrm{d}v}{\mathrm{d}x}v=-b-cv^2$$

移项并积分得

$$\int_{v_{\mathrm{jd}}}^0\frac{v}{-b-cv^2}\mathrm{d}v=\int_0^{d_4}\mathrm{d}x$$

$$d_4=-\frac{1}{2c}\int_{v_{\mathrm{jd}}}^0\frac{1}{b+cv^2}\mathrm{d}(b+cv^2)=-\frac{1}{2c}\ln\frac{b}{b+cv_{\mathrm{jd}}^2}=\frac{1}{2c}\ln\frac{b+cv_{\mathrm{jd}}^2}{b}$$

1.3　平面曲线运动

物理学基本内容

当你乘坐飞机时，若飞机发生倾斜，你是否会感到不适？事实上，飞机飞行时不会像自行车一样受到地面的摩擦力。当飞机的机翼发生倾斜时，飞机的升力就被分解成两个分力，一个分力用于克服地球引力，支持飞机，另一个力使飞机在水平方向转弯。

对于熟练的飞行员来说，飞行难点是转弯太急。随着飞机的转弯，当飞行员的头朝向曲线中心时，大脑的血压会降低，可能导致大脑功能的丧失。有几个警示信号提醒飞行员要注意：当向心加速度大小为2g或3g时，飞行员会感觉增重；当约达到4g时，飞行员会产生黑视，且视野变小，出现“管视”；如果加速度继续保持或者增加，视觉就会丧失，随后意识也会丧失，即出现所谓“超重昏厥”（也称过载引起的意识丧失，G-induced Loss Of Consciousness，G-LOC）。

一个击出的棒球落在哪里由什么因素决定？如何描述过山车沿着弯曲的轨道运动或飞速盘旋呢？如果你把一个水球从窗口水平抛出，它会与直接从该处掉落的水球同时落到地面吗？

我们发现几种重要类型的运动仅发生在两个维度——即在一个平面上。近距离观察弹力球

的运动轨迹，如果放慢弹力球的跳跃过程，你会发现每一次跳跃都是二维抛物线运动。类似的还有喷泉、焰火、篮球投篮等，这些运动可以用位矢、速度和加速度的两个分量来描述。

1.3.1 抛体运动

1. 平面直角坐标系

物体以某一初速度抛出，它在竖直平面内的运动叫作抛体运动。不计空气阻力，抛体运动的加速度为重力加速度。设抛体的初始速度为$\boldsymbol{v}_0$，与水平面的夹角为θ，选抛出点为坐标原点，如图1-14所示。在直角坐标系中，物体的加速度$\boldsymbol{a}$、初始速度$\boldsymbol{v}_0$和初始位矢$\boldsymbol{r}_0$分别为

$$\boldsymbol{a} = -g\boldsymbol{j},\quad \boldsymbol{v}_0 = v_0\cos\theta\boldsymbol{i} + v_0\sin\theta\boldsymbol{j},\quad \boldsymbol{r}_0 = 0$$

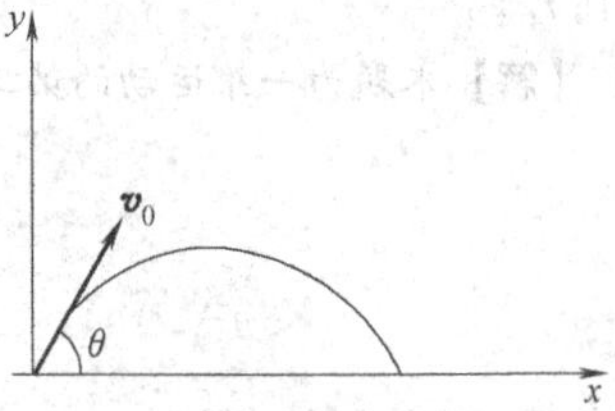

图 1-14

由加速度定义得

$$\mathrm{d}\boldsymbol{v} = -g\boldsymbol{j}\mathrm{d}t$$

两边同时积分

$$\int_{v_0}^{v}\mathrm{d}\boldsymbol{v} = \int_0^t(-g\boldsymbol{j})\mathrm{d}t$$

得

$$\boldsymbol{v}-\boldsymbol{v}_0 = -g\boldsymbol{j}t$$

即

$$\boldsymbol{v} = v_0\cos\theta\boldsymbol{i} + (v_0\sin\theta - gt)\boldsymbol{j} \tag{1-39}$$

可见，抛体运动可视为x方向的匀速直线运动与y方向的匀变速直线运动的叠加。

$$\mathrm{d}\boldsymbol{r} = \mathrm{d}x\boldsymbol{i} + \mathrm{d}y\boldsymbol{j} = \boldsymbol{i}v_0\cos\theta\mathrm{d}t + \boldsymbol{j}(v_0\sin\theta - gt)\mathrm{d}t$$

两边积分

$$\int_0^r\mathrm{d}\boldsymbol{r} = \boldsymbol{i}\int_0^t v_0\cos\theta\mathrm{d}t + \boldsymbol{j}\int_0^t(v_0\sin\theta - gt)\mathrm{d}t$$

得到

$$\boldsymbol{r} = x\boldsymbol{i} + y\boldsymbol{j} = v_0t\cos\theta\boldsymbol{i} + \left(v_0t\sin\theta - \frac{1}{2}gt^2\right)\boldsymbol{j}$$

则有

$$\begin{aligned} x &= v_0t\cos\theta \\ y &= v_0t\sin\theta - \frac{1}{2}gt^2 \end{aligned} \tag{1-40}$$

显然，轨迹方程为

$$y = x\tan\theta - \frac{g}{2v_0^2\cos^2\theta}x^2$$

请读者注意：在上面的抛体运动中，当θ为0°时表示平抛运动；θ为90°时表示竖直上抛运动；当θ为-90°时表示竖直下抛运动（在这种情况下若v_0也为零，则表示自由落体运动）。

饲养员和猴子：一只猴子逃出动物园并爬上一棵树（见图1-15）。在未能引诱猴子下来的情况下，饲养员直接向猴子发射出一支麻醉飞镖。这只聪明的猴子在麻醉飞镖射出枪筒的同时，试图落向地面逃走。结果表明，无论麻醉飞镖的初速多少，总能击中猴子（倘若麻醉飞镖能在猴子落到地面前击中它），为什么？

2. 运动叠加原理

通过以上分析可以看出，运动具有叠加性。抛体运动可以视为水平方向的匀速直线运动与竖

直方向的匀变速直线运动的叠加，水平方向和竖直方向的运动可以分别计算。对于平面曲线运动，可视为 x 轴与 y 轴两个方向运动的叠加。大量的观察和实验结果指出，如果一个物体同时参与几个方向上的分运动，那么，任何一个方向上的分运动不会因为其他方向上的运动同时存在而受影响，运动的这种属性称之为运动的独立性。换句话说，一个运动可以看成几个各自独立进行的分运动的叠加，这个结论称为运动叠加原理。叠加原理和运动的独立性在本质上是同一概念的两个侧面。

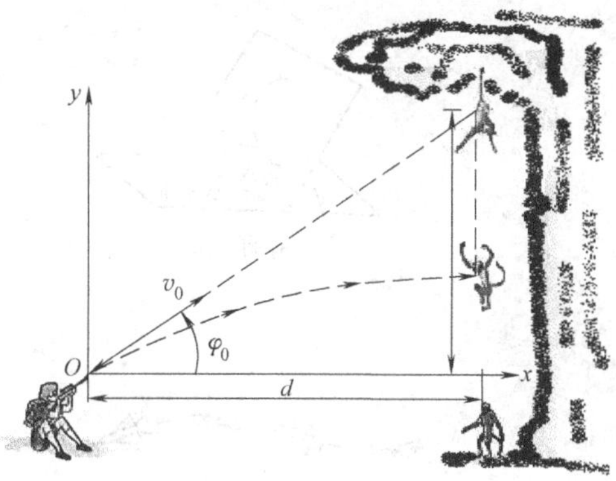

图　1-15

根据运动叠加原理，曲线运动可以看成是几个直线运动的叠加。处理问题时，我们可以对每一个分运动单独进行分析，就好像其他分运动根本不存在一样。将曲线运动分解成几个直线运动进行研究，这就是研究曲线运动的基本方法。显然，掌握直线运动的研究方法和规律是研究曲线运动的基础。

在无阻力抛体运动中，将一个运动分解为两个相互垂直方向并相互独立的运动并不是一个普遍适用的法则，即并不是任何运动都可以看作两个（或三个）沿相互垂直方向，并相互独立的运动的叠加，因为分运动的独立性（某个分运动不会因为其他分运动存在与否而变化）是有条件的，因此运动叠加原理也是有适用条件的。

物理知识拓展

飞机的运动

如果飞机铅垂面和水平面的运动满足独立作用，那么飞机的空间运动就可视为铅垂面内的运动和水平面内的运动的叠加，飞机铅垂面和水平面的运动分析就成为认识飞机空间运动的基础。飞机的盘旋和转弯属于水平平面内的运动，包括定常和非定常两种情况。飞机在铅垂平面内的飞行，是指飞机不倾斜、无侧滑、飞机对称面与质心运动轨迹所在铅垂平面相重合的飞行，此时速度矢量和作用于飞机的外力均在飞机对称面内。这种机动飞行主要包括只改变飞行速度大小的平飞加减速、同时改变速度和高度的跃升、俯冲及斤斗等机动动作，如图 1-16 所示。

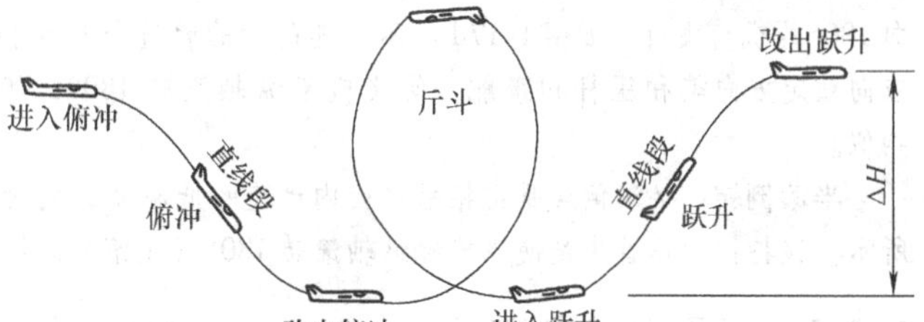

图　1-16

空间机动飞行是同时改变飞行速度、高度和方向的空间特技飞行，飞行轨迹不仅在水平面内的投影是弯曲的，而且还有高度的变化。满足独立作用条件下，这种飞行可视为飞机在水平平面内的运动和在铅垂方向运动的叠加。这种运动是以一定的法向过载和滚转角配合变化来实现的。空间机动飞行种类很多，下面简要介绍几种常见的空间机动动作。

斜斤斗：斜斤斗的轨迹位于与水平面成一 ψ 角的空间平面内（见图 1-17a）。其飞行动作实际上是斤斗和盘旋结合起来的一种特技动作，如果 ψ 角不大，它接近于非定常盘旋。

战斗转弯：飞机一边升高一边改变飞行方向 180° 的机动飞行，又称为急上升转弯，如图 1-17b 所示。在操纵上，转弯前半段主要是增加高度，后半段在增加高度的同时增大滚转角和偏航角，使飞行方向改变

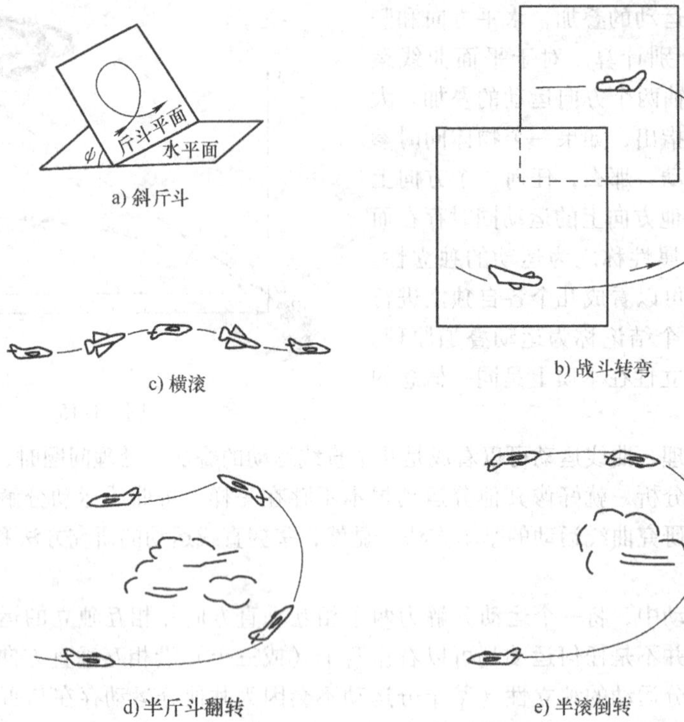

a) 斜斤斗　b) 战斗转弯　c) 横滚　d) 半斤斗翻转　e) 半滚倒转

图 1-17

180°。空战中为了夺取高度优势同时又要改变飞行方向，常用这种特技动作。

横滚：飞机基本保持原运动方向，高度改变小，且绕纵轴滚转的飞行动作。按滚转角的大小，横滚可分为半滚（滚转 180°）、横滚（滚转 360°）和连续横滚。横滚飞行动作如图 1-17c 所示。横滚时由于升力方向不断改变，重力得不到升力的平衡，飞机会自动掉高度。为了使横滚改出不掉高度，应使飞机处于上升状态，使横滚前半段增加一定高度，以弥补后半段所掉高度。

半斤斗翻转：又称为战斗半滚，战斗半滚是在铅垂平面内迅速增加高度的同时在水平面内改变飞行方向 180°的机动飞行，如图 1-17d 所示。其前段的轨迹与斤斗相同，当飞机快到达斤斗的顶点机轮朝上时，应向预定方向柔和压杆和蹬舵，使飞机沿纵轴滚转 180°，然后平飞，所以后半段动作与横滚的后半段相似。

半滚倒转：半滚倒转是在铅垂平面内迅速降低高度的同时改变飞行方向 180°的机动动作，如图 1-17e 所示。该特技动作首先是使飞机绕纵轴滚转 180°（半滚），然后完成斤斗的后一半动作。

1.3.2 平面自然坐标系

若已知质点运动轨迹 $y=y(x)$，则两个标量函数只有一个是独立的，即此时只需一个标量函数即可完成对质点位置的描述，在这种情况下就可以选用平面自然坐标系（简称自然坐标系）对质点的运动状态进行描述。

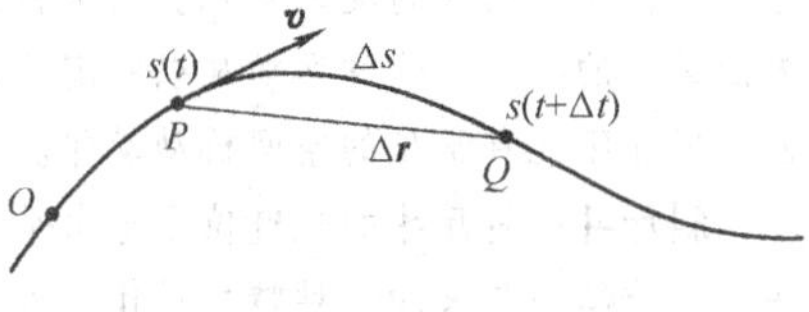

图 1-18

自然坐标系是沿质点运动轨迹建立起来的坐标系，由于平面曲线运动中质点的轨迹为曲线，所以自然坐标系的坐标轴同样为一条弯曲的曲线。如图 1-18 所示，在轨迹上选取一点 O 作为坐标系的原点，由原点至质点位置 P 的弧长 s 为质点的位置坐标，确定沿轨迹的某一方向为正方向，因此这里的弧长，并不同于一般仅说明长度的弧长，也不同于运动学中的路程，根据原点与

正方向的确定，s 可正可负。已知质点位置的弧坐标即可确定质点位置，故质点运动学方程在自然坐标系中可表示为

$$s = s(t)$$

可见，在自然坐标系中，对于质点运动位置的描述不同于直角坐标系，为一可正可负的标量。在自然坐标系中位移可表示为

$$\Delta s = s(t + \Delta t) - s(t)$$

用自然坐标描述质点的平面曲线运动时，取以质点所在点的切线方向和法线方向为垂直轴建立二维坐标系，一般切线方向指向自然坐标的正向，法线方向指向轨迹曲线凹侧，切向和法向的单位矢量分别记作 $\boldsymbol{\tau}$ 和 $\boldsymbol{n}$，显然，自然坐标中单位矢量 $\boldsymbol{\tau}$ 和 $\boldsymbol{n}$ 的方向随质点在轨迹上的位置不同而变化（见图1-19），一般来说 $\boldsymbol{\tau}$ 和 $\boldsymbol{n}$ 不是恒矢量。需要注意的是，在直角坐标系中沿坐标轴的各个单位矢量均为恒矢量，即其方向不会随时间变化而变化。而在自然坐标系中，两个单位矢量 $\boldsymbol{\tau}$ 和 $\boldsymbol{n}$ 将随质点在轨迹上位置的不同而改变其方向。

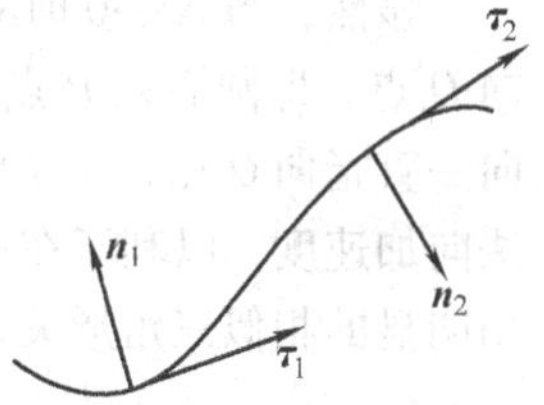

图　1-19

下面讨论当质点做曲线运动且轨迹为已知时，如何用自然坐标来确定其速度。设质点沿曲线轨迹运动（见图1-18），时刻 t 时质点位于 P 点，自然坐标为 $s(t)$，时刻 $t+\Delta t$ 时质点位于 Q 点，自然坐标为 $s(t+\Delta t)$，在时间 Δt 内质点位移为 $\Delta\boldsymbol{r}$，自然坐标的增量为 Δs，即

$$\Delta s = s(t + \Delta t) - s(t)$$

根据速度的定义，可得

$$\boldsymbol{v} = \lim_{\Delta t\to 0}\frac{\Delta \boldsymbol{r}}{\Delta t} = \lim_{\Delta t\to 0}\frac{\Delta \boldsymbol{r}\Delta s}{\Delta s\Delta t} = \lim_{\Delta s\to 0}\frac{\Delta \boldsymbol{r}}{\Delta s}\lim_{\Delta t\to 0}\frac{\Delta s}{\Delta t} = \lim_{\Delta s\to 0}\frac{\Delta \boldsymbol{r}}{\Delta s}\frac{\mathrm{d}s}{\mathrm{d}t}$$

当 $\Delta t\to 0$ 时，Q 点趋近于 P 点，故上式右边第一部分的绝对值为

$$\lim_{\Delta s\to 0}\left|\frac{\Delta \boldsymbol{r}}{\Delta s}\right| = 1$$

当 $\Delta s\to 0$ 时，$\Delta\boldsymbol{r}$ 的方向趋近于 P 点处轨迹的切线方向，若以 $\boldsymbol{\tau}$ 表示沿 P 点处切线正方向的单位矢量（切线正方向的指向与自然坐标的正向相同），则上式右边第一部分可写成

$$\lim_{\Delta s\to 0}\frac{\Delta \boldsymbol{r}}{\Delta s} = \boldsymbol{\tau}$$

从而可得

$$\boldsymbol{v} = \frac{\mathrm{d}s}{\mathrm{d}t}\boldsymbol{\tau}$$

由上式可知，质点速度的大小由自然坐标 s 对时间的一阶导数决定。方向沿着质点所在处轨迹的切线方向。$\mathrm{d}s/\mathrm{d}t>0$，速度指向切线正方向；$\mathrm{d}s/\mathrm{d}t<0$，速度指向切线负方向。

在自然坐标中，加速度又如何表示呢？我们知道，物体的加速度定义为速度对时间的一阶导数，即 $\boldsymbol{a}=\frac{\mathrm{d}\boldsymbol{v}}{\mathrm{d}t}$，这就是说，只要速度发生了变化，就一定有加速度，然而速度是个矢量，无论速度在方向上发生变化，还是速度在大小上发生变化，都是速度的变化，会产生相应的加速度，在自然坐标中速度方向变化引起的加速度称为法向加速度，速度大小变化引起的加速度称为切向加速度，下面我们以质点的圆周运动为例，探究自然坐标中的加速度，从而掌握加速度的方向问题并将其推广到一般的曲线运动中去。匀速圆周运动速度大小不变，凸显速度方向变化产生的加速度，我们先来研究它。

1. 匀速圆周运动与法向加速度

在加速度定义中我们知道，速度方向的变化也会有加速度。由于质点在固定的圆周上运动，速度方向变化的快慢显然与速率的大小有关。因此，在匀速圆周运动中质点的加速度也是与速率相关的。下面我们详细地讨论它的大小和方向。

如图1-20所示，质点从P点运动到Q点有速度增量$\Delta\boldsymbol{v}$存在。根据加速度的定义可得加速度为

$$\boldsymbol{a}=\lim_{\Delta t\to 0}\frac{\Delta\boldsymbol{v}}{\Delta t}$$

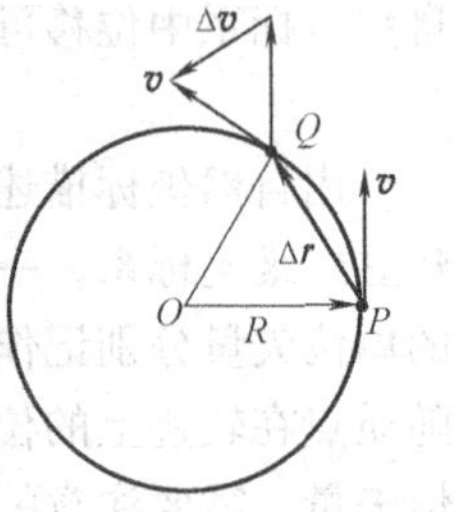

图 1-20

显然，当$\Delta t\to 0$时Q点将无限靠近P点，$\Delta\boldsymbol{v}$的极限方向为由P点指向O点，即圆周在P点的法向。由于质点在运动的过程中此加速度的方向一直指向O点，中学将它叫作向心加速度。在大学物理中我们将它称为法向加速度，以利于在一般情况下与切向加速度以及总加速度相区分。利用明显的相似三角形关系，我们有

$$\frac{v}{R}=\frac{|\Delta\boldsymbol{v}|}{|\Delta\boldsymbol{r}|}\tag{1-41}$$

于是，加速度的大小为

$$|\boldsymbol{a}|=\left|\lim_{\Delta t\to 0}\frac{\Delta\boldsymbol{v}}{\Delta t}\right|=\lim_{\Delta t\to 0}\frac{|\Delta\boldsymbol{v}|}{\Delta t}=\lim_{\Delta t\to 0}\frac{v}{R}\frac{|\Delta\boldsymbol{r}|}{\Delta t}=\frac{v^2}{R}\tag{1-42}$$

使用矢量可以同时将匀速圆周运动中法向加速度的大小和方向同时表示出来，为

$$\boldsymbol{a}_{\mathrm{n}}=\frac{v^2}{R}\boldsymbol{n}$$

式中，$\boldsymbol{n}$表示轨迹法向的单位矢量。由上述分析可见，法向加速度将导致运动速度方向的改变。

2. 变速圆周运动与切向加速度

如图1-21a所示，一质点沿一圆周运动，圆心在O，半径为R。为了便于阐述，我们在圆中设立了一个平面直角坐标来帮助分析。设质点在t时刻位于P_1点，位矢为$\boldsymbol{r}$，速度为$\boldsymbol{v}$；在$t+\Delta t$时刻质点位于P_2点，位矢为$\boldsymbol{r}+\Delta\boldsymbol{r}$。其中，$\Delta\boldsymbol{r}$为过程中质点的位移，$\Delta\boldsymbol{v}$为速度的增量。

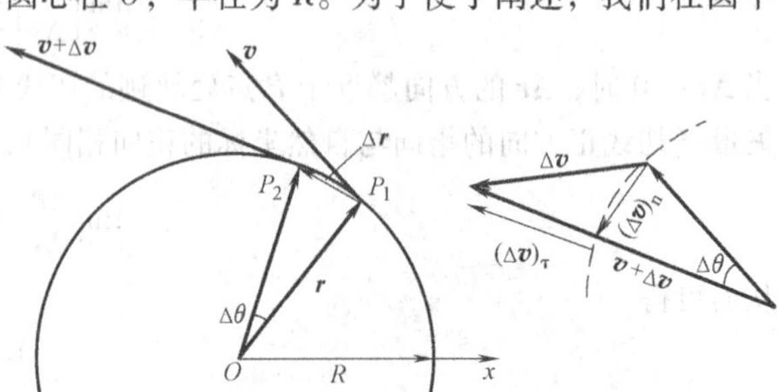

图 1-21

速度增量的矢量图见图1-21b，在图中，我们过$\boldsymbol{v}$矢量末端点用$(\Delta\boldsymbol{v})_{\mathrm{n}}$矢量在$\boldsymbol{v}+\Delta\boldsymbol{v}$矢量上截取顶角为$\Delta\theta$的等腰三角形，显然

$$\Delta\boldsymbol{v}=(\Delta\boldsymbol{v})_{\mathrm{n}}+(\Delta\boldsymbol{v})_{\tau}\tag{1-43}$$

式中，$(\Delta\boldsymbol{v})_{\mathrm{n}}$与初速度$\boldsymbol{v}$构成一个等腰三角形，而$(\Delta\boldsymbol{v})_{\tau}$则沿着末速度$\boldsymbol{v}+\Delta\boldsymbol{v}$的方向，这两个分矢量的含义不同：$(\Delta\boldsymbol{v})_{\mathrm{n}}$代表速度方向的改变，$(\Delta\boldsymbol{v})_{\tau}$代表速度大小的改变。把上式两边同时除以过程的时间间隔Δt，并令$\Delta t\to 0$有

$$\frac{\mathrm{d}\boldsymbol{v}}{\mathrm{d}t}=\frac{(\mathrm{d}\boldsymbol{v})_{\mathrm{n}}}{\mathrm{d}t}+\frac{(\mathrm{d}\boldsymbol{v})_{\tau}}{\mathrm{d}t}\tag{1-44}$$

记为

$$\boldsymbol{a}=\boldsymbol{a}_{\mathrm{n}}+\boldsymbol{a}_{\tau}\tag{1-45}$$

式（1-45）左边 $\boldsymbol{a}=\frac{\mathrm{d}\boldsymbol{v}}{\mathrm{d}t}$ 为质点在 t 时刻的（总）加速度，右边第一项

$$\boldsymbol{a}_{\mathrm{n}}=\frac{(\mathrm{d}\boldsymbol{v})_{\mathrm{n}}}{\mathrm{d}t} \tag{1-46}$$

称为法向加速度，第二项

$$\boldsymbol{a}_{\tau}=\frac{(\mathrm{d}\boldsymbol{v})_{\tau}}{\mathrm{d}t} \tag{1-47}$$

称为切向加速度，它们的大小和方向将在下面分析。式（1-44）的涵义是：质点的加速度为法向加速度和切向加速度的矢量和。

下面我们先分析法向加速度 $\boldsymbol{a}_{\mathrm{n}}$，这个分析与匀速率圆周运动中讨论向心加速度的过程完全相同。图中位矢 $\boldsymbol{r}$ 和位移 $\Delta\boldsymbol{r}$ 构成的等腰三角形与速度 $\boldsymbol{v}$ 和速度增量的法向分量 $(\Delta\boldsymbol{v})_{\mathrm{n}}$ 构成的等腰三角形相似，所以有

$$\frac{|(\Delta\boldsymbol{v})_{\mathrm{n}}|}{|\boldsymbol{v}|}=\frac{|\Delta\boldsymbol{r}|}{|\boldsymbol{r}|} \tag{1-48}$$

式中，$|\boldsymbol{v}|$ 为质点在 P_1 处的速率 v；$|\boldsymbol{r}|$ 为位矢大小，即圆半径 R。故上式可记为

$$\frac{|(\Delta\boldsymbol{v})_{\mathrm{n}}|}{v}=\frac{|\Delta\boldsymbol{r}|}{R}$$

将此式两边同除以 Δt，并令 $\Delta t\to 0$，得到

$$\frac{|(\mathrm{d}\boldsymbol{v})_{\mathrm{n}}/\mathrm{d}t|}{v}=\frac{|\mathrm{d}\boldsymbol{r}/\mathrm{d}t|}{R}$$

按式（1-46），$|(\mathrm{d}\boldsymbol{v})_{\mathrm{n}}/\mathrm{d}t|$ 为法向加速度的大小，记为 a_{n}，而 $|\mathrm{d}\boldsymbol{r}/\mathrm{d}t|$ 为速度的大小即速率 v，因而上式简化为

$$\frac{a_{\mathrm{n}}}{v}=\frac{v}{R}$$

于是我们得到质点法向加速度的大小为

$$a_{\mathrm{n}}=\frac{v^2}{R} \tag{1-49}$$

法向加速度的方向按式（1-46）应为 $(\mathrm{d}\boldsymbol{v})_{\mathrm{n}}$ 的方向，即 $\Delta t\to 0$ 时 $(\Delta\boldsymbol{v})_{\mathrm{n}}$ 的极限方向，它显然与速度 $\boldsymbol{v}$ 垂直，并指向圆心，而 $\boldsymbol{v}$ 是在轨迹的切向，故 $\boldsymbol{a}_{\mathrm{n}}$ 也称为法向加速度。

下面分析切向加速度 $\boldsymbol{a}_{\tau}$。在图 1-21b 中可以看到，$\Delta\boldsymbol{v}$ 的分量 $(\Delta\boldsymbol{v})_{\tau}$ 的大小等于速率的增量，记为

$$|(\Delta\boldsymbol{v})_{\tau}|=\Delta v \tag{1-50}$$

将式（1-50）两边同除以 Δt，并令 $\Delta t\to 0$，有

$$\left|\frac{(\mathrm{d}\boldsymbol{v})_{\tau}}{\mathrm{d}t}\right|=\frac{\mathrm{d}v}{\mathrm{d}t} \tag{1-51}$$

按式（1-47），$|(\mathrm{d}\boldsymbol{v})_{\tau}/\mathrm{d}t|$ 即为切向加速度的大小，记为 a_{τ}，而 $\mathrm{d}v/\mathrm{d}t$ 为速率的变化率，于是我们有结论：切向加速度的大小等于速率的变化率，即 $a_{\tau}=\mathrm{d}v/\mathrm{d}t$，切向加速度的方向按式（1-47）应为 $(\mathrm{d}\boldsymbol{v})_{\tau}$ 即 $\Delta t\to 0$ 时 $(\Delta\boldsymbol{v})_{\tau}$ 的极限方向，因它沿速度 $\boldsymbol{v}$ 的方向，故称为切向加速度。

以上结论是按质点的速率增加得到的。若质点的速率是在减少，则速度增量的分解应如图 1-22 所示。此时若令 $\Delta t\to 0$ 则 $(\Delta\boldsymbol{v})_{\tau}$ 的极限方向应与速度 $\boldsymbol{v}$ 的方向相反，即切向加速度将逆着速度 $\boldsymbol{v}$ 的方向。

综合以上两种情况，我们把切向加速度用一个带符号的量值（标量）来表示，其值为

$$a_\tau = \frac{dv}{dt} \tag{1-52}$$

当质点速率增加时，$a_\tau > 0$，表示切向加速度 $\boldsymbol{a}_\tau$ 沿速度 $\boldsymbol{v}$ 的方向；当质点速率减小时，$a_\tau < 0$，表示切向加速度逆着速度的方向。

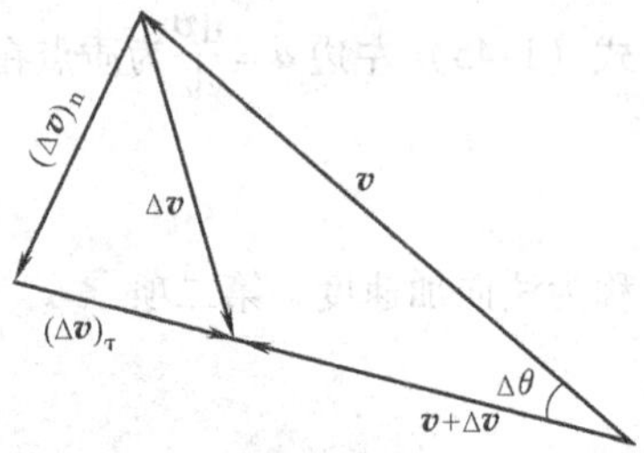

图 1-22

把质点的加速度分解为切向加速度和法向加速度是自然坐标描述的主要特点，其好处是两个分量的物理意义十分清晰：切向加速度描述质点速度大小变化的快慢，而法向加速度则描述质点速度方向变化的快慢。沿切向和法向来分解加速度仍属于正交分解（见图 1-23），故质点加速度的大小为

$$a = \sqrt{a_\tau^2 + a_n^2} \tag{1-53}$$

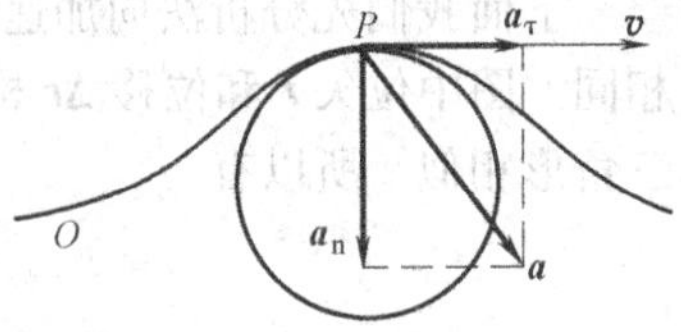

图 1-23

质点加速度与速度的夹角 φ 满足

$$\tan\varphi = \frac{a_n}{a_\tau} \tag{1-54}$$

式中，a_n 为法向加速度的大小；a_τ 为切向加速度的大小。若质点的速率在增加，$a_\tau > 0$，即切向加速度 $\boldsymbol{a}_\tau$ 沿速度 $\boldsymbol{v}$ 的方向，此时 $\tan\varphi > 0$，即 φ 为锐角；若质点速率在减小，$a_\tau < 0$，即 $\boldsymbol{a}_\tau$ 与 $\boldsymbol{v}$ 反向，此时 $\tan\varphi < 0$，φ 为钝角。但无论速率是增加或减小，从图 1-23 中可以看到，由于法向加速度 $\boldsymbol{a}_n$ 总是指向圆心（轨迹曲线的法向），所以加速度总是指向轨道凹的一侧。

3. 曲线运动中的法向加速度与切向加速度

一般曲线运动的轨迹不是一个圆周，但轨迹上任何一点附近的一段极小的线元都可以看作是某个半径的圆的一段圆弧，这个圆叫作轨迹在该点的曲率圆，如图 1-24 所示，其半径叫曲率半径，曲率半径的倒数叫曲率。当质点运动到这一点时，其运动可以看作在曲率圆上进行的，所以前述的对圆周运动法向和切向加速度的讨论及结论此时仍能适用。不同的是，在一般曲线运动中法向加速度的大小 $a_n = \dfrac{v^2}{\rho}$，其中的 ρ 应是考察点的曲率半径，法向加速度的方向应是指向考察点的曲率中心。圆周运动是一种特殊的曲线运动，对圆周上的任一点，只有一个曲率圆即圆周自身，而一般曲线运动在轨迹的不同点有不同的曲率圆和不同的曲率中心（见图 1-24）。

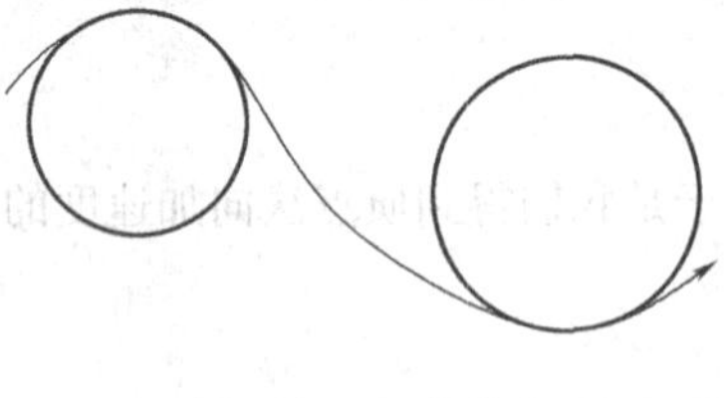
图 1-24

对于一个直角坐标系，我们把质点的加速度分解为 a_x，a_y，a_z 三个分量，x，y，z 的指向是完全确定的。而对于自然坐标系，当我们把加速度分解为 a_τ 和 a_n 两个分量时，在轨道上不同的点，切向和法向的指向往往是各不相同的，这一点应该引起注意。在一个具体问题中究竟采用什么坐标系，这需要具体分析。对斜抛运动，用直角坐标方便一些，此时质点加速度 $a_x = 0$，$a_y = -g$，但用自然坐标系则麻烦一些。对匀速圆周运动，用自然坐标系则方便一些，此时质点的切向加速度 $a_\tau = 0$，法向加速度 $a_n = v^2/R$，用直角坐标系则麻烦一些。

1.3.3 圆周运动的角量描述

圆周运动是我们在日常生活和工作中常见的物体运动形式。许多机器的运转都与圆周运动有关。研究圆周运动的特点具有非常重要的现实意义，是运动学研究的重要运动形式之一。研究问题的思想和方法我们要注意与前面直线运动的情况做类比。

1. 角位置与角位移

对圆周运动而言，由于圆周的半径是确定的，所以质点的位置可以使用角量的方法来确定。这种方法叫作圆周运动的角量描述。

圆周运动的角量描述是一种简化的平面极坐标表示方法。平面极坐标系的构成如图 1-25 所示，以平面上 O 点为原点（极点），Ox 轴为极轴，建立起一个平面极坐标系。平面上任一点 P 的位置可用 P 到 O 的距离（极径）r 以及 r 与 x 轴的夹角（极角）θ 来表示。

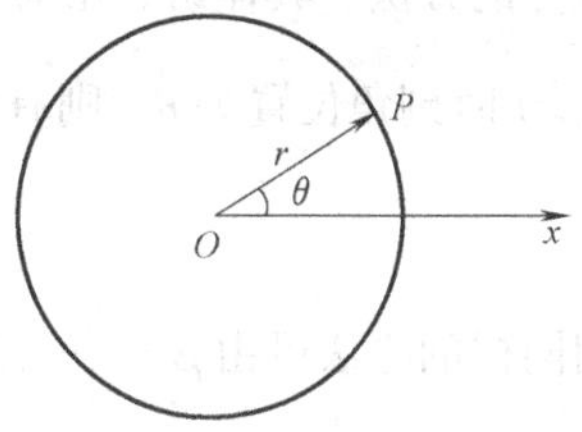

图 1-25

平面极坐标系适于描述质点的圆周运动。以圆心为极点，再沿一半径方向设一极轴 Ox，则质点到 O 点的距离 r 即为圆半径 R，它是一个常量，故质点位置仅用夹角 θ 即可确定。θ 称为质点的角位置，它实际上只代表质点相对于原点的方向。θ 随时间 t 变化的关系式为

$$\theta = \theta(t) \tag{1-55}$$

称为角量运动方程。质点在从 t 到 $t+\Delta t$ 过程中角位置的变化叫作角位移，即

$$\Delta\theta = \theta(t + \Delta t) - \theta(t) \tag{1-56}$$

通常取逆时针转向的角位移为正值。

2. 角速度

当质点做圆周运动时，在有限长时间段内的角位移与时间间隔的比值称为平均角速度，即

$$\overline{\omega} = \frac{\Delta\theta}{\Delta t} \tag{1-57}$$

而在无限短时间内角位移与时间间隔的比值定义为瞬时角速度，简称角速度。根据极限的概念，在 $\Delta t \to 0$ 时平均角速度的极限就是质点在 t 时刻的瞬时角速度，即

$$\omega = \lim_{\Delta t \to 0} \frac{\Delta\theta}{\Delta t} = \frac{d\theta}{dt} \tag{1-58}$$

即角速度为角位置的时间变化率（角位置对时间的一阶导数），通常以逆时针转动的角速度为正。角速度的单位是 $rad \cdot s^{-1}$（弧度每秒）或 s^{-1}。

3. 角加速度

在圆周运动过程中，角速度增量与时间间隔的比值定义为角加速度，常用 β 表示。所谓角速度增量是指质点在 t 到 $t+\Delta t$ 过程中末角速度与初角速度之差，即

$$\Delta\omega = \omega(t + \Delta t) - \omega(t) \tag{1-59}$$

在有限长的时间段内角速度增量与其时间间隔 Δt 之比称为平均角加速度：$\overline{\beta} = \dfrac{\Delta\omega}{\Delta t}$。

在无限短的时间间隔内角速度增量与其时间间隔之比称为瞬时角加速度，简称角加速度。同样，根据极限的概念，在 $\Delta t \to 0$ 时，平均角加速度的极限即为质点在 t 时刻的瞬时角加速度，即

$$\beta = \lim_{\Delta t \to 0} \frac{\Delta\omega}{\Delta t} = \frac{d\omega}{dt} = \frac{d^2\theta}{dt^2} \tag{1-60}$$

亦即角加速度为角速度对时间的变化率（即角速度对时间的一阶导数，或角位移对时间的二阶导数）。角加速度的单位是 $rad \cdot s^{-2}$ 或 s^{-2}。

圆周运动角量的运动学问题完全类似于直线运动的情况。如果已知角运动方程求角速度和角加速度，则使用求导数的方法；如果已知角加速度和初始条件求角速度和角运动方程，则使用

积分的方法。具体讲，由 $\omega=\frac{\mathrm{d}\theta}{\mathrm{d}t}$可得 $\mathrm{d}\theta=\omega\mathrm{d}t$，把此式对过程积分，并设 $t=0$ 时质点角位置为 θ_0，t 时刻角位置为 θ，则有角位移公式

$$\theta-\theta_0=\int_0^t\omega\mathrm{d}t \tag{1-61}$$

用同样的方法可由 $\beta=\frac{\mathrm{d}\omega}{\mathrm{d}t}$得到角速度公式

$$\omega-\omega_0=\int_0^t\beta\mathrm{d}t \tag{1-62}$$

式中，ω_0 和 ω 分别为 $t=0$ 时刻及 t 时刻的角速度。

当碰到角加速度与角速度有关或角加速度与角位置有关的情况时，积分的处理方法与前面直线运动的情况相类似。

4. 圆周运动中角量与线量的关系

质点的圆周运动常用平面极坐标系和自然坐标系描述。极坐标是用角位置、角速度和角加速度等物理量来描述圆周运动，称为角量描述，而自然坐标是用路程、速率、切向加速度及法向加速度来描述圆周运动，称为线量描述。两种描述之间的关系比较简单，如图 1-26 所示。设质点沿半径为 R 的圆周运动，以 P 点为路程起点，以运动方向为正方向，也就是角位置 θ 和路程 s 增加的方向。设质点 t 时刻在 P_1点，其角位置为 θ，路程为 s，则有

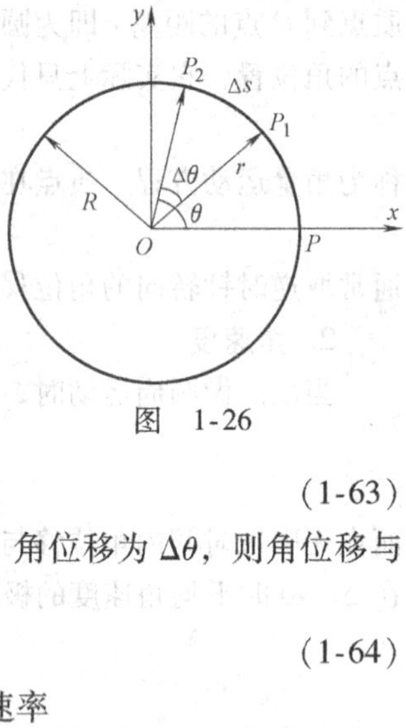

图 1-26

$$s=R\theta \tag{1-63}$$

若在 $t+\Delta t$ 时刻质点运动到 P_2点，过程中质点走过的路程为 Δs，角位移为 $\Delta\theta$，则角位移与路程的关系为

$$\Delta s=R\Delta\theta \tag{1-64}$$

将式（1-63）两边同时除以 Δt 并令 $\Delta t\to0$ 取极限，可以得到质点的速率

$$v=\frac{\mathrm{d}s}{\mathrm{d}t}=R\frac{\mathrm{d}\theta}{\mathrm{d}t}=R\omega \tag{1-65}$$

再将式（1-65）对时间 t 求导得质点的切向加速度

$$a_\tau=\frac{\mathrm{d}v}{\mathrm{d}t}=R\beta \tag{1-66}$$

而质点的法向加速度为

$$a_n=\frac{v^2}{R}=v\omega=R\omega^2 \tag{1-67}$$

有时，质点在圆周上运动的方向是变化的，此时式（1-63）和式（1-65）中的 θ 和 ω 可能为负值，式中 s 和 v 也为负值，此时可把 s 看作弧坐标，v 看作速度，均设为标量。这时，若 s、v 及 a_τ 为负，表示它们与所设的正方向反向。

物理知识应用

飞机质心在铅垂平面内曲线运动中的加速度

首先，介绍描述飞行器运动的航迹坐标系 $O(x_h,y_h,z_h)$，又称弹道固连坐标系（角标 h 为航迹一词的拼音字头），它是自然坐标系在描述飞机运动时的具体化。它的原点 O 位于飞行器质心。Ox_h 轴始终指向飞行

器的地速方向；Oy_h 轴则位于包含 Ox_h 轴的铅垂平面内，垂直于 Ox_h 轴，指向上方为正；Oz_h 轴垂直于 x_hOy_h 平面（因而是水平的）指向右翼为正。航迹坐标系 Ox_h 轴在地面坐标系的 x_dOz_d 平面上的投影与 Ox_d 轴之间的夹角称为航迹偏转角 ψ_s，并规定航迹向左偏转时，ψ_s 为正。Ox_h 轴与水平面之间的夹角称为航迹倾斜角 θ，规定航迹向上倾斜时，θ 为正（见图 1-27）。角度 ψ_s 和 θ 决定了飞机地速在空间的方向。

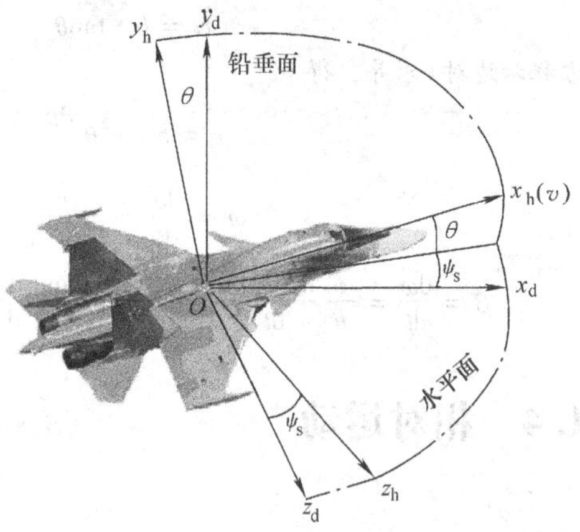

图 1-27

考虑飞机质心在铅垂平面内做曲线运动时，$\psi_s=0$，航迹坐标系简化为 $O(x_h, y_h)$，显然，Ox_h 方向的加速度就是我们前面讨论的自然坐标系中的切向加速度，即 $a_{xh}=\mathrm{d}v/\mathrm{d}t$。法向加速度可以通过航迹倾斜角 θ 的变化来表示：

$$a_{yh}=\frac{v^2}{\rho}=v\frac{\mathrm{d}\theta}{\mathrm{d}t}$$

当 θ 增加时，$\frac{\mathrm{d}\theta}{\mathrm{d}t}>0$，$\boldsymbol{a}_{yh}$ 的方向为 Oy_h 正向，即指向航迹曲线凹侧；当 θ 减小时，$\frac{\mathrm{d}\theta}{\mathrm{d}t}<0$，$\boldsymbol{a}_{yh}$ 的方向为 Oy_h 负向，同样指向航迹曲线凹侧。

应用能力训练

【例 1-8】 当歼-10 战斗机飞行员以 $v=2500\mathrm{km\cdot h^{-1}}$（$694\mathrm{m\cdot s^{-1}}$）的速率飞过曲率半径为 $r=8.2\mathrm{km}$ 的圆弧时，问此时向心加速度（以 $g=9.8\mathrm{m\cdot s^{-2}}$ 为单位）应为多大？

【解】 这里的关键点是，虽然飞行员的速率恒定，但圆形轨迹需要向心加速度，其大小为

$$a=\frac{v^2}{r}=\frac{(694\mathrm{m\cdot s^{-1}})^2}{8200\mathrm{m}}=58.7\mathrm{m\cdot s^{-2}}\approx 6\mathrm{g}$$

假设一飞行员在空中不小心使飞机转弯太急，飞行员几乎会立即进入“超重昏厥”状态，过程之快甚至来不及有警示信号来提醒即将出现的危险。

【例 1-9】 三架飞机编队飞行，做 90°转弯，最内侧的一架飞机 1 以速度 $324\mathrm{km\cdot h^{-1}}$、半径 $r=450\mathrm{m}$ 做正确盘旋的转弯。各飞机之间的间隔如图 1-28 所示。设飞机转弯时所处的高度相同，试分别求飞机 2 和飞机 3 的速度和加速度。

【解】 三架飞机编队飞行，转弯过程中满足角位移、角速度和角加速度相等，由飞机 1 的速度和半径条件可确定飞机 1 的角速度。

$$\omega=\frac{v_1}{r_1}=\frac{324\times10^3}{3600\times450}\mathrm{rad\cdot s^{-1}}=0.2\mathrm{rad\cdot s^{-1}}$$

$$v_2=\omega r_2=0.2\times500\mathrm{m\cdot s^{-1}}=100\mathrm{m\cdot s^{-1}}=360\mathrm{km\cdot h^{-1}}$$

$$v_3=\omega r_3=0.2\times550\mathrm{m\cdot s^{-1}}=110\mathrm{m\cdot s^{-1}}=396\mathrm{km\cdot h^{-1}}$$

$$a_2=\omega^2 r_2=0.04\times500\mathrm{m\cdot s^{-2}}=20\mathrm{m\cdot s^{-2}}$$

$$a_3=\omega^2 r_3=0.04\times550\mathrm{m\cdot s^{-2}}=22\mathrm{m\cdot s^{-2}}$$

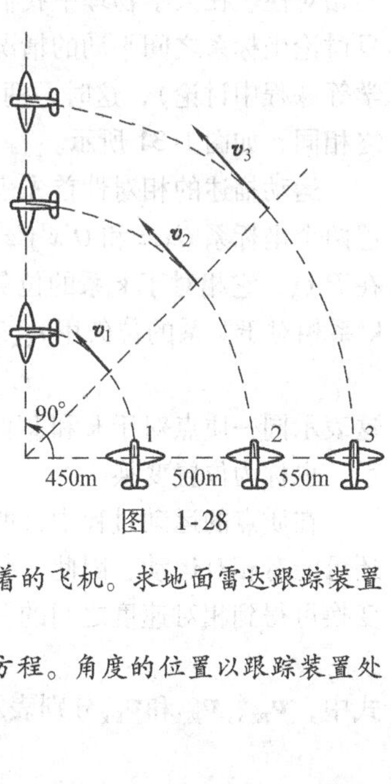

图 1-28

【例 1-10】 图 1-29 表示一个以不变的高度 h 和不变的水平速度 v 飞行着的飞机。求地面雷达跟踪装置的角速度 ω 和角加速度 β。角度的位置以跟踪装置处的垂线为基准。

【解】 本题属于运动学第一类问题，首先确定雷达跟踪装置转动运动方程。角度的位置以跟踪装置处的垂线为基准，即 $t=0$ 时 $\theta=0$，由题中约束条件得

$$vt = h \cdot \tan\theta$$

方程两边对 t 求导，得

$$v = h\sec^2\theta\frac{d\theta}{dt}$$

$$\omega = \frac{d\theta}{dt} = \frac{v}{h\sec^2\theta}$$

$$\beta = \frac{d\omega}{dt} = \frac{v}{h}\frac{d\cos^2\theta}{dt} = \frac{-2v\cos\theta\sin\theta}{h}\frac{d\theta}{dt} = \frac{-2v^2\cos^3\theta\sin\theta}{h^2}$$

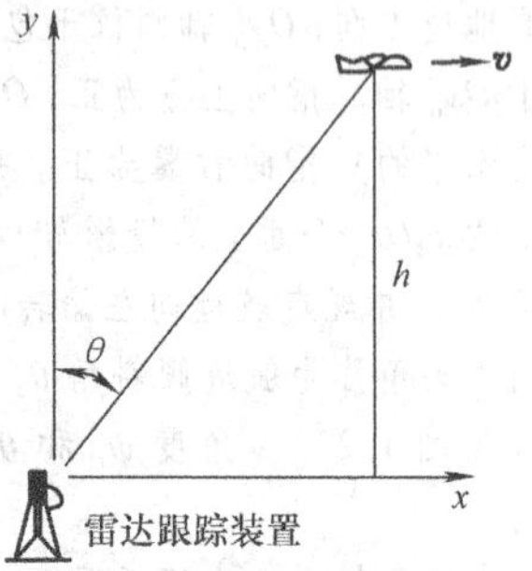

图 1-29

1.4 相对运动

物理学基本内容

飞机在与空气做相对运动的同时，要随空气团一起对地面运动，因而飞机对地面的运动必然是飞机对空气的运动和空气对地面的运动的合成运动。在飞行特技表演中（见图 1-30）飞行员面临一个涉及相对速度的复杂问题。他们必须密切注意所驾飞机相对于空气运动的情况（飞行状态参数）、相对于其他飞机的位置（保持紧密的队形，且没有碰撞）和相对于地面观众的位置（保持在观众的视线范围内）。

图 1-30

我们也需要考虑由具有相对运动的不同观察者来描述的同一质点运动情况。在本书后面部分，当我们研究碰撞、探索电磁现象、介绍爱因斯坦的狭义相对论时，相对速度的概念将扮演一个非常重要的角色。

1.4.1 相对运动中的速度关系

在不同的参考系中考察同一物体的运动时，其描述的结果是不相同的，这反映了运动描述的相对性。在大学物理中我们用直角坐标系来讨论这个问题，而且只讨论坐标系之间平动的情况（坐标系之间转动的情况会在理论力学等课程中讨论），这时，两个坐标系 $Oxyz$ 和 $O'x'y'z'$ 各轴的指向始终相同，如图 1-31 所示。

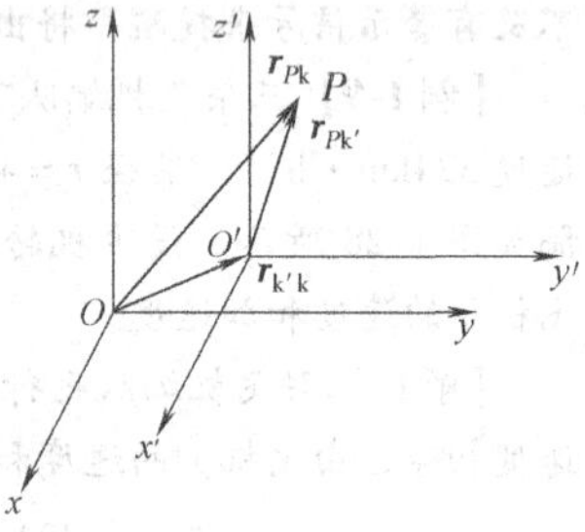

图 1-31

运动描述的相对性首先表现在对质点位置的描述上。相对于上述两个坐标系 $Oxyz$ 和 $O'x'y'z'$（简称为 k 系和 k′系），若质点 t 时刻在 P 点，它相对于 k 系的位矢是 $\boldsymbol{r}_{Pk}$，相对于 k′系的位矢是 $\boldsymbol{r}_{Pk'}$，而 k′系相对于 k 系的位矢用 $\boldsymbol{r}_{k'k}$ 表示，这三个相对位矢有如下关系：

$$\boldsymbol{r}_{Pk} = \boldsymbol{r}_{Pk'} + \boldsymbol{r}_{k'k} \tag{1-68}$$

这表示同一质点对于 k 和 k′两个坐标系的位矢 $\boldsymbol{r}_{Pk}$ 和 $\boldsymbol{r}_{Pk'}$ 不相等。上式描述的相对位置之间的关系，也称为位置变换。

在质点的运动过程中，两个坐标系中质点的位置矢量一般是变化的，同时两个坐标系之间还可能有相对运动，因此，$\boldsymbol{r}_{Pk}$、$\boldsymbol{r}_{Pk'}$ 和 $\boldsymbol{r}_{k'k}$ 都随时间变化，将其分别对时间求一阶导数，则由位置变换可得到相对速度之间的关系即速度变换为

$$\boldsymbol{v}_{Pk} = \boldsymbol{v}_{Pk'} + \boldsymbol{v}_{k'k} \tag{1-69}$$

式中，$\boldsymbol{v}_{Pk}$、$\boldsymbol{v}_{Pk'}$ 和 $\boldsymbol{v}_{k'k}$ 分别表示质点相对于 k 系的速度、质点相对于 k′系的速度和 k′系相对于 k

系的速度。将其表示成分量的形式有

$$v_{Pkx} = v_{Pk'x} + v_{k'kx} \tag{1-70}$$

$$v_{Pky} = v_{Pk'y} + v_{k'ky} \tag{1-71}$$

$$v_{Pkz} = v_{Pk'z} + v_{k'kz} \tag{1-72}$$

上述关系表明，同一质点的速度在不同参考系中来测量其结果是不同的，除非$\boldsymbol{v}_{k'k}$为零（即两个参考系之间没有相对运动）。读者在处理相对运动的速度关系时应该注意的重点是确认已知的和未知的速度是公式中的哪一个速度。只要确认无误，计算就将非常简单，并且不会出错。

1.4.2 相对运动中的加速度关系

读者考虑一下就可以知道，两个系中质点的速度一般可能是变化的，同时两个坐标系之间相对运动的速度也可能是变化的，因此，将$\boldsymbol{v}_{Pk}$、$\boldsymbol{v}_{Pk'}$和$\boldsymbol{v}_{k'k}$再分别对时间求一阶导数，则由速度变换可得到加速度之间的关系即加速度变换为

$$\boldsymbol{a}_{Pk} = \boldsymbol{a}_{Pk'} + \boldsymbol{a}_{k'k} \tag{1-73}$$

式中，$\boldsymbol{a}_{Pk}$、$\boldsymbol{a}_{Pk'}$和$\boldsymbol{a}_{k'k}$分别表示质点相对于k系的加速度、质点相对于k′系的加速度和k′系相对于k系的加速度。将其表示成分量的形式有

$$a_{Pkx} = a_{Pk'x} + a_{k'kx} \tag{1-74}$$

$$a_{Pky} = a_{Pk'y} + a_{k'ky} \tag{1-75}$$

$$a_{Pkz} = a_{Pk'z} + a_{k'kz} \tag{1-76}$$

上述关系表明，同一质点的加速度在不同参考系中来测量结果是不同的，除非$\boldsymbol{a}_{k'k}$为零（即两个参考系之间是匀速直线运动或相对静止）。读者在处理相对运动的加速度关系时应该注意的重点同样是确认已知的和未知的加速度是公式中的哪一个加速度。只要确认无误，计算也将非常简单并且不会出错。

物理知识应用

航行速度三角形

根据式（1-69），空速矢量、风速矢量和地速矢量组成一个三角形，叫航行速度三角形，如图1-32所示。组成航行速度三角形的要素是：航向（*X*）、空速（*V*）、风向（*FX*）、风速（*U*）、航迹角（*HJ*）、地速（*W*）、偏流（*PL*）、风角（*FJ*），其中，三个矢量的方向用各个矢量与正北方向的夹角来表示，即：航向（*X*）、风向（*FX*）和航迹角（*HJ*）；三个矢量的大小用空速（*V*）、风速（*U*）和地速（*W*）来表示。

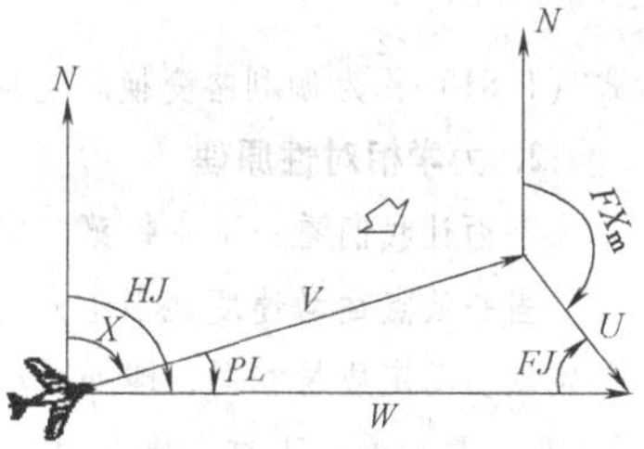

图 1-32

为了形象地反映航速三角形内角，定义空速矢量与地速矢量的夹角，即航迹线与航向线的夹角为偏流角，简称偏流（*PL*）；风速矢量与地速矢量的夹角为风角（*FJ*）。风角是正值，表示左侧风，航迹线偏在航向线的右边，规定偏流为正；风角是负值，表示右侧风，航迹线偏在航向线的左边，规定偏流为负。

根据正弦定理

$$\frac{\sin PL}{U} = \frac{\sin FJ}{V} \tag{1-77}$$

由于偏流一般较小，$PL \approx \sin PL$，$\cos PL \approx 1$，所以

$$PL \approx \sin PL = \frac{U}{V}\sin FJ \tag{1-78}$$

$$W = V\cos PL + U\cos FJ \approx V + U\cos FJ \tag{1-79}$$

物理知识拓展

伽利略变换和力学相对性原理

1. 伽利略变换

在经典力学中，要描述一个物体的空间位置随时间的变化规律，首先要选取参考系和坐标系。同一个物体的运动，可以用不同的参考系（坐标系）去描述。在不同的参考系（坐标系）中对同一个运动的描述以及测量结果都是不同的。以下讨论两个惯性参考系之间的坐标变换关系。

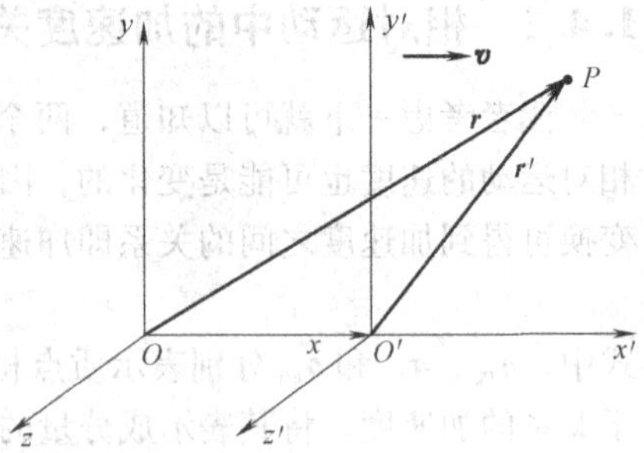

图 1-33

设有两个惯性系 S $(Oxyz)$ 和 S′ $(O'x'y'z')$，其中 x 轴与 x' 轴相重合，y 轴与 y' 轴、z 轴与 z' 轴分别相平行，并且 S′ 系相对于 S 系以速度 v 沿 x 轴做匀速直线运动，如图 1-33 所示。长度测量的绝对性和同时性测量的绝对性与我们日常的经验是一致的，人们是容易接受的。这意味着对 S 系和 S′ 系的观察者来说，只要他们所使用的时钟完全相同，他们在各自的参考系中所测得的时间就是完全相同的。在长度测量的绝对性和同时性测量的绝对性的假定下，即认为时间和空间是相互独立的，绝对不变的，并与物体的运动无关，根据式（1-68），S 系与 S′ 系之间的变换可以表示为

$$\begin{cases} x' = x - vt \\ y' = y \\ z' = z \\ t' = t \end{cases} \tag{1-80}$$

其逆变换为

$$\begin{cases} x = x' + vt \\ y = y' \\ z = z' \\ t = t' \end{cases} \tag{1-81}$$

式（1-81）称为伽利略变换。它描述了两个不同惯性参考系的时空坐标之间的关系。

2. 力学相对性原理

下面让我们看一下牛顿第二定律经伽利略变换的情形。

当一质点运动速度远小于光速时，可认为其质量与其运动状况无关，所以在上述两个惯性系中观察这个质点，必定质量相同，即 $m = m'$。在这样两个参考系中观察同一个力，也一定会得到相同的量值，即 $F = F'$。最后看一下这个质点的加速度。若在 S 系中观察到质点的运动速度为 $\boldsymbol{u}$，其分量为

$$u_x = \frac{dx}{dt}, \quad u_y = \frac{dy}{dt}, \quad u_z = \frac{dz}{dt} \tag{1-82}$$

在 S′ 系中观察到质点的运动速度为 $\boldsymbol{u}'$，其分量为

$$u'_x = \frac{dx'}{dt'}, \quad u'_y = \frac{dy'}{dt'}, \quad u'_z = \frac{dz'}{dt'} \tag{1-83}$$

伽利略变换式中的前三式对时间求微商，考虑到第四式，则可得到

$$u'_x = u_x - v, \quad u'_y = u_y, \quad u'_z = u_z \tag{1-84}$$

若写成矢量式，则有

$$u' = u - v \tag{1-85}$$

将式（1-85）对时间求微商，考虑到$\boldsymbol{v}$为恒矢量，可得

$$a = a' \tag{1-86}$$

这表示，在 S 系和 S′系中观察到同一质点的加速度是相同的。所以，牛顿第二定律在这两个参考系中的形式分别是 $\boldsymbol{F} = m\boldsymbol{a}$ 和 $\boldsymbol{F}' = m'\boldsymbol{a}'$。可见，数学表达形式是相同的。可以证明，力学中的其他基本规律经伽利略变换后其形式也不变。因此，下面的结论是显而易见的：

1）在相对于惯性系做匀速直线运动的参考系中，所总结出的力学规律都不会由于整个系统的匀速直线运动而有所不同；

2）既然相对于惯性系做匀速直线运动的参考系与惯性系中的力学规律无差异，我们也就无法区分这两个参考系，或者说相对于惯性系做匀速直线运动的一切参考系都是惯性系。

由以上两点，我们自然会得出下面的结论：对于描述力学规律而言，所有惯性系都是等价的，没有一个参考系比其他参考系具有绝对的或更优越的地位。这个结论便是伽利略相对性原理，也称为力学相对性原理。

上面我们所说的力学规律在"所有惯性系中都是等价的"，是指牛顿运动定律及由它所导出的力学中的其他基本规律在所有惯性系中都具有相同的形式，而不是说在不同的惯性系中所观察到的物理现象都相同。

3. 经典力学的绝对时空观

在伽利略变换中已经清楚地写着

$$t = t' \tag{1-87}$$

这表示，在所有惯性系中时间都是相同的，或者说存在着与参考系的运动状态无关的时间，即时间是绝对的。既然时间是同一的，那么在所有惯性系中时间间隔也必定是相同的，即

$$\delta t = \delta t' \tag{1-88}$$

这表示，在伽利略变换下时间间隔也是绝对的。在伽利略变换中还有一个不变量，这就是在任意确定时刻空间两点的长度对于所有惯性系是不变的。在同一时刻，空间两点的长度在两个惯性系中分别表示为

$$\Delta L = \sqrt{(x_2 - x_1)^2 + (y_2 - y_1)^2 + (z_2 - z_1)^2} \tag{1-89}$$

和

$$\Delta L' = \sqrt{(x'_2 - x'_1)^2 + (y'_2 - y'_1)^2 + (z'_2 - z'_1)^2} \tag{1-90}$$

由伽利略变换容易证明

$$\Delta L = \Delta L' \tag{1-91}$$

这说明，如果各个参考系中的观察者用来测量长度的标准相同，那么，不同参考系中的观察者测量空间某两点间的距离都是相同的。或者说，空间长度与参考系的运动状态无关，即空间长度是绝对的。

伽利略变换体现了经典力学的绝对时空观。经典力学认为，物体的运动虽然在空间和时间中进行，但时间的流逝、空间的性质、物质的运动三者是独立和彼此无关的。经典力学的时间是绝对的，空间也是绝对的。用牛顿的话来说，"绝对的真实的数学时间，就其本质而言，是永远均匀地流逝着，与任何外界事物无关。""绝对空间就其本身而言，是与任何外界事物无关的，它从不运动，并且永远不变。"于是可以这样说，伽利略变换是经典时空观念的集中体现。

应用能力训练

【例 1-11】飞机罗盘指示飞机向东飞行，空速为 V；地面气象站指出风向正南吹，风速为 U。试用速度矢量图表明飞机相对地面的速度。

【解】这里讨论的是飞机、空气、地面三者之间的相对运动，设飞机相对地面的速度为$\boldsymbol{v}_{机对地} = \boldsymbol{W}$；飞

机相对空气的速度为$\boldsymbol{v}_{机对气}=\boldsymbol{V}$，方向朝正东；空气相对地面的速度为$\boldsymbol{v}_{气对地}=\boldsymbol{U}$，方向朝正南，因为

$$\boldsymbol{v}_{机对地}=\boldsymbol{v}_{机对气}+\boldsymbol{v}_{气对地}$$

即

$$\boldsymbol{W}=\boldsymbol{V}+\boldsymbol{U}$$

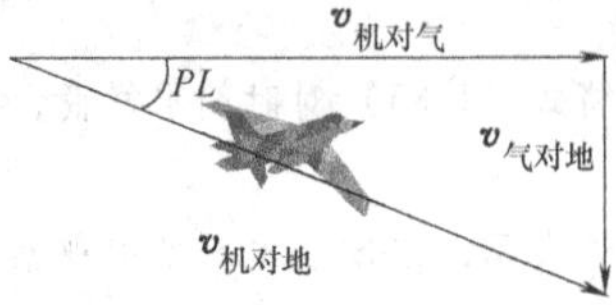

图 1-34

由此式可画出速度合成的矢量图，如图 1-34 所示。飞机相对地面的飞行方向为东偏南 PL 角，PL 由下式给出：

$$\tan PL=\frac{U}{V}$$

飞机相对地面的速率为

$$W=v_{机对地}=\sqrt{v_{机对气}^2+v_{气对地}^2}=\sqrt{V^2+U^2}$$

本章归纳总结

1. 描述质点运动的物理量

位置矢量 $\boldsymbol{r}=x\boldsymbol{i}+y\boldsymbol{j}+z\boldsymbol{k}$

运动方程　位置矢量随时间变化的函数关系式

$$\boldsymbol{r}(t)=x(t)\boldsymbol{i}+y(t)\boldsymbol{j}+z(t)\boldsymbol{k}$$

位移 $\Delta\boldsymbol{r}=\boldsymbol{r}_2-\boldsymbol{r}_1$

速度 $\boldsymbol{v}=\lim\limits_{\Delta t\to 0}\dfrac{\Delta\boldsymbol{r}}{\Delta t}$

在直角坐标系内 $\boldsymbol{v}=\dfrac{d\boldsymbol{r}}{dt}=\dfrac{dx}{dt}\boldsymbol{i}+\dfrac{dy}{dt}\boldsymbol{j}+\dfrac{dz}{dt}\boldsymbol{k}$

在自然坐标系内速度大小$v=\dfrac{ds}{dt}$（s 为路程），方向沿轨迹的切线方向

加速度 $\boldsymbol{a}=\dfrac{d\boldsymbol{v}}{dt}=\dfrac{d^2\boldsymbol{r}}{dt^2}$

在直角坐标系内 $\boldsymbol{a}=\dfrac{dv_x}{dt}\boldsymbol{i}+\dfrac{dv_y}{dt}\boldsymbol{j}+\dfrac{dv_z}{dt}\boldsymbol{k}$

在自然坐标系内 $\boldsymbol{a}=\boldsymbol{a}_n+\boldsymbol{a}_\tau=\dfrac{v^2}{\rho}\boldsymbol{n}+\dfrac{dv}{dt}\boldsymbol{\tau}$

2. 两类运动学问题

由运动方程求速度、加速度时用导数；由速度（加速度）求位移（速度）时用积分。具体运算时先将求导或求积分的矢量函数在一定坐标系中表达为矢量解析式，然后对各分量求导或求积，再将结果用矢量解析式来表达。

由加速度 a 求速度 v 时，根据函数的具体形式，采用不同的方法：

若 $a=a(t)$，可直接积分

$$\int_{v_0}^{v}dv=\int_0^t a(t)\,dt$$

若 $a=a(v)$，先分离变量再积分

$$a(v)=\frac{dv}{dt},\qquad \int_0^t dt=\int_{v_0}^{v}\frac{dv}{a(v)}$$

若 $a=a(x)$，先换元再积分

$$a(x)=\frac{dv}{dt}=\frac{dv}{dx}\frac{dx}{dt}=v\frac{dv}{dx}$$

$$\int_{x_0}^{x}a(x)\,dx=\int_{v_0}^{v}v\,dv$$

3. 思想方法在圆周运动中的应用

角位置 θ：质点的位矢与 x 轴的夹角

角位移 $\Delta\theta$：在 Δt 时间内，位矢转过的角度 $\Delta\theta = \theta_2 - \theta_1$

角速度 ω：质点角位置对时间的变化率 $\omega = \frac{d\theta}{dt}$

角加速度 β：质点角速度对时间的变化率 $\beta = \frac{d\omega}{dt}$

角量与线量的关系：$v = R\omega$，$a_\tau = R\beta$，$a_n = \frac{v^2}{R} = \omega^2 R$

本章习题

（一）填空题

1-1 一质点沿 x 轴做直线运动，它的运动学方程为 $x = 3 + 5t + 6t^2 - t^3$（SI），则

（1）质点在 $t = 0$ 时刻的速率 $v_0 =$ ________；

（2）加速度为零时，该质点的速度 $v =$ ________。

1-2 在 x 轴上做变加速直线运动的质点，已知其初速度为 v_0，初始位置为 x_0，加速度 $a = Ct^2$（其中 C 为常量），则其速度与时间的关系为 $v =$ ________，运动学方程为 $x =$ ________。

1-3 已知质点的运动学方程为 $\boldsymbol{r} = 4t^2\boldsymbol{i} + (2t+3)\boldsymbol{j}$(SI)，则该质点的轨道方程为________。

1-4 如习题1-4图所示，一人自原点出发，25s 内向东走 30m，又在 10s 内向南走 10m，再在 15s 内向正西北走 18m。求在这 50s 内，平均速度的大小为________，方向为________，平均速率为________。

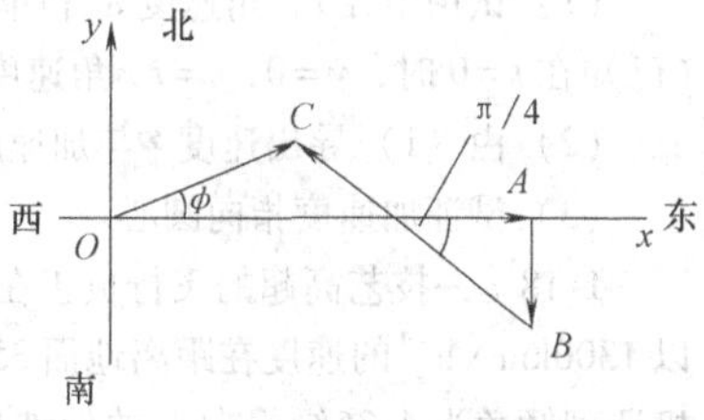

习题1-4图

1-5 一质点沿半径为 R 的圆周运动，其路程 s 随时间 t 变化的规律为 $s = bt - \frac{1}{2}ct^2$（SI），式中，b、c 为大于零的常量，且 $b^2 > Rc$。则此质点运动的切向加速度 $a_\tau =$ ________；法向加速度 $a_n =$ ________。

1-6 在 Oxy 平面内有一运动质点，其运动学方程为 $\boldsymbol{r} = 10\cos 5t\boldsymbol{i} + 10\sin 5t\boldsymbol{j}$（SI），则 t 时刻其速度 $\boldsymbol{v} =$ ________；其切向加速度的大小 $a_\tau =$ ________；该质点运动的轨迹是________。

1-7 一质点沿半径为 0.1m 的圆周运动，其角位移随时间 t 的变化规律是 $\theta = 2 + 4t^2$（SI）。在 $t = 2$s 时，它的法向加速度 $a_n =$ ________；切向加速度 $a_\tau =$ ________。

1-8 质点 p 在一直线上运动，其坐标 x 与时间 t 有如下关系：$x = -A\sin\omega t$（SI）（A 为常数），则

（1）任意时刻 t，质点的加速度 $a =$ ________；

（2）质点速度为零的时刻 $t =$ ________。

1-9 一质点沿直线运动，其运动学方程为 $x = 6t - t^2$（SI），则在 t 由 0 至 4s 的时间间隔内，质点的位移大小为 ________，在 t 由 0 到 4s 的时间间隔内质点走过的路程为________。

1-10 一物体在某瞬时，以初速度 $\boldsymbol{v}_0$ 从某点开始运动，在 Δt 时间内，经一长度为 s 的曲线路径后，又回到出发点，此时速度为 $-\boldsymbol{v}_0$，则在这段时间内

（1）物体的平均速率是________；

（2）物体的平均加速度是________。

1-11 试说明质点做何种运动时，将出现下述各种情况（$v \neq 0$）：

（1）$a_\tau \neq 0$，$a_n \neq 0$；________

（2）$a_\tau \neq 0$，$a_n = 0$。________

1-12 一个人在静水中的划船速度为 $4.0\text{km}\cdot\text{h}^{-1}$，若江水自西向东流动，速度为 $2.0\text{km}\cdot\text{h}^{-1}$，而此人从南向北航行，想达到正对面的江岸，他的划行的方向为________；如果他希望用最短的时间渡江，他的划行方向为________。

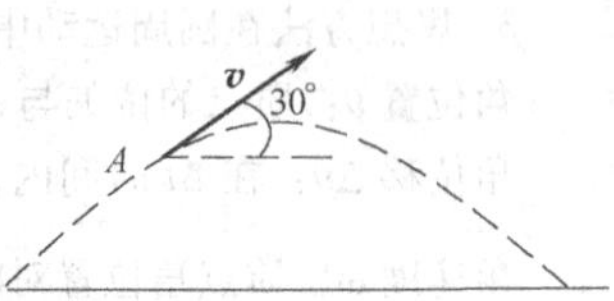

习题 1-13 图

1-13 一物体作如习题 1-13 图所示的斜抛运动，若测得在轨道 A 点处速度$\boldsymbol{v}$的大小为 v，其方向与水平方向夹角成 30°，则物体在 A 点的切向加速度 $a_\tau=$________，轨道的曲率半径 $\rho=$________。

1-14 一质点沿半径为 R 的圆周运动，在 $t=0$ 时经过 P 点，若此后它的速率 v 按 $v=A+Bt$（A，B 为正的已知常量）变化，则质点沿圆周运动一周再经过 P 点时的切向加速度 $a_\tau=$________，法向加速度 $a_n=$________。

（二）计算题

1-15 一质点沿 x 轴运动，其加速度为 $a=4t$（SI），已知 $t=0$ 时，质点位于 $x_0=10\text{m}$ 处，初速度 $v=0$。试求其位置和时间的关系式。

1-16 一质点沿半径为 R 的圆周运动。质点所经过的弧长与时间的关系为 $s=bt+\dfrac{1}{2}ct^2$，其中 b、c 是大于零的常量，求从 $t=0$ 开始到切向加速度与法向加速度大小相等时所经历的时间。

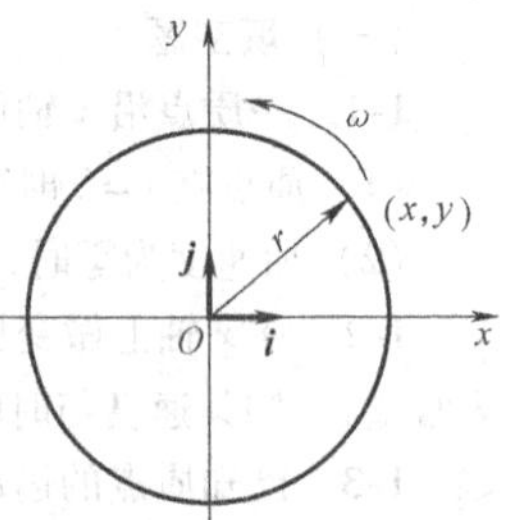

习题 1-17 图

1-17 对于在 Oxy 平面内以原点 O 为圆心做匀速圆周运动的质点，

（1）试用半径 r，角速度 ω 和单位矢量 $\boldsymbol{i}$，$\boldsymbol{j}$ 表示其 t 时刻的位置矢量；（已知在 $t=0$ 时，$y=0$，$x=r$，角速度为 ω，如习题 1-17 图所示）

（2）由（1）导出速度 $\boldsymbol{v}$与加速度 $\boldsymbol{a}$ 的矢量表示式；

（3）试证加速度指向圆心。

1-18 一技艺高超的飞行员正在进行躲避雷达的训练，他以 $1300\text{km}\cdot\text{h}^{-1}$的速度在距离地面 35m 的空中飞行。突然，飞机遇到倾角为 4.3°缓慢向上的斜坡地形（这是一个不容易看出的小坡度）（见习题 1-18 图）。那么飞行员必须在多长时间内做出调整以避免飞机碰到地面？

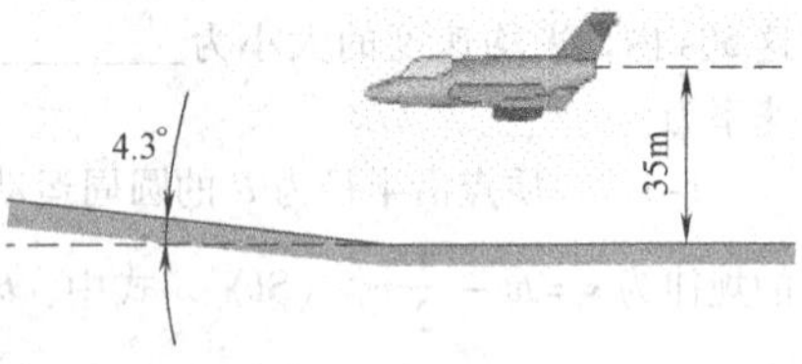

习题 1-18 图

1-19 大型喷气式客机要在跑道上达到 $360\text{km}\cdot\text{h}^{-1}$的速率才能起飞。假定飞机的加速度是恒定的，飞机从 1.80km 长的跑道上起飞至少需要多大的加速度？

1-20 一个跳伞员离开飞机后自由下落 50m，这时她张开降落伞，其后她以 $2.0\text{m}\cdot\text{s}^{-2}$大小的加速度减速下降，她到达地面时的速率为 $3.0\text{m}\cdot\text{s}^{-1}$。问：（1）她在空中下落的时间多长？（2）她在多高的地方离开飞机？

1-21 如习题 1-21 图所示，一架营救飞机以 $198\text{km}\cdot\text{h}^{-1}$（$55.0\text{m}\cdot\text{s}^{-1}$）的速率在 500m 高处向一因划船不慎落水者最近的水面投下救生舱。释放救生舱时，驾驶员到遇险者的视线的角度 φ 应为多大？

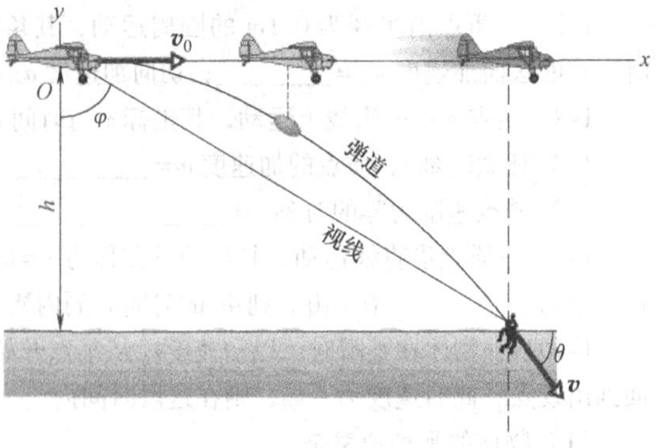

习题 1-21 图

1-22 一架飞机以与水平方向成 37.0°的角俯冲，在高度 730m 投下一个物体。5.00s 后物体落地。问：（1）飞机的速率是多少？（2）物体在空中水平飞行多远？物体落地瞬间速度的水平分量和竖直分量各是多少？

1-23 一名宇航员坐在半径为 5.0m 的离心机内转动。（1）向心加速度的大小为 $7.0g$ 时宇航员的速率是多少？（2）产生这个加速度需要每分钟转多少转？（3）运动的周期是多少？

1-24 一个登月飞行器正在向月球基地降落，这个飞行器在安装于下方的下降发动机反向推力的作用下缓缓地降落。如习题1-24图所示，当飞行器到达距离月球表面5.0m位置时发动机熄火，此时下行速度为$0.8\text{m}\cdot\text{s}^{-1}$。伴随发动机的熄火，飞行器开始自由落体。登月飞行器在将要触及月球表面的瞬间速度是多大？（月球引力作用下的重力加速度取值为$1.6\text{m}\cdot\text{s}^{-2}$）

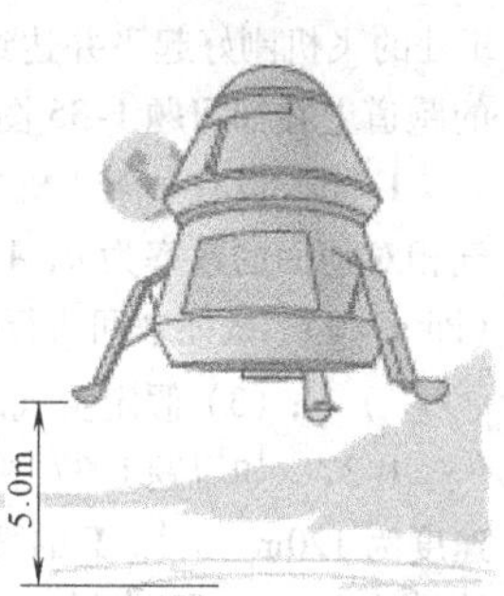

习题1-24图

1-25 一质点沿x轴运动，其加速度a与位置坐标x的关系为

$$a = 2 + 6x^2 \quad \text{(SI)}$$

如果质点在原点处的速度为零，试求其在任意位置处的速度。

1-26 如习题1-26图所示，质点P在水平面内沿一半径$R=2\text{m}$的圆轨道上转动。转动的角速度ω与时间t的函数关系为$\omega=kt^2$（k为常量）。已知$t=2\text{s}$时，质点P的速度大小为$32\text{m}\cdot\text{s}^{-1}$。试求$t=1\text{s}$时，质点$P$的速度与加速度的大小。

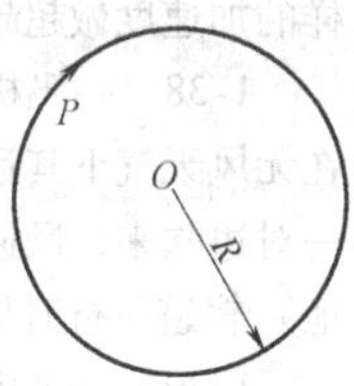

习题1-26图

1-27 由楼窗口以初速$\boldsymbol{v}_0$水平射出一发子弹，若取枪口为坐标原点，沿$\boldsymbol{v}_0$方向为x轴，竖直向下为y轴。在发射瞬间开始计时，试求：（1）子弹在任一时刻t的坐标及子弹的轨迹方程（设重力加速度已知）；（2）子弹在t时刻的速度、切向加速度和法向加速度。

1-28 已知一个质点做直线运动，其加速度$a=3v+2$。在$t=0$的初始时刻，其位置在$x=0$处，速度为0。试求任意时刻质点运动的速度和位置。

1-29 地球自转和公转：地球在绕太阳转的时候也在自转，这些运动中的角速度、角频率及线速度分别为多少？求地球自转产生的向心加速度。

1-30 雷达与火箭发射台的距离为l，观测沿竖直方向向上发射的火箭，如习题1-30图所示。观测得θ的规律为$\theta=kt$（k为常数）。试写出火箭的运动学方程，并求出当$\theta=\pi/6$时，火箭的速度和加速度。

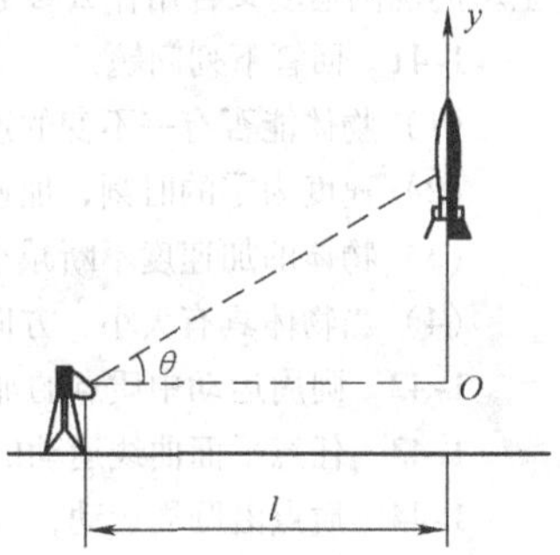

习题1-30图

1-31 若考虑大气阻力的影响，自由落体的加速度$a = 9.81[1-v^2(10^{-4})](\text{m}\cdot\text{s}^{-2})$。正方向朝下。若航空炸弹在很高的高度从静止位置释放，试求：（1）任意时刻质点运动的速度和位置；（2）$t=5\text{s}$时的速度和物体可达到的最终速度或最大速度（当$t\to\infty$）。

1-32 飞机以$100\text{m}\cdot\text{s}^{-1}$的速度沿水平直线飞行，在离地面高为100m时，驾驶员要把物品空投到前方某一地面目标处。问：（1）此时目标距飞机下方多远？（2）投放物品时，驾驶员看目标的视线和水平线成何角度？（3）物品投出2.00s后，它的法向加速度和切向加速度各为多少？

1-33 喷气发动机的涡轮做匀加速转动，初瞬时转速$n_0=9000\text{r}\cdot\text{min}^{-1}$，经过30s，转速达到$12600\text{r}\cdot\text{min}^{-1}$，求涡轮的角加速度以及在这段时间内转过的转数。

1-34 一子弹从水平飞行的飞机尾枪中水平射出，出口速度的大小为$300\text{m}\cdot\text{s}^{-1}$，飞机速度大小为$250\text{m}\cdot\text{s}^{-1}$。试描述子弹的运动情况：

（1）在固结于地面的坐标系中；

（2）在固结于飞机的坐标系中。

并计算射手必须把枪指向什么方向，才能使子弹在地面坐标系中速度的水平分量为零。

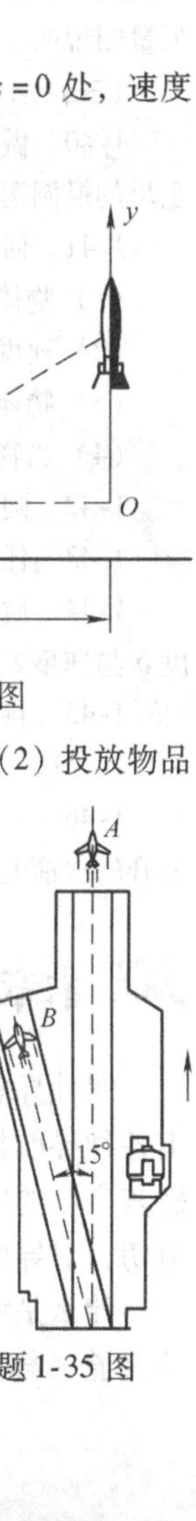

习题1-35图

1-35 航空母舰以$50\text{km}\cdot\text{h}^{-1}$的速度朝前航行，在如习题1-35图所示那一瞬间，

A 处的飞机刚好起飞并达到朝前的水平空速为 $200km\cdot h^{-1}$（相对于静止水面）。若 B 处的飞机在航空母舰的跑道上在如习题 1-35 图所示方向上以 $175km\cdot h^{-1}$ 滑跑，求 A 相对 B 的速度。

1-36　设有一架飞机从 A 处向东飞到 B 处，然后又向西飞回到 A 处，飞机相对空气的速率为 v'，而空气相对地面的速率为 u，A 和 B 间的距离为 l，飞机相对空气的速率 v' 保持不变：（1）假定空气是静止的（即 $u=0$），试证来回飞行时间为 $t_0=2l/v'$；（2）假定空气的速度向东，试证来回飞行时间为 $t_1=t_0(1-u^2/v'^2)^{-1}$；（3）假定空气的速度向北，试证来回飞行的时间为 $t_2=t_0(1-u^2/v'^2)^{-1/2}$。

1-37　如习题 1-37 图所示，歼击机 F 的驾驶员在轰炸机 B 的驾驶员后面 1.5km 处跟踪，两飞机原来的速度为 $120m\cdot s^{-1}$。F 的驾驶员为了使他的飞机超过轰炸机，以等加速度 $12m\cdot s^{-2}$ 做加速飞行，歼击机开始加速飞行时轰炸机却以 $3m\cdot s^{-2}$ 做减速飞行。问轰炸机驾驶员看到歼击机将会以什么样的加速度做超越飞行（略去转动的影响）。

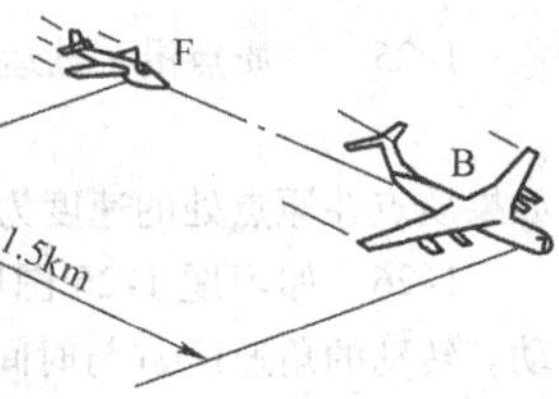

习题 1-37 图

1-38　一飞机相对于空气以恒定速率 v 沿正方形轨道飞行，在无风天气下其运动周期为 T，若有恒定小风沿平行于正方形的一对边吹来，风速为 $V=kv$（$k\ll 1$），求飞机仍沿原正方形（对地）轨道飞行时周期要增加多少。

1-39　一飞机驾驶员想往正北方向航行，而风以 $60km\cdot h^{-1}$ 的速度由东向西刮来，如果飞机的航速（在静止空气中的速率）为 $180km\cdot h^{-1}$，试问驾驶员应取什么航向？飞机相对于地面的速率为多少？试用矢量图说明。

（三）思考题

1-40　做平抛实验时小球的运动用什么参考系？湖面上游船运动用什么参考系？人造地球卫星运动及土星的椭圆运动又各用什么参考系？

1-41　回答下列问题：

（1）物体能否有一不变的速率而仍有一变化的速度？

（2）速度为零的时刻，加速度是否一定为零？加速度为零的时刻，速度是否一定为零？

（3）物体的加速度不断减小，而速度却不断增大，这可能吗？

（4）当物体具有大小、方向不变的加速度时，物体的速度方向能否改变？

1-42　圆周运动中质点的加速度是否一定和速度的方向垂直？如不一定，那是什么情况？

1-43　任意平面曲线运动的加速度方向总是指向曲线的凹进那一侧，为什么？

1-44　质点沿圆周运动，且速率随时间均匀增大，问 a_n，a_t，a 三者的大小是否随时间改变？总加速度 $\boldsymbol{a}$ 与速度 $\boldsymbol{v}$ 之间的夹角如何随时间变化？

1-45　自由落体从 $t=0$ 时刻开始下落。用公式 $h=gt^2/2$ 计算，它下落的距离达到 19.6m 的时刻为 +2s 和 −2s。这 −2s 有什么物理意义？该时刻物体的位置和运动状态如何？

1-46　一人在地面上竖直向上扔石子，匀速行驶的火车上的人观察到石子做什么运动？竖直发射加速上升的火箭上的人观察到石子的运动又是如何？

本章军事应用及工程应用阅读材料——惯性导航

惯性导航（制导）是一种自主性强、精度高、安全可靠的精密导航技术。它能够及时地输出各种导航数据，并且能为运载体提供精确的姿态基准，在航空、航海和宇航技术领域中都有着极其广泛的应用。随着现代科学技术的不断发展，航空、航海和宇航技术对惯性导航的要求更加迫切，对导航精度的要求也越来越高。

什么是惯性导航呢？在运载体上安装加速度计，经过计算（一次积分和二次积分），求得运动轨道（载体的运动速度和距离），从而进行导航的技术称为惯性导航。无论是惯性导航还是惯性制导都是以加速度计敏感测量载体运动加速度为基础的。因此，加速度计在惯性导航与惯性制导系统中的重要作用是显而易见的。H. 梅耳曼在美国的《导航》杂志上曾指出：“惯性导航系统的心脏是加速度计”，“在惯性导航系统中，陀螺仪的重要性仅次于加速度计”。

加速度计是惯性导航系统的关键部件，它的重要性已经越来越为人们所理解。在各种运载体的导航定位中，通过测量位置、速度或加速度都可以得到运动物体的轨迹。但是在运动物体内部能够测量的量只有加速度。依据牛顿第二定律，利用加速度计来测量运动物体的加速度，通过积分获得定位所需要的位置和速度，这便是惯性导航名称的由来。

从应用磁针和空速数据作为输入的简单航行推算装置，到比较复杂的应用多普勒雷达、自动星座跟踪器、无线电系统（如劳兰系统等）和惯性导航系统，其中，只有惯性导航系统不受敌方无线电波的干扰，不需要与地面基地保持联系，不受变化莫测的气候影响，也不受磁差的影响。其他导航系统在没有外界的参考基准（如星体、陆标等）时，就不能决定运载体的速度，也不能决定其行程。

1. 结构组成及简单分类

惯性导航系统通常由陀螺仪、加速度计、计算机和控制显示装置等组成。它属于一种推算导航方式，即从一已知时间的位置根据连续测得的运载体航向角和速度推算出其下一时间的位置。按照陀螺仪和加速度计在航行体上安装方式的不同，惯性导航系统可分为平台式和捷联式两种。平台式系统的加速度计安装在由陀螺仪稳定的惯性平台上。平台的作用是为加速度计提供一个参考坐标，同时隔离航行体的角运动。这样，既可简化导航计算，又能为惯性仪表创造良好的工作环境。捷联式系统是将相互正交的加速度计和陀螺仪直接安装在航行体上，这样测得的加速度、姿态角与角速度必须经过计算机进行坐标变换和计算才能得到所需的导航参数。

2. 惯性导航系统的定位

两个加速度计 A_N 和 A_E 互相垂直地水平放置在惯性平台上，并分别测出北向及东向加速度 $\boldsymbol{a}_N$ 和 $\boldsymbol{a}_E$，这些加速度信号除包含有舰船相对地球的运动加速度以外，还含有哥氏加速度与离心加速度等有害加速度 $\boldsymbol{a}_{BN}$、$\boldsymbol{a}_{BE}$ 在内。因此，对测得的加速度信号输入到导航计算机之后，首先将有害加速度 $\boldsymbol{a}_{BN}$、$\boldsymbol{a}_{BE}$ 加以补偿，经过一次积分即可得到速度分量

$$v_N(t) = \int_0^t (a_N - a_{BN})\mathrm{d}t + v_{N0} \qquad (v_{N0}\text{ 为北向初始速度})$$

$$v_E(t) = \int_0^t (a_E - a_{BE})\mathrm{d}t + v_{E0} \qquad (v_{E0}\text{ 为东向初始速度})$$

此速度分量再经过一次积分及一些运算之后，得到舰船相对地球的经纬度变化量 $\Delta\lambda$ 及 $\Delta\phi$。如果输入起始点的经纬度 λ_0、ϕ_0，就可得出舰船的瞬时经纬度 $\lambda(t)$ 及 $\phi(t)$，即舰船的瞬时位置。

$$\phi(t) = \phi_0 + \frac{1}{R_m}\int_0^t v_N(t)\mathrm{d}t \qquad (R_m\text{ 为子午面内的曲率半径})$$

$$\lambda(t) = \lambda_0 + \frac{1}{R_N}\int_0^t v_E(t)\sec\phi\mathrm{d}t + v_{E0} \qquad (R_N\text{ 为法平面内的曲率半径})$$

这样，惯性导航系统就完成了其自由式导航。它可以输出如下导航信息：航速、航程、航向、经度、纬度、纵摇姿态角、横摇姿态角等。

3. 惯性导航的应用及发展

由于惯性导航原理决定了单一惯性导航系统的导航误差将随时间而累积，导航精度随时间而发散，因此，惯性导航系统不能单独长时间工作，需定期校准。随着现代控制理论及微电子、

计算机和信息融合等技术的发展，在导航领域展开了以惯性导航系统为主的多导航系统组合导航的研究。组合导航的基本原理是利用信息融合技术，通过最优估计、数字滤波等信号处理方法把各种导航系统如无线电、卫星、天文、地形及景象匹配等导航系统进行结合，以发挥各种导航技术优势，达到比任何单一导航方式更高的导航精度和可靠性。常见的有以惯性导航和GPS卫星导航组合的（INS/GPS）导航系统。与惯性导航相比，GPS具有成本低、导航精度高、且误差不随时间积累等优点，GPS导航系统输出的导航信息作为系统状态的观测量，通过卡尔曼滤波对系统的状态（位置、速度等）及误差进行最优估计，以实现对惯性导航系统的校准和误差补偿。而惯性导航系统自主、实时、连续等优点可弥补GPS易受干扰、动态环境可靠性差的不足。

随着多传感器融合理论的发展，组合导航系统从INS/多普勒、INS/天文、INS/VOR/DEM、INS/LORAN等，发展到INS/地形匹配、INS/GPS和INS/图像匹配，及多种系统和传感器组合的INS/GPS/地形轮廓/景象匹配。

第2章　牛顿运动定律

历史背景与物理思想发展脉络

惯性观念的改变是古代与中世纪的自然哲学过渡到近代物理学最重要的标志。在伽利略以前，人们所信奉的是亚里士多德的力学观点，即力决定物体的运动速度，作用于物体的力越大，则物体的运动速度越大，力越小则速度越小，当没有力作用时，物体将静止不动，即速度为零。从表面上看，这一动力学规律似乎能解释一些日常现象，所以在欧洲，人们曾把这个规律视为经典。伽利略第一个批判了这个“规律”。他首先注意到各种物体都具有一定的惯性，并分析了一个最著名的“V形斜面理想实验”来说明物体的惯性。在一个光滑的斜面上释放一个小球，设释放时小球的高度为h，如果斜面是光滑无摩擦的，小球将会滚到对面一个光滑斜面的同样高度上，而不管斜面的斜度如何。斜度越小，小球滚动得越远，它的速率也减小得越慢，在极限情况下，即假设第二个平面是严格水平和光滑的，小球的速率将不减慢，而是沿着平面永远地运动下去。伽利略由此得出结论：“当一个物体在一个水平平面上运动，没有遇到任何阻碍时……它的运动将是匀速的，并将无限地继续下去，假若平面是在空间中无限延伸的话。”这时小球的运动依靠的就是惯性，这就是伽利略的惯性定律，即著名的“动者恒动”说，它完全否定了亚里士多德的速度决定于力的“力学规律”。

1644年，笛卡儿在《哲学原理》一书中弥补了伽利略的不足。他明确地指出，除非物体受到外因的作用，物体将永远保持其静止或运动状态，并且还特别声明，惯性运动的物体永远不会使自己趋向曲线运动，而只保持在直线上运动。笛卡儿比其他人高明的地方就是认识到惯性定律是解决力学问题的关键所在，是他最早把惯性定律作为原理加以确立的，并视之为整个自然观的基础，这对后来牛顿的综合工作有深远影响。然而，笛卡儿只停留在概念的提出，并没有成功地解决力学体系问题。

在牛顿的手稿中，令人特别感兴趣的，是他在1665—1666年写在笔记本上未发表的论文。在这些论文的手稿中，提到了几乎全部力学的基础概念和定律，对速度给出了定义，对力的概念做了明确的说明，实际上已形成了后来正式发表的理论框架。他还用独特的方式推导了离心力公式。离心力公式是推导引力平方反比定律的必由之路。惠更斯到1673年才发表离心力公式，而牛顿在1665年就用上了这个公式。

1687年，牛顿发表了《自然哲学的数学原理》。这部巨著总结了力学的研究成果，标志着经典力学体系的初步建立。这是物理学史上第一次大综合，是天文学、数学和力学历史发展的产物，也是牛顿创造性研究的结晶。在该书的第一部分中，牛顿首先明确定义了当时人们常常混淆的几个概念，如质量、惯性、外力、向心力、时间、空间等，然后提出了运动的基本定理，即牛顿运动三定律，接着牛顿给出了六条推论，包括力的平行四边形法则、力的合成与分解、动量守恒定律、质心运动定理、相对性原理以及力系的等效原理，这一部分虽然篇幅不大，但它是全书的基础。可以看出，牛顿第一定律是在伽利略和笛卡儿关于惯性定律论述的基础上建立起来的，并把它作为力学理论体系的第一条普遍定律和研究改变物体运动原因和作用力与反作用力关系的出发点，也是万有引力定律得以建立的必要条件。牛顿第二定律明确定义了质量的概念，是对伽利略动力学思想的发展，它是牛顿运动三定律的核心。有人认为第三定律是牛顿独创的，但我们也不能认为惠更斯等人关于碰撞问题的研究对此毫无影响，这一定律不仅指出了作用与反作用的存在，还指出了这种相互作用总是作用在两个不同的物体上，并且是等大小、反方向的。在书中，牛顿还描写了大量的实验，用以证明这一定律的正确性。

牛顿在一封给胡克的信中写道："如果我看得更远那是因为站在巨人的肩上。"他这里指的是胡克和笛卡儿，当然不言而喻也包括了他多次提到的伽利略、开普勒和哥白尼。其实他完成的综合工作是基于从中世纪以来世世代代从事科学研究的前人的累累成果。

2.1 牛顿运动定律的内容

物理学基本内容

在质点运动学中，我们只描述质点的运动，没有涉及运动状态发生变化的原因。是什么原因引起运动呢？比如，一个螺旋桨是怎样推动一个比自己重得多的巡洋舰运动的呢？飞机如何转弯？为什么在一个有些融化的冰面上驾驶汽车要比在凝结的冰面上困难呢？当汽车急刹车时，好像有一个力推着车内的人向前运动，但事实上并没有这样的力，这是什么原因呢？人行走的运动分析依靠牛顿第三定律。当开始向前走时，你给地面一个向后的推力，地面同时会作用给你一个同样大小的反作用力。地面提供的外力是使你的身体有向前加速度的原因。冰球运动要求在运动员和冰面之间要有一个合适的摩擦力。如果摩擦力太大，会影响运动员的移动速度，而如果摩擦力太小，运动员则会比较容易滑倒。宇宙飞船需要多大的力才能使其进入轨道并达到轨道速度？一般来讲，需要多级火箭的持续推力加速才能使飞船达到最后的速度。

从本章开始的质点动力学，将以牛顿运动定律为基础，研究物体运动状态发生变化的原因及其规律。牛顿提出的三条运动定律，不仅是质点运动的基本定律，而且是整个经典力学的基础。

2.1.1 牛顿第一定律

牛顿第一定律的内容：物体将保持静止或做匀速直线运动，直到其他物体对它的作用力迫使它改变这种状态为止。

牛顿第一定律给出了两个重要概念。第一，它给出了力的科学定义：力是一个物体对另一个物体的作用。力的作用效果是使受力作用的物体改变原来的运动状态，而不是维持原来的运动状态。在国际单位制中，力的单位是牛顿，符号是 N。第二，它表明任何物体都具有保持其运动状态不变的固有属性（惯性）。

1）惯性的定义：由牛顿第一定律可知，物体之所以静止或做匀速直线运动是由物体的本性造成的。这种本性叫作物体运动的惯性。

2）惯性的大小可以使用一个物理量——质量来描述，质量也称为物体的惯性质量。在国际单位制中，质量的单位是千克，符号是 kg。物体质量越大，惯性越大，保持原有运动状态的本领越强。

力在物理学中是一个核心物理量。以下是日常生活中存在的力的数量级的几个例子，它们有助于读者加深对力的认识。

DNA 双螺旋分子之间的相互作用力：10^{-14}N。

电子与质子之间的相互作用力：10^{-9}N。

耳机声音对耳膜的作用力：10^{-4}N（对于10^{-13}N 的作用力，人的听觉仍然能够感知到）。

水对水坝的作用力：10^{11}N。

太阳对地球的引力：10^{22}N。

2.1.2 牛顿第二定律

牛顿第二定律的表述：物体受到外力作用时将产生一个加速度，加速度的大小与合外力的大小成正比，与物体自身的质量成反比，加速度的方向在合外力的方向上。

牛顿第一定律从力的有无的角度对力做了说明，牛顿第二定律是牛顿第一定律逻辑上的延伸，它进一步定量地阐明了物体受到外力作用时运动状态是如何变化的（使物体产生一个加速度）。牛顿第二定律的定量数学表达式为

$$\boldsymbol{F} = km\boldsymbol{a}$$

在国际单位制下，加速度以 m·s^{-2}为单位，质量以 kg 为单位时，$k=1$，故有

$$\boldsymbol{F} = m\boldsymbol{a} = m\frac{\mathrm{d}\boldsymbol{v}}{\mathrm{d}t} = m\frac{\mathrm{d}^2\boldsymbol{r}}{\mathrm{d}t^2} \tag{2-1}$$

式（2-1）是矢量形式，叫作牛顿运动方程。牛顿运动方程在直角坐标系和自然坐标系中的分量式分别可以表示为

$$\begin{cases} F_x = ma_x = m\dfrac{\mathrm{d}v_x}{\mathrm{d}t} \\ F_y = ma_y = m\dfrac{\mathrm{d}v_y}{\mathrm{d}t} \\ F_z = ma_z = m\dfrac{\mathrm{d}v_z}{\mathrm{d}t} \end{cases} \tag{2-2}$$

和

$$\begin{cases} F_\mathrm{n} = ma_\mathrm{n} = m\dfrac{v^2}{R} \\ F_\tau = ma_\tau = m\dfrac{\mathrm{d}v}{\mathrm{d}t} \end{cases} \tag{2-3}$$

由式（2-3）可见，合外力的切向分量决定了物体速度大小的变化率，法向分量决定了物体速度方向的变化。

牛顿第二定律定量地说明了力与物体运动状态变化之间的关系。同一个物体在不同的外力作用下，物体的加速度与外力之间始终保持同向、正比的关系；不同的物体在相同外力作用下，质量大的物体产生的加速度小，说明物体的惯性大，质量小的物体产生的加速度大，说明物体的惯性小。质量是物体惯性大小的量度。如果说第一定律给出了惯性概念，第二定律则对惯性概念做了定量的叙述。

在牛顿定律的应用中，读者特别要注意的是第二定律中的 $\boldsymbol{F}$ 是物体所受的合力。当有多个力作用在物体上时，由矢量合成规律可以得到

$$\boldsymbol{F} = \sum_{i=1}^{n}\boldsymbol{F}_i \tag{2-4}$$

式中，$\boldsymbol{F}_i$ 是第 i 个分力，式（2-4）表达了力的叠加原理。在大多数情况下，物体同时受到多个力的作用，$\boldsymbol{F}$ 表示合力，$\boldsymbol{a}$ 表示合力作用下产生的总加速度。

牛顿第二定律是瞬时关系式，即 $\boldsymbol{F}(t)=m\boldsymbol{a}(t)$。物体在 t 时刻具有的加速度与同一时刻所受的力的大小成正比，方向相同，并且表现为时间 t 的函数。在某些情况下，物体所受的力为恒力，物体具有的加速度为匀加速度，例如自由落体运动，这时力与加速度都不随时间 t 变化。但是，更普遍的情况表现为物体所受的力为变力，力的大小、方向都可能发生变化，相应物体的加速度也是变化的，这时物体的加速度与力在时间上应表现为一一对应的关系。

【例 2-1】飞机质心在铅垂平面内做曲线运动，作用在飞机上的外力有发动机推力 $\boldsymbol{P}$、飞机重力 $\boldsymbol{G}$ 和升力 $\boldsymbol{Y}$、阻力 $\boldsymbol{X}$。在铅垂平面航迹坐标系 Ox_hy_h 中，升力 $\boldsymbol{Y}$ 指向 Oy_h 轴正向，阻碍飞机运动的阻力 $\boldsymbol{X}$ 显然与运动方向相反，即指向 Ox_h 轴负向。设推力 $\boldsymbol{P}$ 的方向与翼弦的夹角为 φ_P（称为发动机安装角），机翼迎角为 α（飞机机翼翼弦与相对气流方向的夹角），如图 2-1 所示。设飞机速度大小为 v，试写出飞机质心在铅垂平面内运动的动力学方程。

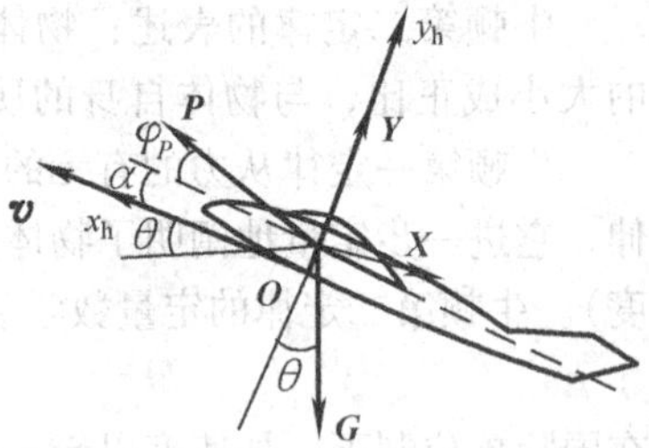

图 2-1

【解】飞机的 Ox_h 轴方向的加速度为 $a_{xh}=\dfrac{\mathrm{d}v}{\mathrm{d}t}$，$Oy_h$ 轴方向的加速度 $a_{yh}=v\dfrac{\mathrm{d}\theta}{\mathrm{d}t}$。由图中受力分析得到

$$\begin{cases}\dfrac{G}{g}\dfrac{\mathrm{d}v}{\mathrm{d}t}=P\cos(\alpha+\varphi_P)-G\sin\theta-X\\ \dfrac{G}{g}v\dfrac{\mathrm{d}\theta}{\mathrm{d}t}=P\sin(\alpha+\varphi_P)+Y-G\cos\theta\end{cases}$$

当 α 和 φ_P 很小时，上式简化为

$$\begin{cases}\dfrac{G}{g}\dfrac{\mathrm{d}v}{\mathrm{d}t}=P-G\sin\theta-X\\ \dfrac{G}{g}v\dfrac{\mathrm{d}\theta}{\mathrm{d}t}=Y-G\cos\theta\end{cases}\tag{2-5}$$

上述方程可用于分析飞机在铅垂平面内做机动飞行（如俯冲、跃升、斤斗等）时的性能。

2.1.3 牛顿第三定律

牛顿第三定律有多种表述形式，这里我们要求读者掌握如下的表述：物体之间的作用力与反作用力大小相等，方向相反，作用在不同的物体上。其数学表达式为

$$\boldsymbol{F}=-\boldsymbol{F}'\tag{2-6}$$

牛顿第三定律在逻辑上是牛顿第一、第二定律的延伸。在第一、第二定律中都使用了力的概念，但什么是力，力有什么特点，都没有具体介绍。牛顿第三定律就是来补充力的特点和规律的定律。

根据牛顿第三定律，我们可以将力定义为：力就是物体间的相互作用。当两个物体相互作用时，受力的物体也是施力的物体。这种相互作用分别叫作作用力与反作用力。从牛顿第三定律我们知道，作用力与反作用力之间有如下的特点：

1）作用力与反作用力大小相等，方向相反。力的作用线是在同一直线上的。

2）作用力与反作用力不能抵消，因为它们是作用在不同的物体上的。

3）作用力与反作用力同时产生，同时消失，互为存在条件。由于作用力和反作用力是分别作用在两个物体上而产生各自的效果，所以它们永远不会相互抵消；作用力与反作用力的类型也是相同的。如果作用力是万有引力，则反作用力也是万有引力。

与第一定律和第二定律不同，牛顿第三定律在任何参考系中都成立，而第一定律和第二定

律只在惯性系中成立。

2.1.4　牛顿运动定律的适用范围

在牛顿三大定律中，牛顿第二定律是核心。通常把牛顿第二定律的数学表达式称为质点动力学的基本方程式。在处理实际问题时，往往是把三条定律结合起来应用的。在应用牛顿运动定律中要注意：

1）牛顿运动定律适用于质点。牛顿运动定律中的“物体”是指质点，$\boldsymbol{F}=m\boldsymbol{a}$ 或 $\boldsymbol{F}=m\frac{\mathrm{d}\boldsymbol{v}}{\mathrm{d}t}$ 均针对质点成立。如果一个物体的大小、形状在讨论问题时不能够忽略不计，可以将该物体处理为由许许多多质点构成的质点系统，简称为质点系。质点系中每一个质点的运动规律都应当遵从牛顿运动定律。

2）牛顿力学适用于宏观物体的低速运动情况。在牛顿于 1687 年提出著名的牛顿三大定律后的很长一段时期，人们对物质及其运动的认识还仅仅局限于宏观物体的低速运动。低速是指物体的运动速度远远小于光在真空中的传播速度。牛顿力学在宏观物体低速运动的范围内描述物体的运动规律是极为成功的。但是到了 19 世纪末期，随着物理学在理论上和实验技术上的不断发展，人类观察的领域不断扩大，实验上相继观察到了微观领域和高速运动领域中的许多现象，例如电子、放射性射线等。人们发现用牛顿力学解释这些现象是不成功的。直到 20 世纪初，量子力学的诞生，才对微观粒子的运动规律给予了正确的解释，而对于高速运动的物理图像，则必须用爱因斯坦的相对论进行讨论。

3）牛顿力学只适用于惯性参考系。关于惯性系与非惯性系的问题我们将在以后专门讨论。

物理知识应用

航空跳伞

物体在空气中运动时所受的阻力与两物体相互接触、相对运动所产生的滑动摩擦力是不同的。空气阻力与物体速度密切相关，实验证明，物体速度增加时空气阻力也随之增大。用公式表示为

$$F_{\mathrm{drag}}=k_0+k_1v+k_2v^2+\cdots\ (k_0,\ k_1,\ k_2,\ \cdots\text{由实验决定})$$

k 与很多因素有关，包括物体与空气接触表面积 S、空气密度 ρ，面积越大阻力越大；同时还和物体的尺寸、物体与运动方向倾角、空气黏滞性和可压缩性有关，这些因素的影响统一用黏滞系数 c_{d} 表示。k 用公式表示为

$$k=\frac{1}{2}c_{\mathrm{d}}S\rho \tag{2-7}$$

于是，人们设想利用增大空气阻力的方法来减小着陆速度，这就是制造降落伞的出发点。世界上最早设计出降落伞图纸的是 15 世纪意大利文艺复兴时期的杰出画家达·芬奇，他设计的降落伞是用边长为 7m 的布制成的四方尖顶天盖，天盖下可以吊一个人。这张设计图现在保存在意大利达·芬奇博物馆里。据说，达·芬奇曾亲自使用过这种降落伞从一个塔上跳下进行试验。下面分析一个具体的航空跳伞问题。

【例 2-2】 跳伞员和伞具的总质量为 m，在空中某处由静止开始下落，设降落伞受到的空气阻力与速率成正比，即空气阻力 $\boldsymbol{F}=-k\boldsymbol{v}$，$k$ 是比例常量。求跳伞员的运动速率随时间变化的规律。

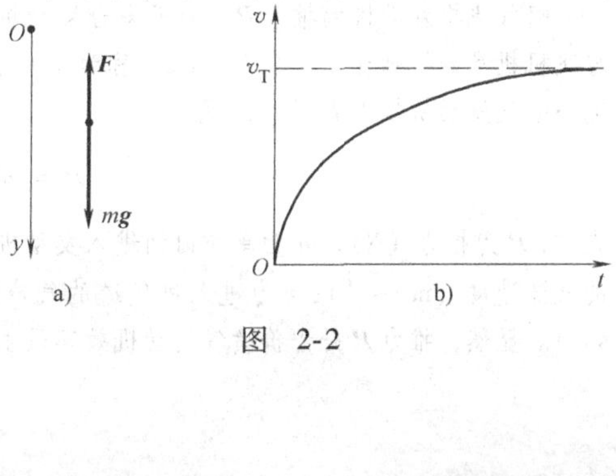

图　2-2

【解】 在跳伞员下落过程中，受到空气阻力 $\boldsymbol{F}=-k\boldsymbol{v}$ 和

重力 $G=mg$ 作用，如图 2-2a 所示。取竖直向下为坐标轴正方向，以开始下落处为坐标原点，由牛顿第二定律，有

$$mg - kv = m\frac{dv}{dt} \quad ①$$

分离变量得

$$\frac{dv}{g-\frac{k}{m}v} = dt$$

依题意，$t=0$ 时，$v_0=0$。对上式积分

$$\int_0^v \frac{dv}{g-\frac{k}{m}v} = \int_0^t dt$$

得到

$$\ln\frac{g-\frac{k}{m}v}{g} = -\frac{k}{m}t$$

由此得出速率随时间变化的规律为

$$v = \frac{mg}{k}\left(1-e^{-\frac{k}{m}t}\right) \quad ②$$

下面对上例结果进行讨论。

1）由式②可知，速率随时间 t 增加而变大，其变化曲线如图 2-2b 所示。这是一条指数函数曲线。

2）当 $t\to\infty$ 时，v 趋于一极限值 $v_T=\frac{mg}{k}$，v_T 称为终极速度（即物体在黏性流体中下落时能达到的极限速度）。物体达到终极速度后，就做匀速直线运动了。在物理学中，$t\to\infty$ 是指时间足够长。由式②可知，当 $t=\frac{m}{k}$ 时，$v=v_T\left(1-\frac{1}{e}\right)\approx 0.63v_T$，所以只要 $t\gg\frac{m}{k}$，就可以认为 $v\approx v_T$。当 $t=\frac{5m}{k}$ 时，$v=0.993v_T$。一般认为，当 $t\geqslant\frac{5m}{k}$ 时，速率就已经非常接近于 v_T 了。

一切固体在液体或气体中运动时都要受到黏滞力作用，黏滞力的大小随相对运动速率的增加而增大。当相对运动速率较小时，黏滞力大小与速率成正比。固体在液体或气体中运动，当黏滞力与推力大小相等时，就以终极速度做匀速运动。轮船在水中航行、飞机在空中飞行、航空跳伞、雨滴的下落等，经过一段时间之后都是以终极速度做匀速运动。

物理知识拓展

飞机喷气发动机推力

喷气飞机发动机的推力 $\boldsymbol{P}$（对于多台发动机情况应是各发动机推力的合力）总是作用在其对称面内，与飞机机身的纵轴存在一个夹角 φ_P，称为安装角（见图 2-1）。我们将在第 4 章按照动量定理导出理想情况下喷气发动机推力 $\boldsymbol{P}$ 的表示式

$$P = m'(v_P - v) + v_P\frac{dQ}{dt} \quad (2\text{-}8)$$

式中，$\boldsymbol{P}$ 为推力（N）；m' 为单位时间进入发动机的空气质量，称为质量流量（$kg\cdot s^{-1}$）；v_P 为尾喷管喷出的气流速度（$m\cdot s^{-1}$）；v 为进入进气道的气流速度，即飞行速度；dQ/dt 为单位时间燃料消耗量（$kg\cdot s^{-1}$）。显然，推力 $\boldsymbol{P}$ 是评价喷气发动机效率最主要的性能指标。其大小主要取决于空气质量流量 m'、喷气

流速度 v_P 和飞行速度 v。由于 m' 与空气密度有关，也就是与高度有关，所以，$\boldsymbol{P}$ 通常是飞机飞行高度 H、空速 v 和油门开度 δ_p 或发动机转速 n 的函数，即可以写成 $P = P(H,v,n(\delta_p))$。由于发动机工作条件复杂，其推力的函数关系往往是以发动机特性曲线（速度特性曲线、高度特性曲线以及油门特性曲线）的形式给出。

在发动机转速和飞行速度一定时，发动机推力随飞行高度的变化关系，称为高度特性。图2-3为某涡轮喷气发动机的推力 $\boldsymbol{P}$ 随高度 H 的变化曲线。由图可见，在对流层（$H<11\text{km}$）内，高度增加，空气密度减小，进入发动机的空气流量将减小，故推力 $\boldsymbol{P}$ 随高度增加而降低。

【例2-3】 图2-4为给定调节规律下（高度和转速一定时）某型号飞机发动机推力随飞行速度或 Ma（马赫数）的变化关系，即速度特性曲线，试利用 $\boldsymbol{P}$ 的表示式定性解释 ABC 各段特性。

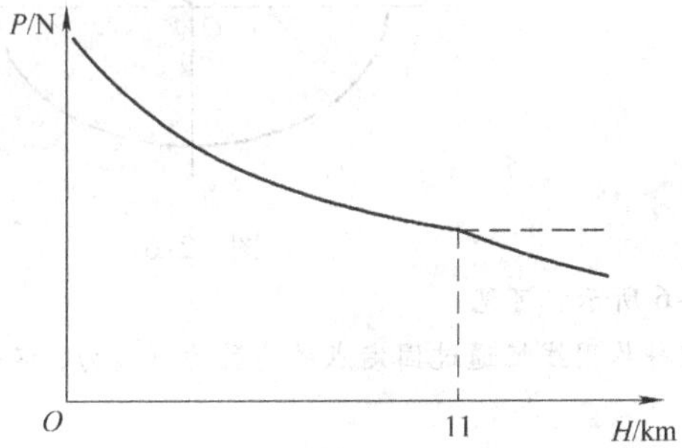

图 2-3

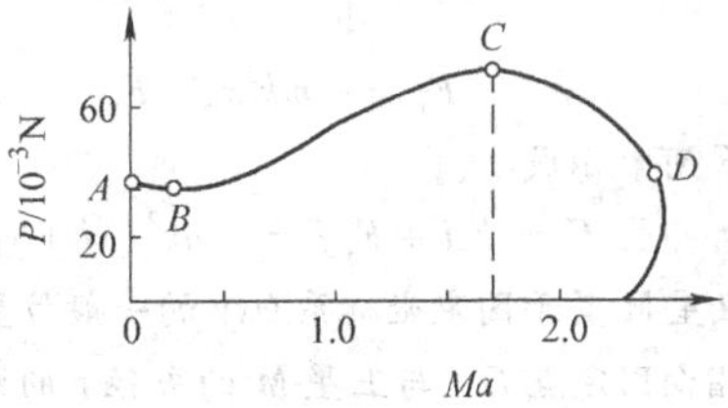

图 2-4

【解】 从图中可以看出，推力 $\boldsymbol{P}$ 开始略有下降，然后增加，再迅速下降。其原因可见推力公式 $P = m'(v_P - v) + v_P\left|\dfrac{dQ}{dt}\right|$，开始时飞行速度很小，气流在压气机前冲压效果不大，进入发动机的空气质量 m' 和喷流速度 v_P 都没有很大变化，但由于飞行速度 v 逐渐加大，$v_P - v$ 之值减小，推力 $\boldsymbol{P}$ 随速度增加将稍有下降。随着飞行速度不断增大，m' 和 v_P 值的增加也逐渐显著，推力 $\boldsymbol{P}$ 值在一定速度后随飞行速度增加而增大。当飞行速度增至超声速的某个 Ma 时，发动机推力达到最大值。

应用能力训练

【例2-4】 一枚质量为 3.03×10^3 kg 的火箭，在与地面成 58.0°倾角的发射架上，点火后发动机以恒力 61.2kN 作用于火箭，火箭的姿态始终与地面成 58.0°夹角。经 48.0s 后关闭发动机，计算此时火箭的高度和距发射点的距离。（忽略燃料质量和空气阻力）

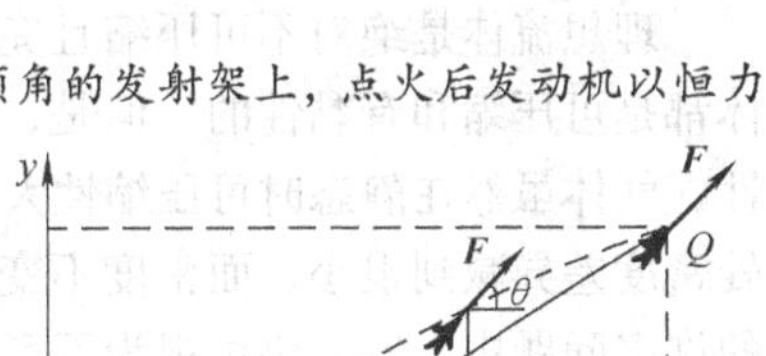

图 2-5

分析 这是恒力作用下火箭在铅垂平面的运动，这里火箭所受的力包括发动机的恒定推力 $\boldsymbol{F}$ 和火箭的重力 $\boldsymbol{G}$，它们都是恒力（力的大小和方向都不变），将它们分解到图2-5所示的平面直角坐标系中，即可列出动力学方程，并结合运动学关系求解。

【解】 建立图示 Oxy 坐标系，列出动力学方程

$$F\cos\theta = ma_x$$

$$F\sin\theta - mg = ma_y$$

由于加速度是恒量，根据初始条件，由运动学方程可得点 Q 的位置坐标为

$$x = \frac{1}{2}a_x t^2 = \frac{F\cos\theta}{2m}t^2 = 1.23\times10^4\text{m}$$

$$y = \frac{1}{2}a_y t^2 = \frac{F\sin\theta - mg}{2m}t^2 = 8.44\times10^3\text{m}$$

火箭距发射点 O 的距离为

$$s = \sqrt{x^2 + y^2} = 1.49 \times 10^4 \mathrm{m}$$

【例2-5】设卫星M在固定平面 xOy 内运动（见图2-6），已知卫星的质量为 m，运动学方程是

$$x = A\cos kt$$

$$y = B\sin kt$$

式中，A、B、k 都是常量。求作用于卫星M的力 $\boldsymbol{F}$。

【解】本例属第一类问题。由运动学方程求导得到质点的加速度在固定坐标轴 Ox 和 Oy 上的投影，即

$$a_x = \frac{\mathrm{d}^2 x}{\mathrm{d}t^2} = -k^2 A\cos kt = -k^2 x$$

$$a_y = \frac{\mathrm{d}^2 y}{\mathrm{d}t^2} = -k^2 B\sin kt = -k^2 y$$

$$F_x = -mk^2 x, \quad F_y = -mk^2 y$$

于是力 $\boldsymbol{F}$ 可表示成

$$\boldsymbol{F} = F_x \boldsymbol{i} + F_y \boldsymbol{j} = -mk^2(x\boldsymbol{i} + y\boldsymbol{j}) = -mk^2 \boldsymbol{r}$$

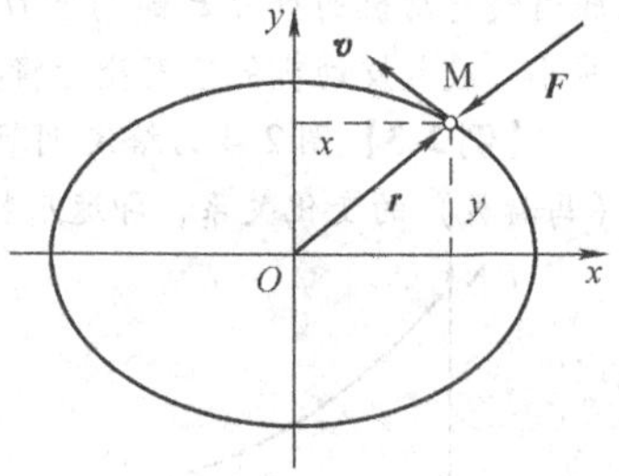

图 2-6

将卫星M置于固定坐标系 Oxy 的一般位置分析如图2-6所示。可见力 $\boldsymbol{F}$ 恒指向固定点 O，与卫星M的矢径 $\boldsymbol{r}$ 的方向相反。这种作用线恒通过固定点的力称为有心力，这个固定点称为力心。

2.2 流体力学的基本概念

物理学基本内容

流体是气体和液体的总称，流体的基本特征是具有流动性，即各部分之间很容易发生相对运动，没有固定的形状。流体力学是研究流体的运动规律以及流体与相邻固体之间相互作用规律的一门学科，庞大而复杂。下面简单介绍理想流体的一些基本知识。

理想流体是绝对不可压缩且完全没有黏性的流体，这是一种理想化的模型。任何实际的流体都是可压缩和有黏性的。但是，液体在外力作用下体积的变化很微小，一般可忽略其可压缩性，气体虽然在静态时可压缩性大，但因其流动性好，很小的压强差就可使气体迅速流动，使各处密度差异减到很小，而密度不变自然就是“不可压缩”的典型特征。因此，在研究气体流动的许多问题中，气体仍可视为不可压缩，即各处的密度不因压强差异而明显变化。实际流体由于具有黏性，当各流层之间相对流动时，相邻两层之间就存在内摩擦力，互相牵制，但当流体的黏性较小，即造成的影响很小时，内摩擦力亦可忽略。这样，决定流体运动的主要因素只有其流动性，从而可以采用理想流体的模型讨论问题。

由于理想流体在运动时没有和运动方向平行的切向力作用，所以其内部压强与静止流体内部压强有相同的特点，即任何一点的压强大小只与位置有关，而与计算压强所选截面的方位无关。但流体运动时，其内部任意两点之间可能存在压强差，这是与静止流体的不同之处。

2.2.1 流场、流线和流管

由于流体的流动性，各部分质元（指宏观小、微观大区域中分子的集合）的运动不一定都相同，所以处理流体的运动问题时，并不着眼于各个流体质元在各时刻的运动状态，而是考察流体所在的空间中各点，研究流体的各质元在流经这些点时所具有的速度、密度和压强等，以及这

些量随时间的变化关系，这种方法称为欧拉（Leonhard Euler，1707—1783）法。

在流体运动过程的每一瞬时，流体在所占据的空间每一点都具有一定的流速，通常将这种流速随空间的分布称为流体速度场，简称流场。流场是矢量场。

为了形象地描述流场，引进流线。流线是流场中一系列假想的曲线，每一瞬时流线上任一点的切线方向和流经该点的流体质元的速度方向一致。由于任一瞬时在空间任一点流体的流速方向是唯一的，所以各条流线不会相交。

在流体内由流线所围成的细管称为流管，如图2-7所示。因为每一流体质元的运动方向都沿着该点流线的切线方向，所以流管内的流体不会流出管外，流管外的流体也不会流入管内。

2.2.2　定常流动和不定常流动

一般而言，流场中各点的流速$\boldsymbol{v}$是该点的位置和时间的函数，$\boldsymbol{v}=\boldsymbol{v}(x, y, z, t)$，流线的形状可随时间而变，这种随时间而变化的流动称为不定常流动。这种情况下流线与流体单个质元的运动轨迹并不重合。但在实际问题中也常遇到整个流动随时间的变化并不显著或可以忽略其变化的情况，这时就可以近似认为流场是不随时间而变化的，即$\boldsymbol{v}=\boldsymbol{v}(x, y, z)$，于是流场中任一固定点的流速、压强和密度等都不随时间变化，这种流动称为定常流动。在定常流动的情况下，流线和流体质元的运动轨迹重合，流体的各流层不相混合，只做相对滑动。

2.2.3　定常流动的特点——连续性方程

流体在做定常流动时，沿同一细流管内任意两点之间的速度具有确定的关系。如图2-7所示，在一细流管内取与流管垂直的两个截面S_1和S_2，与细流管组成封闭曲面，流体从S_1端流入，从S_2端流出。由于做定常流动，流体内各点的密度不变，因此封闭曲面内的质量不会变化，即在同一段时间Δt内，从S_1流入封闭曲面的流体质量应与从S_2流出的流体质量相等。只要选取的细流管截面积足够小，则细流管任一截面上各点的物理量都可视为均匀的。设截面S_1和S_2处的流速分别为$\boldsymbol{v}_1$和$\boldsymbol{v}_2$，流体密度分别是ρ_1和ρ_2，在Δt时间内流入封闭曲面的流体质量为

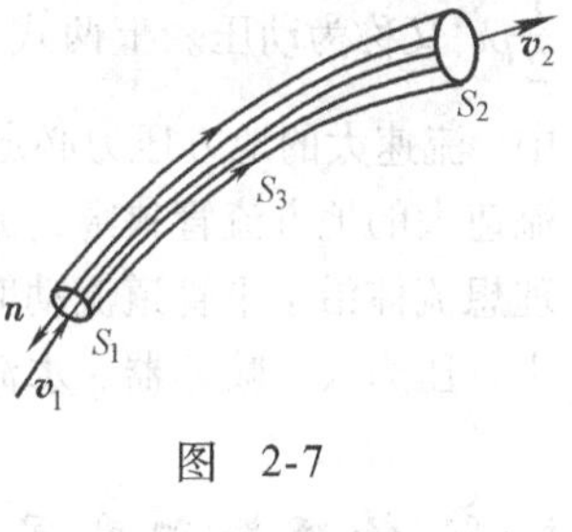

图　2-7

$$m_1=\rho_1(v_1\Delta t)S_1$$

同样时间内从封闭曲面内流出的流体质量为

$$m_2=\rho_2(v_2\Delta t)S_2$$

对于定常流动，$m_1=m_2$，因此有

$$\rho_1 v_1 S_1=\rho_2 v_2 S_2 \tag{2-9}$$

式（2-9）对于细流管中任意两个与流管垂直的截面都是正确的。因此，一般可写成

$$\rho v S=\text{常量} \tag{2-10}$$

式（2-10）说明：在定常流动中，细流管各垂直截面上的质量流量相等。式（2-10）为定常流动的连续性方程，又称为质量-流量守恒定律。

对不可压缩的流体（ρ为常量），则由式（2-10）又可得出

$$Sv=\text{常量} \tag{2-11}$$

式（2-11）说明：在不可压缩流体的定常流动中，单位时间内通过同一流管的任一截面的流体体积相同，这一关系又称为体积-流量守恒定律。一般用Q_m和Q_V分别表示质量流量和体积流量，则式（2-10）和式（2-11）可分别表示为

$$Q_m = 常量,\quad Q_V = 常量 \tag{2-12}$$

上面的结论在日常生活中常可见到，如在河道宽的地方水流比较缓慢，河道窄的地方水流比较湍急。这已是尽人皆知的常识。

2.2.4 伯努利方程

伯努利方程反映了理想流体在做定常流动时压强和流速的关系，是流体力学中的基本方程式。

如图2-8所示是理想流体在重力场中做定常流动的情况，流管中位置1、2两段流体微元在重力场中的高度分别为h_1和h_2、流速分别是v_1和v_2、压强分别是p_1和p_2、密度分别为ρ_1和ρ_2，可以推得

$$p_1 + \frac{1}{2}\rho_1 v_1^2 + \rho_1 g h_1 = p_2 + \frac{1}{2}\rho_2 v_2^2 + \rho_2 g h_2 \tag{2-13}$$

考虑到所取垂直截面S_1和S_2的任意性，上述关系还可写成一般形式

$$p + \frac{1}{2}\rho v^2 + \rho g h = 常数 \tag{2-14}$$

式（2-13）或式（2-14）称为伯努利方程，它们给出了做定常流动的理想流体中同一流管的任一截面上压力、流速和高度所满足的关系。p又称为静压，$\frac{1}{2}\rho v^2$又称为动压。上两式表明，在同一条水平流管中，流速大的地方压力必定小，流速小的地方压力必定大。前面所讲的连续性方程向我们表明，流速大的地方流管狭窄，流速小的地方流管粗大。从这两个结果中我们可以得到这样的结论：当理想流体沿水平管道流动时，管道截面积小的地方流速大、压力小，管道截面积大的地方流速小、压力大。喷雾器、水流抽气机等都是利用这个原理制成的。

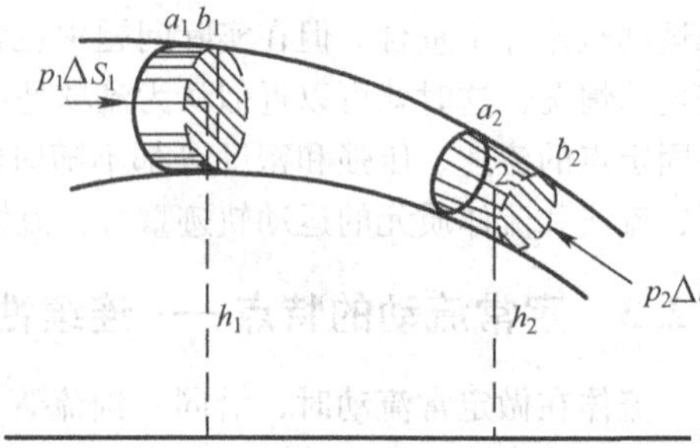

图 2-8

物理知识应用

飞机升力

飞机所以能够飞行，是因为它在向前运动时，空气给了飞机一个向上支托的空气动力，这个力就是升力。飞机的升力主要由机翼产生。大多数早期飞机和近代低速飞机翼型的前缘较钝，速度较高的飞机，多采用尖前缘的翼型。翼弦（机翼前缘和后缘的连线）与相对气流方向的夹角称为迎角，通常以α表示（见图2-9）。迎角的大小反映了相对气流与机翼之间的相互关系。迎角不同，相对气流流过机翼时的情形就不同，产生的空气动力也不同，从而升力也不同。所以迎角是飞机飞行中产生空气动力的重要参数。迎角有正负之分，气流方向指向下翼面的为正迎角，气流方向指向上翼面的，为负迎角。

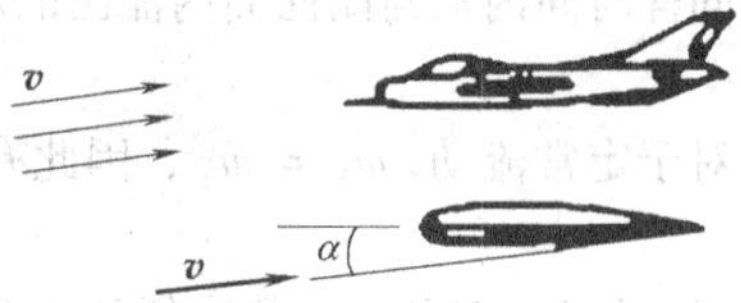

图 2-9

观察气流流过中等迎角双凸翼型的流线谱（见图2-10）可以看出：在正迎角情况下，气流流经上翼面的流线变密，流管变细，流速加快，压力降低；流经下翼面的流线变疏，流管变粗，流速减慢，压力增加。这样，机翼上、下表面出现了压力差，这种上、下表面压力差的总和就是升力，其方向与飞行方向或相对气流方向垂直。升力的着力点，即其作用线与翼弦的交点，叫压力中心。

气流流过机翼时翼面各点压力的大小，通常用翼型的压力分布图来表示。翼面各点所受压力与大气压

力之差统称为剩余压力（Δp）。可见，剩余压力为负值时，翼面所受的力是吸力；剩余压力为正值时，翼面所受的是正压力。根据翼面各点的吸力或正压力，可以用带箭头的线段来表示其大小和方向，线段的长度表示其绝对值的大小，箭头指向表示正压力或吸力——箭头指向翼面为正压力，箭头背向翼面为吸力，各线段分别与翼面各点垂直。图 2-11 是根据实验画出的翼型压力分布图。

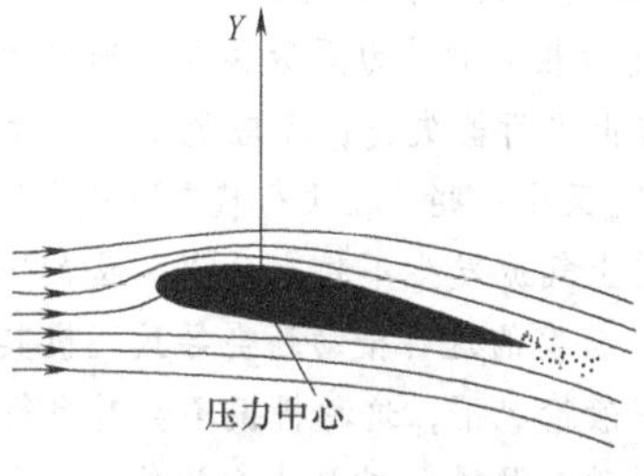

图　2-10

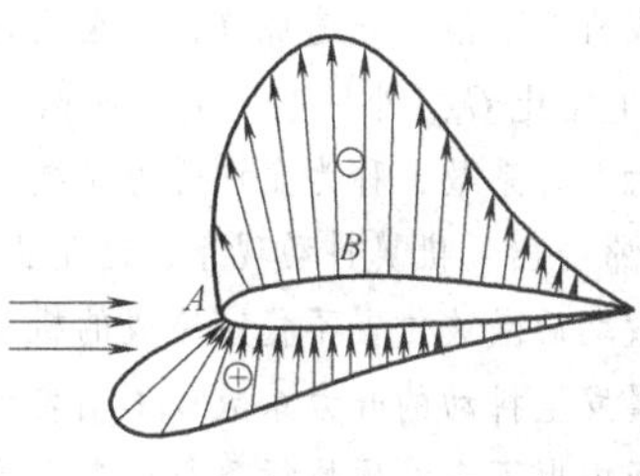

图　2-11

飞机的升力可以写为下面的形式

$$Y=\frac{1}{2}C_Y\rho v_\infty^2 S$$

升力公式表明，影响机翼升力大小的因素包括：

（1）机翼面积（S）

机翼面积越大，机翼上下表面压力差的总和越大，所以升力越大。

（2）动压$\left(\frac{1}{2}\rho v_\infty^2\right)$

动压包含空气密度和气流速度两个因素，空气密度越大，单位体积内空气质点越多，对机翼的作用力越大，升力就越大。气流速度越大，流经机翼上、下表面的气流动压变化量越大，上、下表面的压力差越大，所以升力越大。

（3）升力系数（C_Y）

升力系数只与压力系数有关，而压力系数又与机翼翼型和迎角有关，所以升力系数对升力的影响实质上反映了翼型和迎角对升力的影响。当翼型一定时，升力系数只表示迎角对升力的影响。

机翼的升力系数 C_Y 随迎角的变化规律可以通过风洞实验测出，并可将 α 和 C_Y 的关系绘成曲线，这个曲线叫升力系数曲线，如图 2-12 所示。从曲线上可以看出，当迎角不大时，升力系数基本上随迎角的增大而正比例地增大；当迎角较大时，升力系数随迎角增大的趋势减弱，曲线变得平缓；当迎角增大到一定值，即临界迎角时，升力系数将随迎角的增大而减小。

由图 2-13 知，升力系数在小迎角范围内近似为直线，可表示为

$$C_Y = C_{Y\alpha}(\alpha-\alpha_0) \tag{2-15}$$

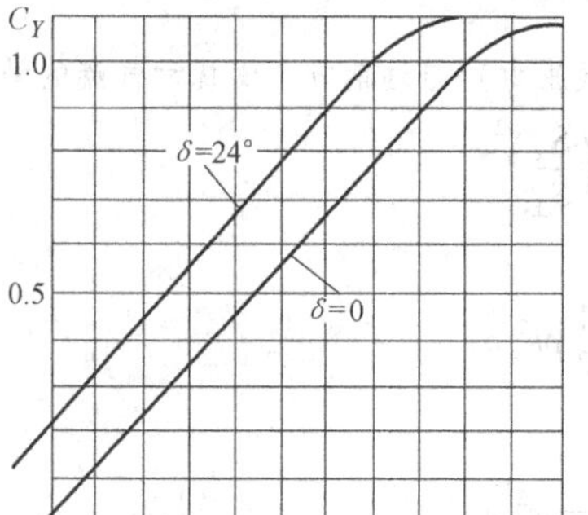

图　2-12

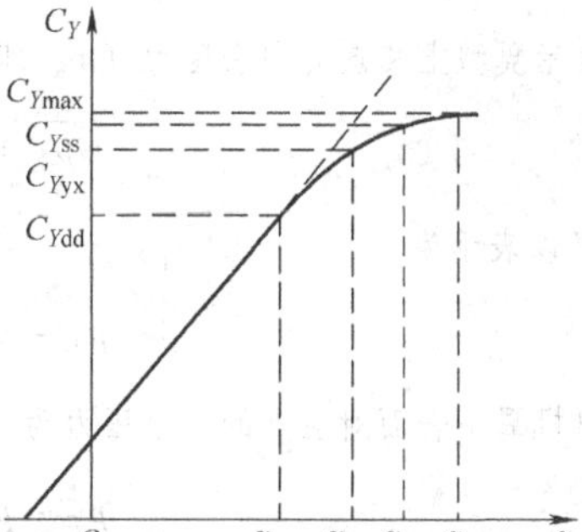

图　2-13

式中，$C_{Y\alpha}=\partial C_Y/\partial\alpha$ 为升力系数斜率，是表征升力特性的一个重要气动参数，其值与飞行器气动外形（机翼、尾翼的切面形状，翼型和尾翼的相对位置等）和飞行马赫数有关，α_0定义为零升迎角。

表征升力特性的另一个重要气动参数是最大升力系数 $C_{Y\max}$，与之对应的迎角称为临界迎角 α_c。$C_{Y\max}$值与飞行器气动外形有很大关系。现代飞机为提高 $C_{Y\max}$，采用边条翼气动布局或近耦鸭式布局。但在实际飞行中，通常飞行器不会达到 α_c或 $C_{Y\max}$。这是因为在迎角达到 α_c以前，由于机翼气流分离的发展，可能出现翼尖下坠或机头下俯等失速现象，甚至飞行器会丧失稳定性。此时相应的升力系数称为失速升力系数，以 C_{Yss}表示，它略比 $C_{Y\max}$小一些。由此可见，为保证飞行安全，防止飞行器失速，还应规定一个允许飞行器达到的最大升力系数，称为允许升力系数，以 C_{Yyx}表示，它比 C_{Yss}又小一些。在飞行状态到达允许升力系数 C_{Yyx}之前，常会出现机翼抖动现象，这是由于在较大迎角下机翼上气流发生不稳定分离，或者是由于超过临界马赫数之后激波位置不稳定造成的机翼不规则振动的结果，机翼的这种振动还会导致飞机其他部件的振动。机翼发生抖动的升力系数以 C_{Ydd}表示，通常小于 C_{Yss}。一般情况下，这种抖振不会对飞行器构成威胁，短时间内也不会妨碍执行飞行任务。为此，不按开始出现抖动来限制 C_Y的最大允许值，否则不利于飞行器潜能的发挥。

物理知识拓展

升力公式的推导

升力的大小可用公式表示，其公式推导如下。

设气流以一定的速度流过机翼，其流线谱如图 2-10 所示。机翼上表面任一点的压力 $p_上$与远前方未受扰动的气流压力 p_∞之间的关系，由伯努利方程表示为

$$p_\infty+\frac{1}{2}\rho v_\infty^2=p_上+\frac{1}{2}\rho v_上^2 \tag{2-16}$$

由连续性方程

$$\rho v_\infty S_\infty=\rho v_上 S_上 \tag{2-17}$$

S_∞、$S_上$ 为流管在远前方和机翼处的截面积，式（2-16）与式（2-17）联立得

$$\begin{aligned}p_上-p_\infty&=\frac{1}{2}\rho v_\infty^2-\frac{1}{2}\rho v_\infty^2\left(\frac{S_\infty}{S_上}\right)^2\\&=\frac{1}{2}\rho v_\infty^2\left[1-\left(\frac{S_\infty}{S_上}\right)^2\right]\end{aligned} \tag{2-18}$$

定义

$$\bar{p}=\frac{p-p_\infty}{\frac{1}{2}\rho_\infty v_\infty^2} \tag{2-19}$$

为压力系数，表示翼型上某点的剩余压力（p_∞ 即为大气压力）与远前方未受扰动气流的动压之比。所以

$$\bar{p}_上=1-\left(\frac{S_\infty}{S_上}\right)^2 \tag{2-20}$$

故式（2-18）可以表示为

$$p_上-p_\infty=\frac{1}{2}\rho v_\infty^2\bar{p}_上 \tag{2-21}$$

同理，可以求出机翼下表面对应点的剩余压力为

$$p_下-p_\infty=\frac{1}{2}\rho v_\infty^2\bar{p}_下 \tag{2-22}$$

由于上翼面流管变细，$S_上$ 小于 S_∞，$\bar{p}_上<0$，机翼受吸力作用；下翼面流管变粗，$S_上$ 大于 S_∞，$\bar{p}_下>0$，机翼受正压力作用。所以

$$p_{下} - p_{上} = \frac{1}{2}\rho v_{\infty}^{2}\ (\bar{p}_{下} + |\bar{p}_{上}|) \tag{2-23}$$

如图 2-14 所示，机翼无限小面积 dS 所产生的升力 dY 应为

$$dY = \frac{1}{2}\rho v_{\infty}^{2}(\bar{p}_{下} - \bar{p}_{上})dS \tag{2-24}$$

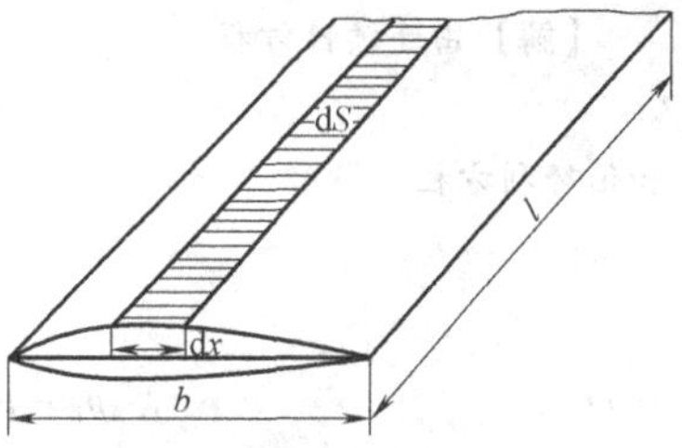

图　2-14

取 $\bar{x} = \frac{x}{b}$，则 $dS = lbd\bar{x} = Sd\bar{x}$

$$\begin{aligned} Y &= \int_0^1 \frac{1}{2}\rho v_{\infty}^{2} S(\bar{p}_{下} - \bar{p}_{上})d\bar{x} \\ &= \frac{1}{2}\rho v_{\infty}^{2} S\int_0^1 (\bar{p}_{下} - \bar{p}_{上})d\bar{x} \end{aligned} \tag{2-25}$$

式中，$\int_0^1 (\bar{p}_{下} - \bar{p}_{上})d\bar{x}$ 表示整个翼型上、下表面压力系数之差，叫作升力系数，用 C_Y 表示。最后得升力公式

$$Y = \frac{1}{2}C_Y\rho v_{\infty}^{2} S \tag{2-26}$$

应用能力训练

【例 2-6】在飞机起飞离地瞬时，对于一般飞机离地迎角可取 $\alpha_{ld} = \alpha_{dd}$（飞机抖动迎角），这时离地升力系数 $C_{Yld} = C_{Ydd} = 0.8 \sim 0.9C_{Y\max}$。对于现代飞机，由于飞机临界迎角很大，$\alpha_{dd}$ 会增加很多，为保证飞机的安全，离地迎角 α_{ld} 应受到护尾迎角 α_{hw} 的限制，即 $\alpha_{ld} < \alpha_{hw}$。护尾迎角 α_{hw} 定义为保证飞机护尾包离地面 0.2 ~ 0.3m 高时的飞机所处迎角，如图 2-15 所示。设发动机安装角 $\varphi_P = 0$，写出飞机离地瞬时的动力学方程。当 α_{hw} 很小，推力分量不太大时，可近似认为离地瞬时重力与升力平衡，假设某飞机起飞时所受重力 $G = 87280\text{N}$，机翼面积 $S = 28\text{m}^2$，离地升力系数 $C_{Yld} = 0.75$，求此时飞机离地速度 v_{ld}。

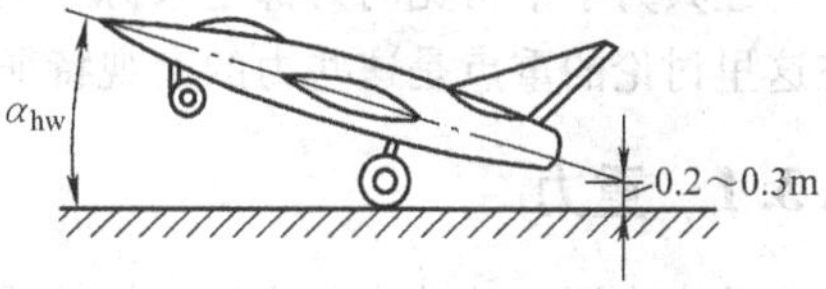

图　2-15

【解】飞机离地瞬时地面支持力为零，铅垂方向受力方程为

$$G = Y + P\sin(\alpha_{ld} + \varphi_P)$$

将升力公式 $Y = \frac{1}{2}C_Y\rho v^2 S$ 代入上式，得

$$v_{ld} = \sqrt{\frac{2[G - P\sin(\alpha_{hw} + \varphi_P)]}{\rho SC_{Yld}}}$$

当 $\alpha_{hw} + \varphi_P$ 很小时，推力分量可略，上式简化为

$$v_{ld} = \sqrt{\frac{2G}{\rho SC_{Yld}}}$$

把海平面空气密度 $\rho = 1.225\text{kg}\cdot\text{m}^{-3}$ 和题中数值代入上式，得

$$v_{ld} = \sqrt{\frac{2\times 87280}{1.225\times 28\times 0.75}}\text{m}\cdot\text{s}^{-1} = 82.4\text{m}\cdot\text{s}^{-1}$$

【例 2-7】一些航行器上装有测量流体流量的文氏管是用来产生压力差的，从而驱动回转仪来导航。文氏管被装在机身的外侧，使气流自由流动。假设文氏管开口直径为 10.0cm，狭窄处的直径为 2.5cm，接下来又回到原来初始直径 10.0cm，如图 2-16 所示。压力差为多少？已知航行器以 $38.0\text{m}\cdot\text{s}^{-1}$ 的速度飞行，飞行高度处空气的密度是 $\rho = 1.30\text{kg}\cdot\text{m}^{-3}$。

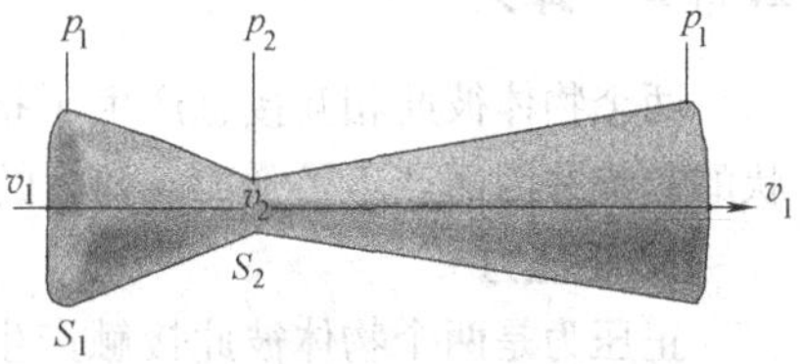

图　2-16

【解】由连续性方程

$$S_1v_1 = S_2v_2$$

和伯努利方程

$$p_1 + \frac{1}{2}\rho v_1^2 = p_2 + \frac{1}{2}\rho v_2^2$$

可知 $$p_1 - p_2 = \Delta p = \frac{1}{2}\rho v_2^2 - \frac{1}{2}\rho v_1^2 = \frac{1}{2}\rho(v_2^2 - v_1^2)$$

$$\Delta p = \frac{1}{2}\rho(v_2^2 - v_1^2) = \frac{1}{2}\rho\left[\left(\frac{S_1}{S_2}\cdot v_1\right)^2 - v_1^2\right] = \frac{1}{2}\rho v_1^2\left(\frac{S_1^2}{S_2^2} - 1\right)$$

$$S_1 = \pi r_1^2,\quad S_2 = \pi r_2^2,\quad \left(\frac{S_1}{S_2}\right)^2 = \left(\frac{r_1}{r_2}\right)^4$$

$$\Delta p = \frac{1}{2}\rho v_1^2\left[\left(\frac{r_1}{r_2}\right)^4 - 1\right] = 239\text{kPa}$$

2.3 力学中常见的力

物理学基本内容

经典力学中常见的力都是来源于自然界基本的相互作用，其细节我们不在这里讨论。我们在这里讨论的重点是这些力的宏观特征。

2.3.1 重力

重力来源于地球表面附近的物体受到的地球作用的万有引力。若近似地将地球视为一个半径为 R，质量为 m_E 的均匀分布的球体，质量为 m 的物体视为质点处理，则当物体距离地球表面 h（$h \ll R$）高度处时，所受地球的引力（重力）大小为

$$F = G\frac{m_E m}{(R+h)^2} \approx G\frac{m_E}{R^2}m = mg \tag{2-27}$$

式中，$g = G\frac{m_E}{R^2}$为重力加速度，数值上等于单位质量的物体受到的重力，故也可称为重力场的场强。在一般的学习性计算中 g 取值为 $9.8\text{m}\cdot\text{s}^{-2}$。

飞机大都是在大气层内飞行的，一般情况下可视地球表面为平面，重力场视为平行力场，即飞机所受的重力与地面垂直，故 $\boldsymbol{G} = m\boldsymbol{g}$，当忽略飞机飞行高度 y 对重力加速度的影响，即把重力场近似视为均匀场时，有 $g =$ 常量，在地面坐标系中，飞机重力可以写为

$$\boldsymbol{G} = (0, -mg, 0)^D \tag{2-28}$$

2.3.2 弹力

两个物体彼此相互接触产生了挤压或者拉伸，出现了形变，物体具有消除形变恢复原来形状的趋势并因而产生了弹力。弹力的表现形式多种多样，以下三种最为常见。

1. 正压力

正压力是两个物体彼此接触产生了挤压而形成的。由于物体有恢复形变的趋势，从而形成正压力。因此，正压力必然表现为一种排斥力。正压力的方向沿着接触面的法线方向，即与接触

面垂直，大小则视挤压形变的程度而决定。很显然，两物体接触紧密，挤压及形变程度高，正压力就大。两物体接触轻微，挤压及形变程度低，正压力就小。两物体接触是否紧密，挤压及形变程度究竟有多高，将取决于物体所处的整个力学环境。图2-17中质量为 m 的物体分别置于水平地面及斜面上，其所受正压力的大小是不同的。物体所受正压力的大小取决于外部环境（物体所受的其他力）对它的约束程度，因此正压力也称为约束力（或被动力）。在动力学中，正压力常常需要在求解了整个系统的运动情况后才能最后确定，因而它常常是题目的未知量。图2-18a为夹具中的球体受正压力的示意图，图2-18b为一重杆斜靠墙角，杆所受正压力的示意图。显然，在不同的力学环境下物体所受正压力的大小不一样。

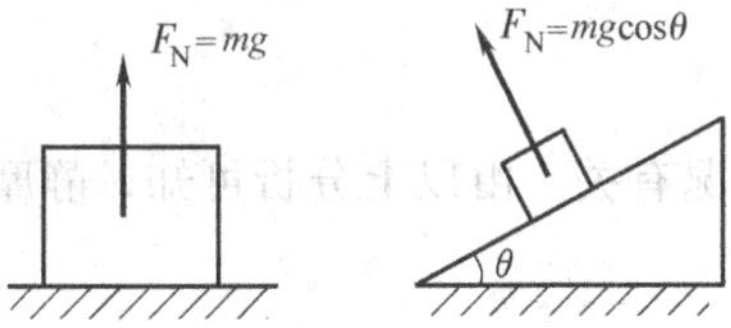

图 2-17

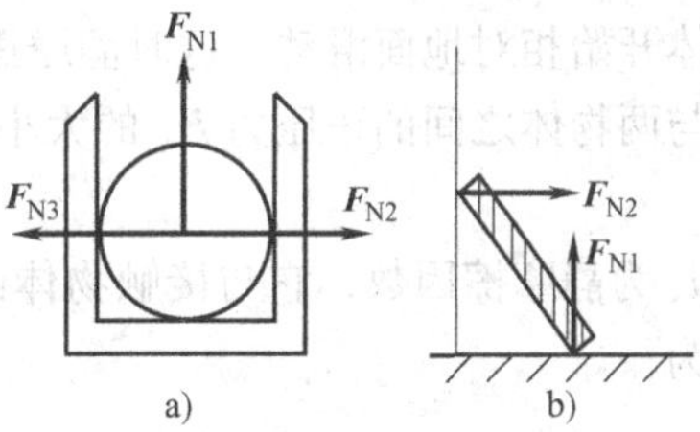

图 2-18

2. 张力（拉力）

不论什么原因造成杆或绳发生形变，杆或绳上互相紧靠的质量元间彼此拉扯，从而形成拉力，通常也称为张力。在杆或柔绳上，拉力的方向沿杆或绳的切线方向。因此弯曲的柔绳可以起改变力的方向的作用。拉力的大小要视拉扯的程度而定，也是一种约束力。

对于一段有质量的杆或绳，其上各点的拉力是否相等呢？图2-19为一段质量为 Δm 的绳，F_{T1} 为该段绳左端点上的拉力，F_{T2} 为右端点上的拉力。根据牛顿第二定律有 $F_{T2}-F_{T1}=\Delta m\cdot a$，只要加速度 a 不等于零，就有 $F_{T2}\neq F_{T1}$，绳上拉力各点不同。这个例子说明，力和加速度都是通过绳的质量起作用的，这也是实际中真实的情况。在一般教科书的讨论中或者简单实际问题处理上，为了将分析的着重点集中到研究对象身上，常常在忽略次要因素的原则下忽略绳或杆的质量（称为轻绳或轻杆），即令 $\Delta m\to 0$。此时由 $F_{T2}-F_{T1}=\Delta m\cdot a=0$，可以得到 $F_{T2}=F_{T1}$ 的结果，也就是轻绳或轻杆上拉力处处相等。这个结论显然是理想模型的结果。

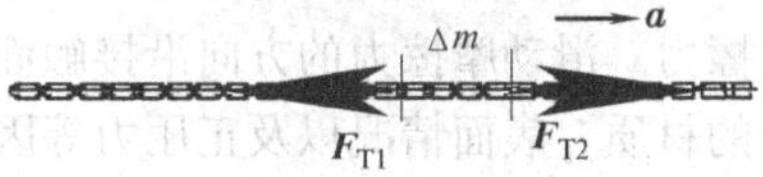

图 2-19

3. 弹簧的弹性力

弹簧在受到拉伸或压缩的时候产生弹性力，这种力总是试图使弹簧恢复原来的形状，称为回复力。设弹簧被拉伸或被压缩 x，则在弹性限度内，弹性力由胡克定律给出，即

$$F=-kx \tag{2-29}$$

式中，k 为弹簧的劲度系数；x 为弹簧相对于原长的形变量，弹性力与弹簧的形变量成正比；负号表示弹性力的方向始终与弹簧形变的方向相反，指向弹簧恢复原长的方向。

2.3.3 摩擦力

两个物体相互接触并同时具有相对运动或者相对运动的趋势，则沿它们接触的表面将产生阻碍相对运动或相对运动趋势的阻力，称为摩擦力。摩擦力的起因及微观机理十分复杂，因相对运动的方式以及相对运动的物质不同而有所差别。摩擦力有干摩擦与湿摩擦之分，还有静摩擦、滑动摩擦及滚动摩擦之分。有关理论研究认为，各种摩擦都源于接触面分子或原子之间的电磁相互作用。这里我们只简单讨论静摩擦与滑动摩擦。

1. 静摩擦

静摩擦是在两个彼此接触的物体虽然相对静止但具有相对运动趋势时出现的。静摩擦力出现在接触面上，力的方向沿着接触面的切线方向，与相对运动的趋势相反，阻碍相对运动的发生。静摩擦力的大小可以通过一个简单的例子来说明：给予水平粗糙地面上的物体一个向右的水平力 $\boldsymbol{F}$，物体并没有动，但是具有了向右运动的趋势，这时在物体与地面的接触面上将产生静摩擦力 $\boldsymbol{F}_S$。由于物体相对于地面静止不动，静摩擦力的大小与水平外力的大小相等。经验告诉我们，在外力 $\boldsymbol{F}$ 逐渐增大到某一值之前，物体一直能保持对地面静止，这说明在外力 $\boldsymbol{F}$ 增大的过程中，静摩擦力 $\boldsymbol{F}_S$ 也在增大，因此，静摩擦力是有一个变化范围的。当外力 $\boldsymbol{F}$ 增至某一值时，物体开始相对地面滑动，这时静摩擦力达到最大，以后变为滑动摩擦力。实验表明，最大静摩擦力与两物体之间的正压力 $\boldsymbol{F}_N$ 的大小成正比

$$F_{Smax} = \mu_S F_N \tag{2-30}$$

式中，μ_S 为静摩擦因数，它与接触物体的材质和表面情况有关。由以上分析可知，静摩擦力的规律应为

$$0 \leqslant F_S \leqslant F_{Smax} \tag{2-31}$$

在涉及静摩擦力的讨论中，最大静摩擦力往往作为相对运动开始的临界条件。

由于静摩擦力的方向与相对运动的趋势相反，所以判断静摩擦力方向的关键是判断两个物体间相对运动的趋势的方向。

2. 滑动摩擦

相互接触的物体之间有相对滑动时，接触面的表面出现的阻碍相对运动的阻力称为滑动摩擦力。滑动摩擦力的方向沿接触面的切线方向，与相对运动方向相反。滑动摩擦力的大小与物体的材质、表面情况以及正压力等因素有关，一般还与接触物体的相对运动速率有关。在相对运动速率不是太大或太小的时候，可以认为滑动摩擦力的大小与物体间正压力 $\boldsymbol{F}_N$ 的大小成正比，即

$$F_k = \mu_k F_N \tag{2-32}$$

式中，μ_k 是动摩擦因数。一些典型材料的动摩擦因数 μ_k 和静摩擦因数 μ_S 可以查阅有关的工具书，二者有明显的区别（见表 2-1、表 2-2）。一般的教科书常常将 μ_k 和 μ_S 不加区别地使用，为的是将注意力集中在摩擦力而不是摩擦因数上。

表 2-1　一些材料间的摩擦因数

接触面	Ⅰ	钢铁	铸铁	玻璃	皮带	钢铁	轮胎
	Ⅱ	钢铁	铸铁	玻璃	生铁	冰	沥青路面
静摩擦因数	干	0.58		0.90~1.0	0.56	0.01~0.02	0.5~0.7
	涂油	0.05~0.10	0.20	0.35			湿 0.3~0.45
动摩擦因数	干	0.50	0.15	0.40			
	涂油	0.03~0.10	0.07	0.09			

表 2-2　飞机跑道地面摩擦因数数值表

表面状况	最小值 μ_{min}	平均值 μ_{av}
干水泥地面	0.02	0.03~0.04
湿水泥地面	0.03	0.05
干硬草地面	0.035	0.07~0.10
湿草地面	0.060	0.10~0.12
覆雪覆冰地面	0.02	0.10~0.12

2.3.4 作用在飞机上的空气动力

1. 气流坐标系与空气动力

作用在飞机上的空气动力 $\boldsymbol{R}$ 一般在气流坐标系 $Ox_qy_qz_q$ 中进行计算（见图 2-20）。气流坐标系的原点 O 在飞机重心；Ox_q 轴始终指向飞行速度方向，Oy_q 轴位于飞机对称面内，垂直于 Ox_q 轴，指向上方；Oz_q 轴垂直于平面 x_qOy_q 指向机头的右方。

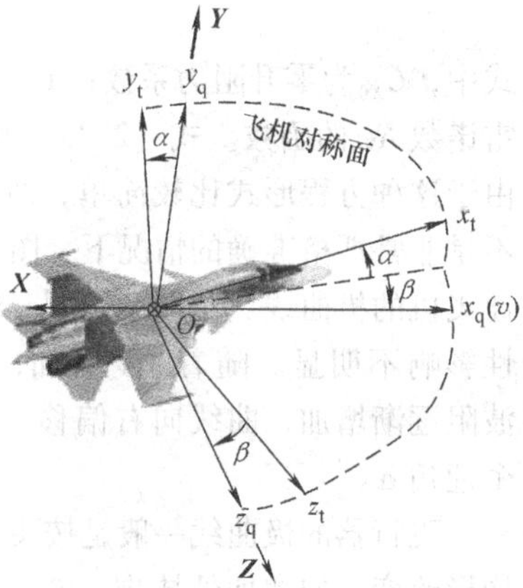

图 2-20

空气动力的三个分量（即阻力 $\boldsymbol{X}$、升力 $\boldsymbol{Y}$ 和侧力 $\boldsymbol{Z}$）是在气流坐标系中定义的，沿 Ox_q（负方向）、Oy_q 与 Oz_q 轴的空气动力分量分别为阻力 $\boldsymbol{X}$、升力 $\boldsymbol{Y}$ 和侧力 $\boldsymbol{Z}$，即

$$R = (-X, Y, Z)^q \tag{2-33}$$

在 2.2 节我们已经讨论了飞机的升力，由空气动力学可知，飞机的阻力和侧力与飞机的升力形式类似，下面给出飞机空气动力的一般公式：

$$\begin{aligned} X &= \frac{1}{2}\rho v^2 S C_X \\ Y &= \frac{1}{2}\rho v^2 S C_Y \\ Z &= \frac{1}{2}\rho v^2 S C_Z \end{aligned} \tag{2-34}$$

式中，C_Y、C_X 和 C_Z 分别为升力、阻力和侧力系数。其值主要取决于马赫数 Ma、雷诺数 Re、迎角 α、侧滑角 β，以及飞行器的外形。

2. 飞机阻力

飞机阻力若按与升力的相关性，可划分成两大部分：零升阻力（指升力等于零时的阻力或与升力无关的阻力）和升致阻力（伴随升力而出现的阻力或与升力有关的阻力）。若按阻力形成的物理原因，这两部分阻力还可细分为各种阻力，现概述如下。

（1）摩擦阻力　气流与飞机表面发生摩擦形成的阻力叫摩擦阻力。摩擦阻力是由于空气具有黏滞性，飞机表面又非绝对光滑，空气流过飞机时，同飞机表面发生摩擦而产生的。飞机表面越粗糙，摩擦阻力越大。

（2）压差阻力　飞机前后压力差所形成的阻力叫压差阻力。以机翼为例，当空气流过机翼时，在机翼前缘受到阻挡，流速减慢，压力增大，但在机翼后缘，压力则比较小。特别是在较大迎角下，气流分离形成涡流区，由于涡流区内的空气发生旋转，压力减小，同时由于空气质点之间相互摩擦，一部分能量变成热能而散失，从而使压力降低。这样，在机翼前后就出现了压力差，产生压差阻力。

（3）诱导阻力　由于升力诱导产生的阻力叫诱导阻力。诱导阻力主要是机翼产生的。机翼产生升力时，下翼面压力大，上翼面压力小，下翼面空气绕过翼尖翻到上翼面，使翼尖部分的空气发生旋转形成翼尖涡流。在翼尖涡流影响下，使实际升力（$\boldsymbol{Y}$）向后倾斜而额外增加阻力。没有升力，就没有翼尖涡流，也就没有诱导阻力。比如，用无升力迎角飞行，就不存在诱导阻力。

（4）波阻　超声速飞行时，即使在无摩擦的假设下，对称的物体也会受到一种阻力，由于这种阻力与激波特性有关，所以把它称为波阻。与升力无关的波阻称为零升波阻，与升力有关的波阻称为升力波阻。

可见，零升阻力主要由摩擦阻力、压差阻力和零升波阻组成，升致阻力主要是由诱导阻力和升力波阻组成。

3. 飞机阻力系数

由前面的分析可见，飞机阻力非常复杂，对于无弯度的对称翼型机翼，阻力系数可以表示为

$$C_X = C_{X0} + C_{Xi} = C_{X0} + AC_Y^2 \quad (2\text{-}35)$$

式中，C_{X0}为零升阻力系数；A 为升致阻力因子（或称极曲线弯度系数），二者都是马赫数 Ma 和雷诺数 Re 的函数。式（2-35）也称为对称极曲线方程，由于这种方程形式比较简单，所以也常被用在上述前提不是非常严格准确的情况下。图 2-21 给出的是一架超声速飞机的极曲线。从图上可见，Ma 小于 0.6，空气压缩性影响不明显。随着 Ma 增加，压缩性影响逐渐显著，波阻逐渐增加，曲线向右偏移。曲线上每一点对应着一个迎角 α。

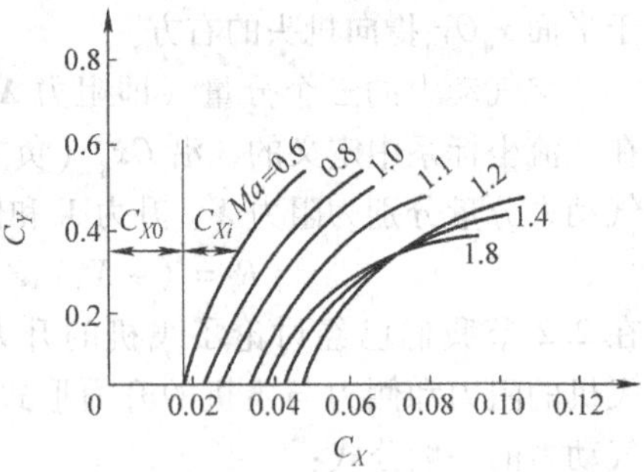

图 2-21

飞行器的极曲线一般是按飞行器的基本构形给出的。构形改变，如增加外挂物，放下襟翼、起落架和减速板等，都应加上附加的升力系数和阻力系数增量。又由于极曲线常按某一基准高度（国内习惯上取 $H = 5\text{km}$）计算得出，故飞行高度改变，因 Re 的变化，应加上相应的阻力系数修正量 ΔC_{XH}。当需要计及舵面偏转产生的升力影响时，则采用平衡升力系数 C_{Y*}，得出的极曲线称为飞行器平衡极曲线。亚声速时，C_{X0}中主要是摩阻系数，它随 Ma 变化很小；跨声速时，由于波阻出现，使 C_{X0} 剧增；而在超声速以后，激波强度随 Ma 增加而减弱，波阻系数将随 Ma 增加而降低。

亚声速时，升致阻力因子 A 与机翼有效展弦比 λ_e 成反比，即

$$A = \frac{1}{\pi\lambda_e} \quad (2\text{-}36)$$

对于小后掠机翼，λ_e 可近似按下式确定

$$\lambda_e = \frac{\lambda}{1 + S_b/S} \quad (2\text{-}37)$$

式中，λ 为机翼几何展弦比；S_b 为机身和发动机短舱所占据的机翼面积。

超声速时，对于钝头机翼，在亚声速前缘情况下，由于前缘吸力存在，A 值增加不多；而在超声速前缘情况下，前缘吸力消失，则

$$A \approx \frac{1}{C_{Y\alpha}} = \frac{\sqrt{Ma^2 - 1}}{4} \quad (2\text{-}38)$$

物理知识应用

飞机定常运动

定常是指运动中飞机运动参数均不随时间变化，无论军用机还是民用机，定常运动都占据了飞行的大部分时间，是最常见的一种运动，研究它具有重要意义。定常运动包括巡航段的定常平飞运动（水平匀速直线飞行）、起飞段的定常直线上升运动和着陆段的定常直线下滑运动。分析问题的物理基础是飞机质心在铅垂平面内运动的动力学方程式（2-5），$\frac{dv}{dt}=0$，$\frac{d\theta}{dt}=0$ 是定常直线运动条件，$\theta = 0$ 表示平飞，$\theta > 0$ 表示上升，$\theta < 0$ 表示下滑。

1. 定常直线平飞运动

把定常直线平飞运动条件$\frac{dv}{dt}=0$，$\frac{d\theta}{dt}=0$，$\theta=0$代入式（2-5），方程简化为

$$\begin{cases}P = X\\Y = G\end{cases} \tag{2-39}$$

可见，飞机在做定常水平飞行时，推力等于阻力，升力等于重力，飞机处于平衡状态。如果铅垂方向平衡受到破坏，例如：若升力大于重力，二力之差便形成了向心力，其方向垂直于飞行轨迹，在此力作用下，飞机将产生向上的曲线运动；反之，若重力大于升力，则向心力使飞机产生向下的曲线运动。如果水平方向平衡受到破坏，例如推力大于阻力，飞机将做加速运动；同时注意，当飞行速率变化时，升力的大小也要改变。结果直线飞行的条件也被破坏了。

满足定常平飞运动条件的飞机推力，通常称为定常平飞需用推力，以P_{pf}表示。飞机在不同高度、不同速度做定常平飞时，需要不同的平飞需用推力。飞机平飞性能的好坏通常用飞机最大平飞速度v_{max}、最小平飞速度v_{min}和可能平飞的速度范围来评价。

最大平飞速度是衡量一架飞机飞行速度大小的指标，是飞机性能的主要指标之一。无论军用机还是民用机都需要大的v_{max}，不过对于歼击机来讲更为重要，它常常是以v_{max}来追击敌机。最大平飞速度v_{max}可由各对应高度上的可用推力曲线和平飞需用推力曲线在右方的交点来确定，如图2-22所示。此时满足实现定常平飞条件$P_{ky}=P_{pf}$。在交点右方即$v>v_{max}$区域，$P_{ky}<P_{pf}$，飞机不能保持等速平飞；而在交点左方即$v<v_{max}$区域，$P_{ky}>P_{pf}$，此时可以通过关小油门，降低P_{ky}使之等于P_{pf}来实现平飞，但速度不是最大。

最小平飞速度是指飞机在某一高度上能做定常直线平飞的最小速度。限制v_{min}的因素主要是从飞行安全考虑，飞机在低速飞行时，要求迎角较大以增加升力，此时的升力系数能否满足平飞的要求，因此有受$C_{Y\max}$限制的理想最小平飞速度、受允许升力系数C_{Yyx}限制的最小允许使用平飞速度、受抖动升力系数限制的抖动最小平飞速度、受最大平尾偏角限制的最小平飞速度等。

各高度的定常直线平飞速度范围介于最大平飞速度和最小平飞速度之间。定常直线平飞的高度－速度边界曲线如图2-23所示，左边界为v_{min}，右边界为v_{max}。

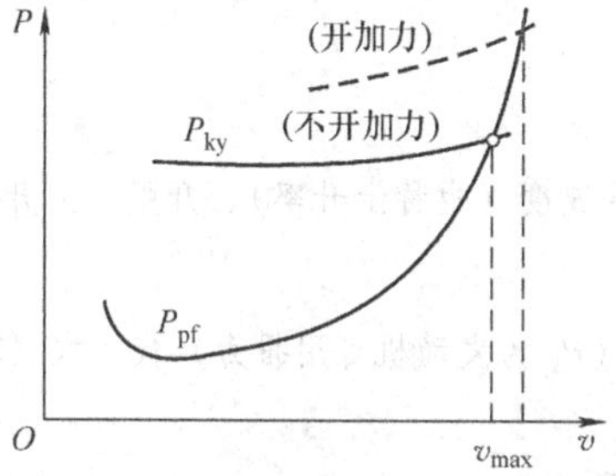

图 2-22

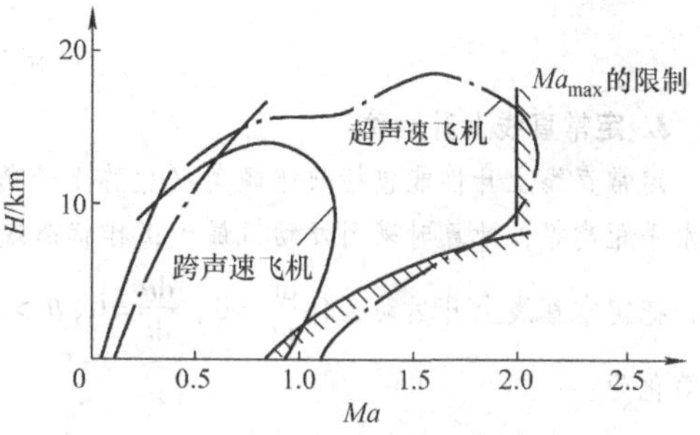

图 2-23

2. 定常直线下滑运动

如图2-24所示，飞机航迹向下倾斜，但倾斜度不大的接近直线的飞行称为下滑。确定下滑时经过的水平距离、下滑角、下滑时间等，对于计算续航性能和着陆性能具有重要意义。

我们假定飞机定常下滑时发动机处于慢车状态，发动机推力接近于零。把定常直线下滑运动条件$\frac{dv}{dt}=0$、$\frac{d\theta}{dt}=0$、$\theta<0$和$P=0$代入式(2-5)，方程简化为

$$\begin{cases}X = -G\sin\theta\\Y = G\cos\theta\end{cases} \tag{2-40}$$

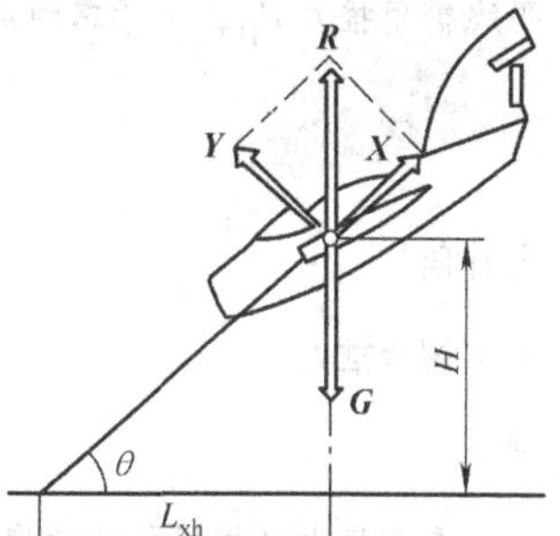

图 2-24

于是，飞机航迹倾角θ（也称下滑角）为

$$\theta = -\arctan\frac{X}{Y} = -\arctan\frac{C_X}{C_Y} \tag{2-41}$$

定义**升阻比**为

$$K = \frac{C_Y}{C_X} \tag{2-42}$$

则

$$\theta = -\arctan\frac{1}{K} \tag{2-43}$$

若开始下滑时飞机高度为H，则下滑过程中飞机所经过的水平距离为

$$L_{xh} = -\frac{H}{\tan\theta} = HK \tag{2-44}$$

可见从一定高度开始下滑，L_{xh}的大小取决于升阻比K。若使飞机以K_{max}状态下滑，则下滑角最小，而所经过的水平距离为最大。

下滑时由于$P\approx0$，把

$$X = \frac{1}{2}C_X\rho v^2 S,\quad Y = \frac{1}{2}C_Y\rho v^2 S$$

代入动力学方程［式（2-40）］，得

$$v_{xh} = \sqrt{\frac{2G}{C_R\rho S}}$$

式中，$C_R = \sqrt{C_Y^2 + C_X^2}$为总空气动力系数。

故飞机下降率（又称垂直下降速度，物理上看即是飞机下滑速度的铅垂分量）为

$$v_{yxh} = v_{xh}\sin\theta_{xh} = v_{xh}\frac{X}{G} \tag{2-45}$$

下滑时间

$$t_{xh} = \frac{L_{xh}}{v_{xh}\cos\theta_{xh}} \tag{2-46}$$

3. 定常直线上升运动

定常直线上升性能包括航迹倾角（也称上升角）、垂直上升速度（也称上升率）、升限、上升时间、上升水平距离等，计算时采用发动机最大工作状态或加力状态。

把定常直线上升运动条件$\frac{dv}{dt}=0$、$\frac{d\theta}{dt}=0$、$\theta>0$和$P=P_{ky}$（P_{ky}为发动机可用推力）代入式（2-5），方程简化为

$$\begin{cases} P_{ky} = X + G\sin\theta \\ Y = G\cos\theta \end{cases} \tag{2-47}$$

显然，定常直线上升飞行时的升力比定常直线平飞时所需的升力小，因而定常直线上升时的阻力X也小于平飞需用推力P_{pf}，但考虑到定常直线上升时θ角不是很大，故可认为$\cos\theta\approx1$，则式（2-47）可写成

$$\begin{cases} P_{ky} = X + G\sin\theta \\ Y = G \end{cases} \tag{2-48}$$

上升角

$$\theta = \arcsin\frac{P_{ky} - X}{G} \tag{2-49}$$

定义**剩余推力**

$$\Delta P = P_{ky} - X \tag{2-50}$$

则

$$\theta = \arcsin\frac{\Delta P}{G} \tag{2-51}$$

剩余推力可根据航迹速度从推力曲线图上直接量出。最大上升角θ_{max}与ΔP_{max}对应。

在空战中，为了有效地歼灭敌机，需要飞机在最短时间内，以最快的上升速度上升至所需要的高度，

以便迅速获得高度优势。用上升率描述飞机的上升性能。上升率是指飞机以特定的质量和给定的发动机工作状态进行等速直线上升时在单位时间内上升的高度，也称垂直上升速度。从物理上看，即是飞机速度的铅垂分量，它是军用飞机特别是歼击机的一项重要性能指标。

$$v_y = \frac{\mathrm{d}H}{\mathrm{d}t} = v\sin\theta = \frac{\Delta P \cdot v}{G} \tag{2-52}$$

从式（2-52）可见，上升率与剩余推力和航迹速度的乘积成正比。将推力曲线图上任一给定 Ma 数下量得的 ΔP 代入上式，就可算出该速度下的上升率 v_y，并可绘制 $v - v_y$ 曲线。每一曲线最高点代表该高度的最大上升率 $v_{y\max}$，相应的航迹速度称为快升速度。

物理知识拓展

基本自然力

自然界中力的具体表现形式多种多样。人们按力的表现形式不同，习惯地将其分别称为重力、正压力、弹力、摩擦力、电力、磁力、核力……但是，究其本质而言，所有的这些力都来源于四种基本的自然力，即引力相互作用、电磁相互作用、强相互作用、弱相互作用。下面分别做简单的介绍。

1. 引力相互作用

万有引力是存在于一切物体之间的相互吸引力。万有引力遵循的规律在1687年由牛顿总结为万有引力定律：任何两个质点都相互吸引，引力的大小与它们的质量的乘积成正比，与它们的距离的平方成反比，力的方向沿两质点的连线方向。设有两个质量分别为 m_1 和 m_2 的质点，相对位置矢量为 $\boldsymbol{r}$，则两者之间的万有引力 $\boldsymbol{F}$ 的大小和方向由下式给出：

$$\boldsymbol{F} = -G\frac{m_1 m_2}{r^2}\boldsymbol{e}_r \tag{2-53}$$

式中，$\boldsymbol{e}_r$ 为 $\boldsymbol{r}$ 的单位矢量；负号表示 $\boldsymbol{F}$ 与 $\boldsymbol{r}$ 方向相反，表现为引力；G 为引力常量，$G = 6.67 \times 10^{-11}\,\mathrm{N \cdot m^2 \cdot kg^{-2}}$；$m_1$ 和 m_2 称为物体的引力质量，是物体具有产生引力和感受引力的属性的量度。引力质量与牛顿运动定律中反映物体惯性大小的惯性质量是物体两种不同属性的体现，在认识上应加以区别。但是精确的实验表明，引力质量与惯性质量在数值上是相等的，因而一般教科书在做了简要说明之后不再加以区分。引力质量等于惯性质量这一重要结论，是爱因斯坦广义相对论基本原理之一——等效原理的实验事实。在国际单位制中，质量的单位是千克（kg）。

2. 电磁相互作用

静止电荷之间存在电力，运动电荷之间不仅存在电力还存在磁力。按照相对论的观点，运动电荷受到的磁力是其他运动电荷对其作用的电力的一部分，故将电力与磁力合称为电磁相互作用（或称为电磁力）。

两个静止点电荷之间的电磁力遵从库仑定律。设点电荷 q_1、q_2，它们的相对位置矢量为 $\boldsymbol{r}$，其相互作用的电磁力

$$\boldsymbol{F} = \frac{1}{4\pi\varepsilon_0}\frac{q_1 q_2}{r^2}\boldsymbol{e}_r \tag{2-54}$$

式中，ε_0 为真空电容率，是一个常数。库仑定律在数学形式上与万有引力定律有相似之处，与万有引力不同的是，电磁力可以表现为引力，也可以表现为斥力。电磁力的强度比较大（见表2-3）。

3. 强相互作用

强相互作用是作用于基本粒子（现在均改称为“粒子”）之间的一种强相互作用力，它是物理学研究深入到原子核及粒子范围内才发现的一种基本作用力。原子核由带正电的质子和不带电的中子组成，质子和中子统称为核子。核子间的引力相互作用是很弱的，约为$10^{-34}\,\mathrm{N}$。质子之间的库仑力表现为排斥力，约为$10^{2}\,\mathrm{N}$，较之于引力相互作用大得多，但是绝大多数原子核相当稳定，且原子核体积极小，密度极大，说明核子之间一定存在着远比电磁相互作用和引力相互作用强大得多的一种作用力，它能将核子紧紧地束缚在一起形成原子核，这就是强相互作用（在原子核问题的讨论中，特称为核力）。由表2-3可以看到，相

邻两核子间的强相互作用的强度比电磁相互作用的强度大两个数量级。

强相互作用是一种作用范围非常小的短程力。粒子之间的距离为 $0.4\times10^{-15}\sim10^{-15}$m 时表现为引力，距离小于 0.4×10^{-15}m 时表现为斥力，距离大于 10^{-15}m 后迅速衰减，可以忽略不计。强相互作用也是靠场传递的，粒子的场彼此交换被称为“胶子”的媒介粒子实现强相互作用。由于强相互作用的强度大而力程短，它是粒子间最重要的相互作用力。

4. 弱相互作用

弱相互作用也是各种粒子之间的一种相互作用，它支配着某些放射性现象，在β衰变等过程中显示出重要性。弱相互作用的力程比强相互作用更短，仅为 10^{-17}m，强度也很弱。弱相互作用是通过粒子的场彼此交换“中间玻色子”传递的。由于在本书的讨论中不涉及强相互作用和弱相互作用，对此有兴趣的读者可以参阅核物理和粒子物理的有关书籍。

表 2-3　四种基本自然力（以强相互作用强度为参考标准）

类型	相互作用的物体	强度	作用距离	宏观表现
引力相互作用	一切微粒和物体	10^{-38}	长	有
弱相互作用	大多数微粒	10^{-13}	短（$\approx10^{-18}$m）	无
电磁相互作用	电荷微粒或物体	10^{-2}	长	有
强相互作用	核子、介子等	1	短（$\approx10^{-15}$m）	无

这四种相互作用的力程和强度有着天壤之别，物理学家总是试图发现它们之间的联系。20 世纪 60 年代提出“电弱统一理论”（电磁相互作用和弱相互作用的统一），并在 70 年代和 80 年代初被实验证实。现在正进行电磁相互作用、弱相互作用和强相互作用统一的研究，并期盼把引力相互作用也包括在内，以实现相互作用理论的“大统一”。寻求大统一和超统一理论的研究，虽然尚未取得有实际意义的结果，但是人们追求自然界相互作用统一的理想和为此而做的努力将不断地把物理学向前推进。

应用能力训练

【**例 2-8**】设飞机在地面滑跑中的加速度与速度的函数关系可以表示为 $a=a_0-cv^2$，已知飞机受到的重力 G、推力 P、跑道摩擦因数 μ，及空气阻力系数 C_X 和升力系数 C_Y，求加速度表达式中的参数 a_0 和 c。

【**解**】对地面滑跑中的飞机进行受力分析，列出水平和铅垂方向的动力学方程：

$$Y+N=G$$

$$P-\mu N-X=\frac{G}{g}a$$

$$\begin{aligned}a&=\frac{g}{G}\left[P-\mu\left(G-\frac{1}{2}C_Y\rho Sv^2\right)-\frac{1}{2}C_X\rho Sv^2\right]\\&=\frac{g}{G}(P-\mu G)-\frac{g}{G}\left(\frac{1}{2}C_X\rho S-\frac{1}{2}\mu C_Y\rho S\right)v^2\end{aligned}$$

所以，

$$a_0=\frac{g}{G}\ (P-\mu G)$$

$$c=\frac{g\rho S}{2G}\ (C_X-\mu C_Y)$$

2.4　牛顿运动定律的应用

物理学基本内容

牛顿运动定律被广泛地应用于科学研究和生产技术中，也大量地体现在人们的日常生活中。

这里所指的应用主要涉及用牛顿运动定律解题，也就是对实际问题中抽象出的理想模型进行分析及计算。

牛顿运动定律的应用大体上可以分为两个方面。一是已知物体的运动状态，求物体所受的力。例如，已知物体的加速度、速度或运动方程，求物体所受的力。可以是求合力，也可以是求某一分力，或者是与此相关的物理量，比如摩擦因数、物体质量等。另一方面是已知物体的受力情况，求物体的运动状态，例如，求物体的加速度和速度，进而求物体的运动方程。若已知受力情况求解物体的加速度，直接应用牛顿运动方程就可以了；如果还要进而求解物体的速度或者运动方程，就转化为运动学的第二类问题来求解。然而，更为常见的情况是只已知部分受力而求解加速度和其他力（通常是被动力），这时使用如下处理步骤将是非常有益的。

1. 隔离物体，进行受力分析

首先，选择研究对象。研究对象可能是一个也可能是若干个，分别将这些研究对象隔离出来，依次对其进行受力分析，画出受力图。凡两个物体彼此有相对运动，或者需要讨论两个物体的相互作用时，都应该隔离物体再进行受力分析。牛顿运动定律是紧紧围绕“力”而展开的，正确分析研究对象受力大小、方向，以及受力分析的完整性都是正确完成后续步骤并得到正确解答的前提。

2. 对研究对象的运动状况进行定性分析

根据题目给出的条件，分析研究对象是做直线运动还是曲线运动，是否具有加速度。研究对象不止一个时，彼此之间是否具有相对运动？它们的加速度、速度、位移具有什么联系？对研究对象的运动建立起大致的图像，对定量计算是有帮助的。

3. 建立恰当的坐标系

坐标系设置得恰当，可以使方程的数学表达式以及运算求解达到最大的简化。例如，斜面上的运动，既可以沿斜面方向和垂直于斜面方向建立直角坐标系，也可以沿水平方向和铅直方向建立直角坐标系等，选择哪一种设置方法，应该根据研究对象的运动情况来确定，一般来说，运动方向是重要方向。

坐标系建立后，应当在受力图上一并标出，使力和运动沿坐标方向的分解一目了然。

4. 列方程

一般情况下可以先列出牛顿运动定律的分量式方程，有时也直接使用矢量方程。方程的表述应当使得物理意义清晰，等式的左边为物体所受的合外力，等式右边为力作用的效果，即物体的质量乘以加速度，表明物体的加速度与所受合外力成正比且同方向的关系。不要在一开始列方程时就将某一分力随意移项到等式的右边，使方程表达的物理意义不清晰（这个问题在后续课程的学习中也要引起注意）。如果物体受到了约束或各个物体之间有某种联系应列出相应的约束方程。例如，与摩擦力相关的方程，与相对运动相关的方程。如果需要进一步求解速度、运动方程等，则还应该根据题意列出初始条件。

5. 求解方程并分析结果

求解方程的过程应当用文字符号进行运算并给出以文字符号表述的结果，检查无误之后再代入具体的数值。以文字符号表述的方程和结果可以使各物理量的关系清楚，所表述的规律一目了然，既便于定性分析和量纲分析，还可以避免数值的重复计算。

下面我们以具体的例题来为读者讲解牛顿运动定律的应用。

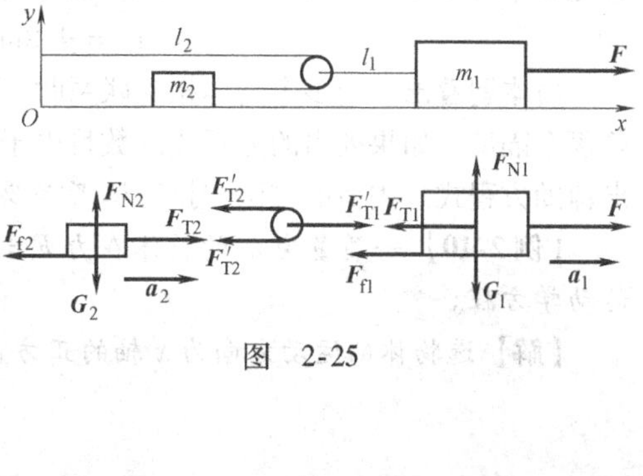

图 2-25

【例2-9】如图2-25所示，已知$F=4.0\text{N}$，物体1和物体2的质量分别为$m_1=0.30\text{kg}$，$m_2=0.20\text{kg}$，两物体与水平面间的摩擦因数$\mu=0.20$。设绳和滑轮的质量以及绳与滑轮间的摩擦力都可忽略不计，连接物体的绳长一定，求物体2的加速度以及绳对它的张力。

【解】以物体2、滑轮、物体1为研究对象，对每个隔离体进行受力分析，得到如图2-25的受力图。图中，$\boldsymbol{G}_1$和$\boldsymbol{G}_2$为重力，$\boldsymbol{G}_1=m_1\boldsymbol{g}$，$\boldsymbol{G}_2=m_2\boldsymbol{g}$，$\boldsymbol{F}_{N1}$和$\boldsymbol{F}_{N2}$为桌面对两物体的支持力，$\boldsymbol{F}_{f1}$、$\boldsymbol{F}_{f2}$分别为物体1、2受的摩擦力，$F_{f1}=\mu F_{N1}$，$F_{f2}=\mu F_{N2}$，$F_{T1}$、$F_{T2}$、$F'_{T1}$、$F'_{T2}$分别为绳对物体1、物体2和滑轮的拉力。设物体1、物体2的加速度分别为$\boldsymbol{a}_1$和$\boldsymbol{a}_2$。建立坐标系Oxy（如图所示），物体1、物体2的牛顿第二定律分量式分别为

$$F-F_{T1}-\mu F_{N1}=m_1a_1 \quad ①$$

$$F_{N1}-m_1g=0 \quad ②$$

$$F_{T2}-\mu F_{N2}=m_2a_2 \quad ③$$

$$F_{N2}-m_2g=0 \quad ④$$

由于滑轮质量忽略不计，有$F'_{T1}-2F'_{T2}=0$；绳质量忽略不计，有$F'_{T1}=F_{T1}$，$F'_{T2}=F_{T2}$，故

$$F_{T1}=2F_{T2} \quad ⑤$$

由式③、式④可得

$$F_{T2}-\mu m_2g=m_2a_2 \quad ⑥$$

由式①、式②可得

$$F-F_{T1}-\mu m_1g=m_1a_1 \quad ⑦$$

式⑤～式⑦中含F_{T1}、F_{T2}、a_1、a_2四个未知量，所以需要由约束条件寻找一个辅助方程。设物体1、物体2的坐标分别为x_1、x_2，则

$$x_1=x_2+\frac{l_2-x_2}{2}+l_1$$

上式两端同时对时间求二阶导数，考虑到绳长l_1、l_2不变，得到

$$\frac{\mathrm{d}^2x_1}{\mathrm{d}t^2}=\frac{1}{2}\frac{\mathrm{d}^2x_2}{\mathrm{d}t^2}$$

即

$$a_1=\frac{1}{2}a_2 \quad ⑧$$

式⑤～式⑧联立解得

$$a_2=\frac{2F-2\mu m_1g-4\mu m_2g}{m_1+4m_2}$$

$$F_{T2}=\frac{m_2}{m_1+4m_2}(2F-\mu m_1g)$$

将题目中的已知数据代入上面两式，便得到物体2的加速度、绳对它的张力分别为

$$a_1=4.8\text{m}\cdot\text{s}^{-1},\quad F_{T2}=1.4\text{N}$$

由本题看出，当多个物体相互联系时，选取的研究对象可能不止一个。这时就需要对研究对象逐个隔离。如果列出的方程式的数目少于未知量的数目时，还需要根据物体间的约束条件，列出辅助方程式。类似的方法和技巧读者需要在物理的学习过程中逐步积累。

【例2-10】一质量为m的物体在力$F=kt$的作用下，由静止开始沿直线运动。试求该物体的运动学方程。

【解】选物体的运动方向为x轴的正方向，设$t=0$时，物体的坐标$x_0=0$，依题意，物体的

初速度 $v_0=0$。根据牛顿第二定律得到物体的加速度

$$\frac{\mathrm{d}v}{\mathrm{d}t}=\frac{F}{m}=\frac{k}{m}t$$

由此可得

$$\mathrm{d}v=\frac{k}{m}t\mathrm{d}t$$

两边积分，得

$$\int_0^v \mathrm{d}v=\frac{k}{m}\int_0^t t\mathrm{d}t$$

$$v=\frac{k}{2m}t^2$$

由

$$\frac{\mathrm{d}x}{\mathrm{d}t}=\frac{k}{2m}t^2$$

得

$$\mathrm{d}x=\frac{k}{2m}t^2\mathrm{d}t$$

对等式两边积分，得

$$x=\frac{k}{6m}t^3$$

这就是所求的运动学方程。

由上例可以看出，求解变力问题必须将牛顿第二定律写成微分方程形式，根据初始条件经过积分运算求解。在积分过程中，时常用到换元积分法进行变量代换，这是必须掌握的。

物理知识应用

飞机的稳定盘旋运动

飞机在水平平面内的机动性能着重反映在飞机的方向机动性上。最常见的机动动作是盘旋，即飞机在水平平面连续转弯不小于360°的机动飞行。当转弯小于360°时，常称为“转弯”。盘旋可分为稳定盘旋和非稳定盘旋。前者其运动参数如飞行速度、迎角、倾斜角以及盘旋半径等都不随时间而改变，是一种匀速圆周运动；后者其运动参数中有一个或数个随时间而改变。盘旋时飞机可以带侧滑或不带侧滑。无侧滑的稳定盘旋称为正常盘旋。由于正常盘旋具有一定代表性，常作为典型的水平机动动作，用盘旋一周所需时间和盘旋半径作为评价指标。

正常盘旋时，飞机是在水平面内做匀速圆周运动，于是运动方程可简化为

$$\begin{cases}P=X & \text{（保持速度不变）}\\ Y\cos\gamma=G & \text{（保持高度不变）}\\ Y\sin\gamma=\dfrac{G}{g}\dfrac{v^2}{R} & \text{（保持半径不变）}\end{cases} \tag{2-55}$$

式（2-55）中，第一式表示为了保持速度大小不变，发动机的可用推力应与飞机阻力相平衡；第二式表示为了保持飞行高度不变，升力在铅垂方向的分量 $Y\cos\gamma$ 应与飞机的重力相平衡；第三式表示为了保持盘旋半径 R 不变，由升力水平分量 $Y\sin\gamma$ 提供向心力。飞机上所受力的关系如图2-26所示。由方程式（2-55）可求得正常盘旋半径为

$$R=\frac{v^2}{g\tan\gamma} \tag{2-56}$$

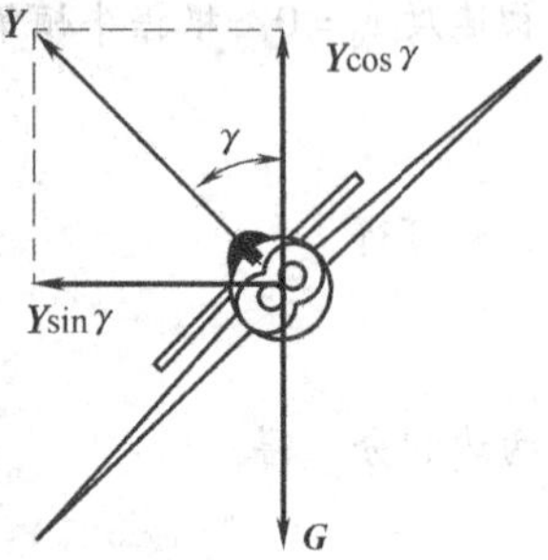

图 2-26

正常盘旋一周的时间为

$$T = \frac{2\pi v}{g\tan\gamma} \tag{2-57}$$

正常盘旋角速度为

$$\omega = \frac{g\tan\gamma}{v} \tag{2-58}$$

从上述公式可见：无论重量、重心位置或飞机的型号如何，相同的坡度（γ）和真空速（v）对应的转弯角速度和转弯半径都是相同的。对于任何给定的坡度，增大速度就增大了转弯半径，减小了转弯角速度。例如，空速增大为原来的2倍，转弯半径则增大为原来的4倍。转弯角速度随空速增加而减小，意味着速度较慢的飞机完成转弯需要的时间和空间都较少。要增加转弯角速度并减小转弯半径，就应该增加坡度并减小空速。

讨论

（1）逆偏转　开始转弯时，向转弯方向压盘，内侧机翼的副翼朝上，外侧机翼的副翼朝下。朝下的副翼增加了机翼的弯度，外侧机翼产生的升力大，升力的增加相应增加了诱导阻力，同时，内侧机翼的诱导阻力减小，这就使飞机有向转弯的外侧偏转的趋势。应向转弯方向蹬舵来克服逆偏转，使其进入转弯时保持协调，防止侧滑。

（2）坡度增大趋势　转弯过程中，飞机转弯外侧机翼的速度大于转弯内侧机翼的速度，这样，转弯外侧机翼的升力大于转弯内侧机翼的升力，飞机有坡度自动增大的趋势。应适当向转弯外侧压盘以保持坡度不变。

物理知识拓展

物理量的单位和量纲

历史上物理量的单位制有很多种，这不仅给工农业生产和人民生活带来许多不便，而且也不规范，1984年2月27日，我国颁布实行以国际单位制（SI）为基础的法定单位制，如无特别说明，本书一律采用这种法定单位制。

1. 基本单位和导出单位

物理量虽然很多，但只要选定一组数目最少的物理量作为基本量，把它们的单位规定为基本单位，其他物理量的单位就可以通过定义或定律导出。从基本量导出的量称为导出量，相应的单位称为导出单位。

SI以长度、质量、时间、电流、热力学温度、物质的量和发光强度这7个量作为基本量，因此，这些量的单位就是SI基本单位。

在这7个量中，长度、质量和时间是力学的基本量。SI规定：长度的单位名称为“米”，符号为m；质量的单位名称为“千克”，符号为kg；时间的单位名称为“秒”，符号为s。其他力学量都是导出量。

据此规定，速度的单位名称为“米每秒”，符号为$m\cdot s^{-1}$；角速度的单位名称为“弧度每秒”，符号为$rad\cdot s^{-1}$；加速度的单位名称为“米每二次方秒”，符号为$m\cdot s^{-2}$；角加速度的单位名称为“弧度每二次方秒”，符号为$rad\cdot s^{-2}$；力的单位名称为“牛顿”，简称“牛”，符号为N；力的SI单位是在确定质量和加速度的单位之后，令牛顿第二定律表达式中的比例系数等于1导出的，即$1N=1kg\cdot m\cdot s^{-2}$。其他物理量的名称和符号，以后将陆续介绍。

2. 量纲

若忽略所有的数字因素以及矢量等特性，则任一物理量都可表示为基本量的幂次之积，称为该物理量对选定的一组基本量的量纲。幂次指数称为量纲指数。我们用L、M、T、I、Θ、N和J分别表示长度、质量、时间等7个基本量的量纲，则任一物理量Q的量纲可表示为

$$[Q] = L^{\alpha}M^{\beta}T^{\gamma}I^{\delta}\Theta^{\varepsilon}N^{\zeta}J^{\eta} \tag{2-59}$$

其量纲指数为α、β、γ、δ、ε、ζ、η，所有量纲指数都等于零的量，称为无量纲量，显然，其量纲等于1。

例如，速度的量纲是 $[v]=\frac{[r]}{[t]}=LT^{-1}$，加速度的量纲是 $[a]=\frac{[v]}{[t]}=LT^{-2}$，力的量纲是 $[F]=[m][a]=LMT^{-2}$，等等。

量纲可以用来确定同一物理量中不同单位之间的换算因数。量纲也可以用来检核等式。因为只有量纲相同的物理量才能相加减或用等号连接，而指数函数应是无量纲量，所以只要考察等式两边各项量纲是否相同，就可初步检核等式的正确性。例如，匀变速直线运动中有

$$x=x_0+v_0t+\frac{1}{2}at^2 \tag{2-60}$$

容易看出，式中每一项的量纲均为L，可知这个方程有可能是正确的（式中数字系数正确与否，不能用量纲检核出来）。如果式中有一项量纲与其他项的量纲不容，则可以断言，该式一定有误。这种方法称为量纲检查法。读者应当学会在求证、解题过程和科学实验中使用量纲来检查所得结果。

应用能力训练

【例2-11】 斤斗是飞机在铅垂平面内作360°的曲线运动时的一种机动飞行（见图2-27）。斤斗由跃升、倒飞、改出俯冲等若干基本动作所组成，是驾驶员的基本训练科目之一，同时也用来衡量飞机的机动性。完成一个筋斗所需时间愈短，飞机的机动性愈好。

为了实现斤斗飞行，必须首先加速，然后操纵升降舵使航迹向上弯曲，造成法向过载。飞机在上升过程中速度逐渐减小，到达斤斗顶点飞机呈倒飞状态时，速度为最小。此后飞机沿弧形下降，速度增加，最后同改出俯冲一样，飞机转入平飞。下面考虑一个质量m的飞机在铅垂平面内做半径为 R 的理想圆周运动的例子，假设飞机推力和阻力相等，飞机进入斤斗的速度为 $\boldsymbol{v}_0$，求：(1) 航迹倾角为 θ 时，飞机的速率和升力；(2) $\boldsymbol{v}_0$ 为何值时飞机刚好能做完整的圆周运动。

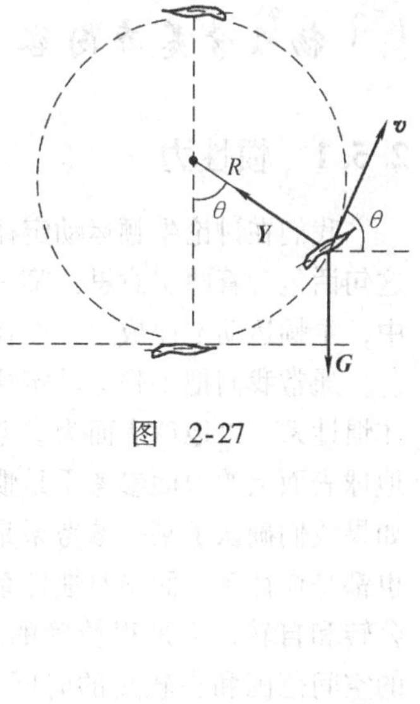

图　2-27

【解】 (1) 以飞机为研究对象，根据飞机在铅垂平面航迹坐标系中的动力学方程

$$\begin{cases}\dfrac{G}{g}\dfrac{\mathrm{d}v}{\mathrm{d}t}=P-G\sin\theta-X\\[2mm]\dfrac{G}{g}v\dfrac{\mathrm{d}\theta}{\mathrm{d}t}=Y-G\cos\theta\end{cases}$$

将飞机推力和阻力相等条件，$v=R\frac{\mathrm{d}\theta}{\mathrm{d}t}$ 和 $\frac{\mathrm{d}v}{\mathrm{d}t}=\frac{\mathrm{d}v}{\mathrm{d}\theta}\frac{\mathrm{d}\theta}{\mathrm{d}t}=\frac{v}{R}\frac{\mathrm{d}v}{\mathrm{d}\theta}$ 代入上式有

$$\frac{\mathrm{d}v}{\mathrm{d}\theta}\frac{\mathrm{d}\theta}{\mathrm{d}t}=\frac{v}{R}\frac{\mathrm{d}v}{\mathrm{d}\theta}=-g\sin\theta \tag{①}$$

$$\frac{G}{g}\frac{v^2}{R}=Y-G\cos\theta \tag{②}$$

由式①得

$$v\mathrm{d}v=-gR\sin\theta\mathrm{d}\theta \tag{③}$$

设 $t=0$ 时，飞机在最低点，$v=v_0$，$\theta=0$，对式③两边积分，有

$$\int_{v_0}^{v}v\mathrm{d}v=-gR\int_0^{\theta}\sin\theta\mathrm{d}\theta$$

解得飞机速率为

$$v=\sqrt{v_0^2-2gR(1-\cos\theta)}$$

将此结果代入式①，解得飞机升力为

$$Y = \frac{G}{g}\frac{v_0^2}{R} + G(3\cos\theta - 2) \qquad ④$$

(2) 飞机刚好能做完整圆周运动的条件是在最高点时升力 $Y=0$。将 $\theta=\pi$，$Y=0$ 代入式④，得到飞机刚好能做圆周运动时

$$v_0 = \sqrt{5gR}$$

应当指出，在任意曲线斤斗顶点，因飞行速度最小，为了得到足够大的向心力，以最小的曲率半径使航迹向下弯曲，要求有大的飞行迎角，但迎角（或 C_Y）的增大，受到飞行安全条件的限制，即 C_Y 不应超过最大允许升力系数 $C_{Y\max}$。因机动飞行时 $Y=n_yG=\frac{1}{2}C_Y\rho v^2S$，故在斤斗顶点的最小允许机动飞行速度为

$$(v_{yx})_{jd} = \sqrt{\frac{2n_yG}{C_{Yyx}\rho S}} = \sqrt{n_y}\,(v_{yx})_{pf}$$

式中，脚标“jd”表示机动；“pf”表示平飞。可见过载 $n_y>1$ 时，$(v_{yx})_{jd}>(v_{yx})_{pf}$，由此可知，飞机在开始进入斤斗时必须要有一定的相当大的初速度，才能实现一定过载的斤斗飞行，否则，就无法完成。

2.5 非惯性系 惯性力

物理学基本内容

2.5.1 惯性力

我们在讨论牛顿运动定律的知识点时曾经明确指出，牛顿运动定律只在惯性参考系中成立。这句话包含着两层意思：第一、参考系有惯性参考系和非惯性参考系两类；第二、在惯性参考系中，牛顿运动定律成立，而在非惯性参考系中牛顿运动定律不成立。

通常我们把牛顿运动定律成立的参考系叫作惯性系，而牛顿运动定律不成立的参考系叫作非惯性系。以地球表面为参考系，牛顿运动定律较好地与实验一致，所以可以近似地认为固着在地球表面上的地面参考系是惯性参考系。判断一个参考系是不是惯性系，只能通过实验和观察。如果我们确认了某一参考系是惯性系，则相对于此参考系静止或做匀速直线运动的其他参考系也都是惯性系；而绝对惯性系是不存在的。太阳参考系可以认为是一个很好的惯性系。地球由于公转和自转，不是很精确的惯性系，但在较小的空间范围和在较短的时间内测量，可以近似地把地球看成惯性系。

由相对运动的知识可知，凡是相对于地面做匀速直线运动的参考系都是惯性参考系，例如，做匀速直线运动的列车。凡是相对于地面做加速运动的参考系都不是惯性参考系，而是非惯性参考系，例如，正在起动或制动的车辆、升降机，旋转着的转盘等。这可以用一个简单的例子来说明，在图 2-28 中，水平地面上有一个质量为 m 的石块相对地面静止不动。以地面为惯性参考系 K，地面上的观察者观测到石块水平方向不受外力作用，因此，静止不动，符

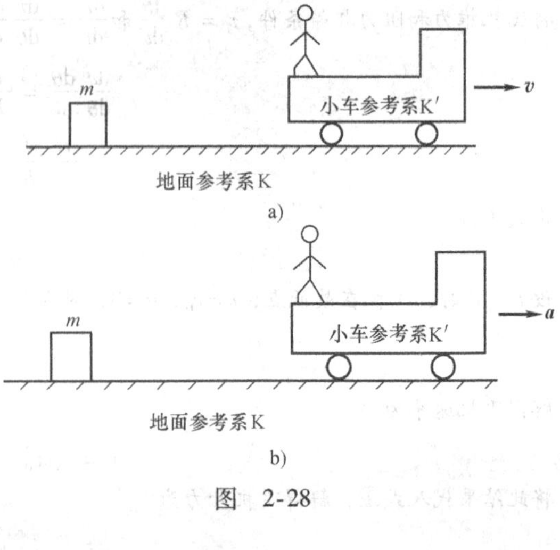

图 2-28

合牛顿运动定律。现在有一辆运动着的小车，小车上的观察者会观测到什么结果呢？

1）设小车相对地面做速度为$\boldsymbol{v}$的匀速运动，此时小车也是一惯性参考系，记作 K′。小车上的观察者看不到小车的运动，他看到的是石块以 $-\boldsymbol{v}$向车尾方向匀速运动，这也符合牛顿运动定律，因为石块水平方向不受外力作用，应当保持静止或者匀速直线运动的状态。

2）设小车相对于地面以加速度 $\boldsymbol{a}$ 运动，这时小车参考系 K′变成了非惯性参考系。小车上的观察者发现石块水平方向不受外力作用，却以加速度（$-\boldsymbol{a}$）向车尾方向做加速运动！这显然违背牛顿第二定律。所以，在非惯性系中牛顿运动定律不再适用。

然而许多实际的力学问题放在非惯性参考系中分析和处理是非常简洁和方便的。怎样在非惯性参考系中处理这些问题呢？设 K′系以加速度 $\boldsymbol{a}_0$ 相对某一惯性系 K 做直线运动，质量为 m 的质点在合外力 $\boldsymbol{F}$ 的作用下相对 K 系的加速度为 $\boldsymbol{a}$，相对 K′系的加速度为 $\boldsymbol{a}'$，在 K 系中，根据牛顿第二定律，有 $\boldsymbol{F}=m\boldsymbol{a}$，由相对运动公式可知，在 K′系中 $\boldsymbol{a}=\boldsymbol{a}'+\boldsymbol{a}_0$，于是

$$\boldsymbol{F}+(-m\boldsymbol{a}_0)=m\boldsymbol{a}' \tag{2-61}$$

式（2-61）表明，在非惯性系 K′中，质点所受合外力 $\boldsymbol{F}$ 并不等于 $m\boldsymbol{a}'$，即牛顿第二定律在 K′系中不成立。但是，如果我们假设质点在 K′系中还受到一个大小和方向由（$-m\boldsymbol{a}_0$）表示的力的作用，那么，就可以认为式（2-61）是牛顿第二定律在 K′系中的数学表达式了。于是我们引入惯性力 $\boldsymbol{F}_\text{i}$

$$\boldsymbol{F}_\text{i}=-m\boldsymbol{a}_0 \tag{2-62}$$

这样，在非惯性系中，牛顿第二定律的表达式为

$$\boldsymbol{F}+\boldsymbol{F}_\text{i}=m\boldsymbol{a}' \tag{2-63}$$

式中，$\boldsymbol{a}'$是质点在非惯性系中的加速度，$\boldsymbol{F}$ 是质点所受的真实力，$\boldsymbol{F}_\text{i}$ 是虚拟力，它与真实力的最大区别在于它不是因物体之间相互作用而产生，它没有施力者，也不存在反作用力，牛顿第三定律对于惯性力并不适用。人们常说的离心力就是典型的惯性力。如果我们只在惯性系中讨论力学问题就没有惯性力的概念。惯性力是参考系的非惯性运动的表现。

例如，上面图 2-28b 中的小车非惯性参考系，若假设石块在水平方向受到了一个惯性力 $\boldsymbol{F}_\text{i}=-m\boldsymbol{a}_0$的作用，则石块以（$-\boldsymbol{a}_0$）的加速度向车尾方向加速运动就顺理成章了。

引入惯性力后，在非惯性参考系 K′中牛顿第二定律在形式上仍然保持不变。所有牛顿定律应用的方法和技巧都可以使用。

2.5.2　转动参考系中的惯性力

这里仅讨论一种最简单的情形——质点相对转动参考系静止的情形。一水平转盘，如图 2-29 所示。在地面参考系中观察，质量为 m 的小球在光滑的沟槽内随圆盘一起以角速度 ω 绕中心轴转动。弹簧对小球的作用力 $\boldsymbol{F}_{弹}$恰好是小球做圆周运动的向心力，即

$$\boldsymbol{F}_{弹}=m\omega^2r\boldsymbol{n} \tag{2-64}$$

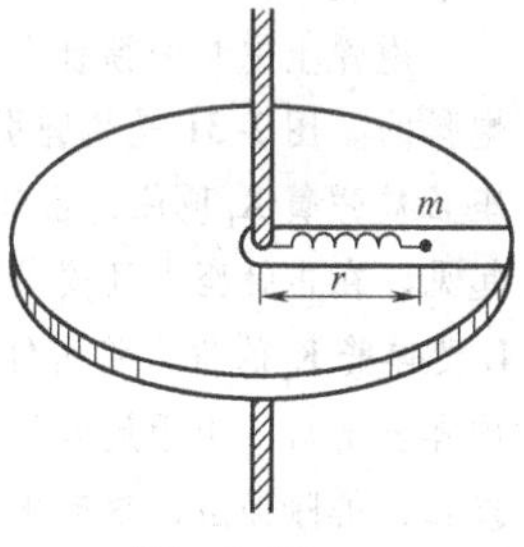

图　2-29

式中，r 为小球至转轴的距离；$\boldsymbol{n}$ 为沿半径指向圆心的单位矢量。

在圆盘参考系中观察，小球在 $\boldsymbol{F}_{弹}$作用下是静止的。为此，引入惯性力 $\boldsymbol{F}_\text{i}$，使

$$\boldsymbol{F}_{弹}+\boldsymbol{F}_\text{i}=0 \tag{2-65}$$

比较式（2-64）和（2-65），得

$$\boldsymbol{F}_\text{i}=-m\omega^2r\boldsymbol{n} \tag{2-66}$$

这种惯性力称为惯性离心力。

物理知识应用

加速度计和惯性引信原理

在惯性导航系统中，为了确定运载体的位置，必须测量它的加速度。因此，必须使用加速度计。加速度计与陀螺是惯性导航系统的两个基本测量元件。

加速度计是惯性导航系统的惯性敏感元件，输出与运载体（飞机、导弹等）的加速度成比例或成一定函数关系的信号。加速度计的类型很多，但其作用原理都是基于牛顿第二定律。加速度计的核心是一个检测质量 m，当加速度计随运载体一起以加速度 $\boldsymbol{a}$ 运动时，将有惯性力

$$\boldsymbol{F} = -m\boldsymbol{a} \tag{2-67}$$

作用在检测质量上，作用点是 m 的质量中心，方向与加速度方向相反。如图 2-30 所示，用标准检测质量 m 与劲度系数为 k 的弹簧感测惯性力的大小，连接在检测质量 m 上的电刷与中间接地的电位计可以用来输出所感测的信号。

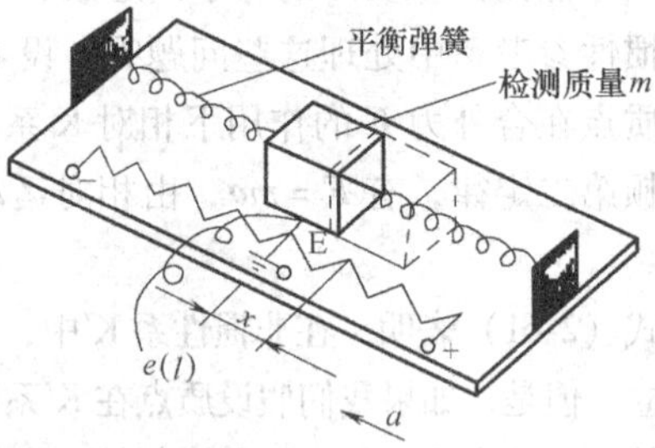

图 2-30

假设加速度计装在飞机上，其纵轴与飞机纵轴一致。当飞机向前加速运动时，由于惯性力的作用，检测质量 m 向后移动，同时弹簧发生变形；当检测质量 m 向后移动离开原有的零位置时，感测其偏移的信号器就会有信号输出，经过放大再馈送到产生回复力的装置——力发生器，它所产生的力又使检测质量 m 返回零位置。这样，加速度越大，要产生平衡它的力所需的电流也就越大。很显然，测量流入力发生器的电流值，就可以知道加速度的大小。在实际惯性导航系统中，把这个信号同时送到第一积分器，求出地速，再经过第二积分器，就可求出飞机飞过的距离，这是一个方向工作的情形；与其垂直的另一个方向的加速度计的工作情形也是与上述类似的。

但是，上面所讲的加速度计都是固定地安装在飞机上，而且加速度方向完全与地面平行的情形。事实上，飞机不可能始终保持水平飞行。在飞行中，飞机经常要产生倾斜和俯仰姿态。这样，加速度计就会随着倾斜，且在重力作用下，检测质量 m 就会离开零位置，加速度计就会有错误的信号输出，从而积分器会输出错误的速度和距离。为了解决这一问题，通常把加速度计装在一个准确性很高的稳定平台上，当飞机处于任何姿态时，它始终保持水平状态。

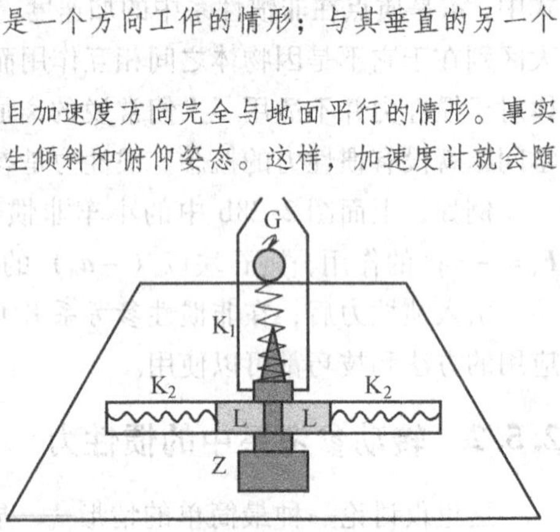

图 2-31

炮弹上安装的惯性引信同样是利用惯性力的作用来引爆炮弹的。图 2-31 是炮弹引信的示意图，当炮弹静止时，击针座 Z 被弹簧 K_1 顶住，击针不会撞击雷管 G 而引爆。为了安全起见，在击针座上还安装了离心保险装置，平时由于离心子 L 受弹簧 K_2 的推力将击针座 Z 卡住，即使炮弹在搬运过程中不慎落地，击针座也不致移动而引起自爆。当炮弹发射后，由于炮弹的旋转，离心子 L 受惯性离心力作用而压缩弹簧 K_2，于是离心子 L 与击针座 Z 脱离接触，解除保险，这时击针座可以沿炮弹的前进方向前后移动，当炮弹撞击目标时，弹体受目标的作用有向后的加速度，于是击针座受到一向前的惯性力，急剧压缩弹簧 K_1，使击针与雷管相撞，引起炮弹爆炸。

物理知识拓展

飞机的机动性和过载

飞机的机动性是指飞机在一定时间内改变飞行速度、飞行高度和飞行方向的能力，相应地称为速度机动性、高度机动性和方向机动性。按航迹的特点来分，飞机的机动飞行通常分为铅垂平面内、水平平面内

和空间的机动飞行。在空战中，优良的机动性有利于获取空战优势，所以飞机的机动性是飞机的重要战术技术指标。

作用在飞机上的气动力和发动机推力的合力与飞机重量之比，称为飞机的过载。显然过载为一矢量。设过载为$\boldsymbol{n}$，气动力$\boldsymbol{R}$和推力$\boldsymbol{P}$的合力为$\boldsymbol{N}$，则该力对于飞行员是可以控制的，称为可控力。按定义有

$$\boldsymbol{n}=\frac{\boldsymbol{N}}{G}=\frac{\boldsymbol{R}+\boldsymbol{P}}{G} \tag{2-68}$$

设飞机飞行加速度为$\boldsymbol{a}$，则

$$\boldsymbol{a}=\frac{\boldsymbol{R}+\boldsymbol{P}+m\boldsymbol{g}}{m}=\boldsymbol{n}g+\boldsymbol{g} \tag{2-69}$$

飞机加速机动飞行时飞机中的驾驶员处在非惯性系中，驾驶员的感觉取决于座椅及安全带的支反力，若驾驶员质量为m_1，座椅支反力为$\boldsymbol{F}$，则驾驶员在$m_1\boldsymbol{g}$、$\boldsymbol{F}$和惯性力的作用下平衡，有

$$\boldsymbol{F}+m_1\boldsymbol{g}+\boldsymbol{F}_{\mathrm{i}}=\boldsymbol{F}+m_1\boldsymbol{g}-m_1(\boldsymbol{n}g+\boldsymbol{g})=0$$

所以

$$\boldsymbol{F}=\boldsymbol{n}m_1g=\boldsymbol{n}G_1 \tag{2-70}$$

驾驶员重量为G_1，可见，加速机动飞行时驾驶员将感受到等于自身重量n倍的力。

注意到飞机参考系的人分析任意物体受力时要加上惯性力，而惯性力与重力之和为

$$\boldsymbol{F}_{\mathrm{i}}+m\boldsymbol{g}=-m(\boldsymbol{n}g+\boldsymbol{g})+m\boldsymbol{g}=-\boldsymbol{n}mg \tag{2-71}$$

与地面的人分析任意物体受力时首先考虑重力、再考虑其他力类似，飞机参考系的人应该首先考虑载荷、再考虑其他力。也就是说，用载荷取代重力，飞机参考系的人处理问题的思路方法与地面完全一致。这个方法有些类似于用牛顿定律在非惯性系中处理问题的思路，当额外引入惯性力后，可以形式上用牛顿定律在非惯性系中分析解决问题。在飞机上分析飞行员或者其他机载设备受力问题时，飞行员或者其他机载设备受到载荷的作用，不再考虑重力的作用，因为前者已包含了重力和惯性力作用。显然$n=1$，飞机上飞行员感觉与地面静止相同；$n>1$，飞行员感觉超重；$n<1$，飞行员感觉失重；$n=0$，飞行员感觉完全失重，身体漂浮。下面介绍一下飞行员的生理限制。

飞行员的生理限制是指由飞行员生理因素所决定的对过载的最大承受能力。一般情况下，飞行员坐姿正确，在5~10s内持续承受的最大过载可以达到8，在20~30s内为4~5，穿抗荷衣可以提高到6左右。飞行员以负载荷飞行时（n方向向上），飞行员体内血液向头部积聚，容易出现头痛，眼球发痛、视力模糊，出现“红视”。飞行员在短时间内能够正常承受的负过载只有-1~-2。提高人体抗载荷能力的方法，除穿抗荷衣限制人体血液向下肢积聚外，还可以通过改变身体的姿势来改变载荷对人体的作用方向。高过载座椅就是按这一设想创制的。短时间内屏住呼吸，紧缩肌肉（特别是腹部肌肉），也可以限制血液的剧烈流动，减少大过载对人体的影响。

如果是在飞机无侧滑、推力矢量沿着速度方向的简化条件下，在空间航迹坐标系内建立的飞机质心动力学方程为

$$\begin{cases}\dfrac{G}{g}\dfrac{\mathrm{d}v}{\mathrm{d}t}=P-G\sin\theta-X\\ \dfrac{G}{g}v\dfrac{\mathrm{d}\theta}{\mathrm{d}t}=Y\cos\gamma_s-G\cos\theta\\ \dfrac{G}{g}v\cos\theta\dfrac{\mathrm{d}\psi_s}{\mathrm{d}t}=Y\sin\gamma_s\end{cases} \tag{2-72}$$

式中，θ为航迹倾角；ψ_s为航迹偏角；γ_s为轨迹滚转角（绕速度矢量的滚转角）。从方程中可以看到可操纵力$\boldsymbol{N}$在航迹坐标系下的投影。于是可以分别得出过载在该轴系上的投影分量为

$$\begin{cases}n_x=\dfrac{P-X}{G}\\ n_y=\dfrac{Y\cos\gamma_s}{G}\\ n_z=\dfrac{Y\sin\gamma_s}{G}\end{cases} \tag{2-73}$$

$$\boldsymbol{n} = n_x\boldsymbol{i} + n_y\boldsymbol{j} + n_z\boldsymbol{k} \tag{2-74}$$

式中，n_x沿着飞行速度方向，通常称为切向过载或轴向过载；n_y和n_z均垂直于飞行速度矢量，其合过载

$$n_n = \sqrt{n_y^2 + n_z^2} \tag{2-75}$$

称为法向过载。

用过载表示的空间航迹坐标系内的飞机质心动力学方程为

$$\begin{cases} \dfrac{dv}{dt} = g(n_x - \sin\theta) \\ v\cos\theta\dfrac{d\psi_s}{dt} = gn_y \\ v\dfrac{d\theta}{dt} = g(n_z - \cos\theta) \end{cases} \tag{2-76}$$

应用能力训练

【例 2-12】如图 2-32 所示，设电梯相对地面以加速度 $\boldsymbol{a}$ 上升，电梯中有一质量可忽略不计的滑轮，在滑轮的两侧用轻绳挂着质量为 m_1 和 m_2 的重物，已知 $m_1 > m_2$，试求：(1) m_1 和 m_2 相对电梯的加速度；(2) 绳中张力。

【解】如图 2-33 所示，设 m_1 和 m_2 相对电梯的加速度大小为 a'，绳中张力大小为 F_T，以电梯为参考系，这是一个非惯性系，在此参考系中，m_1 和 m_2 受重力、绳的拉力和惯性力，惯性力方向与电梯相对地面加速度 $\boldsymbol{a}$ 的方向相反，有

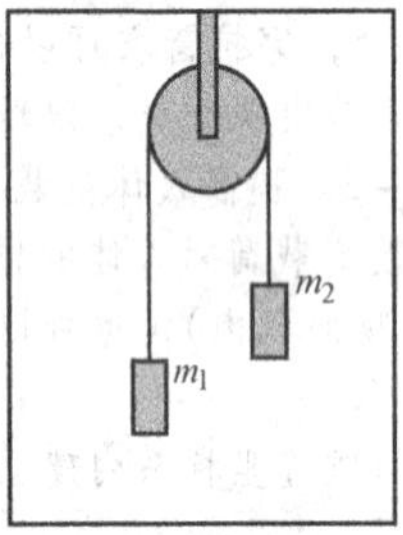

图 2-32

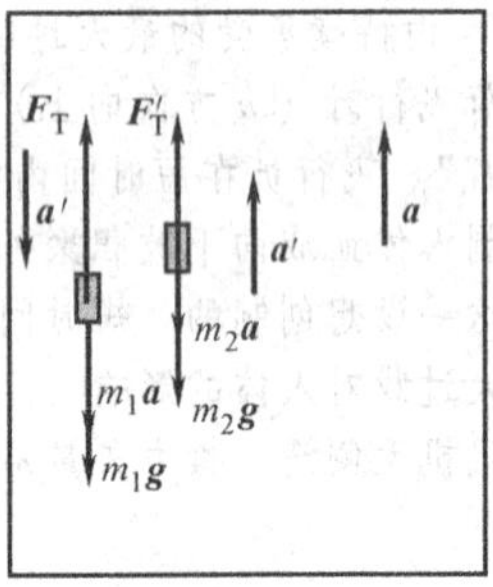

图 2-33

$$F_{i1} = m_1 a, \quad F_{i2} = m_2 a$$

对 m_1 和 m_2 分别以各自相对电梯的加速度为正方向，于是有

$$m_1 g + m_1 a - F_T = m_1 a'$$
$$F'_T - m_2 g - m_2 a = m_2 a'$$

因绳子和滑轮的质量忽略不计，所以有

$$F_T = F'_T$$

三式联立求解，得

$$a' = \frac{m_1 - m_2}{m_1 + m_2}(g + a)$$

$$F_T = \frac{2m_1 m_2}{m_1 + m_2}(g + a)$$

如以地面为参考系，也可得出相同的结果，读者可自行验证。

本章归纳总结

1. 力学中的常见力

力学中的常见力：万有引力、重力、弹性力、摩擦力。

平动加速系中的惯性力：$\boldsymbol{F}_{\mathrm{i}} = -m\boldsymbol{a}_0$

转动参考系中的惯性离心力：$\boldsymbol{F}_{\mathrm{i}} = -mR\omega^2\boldsymbol{n}$

2. 力的瞬时作用规律（牛顿运动定律）

在惯性参考系中

$$\boldsymbol{F} = \frac{\mathrm{d}(m\boldsymbol{v})}{\mathrm{d}t},\quad \boldsymbol{F} = m\frac{\mathrm{d}(\boldsymbol{v})}{\mathrm{d}t} = m\boldsymbol{a}(m\text{ 不变})$$

其分量式为

$$\begin{cases} F_x = ma_x = m\dfrac{\mathrm{d}v_x}{\mathrm{d}t} \\ F_y = ma_y = m\dfrac{\mathrm{d}v_y}{\mathrm{d}t}, \\ F_z = ma_z = m\dfrac{\mathrm{d}v_z}{\mathrm{d}t} \end{cases} \quad \begin{cases} F_{\mathrm{n}} = ma_{\mathrm{n}} = m\dfrac{v^2}{R} \\ F_\tau = ma_\tau = m\dfrac{\mathrm{d}v}{\mathrm{d}t} \end{cases}$$

非惯性参考系中

$$\boldsymbol{F} + \boldsymbol{F}_{\mathrm{i}} = m\boldsymbol{a}'$$

本 章 习 题

（一）填空题

2-1　倾角为30°的一个斜面体放置在水平桌面上。一个质量为2kg的物体沿斜面下滑，下滑的加速度大小为 $3.0\mathrm{m\cdot s^{-2}}$。若此时斜面体静止在桌面上不动，则斜面体与桌面间的静摩擦力 $F_{\mathrm{f}}=$________。

2-2　如习题2-2图所示，沿水平方向的外力 $\boldsymbol{F}$ 将物体A压在竖直墙上，由于物体与墙之间有摩擦力，此时物体保持静止，并设其所受静摩擦力为 F_{f0}，若外力增至 $2\boldsymbol{F}$，则此时物体所受静摩擦力的大小为________。

2-3　如习题2-3图所示，在光滑水平桌面上，有两个物体A和B紧靠在一起。它们的质量分别为 $m_{\mathrm{A}}=2\mathrm{kg}$，$m_{\mathrm{B}}=1\mathrm{kg}$。今用一水平力 $F=3\mathrm{N}$ 推物体B，则B推A的力等于________。若用同样大小的水平力从右边推A，则A推B的力等于________。

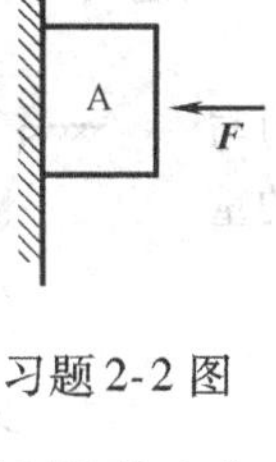

习题2-2图

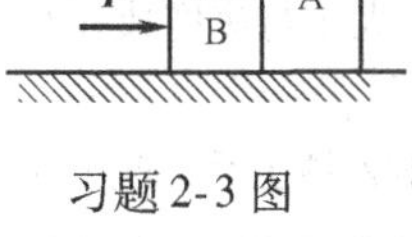

习题2-3图

2-4　质量相等的两物体A和B分别固定在弹簧的两端，竖直放在光滑水平面C上。弹簧的质量与物体A、B的质量相比可以忽略不计。若把支持面C迅速移走，则在移开的一瞬间，A的加速度大小 $a_{\mathrm{A}}=$________，B的加速度的大小 $a_{\mathrm{B}}=$________。

2-5 如习题2-5图所示，一物体质量为m'，置于光滑水平地板上。今用一水平力$\boldsymbol{F}$通过一质量为m的绳拉动物体前进，则物体的加速度$a=$________，绳作用于物体上的力$F_T=$________。

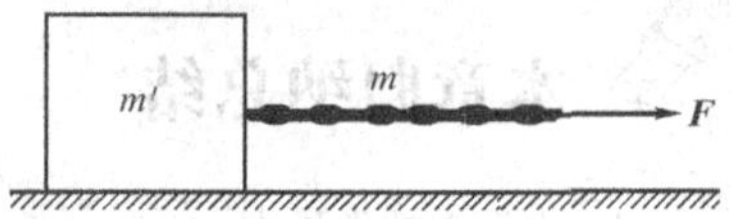

习题2-5图

2-6 如果一个箱子与货车底板之间的静摩擦因数为μ，当这货车爬一与水平方向成θ角的平缓山坡时，要使箱子在车底板上不滑动，车的最大加速度$a_{\max}=$________。

2-7 如习题2-7图所示，一个小物体A靠在一辆小车的竖直前壁上，A和车壁间静摩擦因数是μ_s，若要使物体A不致掉下来，小车的加速度的最小值应为$a=$________。

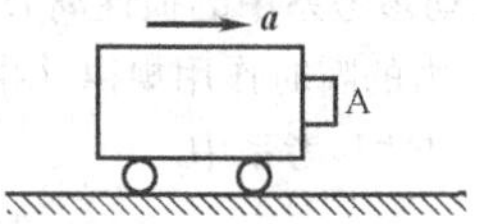

习题2-7图

2-8 质量分别为m_1、m_2、m_3的三个物体A、B、C，用一根细绳和两根轻弹簧连接并悬于固定点O，如习题2-8图所示。取向下为x轴正向，开始时系统处于平衡状态，后将细绳剪断，则在刚剪断瞬时，物体B的加速度$\boldsymbol{a}_B=$________；物体A的加速度$\boldsymbol{a}_A=$________。

2-9 质量为m的小球，用轻绳AB和BC连接，如习题2-9图所示，其中AB水平。剪断绳AB前后的瞬间，绳BC中的张力比F_T:$F_T'=$________。

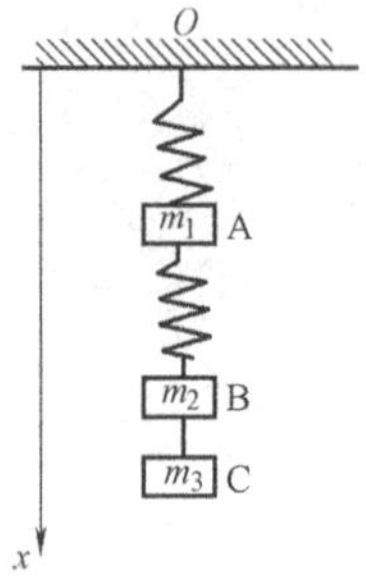

习题2-8图

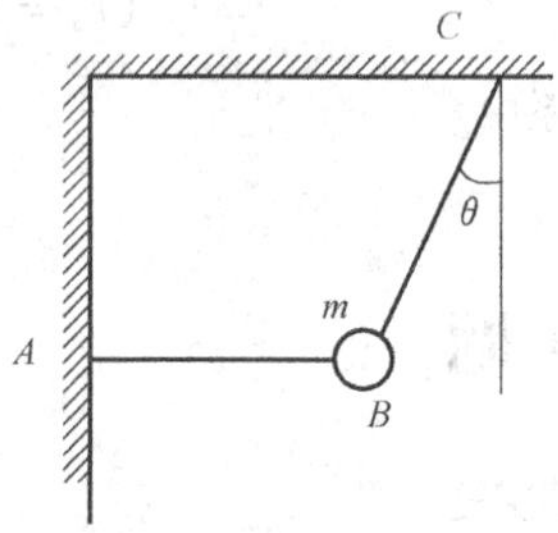

习题2-9图

2-10 如习题2-10图所示，一圆锥摆摆长为l，摆锤质量为m，在水平面上做匀速圆周运动，摆线与铅直线夹角为θ，则

（1）摆线的张力$F_T=$________________；

（2）摆锤的速率$v=$________________。

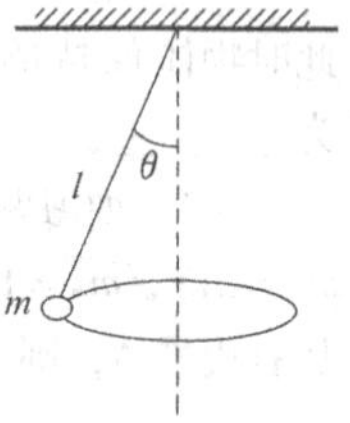

习题2-10图

2-11 飞机飞行中主要通过改变________的大小来改变升力的大小。

（二）计算题

2-12 如习题2-12图所示，质量为m的钢球A沿着中心为O、半径为R的光滑半圆形槽由静止下滑。当A滑到图示的位置时，其速率为v，钢球中心与O的连线OA和竖直方向成θ角，求这时钢球对槽的压力和钢球的切向加速度。

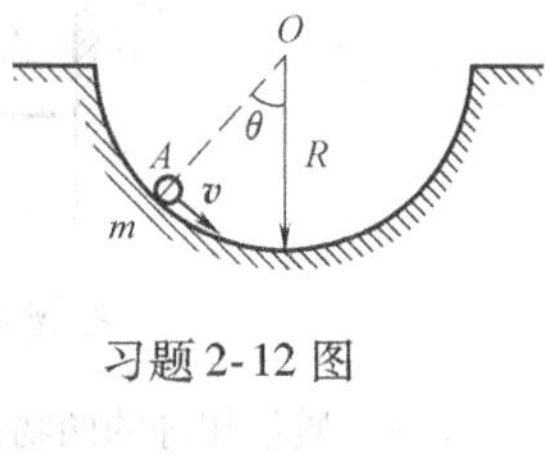

习题2-12图

2-13 质量为m的子弹以速度v_0水平射入沙土中，设子弹所受阻力与速度方向相反，大小与速度成正比，比例系数为K，忽略子弹所受到的重力，求：

（1）子弹射入沙土后，速度随时间变化的函数式；

（2）子弹进入沙土的最大深度。

2-14 已知一质量为m的质点在x轴上运动，质点只受到指向原点的引力的作用，引力大小与质点离原点的距离x的平方成反比，即$F=-k/x^2$，k是比例常数。设质点在$x=A$时的速度为零，求质点在$x=A/4$处时速度的大小。

2-15 质量为m的物体系于长度为R的绳子的一个端点上，在竖直平面内绕绳子另一端点（固定）做圆周运动。设 t 时刻物体瞬时速度的大小为 v，绳子与竖直向上的方向成 θ 角。

（1）求 t 时刻绳中的张力 F_T 和物体的切向加速度 a_τ；

（2）请说明在物体运动过程中 a_τ 的大小和方向如何变化。

2-16　如习题2-16图所示，一条轻绳跨过一轻滑轮（滑轮与轴间摩擦可忽略），在绳的一端挂一质量为 m_1 的物体，在另一端有一质量为 m_2 的环，求当环相对于绳以恒定的加速度 a_2 沿绳向下滑动时，物体和环相对于地面的加速度各是多少？环与绳间的摩擦力多大？

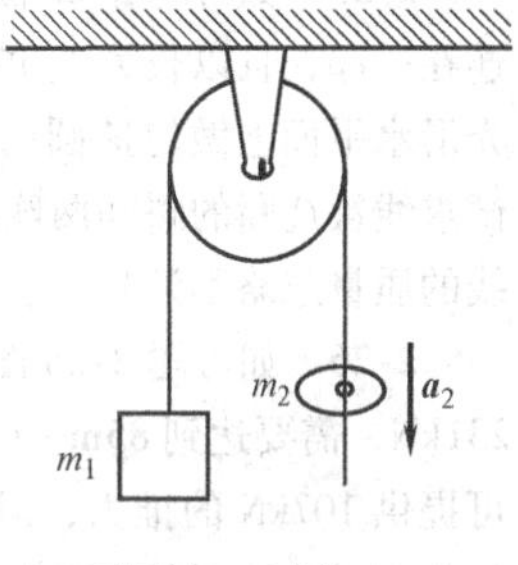

习题2-16图

2-17　一质量为 m 的物体，最初静止于 x_0 处，在力 $F=-kx^{-2}$ 的作用下，沿直线运动，试证它在 x 处的速度为

$$v=\sqrt{\frac{2k}{m}\left(\frac{1}{x}-\frac{1}{x_0}\right)}$$

2-18　初速度为 v_0、质量为 m 的物体在水平面内运动，所受摩擦力的大小正比于质点速率的平方根，比例系数为 k。求物体从开始运动到停止所需的时间。

2-19　飞机降落时的着地速度大小 $v_0=90\text{km}\cdot\text{h}^{-1}$，方向与地面平行，飞机与地面间的摩擦因数 $\mu=0.10$，迎面空气阻力为 C_Xv^2，升力为 C_Yv^2（v 是飞机在跑道上的滑行速度，C_X 和 C_Y 为阻力和升力系数），已知飞机的升阻比 $K=C_Y/C_X=5$，求从着地到停止这段时间所滑行的距离（设飞机刚着地时对地面无压力）。

2-20　质量为 m 的雨滴下降时，因受空气阻力，在落地前已是匀速运动，其速率为 $v=5.0\text{m}\cdot\text{s}^{-1}$。设空气阻力大小与雨滴速率的平方成正比，问：当雨滴下降速率为 $v=4.0\text{m}\cdot\text{s}^{-1}$ 时，其加速度 a 多大？

2-21　表面光滑的直圆锥体，顶角为 2θ，底面固定在水平面上，如习题2-21图所示。质量为 m 的小球系在绳的一端，绳的另一端系在圆锥的顶点。绳长为 l，且不能伸长，质量不计。今使小球在圆锥面上以角速度 ω 绕 OH 轴匀速转动，求：

（1）锥面对小球的支持力 F_N 和细绳的张力 F_T；

（2）当 ω 增大到某一值 ω_c 时小球将离开锥面，这时 ω_c 及 F_T 又各是多少？

2-22　一架轰炸机在俯冲后沿一竖直面内的圆周轨道飞行，如习题2-22图所示，如果飞机的飞行速率为一恒值 $v=640\text{km}\cdot\text{h}^{-1}$，为使飞机在最低点的加速度不超过重力加速度的7倍（7g），求此圆周轨道的最小半径 R。若驾驶员的质量为70kg，在最小圆周轨道的最低点，求他的视重（即人对坐椅的压力）F_N'。

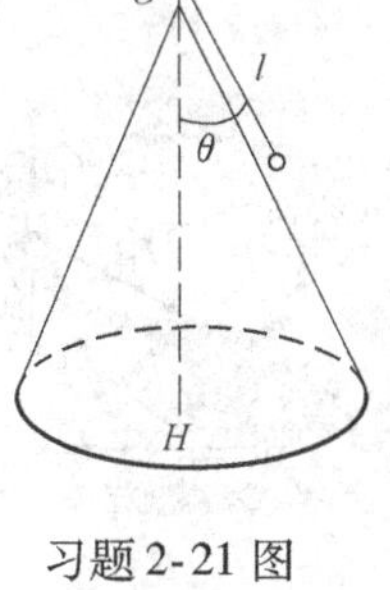

习题2-21图

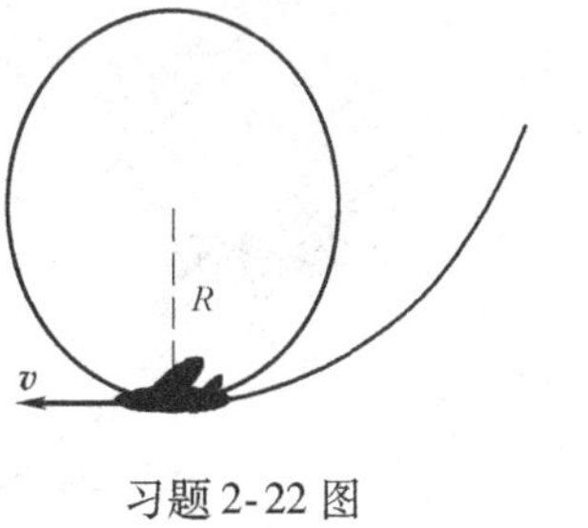

习题2-22图

2-23　如习题2-23图所示，将质量为 m 的小球用细线挂在倾角为 θ 的光滑斜面上。求：

（1）若斜面以加速度 $\boldsymbol{a}$ 沿图示方向运动时，求细线的张力及小球对斜面的正压力；

（2）当加速度 $\boldsymbol{a}$ 取何值时，小球刚可以离开斜面。

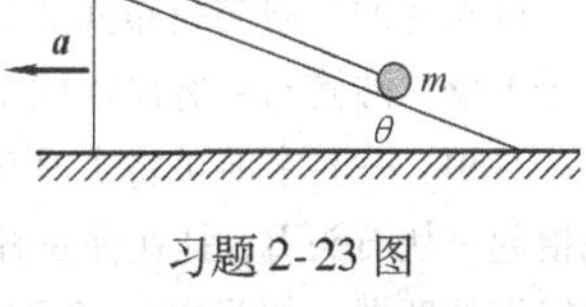

习题2-23图

2-24　一个体重为80kg的人在跳伞中经历一个向下的加速度大小为

2.5m·s^{-2}的加速过程。降落伞的质量是5.0kg。求：

（1）空气对张开的降落伞向上的力大小为多少？

（2）人对降落伞向下的拉力大小为多少？

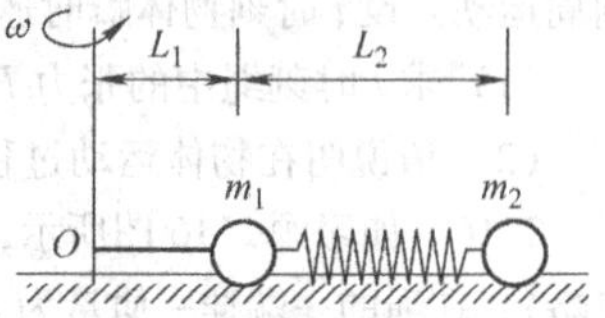

习题2-25图

2-25 如习题2-25图所示，质量分别为m_1和m_2的两个球，用弹簧连在一起，且以长为L_1的线拴在轴O上，m_1与m_2均以角速度ω绕轴在光滑水平面上做匀速圆周运动。当两球之间的距离为L_2时，将线烧断。试求线被烧断的瞬间两球的加速度大小a_1和a_2。（弹簧和线的质量忽略不计）

习题2-26图

2-26 如习题2-26图所示，一架海军的喷气式飞机重231kN，需要达到85m·s^{-1}的速度才能起飞。发动机最大可提供107kN的推力，但并不足以使飞机在航空母舰90m长的跑道上达到起飞速率。求舰上的弹射器最少需提供多大的力（设为恒定）来帮助弹射飞机？（假定弹射器和飞机上的发动机在90m的起飞过程中都施以恒力）

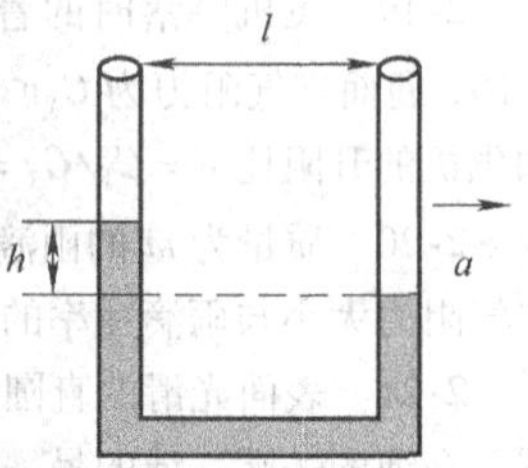

习题2-27图

2-27 竖直而立的细U形管里面装有密度均匀的某种液体。U形管的横截面粗细均匀，两根竖直细管相距为l，底下的连通管水平。当U形管在如习题2-27图所示的水平方向上以加速度a运动时，两竖直管内的液面将产生高度差h。若假定竖直管内各自的液面仍然可以认为是水平的，试求两液面的高度差h。

2-28 如习题2-28图所示，一架飞机以480km·h^{-1}的速率在水平面内绕圆周飞行。如果飞机对称面与铅垂方向成40°倾角（定义为坡度），问飞机盘旋的半径是多少？（假定所需的力全部来自于与机翼表面垂直的“空气动力升力”）

2-29 有些人虽说乘坐过山车挺适应，可想起乘坐转筒，脸也会变白。转筒的基本结构是一个大圆筒，可绕其中心轴高速转动（见习题2-29图）。开始乘坐前，乘客由开在侧面的门进入圆筒，紧靠贴有帆布的墙直立站在地板上。关门后，随着圆筒开始转动，乘客、墙和地板跟着一起旋转。当乘客的速率从零逐渐增加到某一预先规定的数值后，地板突然吓人地掉下。乘客并不和地板一起掉下而是钉在旋转的圆筒壁上，就好像一个看不见的（很不友善的）机关将身体压到壁上。其后，地板缓缓移到乘客的脚下，圆筒慢下来，乘客下降几厘米再次站到地板上（有些乘客认为所有这些都很有趣）。

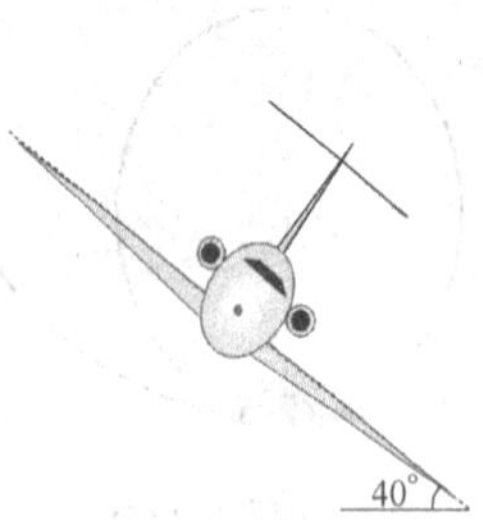

习题2-28图

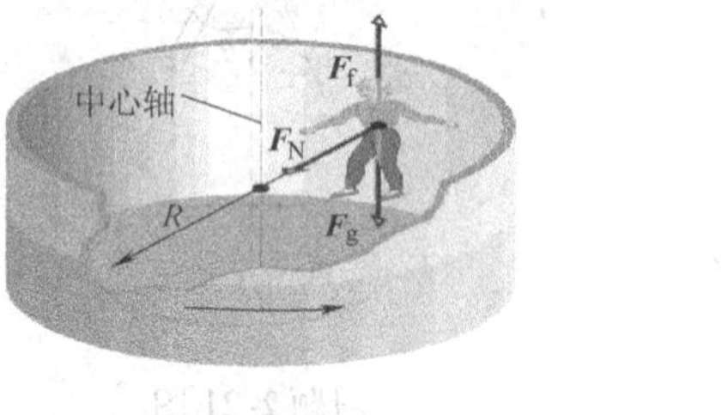

习题2-29图

设乘客的衣服与帆布间的静摩擦因数μ_s是0.40，圆筒的半径是2.1m。问当地板掉下时，要使乘客不至于下落，圆筒与乘客所需的最小速率v是多少？

2-30 一名宇航员将去月球。他带有一个弹簧秤和一个质量为1.0kg的物体A。到达月球上某处时，他拾起一块石头B，挂在弹簧秤上，其读数与地面上挂A时相同。然后，他把A和B分别挂在跨过轻滑轮的轻绳的两端，如习题2-30图所示。若月球表面的重力加速度为1.67m·s^{-2}，问石块B将如何运动？

2-31　有一物体放在地面上，重力为 G，它与地面间的摩擦因数为 μ。今用力使物体在地面上匀速前进，问此力 $\boldsymbol{F}$ 与水平面夹角 θ 为多大时最省力。

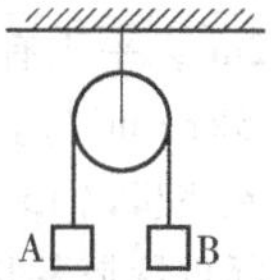

习题2-30图

2-32　如习题2-32图所示，质量为 $m=2\text{kg}$ 的物体A放在倾角 $\alpha=30°$ 的固定斜面上，斜面与物体A之间的摩擦因数 $\mu=0.2$。今以大小为 $F=19.6\text{N}$ 的水平力作用在A上，求物体A的加速度的大小。

2-33　如习题2-33图所示，一潜水艇质量为 m，在水中下潜时所受浮力恒为 $\boldsymbol{F}_0$，水的阻力 $\boldsymbol{F}_f$ 与下潜速度 $\boldsymbol{v}$ 的大小成正比，比例系数为 k。开始时潜水艇刚好隐蔽在水面下，设它从静止开始下潜，试求下潜速度随时间变化的规律。

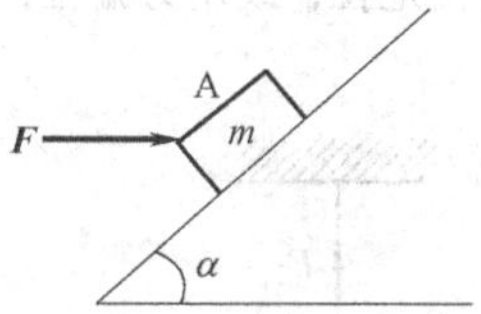

习题2-32图

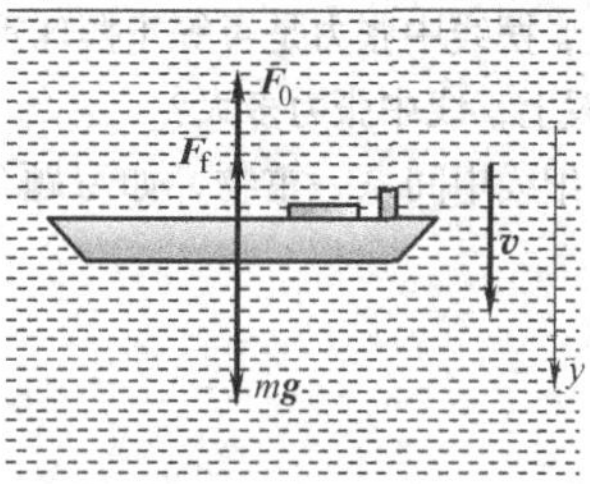

习题2-33图

2-34　掷链球：掷链球是田径比赛中一项有趣的运动项目。该球是一直径为12cm的铁球，并且连接到一根钢链上，总长度为121.5cm，总质量为7.26kg，运动员站在半径为2.135m的圈内旋转数圈后投掷出去。1988年奥林匹克运动会在韩国举行，苏联的运动员Sergey Lizvinow以84.80m的记录获得金牌，他使球连续转7圈后投掷（人不动让球预转3圈，接着人球共转4圈），7圈用时分别为1.52s，1.08s，0.72s，0.56s，0.44s，0.40s和0.36s，这7圈的平均角加速度为多少？假设投掷者的胳膊加上钢链长度为1.67m，释放时线速度为多少？向心加速度及其向心力为多少？

2-35　一质量为 m 的物体在力 $F=kt$ 的作用下，由静止开始沿直线运动。试求物体的运动学方程。

2-36　如习题2-36图所示，在赛车比赛中参赛者开到了一个斜坡上，当车的轮胎与斜面间的静摩擦因数 $\mu_s=0.62$，转弯半径 $R=110\text{m}$，斜面的倾斜角度 $\theta=21.1°$时，赛车的最大转弯速度是多少？

2-37　泄水槽：让我们来分析一个简单的实验，将一底部开有小口的容器装满水，然后再测量水流出用了多长时间。习题2-37图中给出了实验的简略图。通过这个实验定量分析柱状流体高度与时间的函数关系。

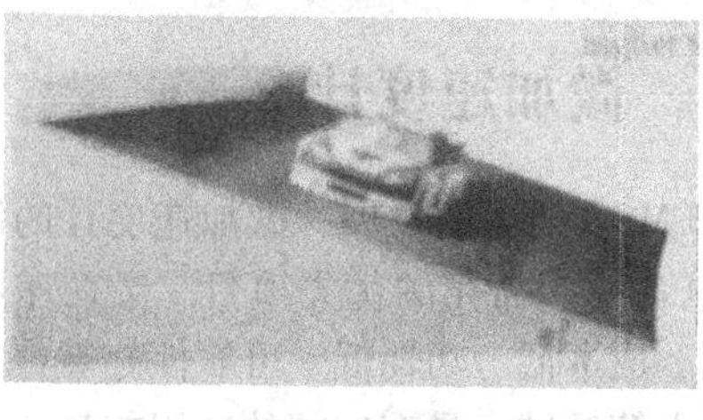

习题2-36图

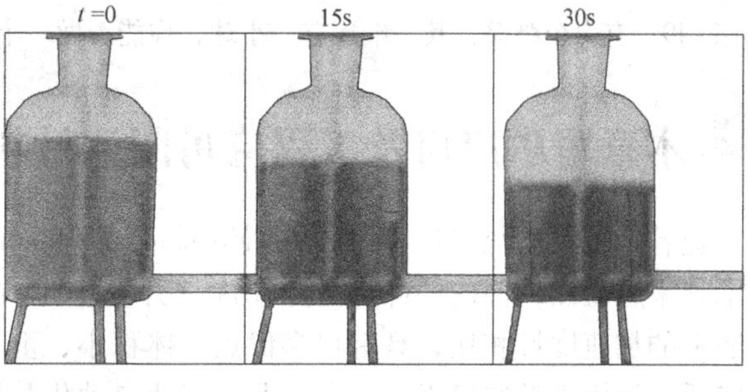

习题2-37图

2-38 双机盘旋时，外侧僚机的坡度为什么要比长机的坡度大？

2-39 某飞机重5000kg，机翼面积$20m^2$，低空空气密度（$\rho=0.125kg\cdot s^2\cdot m^{-4}$）用400kg的推力可使飞机保持$360km\cdot h^{-1}$的速度平飞，求此时的升力系数、阻力系数和升阻比分别为多大？

2-40 某飞机重12000kg，机翼面积为$32m^2$，平飞有利速度为$360km\cdot h^{-1}$，若此时的阻力系数为0.05，求飞机的最大升阻比（空气密度$\rho=1.25kg\cdot m^{-3}$）。

2-41 用挂在飞机机舱顶板上的弹簧砰，在飞机以$150m\cdot s^{-1}$的速度做1km半径的回转时，秤一件行李的重量。若弹簧砰的读数为40N，问行李实际重量是多少？弹簧秤的活动部件的重量可忽略不计。

2-42 轻型飞机连同驾驶员总质量为1.0×10^3 kg，飞机以$55.0m\cdot s^{-1}$的速率在水平跑道上着陆后，驾驶员开始制动，若阻力与时间成正比，比例系数$\alpha=5.0\times10^2$ $N\cdot s^{-1}$，求：（1）10s后飞机的速率；（2）飞机着陆后10s内滑行的距离。

2-43 直升机重力为G，它竖直上升的螺旋桨的牵引力为$1.5G$，空气阻力为$F=kGv$。求直升机上升的极限速度。

（三）思考题

2-44 有一单摆如习题2-44图所示。试在图中画出摆球到达最低点P_1和最高点P_2时所受的力。在这两个位置上，摆线中张力是否等于摆球重力或重力在摆线方向的分力？如果用一水平绳拉住摆球，使之静止在P_2位置上，线中张力多大？

2-45 细线中间系一重物，如习题2-45图所示，以力拉下端。缓慢地拉，或用力猛拉，上下哪根线先断？

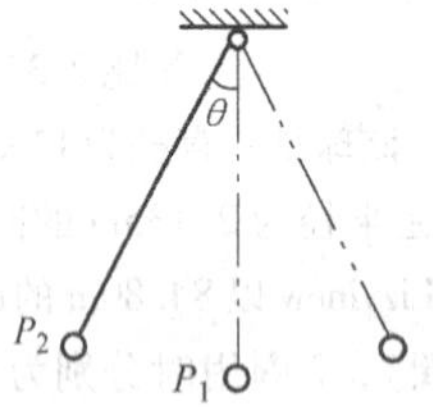

习题2-44图

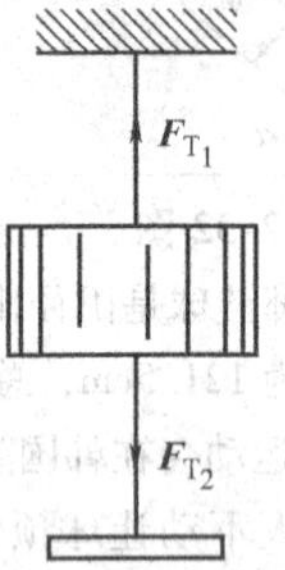

习题2-45图

2-46 只要机翼上、下表面的气流有流速和压力变化，就一定能产生升力。这种说法对吗？为什么？

2-47 在门窗都关好的开行的汽车内漂浮着一个氢气球，当汽车向左转弯时，氢气球在车内将向左运动还是向右运动？

2-48 设想惯性质量和引力质量并不相等，有两块石头，惯性质量相同而引力质量不同，自由降落时它们都做匀加速运动吗？它们的加速度相等吗？重量相等吗？若设两块石头引力质量相同而惯性质量不同，情况又如何？

2-49 有一个弹簧，其一端连有一小球，你能否做一个在汽车内测量汽车加速度的“加速度计”？

本章军事应用及工程应用阅读材料——微加速度计

随着微机电系统（Micro Electro Mechanical System，MEMS）技术的发展，微加速度计的制作技术越来越成熟，国内外都将微加速度计开发作为微机电系统产品化的优先项目。微加速度计与通常的加速度计相比，具有很多优点：体积小、重量轻、成本低、功耗低、可靠性好等。它可以广泛地运用于航空航天、汽车工业、工业自动化及机器人等领域，具有广阔的应用前景。常见的微加速度计按敏感原理的不同可以分为：压阻式、压电式、隧道效应式、电容式及热敏式等。

按照工艺方法又可以分为体硅工艺微加速度计和表面工艺微加速度计。

常见的振动式微硅加速度计由振动质量块和支撑弹性横梁构成，如图2-34所示。当有加速度输入时，质量块由于惯性力作用而发生位移，位移变化量与输入加速度的大小有确定的对应关系，可以描述为一个单自由度二阶弹簧阻尼振动系统，系统的数学模型即为

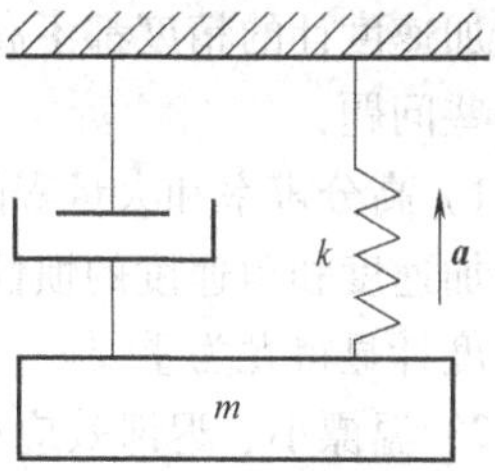

图　2-34

$$ma = kx + c\frac{\mathrm{d}x}{\mathrm{d}t} + m\frac{\mathrm{d}^2x}{\mathrm{d}t^2} \tag{2-77}$$

式中，k 为劲度系数；c 为等效阻尼系数；m 为等效惯性质量；a 为输入加速度。根据式（2-77）可以求出位移量和输入加速度的关系公式。

1. 常见微加速度计

(1) 压阻式微加速度计　压阻式微加速度计是由悬臂梁和质量块以及布置在梁上的压阻组成，横梁和质量块常为硅材料。当悬臂梁发生变形时，其固定端一侧变形量最大，故压阻薄膜材料就被布置在悬臂梁固定端一侧。当有加速度输入时，悬臂梁在质量块受到的惯性力牵引下发生变形，导致固连的压阻膜也随之发生变形，其电阻值就会由于压阻效应而发生变化，导致压阻两端的检测电压值发生变化，从而可以通过确定的数学模型推导出输入加速度与输出电压值的关系。

(2) 电容式微加速度计　其基本原理就是将电容作为检测接口，来检测由于惯性力作用导致惯性质量块发生的微位移。质量块由弹性微梁支撑连接在基体上，检测电容的一个极板一般配置在运动的质量块上，一个极板配置在固定的基体上。电容式微加速度计的灵敏度和测量精度高、稳定性好、温度漂移小、功耗极低，而且过载保护能力较强；能够利用静电力实现反馈闭环控制，显著提高传感器的性能。

(3) 扭摆式微加速度计　它的敏感单元是不对称质量平板，通过扭转轴与基座相连，基座上表面布置有固定电极，敏感平板下表面有相应的运动电极，形成检测电容。当有加速度作用时，不对称平板在惯性力作用下，将发生绕扭转轴的转动。转动角与加速度成比例关系，其基本特点与电容式类似。

(4) 隧道式微加速度计　隧道效应就是平板电极和隧道针尖电极距离达到一定的条件，可以产生隧道电流。隧道电流与极板之间的间隙呈负指数关系。隧道式微加速度计常用悬臂梁或者双端固支梁支撑惯性质量块，质量块在惯性力的作用下，位置将发生偏移，这个偏移量直接影响到隧道电流的变化，通过检测隧道电流变化量来间接检测加速度值。隧道式微加速度计具有极高的灵敏度，易检测，线性度好，温漂小，抗干扰能力强，可靠性高。但是由于隧道针尖制作比较复杂，所以其工艺比较困难。还有其他一些新型加速度计，譬如基于热阻抗原理的热加速度计，也具有很好的实验结果。

2. 微加速度计的发展趋势

自1977年美国斯坦福大学首先利用微加工技术制作了一种开环微加速度计以来，国内外开发出了各种结构和原理的加速度计，国外一些公司已经实现了部分类型微加速度计的产品化，例如，美国AD公司1993年就开始批量化生产基于平面工艺的电容式微加速度计。微机电系统技术的进步和工艺水平的提高，也给微加速度计的发展带来了新的机遇。

微加速度计是武器装备所需的关键传感器之一，具有广阔的军事运用前景。国外已有文献报道将微加速度计与微陀螺运用于增程制导弹药上，能有效改善弹药的战斗性能，但目前大部

分微加速度计的精度都不高，不能适应军事装备发展的需求。未来微加速度计的发展要注意下面一些问题：

1）高分辨率和大量程的微硅加速度计成为研究的重点。由于惯性质量块比较小，所以用来测量加速度和角速度的惯性力也相应比较小，系统的灵敏度相对较低，这样开发出高灵敏度的加速度计显得尤为重要。

2）温漂小、迟滞效应小成为新的性能目标。选择合适的材料，采用合理的结构，以及应用新的低成本温度补偿环节，能够大幅度提高微加速度计的精度。

3）多轴加速度计的开发成为新的方向。已经有文献报道开发出三轴微硅加速度计，但是其性能离实用还有一段距离，多轴加速度计的解耦是结构设计中的难点。

4）将微加速度计表头和信号处理电路集成在单片基体上，也能够减小信号传输损耗，降低电路噪声，抑制电路寄生电容的干扰。

5）选择合理的工艺手段，降低制作成本，为微加速度计批量化生产提供工艺路线。同时，标准化微机电系统工艺，为微加速度计投片生产提供一套利于操作、重复性好的工艺方法，也是微硅加速度计发展的重要方向。

第3章 功 和 能

历史背景与物理思想发展脉络

人们造出机器是为了让它做功。“功”的概念在一般人的感觉中是现实的，具体来说，它起源于早期工业革命中工程师们的需要，当时他们需要一个用来比较蒸汽机的效率的办法。在实践中大家逐渐采用机器举起的物体的重量与行程之积来量度机器的输出，并称之为功。

在19世纪初期用机械功测量“活力”已引入动力技术著作中。

1820年后，力学论文开始强调功的概念。

1829年，法国工程师彭塞利（Poneclet，1788—1867）在一本力学著作中引进“功”这一名词。

之后，科里奥利在《论刚体力学及机器作用的计算》一文中，明确地把作用力与受力点沿力的方向的可能位移的乘积叫作“运动的功”。功与以后建立的能量概念具有相同的量纲，功作为能量变化的量度为研究能量转化过程奠定了一个定量分析的基础。

到了19世纪40年代，能量守恒与转化定律确立，这时物理学已经取得了如下的一些主要成就：

1）早已发现了机械运动在一定条件下的不灭性（动量守恒、“活力”守恒）；

2）发现了“自然力”相互转化的种种现象；

3）在一些特殊情况下接触到能量守恒与转化定律（楞次定律、赫斯定律）；

4）确信永动机之不可能；

5）建立了初步的能量概念。

这里迈尔、亥姆霍兹和焦耳为能量守恒定律的最终建立做出了重要贡献。

迈尔从事有关能量守恒与转化问题的研究，是从对生理现象的分析开始的。他在论文《论与新陈代谢相联系着的有机运动》（1845年）中提出了几种形式的力：运动的力（实际上就是动能），下落的力（即重力势能），热、电、磁和化学力，并谈到了各种力之间的相互转化。还讨论了动植物机体中的能量问题。他反对了那种把机体的活动归纳为一种“生命力”的看法，认为机体中，机械的和热的效应的来源是由于吸收氧和食物时所进行的化学过程。迈尔还在一篇题为《对天体力学的意见》的文章中，探讨了宇宙中的能量循环。迈尔的思想是深刻的，虽然他是沿着“力”及其关系的概念展开的，但思想上基本上确认了能量守恒定律。所以，迈尔堪称能量守恒定律的主要的也是最早的奠基人。

亥姆霍兹在表述他的“力的守恒”定律时又引入了所谓“张力”的概念，提出“所有张力与活力之和始终是一个常数。这条具有普遍形式的定律，可以称为力的守恒原理”。可以看出，他的所谓“张力”实际上是指势能，“活力”即指动能。亥姆霍兹是用$\frac{1}{2}mv^2$来表示活力的。亥姆霍兹还把这一定律用于对其他物理过程的分析。例如，他在分析光的干涉时指出，干涉条纹中的明暗现象并不表示能量的消失，而只是一种重新分布。他也研究了能量守恒定律在电磁现象方面的应用，给出了静电力做功时电荷系的活力改变的关系式。

焦耳为热功当量的测定做出了突出的贡献。他不仅是单纯从实验上研究热与机械功的当量关系，而且在研究过程中，同时也阐明了热的本质以及跟能量守恒与转化定律相关的问题。焦耳、迈尔和亥姆霍兹以不同的方法，从不同的角度探索了能量守恒与转化定律，因而各有自己的贡献。

从经典物理学到现代物理学，人们对能量的认识发生了巨大的变化：能量可连续取值→普朗克指出：物体只能以 $h\nu$ 为单位发射和吸收电磁波→微观世界的原子光谱是线状谱 → 能级是分立的。

能量概念最早源于生产→经过概念的比较和辨别→升华为科学的概念。

3.1 功 动能定理

物理学基本内容

当猎枪射击时，枪管内的气体膨胀推动子弹射出。根据牛顿第三定律，子弹施加给膨胀气体的力与膨胀气体施加给子弹的力大小相等。那么，我们是否可以说子弹对气体做功了呢？

假设你试图算出箭被弓射出的速度，你会应用牛顿运动定律和所有学过的解决问题的方法，但横在你面前的主要绊脚石是：当箭从弓中射出时，弓弦施加了一个随箭位置变化的变力，结果使得我们用学过的简单方法不足以来计算这个速度。虽然我们不能用动力学的方法解决这个问题，但可以探讨其他更有效的方法来解决这样的问题。

牛顿第二定律反映了力和加速度的瞬时关系。但物体间的相互作用总是在空间和时间里发生的，因此，我们可以考虑力的空间累积和力的时间累积作用。本章讨论力的空间累积，介绍功和能的概念以及相关的定理、定律。

能量的一个重要标志是它为标量，可以从一种形式变化为另一种形式，但不能凭空消失。在汽车发动机中，储存在燃料里的化学能部分转为汽车的动能，部分转变为热能。在微波炉中，电磁能转变为烹调食物的热能。在这些以及所有其他过程中呈现出的所有不同形式能量的总和保持不变，没有任何例外。我们将能量的观点贯穿本书以后的所有内容来研究物理范畴内的现象。能量观点将帮助我们理解为什么毛衣使你保持温暖，照相机的闪光灯是如何产生短暂而突然的亮光的，还有爱因斯坦的著名公式 $E=mc^2$ 的含义。

究竟什么是能量？在许多书籍中，能量被定义为做功的能力，然而，这一定义并未给出深层次的内涵。现实告诉我们，能量尚没有更深的解释。诺贝尔奖获得者理查德 · 费曼在其讲义中提到，在今天的物理学中意识到能量是什么非常重要，但是没有明确的物理图像；尽管有许多计算公式，能量也非常抽象，并不能给予我们各种公式的机制及其原因。或许 40 年后也不会改变，能量的概念及能量守恒定律对于领会一个体系（系统）的行为非常重要，却没有一个人能给出能量的真实本质。

3.1.1 功的定义及其计算方法

1. 功的定义

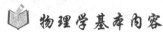

功就是力的空间累积。在力的持续作用过程中，如果力的作用点由初位置变化到末位置，就形成了力对空间的累积。物理学上用功这个物理量来表示力的空间累积，记为 A。下面讨论功的

定义的数学形式和计算。

2. 功的计算

(1) 直线运动中恒力的功　设有一个恒力 $\boldsymbol{F}$ 作用在质点上，在恒力 $\boldsymbol{F}$ 作用下质点沿着直线发生了一段位移 $\Delta\boldsymbol{r}$，如图3-1所示。在质点的这段位移过程中，力 $\boldsymbol{F}$ 做的功定义为力在位移方向的分量（力的切向分量）与位移大小的乘积

$$A = |\boldsymbol{F}|\cos\theta \cdot |\Delta\boldsymbol{r}| \tag{3-1}$$

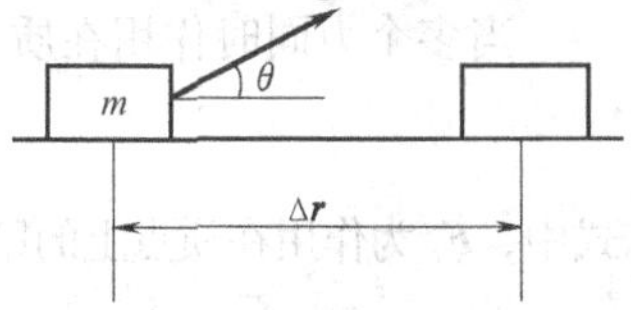

图 3-1

或者用矢量点积（标量积）的方式表述为

$$A = \boldsymbol{F} \cdot \Delta\boldsymbol{r} \tag{3-2}$$

式（3-2）可知，功等于力与力作用点位移的点积（标量积）。

功是标量，没有方向，但是有正负。当力与位移方向的夹角 $0 \leqslant \theta \leqslant \dfrac{\pi}{2}$ 时，$A > 0$，我们说力 $\boldsymbol{F}$ 对物体做了正功；当 $\dfrac{\pi}{2} < \theta \leqslant \pi$ 时，$A < 0$，力 $\boldsymbol{F}$ 对物体做的是负功，也常习惯说成物体克服了外力做功；若 $\theta = \dfrac{\pi}{2}$，$A = 0$，力 $\boldsymbol{F}$ 与位移 $\Delta\boldsymbol{r}$ 垂直，不做功，例如，物体在水平方向移动时，重力就不做功。

(2) 变力的功　在变力作用下，质点运动的轨迹通常为一曲线（直线运动只是曲线运动的特例）。在图3-2中，质点在变力 $\boldsymbol{F}$ 作用下沿图示的曲线路径 l 由 a 点移动到 b 点。在曲线路径上不同的点，力的大小、方向以及力与位移方向的夹角都可能不相同，直线运动中恒力功的公式（3-2）在此时失效了。为了计算功可以采取如下办法，将 a 点到 b 点的轨迹进行无限小分割（微分），得到考察点 P 点处一无穷小的元位移 $\mathrm{d}\boldsymbol{r}$，由于 $\mathrm{d}\boldsymbol{r} \to 0$，因此在 $\mathrm{d}\boldsymbol{r}$ 范围内，可以将曲线当作直线处理，且力 $\boldsymbol{F}$ 的变化极其微小，可以看作恒力处理。这样，在元位移 $\mathrm{d}\boldsymbol{r}$ 中，力做的功用 $\text{đ}A$ 表示，称为元功或微功。根据式（3-2）有

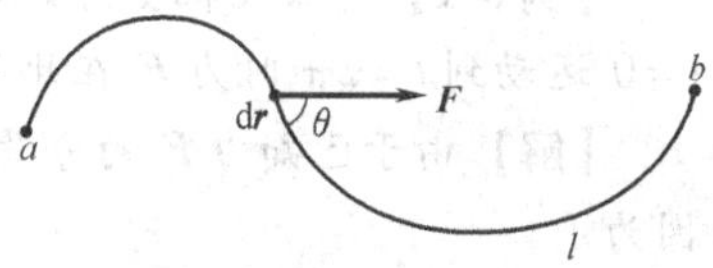

图 3-2

$$\text{đ}A = \boldsymbol{F} \cdot \mathrm{d}\boldsymbol{r} = F|\mathrm{d}\boldsymbol{r}|\cos\theta \tag{3-3}$$

质点由初始位置 a 经路径 l 运动到 b，力 $\boldsymbol{F}$ 做的总功应当等于各元位移上的元功的总和，即对式（3-3）的积分

$$A = \int \text{đ}A = \int_a^b \boldsymbol{F} \cdot \mathrm{d}\boldsymbol{r} \tag{3-4}$$

式（3-4）在数学上称为力 $\boldsymbol{F}$ 沿路径 l 的线积分。

式（3-4）是计算功的普遍公式，适用于各种情况下功的计算。不论是恒力还是变力，不论是引力、电磁力、核力，还是弹力、张力、摩擦力、理想气体对活塞的压力做功等，都可以用它计算。

如果变力 $\boldsymbol{F}$ 呈现随位置变化的函数关系，就可以在力－位置图上用曲线表示出来。例如，当质点沿 x 方向一维运动时，力随位置 x 发生变化，$F = F(x)$，此时可以用 F-x 曲线来表示这种函数关系，图3-3就是一种示意。根据式（3-4），质点在力 $\boldsymbol{F}$ 的作用下由 x_1 运动到 x_2，力 $\boldsymbol{F}$ 的功应该为此段曲线与横轴包围的面积，即图中的阴影部分，这是功的几何意义。在此面积为简单几何图形的时候，由面积计算功不失为一种简单有效的方法。

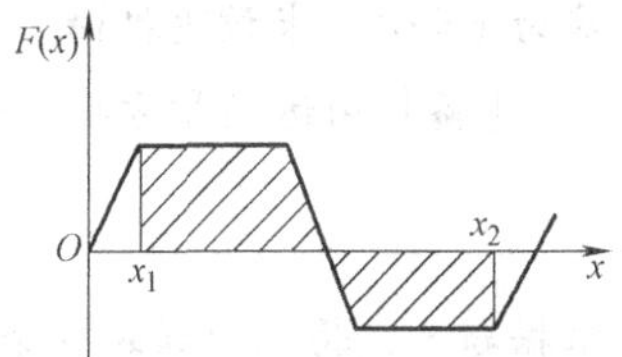

图 3-3

功的定义与质点的位移有关，因而功与参考系的选择有关。

3. 合力的功

当多个力同时作用在质点上时，质点所受的合力由力的叠加原理给出，即

$$\boldsymbol{F} = \sum_i \boldsymbol{F}_i \quad (i = 1,2,\cdots,n) \tag{3-5}$$

式中，$\boldsymbol{F}_i$ 为作用在质点上的第 i 个分力，若质点在合力作用下由 a 点经路径 l 到达 b 点，合力的功

$$\begin{aligned} A &= \int_a^b \boldsymbol{F} \cdot \mathrm{d}\boldsymbol{r} = \int_a^b \left(\sum_i \boldsymbol{F}_i \right) \cdot \mathrm{d}\boldsymbol{r} \\ &= \sum_i \left(\int_a^b \boldsymbol{F}_i \cdot \mathrm{d}\boldsymbol{r} \right) = \sum_i A_i \end{aligned} \tag{3-6}$$

即合力的功等于各分力功的代数和。

但是，对质点系（系统含有多个质点）而言各个力作用在不同质点上，而各个质点的位置变化可能是不同的，所以合力的功是不能通过合力来计算的。应先计算各个质点上各自做的功，然后对功进行求和。

在国际单位制中，功的量纲为 ML^2T^{-2}，单位为 J（焦耳）。

大学物理的要求是能够熟练计算力对物体做的功。下面的例子可以帮助大家初步理解功的计算过程和方法。

【例 3-1】 一架飞机受力 $\boldsymbol{F} = 3y\boldsymbol{i} + x\boldsymbol{j}$（SI）作用，沿曲线 $\boldsymbol{r} = a\cos t\boldsymbol{i} + a\sin t\boldsymbol{j}$（SI）运动。试求从 $t = 0$ 运动到 $t = 2\pi$ 时力 $\boldsymbol{F}$ 在此曲线上所做的功。

【解】 由于已知力 $\boldsymbol{F}$ 的分量式和曲线方程，可应用功的定义式计算。

因为
$$x = a\cos t, \quad y = a\sin t$$
所以
$$\mathrm{d}x = -a\sin t\mathrm{d}t, \quad \mathrm{d}y = a\cos t\mathrm{d}t$$
$$F_x = 3y = 3a\sin t, \quad F_y = x = a\cos t$$

于是，可得力所做的功

$$\begin{aligned} A &= \int_{M_1}^{M_2} F_x\mathrm{d}x + F_y\mathrm{d}y \\ &= \int_{t_1}^{t_2} 3a\sin t(-a\sin t\mathrm{d}t) + a\cos t(a\cos t\mathrm{d}t) \\ &= \int_0^{2\pi} (-3a^2\sin^2 t\mathrm{d}t + a^2\cos^2 t\mathrm{d}t) \\ &= a^2 \int_0^{2\pi} (1 - 4\sin^2 t)\mathrm{d}t \\ &= a^2 \int_0^{2\pi} [1 - 2(1 - \cos 2t)]\mathrm{d}t \\ &= -2\pi a^2 \end{aligned}$$

【例 3-2】 一飞机在空中做直线运动，受到的黏滞力正比于速度的平方，系数为 α。运动规律为 $x = ct^3$。求该飞机由 $x_0 = 0$ 运动到 $x = l$ 过程中黏滞力所做的功。

【解】 由运动学方程 $x = ct^3$ 得到

$$v = \frac{\mathrm{d}x}{\mathrm{d}t} = 3ct^2, \quad t = c^{-\frac{1}{3}}x^{\frac{1}{3}}$$

根据题意，物体受到的黏滞力为

$$F = -\alpha v^2 = -9\alpha c^2 t^4 = -9\alpha c^{\frac{2}{3}} x^{\frac{4}{3}}$$

元功为 $$\text{đ}A = F\mathrm{d}x = -9\alpha c^{\frac{2}{3}}x^{\frac{4}{3}}\mathrm{d}x$$

黏滞力对物体所做的功为

$$A = \int_0^l F\mathrm{d}x = -\int_0^l 9\alpha c^{\frac{2}{3}}x^{\frac{4}{3}}\mathrm{d}x = -\frac{27}{7}\alpha c^{\frac{2}{3}}l^{\frac{7}{3}}$$

上述例题表明，计算变力做功时，首先要根据题意写出力的表达式，再根据功的定义写出元功表达式，最后积分便可求出该力所做的功。

【例3-3】 一绳长为 l，小球质量为 m 的单摆竖直悬挂，在水平力 $\boldsymbol{F}$ 的作用下，小球由静止极其缓慢地移动，直至绳与竖直方向的夹角为 θ，求力 $\boldsymbol{F}$ 做的功。

【解】 因小球极其缓慢地移动，可近似认为加速度为零，所受合力为零，即水平力 $\boldsymbol{F}$、重力 $\boldsymbol{G}$、拉力 $\boldsymbol{F}_\mathrm{r}$ 的矢量和 $\boldsymbol{F}+\boldsymbol{G}+\boldsymbol{F}_\mathrm{r}=0$。图3-4为小球移动过程中绳与竖直方向成任意 α 角时的受力图，由于合力的切向分量

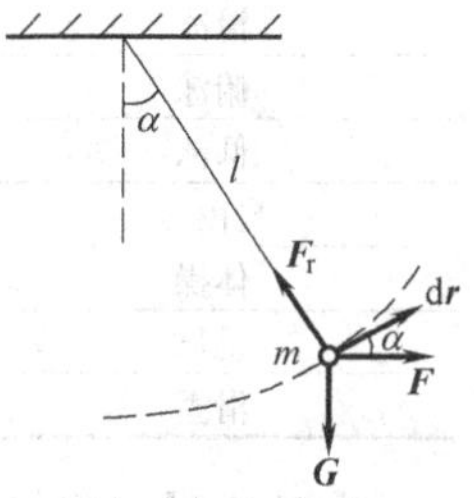

图 3-4

$$F\cos\alpha - mg\sin\alpha = 0$$

可得 $$F = mg\tan\alpha$$

力 $\boldsymbol{F}$ 做功

$$A = \int \boldsymbol{F}\cdot\mathrm{d}\boldsymbol{r} = \int F|\mathrm{d}\boldsymbol{r}|\cos\alpha = \int_0^\theta mgl\tan\alpha\cos\alpha\mathrm{d}\alpha$$

$$= mgl\int_0^\theta \sin\alpha\mathrm{d}\alpha = mgl(1-\cos\theta)$$

3.1.2 功率

做功的快慢用功率来描述。功率定义为单位时间力对物体所做的功。如果设力在有限长的时间 Δt 内做功 ΔA，我们有平均功率的概念

$$\overline{P} = \frac{\Delta A}{\Delta t} \tag{3-7}$$

式（3-7）是一段有限长时间 Δt 内的平均功率。

若 Δt 趋近于零，设 $\mathrm{d}t$ 时间内力 $\boldsymbol{F}$ 做功 $\text{đ}A$，功率用 P 表示，则

$$P = \frac{\text{đ}A}{\mathrm{d}t} \tag{3-8}$$

式（3-8）是瞬时功率的表达式。

功率用以表示力做功的快慢，也可以理解为力做功的速率。由于 $\text{đ}A = \boldsymbol{F}\cdot\mathrm{d}\boldsymbol{r}$ 以及 $\frac{\mathrm{d}\boldsymbol{r}}{\mathrm{d}t} = \boldsymbol{v}$，代入式（3-7），功率又可以表示为

$$P = \boldsymbol{F}\cdot\frac{\mathrm{d}\boldsymbol{r}}{\mathrm{d}t} = \boldsymbol{F}\cdot\boldsymbol{v} \tag{3-9}$$

可见，功率为力与质点速度的点积。当力的方向与物体运动的速度方向垂直时，这个力对物体是不做功的。式（3-9）有很重要的实用价值。任何机器往往有其额定的功率，也就是机器消耗能量的速率是一定的，由式（3-9）可知如果要求机器提供的力越大速度就会越小。汽车在行驶过程中常常需要换挡就是由于这个原理。人在各种活动中消耗能量的功率见表3-1。

已知功率计算功，可将功率对时间积分。

$$A = \int_{t_1}^{t_2} P\mathrm{d}t \tag{3-10}$$

在国际单位制中，功率的量纲为 ML^2T^{-3}，单位为 W（瓦）。

表 3-1　人在各种活动中消耗能量的功率

活动项目	消耗能量的功率（W）	活动项目	消耗能量的功率（W）
篮球	600	爬山	750 ~ 900
足球	630 ~ 840	骑自行车	300 ~ 780
滑冰	780	跑步	700 ~ 1000
俯泳	770	走路	170 ~ 380
仰泳	800	上楼梯	700 ~ 840
自由泳	1000	上课	70 ~ 140
体操	200 ~ 450	看电视	100 ~ 120
跳舞	200 ~ 500	吃饭	170
滑雪	700 ~ 1300	睡觉	70 ~ 80

【例 3-4】（1）一喷气式飞机发动机产生 15000N 推力，当飞机以 $300\mathrm{m\cdot s^{-1}}$ 的速率飞行时，发动机的功率为多少？（2）设卡车发动机的最大输出功率为 88.2kW，当卡车以 $60.0\mathrm{km\cdot h^{-1}}$ 的速率行驶时，其最大驱动力是多少？

【解】（1）飞机发动机的功率为

$$P = Fv = 1.50\times10^4\times300\mathrm{W} = 4.50\times10^6\mathrm{W} = 4.50\times10^3\mathrm{kW}$$

（2）卡车发动机的最大驱动力的大小为

$$F = \frac{P}{v} = \frac{8.82\times10^4\times3600}{60.0\times10^3}\mathrm{N} = 5.29\times10^3\mathrm{N}$$

【例 3-5】质量 $m=2\mathrm{kg}$ 的物体，在力 $F=6t$（SI）的作用下从原点由静止出发，沿 Ox 轴做直线运动。求在前 2s 时间内力 F 所做的功以及 $t=2\mathrm{s}$ 时的功率。

【解】变力 F 所做的功为

$$A = \int F\mathrm{d}x = \int F\frac{\mathrm{d}x}{\mathrm{d}t}\mathrm{d}t = \int Fv\mathrm{d}t \quad ①$$

由题设条件可求出

$$a = \frac{F}{m} = \frac{6t}{2} = 3t = \frac{\mathrm{d}v}{\mathrm{d}t}$$

所以

$$v = \int_0^t a\mathrm{d}t = \int_0^t 3t\mathrm{d}t = \frac{3}{2}t^2$$

上式代入式①有

$$A = \int_0^2 Fv\mathrm{d}t = \int_0^t\left(6t\cdot\frac{3}{2}t^2\right)\mathrm{d}t = \int_0^2 9t^3\mathrm{d}t = \frac{9}{4}t^4\Big|_0^2 = 36\mathrm{J}$$

$$P = Fv = 6t\cdot\frac{3}{2}t^2 = 9t^3 = 9\times2^3\mathrm{W} = 72\mathrm{W}$$

3.1.3　动能

当一个台球运动员击打一个静止的母球时，击打后母球的动能等于运动员对母球所做的功，如图 3-5 所示。施加在母球上的力越大，母球移动的距离越远，我们说母球获得的动能越大。

动能是描写物体机械运动的另一个重要物理量。我们将 $\frac{1}{2}mv^2$ 定义为质点的动能，用 E_k 表示，即

$$E_k = \frac{1}{2}mv^2 \tag{3-11}$$

式中，m 表示质点的质量；v 表示质点的速度（大小）。

动能是机械能的一种形式，是由于物体运动而具有的一种能量。动能的单位与功相同，但意义不一样，功是力的空间累积，与累积的具体过程有关，是过程量，动能则取决于物体的运动状态，或者说是物体机械运动状态的一种表示，因此是状态量，也称为态函数。

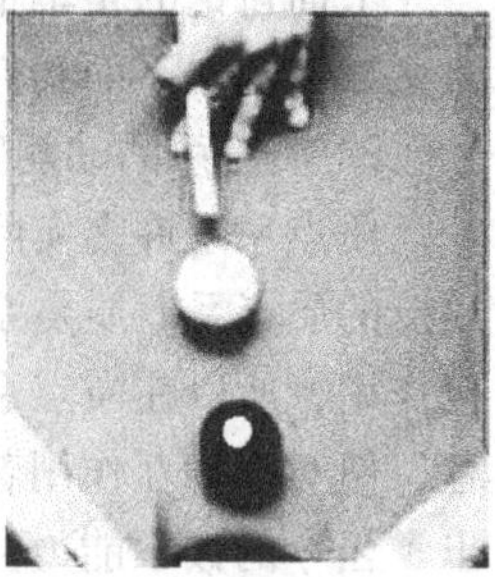

图 3-5

由若干个相互作用的质点组成的系统简称为质点系。质点系动能定义为系统中各个质点动能之和（代数和）。数学表达式为

$$E_k = \sum E_{ki} = \sum_i \frac{1}{2}m_i v_i^2 \tag{3-12}$$

从式（3-11）、式（3-12）我们看到，研究对象的总动能常用 E_k 表示，而对系统中各个质点的动能则使用下标 i 来区分。

动能与物体的运动速度有关，一般来讲，不同时刻质点或系统的动能是不同的。因此，有初动能和末动能等概念，读者要领会它们的意义。另外，转动的刚体也是有动能的。它的动能定义为刚体各个质点动能之和，叫作转动动能。我们将在后面仔细讨论。下面我们来研究做功与物体获得动能的关系。

3.1.4　动能定理及其应用

1. 单质点的动能定理

对质量为 m 的单个质点而言，在合外力 $\boldsymbol{F}$ 作用下发生了一个无穷小的元位移 $\mathrm{d}\boldsymbol{r}$，合力在此元位移中做的元功

$$đA = \boldsymbol{F}\cdot\mathrm{d}\boldsymbol{r} = F\cos\theta|\mathrm{d}\boldsymbol{r}| \tag{3-13}$$

式中，$F\cos\theta = F_\tau$ 是力在位移方向也就是运动轨迹切线方向的分量，说明合力做功是合力的切向分量在做功（合力的法向分量不做功，因为 $\theta = \frac{\pi}{2}$）。根据 $F_\tau = ma_\tau = m\frac{\mathrm{d}v}{\mathrm{d}t}$，以及 $v = \frac{|\mathrm{d}\boldsymbol{r}|}{\mathrm{d}t}$，代入上式，则

$$\begin{aligned} đA &= \boldsymbol{F}\cdot\mathrm{d}\boldsymbol{r} = F_\tau|\mathrm{d}\boldsymbol{r}| = m\frac{|\mathrm{d}\boldsymbol{r}|}{\mathrm{d}t}\mathrm{d}v \\ &= mv\mathrm{d}v = \mathrm{d}\left(\frac{1}{2}mv^2\right) \end{aligned} \tag{3-14}$$

根据动能的定义，式（3-14）又可以表述为

$$đA = \boldsymbol{F}\cdot\mathrm{d}\boldsymbol{r} = \mathrm{d}E_k \tag{3-15}$$

式（3-15）表明，合外力对质点做功（元功），质点的动能就发生变化（微增量 $\mathrm{d}E_k$），并且合外力在元位移中对质点做的元功等于质点动能的微增量，这就是质点的动能定理的微分形式。它表明力对空间累积作用的结果是造成质点动能的增加。

考虑在力的作用下质点发生有限大的位移，从 a 点经路径 l 运动到 b 点，相应的动能从 a 点时的 $E_{ka} = \frac{1}{2}mv_a^2$ 变化到 b 点时的 $E_{kb} = \frac{1}{2}mv_b^2$，将式（3-15）积分得

$$A = \int_a^b \boldsymbol{F}\cdot\mathrm{d}\boldsymbol{r} = \int_{E_{ka}}^{E_{kb}}\mathrm{d}E_k = E_{kb} - E_{ka} \tag{3-16}$$

式（3-16）为质点动能定理的积分形式，它表明：合外力对质点做的功等于质点动能的增量。由于实际问题的处理中通常对应的都是一段有限空间的移动和做功，因此，大多采用动能定理的积分形式进行计算。

上面讨论的是单个质点运动过程中满足的动能定理，对多个质点组成的系统动能的变化规律又如何呢？下面我们来讨论这个问题。

2. 质点系的动能定理

质点系是许多实际物理问题的抽象模型，实际的固体、液体和气体就可以看成是包含大量质点的质点系。质点系问题的研究是质点力学过渡到实际力学问题的桥梁。由于各质点间有相互作用，所以在质点系动力学中，虽然原则上仍然可以根据牛顿定律列出各个质点的动力学方程，但对于相互作用着的多体系统，问题变得十分复杂，对这样的动力学方程的严格求解仍然超出了当今的数学能力。

为了说明问题方便，先明确一些术语。质点系中各质点受到的系统外的物体对它们的作用力称为外力，质点系中各质点彼此之间的相互作用力称为内力。在讨论质点系的动能定理时，既要考虑外力的功，也要考虑内力的功。对系统中第 i 个质点，外力做的功 $A_{外i} = \int \boldsymbol{F}_{外i} \cdot \mathrm{d}\boldsymbol{r}_i$，内力做的功 $A_{内i} = \int \boldsymbol{F}_{内i} \cdot \mathrm{d}\boldsymbol{r}_i$，质点的动能从 E_{ki1} 变化到 E_{ki2}，应用质点的动能定理

$$A_{外i} + A_{内i} = E_{ki2} - E_{ki1} \tag{3-17}$$

再对系统中所有质点求和

$$\sum_i A_{外i} + \sum_i A_{内i} = \sum_i E_{ki2} - \sum_i E_{ki1} \tag{3-18}$$

式中，$\sum_i A_{外i} = A_外$ 为所有外力对质点系做的功（外力的总功）；$\sum_i A_{内i} = A_内$ 为质点系内各质点间的内力做的功（内力的总功）；$\sum_i E_{ki2} = E_{k2}$ 和 $\sum_i E_{ki1} = E_{k1}$ 分别为系统末态和初态的动能，这样，上式又可以表述为

$$A_外 + A_内 = E_{k2} - E_{k1} \tag{3-19}$$

这个结论称为质点系的动能定理。它表明：所有外力对质点系做的功与内力做功之和等于质点系动能的增量。

质点系的动能定理指出，系统的动能既可以因为外力做功而改变，又可以因为内力做功而改变。应该注意的是，虽然系统内力成对出现，但由于各质点位移不一定相同，一对内力虽然大小相等方向相反，但一对内力的功不一定等于零，因而内力的功可以改变系统的总动能。例如，飞行中的炮弹发生爆炸，爆炸前后系统的动量是守恒的，但爆炸后各碎片的动能之和必定远远大于爆炸前炮弹的动能，这是爆炸时内力（炸药的爆破力）做功的缘故。

物理知识应用

动能武器

一切运动的物体都具有动能。根据动能的定义，一个物体只要有一定的质量和足够大的运动速度，就具有相当的动能，就能有惊人的杀伤破坏能力，这个物体就是一件动能武器。这里最重要的一点是动能武器不是靠爆炸、辐射等其他物理和化学能量去杀伤目标，而是靠自身巨大的动能，在与目标短暂而剧烈的碰撞中杀伤目标。在美国的战略防御计划中的一系列非核太空武器中，动能武器占有重要地位。例如，他们研制成了代号叫“闪光卵石”的太空拦截器，长为 1.02m，直径为 0.3m，质量小于 45kg，飞行高度为 644km，飞行速度约 $6.4\mathrm{km \cdot s^{-1}}$。它是利用直接撞击以摧毁来袭导弹的，这就是它为什么又称拦截器的原因。显然，要能使这种武器发挥威力，需有一套跟踪、瞄准、寻的、信息、航天等高新技术作为基础才能实现。正是因为近几十年来，微电子技术、光电技术、航天和信息等基础技术得到了高速发展，武器的命中精度提高到米数量级，这就促使人们能够避免使用大范围毁伤的核武器，而发展一系列靠直接与靶标

（例如，导弹、卫星等航天器）相互作用达到毁伤目的的武器。除了在大气层外太空能利用动能武器摧毁靶标外，大气层内也在发展比一般炸药驱动的弹丸或碎片速度大得多的动能武器，例如，利用电磁加速原理研制的电磁轨道炮等，加速后的弹丸的速度可达每秒几千米，甚至超过第一宇宙速度（$7.9\text{km}\cdot\text{s}^{-1}$）。

【例3-6】 2001年9月11日，美国纽约世贸中心双子塔遭恐怖分子劫持的飞机袭击而被撞毁，据美国官方发表的数据，撞击南楼的飞机是波音767客机，质量为132t，速度为$942\text{km}\cdot\text{h}^{-1}$，求该客机的动能，这一能量相当于多少TNT炸药的爆炸能量？（1kg TNT炸药爆炸能量为4.6×10^6J）

【解】 根据动能定义

$$E_\text{k}=\frac{1}{2}mv^2=\frac{1}{2}\times132\times1000\times(942000/3600)^2\text{J}=4.519\times10^9\text{J}$$

这相当于

$$m_\text{TNT}=\frac{4.519\times10^9}{4.6\times10^6}\text{kg}=982.391\text{kg}$$

的TNT炸药的爆炸能量。

物理知识拓展

一对力的功

一对力特指两个物体之间的作用力和反作用力，它普遍存在于物质世界中，如质点系中。一对力的功是指在一个过程中作用力与反作用力做功之和（代数和），即总功。如果将彼此作用的两个物体视为一个系统（最简单的质点系），作用力与反作用力就是系统的内力，因此一对力的功也常常是指内力的总功。

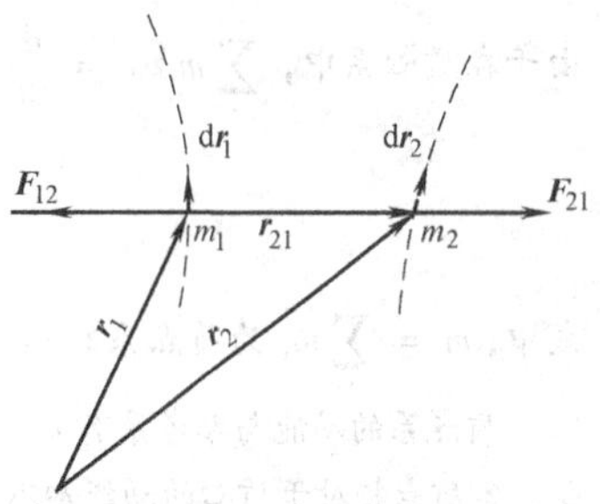

图 3-6

如图3-6所示，现在考虑系统内两个质点m_1和m_2，某时刻它们相对于坐标原点的位矢分别为$\boldsymbol{r}_1$和$\boldsymbol{r}_2$，$\boldsymbol{F}_{12}$和$\boldsymbol{F}_{21}$为它们之间的相互作用力（注意脚标顺序，第一个脚标表示研究对象，即受力方，第二个脚标表示施力方）。现在设质点m_1在$\boldsymbol{F}_{12}$的作用下发生了一段元位移$\text{d}\boldsymbol{r}_1$，力$\boldsymbol{F}_{12}$做的元功$\mathrm{đ}A_1=\boldsymbol{F}_{12}\cdot\text{d}\boldsymbol{r}_1$，质点$m_2$则在$\boldsymbol{F}_{21}$的作用下发生了一段元位移$\text{d}\boldsymbol{r}_2$，力$\boldsymbol{F}_{21}$做的元功$\mathrm{đ}A_2=\boldsymbol{F}_{21}\cdot\text{d}\boldsymbol{r}_2$，这一对力做的元功之和

$$\begin{aligned}\mathrm{đ}A&=\mathrm{đ}A_1+\mathrm{đ}A_2=\boldsymbol{F}_{12}\cdot\text{d}\boldsymbol{r}_1+\boldsymbol{F}_{21}\cdot\text{d}\boldsymbol{r}_2\\&=\boldsymbol{F}_{21}\cdot(\text{d}\boldsymbol{r}_2-\text{d}\boldsymbol{r}_1)=\boldsymbol{F}_{21}\cdot\text{d}(\boldsymbol{r}_2-\boldsymbol{r}_1)\\&=\boldsymbol{F}_{21}\cdot\text{d}\boldsymbol{r}_{21}\end{aligned}\tag{3-20}$$

因为$\boldsymbol{r}_{21}=\boldsymbol{r}_2-\boldsymbol{r}_1$是质点$m_2$对质点$m_1$的相对位矢，$\text{d}\boldsymbol{r}_{21}$就是质点$m_2$对质点$m_1$的相对元位移，式（3-20）说明：一对力的元功，等于其中一个质点受的力与该质点对另一质点相对元位移的点积（脚标1和2是可以交换的），即取决于力和相对位移。

如果在一对力的作用下，系统中的两质点由初态时的相对位置a变化到末态时的相对位置b，一对力做的总功就是式（3-20）的积分

$$A=\int\mathrm{đ}A=\int_a^b\boldsymbol{F}_{21}\cdot\text{d}\boldsymbol{r}_{21}\tag{3-21}$$

积分沿相对位移的路径进行。式（3-21）表现了一对力做功的重要特点：一对力做的总功，只由力和两质点的相对位移决定，由于相对位移与参考系的选择没有关系，因此，一对力做的总功与参考系的选择无关。根据这一特点，计算一对力做功的时候，可以先假定其中的一个质点不动，另一个质点受力并沿着相对位移的路径运动，只计算后一个质点相对移动时力做的功就行了。

应用能力训练

动能定理在力学中有广泛的应用。通过下面的几个例题，可以帮助读者了解动能定理的使用方法。

【例 3-7】 由众多质点组成的质点系有一个空间点极为重要，这就是质心，质心位矢定义为 $\boldsymbol{r}_C = \dfrac{\sum_i m_i \boldsymbol{r}_i}{m}$，$m_i$、$r_i$ 分别是质点系第 i 个质点的质量和位矢。如果飞机上有物体相对飞机质心运动，飞机本身又在飞行，那么，整个系统的动能该如何考虑呢？质点系的总动能等于质点系随质心整体平动的动能 E_C 与各质点相对于质心系的动能 E_{Ck} 之和，这一结论称为克尼希定理，试证明之。

【证明】 在质点系中，各质点的运动可分解为随质心的运动和相对于质心的运动

$$\boldsymbol{v}_i = \boldsymbol{v}_C + \boldsymbol{v}_{iC}$$

代入式（3-12）可得

$$E_k = \sum_i \frac{1}{2} m_i (\boldsymbol{v}_C + \boldsymbol{v}_{iC}) \cdot (\boldsymbol{v}_C + \boldsymbol{v}_{iC})$$

$$= \sum_i \frac{1}{2} m_i v_C^2 + \boldsymbol{v}_C \cdot \sum_i m_i \boldsymbol{v}_{iC} + \sum_i \frac{1}{2} m_i v_{iC}^2$$

由于在质心系中，$\sum_i m_i \boldsymbol{v}_{iC} = \dfrac{d}{dt} \sum_i m_i \boldsymbol{r}_{iC} = m \dfrac{d}{dt}\left(\dfrac{\sum_i m_i \boldsymbol{r}_{iC}}{m}\right) = m \dfrac{d}{dt} \boldsymbol{r}_C = 0$，故

$$E_k = \frac{1}{2} m v_C^2 + \sum_i \frac{1}{2} m_i v_{iC}^2 = E_C + E_{Ck}$$

式中，$m = \sum_i m_i$ 为质点系的总质量。克尼希定理得证。

质点系的动能与参考系有关。因质心运动的速度与参考系有关，所以质心运动的动能也与参考系有关。但是，各质点相对于质心的动能却不依赖于参考系，如果质点系是孤立系（与外界无作用），则它的质心速度不变，质心运动的动能也不变。因此对孤立系统，动能的变化量就是各质点相对于质心系的动能变化量之和

$$dE_k = d \sum_i \frac{1}{2} m_i v_{iC}^2$$

【例 3-8】 参见第 1 章中的例题 1-3，如图 1-10 所示。求飞机空中加速上升阶段的距离 d_2 和时间 t_2。取飞机安全高度为 15m，设上升过程中剩余推力 $\Delta P = P - X$ 的变化不大，取平均值 $(\Delta P)_{av}$。

【解】 飞机离地后加速上升的轨迹近似为直线，且航迹倾角 θ 不大，故可认为水平距离近似等于空中所经过的路程。按动能定理，平均剩余推力 $(\Delta P)_{av}$ 和重力在上升过程所做的功等于飞机在 15m 高度上动能的增加，即

$$(\Delta P)_{av} \cdot d_2 - 15G = \frac{G}{2g} v_H^2 - \frac{G}{2g} v_{ld}^2$$

式中，v_H 为上升至 15m（或 25m）安全高度时飞机的瞬时速度；对于喷气式飞机，可取 $v_H = 1.1 \sim 1.3 v_{ld}$ 或参考同类型飞机的统计数据选取。由此可求加速上升阶段的距离和时间分别为

$$d_2 = \frac{G}{(\Delta P)_{av}} \left(\frac{v_H^2 - v_{ld}^2}{2g} + 15 \right)$$

$$t_2 = \frac{d_2}{v_{av}}$$

式中，$(\Delta P)_{av} = \dfrac{1}{2}[(P_{a,ld} - X_{ld}) + (P_{a,H} - X_H)]$，$v_{av} = \dfrac{1}{2}(v_H + v_{ld})$，其中 $P_{a,ld}$ 和 $P_{a,H}$ 可由推力曲线确定；X_{ld} 由计及地面效应的起飞极曲线确定；X_H 则由不计及地面效应的起飞极曲线确定。

飞机的起飞距离和时间应为地面滑跑段和加速上升段距离与时间的和，即

$$d = d_1 + d_2, \quad t = t_1 + t_2$$

【例3-9】见图3-7，一链条长为 l，质量为 m，放在光滑的水平桌面上，链条一端下垂，长度为 a。假设链条在重力作用下由静止开始下滑，求链条全部离开桌面时的速度。

【解】重力做功只体现在悬挂的一段链条上，设某时刻悬挂着的一段链条长为 x，所受重力

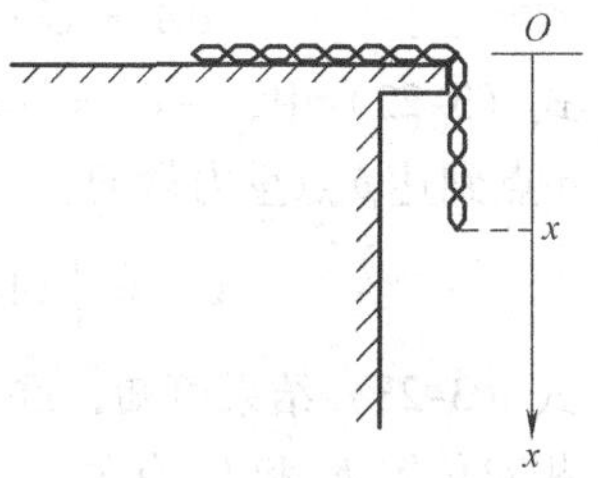

图 3-7

$$G = x\rho g\boldsymbol{i} = \frac{m}{l}gx\boldsymbol{i}$$

经过元位移 $\mathrm{d}x$，重力的元功

$$đA = \boldsymbol{G} \cdot \mathrm{d}x\boldsymbol{i} = \frac{m}{l}gx\mathrm{d}x$$

当悬挂的长度由 a 变为 l（链条全部离开桌面）时，重力的功

$$A = \int đA = \int_a^l \frac{m}{l}gx\mathrm{d}x = \frac{m}{2l}g(l^2 - a^2)$$

根据动能定理，外力的功等于链条动能的增量

$$A = \frac{m}{2l}g(l^2 - a^2) = \frac{1}{2}mv^2 - 0$$

得

$$v = \sqrt{\frac{g}{l}(l^2 - a^2)}$$

3.2 保守力与势能

物理学基本内容

尼亚加拉瀑布每秒从49m高处落下约5500m³的水，这是世界上最壮观的场景之一，也是世界上最大的水力发电站，产生2500MW的电能。电能是水的重力势能转化来的。重力势能是与系统位置相关而不是与运动相关的能。

当跳水运动员进入水中时，重力对人是做正功还是负功？水对跳水者做正功还是负功？当其跳离跳板进入游泳池时，迅速与水相碰，具有一定动能。这个能量来自哪里？

跳水运动员在起跳之前，跳板边缘反弹，弯曲的板子储存了第二种势能，称为弹性势能。我们将讨论如弹簧被伸长或压缩这种简单情况下的弹性势能。蹦极运动员的下落涉及动能、重力势能和弹性势能间的相互影响。由于空气阻力和蹦极绳中的摩擦力，机械能并不守恒（如果机械能守恒，那么蹦极运动员将永远保持上下弹跳状态），问题显得复杂，为简单起见，我们先来研究重力势能。

3.2.1 重力势能

1. 重力的功及其特点

重力源于质点在地球表面附近受到的地球对它作用的万有引力。如果质点的运动是在地球表面附近，它与地心之间的距离变化很小而可以认为是不变化的，此时重力可认为是一个恒力。重力做功可以按如下方式来讨论。

将地球与质点（物体）视为一个系统，万有引力是系统的一对内力，根据前面关于对力做

功的讨论，它的总功只和质点与地球的相对位移有关。设地球不动，质量为 m 的质点在重力作用下由 a 点（高度 h_a）经路径 acb 到达 b 点（高度 h_b），如图 3-8 所示，在元位移 $d\boldsymbol{r}$ 中，重力做的元功

$$đA = \boldsymbol{G} \cdot d\boldsymbol{r} = mg|d\boldsymbol{r}|\cos\theta = -mgdh \tag{3-22}$$

式（3-22）中，$-dh = |d\boldsymbol{r}|\cos\theta$ 是元位移 $d\boldsymbol{r}$ 在 h 方向的分量，这样从 a 点到达 b 点重力做的功

$$A_{acb} = \int đA = -mg\int_{h_a}^{h_b} dh = mgh_a - mgh_b \tag{3-23}$$

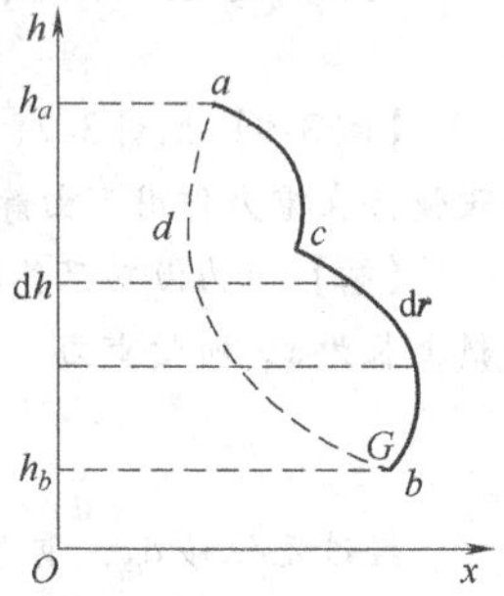

图 3-8

式（3-23）结果可知，重力做功只与重力系统（地球与质点）的始末相对位置 h_a 和 h_b 有关，与做功的具体路径没有关系（功的计算结果中没有反映出路径的影响）。如果质点经由一路径例如图中虚线所示的 adb 路径由 a 点到达 b 点，重力的功

$$A_{adb} = \int \boldsymbol{G} \cdot d\boldsymbol{r} = \int mg|d\boldsymbol{r}|\cos\theta = -mg\int_{h_a}^{h_b} dh \tag{3-24}$$

二者是相同的，而且还应有 $A_{adb} = -A_{bda}$。

可以进一步讨论在重力作用下质点经由一闭合路径移动的情况。设质点从 a 出发经 $acbda$ 又回到 a 点，在这一闭合路径中，重力的总功为

$$A = A_{acb} + A_{bda} = A_{acb} + (-A_{adb}) = 0 \tag{3-25}$$

由于 $acbda$ 是一任意闭合路径，因此上式说明在重力场中，重力沿任一闭合路径的功等于零。显然，这一结论是重力做功与路径无关的必然结果。

因此，重力做功的特点是：重力做功与路径无关，只与重力系统始末状态的相对位置有关；或者说，在重力场中重力沿任一闭合路径的功等于零。

2. 重力势能

动能定理启示我们，力做功将使物体（系统）的能量发生变化，功是物体（系统）在运动过程中能量变化的量度。那么，在重力做功的时候，是什么形式的能量在发生变化呢？分析上面重力做功的一般特点，这将使我们认识到另一种形式的能量即势能。我们将对重力的功进行分析

$$A_{重力} = \int_a^b \boldsymbol{G} \cdot d\boldsymbol{r} = mgh_a - mgh_b \tag{3-26}$$

式（3-26）的左侧是重力的功，而右侧是两项之差，每一项都与系统的相对位置有关，其中第一项与系统初态时的相对位置 h_a 相联系，第二项与系统末态时的相对位置 h_b 相联系。因此，重力做功改变的是与系统相对位置有关的一种能量。我们把这种与系统相对位置（一般称作位形）有关的能量定义为系统的重力势能，用 E_p 表示。中学里常用的重力势能的表达式为

$$E_p = mgh \tag{3-27}$$

这样，与初态位形相关的势能用 E_{pa} 表示，与末态位形相关的势能用 E_{pb} 表示，重力做功就可以表示为

$$A_G = E_{pa} - E_{pb} = -(E_{pb} - E_{pa}) \tag{3-28}$$

式（3-28）也叫势能定理，表明重力做功等于系统势能的减少。

3.2.2 弹性势能

1. 弹力的功及其特点

对于弹簧和物体构成的系统（常简称为弹簧振子），弹力也是一对内力。设弹簧的一端固定，系在另一端的物体偏离平衡位置为 x 时，所受弹力的大小 $F = -kx$。弹力在物体发生元位移

$\mathrm{d}x$ 时做的元功

$$đA = \boldsymbol{F} \cdot \mathrm{d}\boldsymbol{x} = -kx\mathrm{d}x \tag{3-29}$$

这样，当物体从初态位置 x_a 运动到末态位置 x_b 的过程中，弹力的功

$$A = \int đA = -\int_{x_a}^{x_b} kx\mathrm{d}x = \frac{1}{2}kx_a^2 - \frac{1}{2}kx_b^2 \tag{3-30}$$

与重力做功类似，弹力做功也是与路径无关的，不论物体由 x_a 点经历何种路径到达 x_b 点，弹力做功都一样。如果物体由 x_a 点出发经历任何闭合路径最后又回到 x_a 点，则弹力的功一定等于零。

2. 弹性势能

弹力做功改变的也是与系统相对位置有关的一种能量。我们把这种与弹簧振子系统相对位置（一般称为位形）有关的能量定义为系统的弹性势能，也用 E_{p} 表示。中学里常用的弹性势能公式为

$$E_{\mathrm{p}} = \frac{1}{2}kx^2 \tag{3-31}$$

特别要强调的是，弹性势能的上述公式隐含着 $x=0$ 的平衡位置是弹性势能的自然零点。如果在计算中选择的零点不在平衡位置，上述公式应该改写。改写的方式见保守力与势能的一般性介绍。

计算弹性势能的关键是确定物体离开平衡位置的距离 x 是多少，一旦 x 确定，弹性势能就确定了。当然，弹性势能也是与势能零点的选取有关的。

3.2.3 保守力和势能

1. 保守力与非保守力

重力做功、弹力做功与后面要谈的万有引力做功具有相同的特点，那就是做功与路径无关，只与系统始末状态的相对位置（位形）有关；或者说这些力在任一个闭合路径做功等于零。更一般地看，在某一力学系统中，有一对内力，简单地记为 $\boldsymbol{F}$，如果力 $\boldsymbol{F}$ 做功只与系统始末状态的相对位置有关，而与做功路径无关，就称 $\boldsymbol{F}$ 是保守力。或者等效地说，保守力 $\boldsymbol{F}$ 沿任一闭合路径做功等于零，用数学公式可以表示为

$$\oint_l \boldsymbol{F}_{\text{保守}} \cdot \mathrm{d}\boldsymbol{l} = 0 \tag{3-32}$$

在数学上叫作保守力的环流（环路积分）等于零（将元位移 $\mathrm{d}\boldsymbol{r}$ 写为 $\mathrm{d}\boldsymbol{l}$ 是为了与数学上环路积分公式一致，实际上从运动学知道：$\mathrm{d}\boldsymbol{r} = \mathrm{d}\boldsymbol{l}$）。重力、弹力、万有引力以及静电力等都是保守力，其环流都等于零。

如果力 $\boldsymbol{F}$ 做的功与做功路径有关，则称其为非保守力，或耗散力。摩擦力就是典型的非保守力。将物体由 a 点移动到 b 点，经历不同的路程，摩擦力做功不一样。沿一个闭合路径移动物体一周，摩擦力做功也不等于零。两物体之间的滑动摩擦力总与两物体的相对运动的方向相反，当两物体有相对运动时，一对滑动摩擦力总是做负功，使两物体的总动能减少。但应注意，单个的滑动摩擦力可以做正功。

2. 势能的一般定义和意义

动能定理启示我们，力做功将使物体（系统）的能量发生变化，功是物体（系统）在运动过程中能量变化的量度。那么，在保守力做功的时候，是什么形式的能量在发生变化呢？下面我们来分析保守力做功的一般特点，这将使我们认识到另一种形式的能量即势能。我们将重力的功、弹力的功、万有引力的功（后面有推导）列在一起进行分析

$$A_{重力} = \int_a^b \boldsymbol{G} \cdot \mathrm{d}\boldsymbol{r} = mgh_a - mgh_b \tag{3-33}$$

$$A_{弹力} = \int_a^b \boldsymbol{F}_{弹} \cdot \mathrm{d}\boldsymbol{x} = \frac{1}{2}kx_a^2 - \frac{1}{2}kx_b^2 \tag{3-34}$$

$$A_{引力} = -\int_{r_a}^{r_b} G\frac{m_1 m_2}{r^2}\mathrm{d}r = -Gm_1 m_2\left(\frac{1}{r_a} - \frac{1}{r_b}\right) \tag{3-35}$$

以上三式的左侧都是保守力的功，而右侧都是两项之差，每一项都与系统的相对位置有关，其中第一项与系统初态时的相对位置（h_a，x_a，r_a）相联系，第二项与系统末态时的相对位置（h_b，x_b，r_b）相联系，因此，保守力做的功改变的是与系统相对位置有关的一种能量。我们把这种与系统相对位置（一般称作位形）有关的能量定义为系统的势能或势函数，用 E_p 表示。这样，与初态位形相关的势能用 E_{pa}表示，与末态位形相关的势能用 E_{pb}表示，上面三式就可以归纳为

$$A_{ab} = \int_a^b \boldsymbol{F}_{保守} \cdot \mathrm{d}\boldsymbol{r} = E_{pa} - E_{pb} = -(E_{pb} - E_{pa}) \tag{3-36}$$

式（3-36）说明：在系统由位形 a 变化到位形 b 的过程中，保守力做的功等于系统势能的减少量（或势能增量的负值）。式（3-36）是势能的定义式，亦可称为系统的势能定理，定理中的负号表示保守力做正功时系统的势能将减少。

与动能定理相同，功在这里也是能量变化的量度，保守力的功是系统势能变化的量度。由于保守力的功实际上指的是系统的一对（或多对）内力做功，故势能应该是系统共有的能量，是一种相互作用能。势能不像动能那样可以为某一个质点独有，一般情况下常说某物体具有多少势能，只是一种习惯上的简略说法。

由式（3-36）可知，势能的绝对值是没有物理意义的，只有势能差才有物理意义。势能是由系统的位形（相对位置）决定的能量，因此，势能只能是一个相对值，要确定系统处于某一位形（通常简称为物体在空间某点）的势能，需要选择一个参考位形（简称为参考点），叫作势能零点，可用 r_0 表示，势能零点的势能 $E_p(r_0)=0$。现在利用势能定理式（3-36），令 b 为势能的零点，$r_0=b$，$E_{pb}=0$，a 为任意一点，位形为 r，则

$$E_p(r) = \int_r^{r_0} \boldsymbol{F}_{保守} \cdot \mathrm{d}\boldsymbol{r} = A_{rr_0} \tag{3-37}$$

式（3-37）是势能计算的普遍公式，根据这个公式，空间某点（某位形）r 的势能等于保守力由该点（r）到势能零点（r_0）做的功。

几种常见的保守力及其势能曲线如图 3-9 所示。

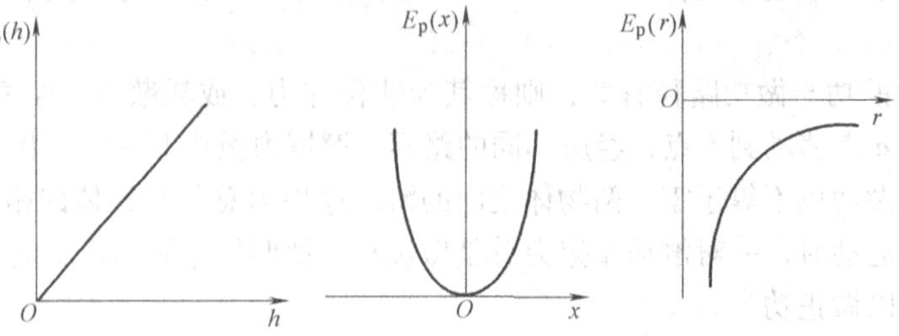

a)重力势能曲线　　b)弹性势能曲线　　c)引力势能曲线

图　3-9

一个复杂的系统可能包含有不止一种势能。例如，一个竖直悬挂的弹簧振子就既有重力势

能，又有弹性势能。这时可以把各种势能的总和定义为系统的势能，势能定理依然成立，且

$$A_{ab} = E_{pa} - E_{pb} = -(E_{pb} - E_{pa}) \tag{3-38}$$

即系统在一个变化过程中，各保守力所做的总功等于系统（总）势能的减少量（或系统势能增量的负值）。

物理知识应用

飞机的能量机动性

现代歼击机在空战过程中，并非只进行单项机动动作，而往往是进行综合的、复杂的机动飞行，例如转弯并水平增速或同时上升等。因此，飞机机动性能的好坏不能只用单项指标来衡量，必须综合分析。20世纪60年代后期，美国人John Boyd和Tom Christie提出了“能量机动性”的概念。能量机动性是指飞机在飞行中改变飞机动能、势能的能力，是应用能量概念来表达飞机空战机动的能力，也是当前综合评定歼击机空战机动性能好坏的常用方法。这种方法对于分析空战机动性能是很有好处的。空战机动的实质是迅速地变换飞行状态，飞行状态用飞机的飞行高度和速度来表示，而能量正是状态的参数。因而，用能量法分析空战机动更为直接。

飞机在空中飞行，具有一定的高度，又有一定的速度，因此，也具有一定的势能（E_p）和动能（E_k），其机械能（航空理论中称为总能量）可表示为：

$$E = E_p + E_k = mgH + \frac{1}{2}mv^2$$

由于不同的战斗机具有不同的重量，自然具有的能量也不一样。为了更好地反映战斗机真实的能量特性，引入单位重量飞机所具有的能量，即战斗机总能量除以战斗机本身重量，这样，其单位是长度（m），故称其为能量高度，用H_E表示

$$H_E = \frac{E}{mg} = H + \frac{v^2}{2g} \tag{3-39}$$

能量机动性（也就是能量可变性）用单位飞机重量所具有的能量随时间的变化率即能量上升率（$m \cdot s^{-1}$）来描述，

$$\frac{dH_E}{dt} = \frac{v}{g}\frac{dv}{dt} + \frac{dH}{dt} \tag{3-40}$$

考虑到铅垂面飞机质心运动方程

$$\begin{cases} \dfrac{G}{g}\dfrac{dv}{dt} = P - G\sin\theta - X \\ \dfrac{dH}{dt} = v\sin\theta \end{cases}$$

代入式（3-40）后，得

$$\frac{dH_E}{dt} = \frac{v}{g}\frac{P - X - G\sin\theta}{G}g + v\sin\theta = \frac{P-X}{G}v = SEP$$

$(P-X)v$是飞机的剩余功率，SEP是飞机单位重量剩余功率。可见，单位重量飞机能量变化率$\frac{dH_E}{dt}$即是飞机单位重量剩余功率，$SEP = \frac{dH_E}{dt} = n_x v$（$n_x = \frac{P-X}{G}$为飞机的纵向过载）的物理意义就是：飞机的能量上升率或单位重量剩余功率越大，飞机进行机动动作的潜力就越大。

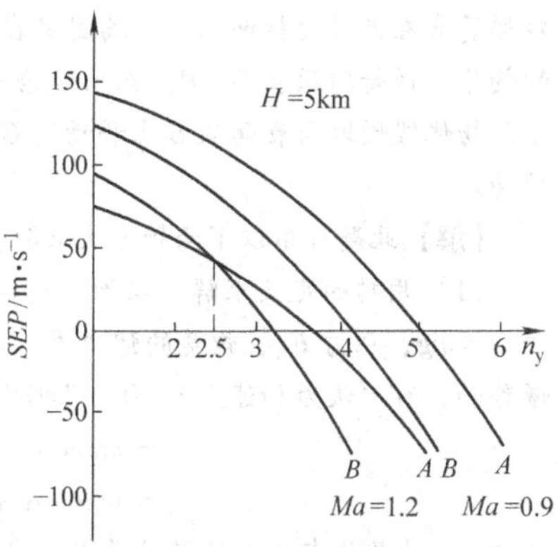

图 3-10

图3-10为A和B两架飞机在5000m高度上以$Ma=0.9$和$Ma=1.2$飞行时的SEP随法向过载n_y变化的曲线。从图中可以

看出，Ma 数为0.9时，A 机的机动性优于 B 机；Ma 数为1.2时，当法向过载 n_y 大于2.5时 A 机的机动性优于 B 机，而法向过载 n_y 小于2.5时，B 机的机动性优于 A 机。

物理知识拓展

万有引力势能的推导

如图3-11所示，一对质量分别为 m_1 和 m_2 的质点，彼此之间存在万有引力的作用。设 m_1 固定不动，m_2 在 m_1 的引力作用下由 a 点经某路径 l 运动到 b 点。已知 m_2 在 a 点和 b 点时距 m_1 分别为 r_a 和 r_b。

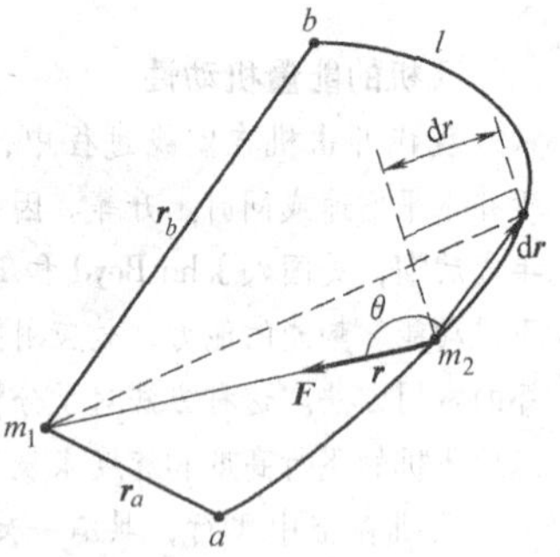

图 3-11

取 m_1 为坐标原点，某时刻 m_2 对 m_1 的位矢为 $\boldsymbol{r}$，引力 $\boldsymbol{F}$ 与 $\boldsymbol{r}$ 方向相反。当 m_2 在引力作用下完成元位移 $\mathbf{d}\boldsymbol{r}$ 时，引力做的元功为

$$đA = \boldsymbol{F}\cdot \mathrm{d}\boldsymbol{r} = G\frac{m_1m_2}{r^2}|\mathrm{d}\boldsymbol{r}|\cos\theta \tag{3-41}$$

由图可见，$-|\mathrm{d}\boldsymbol{r}|\cos\theta = |\mathrm{d}\boldsymbol{r}|\cos(\pi-\theta)=\mathrm{d}r$，此处 $\mathrm{d}r$ 为位矢大小的增量，故上式可以写为

$$đA = -G\frac{m_1m_2}{r^2}\mathrm{d}r \tag{3-42}$$

这样，质点由 a 点运动到 b 点引力做的总功为

$$A = \int đA = -\int_{r_a}^{r_b}G\frac{m_1m_2}{r^2}\mathrm{d}r = -Gm_1m_2\left(\frac{1}{r_a}-\frac{1}{r_b}\right) \tag{3-43}$$

由式（3-43）可知，万有引力做功也是与做功路径无关的，不论物体由 r_a 点经历何种路径到达 r_b 点万有引力做功都一样。如果物体由 r_a 点出发经历任何闭合路径最后又回到 r_a 点万有引力的功一定等于零。可见，万有引力是保守力，于是我们可以定义万有引力势能（也用 E_p 表示）为

$$E_\mathrm{p} = -G\frac{m_1m_2}{r} \tag{3-44}$$

显然，式（3-44）表示的万有引力势能的零点选在两个质点的距离为无限大的时候（$r=\infty$）。

计算万有引力势能是非常简单的。只要确定了两个质点的距离，它们的万有引力势能也就确定了。

同样地，万有引力势能也是与势能零点选取有关的。

应用能力训练

【例3-10】 一个由半径为 R 的圆柱体和半径为 R 的半球体构成的组合体，如图3-12所示。劲度为 k 的轻弹簧靠在光滑的柱面上，一端固定在 A 点，另一端连接一质量为 m 的物体，弹簧的原长为 AB，在始终沿着半球面切向的变力 $\boldsymbol{F}$ 的作用下，物体缓慢地沿表面从 B 点移动到 C 点（$\angle BOC=\theta$），求力 $\boldsymbol{F}$ 所做的功。

【解】 此题可用以下两种方法求解。

（1）用功的定义求解　以物体 m 为研究对象，受四个力作用：重力 $\boldsymbol{G}=m\boldsymbol{g}$，压力 $\boldsymbol{F}_\mathrm{N}$，弹簧的弹力 $\boldsymbol{F}_1$ 和变力 $\boldsymbol{F}$，如图所示。因物体缓慢移动，可以认为加速度 $a=0$，根据牛顿第二定律，有

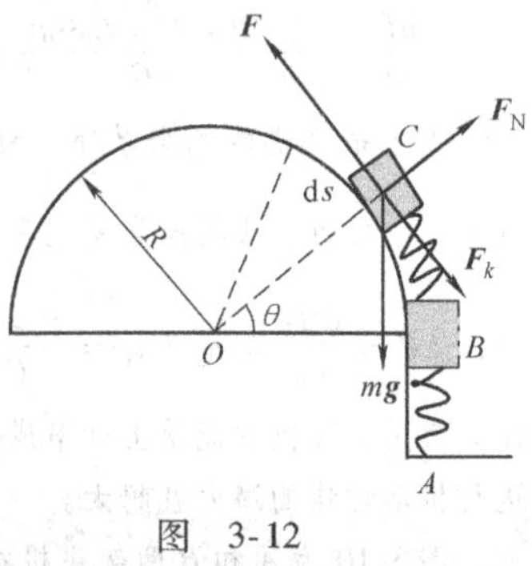

图 3-12

$$\begin{aligned}F &= mg\cos\alpha + kx\\ &= mg\cos\alpha + kR\alpha\end{aligned}$$

式中，α 为物体在任意位置时对圆心 O 的张角；x 为弹簧在此位置时的伸长量，$x=R\alpha$，由变力做功可得

$$A = \int_L \boldsymbol{F} \cdot \mathrm{d}\boldsymbol{s} = \int_0^\theta (mg\cos\alpha + kR\alpha) R\mathrm{d}\alpha$$

$$= \int_0^\theta mgR\cos\alpha\mathrm{d}\alpha + \int_0^\theta kR^2 \alpha\mathrm{d}\alpha = mgR\sin\theta + \frac{1}{2}kR^2\theta^2$$

(2) 用动能定理求解 物体由 B 到 C 过程中，重力做功

$$A_{重} = -\int_0^\theta mgR\cos\alpha\mathrm{d}\alpha = -mgR\sin\theta$$

弹力做功为

$$A_{弹} = -\int_0^\theta kR\alpha R\mathrm{d}\alpha = -\frac{1}{2}kR^2\theta^2$$

由动能定理有 $A + A_{重} + A_{弹} = 0$，所以

$$A = mgR\sin\theta + \frac{1}{2}kR^2\theta^2$$

3.3 机械能守恒定律

物理学基本内容

跃升是将飞机的动能转变为势能，迅速取得高度优势的一种机动飞行。在给定初始高度和初始速度的情况下，飞机所能获得的高度增量愈大，完成跃升所需的时间愈短，则它的跃升性能愈好。俯冲是飞机用势能换取动能、迅速降低高度、增加速度的机动飞行。利用俯冲可以实施追击、攻击地面目标或进行俯冲轰炸等。下面研究动能、势能的关系。

3.3.1 机械能 功能原理

我们现在将质点系的动能定理和势能定理结合起来，全面阐述涉及系统的功能关系。首先，看质点系的动能定理

$$A_{外} + A_{内} = E_{k2} - E_{k1} \tag{3-45}$$

式中，$A_{内}$为系统内各质点相互作用的内力做的功。如果将内力分为保守内力和非保守内力，内力的功相应地分为保守内力的功 $A_{内保}$ 和非保守内力的功 $A_{内非保}$，则

$$A_{内} = A_{内保} + A_{内非保} \tag{3-46}$$

而保守力的功等于系统势能的减少

$$A_{内保} = E_{p1} - E_{p2} \tag{3-47}$$

综合上面三式，并考虑到动能和势能都是系统因机械运动而具有的能量，我们把 $E = E_k + E_p$ 统称为机械能，所以

$$A_{外} + A_{内非保} = (E_{k2} + E_{p2}) - (E_{k1} + E_{p1}) = E_2 - E_1 \tag{3-48}$$

上式表达的这个规律称为功能原理。它表明：外力与非保守内力做功之和等于质点系机械能的增量。质点系的动能定理（系统只含一个质点时就是质点的动能定理）和功能原理从不同的角度反映了力的功与系统能量变化的关系。在具体应用时应根据不同的研究对象和力学环境来选择使用。例如，在不区别保守力和非保守力做功的情况下应选用质点系的动能定理，此时不考虑势能。而一旦计入了势能，就只能采用质点系的功能原理，此时保守力的功已经被势能的变化代替，将不再出现在式子中。如果是将单个质点作为研究对象，那么一切作用力都是外力，显然只能应用质点的动能定理了。

功能原理是机械运动的一个基本规律。物理实验首先证实了它的正确性，上面的功能原理是从牛顿定律推导出来，可以认为是一个理论结果。理论与实验的一致性曾经是牛顿定律正确性的判据。

机械能是描写系统机械运动能力状态的一个物理量。要求读者能准确、熟练地进行计算。计算机械能有几个要点：

1）明确指定势能的零点位置，并始终以此为计算势能的标准。

2）机械能具有系统特性，即系统中有许多质点的动能和势能的计算问题，不能有遗漏。

3）当通过各个质点的动能计算机械能时，应该注意必须是同一时刻的能量才能相加。不能将时间弄错了。

【例3-11】 男孩坐在雪橇上从雪山上由静止开始向下滑。雪橇和男孩的质量为23.0kg，雪山斜坡与水平面夹角为$\theta=35.0°$，雪山斜坡长为25.0m，当男孩到达山底后又继续向前滑行了一段时间才停止。雪橇与雪地的摩擦因数为0.1，水平面上男孩滑行多远才能停止？

【解】 男孩和雪橇开始时和结束时，动能都为0，雪山斜坡长度为d_1，男孩在水平面上滑行d_2距离后停止。

势能：$\Delta U=mgh$，$h=d_1\sin\theta$

两段摩擦力：$f_{f1}=\mu_k f_{N1}=\mu_k mg\cos\theta, f_{f2}=\mu_k f_{N2}=\mu_k mg$

两段摩擦力做的功：$A_1=f_{f1}d_1, W_2=f_{f2}d_2$

$$A_f=-f_{f1}d_1-f_{f2}d_2=-\mu_k mg\cos\theta d_1-\mu_k mgd_2$$

根据功能原理

$$mgd_1\sin\theta=(\mu_k mg\cos\theta)d_1+(\mu_k mg)d_2$$

$$d_2=\frac{d_1(\sin\theta-\mu_k\cos\theta)}{\mu_k}=123\text{m}$$

3.3.2 机械能守恒定律的内涵

如果质点系只有保守内力做功，外力和非保守内力不做功或者做功之和始终等于零，根据功能原理，系统的机械能守恒，即

若$A_{外}+A_{内非保}=0$，则

$$E_1=E_2=\text{常量} \tag{3-49}$$

这就是著名的机械能守恒定律。它指出：对于只有保守内力做功的系统，系统的机械能是一守恒量。在机械能守恒的前提下，系统的动能和势能可以互相转化，系统各组成部分的能量可以互相转移，但它们的总和不会变化。

判断机械能是否守恒是掌握机械能守恒定律的难点。给读者强调机械能守恒的条件是：外力和非保守力不做功或者做功之和始终等于零，数学表达为

$$A_{外}+A_{内非保}=0 \tag{3-50}$$

为了理解上述条件，除分清外力、保守内力和非保守内力外，还要分析它们是否做功，做到了这两点就不难判断机械能是否守恒。

系统机械能守恒的条件是$A_{外}+A_{内非保}=0$，这是对某一惯性系而言的。在某一惯性系中系统的机械能守恒，并不能保证在另一惯性系中系统的机械能也守恒，因为非保守内力做的功$A_{内非保}=0$虽然与选取的参考系无关，但外力做的功$A_{外}$是否为零则取决于参考系的选择。例如，在车厢里的光滑桌面上，弹簧拉着一个质量为m的物体做简谐振动，车厢以匀速v前进，选弹簧和物体作为系统，厢壁拉弹簧的力F是外力。以车厢为参考系时，弹簧与厢壁的连接点没有位

移，外力 $\boldsymbol{F}$ 不做功，$A_{外}=0$，系统的机械能 $E=E_k+E_p=$ 常量；以地面为参考系时，$dA_{外}=\boldsymbol{F}\cdot\boldsymbol{v}dt\neq0$，外力做功，系统机械能不守恒。

在很多情况下读者不知道该使用机械能守恒定律来解题，这是一个习惯问题。因此，在学习了机械能守恒定律以后碰到题目就应该多考虑是否该使用它来求解。

【例3-12】 跃升通常可分为进入跃升、跃升直线段和改出跃升三个阶段。设进入跃升时飞行状态为（v_0，H_0），改出跃升时飞行状态为（v_1，H_1），近似认为跃升过程中推力和阻力基本相等，即 $P=X$，求飞机的跃升高度和最大跃升高度。

【解】 跃升中飞机升力 Y 始终与运动轨迹相垂直，假设推力和阻力相等，飞机仅在重力作用下，故可利用机械能守恒定律，得

$$mgH_0+\frac{1}{2}mv_0^2=mgH_1+\frac{1}{2}mv_1^2$$

$$\Delta H_0=H_1-H_0=\frac{1}{2g}(v_0^2-v_1^2)$$

可见，初始速度 v_0 愈大，跃升终了时的速度 v_1 愈小，则跃升高度增量 ΔH 愈大。但为保证飞行安全，改出跃升时速度不得小于最小允许使用速度 v_a。为此，在给定初始飞行状态下，可得最大跃升高度增量为

$$\Delta H_{max}=\frac{1}{2g}(v_0^2-v_a^2)$$

式中，v_a 为飞机最小允许使用速度，由下式确定，即

$$v_a=\sqrt{\frac{2G}{\rho SC_{Yyx}}}$$

由于 v_a 与待求高度上的空气密度 ρ 和允许升力系数 C_{Yyx} 有关，因此，ΔH_{max} 只能迭代求得。

3.3.3 能量守恒定律

一个与外界没有能量交换的系统称为孤立系统，孤立系统没有外力做功，$A_{外}=0$。孤立系统内可以有非保守内力做功，根据功能原理有

$$A_{内非保}=E_2-E_1=\Delta E \tag{3-51}$$

这时孤立系统的机械能不守恒。例如，孤立系统内某两个物体之间有摩擦力做功，一对摩擦力的功必定是负值，因此，孤立系统的机械能要减少。减少的机械能到哪里去了呢？人们注意到，当摩擦力做功时，相关物体的温度升高了，即通常所说的摩擦生热。根据热学的研究，温度是构成物质的分子（原子）无规则热运动剧烈程度的量度。温度越高，分子（原子）无规则热运动就越剧烈，物体（系统）具有的与大量分子（原子）无规则热运动相关的热力学能就越高。由此可见，在摩擦力做功的过程中，机械运动转化为热运动，机械能转换成了热力学能，实验表明两种能量的转换是等值的。

事实上，由于物质运动形式的多样性，能量的形式也将是多种多样的，除机械能外，还有热能、电磁能、原子能、化学能等。人类在长期的实践中认识到，一个系统（孤立系统）当其机械能减少或增加时，必有等量的其他形式的能量增加或减少，系统的机械能和其他形式的能量的总和保持不变。概括地说：一个孤立系统经历任何变化过程时，系统所有能量的总和保持不变。能量既不能产生也不能消灭，只能从一种形式转化为另一种形式，或者从一个物体转移到另一个物体。这就是能量守恒定律，机械能守恒定律仅仅是它的一个特例。

能量的概念是物理学中最重要的概念之一。在物质世界千姿百态的运动形式中，能量是能

够跨越各种运动形式并作为物质运动一般性量度的物理量。能量守恒的实质正是表明各种物质运动可以相互转换，但是物质或运动本身既不能创造也不能消灭。20世纪初狭义相对论诞生，爱因斯坦提出了著名的相对论质量-能量关系：$E=mc^2$，再一次阐明了孤立系统能量守恒的规律，并指出能量守恒的同时必有质量守恒。它不但将能量守恒定律与质量守恒定律统一起来，而且当我们将系统扩展到整个宇宙时，我们再一次体会到了能量守恒、物质不灭是自然界最基本的规律。

物理知识应用

飞机改出俯冲的高度损失

为了改出俯冲，飞行员应拉杆增大迎角（增大升力）获得正过载，使轨迹向上弯曲，当轨迹接近水平时，飞行员应减小迎角，使飞机转入平飞状态。

如图3-13所示，在改出俯冲过程中，重要的是有高度损失，为了减少改出俯冲时的高度损失，有必要分析引起高度损失的因素。下面介绍改出俯冲时高度损失的近似计算公式，为了减少改出俯冲时的高度损失，有必要分析引起高度损失的因素。

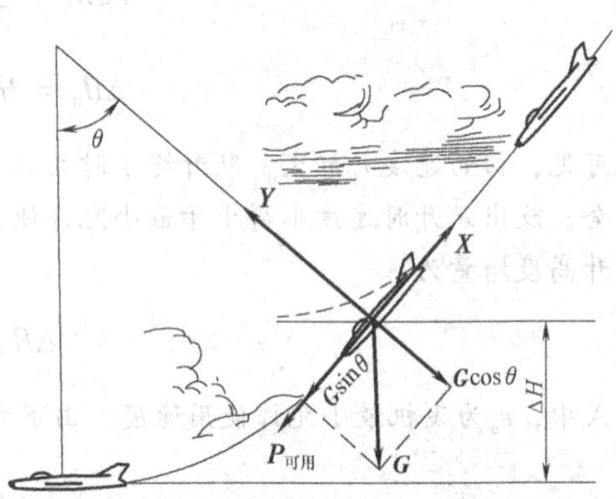

图 3-13

改出俯冲是变速曲线运动，并且$\theta<0$，根据例2-1列出质心在铅垂平面内运动的动力学方程为

$$\begin{cases}\dfrac{G}{g}v\dfrac{\mathrm{d}\theta}{\mathrm{d}t}=Y-G\cos\theta\\ \dfrac{G}{g}\dfrac{\mathrm{d}v}{\mathrm{d}t}=P_{可用}+G\sin\theta-X\end{cases}\tag{3-52}$$

式中，Y为升力；G为重力；X为阻力；$P_{可用}$为飞机推力。

在改出俯冲过程中，为简单起见，假设发动机推力近似与飞机阻力相等，上式可简化为

$$\begin{cases}\dfrac{1}{g}\dfrac{\mathrm{d}v}{\mathrm{d}t}=-\sin\theta\\ \dfrac{v}{g}\dfrac{\mathrm{d}\theta}{\mathrm{d}t}=\dfrac{Y}{G}-\cos\theta\end{cases}\tag{3-53}$$

定义$n_y=\dfrac{Y}{G}$为平均过载，有

$$\begin{cases}\dfrac{1}{g}\dfrac{\mathrm{d}v}{\mathrm{d}t}=-\sin\theta\\ \dfrac{v}{g}\dfrac{\mathrm{d}\theta}{\mathrm{d}t}=n_y-\cos\theta\end{cases}\tag{3-54}$$

将式（3-54）中的两式相除，可得

$$\frac{1}{v}\frac{\mathrm{d}v}{\mathrm{d}\theta}=\frac{-\sin\theta}{n_y-\cos\theta}\tag{3-55}$$

$$\frac{1}{v}\mathrm{d}v=\frac{-\sin\theta}{n_y-\cos\theta}\mathrm{d}\theta\tag{3-56}$$

如改出俯冲过程开始时的速度与俯冲角分别为v_1和θ_1，结束时速度为v和$\theta=0$，并认为改出俯冲过程中n_y为常数，则对式（3-56）积分、化简、整理可得到v_1和v的关系式。即

$$\int_{v_1}^{v}\frac{1}{v}\mathrm{d}v=\int_{\theta_1}^{0}\frac{-\sin\theta}{n_y-\cos\theta}\mathrm{d}\theta=-\int_{\theta_1}^{0}\frac{\mathrm{d}(n_y-\cos\theta)}{n_y-\cos\theta}\tag{3-57}$$

$$\ln\frac{v}{v_1}=\ln\left(\frac{n_y-\cos\theta_1}{n_y-1}\right) \tag{3-58}$$

$$v=v_1\left(\frac{n_y-\cos\theta_1}{n_y-1}\right) \tag{3-59}$$

因为在改出俯冲过程中，已假定发动机推力与飞机阻力相等，飞机势能和动能相互转换，所以，根据机械能守恒定律，改出俯冲的高度损失应为

$$\Delta H=\frac{v^2-v_1^2}{2g} \tag{3-60}$$

将式（3-59）代入式（3-60），可得到计算改出俯冲高度损失公式为

$$\Delta H=\frac{v_1^2}{2g}\left[\left(\frac{n_y-\cos\theta_1}{n_y-1}\right)^2-1\right] \tag{3-61}$$

由式（3-61）可见，只要知道了开始改出俯冲时的速度 v_1、俯冲角 θ_1 及平均过载 n_y，即可求得改出俯冲时的高度损失。

物理知识拓展

宇宙速度

1957年10月4日，前苏联发射了第一颗人造地球卫星，宣布了航天时代的开始。1969年7月6日，美国成功发射了“阿波罗11号”登月飞船，人类在宇宙中飞行的梦想变成了现实……2003年10月15日，中国将“神舟五号”载人飞船送入太空，浩渺神秘的天宫从此留下了中国人的足迹。一个又一个的成就举世瞩目！但是，怎样才能把物体抛向天空，并使之在太空飞行呢？

1. 人造地球卫星　第一宇宙速度

卫星在半径为 r 的圆轨道上运行所具有的速度称为环绕速度。在地面上发射物体使其环绕地球运转所需的最小发射速度称为第一宇宙速度，用 v_1 表示。这时物体成为人造地球卫星。

设 m_E 和 m 分别为地球和卫星的质量，R_E 为地球半径，要把卫星送入半径为 r 的圆形轨道，必须使它具有较大的初动能，以克服地球的引力做功。我们先计算从地球表面发射卫星，使其进入圆形轨道所需的发射速度 v_0。

把卫星和地球作为一个系统，忽略大气阻力，则系统不受外力作用，并且只有保守内力做功，因此系统的机械能守恒。取无穷远处为引力势能零点，发射时卫星的机械能与卫星在圆轨道上运行时的机械能相等，即

$$\frac{1}{2}mv_0^2-G\frac{m_Em}{R_E}=\frac{1}{2}mv^2-G\frac{m_Em}{r} \tag{3-62}$$

式中，v 为环绕速度，上式变换可得

$$v_0^2=v^2+2Gm_E\left(\frac{1}{R_E}-\frac{1}{r}\right) \tag{3-63}$$

注意到地球的引力就是卫星做圆周运动所需的向心力，即

$$G\frac{m_Em}{r^2}=m\frac{v^2}{r} \tag{3-64}$$

利用卫星在地面所受的万有引力等于重力，即

$$G\frac{m_Em}{R_E^2}=mg \tag{3-65}$$

代入式（3-64）解得卫星的环绕速度为

$$v=\sqrt{\frac{gR_E^2}{r}} \tag{3-66}$$

式（3-66）和式（3-65）代入式（3-63），可解得发射速度为

$$v_0 = \sqrt{2R_E g\left(1 - \frac{R_E}{2r}\right)} \tag{3-67}$$

式（3-67）表明，轨道半径越小，发射速度越小，当 $r \approx R_E$ 时的发射速度最小，为第一宇宙速度，即

$$v_1 = \sqrt{gR_E} = \sqrt{9.80 \times 6.37 \times 10^6}\ \text{m} \cdot \text{s}^{-1} = 7.9 \times 10^3 \text{m} \cdot \text{s}^{-1} \tag{3-68}$$

由 $v = \sqrt{\dfrac{gR_E^2}{r}}$ 可见，这也是卫星环绕地球的速度。进一步可计算出卫星的机械能为

$$E = \frac{1}{2}mv^2 - G\frac{m_E m}{r} < 0 \tag{3-69}$$

2. 人造行星　第二宇宙速度

在地面上发射物体使其脱离地球引力所需的最小发射速度称为第二宇宙速度，用 v_2 表示。这时物体将沿抛物线轨道逃离地球，成为太阳系的人造行星。

以物体和地球为系统，忽略大气阻力，系统的机械能守恒。在离地球无穷远处，物体脱离地球的引力范围，引力势能为零，取动能最少时动能也为零。此时系统的机械能为零。因此，在地面发射物体时系统的机械能也为 0，即

$$\frac{1}{2}mv_2^2 - G\frac{m_E m}{R_E} = 0 \tag{3-70}$$

由式（3-70）及 $G\dfrac{m_E m}{R_E^2} = mg$ 解得第二宇宙速度为

$$v_2 = \sqrt{2gR_E} = 11.2 \times 10^3 \text{m} \cdot \text{s}^{-1} \tag{3-71}$$

显然，只要物体以不小于 $11.2 \times 10^3 \text{m} \cdot \text{s}^{-1}$ 的速度发射，就能脱离地球的引力作用。这是用能量观点讨论这类问题最突出的一个优点。

以地球为参考系，理论计算表明，当系统的机械能 $E<0$ 时，轨道为椭圆（包括圆）；当 $E=0$ 时，轨道为抛物线；若发射速度大于第二宇宙速度，则 $E>0$，轨道为双曲线。物体逃离地球后，将在太阳引力的作用下，相对太阳沿椭圆轨道运动，成为人造行星。

3. 飞出太阳系　第三宇宙速度

使物体脱离太阳引力的束缚而飞出太阳系所需的最小发射速度，称为第三宇宙速度，用 v_3 表示。

要使物体脱离太阳系的束缚，首先要脱离地球引力的束缚，然后再脱离太阳引力的束缚，这就需要物体在脱离地球引力束缚后，还要具有足够大的动能飞出太阳系。事实上，物体在整个飞行过程中，同时受到地球、太阳和其他星体的引力作用，使计算变得非常复杂。为此我们在计算时做如下近似处理：①不考虑其他星体的引力；②假设从地面发射到脱离地球引力的过程中，物体只受地球引力作用，脱离地球引力范围后，只受太阳引力作用。

先以地球为参考系。设从地球发射一个速度为 v_3 的物体，脱离地球引力时，它相对地球的速度为 v'_E，根据机械能守恒定律，有

$$\frac{1}{2}mv_3^2 - G\frac{m_E m}{R_E} = \frac{1}{2}mv'^2_E \tag{3-72}$$

再以太阳为参考系，物体在太阳引力作用下飞行。设太阳质量为 m_S，物体脱离地球引力时，相对太阳的速度为 v'_S，与太阳之间的距离可近似为地球与太阳之间的距离 R_S，要想脱离太阳的引力作用，物体的机械能至少应为

$$\frac{1}{2}mv'^2_S - G\frac{m_S m}{R_S} = 0 \tag{3-73}$$

最后考虑地球绕太阳的公转。设地球公转速度为 v_{ES}，根据牛顿第二定律，有

$$G\frac{m_S m_E}{R_S^2} = m_E\frac{v_{ES}^2}{R_S} \tag{3-74}$$

根据速度变换公式，物体相对太阳的速度$\boldsymbol{v}'_S$等于物体相对地球的速度$\boldsymbol{v}'_E$与地球相对太阳的速度$\boldsymbol{v}_{ES}$之矢量和，即$\boldsymbol{v}'_S=\boldsymbol{v}'_E+\boldsymbol{v}_{ES}$，如果$\boldsymbol{v}'_E$与$\boldsymbol{v}_{ES}$同方向，则$\boldsymbol{v}'_S$最大，此时$v'_S=v'_E+v_{ES}$，再联立式（3-72）~式（3-74），可得

$$v'_E=v'_S-v_{ES}=(\sqrt{2}-1)\sqrt{G\frac{m_S}{R_S}} \tag{3-75}$$

代入$m_S=1.99\times10^{30}\text{kg}$，$R_S=1.50\times10^{11}\text{m}$，$G=6.67\times10^{-11}\text{m}^3\cdot\text{kg}^{-1}\cdot\text{s}^{-2}$，得$v'_E=12.3\times10^3\text{m}\cdot\text{s}^{-1}$，由式（3-72），有

$$v_3=\sqrt{v'^2_E+2G\frac{m_E}{R_E}} \tag{3-76}$$

将v'_E、G，R_E以及$m_E=5.98\times10^{24}\text{kg}$，代入上式，算出第三宇宙速度为

$$v_3=16.7\times10^3\text{m}\cdot\text{s}^{-1} \tag{3-77}$$

自1957年以来，人类在探索宇宙的进程中从未止步。载人登月、探测火星、建造太空实验室、飞出太阳系……总有一天，人们能够往返于美妙的太空城之间进行学习、工作和生活。

【例3-13】把登月舱构件从地面先发射到地球同步轨道站，再由同步轨道站装配起来发射到月球面上（见图3-14）。已知登月舱构件质量共计为$m=10.0\times10^3\text{kg}$，同步轨道半径$r_1=4.22\times10^7\text{m}$，地心到月心的距离$r_2=39.0\times10^7\text{m}$，地球半径$R_E=6.37\times10^6\text{m}$，月球半径$R_M=1.74\times10^6\text{m}$，地球质量$m_E=5.97\times10^{24}\text{kg}$，月球质量$m_M=7.35\times10^{22}\text{kg}$。同时考虑到地球和月球之间的引力，试求上述两步发射中火箭推力各应做多少功。

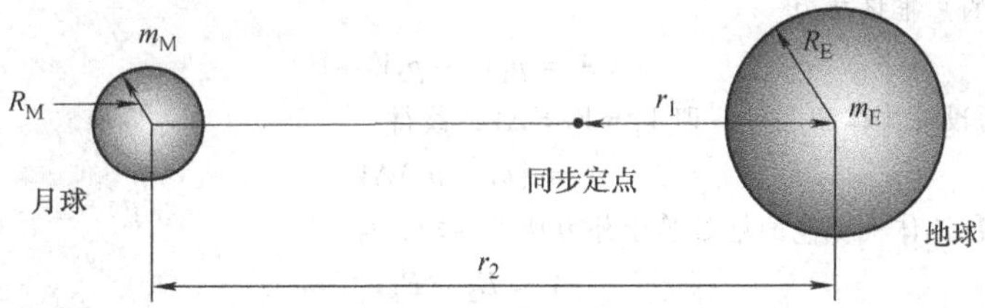

图　3-14

【解】设登月舱在同步轨道上的位置正好处在月、地连心线上，考虑到登月舱在地、月共同引力下，它的引力势能应等于它在地球引力场中的势能和在月球引力场中的势能之和。

舱在地面上时，势能为

$$E_{p0}=-Gm\left(\frac{m_E}{R_E}+\frac{m_M}{r_2-R_E}\right)=-6.20\times10^{11}\text{J}$$

登月舱在同步轨道上时，势能为

$$E_{p1}=-Gm\left(\frac{m_E}{r_1}+\frac{m_M}{r_2-r_1}\right)=-9.48\times10^{10}\text{J}$$

登月舱在月球表面上时，势能为

$$E_{p2}=-Gm\left(\frac{m_E}{r_2-R_M}+\frac{m_M}{R_M}\right)=-3.83\times10^{10}\text{J}$$

从地面到同步轨道推力所做的功

$$A_1=E_{p1}-E_{p0}=5.25\times10^{11}\text{J}$$

从同步轨道到月球表面推力所做的功

$$A_2=E_{p2}-E_{p1}=5.65\times10^{10}\text{J}$$

应用能力训练

1. 从功能关系来分析理想流体在重力场中做定常流动时压强和流速的关系

如图3-15所示，在流场中取一细流管，设在某时刻t，流管中一段流体处在a_1a_2位置，经过很短的时间Δt，这段流体到达b_1b_2位置，由于是定常流动，空间各点的压强、流速等物理量均不随时间变化，因此，从截面b_1到a_2这一段流体的运动状态在流动过程中没有变化，即这段流体的动能和重力势能是不变的，实际上只需考虑a_1b_1和a_2b_2这两段流体的机械能的改变。由流体的连续性方程，这两段流体的质量相等，均为m，设a_1b_1和a_2b_2两段流体在重力场中的高度分别为h_1和h_2，速度分别为$\boldsymbol{v}_1$和$\boldsymbol{v}_2$，压强分别为p_1和p_2、密度分别为ρ_1和ρ_2，则这两段流体机械能的增量为

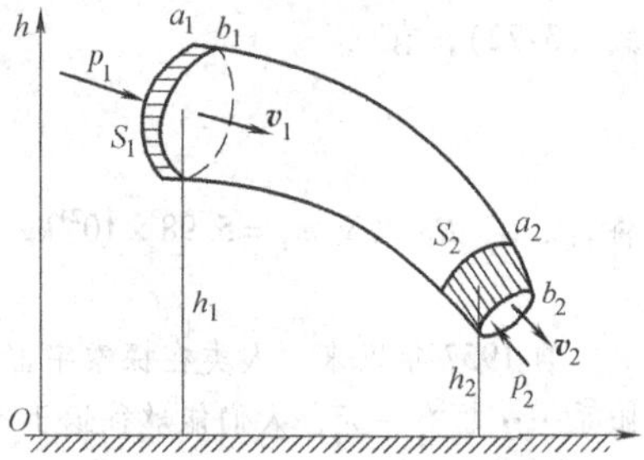

图 3-15

$$E_2 - E_1 = \left(\frac{1}{2}mv_2^2 + mgh_2\right) - \left(\frac{1}{2}mv_1^2 + mgh_1\right) \tag{3-78}$$

为了推动流体流入或流出b_1a_2流管，外界所必须做的功称为推挤功。对理想流体来说，黏滞阻力为零，这段流体从a_1a_2流到b_1b_2过程中，后方的流体推动它前进，外压力p_1S_1做正推挤功p_1V_1使a_1b_1质元流入b_1a_2流管；而前方的流体阻碍质元流出b_1a_2流管，外压力p_2S_2做负推挤功p_2V_2阻碍a_2b_2质元流出b_1a_2流管。可见，推挤功是克服某种作用力，使流体发生宏观位置移动所消耗的功。外力的总推挤功为

$$A = p_1V_1 - p_2V_2 \tag{3-79}$$

由于a_1b_1和a_2b_2两段流体体积相等，即$V_1 = V_2 = \Delta V$，故得

$$A = (p_1 - p_2)\Delta V \tag{3-80}$$

根据功能原理，这段流体机械能的增量等于外力所做的功，即

$$A = E_2 - E_1 \tag{3-81}$$

将式（3-78）和式（3-80）代入（3-81）并考虑流体的不可压缩性，a_1b_1与a_2b_2处的流体密度均为ρ，

$$m = \rho\Delta V \tag{3-82}$$

得

$$(p_1 - p_2)\Delta V = \rho\Delta V\left[\left(\frac{1}{2}v_2^2 + gh_2\right) - \left(\frac{1}{2}v_1^2 + gh_1\right)\right] \tag{3-83}$$

即

$$p_1 + \frac{1}{2}\rho v_1^2 + \rho gh_1 = p_2 + \frac{1}{2}\rho v_2^2 + \rho gh_2 \tag{3-84}$$

考虑到所取横截面S_1和S_2的任意性，上述关系还可以写成一般形式

$$p + \frac{1}{2}\rho v^2 + \rho gh = 常量 \tag{3-85}$$

式（3-84）或式（3-85）称为伯努利方程。上式给出了做定常流动的理想流体中同一流管的任一截面上压强、流速和高度所满足的关系，伯努利方程实质上是能量守恒定律在理想流体定常流动中的具体表现。

若把b_1a_2流管看作一个有质量流入流出的开口系统，那么使流体从流入到流出的流动过程中，b_1a_2流管开口系统付诸于质量迁移所做的功称为流动功，用A_f表示。显然，开口系统所做的功就是外力所做的总推挤功的负值，即

$$A_f = p_2V_2 - p_1V_1 \tag{3-86}$$

流动功可视为流动过程中开口系统与外界由于物质的进出而传递的机械功。以开口系统为研究对象，应用能量守恒定律有

$$E_1 = A_f + E_2 \tag{3-87}$$

这与式（3-81）功能原理的结果一样。

2. 机械能守恒定律的应用

用机械能守恒定律求解力学问题在很多情况下是非常方便的。下面我们通过一些例题来介绍机械能守恒定律的应用。

使用机械能守恒定律的要点是能准确判断出机械能是否守恒并准确计算过程始末的机械能。

【例3-14】 蹦极爱好者位于桥上，距河面75.0m高，蹦极者质量为80.0kg，身高1.85m，蹦极悬线视为一根弹簧，劲度系数 $k=50.0\text{N}\cdot\text{m}^{-1}$，悬线质量忽略不计。问悬线长度为多少才能保证蹦极人是安全的?

【解】 未伸长的蹦极绳长为 L_0，桥到水面的距离 $L_{max}=75.0\text{m}$，能量守恒告诉我们蹦极者跳的过程中将重力势能转换成弹性势能

$$E_g = mgy = mgL_{max}$$

假设以水面处作为势能零点，人在桥上，总能量

$$E_{top} = mgL_{max}$$

人接触水面时，储存在蹦极悬线中的能量

$$E_s = \frac{1}{2}ky^2 = \frac{1}{2}k(L_{max} - L_{jumper} - L_0)^2$$

式中，$L_{max}-L_{jumper}-L_0$ 为悬线的伸长长度，L_{jumper} 为蹦极人的身高，由于在最低点时蹦极人停止，总能量

$$E_{bottom} = \frac{1}{2}k(L_{max} - L_{jumper} - L_0)^2$$

由

$$E_{top} = E_{bottom}$$

可得

$$L_0 = L_{max} - L_{jumper} - \sqrt{\frac{2mgL_{max}}{k}} = 24.6\text{m}$$

【例3-15】 在图3-16中，劲度系数为 k 的轻弹簧下端固定，沿斜面放置，斜面倾角为 θ。质量为 m 的物体从与弹簧上端相距为 a 的位置以初速度 $\boldsymbol{v}_0$ 沿斜面下滑并使弹簧最多压缩 b。求物体与斜面之间的摩擦因数 μ。

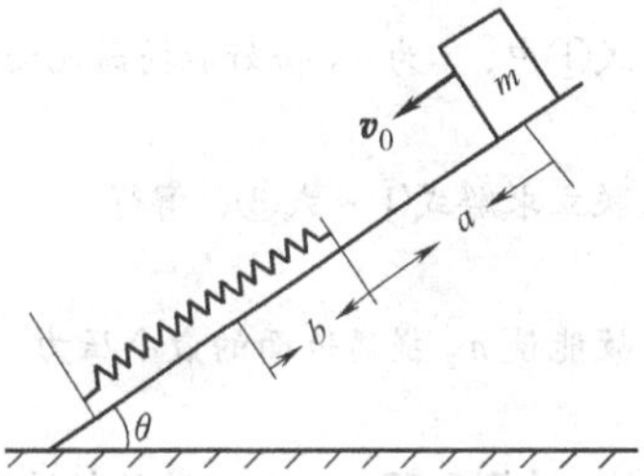

图 3-16

【解】 将物体、弹簧、地球视为一个系统，重力和弹力是保守内力，正压力与物体位移垂直不做功，只有摩擦力 F_k 为非保守内力且做功。根据系统的功能原理，摩擦力做的功等于系统机械能的增量，并注意到弹簧最大压缩时物体的速度为零，即有

$$-F_k(a+b) = \left(\frac{1}{2}kb^2\right) - \left[\frac{1}{2}mv_0^2 + mg(a+b)\sin\theta\right]$$

以及

$$F_k = \mu mg\cos\theta$$

可以解得

$$\mu = \frac{\frac{1}{2}mv_0^2 + mg(a+b)\sin\theta - \frac{1}{2}kb^2}{mg(a+b)\cos\theta}$$

【例3-16】 两块质量各为 m_1 和 m_2 的木板，用劲度系数为 k 的轻弹簧连在一起，放置在地面上，如图3-17所示。问至少要用多大的力 $\boldsymbol{F}$ 压缩上面的木板，才能在该力撤去后因上面的木板升高而将下面的木板提起?

【解】 加外力 $\boldsymbol{F}$ 后，弹簧被压缩，m_1 在重力 $\boldsymbol{G}_1$，弹力 $\boldsymbol{F}_1$ 及压力 $\boldsymbol{F}$ 的共同作用下处于平衡状态，如图3-18a所示。一旦撤去 $\boldsymbol{F}$，m_1 就会因弹力 $\boldsymbol{F}_1$ 大于重力 $\boldsymbol{G}_1$ 而向上运动，只要 $\boldsymbol{F}$ 足够大以至于弹力 $\boldsymbol{F}_1$ 也足

够大，m_1 就会上升至弹簧由压缩转为拉伸状态，以致将 m_2 提离地面。

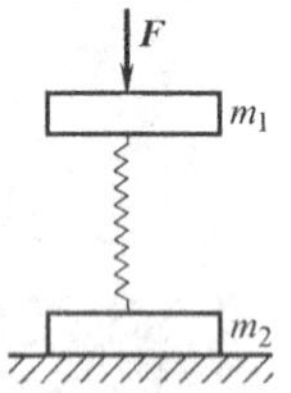

图 3-17

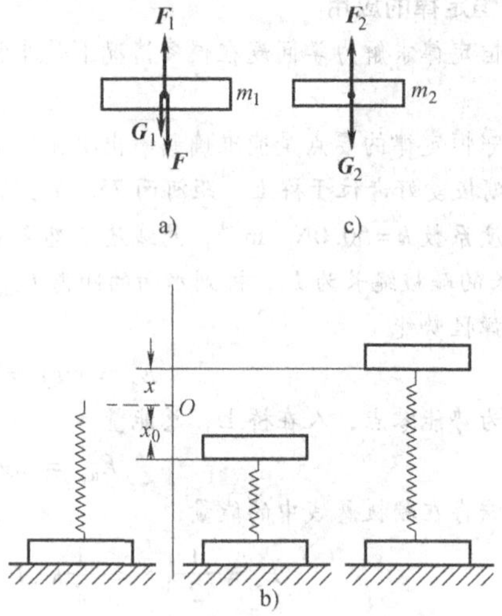

图 3-18

将 m_1、m_2、弹簧和地球视为一个系统，该系统在压力 $\boldsymbol{F}$ 撤去后，只有保守内力做功，该系统机械能守恒。设压力 $\boldsymbol{F}$ 撤离时刻为初态，m_2 恰好提离地面时为末态，初态、末态时动能均为零。设弹簧原长时为坐标原点和势能零点（见图 3-18b），则机械能守恒应该表示为

$$m_1gx+\frac{1}{2}kx^2=-m_1gx_0+\frac{1}{2}kx_0^2 \qquad ①$$

式①中，x_0 为压力 $\boldsymbol{F}$ 作用时弹簧的压缩量。由图 3-18a 可得

$$m_1g+F-kx_0=0 \qquad ②$$

式①中，x 为 m_2 恰好能提离地面时弹簧的伸长量，由图 3-18c 可知，此时要求

$$kx \geqslant m_2g \qquad ③$$

联立求解式①～式③，解得

$$F \geqslant (m_1+m_2)g$$

故能使 m_2 提离地面的最小压力

$$F_{\min}=(m_1+m_2)g$$

【例 3-17】 飞机俯冲的航迹可以分成三段：进入俯冲、俯冲直线段和改出俯冲（见图 3-13）。求俯冲直线段俯冲极限速度和飞机的俯冲速度随飞行高度的变化规律。

【解】 直线俯冲时，由于 $\frac{\mathrm{d}\theta}{\mathrm{d}t}=0$，飞机铅垂面运动动力学方程简化为

$$\begin{cases}\dfrac{G}{g}\dfrac{\mathrm{d}v}{\mathrm{d}t}=P-G\sin\theta-X\\ Y=G\cos\theta\end{cases}$$

因俯冲时航迹倾角 θ 为负值，故重力分量（$-G\sin\theta$）为正值，在俯冲时起加速作用。当 $P-G\sin\theta>X$ 时，$\frac{\mathrm{d}v}{\mathrm{d}t}>0$，飞机加速俯冲。随着高度降低，空气密度增加和飞行速度加快，飞机阻力显著增加。当俯冲至某一高度和速度时，$P-G\sin\theta=X$，$\frac{\mathrm{d}v}{\mathrm{d}t}=0$，此时的飞行速度就是俯冲极限速度，其值为

$$v_{\mathrm{d},1}=\sqrt{\frac{2(P-G\sin\theta)}{C_X\rho S}}$$

在飞机设计中，俯冲极限速度 $v_{\mathrm{d},1}$ 应该小于该高度上的最大容许速度。最大容许速度通常由飞机结构

强度所限制的最大动压 $q_{\max}$ 确定。为了保持直线俯冲，在达到极限速度以前，必须使升力系数 C_Y 或迎角 α 随动压 q 的增加而减小。

飞机的俯冲速度随飞行高度的变化规律，可通过对 $\frac{\mathrm{d}v}{\mathrm{d}t}$ 做如下变换：

$$\frac{\mathrm{d}v}{\mathrm{d}t} = \frac{\mathrm{d}v}{\mathrm{d}H}\frac{\mathrm{d}H}{\mathrm{d}t} = v\sin\theta\frac{\mathrm{d}v}{\mathrm{d}H}$$

把 $\frac{\mathrm{d}v}{\mathrm{d}t} = g\frac{P - G\sin\theta - X}{G}$ 代入上式

$$\frac{\mathrm{d}v}{\mathrm{d}H} = -\frac{g}{v}\left(1 - \frac{P - C_X\frac{1}{2}\rho v^2 S}{G\sin\theta}\right)$$

实际计算时要对上式数值积分。现讨论特殊情况，如果 P 不变，则

$$\frac{v\mathrm{d}v}{\left(1 - \frac{P}{G\sin\theta}\right) + \frac{C_X\rho S v^2}{2G\sin\theta}} = -g\mathrm{d}H$$

两边积分得

$$\frac{1}{2}\frac{2G\sin\theta}{C_X\rho S}\ln\left[\left(1 - \frac{P}{G\sin\theta}\right) + \frac{C_X\rho S v^2}{2G\sin\theta}\right] - \frac{1}{2}\frac{2G\sin\theta}{C_X\rho S}\ln\left[\left(1 - \frac{P}{G\sin\theta}\right) + \frac{C_X\rho S v_0^2}{2G\sin\theta}\right] = -g(H - H_0)$$

$$H = H_0 - \frac{G\sin\theta}{C_X\rho g S}\ln\frac{\left(1 - \frac{P}{G\sin\theta}\right) + \frac{C_X\rho S v^2}{2G\sin\theta}}{\left(1 - \frac{P}{G\sin\theta}\right) + \frac{C_X\rho S v_0^2}{2G\sin\theta}}$$

$$v^2 = \left[\left(\frac{2G\sin\theta}{C_X\rho S} - \frac{2P}{C_X\rho S}\right) + v_0^2\right]\mathrm{e}^{\frac{(H_0 - H)C_X\rho g S}{G\sin\theta}} + \frac{2P}{C_X\rho S} - \frac{2G\sin\theta}{C_X\rho S}$$

本章归纳总结

1. 基本概念

(1) 功——力对空间的累积作用。

恒力的功：$A_{ab} = \boldsymbol{F}\cdot\Delta\boldsymbol{r} = |\boldsymbol{F}|\cdot|\Delta\boldsymbol{r}|\cos\theta$

变力的功：$A_{ab} = \int_a^b \boldsymbol{F}\cdot\mathrm{d}\boldsymbol{r}$

直角坐标系中：$A_{ab} = \int_a^b (F_x\mathrm{d}x + F_y\mathrm{d}y + F_z\mathrm{d}z)$

自然坐标系中：$A_{ab} = \int_{s_a}^{s_b} F_\tau\mathrm{d}s$

保守力做功与路径无关：$\oint \boldsymbol{F}_{保}\cdot\mathrm{d}\boldsymbol{r} = 0$

(2) 势能——与物体在保守力场中的位置相关的能量。

$$E_{pa} = \int_a^{势能零点} \boldsymbol{F}_{保}\cdot\mathrm{d}\boldsymbol{r}$$

重力势能：$E_p = mgh$（势能零点：某一水平面上的点）

弹性势能：$E_p = \frac{1}{2}kx^2$（势能零点：弹簧原长处）

万有引力势能：$E_p=-G\frac{m'm}{r}$（势能零点：$r=\infty$处）

（3）机械能——动能与势能之和。

$$E=E_k+E_p$$

2. 基本规律

（1）质点的动能定理：$A=E_k-E_{k0}=\Delta E_k$

（2）质点系的动能定理：$A_{外}+A_{内}=\sum_{i=1}^{N}E_{ki}-\sum_{i=1}^{N}E_{k0i}$

（3）功能原理：$A_{外}+A_{非保守内力}=\Delta E=E-E_0$

（4）机械能守恒定律：若$A_{外}+A_{非保守内力}=0$或只有保守内力做功，则$\Delta E=0$，或$E=E_0$

本章习题

（一）填空题

3-1 质量为m的物体置于电梯内，电梯以$g/2$的加速度匀加速下降h，在此过程中，电梯对物体的作用力所做的功为________。

3-2 如习题3-2图所示，沿着半径为R圆周运动的质点，所受的几个力中有一个是恒力$\boldsymbol{F}_0$，方向始终沿x轴正向，即$\boldsymbol{F}_0=F_0\boldsymbol{i}$。当质点从$A$点沿逆时针方向走过3/4圆周到达$B$点时，力$\boldsymbol{F}_0$所做的功为$A=$________。

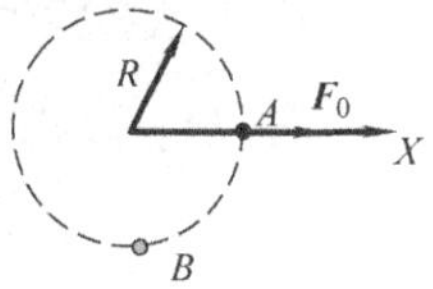

习题3-2图

3-3 已知地球质量为m'，半径为R。一质量为m的火箭从地面上升到距地面高度为$2R$处。在此过程中，地球引力对火箭做的功为________。

3-4 有一劲度系数为k的轻弹簧，竖直放置，下端悬一质量为m的小球。先使弹簧为原长，而小球恰好与地接触。再将弹簧上端缓慢地提起，直到小球刚能脱离地面为止。在此过程中外力所做的功为________。

3-5 一个质量为m的质点，仅受到力$\boldsymbol{F}=k\boldsymbol{r}/r^3$的作用，式中$k$为常量，$\boldsymbol{r}$为从某一定点到质点的矢径。该质点在$r=r_0$处被释放，由静止开始运动，当它到达无穷远时的速率为________。

3-6 如习题3-6图所示，劲度系数为k的弹簧，一端固定在墙壁上，另一端连一质量为m的物体，物体在坐标原点O时弹簧长度为原长。物体与桌面间的摩擦因数为μ。若物体在不变的外力$\boldsymbol{F}$作用下向右移动，则物体到达最远位置时系统的弹性势能$E_p=$________。

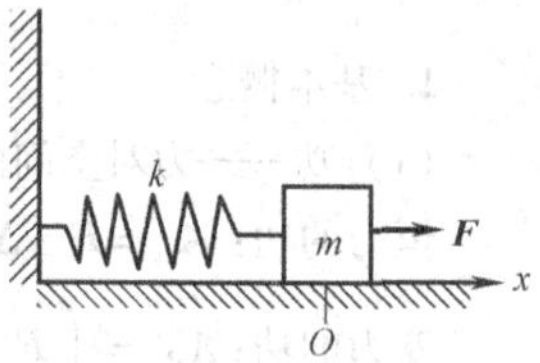

习题3-6图

3-7 已知地球的半径为R，质量为m_E。现有一质量为m的物体，在离地面高度为$2R$处。以地球和物体为系统，若取地面为势能零点，则系统的引力势能为________；若取无穷远处为势能零点，则系统的引力势能为________。（G为引力常量）

3-8 保守力的特点是________，保守力的功与势能的关系式为________。

3-9 如习题3-9图所示，质量为m的小球系在劲度系数为k的轻弹簧一端，弹簧的另一端固定在O点。开始时弹簧在水平位置A，处于自然状态，原长为l_0。小球由位置A释放，下落到O点正下方位置B时，弹簧的长度为l，则小球到达B点时的速度大小为$v_B=$________。

3-10 如习题3-10图所示，一弹簧原长$l_0=0.1\text{m}$，劲度系数$k=50\text{N}\cdot\text{m}^{-1}$，其一端固定在半径为$R=0.1\text{m}$的半圆环的端点$A$，另一端与一套在半圆环上的小环相连。在把小环由半圆环中点B移到另一端C的过程中，弹簧的拉力对小环所做的功为________J。

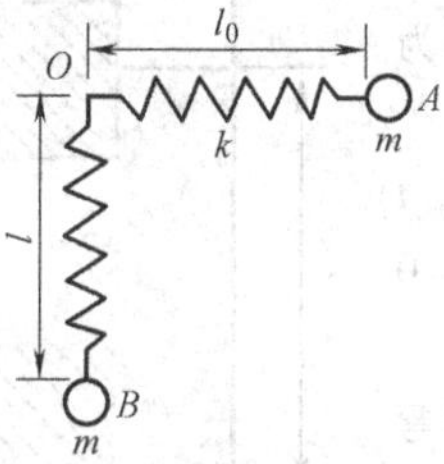

习题3-9图

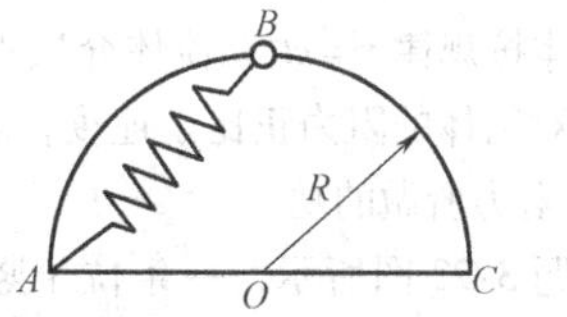

习题3-10图

3-11　一质点在保守力场中沿 x 轴（在 $x>0$ 范围内）运动，其势能为 $E_p=\dfrac{kx}{x^2+a^2}$。式中 k、a 均为大于零的常量，则该保守力的大小 $F=$________。

（二）计算题

3-12　一质量为 m 的质点在 Oxy 平面上运动，其位置矢量为

$$\boldsymbol{r}=a\cos\omega t\boldsymbol{i}+b\sin\omega t\boldsymbol{j}\text{(SI)}$$

式中，a，b，ω 是正值常量，且 $a>b$。

（1）求质点在点 A（a，0）时和点 B（0，b）时的动能；

（2）求质点所受的合外力 $\boldsymbol{F}$ 以及当质点从 A 点运动到 B 点的过程中 $\boldsymbol{F}$ 的分力 $\boldsymbol{F}_x$ 和 $\boldsymbol{F}_y$ 分别做的功。

3-13　质量为2kg的物体，在沿 x 方向的变力作用下，在 $x=0$ 处由静止开始运动，设变力与 x 的关系如习题3-13图所示。试由动能定理求物体在 $x=5$m，10m，15m处的速率。

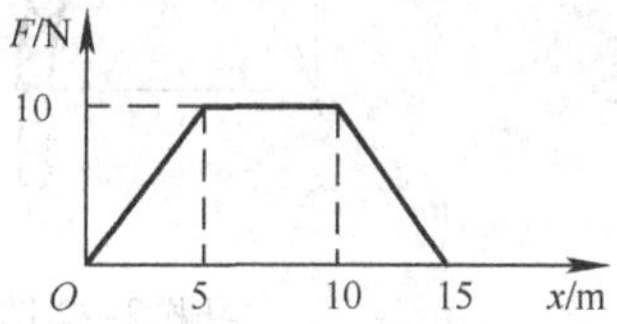

习题3-13图

3-14　某弹簧不遵守胡克定律。设施力 F，相应伸长为 x，力与伸长的关系为

$$F=52.8x+38.4x^2\text{(SI)}$$

求：（1）将弹簧从伸长 $x_1=0.50$m 拉伸到伸长 $x_2=1.00$m 时，外力所需做的功；

（2）将弹簧横放在水平光滑桌面上，一端固定，另一端系一个质量为2.17kg的物体，然后将弹簧拉伸到一定伸长 $x_2=1.00$m，再将物体由静止释放，当弹簧回到 $x_1=0.50$m 时物体的速率；

（3）此弹簧的弹力是保守力吗？

3-15　如习题3-15图所示，一劲度系数为 k 的轻弹簧水平放置，左端固定，右端与桌面上一质量为 m 的木块连接，水平力 $\boldsymbol{F}$ 向右拉木块。木块处于静止状态。若木块与桌面间的静摩擦因数为 μ，且 $F>\mu mg$，求弹簧的弹性势能 E_p 应满足的关系。

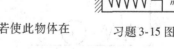

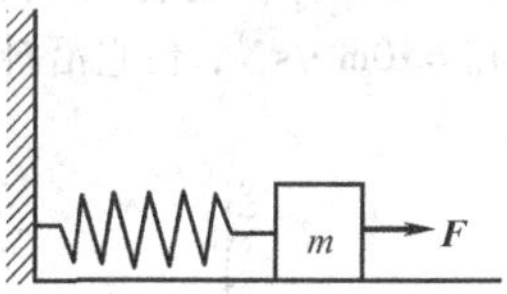

习题3-15图

3-16　用劲度系数为 k 的弹簧，悬挂一质量为 m 的物体，若使此物体在平衡位置以初速 $\boldsymbol{v}$ 突然向下运动，问物体可降低到何处？

3-17　如习题3-17图所示，边长为 a 的正方体木块静浮于横截面积为 $4a^2$ 的杯内水面上，水的深度 $h=2a$。已知水的密度为 ρ_0，木块的密度为 $\dfrac{1}{2}\rho_0$，现将木块非常缓慢地压至水底。忽略水的阻力作用，求在此过程中外力所做的功。

3-18　有人从10m深的井中提水，开始时桶中装有10kg的水。由于水桶漏水，每升高1m漏水0.2kg，求水桶匀速地从井中提到井口时人所做的功。

3-19　一方向不变、大小按 $F=4t^2$（SI）变化的力作用在原先静止、质量为4kg的物体上。求：（1）前3s内力所做的功；（2）$t=3$s 时物体的动能；（3）$t=3$s 时力的功率。

3-20 一颗速率为 $700\text{m}\cdot\text{s}^{-1}$ 的子弹，打穿一块木块后速率降为 $500\text{m}\cdot\text{s}^{-1}$，如果让它继续穿过完全相同的第二块木块，子弹的速率降为多少？

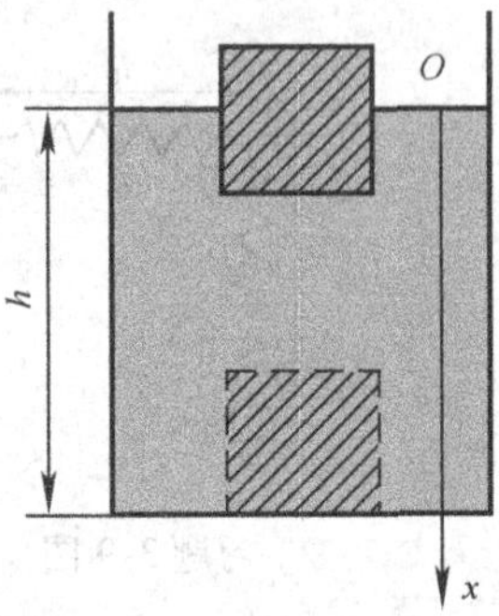

习题3-17 图

3-21 一物体按规律 $x=ct^3$ 在流体介质中做直线运动，式中 c 为常量，t 为时间。设介质对物体的阻力正比于速度，阻力系数为 k，试求物体由 $x=0$ 运动到 $x=l$ 时，阻力所做的功。

3-22 如习题3-22图所示，一条位于竖直平面内光滑的1/4圆形细弯管，作为与之等长的细铁链的导管。初始时刻铁链 AB 全部静止在管内，由此状态释放铁链，当 OA 与 Oy 轴夹角为 α（$\alpha<\pi/2$）时，求铁链的速度。

3-23 长 $l=50\text{cm}$ 的轻绳，一端固定在 O 点，另一端系一质量 $m=1\text{kg}$ 的小球，开始时，小球与竖直线的夹角为60°，如习题3-23图所示，在竖直面内并垂直于轻绳给小球初速度 $v_0=350\text{cm}\cdot\text{s}^{-1}$。试求：（1）在随后的运动中，绳中张力为零时，小球的位置和速度；（2）在轻绳再次张紧前，小球的轨道方程。

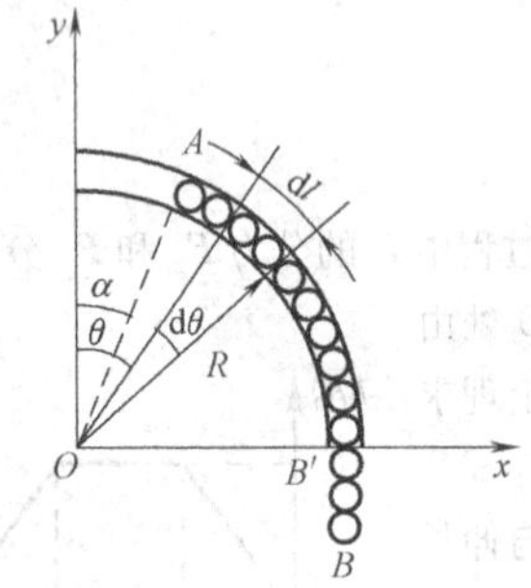

习题3-22 图

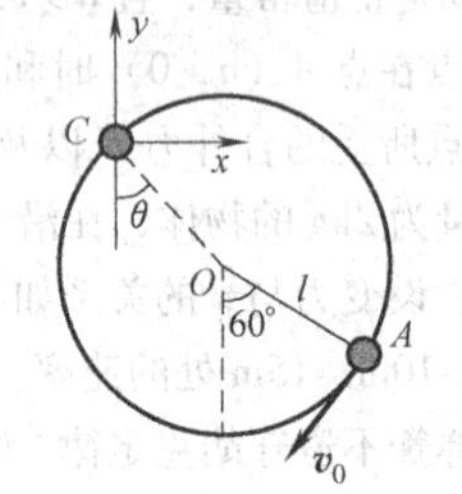

习题3-23 图

3-24 如习题3-24图所示，劲度系数为 k 的轻弹簧，一端固定，另一端与桌面上的质量为 m 的小球 B 相连接。用外力推动小球，将弹簧压缩一段距离 L 后放开。假定小球所受的滑动摩擦力大小为 F 且恒定不变，动摩擦因数与静摩擦因数可视为相等。试求 L 必须满足什么条件时，才能使小球在放开后就开始运动，而且一旦停止下来就一直保持静止状态。

3-25 一物体与斜面间的摩擦因数 $\mu=0.20$，斜面固定，倾角 $\alpha=45°$。现给予物体以初速率 $v_0=10\text{m}\cdot\text{s}^{-1}$，使它沿斜面向上滑，如习题3-25图所示。求：

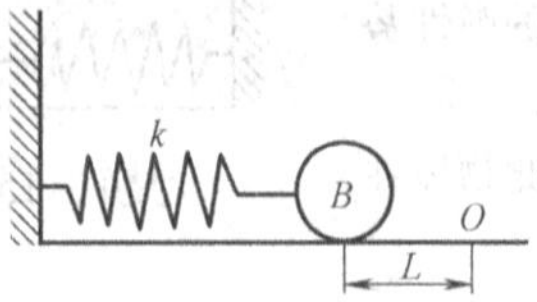

习题3-24 图

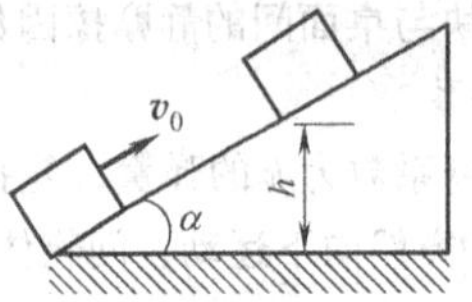

习题3-25 图

（1）物体能够上升的最大高度 h；

（2）该物体达到最高点后，沿斜面返回到原出发点时的速率 v。

3-26 设两个粒子之间相互作用力是排斥力，其大小与粒子间距离 r 的函数关系为 $F=k/r^3$，k 为正值常量，试求这两个粒子相距为 r 时的势能。（设相互作用力为零的地方势能为零）

3-27 质量 $m=2\text{kg}$ 的物体受到力 $\boldsymbol{F}=5t\boldsymbol{i}+3t^2\boldsymbol{j}$（SI）的作用而运动，$t=0$ 时物体位于原点并静止。求前10s内力做的功和 $t=10\text{s}$ 时物体的动能。

3-28 如习题3-28图所示，自动卸料车连同料重为 G_1，它从静止开始沿着与水平面成30°的斜面滑下。滑到底端时与处于自然状态的轻弹簧相碰，当弹簧压缩到最大时，卸料车就自动翻斗卸料，此时料车下降高度为 h。然后，依靠被压缩弹簧的弹性力作用又沿斜面回到原有高度。设空车重量为 G_2，另外假定摩擦阻力为车重的0.2倍，求 G_1 与 G_2 的比值。

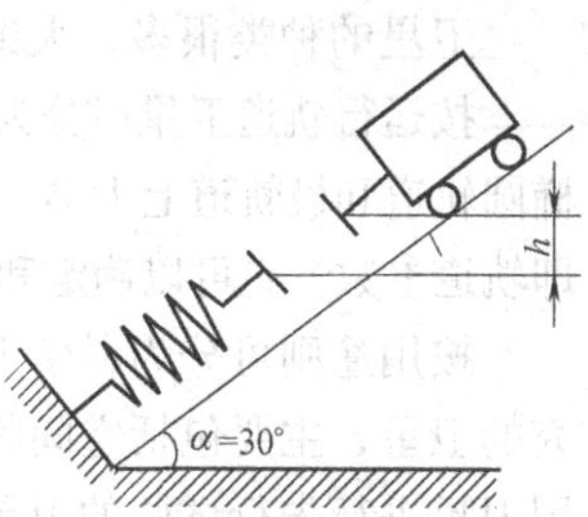

习题3-28图

3-29 一地下蓄水池的面积为50m²，蓄水深度为1.5m，水面低于地面5.0m。如将这池水全部吸到地面，需做多少功？已知抽水机的效率为80%，输入功率为3.5kW，抽完这池水需多少时间？

3-30 一质点沿习题3-30图所示的路径运动，求力 $\boldsymbol{F}=(4-2y)\boldsymbol{i}$(SI) 对该质点所做的功。(1) 沿 ODC；(2) 沿 OBC。

3-31 某学生有一个用于汽车防撞护栏的设计：现以一台重1700kg、$20\text{m}\cdot\text{s}^{-1}$速度行驶的汽车撞向轻质弹簧，可使汽车减速至停止。为了使乘客不受伤害，汽车在减速过程中加速度不大于 $5g$。(1) 确定需要的弹簧劲度系数，确定使车辆减速至停止的压缩距离。在你的计算过程中，可忽略所有的车辆的形变或扭曲以及车辆和地面间的摩擦。(2) 这个设计的缺点是什么？

3-32 2029年4月13日（黑色星期五），小行星99942阿波菲斯号将要通过近地18600英里（1英里约为1609米）的地点，这段距离也是距离月球的距离的1/13。该行星的密度为 $2600\text{kg}\cdot\text{m}^{-3}$，大约可以看成是一个直径为320m的球体，通过近地点时的速度将为 $12.6\text{km}\cdot\text{s}^{-1}$。(1) 如果出现很小的偏离轨道，这个行星就会撞上地球，其将释放多大的动能？(2) 美国测试过的最大核炸弹是“城堡/亡命徒”炸弹，这枚核炸弹为15兆吨TNT当量。(1兆吨TNT释放 4.184×10^{15}J 的能量)。问多少“城堡/亡命徒”核炸弹的能量等价于小行星的能量？[2004年圣诞前夜，保罗·科达斯（Paul Chodas）、史蒂夫·切斯利（Steve Chesley）和唐·约曼斯（Don Yeomans）在NASA的近地天体计划办公室中计算出，2004 MN4有1/60的概率撞击地球。撞击日期：2029年4月13日。]

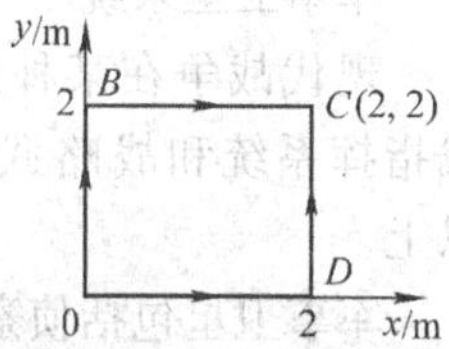

习题3-30图

3-33 白垩纪晚期恐龙灭绝的可能原因之一是当时有一颗较大的小行星撞击地球。这个过程中会有能量释放出来，假设小行星是一半径为1.00km、密度为 $4750\text{kg}\cdot\text{m}^{-3}$ 的球状星体，以并不大的速度进入太阳系与地球发生撞击，这颗小行星在撞击地球前动能有多大？

（三）思考题

3-34 当将物体匀速或匀加速地拉起同样的高度时，外力对物体做的功是否相同？

3-35 子弹水平的射入树干内，阻力对子弹做正功还是负功？子弹施于树干的力对树干做正功还是负功？

3-36 非保守力做功总是负的，这种说法是否正确？

3-37 如果两个质点的相互作用力沿着两质点的连线作用，而大小决定于他们之间的距离，则这样的力叫有心力。万有引力就是一种有心力。任何有心力都是保守力，这个结论对吗？

3-38 在匀速水平开行的车厢内悬吊一个单摆。相对于车厢参考系，摆球的机械能是否不变？相对于地面参考系，摆球的机械能是否也保持不变？

本章军事应用及工程应用阅读材料——卫星家族

人造地球卫星是环绕地球在空间轨道上运行的无人航天器，简称人造卫星或卫星。自1957年10月4日前苏联成功发射了人类第一颗人造卫星之后，全球发射的航天器中90%以上是人造卫星。它是用途最广、发展最快的一种航天器。

卫星的种类很多，大致可按运行轨道、用途和重量分类。

按运行轨道卫星可分为低轨道、中高轨道、地球同步轨道、地球静止轨道、太阳同步轨道、大椭圆轨道和极轨道七大类。这种分类法是根据开普勒定律得出的卫星空间位置的特定数据确定的，即轨道参数。它可以确定和跟踪卫星在空间的方位及运行速度。

按用途则可分为科学卫星、技术实验卫星和应用卫星三种。科学卫星就是用于科学探测研究的卫星，主要包括空间物理探测卫星和天文卫星。技术实验卫星则是进行新技术试验或为应用卫星进行先行试验的卫星。应用卫星是直接为国民经济、军事和文化教育等服务的，是当今世界上发射最多、应用最广、种类最杂的航天器。应用卫星细分下去还有三大类，即通信卫星、对地观测卫星和导航卫星。通信卫星可用于电话、电报、广播、电视及数据的传输；对地观测卫星可用在气象观测、资源勘探和军事侦察等领域；导航卫星可以为车船、飞机以及导弹武器等提供导航、定位和测量服务。

按重量划分是英国萨利大学提出的一种新观点。其标准是：1000kg 以上的为大型卫星，500 ~ 1000kg 为中型卫星，100 ~ 500kg 为小型卫星，10 ~ 100kg 为微型卫星，10kg 以下为纳米卫星。其中纳米卫星还处于研究阶段。

军事卫星系统

现代战争在某种意义上就是高科技战与信息战。军事卫星系统已成为一些国家现代作战指挥系统和战略武器系统的重要组成部分，约占世界各国航天器发射数量的三分之二以上。

军事卫星包括侦察卫星、通信卫星、导航卫星、预警卫星等。世界上最早部署国防卫星系统的是美国。自 1962 年至 1984 年，美国共部署了三代国防通信卫星 68 颗，使军队指挥能运筹帷幄，决胜千里。据说，美国总统向全球一线部队下达作战命令仅需 3min。

如 1991 年的海湾战争，多国部队前线总指挥传送给五角大楼的战况有 90% 是经卫星传输的。多国部队以美国全球军事指挥控制系统（WWMCCS）为核心，进行战略任务的组织协调工作，以国防数据网（DDN）为主要战略通信手段，用三军联合战术通信系统（TRI - TAC）来协同陆、海、空的战术通信，构成完整的陆、海、空一体化通信网。多国部队共动用了 14 颗通信卫星，包括用于战略通信的“国防通信卫星”Ⅱ型 2 颗、“国防通信卫星”Ⅲ型 4 颗；用于战术通信的舰队通信卫星 3 颗、“辛康”Ⅳ型通信卫星 4 颗。还有一颗主要用于英军通信的“天网”Ⅳ通信卫星。多国部队各军兵种都配有国防通信系统接收机和通信接口。另外，在沙特的美军部队还配有一支由 20 人组成的卫星通信分队操作卫星地面站，用以确保卫星通信网正常运转。

许多国家都把军事卫星当作国防竞备的重要内容，并让它在现代战争中大显身手。而在和平年代，又把这些军事卫星改造为民用，为经济建设服务。

军用卫星的发展趋势主要在于提高卫星的生存能力和抗干扰能力，实现全天候、全天时覆盖地球和实时传输信息，延长工作寿命，扩大军事用途。

军事侦察卫星

“知己知彼”是战争决策十分重要的一环，现代战争更是如此。利用军事侦察卫星这只“火眼金睛”刺探敌情是“知彼”的一种先进手段。侦察卫星包括照相侦察卫星、电子侦察卫星、海洋监视预警卫星、导弹预警卫星和核爆炸监视预警卫星等。

世界上第一颗照相侦察卫星是美国 1959 年 2 月 28 日发射的“发现者”1 号。照相侦察卫星的基本设置是可见光照相机，有全景扫描相机和画幅式相机两种。前者一般用于执行普查任务，可把地面上广大地区的景物拍下来。画幅式相机所拍范围虽小，但分辨力高，适用于军事机构、导弹基地、交通枢纽等战略目标的拍摄，这种卫星上还装有红外、多光谱、微波等照相机，发展到后期又装备有雷达照相机。

卫星侦察并非万能的，它在对手的各种欺骗和遮蔽对策下有时也会显得无能为力。而且150km高度轨道卫星对地面目标分辨力的光学极限值是10cm，即地面10cm内的两个或两个以上物体，卫星片上只能显出一个点，所以要判断一些细微的情况就会显得一筹莫展。

第 4 章　冲量和动量

历史背景与物理思想发展脉络

碰撞现象是物体间相互作用最直接的一种形式，在力学科学体系的形成过程中，碰撞问题的研究是重要课题之一，它为力学的基本定律提供了有力的依据。1718 年由后人整理的伽利略的手稿《碰撞的力》发表，可以看到伽利略尝试找到碰撞的规律，但没有取得成功。最早建立碰撞理论的是笛卡儿，他是一位著名的哲学家，也是一位数学家。他对物理学的研究虽不太多，但他从哲学上给物理学开辟道路，对当时和后来的物理学有过深远影响。1644 年，笛卡儿在他的《哲学原理》中写道：

“当一部分物质以两倍于另一部分物质的速度运动，而另一部分物质却大于这一部分物质的两倍时，我们有理由认为这两部分的物质具有相等的运动量，并且认为每当一部分的运动减少时，另一部分的运动就会相应地增加。”

显然，笛卡儿在这里肯定了运动量就是物质的量和速度的乘积，不过他那时还没有建立“质量”的概念，也就没法用数学写出动量的表达式。由于他的学术在当时享有盛名，因此，他的论点引起人们对碰撞理论的关注。1668 年英国的皇家学会决定发动科学界人士从实验和理论上搞清楚这个现象的规律，为此悬赏征文。有三人应征，最先提出论文的是瓦利斯（John Wallis），他讨论非弹性物体的碰撞。他认为碰撞中起决定作用的是动量，在碰撞前后动量的总和应保持不变。另两位讨论的是弹性碰撞，一位是雷恩，一位是惠更斯。雷恩提出弹性碰撞的特殊规律，即当两物体速度大小与质量成反比时，碰撞后各以原来的速度弹回，他还由此找出了求末速度的一般公式，不过雷恩只是从实验得到经验公式，没有进一步做出理论证明。

惠更斯从 1652 年开始研究弹性物体之间的碰撞，他提出了三个假设：

第一个是惯性原理：“任何运动物体只要不遇障碍，将沿直线以同一速度运动下去。”

第二个假设是：“两个相同的物体做对心碰撞时，若碰撞前各自具有相等相反的速度，则将以同样的速度反向弹回”。

第三个假设肯定了运动的相对性：“‘物体的运动’和‘速度的异同’这两个说法，只是相对于另一被看成是静止的物体而言的。尽管所有物体都在共同的运动之中，当两物体碰撞时，这一共同运动就像不存在一样。”

由这三条假设，惠更斯推导出许多结论。

例如，他举了一个在船上进行碰撞实验的例子，他想象有一个人站在速度为 $\boldsymbol{u}$ 的船上，手中吊着两个球。两球分别以速率 v 从相反方向做对心碰撞。根据第三个假设，船上的人所看到的是两球分别以大小为 $\boldsymbol{v}$ 的速度反弹，但从岸上看来，却是更复杂的情况，两球以速度（$\boldsymbol{v}+\boldsymbol{u}$）和（$\boldsymbol{v}-\boldsymbol{u}$）相撞，又以（$\boldsymbol{v}-\boldsymbol{u}$）和（$\boldsymbol{v}+\boldsymbol{u}$）反弹。于是，惠更斯得出结论：两个相同的球以不同的速度做对心碰撞，彼此将会交换速度。

惠更斯对质量还没有形成明确的概念，他采用“大的程度”来代表惯性的大小，实际上就是后来的“质量”，它和速度的乘积就是动量。惠更斯证明笛卡儿所谓的总动量在碰撞过程中并不总是守恒的，而是“大的程度”（即质量）与速度平方的乘积应保持守恒。这就为后来莱布尼兹的活力守恒奠定了基础。

1673 年，马略特（E. Mariotte）创立了一种用单摆进行碰撞实验的方法。他用线把两个物体吊在同一水平面下，把它们当作摆锤，摆锤在最低点的速度与摆的起点高度有关，可从单摆下落时走过的弧来量度，而摆锤能够升起的高度则决定于在最低点碰撞后所获得的速度。这样，马略特就找到了一种巧妙的方法，可以测出碰撞前后的瞬时速度。

这个实验牛顿也做过，他还用了修正空气阻力影响的实验方法，在《自然哲学的数学原理》一书中进行了详细说明，他写道：

“我尝试用这个方法进行实验，摆长取 10ft，物体有时相同，有时不同。令物体从很大的距离，例如 8ft、12ft 或 16ft 处下荡，以相反的方向相遇，结果是双方在运动中产生同等的变化，即作用和反作用恒等，所差不超过 3ft。例如，物体 A 以 9 份运动撞到静止的物体 B，损失掉 7 份，碰撞后以 2 份继续前进，则物体 B 将以 7 份运动反弹。如果两物体从反方向相撞，A 以 12 份运动，B 以 6 份运动，而如果 A 以 2 份后退，B 将以 8 份后退，双方各减 14 份。”

牛顿从碰撞现象的研究进一步提出了牛顿第三定律，他在同一书中写道：

“每一个作用总是有一个相等的反作用和它相对抗；或者说，两物体彼此之间的相互作用永远相等，并且各自指向其对方。”

4.1　冲量　动量定理

物理学基本内容

一个质量很轻但是快速运动的足球运动员，或者是前一个运动员质量的两倍但是只有原来一半的速度的运动员，哪个可能会使你受到更大的伤害？

有很多关于力的问题是牛顿第二定律解释不了的。比如说，一个 18 轮卡车和一辆小轿车相撞，碰撞之后它们移动路径的决定因素是什么？还有，当我们在玩台球时，你是如何让母球撞上 8 号球使它入袋的？再或者当一个陨石撞上地球时，在这一瞬间将给地球多大的能量？这些问题中有一个共同点就是：在两辆车之间，两个台球之间，还有陨石和地球之间的力我们不知道。在这一章我们将回答这些问题！我们将提出两个新的概念：动量和冲量，一个新的守恒定律——动量守恒定律。它和能量守恒定律一样重要，并且比牛顿运动定律适用范围更广泛，比如高速和微观。

4.1.1　冲量及其计算

1. 冲量

冲量为力的时间积累。在很多力学问题中，我们只讨论运动物体在一段时间内的某些变化而不需要考虑物体在每个时刻的运动，这时我们就会使用到力在这段时间内的积累——冲量。冲量是一个可计算的物理量，它的定义为力与作用时间的乘积，常用 $\boldsymbol{I}$ 表示，单位是牛顿秒（N·s）。

2. 冲量的计算

（1）恒力的冲量　恒力的冲量就等于力矢量与力作用的时间的乘积，即

$$\boldsymbol{I} = \boldsymbol{F}\Delta t \tag{4-1}$$

（2）变力的冲量　变力的冲量应根据微积分来进行计算。先将所要计算的时间段进行微分（无限小分割），在每个时间微元 dt 内变力可以看成恒力，其冲量记为 d$\boldsymbol{I}$，则

$$\mathrm{d}\boldsymbol{I} = \boldsymbol{F}\mathrm{d}t \tag{4-2}$$

称 d$\boldsymbol{I}$ 为元冲量，在 t_1 到 t_2 这段时间内，力的冲量等于所有时间间隔内元冲量之矢量和，取时间间隔 dt→0，求和变成积分，得到冲量 $\boldsymbol{I}$ 的精确值，即

$$\boldsymbol{I} = \int_{t_1}^{t_2}\boldsymbol{F}\mathrm{d}t \tag{4-3}$$

式中，$\boldsymbol{I}$ 就叫作从 t_1 到 t_2 时间内变力 $\boldsymbol{F}$ 给予物体的冲量。

应当指出，冲量 $\boldsymbol{I}$ 是矢量，它表示力对时间的累积作用。冲量的方向一般不是某一瞬时质点所受力的方向，只有恒力冲量的方向才与力的方向相同，变力冲量的方向与下面要讲到的平均力的方向相同。具体计算时，常用直角坐标分量式。

（3）冲量的分量形式　作为矢量，冲量在直角坐标系下有如下的分量形式

$$I_x = \int_{t_1}^{t_2}F_x\mathrm{d}t \tag{4-4}$$

$$I_y = \int_{t_1}^{t_2}F_y\mathrm{d}t \tag{4-5}$$

$$I_z = \int_{t_1}^{t_2}F_z\mathrm{d}t \tag{4-6}$$

$$\boldsymbol{I} = I_x\boldsymbol{i} + I_y\boldsymbol{j} + I_z\boldsymbol{k} \tag{4-7}$$

3. 冲力

在碰撞、打击等问题中，相互作用时间极短，而力的峰值却很大，变化也很快，通常把这种力称为冲力。冲力的变化很难测定，研究其作用的细节十分困难。平均冲力概念的引入对这类问题的研究特别有用。如果有

$$\int_{t_1}^{t_2}\boldsymbol{F}\mathrm{d}t = \overline{\boldsymbol{F}}(t_2 - t_1) \tag{4-8}$$

则称 $\overline{\boldsymbol{F}}$ 为变力 $\boldsymbol{F}$ 在 t_1 到 t_2 时间内的平均冲力，从而式（4-8）可以写成

$$\overline{\boldsymbol{F}} = \frac{\int_{t_1}^{t_2}\boldsymbol{F}\mathrm{d}t}{t_2 - t_1} = \frac{\boldsymbol{I}}{\Delta t} \tag{4-9}$$

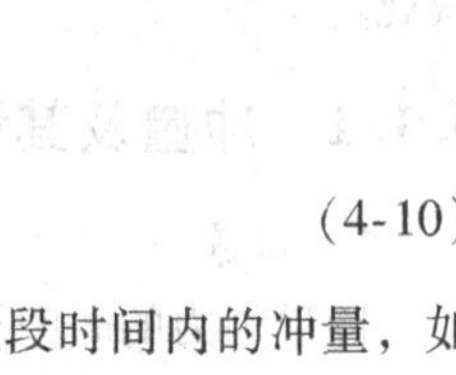

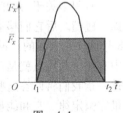

图　4-1

冲量和冲力是容易混淆的两个不同的概念。冲力是一种作用时间极短而变化范围很大的力，它的单位是牛；而冲量是力与时间的乘积，它的单位与力的单位不同。为了说明平均冲力的意义，不妨设在 t_1 到 t_2 的作用时间内，力 $\boldsymbol{F}$ 的方向沿 x 轴，并且保持不变，其大小随时间变化的情况如图 4-1 所示。由式（4-8）可知，该力的冲量为

$$I_x = \int_{t_1}^{t_2}F_x\mathrm{d}t = \overline{F}_x(t_2 - t_1) = \overline{F}_x\Delta t \tag{4-10}$$

显然，式（4-10）中积分等于 $F_x(t)$ 曲线与 t 轴所包围的面积，即为力在这段时间内的冲量，如果使图中矩形面积与上述面积相等，那么与矩形高度对应的力就是平均冲力 $\overline{F}_x$。

以上我们仅讨论了一个力的冲量，若有几个力 $\boldsymbol{F}_1$，$\boldsymbol{F}_2$，$\boldsymbol{F}_3$，…，$\boldsymbol{F}_N$ 同时作用在质点上，则合力的冲量为

$$\boldsymbol{I} = \int_{t_1}^{t_2}\left(\sum_{i=1}^{N}\boldsymbol{F}_i\right)\mathrm{d}t = \sum_{i=1}^{N}\int_{t_1}^{t_2}\boldsymbol{F}_i\mathrm{d}t = \sum_{i=1}^{N}\boldsymbol{I}_i \tag{4-11}$$

式（4-11）表明，合力的冲量等于各个分力在同一时间内冲量的矢量和。

4.1.2 动量

世界上运送石油的超级油轮是比较大的船只，质量达到65万吨（t），运送约2百万桶石油。如此大的尺寸产生一个实际问题，超级油轮太大以至于不能停在港口而是离岸边很远的地方。除此之外，驾驶这样的船只也比较困难，例如，当船长命令返航或停止时，船只会继续前行4.8km，使运动物体难以停下的重要原因是动量，动量是运动物体的基本属性。动量是一个描述物体运动特征的物理量。它的定义为：物体的质量与其速度的乘积，即

$$\boldsymbol{p} = m\boldsymbol{v} \tag{4-12}$$

在直角坐标系下动量的分量形式为：

$$p_x = mv_x \tag{4-13}$$

$$p_y = mv_y \tag{4-14}$$

$$p_z = mv_z \tag{4-15}$$

由于物体在运动过程中不同时刻的速度是不同的，所以动量的大小和方向都可能是变化的。初动量和末动量就是指在始末时刻不同的动量。

对多个物体（或质点）组成的质点系，还有总动量的概念，即质点系动量。质点系动量定义为系统内各质点动量的矢量和，常常也用$\boldsymbol{p}$表示。数学表达式为

$$\boldsymbol{p} = \sum_i \boldsymbol{p}_i \tag{4-16}$$

式中，$\boldsymbol{p}_i$表示系统内各个质点的动量。总动量也有分量形式，即

$$p_x = \sum_i p_{ix} \tag{4-17}$$

$$p_y = \sum_i p_{iy} \tag{4-18}$$

$$p_z = \sum_i p_{iz} \tag{4-19}$$

下面我们研究冲量和动量满足的物理规律。

4.1.3 动量定理及其应用

1. 动量定理的推导

我们从动力学的基本方程——牛顿运动定律出发，研究一个质量不变的质点。由牛顿第二定律并根据动量的定义可得

$$\boldsymbol{F} = m\boldsymbol{a} = m\frac{\mathrm{d}\boldsymbol{v}}{\mathrm{d}t} = \frac{\mathrm{d}\boldsymbol{p}}{\mathrm{d}t} \tag{4-20}$$

式中，$\boldsymbol{F}$是质点所受的合外力；$\boldsymbol{p}=m\boldsymbol{v}$是质点的动量。上式说明，力的作用效果使质点的动量发生变化，质点所受的合外力等于质点动量对时间的变化率。我们将这一关系称为质点的动量定理的微分形式，也叫牛顿第二定律的动量形式。

式（4-20）还可以改写为

$$\boldsymbol{F}\mathrm{d}t = \mathrm{d}\boldsymbol{p} \tag{4-21}$$

式中，$\mathrm{d}\boldsymbol{p}$表示$\mathrm{d}t$时间内质点动量的增量。式（4-21）是质点的动量定理微分形式的另一种表述，它表明：质点在$\mathrm{d}t$时间内受到的合外力的冲量等于质点在$\mathrm{d}t$时间内动量的增量。

当考虑力持续了一段有限时间从t_1时刻到t_2时刻的作用效果时，还可以对式（4-21）积分，并得到

$$\int_{t_1}^{t_2}\boldsymbol{F}\mathrm{d}t = \int_{\boldsymbol{p}_1}^{\boldsymbol{p}_2}\mathrm{d}\boldsymbol{p} = \boldsymbol{p}_2 - \boldsymbol{p}_1 \tag{4-22}$$

上式左侧的积分显然是合力 $\boldsymbol{F}$ 在 t_1 到 t_2 这段时间内的总冲量，用 $\boldsymbol{I}$ 表示为

$$\boldsymbol{I} = \boldsymbol{p}_2 - \boldsymbol{p}_1 \tag{4-23}$$

式（4-22）中，$\boldsymbol{p}_2$ 为质点在 t_2 时刻的动量（末动量），$\boldsymbol{p}_1$ 为质点在 t_1 时刻的动量（初动量）。式（4-22）及式（4-23）都叫作质点动量定理的积分形式。它表明：合外力在一段时间内的冲量等于质点在同一段时间内动量的增量。

2. 对动量定理的理解

质点的动量定理反映了力的持续作用与物体机械运动状态变化之间的关系。常识告诉我们，物体做机械运动时，质量较大的物体运动状态变化较为困难一些，质量较小的物体运动状态变化相对要容易一些，例如，要使速度相同的火车和汽车都停下来，显然火车较之于汽车要困难得多。而在两个质量相同的物体之间比较，例如，两辆质量相同的汽车，要使高速行驶的汽车停下来就比使低速行驶的汽车停下来要困难。这说明人们在研究力的作用效果及物体机械运动状态变化时，应该同时考虑物体的质量和运动速度这两个因素，为此引入了动量的概念，以其作为物体机械运动的量度。而质点的动量定理进一步指出，质点动量的变化取决于力的冲量。不论力是大还是小，只要力的冲量相同，也就是力对时间的累积量相同，就可以造成质点动量相同的改变，只不过力较大时，作用时间短一些，而力较小时作用时间需要持续更长一些罢了。因此也可以这样理解，冲量是用动量变化来衡量的作用量。若合外力冲量为零，物体的动量将保持不变（动量守恒）。

质点的动量定理式（4-22）和式（4-23）都是矢量关系。力的冲量 $\boldsymbol{I} = \int_{t_1}^{t_2} \boldsymbol{F} \mathrm{d}t$ 也是一个矢量。如果力 $\boldsymbol{F}$ 的方向不随时间变化，则冲量的方向与力的方向一致。例如，重力的冲量就与重力的方向一致。如果力 $\boldsymbol{F}$ 的方向是变化的，冲量的方向就不能由某一个时刻力的方向来确定了。例如，质点做匀速率圆周运动的时候，合外力表现为向心力，其方向由质点所在处指向圆心，方向是不断变化的。在这种情况下，冲量的方向可以根据式（4-23）由质点动量的增量来确定，也就是说，不论力的方向怎样变化，冲量 $\boldsymbol{I}$ 的方向始终与动量的增量 $\Delta\boldsymbol{p} = \boldsymbol{p}_2 - \boldsymbol{p}_1$ 的方向一致。我们还注意到式（4-23）中的冲量 $\boldsymbol{I}$、质点的初动量 $\boldsymbol{p}_1$ 和末动量 $\boldsymbol{p}_2$ 在数学上表现为矢量的加减关系，在矢量关系图上这三个矢量应当构成一个闭合的三角形，如图 4-2 所示。这种形象地用矢量图表示的动量定理在分析问题和解题中都会有很好的直观效果。

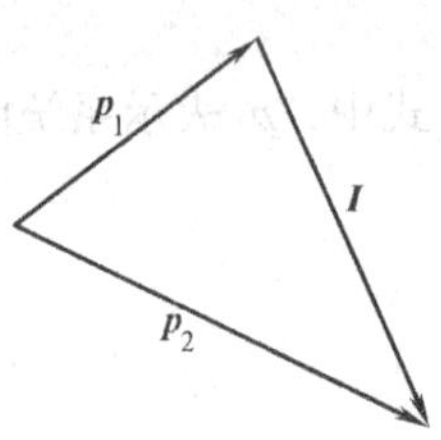

图 4-2

将式（4-22）、式（4-23）投影到坐标轴上就是质点动量定理的分量形式。例如，在直角坐标系中，对 x、y、z 轴分别投影就有

$$I_x = \int_{t_1}^{t_2} F_x \mathrm{d}t = p_{x2} - p_{x1} \tag{4-24}$$

$$I_y = \int_{t_1}^{t_2} F_y \mathrm{d}t = p_{y2} - p_{y1} \tag{4-25}$$

$$I_z = \int_{t_1}^{t_2} F_z \mathrm{d}t = p_{z2} - p_{z1} \tag{4-26}$$

上述式子表明：力在哪一个坐标轴方向上形成冲量，动量在该方向上的分量就发生变化，动量分量的增量等于同方向上冲量的分量。

3. 动量定理的应用举例

【例 4-1】 灭火水枪：灭火过程中水枪每分钟喷射出 360L 的水，且喷射速度为 $v = 39.0\mathrm{m \cdot s^{-1}}$，喷水过程中作用于消防员的力为多大？

【解】 已知水的密度 $\rho = 1.0 \times 10^3 \mathrm{kg \cdot m^{-3}} = 1.0\mathrm{kg/L}$，在 $\Delta t = 60\mathrm{s}$ 时间内喷水体积 $\Delta V = 360\mathrm{L}$

则每分钟喷出水的质量

$$\Delta m = \Delta V\rho = 360\text{kg}$$

每分钟喷出水的动量

$$\Delta p = v\Delta m$$

根据平均冲力的定义

$$\overline{F} = \frac{\Delta mv}{\Delta t} = \frac{360\text{kg} \times 39\text{m} \cdot \text{s}^{-1}}{60\text{s}} = 234\text{N}$$

冲力对消防员会产生很大的危害，因此，具体操作时要移动，避免伤害。

【例4-2】 质量为m，速率为v的小球，以入射角α斜向与墙壁相碰，又以原速率沿反射角α方向从墙壁弹回。设碰撞时间为Δt，求墙壁受到的平均冲力。

【解】（解法一）建立如图4-3a所示坐标系，以v_x，v_y表示小球反射速度的x和y分量，则由动量定理可知，小球受到的冲量的x，y分量的表达式如下

x方向：$\overline{F_x}\Delta t = mv_x - (-mv_x) = 2mv_x$ ①

y方向：$\overline{F_y}\Delta t = -mv_y - (-mv_y) = 0$ ②

所以 $\overline{\boldsymbol{F}} = \overline{F_x}\boldsymbol{i} = \dfrac{2mv_x}{\Delta t}\boldsymbol{i}$

$$v_x = v\cos\alpha$$

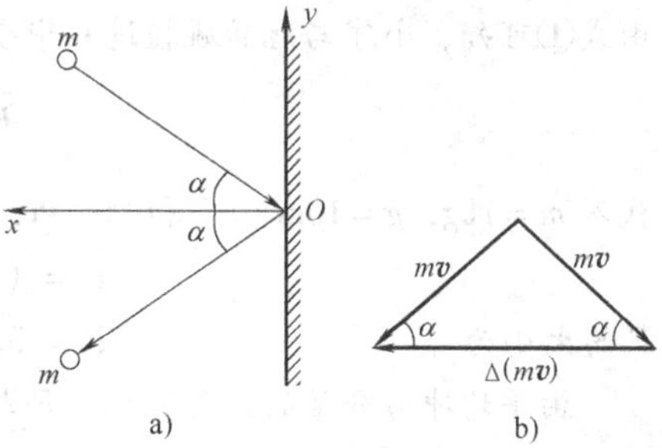

图 4-3

故 $\overline{\boldsymbol{F}} = (2mv\cos\alpha/\Delta t)\,\boldsymbol{i}$，方向沿$x$轴正向。

根据牛顿第三定律，墙受的平均冲力$\overline{F}' = \overline{F}$，方向垂直墙面指向墙内。

（解法二）画动量矢量图4-3b，由图知

$$\Delta(m\boldsymbol{v}) = 2mv\cos\alpha\boldsymbol{i} \qquad \text{方向垂直于墙向外}$$

由动量定理

$$\overline{\boldsymbol{F}}\Delta t = \Delta(m\boldsymbol{v})$$

得

$$\overline{\boldsymbol{F}} = (2mv\cos\alpha/\Delta t)\boldsymbol{i}$$

不计小球重力，$\overline{F}$即为墙对球冲力。

由牛顿第三定律，墙受的平均冲力

$$\overline{\boldsymbol{F}'} = -\overline{\boldsymbol{F}} \quad \text{（方向垂直于墙指向墙内）}$$

方向垂直于墙，指向墙内。

【例4-3】 质量$\text{m} = 1kg$的小球，自$\text{h} = 20m$高处以速率$\text{v}_0 = 10m \cdot s^{-1}$沿水平方向抛出，与水平地面碰撞后跳起的最大高度为抛出时高度的一半，此时水平速度的大小为$\text{v}_0/2$，如图4-4所示。设球与地面的碰撞时间为$\Delta\text{t} = 0.01s$，求小球与地面碰撞过程中受到的平均冲力（取$\text{g} = 10m \cdot s^{-2}$计算）。

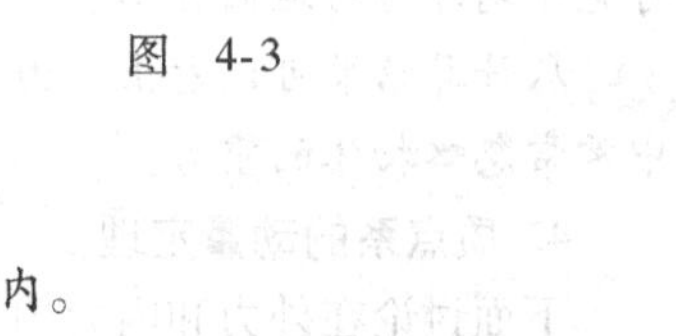

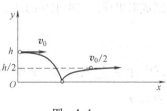

图 4-4

【解】 建立如图4-4所示的坐标系，并以抛出时刻为计时零点。设小球与地面碰撞过程中受到的平均冲力为$\boldsymbol{F}$，球与地面碰撞前后的速度分别为$\boldsymbol{v}_1$和$\boldsymbol{v}_2$。以小球为研究对象，碰撞过程中除受到力$\boldsymbol{F}$外，还受到重力$m\boldsymbol{g}$的作用。根据动量定理有

$$(\boldsymbol{F} + m\boldsymbol{g})\Delta t = m\boldsymbol{v}_2 - m\boldsymbol{v}_1 \qquad ①$$

在物体做抛体运动的过程中，加速度$\boldsymbol{g}$恒定不变，利用运动学公式，可以算出从抛出到落地所需的时间为$t_1=\sqrt{2h/g}$，从碰撞后跳起到最高点所需时间为$t_2=\sqrt{h/g}$。小球下落与地面碰撞前的速度为

$$\boldsymbol{v}_1=\boldsymbol{v}_0+\boldsymbol{g}t_1=v_0\boldsymbol{i}-gt_1\boldsymbol{j}=v_0\boldsymbol{i}-g\sqrt{2h/g}\,\boldsymbol{j} \qquad ②$$

设碰撞后小球跳起时的速度为$\boldsymbol{v}_2$，则有$\boldsymbol{v}_0/2=\boldsymbol{v}_2+\boldsymbol{g}t_2$，可得

$$\boldsymbol{v}_2=\boldsymbol{v}_0/2-\boldsymbol{g}t_2=v_0/2\boldsymbol{i}+g\sqrt{h/g}\boldsymbol{j} \qquad ③$$

将$v_0=10\text{m}\cdot\text{s}^{-1}$，$g=10\text{m}\cdot\text{s}^{-2}$，$h=20\text{m}$代入式②和式③得

$$\boldsymbol{v}_1=(10\boldsymbol{i}-20\boldsymbol{j})\text{m}\cdot\text{s}^{-1},\ \boldsymbol{v}_2=(5\boldsymbol{i}+14.1\boldsymbol{j})\text{m}\cdot\text{s}^{-1}$$

由式①可知，小球与地面碰撞过程中受到的平均冲力为

$$\overline{\boldsymbol{F}}=-m\boldsymbol{g}+\frac{m\boldsymbol{v}_2-m\boldsymbol{v}_1}{\Delta t}$$

代入$m=1\text{kg}$，$g=10\text{m}\cdot\text{s}^{-2}$和$\boldsymbol{v}_2$，$\boldsymbol{v}_1$，算出

$$\overline{\boldsymbol{F}}=(-5\times10^2\boldsymbol{i}+34.2\times10^2\boldsymbol{j})\text{N}$$

$\overline{\boldsymbol{F}}$的大小为

$$\overline{F}=3.46\times10^3\text{N}$$

由平均冲力分量的正负可知，$\overline{\boldsymbol{F}}$与$Ox$轴正方向的夹角是第二象限的角，其值为$\theta=98°19'$，可见平均冲力与地面并不垂直。

从计算结果可以看出，由于作用时间极短，平均冲力远大于小球的重力，因此，在碰撞问题中常常忽略物体的重力。

4. 质点系的动量定理

下面讨论在外力和内力的共同作用下质点系的动量的变化规律。

对含有n个质点的质点系，我们可以先考虑系统中第i个质点。它受到的外力为$\boldsymbol{F}_{外i}$，受到除自身外其他质点的合内力为$\boldsymbol{F}_{内i}$，合力$\boldsymbol{F}=\boldsymbol{F}_{外i}+\boldsymbol{F}_{内i}$。现在对第$i$个质点应用质点的动量定理

$$\boldsymbol{F}_{外i}+\boldsymbol{F}_{内i}=\frac{\mathrm{d}\boldsymbol{p}_i}{\mathrm{d}t}$$

对质点系的所有质点求和，得

$$\sum_i\boldsymbol{F}_{外i}+\sum_i\boldsymbol{F}_{内i}=\sum_i\frac{\mathrm{d}\boldsymbol{p}_i}{\mathrm{d}t} \qquad (4\text{-}27)$$

式中，左侧第一项是对质点系中各质点受到的外力求和，为系统所受的合外力，$\boldsymbol{F}_{外}=\sum_i\boldsymbol{F}_{外i}$；左侧第二项是对质点系中各质点彼此之间的内力求和，由于内力总是以作用力和反作用力的形式成对出现，该项求和的结果等于零。等式的右边可以改写为

$$\sum_i\frac{\mathrm{d}\boldsymbol{p}_i}{\mathrm{d}t}=\frac{\mathrm{d}}{\mathrm{d}t}\sum_i\boldsymbol{p}_i=\frac{\mathrm{d}\boldsymbol{p}}{\mathrm{d}t} \qquad (4\text{-}28)$$

式中，$\boldsymbol{p}=\sum_i\boldsymbol{p}_i$是质点系所有质点动量之和，即为质点系的（总）动量。这样，式（4-28）最终可以表述为

$$\boldsymbol{F}_{外}=\frac{\mathrm{d}\boldsymbol{p}}{\mathrm{d}t}\text{或}\boldsymbol{F}_{外}\mathrm{d}t=\mathrm{d}\boldsymbol{p} \qquad (4\text{-}29)$$

即：质点系所受的合外力等于质点系动量对时间的变化率。这个规律称为质点系的动量定理（微分形式）。动量定理的微分形式是合外力与动量变化率的瞬时关系，当讨论力持续作用一段时间后质点系动量变化的规律时，需要对式（4-29）积分

$$\int_{\Delta t} \boldsymbol{F}_{外}\,\mathrm{d}t = \int_{\boldsymbol{p}_1}^{\boldsymbol{p}_2} \mathrm{d}\boldsymbol{p} = \boldsymbol{p}_2 - \boldsymbol{p}_1 \tag{4-30}$$

式中，$\int_{\Delta t} \boldsymbol{F}_{外}\,\mathrm{d}t$ 是 Δt 时间内质点系受到的合外力的冲量，可以用 $\boldsymbol{I}_{外}$ 表示；$\boldsymbol{p}_1$ 和 $\boldsymbol{p}_2$ 是质点系初态和末态时的动量。所以

$$\boldsymbol{I}_{外} = \boldsymbol{p}_2 - \boldsymbol{p}_1 \tag{4-31}$$

这样，对质点系而言，在某段时间内质点系受到的合外力的冲量等于质点系（总）动量的增量。

式（4-30）及式（4-31）都是质点系动量定理的积分形式，它们与式（4-22）反映的规律是一致的，即质点系动量的变化只取决于系统所受的合外力，与内力的作用没有关系，合外力越大，系统动量的变化率就越大；合外力的冲量越大，系统动量的变化就越大。同时也需注意到，在质点系里，各质点受到的内力及内力的冲量并不等于零，内力的冲量将改变各质点的动量，这点由式（4-20）可以反映出来。但是，对内力及内力的冲量求矢量和一定等于零，因此，内力并不改变质点系的总动量，只起着质点系内各质点之间彼此交换动量的作用，或者说改变总动量在各个质点上的分配。

物理知识应用

1. 飞机撞鸟

常人用肉眼看百米以外的鸟仅是个小点。这样的空中小点，在思想高度集中的飞行员驾机时往往会被忽略，等飞行员看清是鸟（假设20m外），为时已晚。根据采访，飞行员绝大部分没有看到鸟，通常是飞机突然发出“嘭”的一声，飞机震动，鸟已撞上了。假设飞机时速 $500\mathrm{km \cdot h^{-1}}$（$138.8\mathrm{m \cdot s^{-1}}$），鸟速 $40\mathrm{km \cdot h^{-1}}$（$11.0\mathrm{m \cdot s^{-1}}$），试想飞行员避鸟要经过发现目标、决策躲避、推（拉）驾驶杆、蹬舵等操作过程，时间已接近或超过1s，鸟也有受惊、迟疑、起动、逃跑等过程，时间也是1s左右，而这20m的路程飞机只需要0.14s就到，可见撞鸟难以避免。

研究显示，1983年至1987年的5年内美国军用飞机和直升机共发生撞鸟达16000次，平均每天9次；苏联民航每年发生撞鸟1500次之多，平均每天4次。其中10%引起航空设备的损坏，灾难性的重大鸟撞事故在世界各地也屡有发生。统计显示，按发生事故的飞行高度分析：有56%的事故发生在1000m以下；有11%发生在1000～2000m之间；有4%发生在2000～4000m之间。从鸟撞击飞机的部位来分析：发生在机翼和机翼附件处为26.1%，机身占21.9%，撞击发动机（包括外部撞击和被吸入）占21.7%，撞击风挡和座舱的占17.3%。撞击事故按飞机的飞行阶段划分：有54%发生在机场上方，其中着陆时占37%，起飞时占16%。发生撞击事故时，有40%的飞机速度在 $370\mathrm{km \cdot h^{-1}}$，这对于许多飞机而言，正处于起降阶段。按天气情况划分：有61%的事故发生在晴朗的天气；19%发生在云层的上下；1%发生在云层之中。

【例4-4】 一架以 $3.0\times10^2\mathrm{m \cdot s^{-1}}$ 的速率水平飞行的飞机，与一只身长为0.20m、质量为0.50kg的飞鸟相碰，设碰撞后飞鸟的尸体与飞机具有同样的速率，而原来飞鸟对于地面的速率甚小，可以忽略不计。试估计飞鸟对飞机的冲击力。根据本题的计算结果，你对于高速运动的物体（如飞机、汽车）与通常情况下不足以引起危害的物体（如飞鸟、小石子）相碰后会产生什么后果的问题有些什么体会？

分析：由于鸟与飞机之间的作用是一短暂时间内急剧变化的变力，直接应用牛顿定律解决受力问题是不可能的。如果考虑力的时间累积效果，运用动量定理来分析，就可避免作用过程中的细节情况。在求鸟对飞机的冲力（常指在短暂时间内的平均力）时，由于飞机的状态（指动量）变化不知道，使计算也难以进行，这时，可将问题转化为讨论鸟的状态变化来分析其受力情况，并考虑鸟与飞机作用的相互性（作用与反作用），问题就很简单了。

【解】 以飞鸟为研究对象，取飞机运动方向为 x 轴正向，由动量定理得

$$\overline{F'}\Delta t = mv - 0$$

式中，F'为飞机对鸟的平均冲力，而身长为20cm的飞鸟与飞机碰撞时间约为$\Delta t = l/v$，代入上式可得

$$\overline{F'} = mv^2/l = 2.25 \times 10^5\text{N}$$

鸟对飞机的平均冲力为

$$\overline{F} = -\overline{F'} = -2.25 \times 10^5\text{N}$$

式中，负号表示飞机受到的冲力与其飞行方向相反。从计算结果可知，2.25×10^5N的冲力大致相当于一个22t的物体所受的重力，可见，此冲力是相当大的。若飞鸟与发动机叶片相碰，足以使发动机损坏，造成飞行事故。

2. 动量定理与增程弹

如何才能不降低火炮的机动性能（尺寸不能太大）又能提高火炮的射程呢？

增大初速并以最佳角度发射炮弹是增大火炮射程常用的方法。根据动量定理$\boldsymbol{F} \cdot \Delta t = \Delta(m\boldsymbol{v})$，要想提高炮弹的初速，有几种途径：增大推力，延长推力对炮弹的作用时间，减轻炮弹的质量。增大推力即增大膛压，可通过增加发射药量或采用高能发射药得以实现，但必须考虑对炮管的烧蚀、加速疲劳及断裂等问题。加长火炮的身管便能延长发射药燃气对炮弹的推动过程，美国曾把原来109型火炮的3.7m长的身管加长到6.4m之后发射同样的老式炮弹，射程由原来的14.6km增加到22km，提高了51%；但如果无限制地加长身管，势必要增加身管乃至全炮各部件的强度，这不仅使制造成本加大，而且火炮的机动性能也要降低。当炮弹所受合外力的冲量一定时，炮弹质量越小，其速度变化的数值越大；然而炮弹太轻，杀伤力必定也减小。这是需要我们权衡利弊、综合考虑的。

要增大火炮的射程，我们不仅可以从内弹道（炮弹离开炮口前的运行轨迹）来考虑，还可以从改变炮弹在外弹道（炮弹离开炮口的运行轨迹）上的飞行情况来考虑。如何从外弹道途径来增大炮弹的速度呢？这主要是通过采用火箭增程弹和冲压喷气弹来实现。也就是在炮弹上安装小小的火箭发动机和喷气部件，根据反冲原理不难看出，炮弹在飞行过程中得到向前的推力，这必有利于增大射程。例如，一般认为火炮的射程应该控制在20km之内，但第四次中东战争中，以色列用175mm自行加农炮发射火箭增程弹，使射程增至54km。使用这种炮弹的优点是火炮炮管和结构无需改变，便可将射程大大增加，但是，火箭增程弹的威力和命中精度有所下降，成本也有所提高。

炮弹在飞行过程中还将受到空气阻力的作用。由动量定理可知，空气阻力的冲量将使炮弹的飞行速度减小，因而射程随之减小。欲减小炮弹的飞行阻力，不仅要使炮弹表面光滑，更重要的是要使炮弹更加细长和接近流线形。

物理知识拓展

飞机诱导阻力

气流流过机翼后会改变方向，并由此产生升力和诱导阻力，下面详细分析。假定空气流过机翼后，下洗速度为Δv，因为在机翼前面，空气的下洗速度为零，所以以机翼附近空气团为研究对象，可以近似认为空气团流过机翼的平均下洗速度为$\Delta v/2$。假定空气流过机翼时的平均下洗角为ε，实际升力为Y'，其方向与平均下洗角气流方向垂直；有效升力为Y，垂直于空速方向，则从图4-5中的作用力关系可以看出，诱导阻力为：

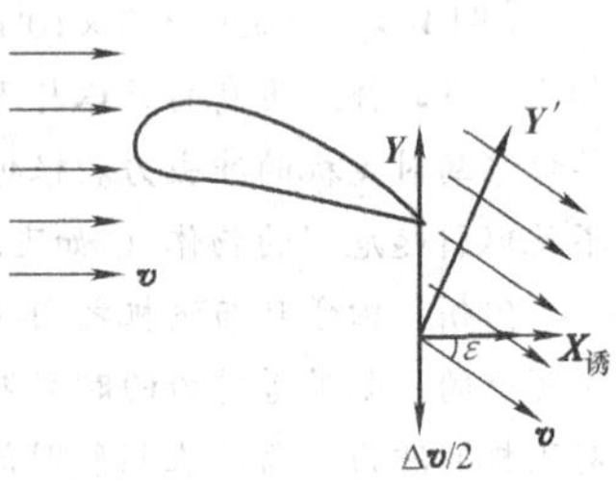

图 4-5

$$X_{诱} = Y\tan\varepsilon \quad ①$$

从速度三角形可以看出

$$\tan\varepsilon \approx \sin\varepsilon = \frac{\Delta v}{2v} \quad ②$$

将式②代入式①，得

$$X_{诱} = \frac{Y\Delta v}{2v} \quad ③$$

设空气流过机翼的时间为Δt。在这段时间内，空气流过机翼时下洗速度从零增至Δv，所以下洗加速度为$\Delta v/\Delta t$，此加速度是由于机翼施加于空气向下的作用力产生的。而空气施加于机翼向上的反作用力就是有效升力（Y），这就是升力的本质（下洗气流的反冲力）！设流过机翼的空气质量为m，根据动量定理可知：

$$Y\Delta t = m\Delta v$$

即

$$Y = \frac{m}{\Delta t}\Delta v \quad ④$$

式中，$\frac{m}{\Delta t}$为单位时间内流过机翼的空气质量。实验证明，受机翼影响而下洗的空气，仅限于以翼展（L）为直径的圆周范围内，因此，单位时间流过机翼的下洗空气质量为

$$\frac{m}{\Delta t} = \rho\frac{\pi L^2}{4}v \quad ⑤$$

将式⑤代入式④，解出

$$\Delta v = \frac{Y}{\rho\frac{\pi L^2}{4}v} \quad ⑥$$

将式⑥代入式③，得

$$X_{诱} = \frac{Y^2}{\frac{1}{2}\rho v^2 \pi L^2} \quad ⑦$$

设机翼的平均翼弦为$b_{平}$，则展弦比为λ

$$\lambda = \frac{L}{b_{平}} = \frac{L\cdot L}{b_{平}\cdot L} = \frac{L^2}{S} \quad ⑧$$

代入式⑦，得

$$X_{诱} = \frac{Y^2}{\pi\lambda\cdot\frac{1}{2}\rho v^2 S} \quad ⑨$$

上式表明：同一架飞机，在一定的升力下，诱导阻力与相对气流动压成反比，对于不同的飞机来说，如果升力、相对气流动压和机翼面积相同，则诱导阻力与展弦比成反比。

仿照阻力公式的形式列出诱导阻力公式，得

$$X_{诱} = C_{X诱}\cdot\frac{1}{2}\rho v^2 S \quad ⑩$$

式中，$C_{X诱}$为诱导阻力系数。将式⑨和升力公式代入式⑩，化简得

$$C_{X诱} = \frac{C_Y^2}{\pi\lambda} \quad ⑪$$

从上式可以看出：诱导阻力系数与升力系数平方成正比，与展弦比成反比。

应用能力训练

【例4-5】一跳伞员在做延迟跳伞。跳伞员的质量$m=70\text{kg}$，自悬停在高空中的直升机中跳出，当速度达到$v_1=55\text{m}\cdot\text{s}^{-1}$时把伞打开，经过时间$\Delta t=1.25\text{s}$后，速度减到$v_2=5\text{m}\cdot\text{s}^{-1}$。试求这段时间内绳索作用于人的平均拉力。

【解】设时间 Δt 内作用于人的平均拉力为 $\overline{F_T}$，根据动量定理，有

$$(mg-\overline{F_T})\Delta t = mv_2 - mv_1$$

$$\overline{F_T} = \frac{m}{\Delta t}(v_1 - v_2) + mg$$

$$= \left[\frac{70}{1.25}(55-5) + 70\times 9.8\right]\text{N} = 3486\text{N}$$

【例4-6】力 $\boldsymbol{F}$ 作用在质量 $m=1.0\text{kg}$ 的质点上，使之沿 Ox 轴运动。已知在此力作用下质点的运动方程为 $x=3t-4t^2+t^3$，式中 t 以 s 计，x 以 m 计，求在 0 到 4s 的时间间隔内力 $\boldsymbol{F}$ 的冲量。

【解】由冲量定义，有

$$I = \int F\mathrm{d}t = \int ma\mathrm{d}t \quad ①$$

式①中加速度大小为

$$a = \frac{\mathrm{d}^2 x}{\mathrm{d}t^2} = \frac{\mathrm{d}^2}{\mathrm{d}t^2}(3t-4t^2+t^3) = -8+6t \quad ②$$

将式②代入式①，积分并代入 $m=1.0\text{kg}$，得 $\boldsymbol{F}$ 的冲量大小为

$$I = \int_0^4 m(-8+6t)\mathrm{d}t = 16\text{N}\cdot\text{s}$$

本题也可以根据冲量定理 $\boldsymbol{I}=\Delta(m\boldsymbol{v})$ 求解，读者可自行练习。

4.2　动量守恒定律

物理学基本内容

4.2.1　动量守恒及其条件

从质点系动量定理可知，如果质点系所受的合外力（不是合外力的冲量）为零，即 $\boldsymbol{F}_{外} = \sum\limits_{i=1}^{N}\boldsymbol{F}_i = 0$，则有

$$\sum_i \boldsymbol{p}_i = \sum_i m_i\boldsymbol{v}_i = \text{常矢量} \tag{4-32}$$

这就是说，如果作用于质点系的合外力为零，那么该质点系的总动量保持不变，这个规律就是动量守恒定律。动量守恒定律是自然界的基本规律之一，具有广泛的应用领域，我们将对其进行深入的讨论。

1）动量守恒是指质点系总动量不变，$\sum\limits_i m_i\boldsymbol{v}_i = $ 常矢量。质点系中各质点的动量是可以变化的，质点通过内力的作用交换动量，一个质点获得多少动量，其他的质点就失去多少动量，机械运动只在系统内转移。

2）$\boldsymbol{F}_{外}=0$ 是动量守恒的条件，但它是一个很严格以致很难实现的条件，真实系统通常与外界或多或少地存在着某些作用。当质点系内部的作用远远大于外力，或者外力不太大而作用时间很短促，以致形成的冲量很小时，外力对质点系动量的相对影响就比较小，此时可以忽略外力的效果，近似地应用动量守恒定律。例如，在空中爆炸的炸弹，各碎片间的作用力是内力，内力很强，外力是重力，相比之下，重力远远小于爆炸时的内力，因而重力可以忽略不计，炸弹系统动量守恒。爆炸后所有碎片动量的矢量和等于爆炸前炸弹的动量。在近似条件下应用动量守恒定律，极大地扩展了用动量守恒定律解决实际问题的范围。

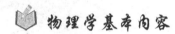

3）式（4-32）表达的是动量守恒定律的矢量形式，它显然有分量形式。根据动量定理的分量式，有

$$若 F_x = 0,则 p_x = \sum_i p_{ix} = \sum_i m_i v_{ix} = 常量$$

$$若 F_y = 0,则 p_y = \sum_i p_{iy} = \sum_i m_i v_{iy} = 常量$$

$$若 F_z = 0,则 p_z = \sum_i p_{iz} = \sum_i m_i v_{iz} = 常量$$

合外力在哪一个坐标轴上的分量为零，质点系总动量在该方向上的分量就是一个守恒量。

4）在物理学中，常常涉及孤立系统，孤立系统是指与外界没有任何相互作用的系统，孤立系统受到的合外力必然为零，因此动量守恒定律又可以表述为：孤立系统的动量保持不变。

5）关于动量守恒定律与牛顿运动定律。此前，我们从牛顿运动定律出发导出了动量定理，进而导出了动量守恒定律。事实上，动量守恒定律远比牛顿运动定律更广泛，更深刻，更能揭示物质世界的一般性规律。动量守恒定律适用的质点系范围，大到宇宙，小到微观粒子，当把质点系的范围扩展到整个宇宙时，可以得出宇宙中动量的总量是一个不变量的结论，这就使得动量守恒定律成为自然界普遍遵从的定律。而牛顿运动定律只是在宏观物体做低速运动的情况下成立，超越这个范围，牛顿运动定律就不再适用。

6）动量守恒定律和动量定理都只对惯性参考系成立。在非惯性参考系中则需要加上惯性力才能应用。

值得一提的是，动量与动能虽然都是描述机械运动状态的物理量，但它们的意义有所不同。动量是矢量，物体间可以通过相互作用实现机械运动的传递，可以说，动量是物体机械运动的一种量度。动能是标量，动能可以转化为势能或其他形式（如热运动等）的能量，可以说动能是机械运动转化为其他运动形式能力的一种量度。

4.2.2 碰撞问题

在过去的30年中，由于许多科学领域的迫切需要，人们对超高速碰撞一直进行着研究。这个领域过去已经对反弹道导弹技术、空间飞船对陨石碰撞防护及超高压力下材料响应的研究等方面做出了重要贡献。近期以来，该领域正在对高速武器性能的评定方面做出贡献，并且关于利用高速碰撞在反应堆中产生热核聚变的大胆设想也正在发展。下面我们先看最简单的弹性碰撞情况。

1. 碰撞过程分析

碰撞泛指强烈而短暂的相互作用过程，如撞击、锻压、爆炸、投掷、喷射等都可以视为广义的碰撞。作用时间的短暂是碰撞的特征。若将发生碰撞的所有物体看成一个系统，由于作用时间短暂，外力的冲量一般可以忽略不计，因此动量守恒是一般碰撞过程的共同特点。

在各种碰撞中，有些是接触碰撞，如炮弹与坦克的碰撞，乒乓球与台面的碰撞，打击锻造等。还有些是非接触碰撞，即物体间并不相互接触，但是互相以力作用于对方而扰乱对方的运动，如微观带电粒子间通过库仑力作用的碰撞，天体之间通过万有引力作用的碰撞等都属于这类碰撞。

我们首先讨论两个小球的碰撞过程。通常把碰撞过程分为两个阶段：开始碰撞时，两球相互挤压，发生形变，由形变产生的弹性回复力使两球的速度发生变化，直到两球速度变得相等为止，这时形变达到最大。这是碰撞的第一阶段，称为压缩阶段；此后，由于形变仍然存在，弹性回复力继续作用，使两球速度继续改变而有相互脱离接触的趋势，两球压缩的程度逐渐减小，直到两球脱离接触时为止。这是碰撞过程的第二阶段，称为恢复阶段。整个碰撞过程到此结束。

2. 碰撞分类

在碰撞过程中常常发生物体的形变，并伴随着相应的能量转化。按照形变和能量转化的特征，碰撞大体可以分为三类。

(1) 完全弹性碰撞　碰撞过程中物体之间的作用力是弹性力，碰撞完成之后物体的形变完全恢复，没有能量的损耗，也没有机械能向其他形式的能量的转化，机械能守恒。又由于碰撞前后没有弹性势能的改变，机械能守恒在这里表现为系统碰撞前后的总动能不变。完全弹性碰撞是一种理想情况，有一类实际的物理过程（如两个弹性较好的物体的相撞、理想气体分子的碰撞等）可以近似按完全弹性碰撞处理。

(2) 非完全弹性碰撞　大量的实际碰撞过程属于这一类。碰撞之后物体的一部分形变不能完全恢复，同时伴随有部分机械能向其他形式的能量如热能的转化，机械能不守恒。工厂中，气锤锻打工件就是典型的非完全弹性碰撞。

(3) 完全非弹性碰撞　碰撞之后物体的形变完全得不到恢复。常常表现为各个参与碰撞的物体在碰撞后合并在一起以同一速度运动。例如，黏性的泥团溅落到车轮上与车轮一起运动，子弹射入木块并嵌入其中等，都是典型的完全非弹性碰撞。完全非弹性碰撞中机械能不守恒。

碰撞在微观世界里也是极为常见的现象。分子、原子、粒子的碰撞是极频繁的，正负电子对的湮没，原子核的衰变等都是广义的碰撞过程。科研工作者还常常人为地制造一些碰撞过程，例如，用X射线或者高速运动的电子射入原子，观察原子的激发、电离等现象；用γ射线或者高能中子轰击原子核，诱发原子核的裂变或衰变；等等。研究微观粒子的碰撞是研究物质微观结构的重要手段之一。特别值得一提的是，在著名的康普顿散射实验（见量子物理有关内容）中，将X射线与电子的相互作用过程处理为碰撞过程，由实验直接证明了动量守恒定律在微观领域中也是成立的，从而将动量守恒定律推广到了物质世界的全部领域。

3. 完全弹性碰撞分析

为简单起见，我们仍然以小球的直接接触为例来研究碰撞。若两小球在碰撞前后的速度都在两球的连心线上，则称这种碰撞为对心碰撞，也称正碰。

在碰撞压缩阶段，两球的部分动能转变为弹性势能。在恢复阶段，弹性势能又完全转变为动能，两球恢复原状。因此，在完全弹性碰撞中，除了系统的动量守恒外，始末系统的动能保持不变。

如图4-6所示，设质量分别为 m_1 和 m_2 的两球做弹性碰撞，碰前的速度分别为 $\boldsymbol{v}_{10}$ 和 $\boldsymbol{v}_{20}$，碰后分离时各自的速度分别为 $\boldsymbol{v}_1$ 和 $\boldsymbol{v}_2$，由于速度都沿同一直线，因此有

$$m_1 v_{10} + m_2 v_{20} = m_1 v_1 + m_2 v_2 \tag{4-33}$$

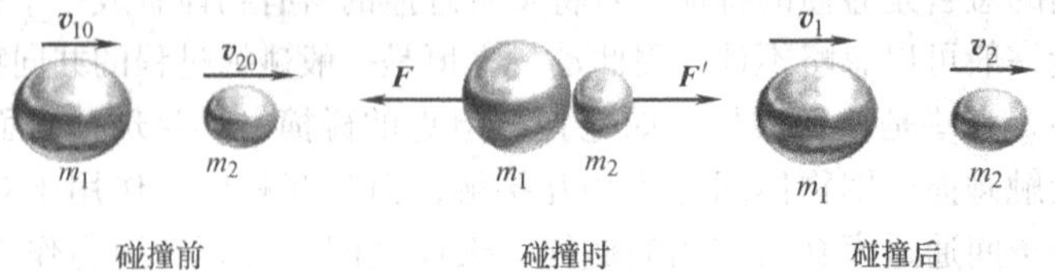

图　4-6

$$\frac{1}{2}m_1 v_{10}^2 + \frac{1}{2}m_2 v_{20}^2 = \frac{1}{2}m_1 v_1^2 + \frac{1}{2}m_2 v_2^2 \tag{4-34}$$

两式联立，解得

$$v_2 - v_1 = v_{10} - v_{20} \tag{4-35}$$

式（4-35）表明，在弹性正碰中，碰后两球的分离速度与碰前两球的接近速度量值相等。由式（4-33）和式（4-35）可解得

$$v_1 = \frac{(m_1 - m_2)v_{10} + 2m_2 v_{20}}{m_1 + m_2} \tag{4-36}$$

$$v_2 = \frac{(m_2 - m_1)v_{20} + 2m_1 v_{10}}{m_1 + m_2} \tag{4-37}$$

对几种弹性碰撞特例的讨论：

1）若两球质量相等，即 $m_1 = m_2$，则有

$$v_1 = \frac{(m_1 - m_2)v_{10} + 2m_2 v_{20}}{m_1 + m_2} = v_{20}$$

$$v_2 = \frac{(m_2 - m_1)v_{20} + 2m_1 v_{10}}{m_1 + m_2} = v_{10}$$

结果表明，两球碰后彼此交换速度，若 m_2 原来静止，则碰后 m_1 静止，m_2 以 m_1 碰前的速度前进。

2）若 $m_2 \gg m_1$，且质量为 m_2 的球在碰前静止，即 $v_{20}=0$，则有

$$v_1 \approx -v_{10}, \quad v_2 \approx 0$$

结果表明，一个原来静止且质量很大的球在碰后仍然静止，质量很小的球以原速率被弹回。

3）若 $m_2 \ll m_1$，且 $v_{20}=0$，则有

$$v_1 \approx v_{10}, \quad v_2 \approx 2v_{10}$$

结果表明，质量很大的球与质量很小的静止球碰撞后，大质量球的速度几乎不变，而小质量球的速度约为大质量球速度的2倍。

基于上述原理，在原子反应堆中，为了使快中子慢下来，就要选择与中子质量相近的物质粒子组成减速剂，使中子碰撞后几乎停下来。从力学的角度看，氢是最有效的减速剂，但由于其他原因，实际常选重水、石墨等材料作为中子的慢化剂。另一方面，选择重金属如铅等作为反射层，可以防止中子漏出堆外。

4. 完全非弹性碰撞分析

完全非弹性碰撞的特点是，碰撞后两物体不再分开，而以相同的速度运动。黏土、油灰等物体的碰撞，子弹射入沙箱后陷入其中，都属于这种碰撞。在这种碰撞过程中，系统的动量仍守恒，但系统的动能要损失，所损失的动能一般转变为热能和其他形式的能。

由动量守恒定律可解出碰撞后的速度为

$$v = \frac{m_1 v_{10} + m_2 v_{20}}{m_1 + m_2} \tag{4-38}$$

系统损失的动能为

$$E_{k0} - E_k = \left(\frac{1}{2}m_1 v_{10}^2 + \frac{1}{2}m_2 v_{20}^2\right) - \frac{1}{2}(m_1 + m_2)v^2 \tag{4-39}$$

$$= \frac{m_1 m_2 (v_{10} - v_{20})^2}{2(m_1 + m_2)} \tag{4-40}$$

物理知识的应用

动量守恒定律的应用

动量守恒定律在很多力学问题的分析与求解过程中都有广泛的应用。应用动量守恒定律的关键是能够

准确判断动量守恒的条件是否得到了满足。因此，熟练掌握并理解动量守恒的条件是最为重要的。另一方面，也要注意判断是否有动量的分量守恒。

1. 炮车反冲问题

【例 4-7】 如图 4-7 所示，一辆停在水平地面上的炮车以仰角 θ 发射一颗炮弹，炮弹的出膛速度相对于炮车为 $\boldsymbol{u}$，炮车和炮弹的质量分别为 m' 和 m，忽略地面的摩擦，试求：(1) 炮车的反冲速度；(2) 若炮筒长为 l，则在发射炮弹的过程中炮车移动的距离为多少？

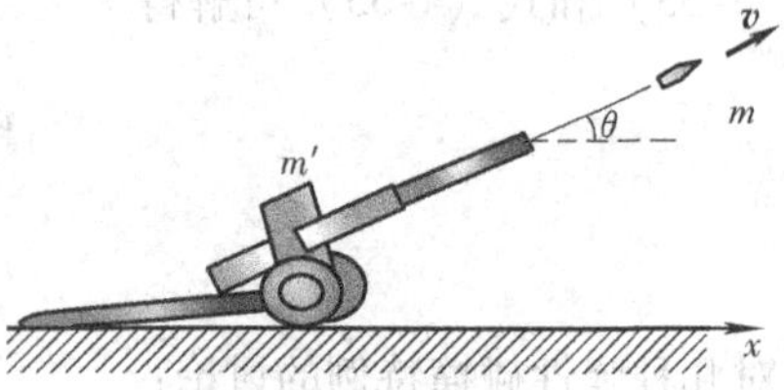

图 4-7

【解】 (1) 以炮弹和炮车为系统，选地面为参考系。由于系统在水平方向无外力作用，因此，系统在该方向上动量守恒。设炮弹出膛时对地的速度为 $\boldsymbol{v}$，此时炮车相对于地面速度为 $\boldsymbol{v}'$，根据相对运动速度变换关系，可得

$$\boldsymbol{v} = \boldsymbol{u} + \boldsymbol{v}' \quad ①$$

在水平方向建立 Ox 轴，并以炮弹前进的方向为正方向，由于系统动量在水平方向的分量守恒，因此

$$m'v' + mv_x = 0 \quad ②$$

式①在 x 方向的分量式为

$$v_x = u\cos\theta + v' \quad ③$$

将式③代入式②，可得炮车的反冲速度为

$$v' = \frac{-m}{m+m'}u\cos\theta \quad ④$$

式中，负号表示炮车后退。

(2) 以 $u(t)$ 表示炮弹在炮筒内运动过程中任意时刻相对炮车的速率，由式④可得炮车的速度 v' 随时间变化的关系为

$$v'(t) = \frac{-m}{m+m'}u(t)\cos\theta$$

因此，在发射炮弹的过程中，炮车的位移为

$$\Delta x = \int_0^t v'(t)\,\mathrm{d}t = \int_0^t \frac{-m}{m+m'}u(t)\cos\theta\,\mathrm{d}t = \frac{-m\cos\theta}{m+m'}\int_0^t u(t)\,\mathrm{d}t$$

将上式中的 t 取为炮弹出膛的时刻，有 $\int_0^t u(t)\,\mathrm{d}t = l$，可得炮车的位移为

$$\Delta x = -\frac{m\cos\theta}{m+m'}l$$

上式表明，炮车后退的距离为 $\Delta x = \frac{m\cos\theta}{m+m'}l$。

从以上例题可以看出，应用动量守恒定律求解时，与应用动能定理、动量定理、机械能守恒定律一样，不必考虑过程中状态变化的细节，只需考虑过程的始末状态，这也正是其用于解题的方便之处。

不难看出，应用动量守恒定律解题的一般步骤是：

1）按问题的要求和计算方便，选定系统，分析要研究的过程。

2）对系统进行受力分析，并根据动量守恒条件，判断系统是否满足动量守恒，或系统在哪个方向上动量守恒。

3）确定系统在研究过程中的初动量和末动量。应注意各动量中的速度是相对同一惯性系而言的。

4）建立坐标系，列出动量守恒方程并求解，必要时进行讨论。

2. 交通安全问题

【例4-8】 交通安全：假设一台质量为3023kg的运动型多用途汽车（Sport Utility Vehicle，以下简称SUV）与一台质量为1184kg的小型汽车相撞，两车的初始速度均为22.35m·s^{-1}，并且相向而行，当两车相撞后彼此卷入而成为完全非弹性碰撞。问两车在相撞时速度如何变化？

【解】 v_x 作为小汽车的初始速度，$-v_x$ 为SUV的初始速度，相撞后的最后速度

$$v_{f\cdot x}=\frac{mv_x-m'v_x}{m+m'}=-9.77\mathrm{m\cdot s^{-1}}$$

SUV速度变化量为

$$\Delta v_{\mathrm{SUV},x}=-9.77\mathrm{m\cdot s^{-1}}-(-22.35\mathrm{m\cdot s^{-1}})=12.58\mathrm{m\cdot s^{-1}}$$

小汽车速度变化量为

$$\Delta v_{\text{小汽车},x}=-9.77\mathrm{m\cdot s^{-1}}-22.35\mathrm{m\cdot s^{-1}}=-32.12\mathrm{m\cdot s^{-1}}$$

碰撞的时间间隔相同，同为Δt，结果表明，这段时间内，小汽车的加速度几乎是SUV的$\frac{32.12}{12.58}\approx 2.55$倍。从结果来看，SUV比小汽车要安全。

3. 交通事故问题

【例4-9】 在一场交通事故中，质量为$m_1=2209\mathrm{kg}$的载货卡车向北行驶，与一辆西行的质量为$m_2=1474\mathrm{kg}$的轿车相撞。公路上的刹车痕迹显示了精确的碰撞位置和车轮滑行的方向。如图4-8所示，卡车与初始行驶方向夹角为38°，轿车驾驶员声称卡车的速度为22m·s^{-1}，然而，速度是应该被限制在11m·s^{-1}内，除此以外，轿车驾驶员还声称在卡车撞上时轿车在交叉口的速度不超过11m·s^{-1}，既然卡车驾驶员是超速的，就应该为这场事故的过失负责。

问题：轿车驾驶员的描述是否是正确的？

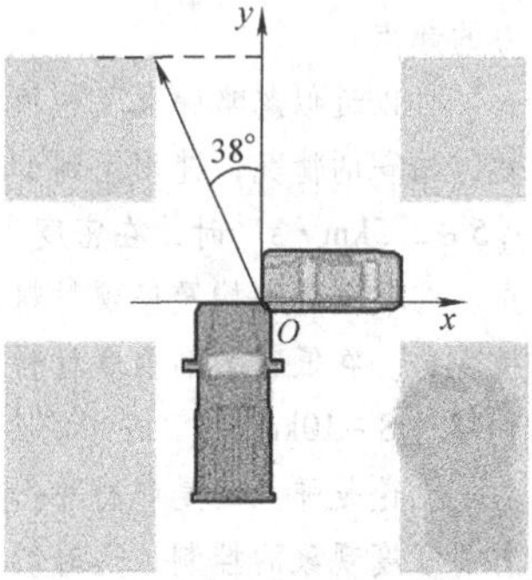

图　4-8

【解】 汽车碰撞过程为一完全非弹性碰撞过程，由动量守恒定律得

$$\boldsymbol{v}_f=\frac{m_1\boldsymbol{v}_{i1}+m_2\boldsymbol{v}_{i2}}{m_1+m_2}$$

对于卡车，其速度沿y轴方向：$\boldsymbol{v}_{i1}=v_{i1}\boldsymbol{j}$

对于轿车，其速度沿x轴方向：$\boldsymbol{v}_{i2}=-\boldsymbol{v}_{i2}\boldsymbol{i}$，代入上式得

$$\boldsymbol{v}_f=\boldsymbol{v}_{f,x}\boldsymbol{i}+\boldsymbol{v}_{f,y}\boldsymbol{j}=\frac{-m_2v_{i2}}{m_1+m_2}\boldsymbol{i}+\frac{m_1v_{i1}}{m_1+m_2}\boldsymbol{j}$$

$$\mathrm{ctan}(90°+38°)=\frac{v_{f,x}}{v_{f,y}}=\frac{\dfrac{m_2v_{i2}}{m_1+m_2}}{\dfrac{-m_1v_{i1}}{m_1+m_2}}=-\frac{m_2v_{i2}}{m_1v_{i1}}$$

卡车速度：$v_{i1}=\dfrac{m_2}{m_1\tan38°}v_{i2}=0.854v_{i2}$

由此可知，卡车的速度小于轿车，说明轿车驾驶员描述的与事实不符。

物理知识拓展

1. 非完全弹性碰撞

在这种碰撞过程中，虽然碰撞后两物体彼此分开，但由于压缩后的物体不能完全恢复原状而有部分形变被保留下来，因此，系统也只是动量守恒，而动能有损失。

实验表明，压缩后的恢复程度取决于碰撞物体的材料。牛顿总结实验结果，提出碰撞定律：碰撞后两球的分离速度 v_2-v_1 与碰撞前两球的接近速度 $v_{10}-v_{20}$ 之比为一定值，比值由两球材料的性质决定。该比值称为恢复系数，用 e 表示，即

$$e=\frac{v_2-v_1}{v_{10}-v_{20}} \tag{4-41}$$

由式（4-41）可见：若 $e=0$，则 $v_2=v_1$，为完全非弹性碰撞；若 $e=1$，则 $v_2-v_1=v_{10}-v_{20}$，为完全弹性碰撞，这时碰撞定律式（4-41）与动能关系式（4-34）等效；若 $0<e<1$，则为一般碰撞。e 值可以由实验测定，因此，动量守恒定律和碰撞定律是研究正碰的两个基本方程，这就是说，无论是弹性正碰还是非弹性正碰，都可以由式（4-33）和式（4-41）联立求解。

2. 超高速碰撞

当由碰撞引起的应力比材料的强度高许多倍时，可以把弹丸及靶板局部材料视为流体。于是，流体力学的原理可用于分析超高速碰撞的初始阶段。这个简化使得超高速碰撞问题在数学分析的难易程度上仅次于弹性碰撞问题。就这一点而论，超高速碰撞问题的研究对定量了解更普遍的碰撞问题是一个特别有吸引力的起点。

可以近似忽略弹丸及靶板材料强度的这样一个速度值，对于不同的弹-靶材料组合有很大变化。对蜡子弹打蜡靶的情况，速度不到 $1\mathrm{km\cdot s^{-1}}$ 时就可忽略弹-靶强度（显然，这时弹-靶都处于液体状态）。速度为 $1.5\sim2.5\mathrm{km\cdot s^{-1}}$ 时，在密度大的软材料如铅、锡、金及铟等材料被采用的情况下，可以产生超高速碰撞现象。在典型的结构及坚硬材料，如铝、钢、石英等材料中，速度必须达到 $5\sim6\mathrm{km\cdot s^{-1}}$ 才能产生超高速碰撞现象。在低密度高强度材料如铍、硼金属及像氧化铝、碳化硼这样的硬陶瓷和金刚石中，只有速度达到和超过 $8\sim10\mathrm{km\cdot s^{-1}}$ 时才能产生上述现象。

无论是弹丸还是靶材冲击受压，受冲击的地方的材料行为都犹如流体，而其他部分的材料特性仍然受有关强度现象的控制，这时便出现了人们十分关注的碰撞现象。在这里，可能发生各种各样的碰撞现象，如弹丸保持完整无损，在低密度软靶材料中形成很深的孔，或在靶的表面弹丸飞溅，靶表面或者保持不变形，或者产生强度破坏如碎裂或崩落。

应用能力训练

【例 4-10】 一质量 $m'=10\mathrm{kg}$ 的物体放在光滑的水平面上，并与一水平轻弹簧相连，如图 4-9 所示，弹簧的劲度系数 $k=1000\mathrm{N\cdot m^{-1}}$。今有一质量 $m=1\mathrm{kg}$ 的小球，以水平速率 $v_0=4\mathrm{m\cdot s^{-1}}$ 滑过来，与物体 m' 相碰后以 $v_1=2\mathrm{m\cdot s^{-1}}$ 的速率弹回。(1) 求物体起动后，弹簧的最大压缩量。(2) 小球与物体的碰撞是否是弹性碰撞？恢复系数多大？(3) 如果物体上涂有黏性物质，相碰后与小球粘在一起，则 (1)、(2) 的结果如何？

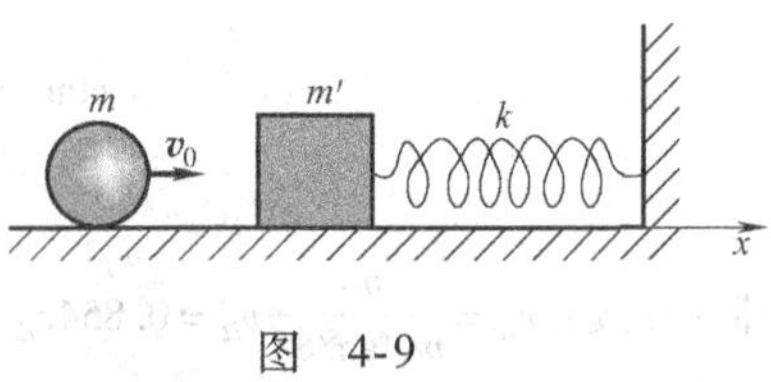

图 4-9

【解】 (1) 本题要分两个阶段考虑，第一阶段是小球与物体相碰，第二阶段是物体压缩弹簧。

当 m 与 m' 相碰时，由于碰撞时间极短，弹簧还来不及变形，水平面又光滑，因此这两个物体组成的系统在水平方向不受外力作用而动量守恒。以向右方向为正，并设 m' 在碰撞后的速度为 $v_{m'}$，则有

$$mv_0 = m'v_{m'} - mv_1 \quad ①$$

在m'压缩弹簧的过程中，只有弹性力做功，故机械能守恒。设弹簧的最大压缩量为Δx，最大压缩时刻m'静止，则有

$$\frac{1}{2}m'v_{m'}^2 = \frac{1}{2}k(\Delta x)^2 \quad ②$$

联立式①和式②，解得

$$\Delta x = \sqrt{\frac{m'}{k}} \cdot \frac{m}{m'}(v_0 + v_1)$$

代入$m' = 10\text{kg}$，$m = 1\text{kg}$，$k = 1000\text{N}\cdot\text{m}^{-1}$，$v_0 = 4\text{m}\cdot\text{s}^{-1}$，$v_1 = 2\text{m}\cdot\text{s}^{-1}$，得

$$\Delta x = 6 \times 10^{-2}\text{m}$$

（2）计算碰前、后的总动能，比较后有

$$\frac{1}{2}mv_0^2 > \frac{1}{2}mv_1^2 + \frac{1}{2}m'v_{m'}^2$$

可见m和m'的碰撞为非弹性碰撞，根据碰撞定律，恢复系数为

$$e = \frac{v_{m'} - (-v_1)}{v_0} = \frac{\frac{m}{m'}(v_0 + v_1) + v_1}{v_0} = 0.65$$

从$e<1$也可以看出该碰撞为非弹性碰撞。

（3）如果小球m和m'碰撞后粘在一起，则为完全非弹性碰撞，恢复系数$e=0$。由系统动量守恒得

$$mv_0 = (m' + m)v \quad ③$$

在碰撞后压缩弹簧的过程中，系统机械能守恒，即

$$\frac{1}{2}(m' + m)v^2 = \frac{1}{2}k(\Delta x)^2 \quad ④$$

联立式③和式④，解得

$$\Delta x = \sqrt{\frac{m + m'}{k}} \cdot \frac{mv_0}{m + m'} = \frac{mv_0}{\sqrt{k(m + m')}}$$

代入各量的值，得

$$\Delta x = 3.8 \times 10^{-2}\text{m}$$

【例4-11】轻弹簧下端固定在地面，上端连接一质量为m的木板，静止不动，如图4-10所示。一质量为m_0的弹性小球从距木板h高度处以水平速度v_0平抛，落在木板上与木板弹性碰撞，设木板没有左右摆动，求碰后弹簧对地面的最大作用力。

【解】本题讨论的是一个复合过程。对于复合过程，可以分解为若干个分过程来讨论。

第一个分过程是m_0的平抛，当m_0到达木板时，其水平和竖直方向的速度分别为

$$v_x = v_0 \quad ①$$

$$v_y = \sqrt{2gh} \quad ②$$

第二个分过程是小球与木板的弹性碰撞过程，将小球与木板视为一个系统，动量守恒。因碰撞后木板没有左右摆动，小球水平速度不变，故只需考虑竖直方向动量守恒即可（忽略重力）。设碰撞后小球速度竖直分量为v_y'，木板速度为v

$$m_0v_y = m_0v_y' + mv \quad ③$$

完全弹性碰撞，系统动能不变

$$\frac{1}{2}m_0(v_x^2 + v_y^2) = \frac{1}{2}m_0(v_x^2 + v_y'^2) + \frac{1}{2}mv^2 \quad ④$$

第三个分过程是碰撞后木板的振动过程，将木板、弹簧和地球视为一个系统，机械能守恒。取弹簧为原长时作为坐标原点和势能零点，并设木板静止时弹簧已有的压缩量为x_1，碰后弹簧的最大压缩量为x_2（见图4-11）。由机械能守恒有

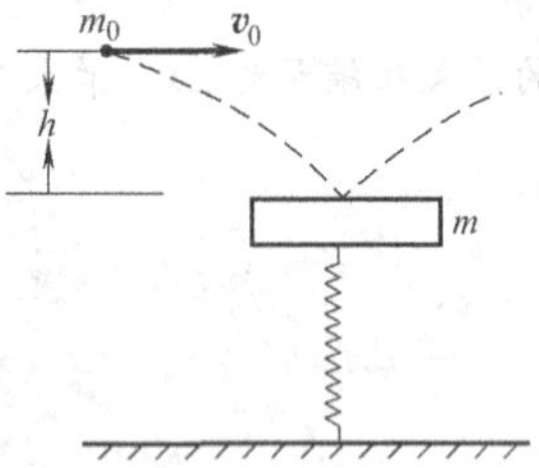

图 4-10

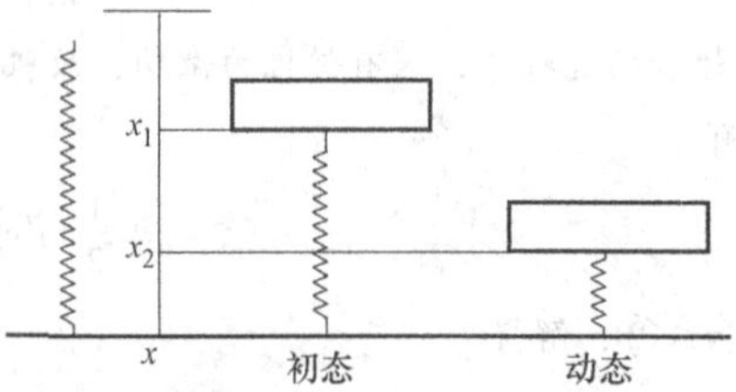

图 4-11

$$\frac{1}{2}mv^2 + \frac{1}{2}kx_1^2 - mgx_1 = \frac{1}{2}kx_2^2 - mgx_2 \quad ⑤$$

式中，x_1 可由碰撞前弹簧木板平衡时的受力情况求出

$$mg = kx_1 \quad ⑥$$

弹簧处于最大压缩时对地的作用力最大

$$F_{\max} = kx_2 \quad ⑦$$

联立求解式①~式⑦，得

$$F_{\max} = mg + \frac{2m_0}{m_0 + m}\sqrt{2mgkh}$$

4.3 质心 质心运动定理

物理学基本内容

国际空间站是目前建立起来的一项伟大工程。1994 年始建，2011 年完成。在地球表面320 ~ 350km 的高空以 7.5km · s^{-1}的速度围绕地球运转，国际空间站总质量约 423t、长 108m、宽（含翼展）88m，载人舱内大气压与地球表面相同，可载 6 人。国际空间站结构复杂，规模大，由航天员居住舱、实验舱、服务舱、对接过渡舱、桁架、太阳能电池等部分组成，把它视为质点才能精确地确定空间站所在位置。如何把空间站模型化为质点呢？

4.3.1 质心

每一个物体都有质量的集中点，叫作质心。质心也有可能不在物体上。对于多个质点组成的系统，每个质点的运动情况可能各不相同。为了深入理解质点系的运动，通常引入质心的概念。通过质心的运动可以了解质点系运动的总体趋势及某些特征。

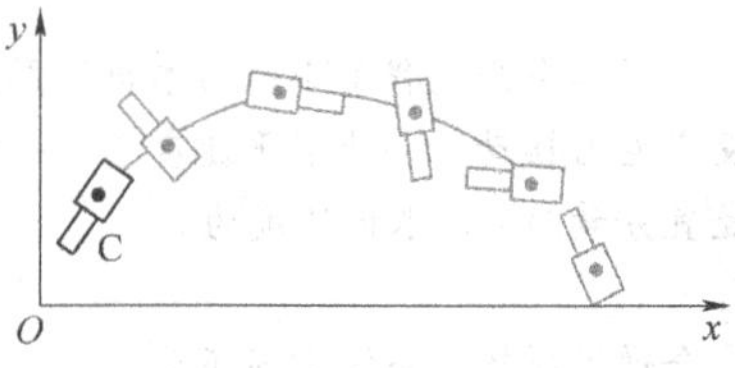

图 4-12

什么是质心？一位战士向敌人投掷一枚手榴弹，如图 4-12 所示，仔细观察，手榴弹上有一点的运动轨迹为抛物线，其他各点既随该点做抛物线运动，又绕该点转动。如果用这一点的运动来描述手榴弹整体的运动，将使问题的研究大为简化，这个点就是手榴弹的质量中心，简称质心。不难看出，质心的运动描述出物体整体运动的趋势。

一个系统的质心在哪里？也就是说，哪一点的运动能够描述系统整体运动的趋势？为此，我们研究由 N 个质点组成的系统。设各质点的质量分别为 m_1，m_2，…，m_N，在时刻 t，位置矢量分别为 $\boldsymbol{r}_1$，$\boldsymbol{r}_2$，…，$\boldsymbol{r}_N$，速度分别为 $\boldsymbol{v}_1$，$\boldsymbol{v}_2$，…，$\boldsymbol{v}_N$，所受外力分别为 $\boldsymbol{F}_1$，$\boldsymbol{F}_2$，…，$\boldsymbol{F}_N$，根据质点系的动量定理，有

$$\sum_{i=1}^{N}\boldsymbol{F}_i\mathrm{d}t = \mathrm{d}\left(\sum_{i=1}^{N}m_i\boldsymbol{v}_i\right) \tag{4-42}$$

可得

$$\sum_{i=1}^{N}\boldsymbol{F}_i = \frac{\mathrm{d}}{\mathrm{d}t}\sum_{i=1}^{N}m_i\boldsymbol{v}_i = \frac{\mathrm{d}^2}{\mathrm{d}t^2}\sum_{i=1}^{N}m_i\boldsymbol{r}_i \tag{4-43}$$

以 m 表示系统的总质量，即 $m = \sum\limits_{i=1}^{N}m_i$，则上式可改写成

$$\sum_{i=1}^{N}\boldsymbol{F}_i = m\frac{\mathrm{d}^2}{\mathrm{d}t^2}\sum_{i=1}^{N}\left(\frac{m_i\boldsymbol{r}_i}{m}\right) \tag{4-44}$$

在式（4-44）中，括号内的 $\sum\limits_{i=1}^{N}\left(\frac{m_i\boldsymbol{r}_i}{m}\right)$ 是具有长度的量纲，它描述与质点系有关的某一点的空间位置，记为 $\boldsymbol{r}_C$，即

$$\boldsymbol{r}_C = \frac{m_1\boldsymbol{r}_1 + m_2\boldsymbol{r}_2 + \cdots + m_N\boldsymbol{r}_N}{m_1 + m_2 + \cdots + m_N} = \frac{\sum\limits_{i=1}^{N}m_i\boldsymbol{r}_i}{\sum\limits_{i=1}^{N}m_i} = \frac{\sum\limits_{i=1}^{N}m_i\boldsymbol{r}_i}{m} \tag{4-45}$$

由位置矢量 $\boldsymbol{r}_C$ 确定的这个点就是质点系的质心。

在直角坐标系中，$\boldsymbol{r}_C$ 的分量即为质心坐标，即

$$x_C = \frac{\sum\limits_{i=1}^{N}m_ix_i}{m},\quad y_C = \frac{\sum\limits_{i=1}^{N}m_iy_i}{m},\quad z_C = \frac{\sum\limits_{i=1}^{N}m_iz_i}{m} \tag{4-46}$$

对于质量连续分布的物体，可以把物体看成由许多质量为 $\mathrm{d}m$ 的质元组成。这时，质心的位置可用积分计算，即

$$\boldsymbol{r}_C = \frac{\int\boldsymbol{r}\mathrm{d}m}{m} \tag{4-47}$$

上式的分量式为

$$x_C = \frac{\int x\mathrm{d}m}{m},\quad y_C = \frac{\int y\mathrm{d}m}{m},\quad z_C = \frac{\int z\mathrm{d}m}{m} \tag{4-48}$$

当质量为线分布时，取 $\mathrm{d}m = \lambda\mathrm{d}l$，式中 λ 为单位长度物体的质量，称为线质量或线密度，$\mathrm{d}l$ 为线元；当质量为面分布时，取 $\mathrm{d}m = \sigma\mathrm{d}S$，式中 σ 为一定厚度时单位面积物体的质量，称为面质量或面密度，$\mathrm{d}S$ 为面元；当质量为体分布时，取 $\mathrm{d}m = \rho\mathrm{d}V$，式中 ρ 为单位体积物体的质量，称为体积质量或密度，$\mathrm{d}V$ 为体元。

需要指出的是：质心的位矢与参考系的选取有关，但可以证明，对于不变形的物体，其质心相对物体自身的位置是确定不变的，与参考系的选取无关。另外，质心也不一定在物体内部，一般来说，对于密度均匀、形状对称的物体，其质心在其几何中心。例如，匀质球体的质心在球心，匀质圆环的质心在圆环中心，匀质矩形平板的质心在两条对角线的交点，等等。

质心与重心是两个不同的概念。质心的位置只与物体的质量和质量分布有关，而与作用在物体上的外力无关。重心是一个物体各部分所受重力的合力作用点。不过，在地球表面附近的局部范围

内，当物体的尺寸不太大时，可以认为其质心与重心的位置重合，如后面我们要研究的飞机重心问题。

4.3.2　质心运动定理

将式（4-45）代入式（4-44），并令 $\boldsymbol{F}$ 表示作用于系统的合外力，即 $\boldsymbol{F} = \sum_i \boldsymbol{F}_i$，则有

$$\boldsymbol{F} = m\frac{\mathrm{d}^2}{\mathrm{d}t^2}\boldsymbol{r}_C = m\boldsymbol{a}_C \tag{4-49}$$

式中，$\boldsymbol{a}_C$ 为质心的加速度。结果表明，质点系的运动等同于一个质点的运动，这个质点具有质点系的总质量，它所受的外力是质点系所受所有外力的矢量和，并且等于总质量与质心加速度的乘积，这一结论称为质心运动定理。

质心运动定理告诉我们，无论系统内各质点的运动如何复杂，但质心的运动可能相当简单，只由作用在系统上所有外力的矢量和决定。内力不能改变质心的运动状态，大力士不能自举其身就是一例。各质点随质心运动，表现出系统整体的运动，例如，抛向空中的一团绳索，做各种优美动作的跳水运动员，其质心不过在做抛体运动而已。因此，质心在系统中处于重要的地位，它的运动描绘了系统整体的运动趋势。另外，从质心运动定理与牛顿第二定律具有相同形式来看，可以说质心是质点系平动特征的代表点，不过，质心运动定理不能给出各质点围绕质心的运动或质点系内部的相对运动规律。一般来说，系统的运动是其质心的运动和系统内各质点相对质心运动的叠加，这些问题要另行研究。

质心的速度为

$$\boldsymbol{v}_C = \frac{\mathrm{d}\boldsymbol{r}_C}{\mathrm{d}t} = \frac{\mathrm{d}}{\mathrm{d}t}\left(\frac{\sum_i m_i\boldsymbol{r}_i}{m}\right) = \frac{1}{m}\left(\sum_i m_i\frac{\mathrm{d}\boldsymbol{r}_i}{\mathrm{d}t}\right) = \frac{1}{m}\left(\sum_i m_i\boldsymbol{v}_i\right) \tag{4-50}$$

于是，系统的总动量为

$$\boldsymbol{p} = \sum_i \boldsymbol{p}_i = \sum_i m_i\boldsymbol{v}_i = m\boldsymbol{v}_C = \boldsymbol{p}_C \tag{4-51}$$

可见，系统的总动量等于其质心的动量。如绕中心轴转动的匀质圆盘，由于其质心不动，因此，圆盘的总动量为零。

若质点系不受外力或所受外力的矢量和为零，则由动量守恒定律可知，系统的总动量守恒，即

$$\boldsymbol{p} = m\boldsymbol{v}_C = \text{常矢量} \tag{4-52}$$

由此得到动量守恒定律的另一种表述：当质点系不受外力或所受外力的矢量和为零时，系统的质心保持静止或作匀速直线运动。

【例4-12】试确定半径为 R 的匀质半圆形薄板的质心位置。

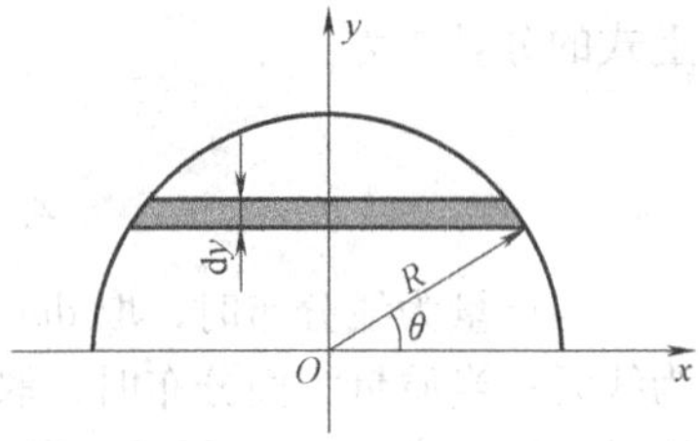

图　4-13

【解】建立如图4-13所示的坐标系。因薄板的质量分布关于 Oy 轴对称，显然有 $x_C=0$，因此只需要计算 y_C。设面密度为 σ，则薄板质量为 $m=\sigma\pi R^2/2$。取如图所示的细窄条，其面积为 $\mathrm{d}S=2R\cos\theta\mathrm{d}y$，质量为 $\mathrm{d}m=\sigma\mathrm{d}S$。由于 $y=R\sin\theta$，所以 $\mathrm{d}y=R\cos\theta\mathrm{d}\theta$。根据质心分量式（4-48），可得

$$\begin{aligned} y_c &= \frac{\int y\mathrm{d}m}{m} = \int\frac{y\sigma\mathrm{d}S}{m} = \int_0^{\pi/2}\frac{R\sin\theta\cdot\sigma\cdot 2R\cos\theta\cdot R\cos\theta\mathrm{d}\theta}{\sigma\pi R^2/2} \\ &= \int_0^{\pi/2} -\frac{4R}{\pi}\cos^2\theta\mathrm{d}(\cos\theta) = \frac{4R}{3\pi} \end{aligned}$$

即薄板质心位于 $\left(0,\ \frac{4R}{3\pi}\right)$ 处。

物理知识应用

飞机载重平衡

1. 飞机的重心

重力是地球对物体的吸引力，飞机的各部件（机身、机翼、尾翼、发动机等）、燃油、货物、乘客等都要受到重力的作用，飞机各部分重力的合力，叫作飞机的重力，用 G 表示。重力的作用点，叫作飞机的重心（见图4-14）。重心所处的位置叫作重心位置。飞机在空中的转动，是绕飞机的重心进行的。因此，确定飞机重心位置是十分重要的。

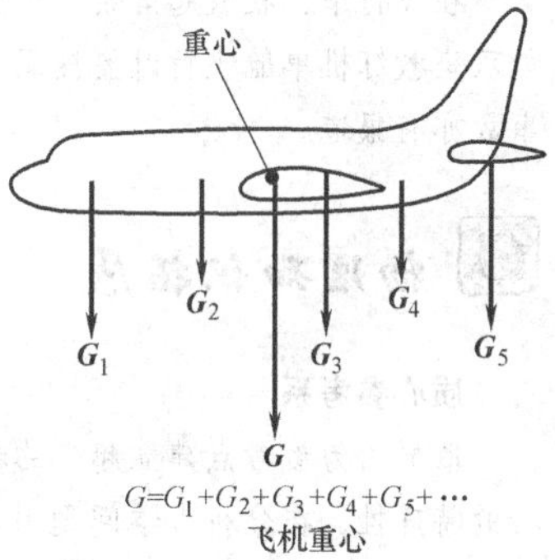

图　4-14

2. 飞机重心位置的表示

飞机重心的前后位置常用重心到某特定翼弦上投影点到该翼弦前缘点的距离占该翼弦的百分比来表示。这一特定翼弦，就是平均空气动力弦（MAC），如图4-15所示。

所谓平均空气动力弦，是一个假想的矩形机翼的翼弦。该矩形机翼和给定的任意平面形状的机翼面积、空气动力以及俯仰力矩相同。在这个条件下，假想矩形机翼的弦长，就是给定机翼的平均空气动力弦长。机翼的平均空气动力弦的位置和长度，均可以从飞机技术手册上查到。有了平均空气动力弦作为基准，就可以计算飞机重心的相对位置。

飞机的重心通常以与平均空气动力弦的相对位置来表示。设重心的投影点到前缘点的距离为 X_T，平均空气动力弦长为 b_A，则重心的相对位置可用下式表示（参考图4-15）

$$\overline{X}_T = \frac{X_T}{b_A} \times 100\% \tag{4-53}$$

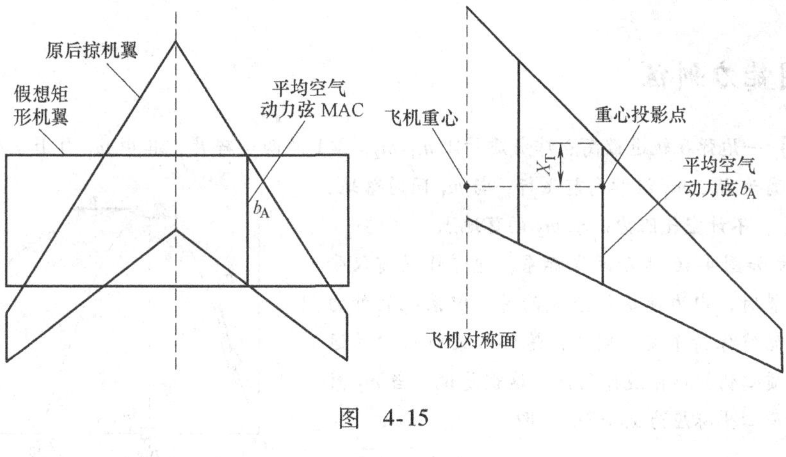

图　4-15

例如，某架飞机的平均空气动力弦长度为6.91642m，重心在该弦上的投影点距平均空气动力弦前缘点1.647m，飞机的重心位置是

$$重心位置 = 1.647 \div 6.91642 \times 100\%\text{MAC} \approx 23.81\%\text{MAC}$$

由此可见，飞机重心位置的数值越大，重心位置越靠后。

3. 重心位置不正常情况的处理

飞机的重心位置取决于载重在飞机上的分布，与飞机飞行状态无关。当载重及其分布情况改变时，飞机重心位置就会发生移动，由于飞机的操纵力矩与重心位置有关，重心位置的移动会影响到飞行员的驾驶。

如果飞机前总载重增加，重心位置前移；前载重减少，重心位置后移。当重心位置不正常时可采用的方法是：倒舱位；加减货；调换旅客座位；加压舱油或压舱物。具体如下：

情况一，当计算出的重心数值偏小、重心偏前时，调整的方法是：a. 前舱货物倒向后舱；b. 前舱减货；c. 后舱加货；d. 前舱旅客调向后舱；e. 利用加压舱油。

情况二，当计算出的重心数值偏大、重心偏后时，调整的方法是：a. 后舱货物倒向前舱；b. 前舱加货；c. 后舱减货；d. 后舱旅客调向前舱；e. 利用加压舱油。

在飞行中，收放起落架、燃油的消耗等都会使飞机重心位置发生变化，如果飞机重心位置难以调整，如双座教练机单舱飞行时要提醒驾驶员重心位置前移，向上操纵变沉，应该适时调整驾驶习惯，这方面的事故亦有报道。

物理知识拓展

质心参考系

取质心为参考点建立起来的参考系，称为质心参考系（Centre of mass System），简称为质心系。由于质心的特殊性，在分析力学问题时，利用质心参考系常常带来方便。质点系中每一质点相对实验室参考系（惯性系）的运动可以分解为随质心的运动和相对于质心的运动两个部分，各质点运动状态的差异，表现为相对于质心有不同的速度。显然相对于质心系，质心速度 $v_c=0$，此时由式（4-52）得出 $\boldsymbol{p}=\sum_i m_i\boldsymbol{v}_i=m\boldsymbol{v}_C=0$。这就是说，相对于质心参考系，质点系的总动量恒为零，因此，质心参考系又叫零动量参考系或动量中心系。不论质点系是否受到外力的作用，任何质点系相对它的质心系动量守恒。从质心系来看，质点系的运动总是各向同性的。

质心系可能是惯性系，也可能是非惯性系，视质点系所受合外力是否为零而定。当合外力 $\sum_i \boldsymbol{F}_i=0$ 时，质心加速度为零，则质心系是惯性系，否则它不是惯性系。

应用能力训练

【例 4-13】 一炮弹在轨道最高点炸成质量比 $m_1:m_2=3:1$ 的两块碎片，其中 m_1 自由下落，落地点与发射点的水平距离为 R_0，m_2 继续向前飞行，与 m_1 同时落地，如图 4-16 所示，不计空气阻力，求 m_2 的落地点。

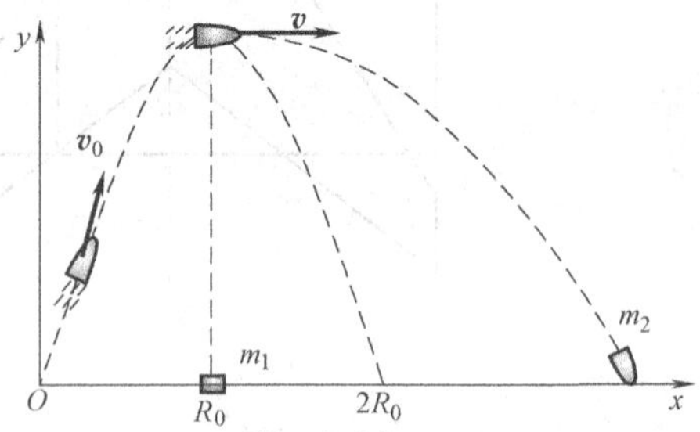

图 4-16

【解】 建立如图 4-16 所示的坐标系，炮弹炸裂前仅受重力作用，炸裂时，内力使炮弹分成两片，但系统的外力仍为重力，且始终保持不变。因此，炮弹炸裂对质心的运动没有影响，质心仍按抛体规律飞行。这就是说，当 m_2 落地时，炮弹的质心坐标应为 $x_C=2R_0$，即

$$x_C=\frac{m_1x_1+m_2x_2}{m_1+m_2}=2R_0$$

依题意，$m_1=3m_2$，代入上式得

$$x_2=5R_0$$

故 m_2 落地点距发射点的水平距离为 $5R_0$。

4.4 质量流动与火箭飞行原理

物理学基本内容

4.4.1 引言

1883 年俄国力学家齐奥尔科夫斯基在其论文《自由空间》中指出，宇宙飞船的运动必须利用喷气推进原理，并画出了飞船的草图。1897 年，俄国力学家密歇尔斯基在其论文《变质量质点动力学》中第一次给出了变质量质点的运动微分方程。1903 年，齐奥尔科夫斯基发表了《利用喷气工具研究宇宙空间》的论文，深入论证了喷气工具用于星际航行的可行性，从而推导出发射火箭运动必须遵循的“齐奥尔科夫斯基公式”，他被尊为“火箭之父”。以后，又有一些力学家为变质量力学理论的进一步完善做出了不少的贡献，如关于对变质量质点系和变质量刚体等的研究，在变质量力学中建立拉格朗日方程及分析力学的各种理论等。此外，在近代变质量力学的发展中很重要的一方面就是与一些实际问题相联系，其中最典型的问题是对火箭运动的研究，如在比较复杂的条件下，火箭运动方程的积分及计算问题。在天体力学的研究中，如计算各种行星的运动规律，其中特别是陨石，在计算它的运动时，必须考虑到由于它不断破碎而使其质量变化这一因素。在工程技术中也相继提出了不少变质量力学的问题，如石油钻井中随着钻探深度的增加，使得钻杆质量不断增加等。

火箭在喷射燃料而获得推力向前运动的过程中，火箭本身的质量在连续地减少；喷气式飞机在飞行过程中不断地有空气进入，同时又把这部分空气与燃料加在一起以很高的速度喷射出去；星体在宇宙空间中运动时，由于俘获宇宙中星际间的一些物质而使其质量增加，或因放射性而使其质量不断地减少等。上述实例的一个共同特点就是物体在运动中或有外来的质量连续地加入其中，或体内的一些质量连续地从其中分离出去，或者兼而有之，使其质量随时间连续地变化。我们称这类物体为变质量物体。变质量力学所研究的就是这类物体的动力学问题。

4.4.2 火箭运动的微分方程

图 4-17

把箭体和燃气组成的系统作为研究对象，以地面为参考系，设火箭运动的方向为正方向。如图 4-17 所示，设时刻 t 火箭的总质量为 $m_{火}$，速率为 v，在 $t+\Delta t$ 时间内，有质量 $\mathrm{d}m$ 的燃料变为气体，并以恒定的速率 u 相对箭体向后喷出，而火箭质量减为 $m_{火}-\mathrm{d}m$，速率增为 $v+\mathrm{d}v$，此时喷出的气体相对地面的速率为 $v+\mathrm{d}v-u$，则在时刻 t 和 $t+\mathrm{d}t$ 系统的总动量分别为

$$t\text{ 时刻：}\quad p(t)=m_{火}v \tag{4-54}$$

$$t+\mathrm{d}t\text{ 时刻：}\quad p(t+\mathrm{d}t)=(m_{火}-\mathrm{d}m)(v+\mathrm{d}v)+\mathrm{d}m(v+\mathrm{d}v-u) \tag{4-55}$$

系统动量的增量：

$$p(t+\mathrm{d}t)-p(t)=m_{火}\mathrm{d}v-u\mathrm{d}m=\mathrm{d}p \tag{4-56}$$

系统所受的合外力为

$$F=\frac{\mathrm{d}p}{\mathrm{d}t}=m_{火}\frac{\mathrm{d}v}{\mathrm{d}t}-u\frac{\mathrm{d}m}{\mathrm{d}t} \tag{4-57}$$

由于单位时间内从火箭喷出气体的质量等于火箭在单位时间内减少的质量，即

$$\frac{\mathrm{d}m}{\mathrm{d}t}=-\frac{\mathrm{d}m_{火}}{\mathrm{d}t} \tag{4-58}$$

所以有

$$m_{火}\frac{\mathrm{d}v}{\mathrm{d}t}=F-u\frac{\mathrm{d}m_{火}}{\mathrm{d}t} \tag{4-59}$$

式（4-59）即为火箭运动的微分方程，F 为火箭受到的合外力。

讨论：

1）从前面的分析可以看出：我们所研究的变质量质点本身就相当于一个加入质量或放出质量的中心，在任一瞬间（微小时间间隔），质点放出或加入的质量为一微小量，但被放出或加入质量的速度有一突然的变化，亦即被加入的质量以不等于零的相对速度加入质点内，或被放出的质量当它脱离质点时具有不等于零的相对速度。所以变质量质点加入（放出）质量的过程是一个不断地碰撞的过程，这个假设在有些文献中被称为接触作用。

2）如果加入或放出质量的相对速率 $u=0$，亦即被加入或放出质量的速率与变质量质点的相同，例如，雨滴在干燥空气中运动时逐渐蒸发的情况，冰在运动过程中逐渐熔化的情况等，这时，式（4-59）变为

$$m_{变}\frac{\mathrm{d}\boldsymbol{v}}{\mathrm{d}t}=\boldsymbol{F}$$

这个公式具有与牛顿第二定律相同的形式，但本质上却不相同，因为式中变质量质点的质量 $m_{变}=m_{变}(t)$ 是时间 t 的函数。

3）公式的矢量形式：

$$m_{变}\frac{\mathrm{d}\boldsymbol{v}}{\mathrm{d}t}=\boldsymbol{F}+\boldsymbol{u}\frac{\mathrm{d}m_{变}}{\mathrm{d}t} \tag{4-60}$$

应用式（4-60）时要注意，$m_{变}$是主体（研究对象）质量；$\frac{\mathrm{d}m_{变}}{\mathrm{d}t}$是主体单位时间增加的质量即流量，主体质量 $m_{变}$增加时（流入）流量取正，减少时（流出）流量取负；$\boldsymbol{u}$ 为变质量相对主体的速度。

物理知识应用

1. 喷气飞机运动的微分方程

在变质量质点的情况下，使质点产生加速度的除了作用于质点上的合外力 $\boldsymbol{F}$ 以外，还有由于加入或放出质量而作用于质点上的反推力 $\boldsymbol{u}\frac{\mathrm{d}m_{变}}{\mathrm{d}t}$，炮车发射炮弹、步枪射击时的后坐力都是这个道理。如果是多筒火箭炮同时开火，每一个质量流动（炮弹射出）都将产生一个反推力$\boldsymbol{u}_i\frac{\mathrm{d}m_{变i}}{\mathrm{d}t}$，则由此结论不难推广如下：假设质点在运动过程中同时有多个质量加入和放出

$$m_{变}\frac{\mathrm{d}\boldsymbol{v}}{\mathrm{d}t}=\boldsymbol{F}+\boldsymbol{u}_1\frac{\mathrm{d}m_{变1}}{\mathrm{d}t}+\boldsymbol{u}_2\frac{\mathrm{d}m_{变2}}{\mathrm{d}t}+\cdots+\boldsymbol{u}_n\frac{\mathrm{d}m_{变n}}{\mathrm{d}t}$$

$$\frac{\mathrm{d}m_{变}}{\mathrm{d}t}=\frac{\mathrm{d}m_{变1}}{\mathrm{d}t}+\frac{\mathrm{d}m_{变2}}{\mathrm{d}t}+\cdots+\frac{\mathrm{d}m_{变n}}{\mathrm{d}t} \tag{4-61}$$

如果喷气飞机单位时间进气量为$\frac{\mathrm{d}m}{\mathrm{d}t}$，单位时间燃烧燃料 $\frac{\mathrm{d}Q}{\mathrm{d}t}$，发动机出气相对飞机的速率为 u，则

$$m_{变}\frac{\mathrm{d}\boldsymbol{v}}{\mathrm{d}t}=\boldsymbol{F}-\boldsymbol{v}\frac{\mathrm{d}m}{\mathrm{d}t}+\boldsymbol{u}\left(-\frac{\mathrm{d}m}{\mathrm{d}t}-\frac{\mathrm{d}Q}{\mathrm{d}t}\right) \tag{4-62}$$

式（4-62）即是喷气飞机的运动微分方程。左端是飞机质量与其加速度的乘积。等式右端有三项：第一项为飞机受到的合外力；第二项是由于进入空气而作用于飞机上的反推力，但其方向与$\boldsymbol{v}$相反，可见进入空气对飞机的作用是阻力；第三项为喷出的燃气作用于飞机的反推力，这是使飞机加速的动力，其方向与$\boldsymbol{u}$方向相反（因为喷出质量流量为负）。

飞机发动机的单位时间进气量也叫作空气质量流量，用m'表示，即$m'=\frac{\mathrm{d}m}{\mathrm{d}t}$，工程上用$v$表示飞机飞行速度，$v_P$表示发动机喷气速度，$P$表示喷气飞机发动机推力，所以

$$\boldsymbol{P}=m'(-\boldsymbol{v}_P-\boldsymbol{v})-\boldsymbol{v}_P\frac{\mathrm{d}Q}{\mathrm{d}t} \tag{4-63}$$

【例4-14】一装有两台发动机的喷气式飞机，其质量为4×10^4kg，以$600\mathrm{m\cdot s^{-1}}$的速度做匀速水平飞行，每个发动机的进气口面积为$0.4\mathrm{m}^2$，喷管向下倾斜与水平面成10°角。已知每台发动机燃料燃烧的速度为$4\mathrm{kg\cdot s^{-1}}$，燃气喷出的相对速度为$1200\mathrm{m\cdot s^{-1}}$，空气密度为$1.10\mathrm{kg\cdot m^{-3}}$，求：（1）发动机的推力；（2）飞机的升力（与速度垂直的空气动力）；（3）飞机的阻力（与速度平行的空气动力）。

【解】以飞机为对象，取定坐标系Oxy。已知飞机的速率为

$$\boldsymbol{v}=600\boldsymbol{i}\mathrm{m\cdot s^{-1}}$$

喷出燃气的相对速率为

$$\boldsymbol{v}_p=1200(-\cos10°\boldsymbol{i}-\sin10°\boldsymbol{j})\mathrm{m\cdot s^{-1}}=(-1181.8\boldsymbol{i}-208.4\boldsymbol{j})\mathrm{m\cdot s^{-1}}$$

燃料的总流量为

$$\frac{\mathrm{d}Q}{\mathrm{d}t}=8\mathrm{kg\cdot s^{-1}}$$

空气的总流量为

$$m'=\frac{\mathrm{d}m}{\mathrm{d}t}=2\rho vA=528\mathrm{kg\cdot s^{-1}}$$

因此，根据式（4-63）得发动机的推力

$$\boldsymbol{P}=m'(-\boldsymbol{v}_P-\boldsymbol{v})-\boldsymbol{v}_P\frac{\mathrm{d}Q}{\mathrm{d}t}=(3.166\times10^5\boldsymbol{i}+1.117\times10^5\boldsymbol{j})\mathrm{N}$$

作用于飞机上的力有空气动力F_a（包括升力和阻力）、发动机的推力以及重力，合力为0：

$$\boldsymbol{F}_{合}=\boldsymbol{F}_a+\boldsymbol{G}+\boldsymbol{P}=0$$

而

$$\boldsymbol{G}=-mg\boldsymbol{j}=-3.922\times10^5\boldsymbol{j}\mathrm{N}$$

所以

$$\boldsymbol{F}_a-3.922\times10^5\boldsymbol{j}\mathrm{N}=-\boldsymbol{P}=(-3.166\times10^5\boldsymbol{i}-1.117\times10^5\boldsymbol{j})\mathrm{N}$$

$$\boldsymbol{F}_a=(-3.166\times10^5\boldsymbol{i}+2.805\times10^5\boldsymbol{j})\mathrm{N}=\boldsymbol{X}+\boldsymbol{Y}$$

$$\boldsymbol{X}=-3.166\times10^5\boldsymbol{i}\mathrm{N}$$

$$\boldsymbol{Y}=2.805\times10^5\boldsymbol{j}\mathrm{N}$$

2. 喷气发动机加力原理

根据式（4-59），喷气发动机推力由$P=m'(-v_P-v)-v_P\left|\frac{\mathrm{d}Q}{\mathrm{d}t}\right|$决定，提高$\boldsymbol{v}_P$可以增加推力，在加力状态时，加力燃烧室喷嘴喷出补充燃料，燃烧后进一步提高燃气温度，增加喷气速度，从而增大发动机推力。一般来说，使用加力状态后，推力大约可增加25%。飞机在起飞时为缩短滑跑距离，加速爬升时为缩短时间，均使用这种工作状态。但为了避免发动机高温损坏，对连续使用加力的工作时间有限制。如某发动机使用加力状态规定：飞行高度小于6000m时，不允许超过6min；高度大于6000m时，不允许超过10min。

物理知识拓展

火箭运动的速度公式

在重力场中，火箭系统受到重力作用，当火箭竖直发射时，不计空气阻力，则$F=-mg$，根据火箭运动的微分方程，得

$$m\mathrm{d}v = -mg\mathrm{d}t - u\mathrm{d}m \tag{4-64}$$

设火箭由静止发射，点火时其质量为 m_0，在时刻 t，质量为 m，速度为 v，则有

$$\int_0^v \mathrm{d}v = -\int_0^t g\mathrm{d}t - \int_{m_0}^{m} u\frac{\mathrm{d}m}{m} \tag{4-65}$$

火箭速度公式为

$$v = u\ln\frac{m_0}{m} - gt \tag{4-66}$$

火箭在星际空间飞行时，系统不受外力作用，若 $t=0$ 时的火箭运动速率为 v_0，则有

$$v = u\ln\frac{m_0}{m} + v_0 \tag{4-67}$$

通过分析式（4-67）可见，提高火箭的速度的因素有两方面：

1）提高化学燃料的喷射速度 u，理论值是 $5\times10^3\mathrm{m\cdot s^{-1}}$，而实际上只能达到此数值的一半；

2）提高质量比 $\frac{m_0}{m}$。

若有一个多级火箭发射，各级火箭的质量比分别为 N_1，N_2，…，N_n，各级火箭的相对喷射速度分别为 u_1，u_2，…，u_n，则各级火箭达到的速度为

$$v_1 = u_1\ln N_1, v_2 - v_1 = u_2\ln N_2, \cdots, v_n - v_{n-1} = u_n\ln N_n \tag{4-68}$$

上面各式相加有

$$v_n = \sum_{i=1}^{n} u_i\ln N_i \tag{4-69}$$

若 $u_1=u_2=\cdots=u_n=u$，$N_1=N_2=\cdots=N_n=N$，则有

$$v_n = nu\ln N \tag{4-70}$$

当今火箭技术有很大发展，几乎所有航天器都是靠火箭发射并控制其航向的，各种导弹及火箭炮也都是以火箭发动机作为动力，空间技术的发展更是以火箭技术为基础。

【例4-15】 忽略飞船受到的地球引力。设想太空船载荷为 $5\times10^4\mathrm{kg}$，携带 $2\times10^6\mathrm{kg}$ 燃料，燃料喷射速度为 $2.35\ \mathrm{km\cdot s^{-1}}$。问：太空船最后达到的速度为多少？

【解】 根据火箭运动速度公式，有

$$v = u\ln\frac{m_0}{m} = 8.73\mathrm{km\cdot s^{-1}}$$

运送宇航员到月球的多级火箭在20世纪60年代末期，最后达到的速度约为 $12\mathrm{km\cdot s^{-1}}$。相比之下，采用先进的电磁推进技术仍旧需要几个月才能将宇航员送到火星。另外，国际宇航局估计航天器中宇航员会受到10到20倍的辐射剂量，导致癌症发病率极高，目前，还没有防护机制使宇航员免受伤害。

应用能力训练

【例4-16】 装有推进燃料的太空船总质量为1850000kg，太空船质量为50000kg，燃料喷出速度为 $2.5\mathrm{km\cdot s^{-1}}$，使得火箭燃烧物每秒消耗15000kg的燃料。假设飞船在空间直线飞行，当燃料全部耗尽时，飞船在太空中能前进多远？

【解】 太空船的总质量减去燃料质量为太空船自身质量，燃料燃烧所用的时间是可以计算出的。燃料燃烧过程中飞船质量减少，速度增加，飞船从静止开始，任一时刻的速度通过速度公式即可求解。

$$t_{\max} = \frac{m_\mathrm{i} - m_\mathrm{f}}{r_\mathrm{p}}$$

其中，$r_\mathrm{p} = \frac{\mathrm{d}m}{\mathrm{d}t}$ 为燃料喷出率（$\mathrm{kg\cdot s^{-1}}$）；m_i 和 m_f 分别为飞船开始和最后质量。

飞船飞行整个过程的距离为

$$x_\mathrm{f} = \int_0^{t_{\max}} v(t)\mathrm{d}t$$

任一时刻飞船的质量为

$$m(t) = m_i - r_p t$$

$$v(t) = v_c \ln \frac{m_i}{m(t)} = v_c \ln \frac{m_i}{m_i - r_p t} = v_c \ln \frac{1}{1 - \frac{r_p t}{m_i}}$$

代入得
$$x_f = \int_0^{t_{max}} v(t)\,dt = \int_0^{t_{max}} v_c \ln\left(\frac{1}{1 - \frac{r_p t}{m_i}}\right) dt = -v_c \int_0^{t_{max}} \ln\left(1 - \frac{r_p t}{m_i}\right) dt$$

由于
$$\int \ln(1 - ax)\,dx = \left(x - \frac{1}{a}\right) \ln(1 - ax) - x$$

所以
$$\int_0^{t_{max}} \ln\left(1 - \frac{r_p t}{m_i}\right) dt = \left(t_{max} - \frac{m_i}{r_p}\right) \ln\left(1 - \frac{r_p t_{max}}{m_i}\right) - t_{max}$$

飞行距离：

$$x_f = -v_c \left[\left(t_{max} - \frac{m_i}{r_p}\right) \ln\left(1 - \frac{r_p t_{max}}{m_i}\right) - t_{max} \right]$$

$$t_{max} = \frac{m_i - m_f}{r_p} = 120\text{s}, \quad 1 - \frac{r_p t_{max}}{m_i} = 0.027027$$

$$x_f = 2.69909 \times 10^5 \text{m} \approx 2.7 \times 10^5 \text{m}$$

【例 4-17】 如图 4-18 所示，一长为 l，密度均匀的柔软链条，线密度为 λ。将其堆放于地面上，手握链条一端并以速率 v 匀速上提。当其一端被提离地面高度为 y 时，求手的拉力。

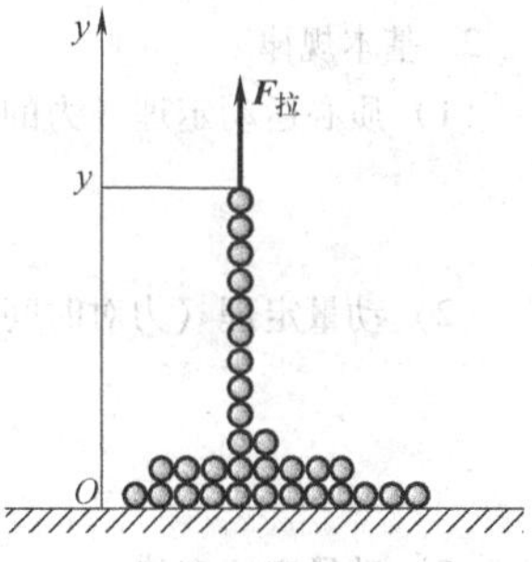

图　4-18

【解】 本题中，堆在地面上的部分速率为零，被手提起的链条部分匀速运动，加速度为零，所以虽然这个问题属于经典力学的问题，但是不能用牛顿第二定律来求解，属于类似于火箭运动的变质量物体运动问题，有

$$m \frac{d\boldsymbol{v}}{dt} = \boldsymbol{F} + \boldsymbol{u} \frac{dm}{dt}$$

先建立坐标系，选取一个正方向。我们选手的提力方向为正方向，并且以所要研究的被手提起的部分作为主体部分。这样一一找到微分方程中各项在例题中的对应量。主体部分总质量等于被提起的长度 y 与线密度 λ 的乘积。

$$m = y\lambda$$

所受到的合外力就是手的提力与自身所受到的重力之差

$$\boldsymbol{F} = (F_{拉} - y\lambda g)\boldsymbol{j}$$

参与流动的部分相对于主体部分的运动速度就等于负的链条被提起的运动速度

$$\boldsymbol{u} = -v\boldsymbol{j}$$

这样就能够写出微分方程的分量式

$$y\lambda \frac{dv}{dt} = (F_{拉} - y\lambda g) - v \frac{d(y\lambda)}{dt}$$

因为链条被提起的速率为常量，所以 $\frac{dv}{dt} = 0$。将上式进行整理，得

$$F_{拉} = y\lambda g + v \frac{d(y\lambda)}{dt}$$

式中，λ 为常量，提到微分号外，考虑到链条被提起的速率等于单位时间内链条被提起的长度，有

$$v = \frac{dy}{dt}$$

$$\boldsymbol{F}_{拉} = (y\lambda g + v^2 \lambda)\boldsymbol{j}$$

本章归纳总结

1. 基本概念

（1）力的冲量

$$\boldsymbol{I}=\int_{t_1}^{t_2}\boldsymbol{F}\mathrm{d}t=\overline{\boldsymbol{F}}(t_2-t_1)=\overline{\boldsymbol{F}}\Delta t$$

$$\boldsymbol{I}=I_x\boldsymbol{i}+I_y\boldsymbol{j}+I_z\boldsymbol{k}$$

（2）质心位矢

$$\boldsymbol{r}_C=\frac{\sum_{i=1}^{N}m_i\boldsymbol{r}_i}{m},\quad \boldsymbol{r}_C=\frac{\int\boldsymbol{r}\mathrm{d}m}{m}$$

分量式

$$x_C=\frac{\sum_{i=1}^{N}m_ix_i}{m},\quad y_C=\frac{\sum_{i=1}^{N}m_iy_i}{m},\quad z_C=\frac{\sum_{i=1}^{N}m_iz_i}{m}$$

$$x_C=\frac{\int x\mathrm{d}m}{m},\quad y_C=\frac{\int y\mathrm{d}m}{m},\quad z_C=\frac{\int z\mathrm{d}m}{m}$$

2. 基本规律

（1）质心运动定理（力的瞬时作用）

$$\boldsymbol{F}=m\frac{\mathrm{d}^2}{\mathrm{d}t^2}\boldsymbol{r}_C=m\frac{\mathrm{d}\boldsymbol{v}_C}{\mathrm{d}t}=m\boldsymbol{a}_C$$

（2）动量定理（力对时间的累积作用）

$$\mathrm{d}\boldsymbol{I}=\boldsymbol{F}\mathrm{d}t=\mathrm{d}\boldsymbol{p}$$

$$\boldsymbol{I}=\int_{t_1}^{t_2}\boldsymbol{F}\mathrm{d}t=\int_{p_1}^{p_2}\mathrm{d}\boldsymbol{p}=\boldsymbol{p}_2-\boldsymbol{p}_1$$

（3）动量守恒定律

$$若\ \boldsymbol{F}_{外}=\sum_{i=1}^{N}\boldsymbol{F}_i=0,则\sum_i\boldsymbol{p}_i=\sum_i m_i\boldsymbol{v}_i=常矢量$$

$$若\ F_x=0,则\ p_x=\sum_i p_{ix}=\sum_i m_iv_{ix}=常量$$

$$若\ F_y=0,则\ p_y=\sum_i p_{iy}=\sum_i m_iv_{iy}=常量$$

$$若\ F_z=0,则\ p_z=\sum_i p_{iz}=\sum_i m_iv_{iz}=常量$$

（4）火箭运动的微分方程

$$m\frac{\mathrm{d}v}{\mathrm{d}t}=\boldsymbol{F}+\boldsymbol{u}\frac{\mathrm{d}m}{\mathrm{d}t}$$

质量流入，$\frac{\mathrm{d}m}{\mathrm{d}t}$取正；质量流出，$\frac{\mathrm{d}m}{\mathrm{d}t}$取负。

本 章 习 题

（一）填空题

4-1　一颗子弹在枪筒里前进时所受的合力大小为 $F=400-\frac{4\times10^5}{3}t$（SI），子弹从枪口射出时的速率为

300m · s^{-1}。假设子弹离开枪口时合力刚好为零，则

（1）子弹走完枪筒全长所用的时间 t = ________；

（2）子弹在枪筒中所受力的冲量 I = ________；

（3）子弹的质量 m = ________。

4-2 质量 $m=10$kg 的木箱放在地面上，在水平拉力 F 的作用下由静止开始沿直线运动，其拉力随时间的变化关系如习题 4-2 图所示。若已知木箱与地面间的摩擦因数 $\mu=0.2$，那么在 $t=4$s 时，木箱的速度大小为________；在 $t=7$s 时，木箱的速度大小为________。（g 取 10m · s^{-2}）

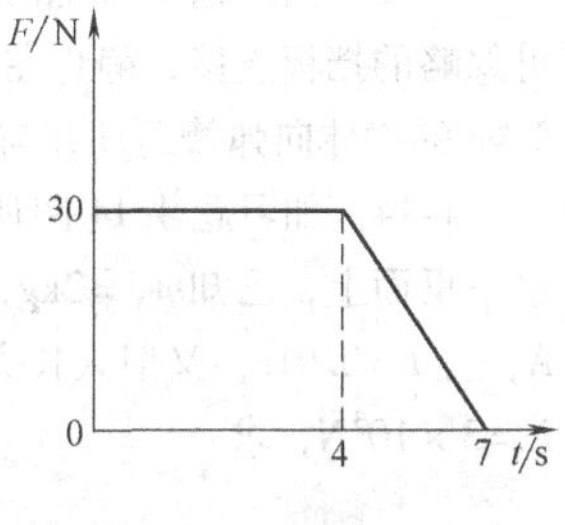

习题 4-2 图

4-3 一吊车底板上放一质量为 10kg 的物体，若吊车底板加速上升，加速度大小为 $a=3+5t$（SI），则 2s 内吊车底板给物体的冲量大小 I = ________；2s 内物体动量的增量大小 Δp = ________。

4-4 有一质量为 m'（含炮弹）的炮车，在一倾角为 θ 的光滑斜面上下滑，当它滑到某处速率为 v_0 时，从炮内沿水平方向射出一质量为 m 的炮弹。欲使炮车在发射炮弹后的瞬时停止下滑，则炮弹射出时对地的速率 v = ________。

4-5 粒子 B 的质量是粒子 A 的质量的 4 倍，开始时粒子 A 的速度 $\boldsymbol{v}_{A0}=3\boldsymbol{i}+4\boldsymbol{j}$，粒子 B 的速度 $\boldsymbol{v}_{B0}=2\boldsymbol{i}-7\boldsymbol{j}$；在无外力作用的情况下两者发生碰撞，碰后粒子 A 的速度变为 $\boldsymbol{v}_A=7\boldsymbol{i}-4\boldsymbol{j}$，则此时粒子 B 的速度 $\boldsymbol{v}_B$ = ________。

4-6 一质量为 30kg 的物体以 10m · s^{-1} 的速率水平向东运动，另一质量为 20kg 的物体以 20m · s^{-1} 的速率水平向北运动。两物体发生完全非弹性碰撞后，它们的速度大小 v = ________；方向为________。

4-7 一个打桩机，夯的质量为 m_1，桩的质量为 m_2。假设夯与桩相碰撞时为完全非弹性碰撞且碰撞时间极短，则刚刚碰撞后夯与桩的动能是碰前夯的动能的________倍。

（二）计算题

4-8 一质点的运动轨迹如习题 4-8 图所示。已知质点的质量为 20g，在 A、B 两位置处的速率都为 20m · s^{-1}，$\boldsymbol{v}_A$ 与 x 轴成 45°角，$\boldsymbol{v}_B$ 垂直于 y 轴，求质点由 A 点到 B 点这段时间内，作用在质点上外力的总冲量。

4-9 如习题 4-9 图所示，用传送带 A 输送煤粉，料斗口在 A 上方高 $h=0.5$m 处，煤粉自料斗口自由落在 A 上。设料斗口连续卸煤的流量为 $q_m=40$kg · s^{-1}，A 以 $v=2.0$m · s^{-1} 的水平速度匀速向右移动。求装煤的过程中，煤粉对 A 的作用力的大小和方向。（不计相对传送带静止的煤粉质量）

4-10 质量为 m' 的人手执一质量为 m 的物体，以与地平线成 θ 角的速度 $\boldsymbol{v}_0$ 向前跳去。当他达到最高点时，将物体以相对于人的速度 $\boldsymbol{u}$ 向后平抛出去。试问：由于抛出该物体，此人跳的水平距离增加了多少？（略去空气阻力不计）

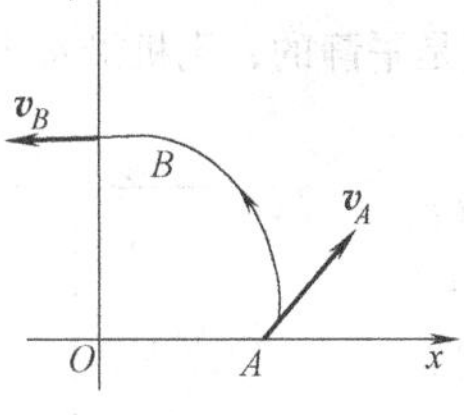

习题 4-8 图

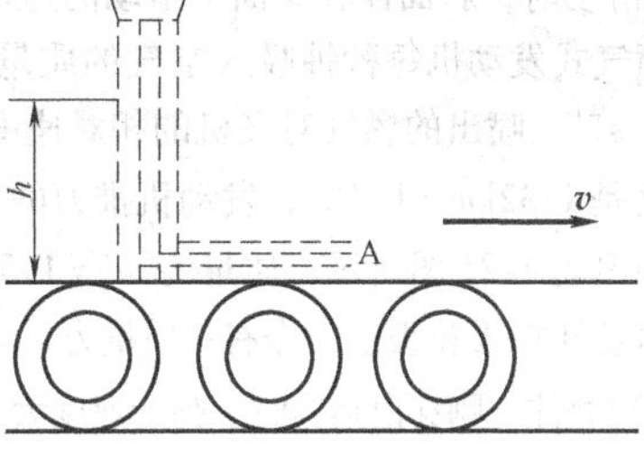

习题 4-9 图

4-11 质量为 m 的一只狗，站在质量为 m' 的一条静止在湖面的船上，船头垂直指向岸边，狗与岸边的距离为 s_0。这只狗向着湖岸在船上走过 l 的距离停下来，求这时狗离湖岸的距离 s（忽略船与水的摩擦阻

力）。

4-12　一质量为 m 的子弹，水平射入悬挂着的静止砂袋中，如习题 4-12 图所示。沙袋质量为 m'，悬线长为 l。为使沙袋能在竖直平面内完成整个圆周运动，子弹至少应以多大的速度射入？

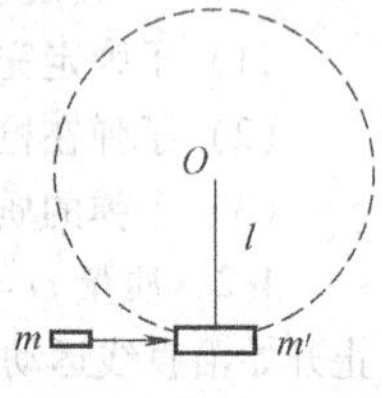

习题 4-12 图

4-13　如习题 4-13 图所示，质量为 m_2 的物体与轻弹簧相连，弹簧另一端与一质量可忽略的挡板连接，静止在光滑的桌面上。弹簧劲度系数为 k。今有一质量为 m_1、速度为 $\boldsymbol{v}_0$ 的物体向弹簧运动并与挡板正碰，求弹簧最大的被压缩量。

4-14　如习题 4-14 图所示，有两个长方形的物体 A 和 B 紧靠着静止放在光滑的水平桌面上，已知 $m_A = 2\text{kg}$，$m_B = 3\text{kg}$。现有一质量 $m = 100\text{g}$ 的子弹以速率 $v_0 = 800\text{m} \cdot \text{s}^{-1}$ 水平射入长方体 A，经 $t = 0.01\text{s}$，又射入长方体 B，最后停留在长方体 B 内未射出。设子弹射入 A 时所受的摩擦力的大小为 $F = 3 \times 10^3\text{N}$，求：

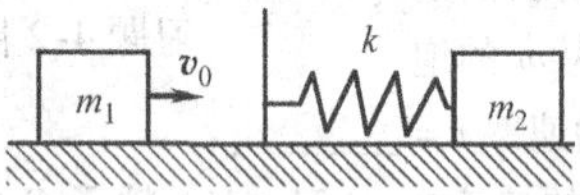

习题 4-13 图

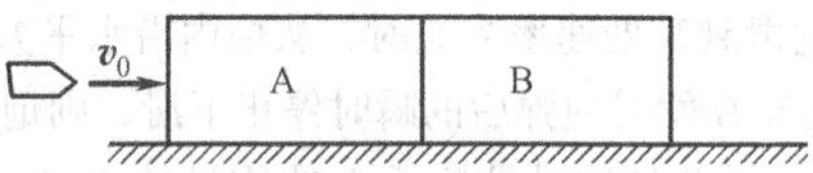

习题 4-14 图

（1）子弹在射入 A 的过程中，B 受到 A 的作用力的大小；

（2）当子弹留在 B 中时，A 和 B 的速度大小。

4-15　大小为 $F = 30 + 4t$（SI）的力作用于质量 $m = 20\text{kg}$ 的物体上。问：（1）在开始 2s 内，此力的冲量多大？（2）要使冲量等于 $300\text{N} \cdot \text{s}$，此力的作用时间是多少？（3）若物体的初速为 $20\text{m} \cdot \text{s}^{-1}$，运动方向与 $\boldsymbol{F}$ 的方向相同，在第（2）问的末时刻，物体的速度是多大？

4-16　自动步枪每分钟可射出 600 颗子弹，每颗子弹的质量为 20g，出口速度为 $500\text{m} \cdot \text{s}^{-1}$，求射击时的平均反冲力？

4-17　向北发射一枚质量 $m = 50\text{kg}$ 的炮弹，达最高点时速率为 $200\text{m} \cdot \text{s}^{-1}$，爆炸成三块弹片。第一块质量 $m_1 = 25\text{kg}$，以 $400\text{m} \cdot \text{s}^{-1}$ 的水平速度向北飞行；第二块质量 $m_2 = 15\text{kg}$，以 $200\text{m} \cdot \text{s}^{-1}$ 的水平速率向东飞行。求第三块的速度。

4-18　小车质量 $m_1 = 200\text{kg}$，车上有一装沙的箱子，质量 $m_2 = 100\text{kg}$，现以 $v_0 = 1\text{m} \cdot \text{s}^{-1}$ 的速率在光滑水平轨道上前进，一质量为 $m_3 = 50\text{kg}$ 的物体自由落入沙箱中。求：（1）m_3 落入沙箱后小车的速率；（2）m_3 落入沙箱后，沙箱相对于小车滑动经 0.2s 停在车面上，求车面与砂箱底的平均摩擦力？

4-19　如习题 4-19 图所示，质量为 m' 的斜面体，斜面倾角为 α，跨过顶端定滑轮的轻绳两端分别连有质量均为 m 的物体，整个系统放在光滑桌面上，从静止开始运动。当斜面上物体以相对速率 v 沿光滑斜面滑动时，斜面体在桌面上滑动的速率有多大？

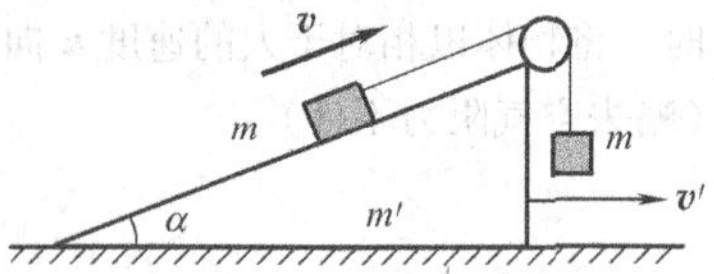

习题 4-19 图

4-20　喷气式发动机每秒钟吸入空气的质量是 70kg，燃料消耗率是 $1.35\text{kg} \cdot \text{s}^{-1}$。喷出的燃气对飞机的相对速度是 $1800\text{m} \cdot \text{s}^{-1}$。设大气是平静的，飞机沿水平直线飞行，求当飞行速度是 $1332\text{km} \cdot \text{h}^{-1}$ 时，发动机推力的大小。

4-21　如习题 4-21 图所示，质量为 $m' = 1.5\text{kg}$ 的物体，用一根长为 $l = 1.25\text{m}$ 的细绳悬挂在天花板上。今有一质量为 $m = 10\text{g}$ 的子弹以 $v_0 = 500\text{m} \cdot \text{s}^{-1}$ 的水平速度射穿物体，刚穿出物体时子弹的速度大小 $v = 30\text{m} \cdot \text{s}^{-1}$，设穿透时间极短。求：

（1）子弹刚穿出时绳中张力的大小；

（2）子弹在穿透过程中所受的冲量。

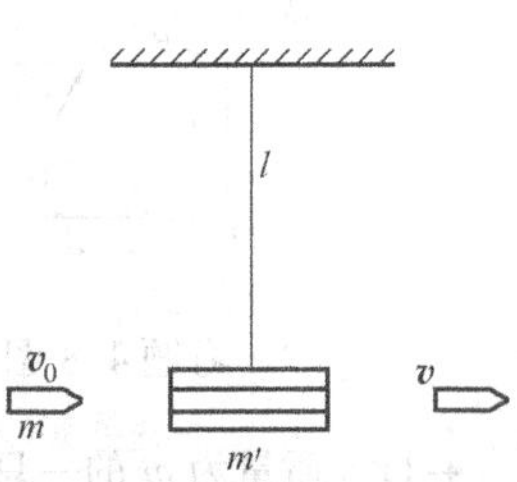

习题 4-21 图

4-22　静水中停着两条质量均为 m' 的小船，当第一条船中的一个质量为m的人以水平速度$\boldsymbol{v}$（相对于地面）跳上第二条船后，两船运动的速度各多大？（忽略水对船的阻力）。

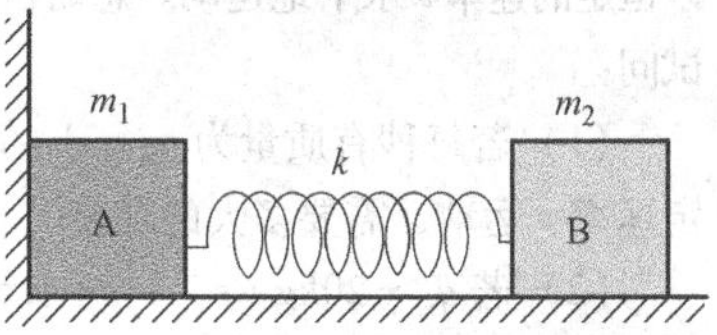

习题4-23图

4-23 两个质量分别为m_1和m_2的木块A和B，用一根劲度系数为k的轻弹簧连接起来，放在光滑的水平面上，使A紧靠墙壁，如习题4-23图所示。用力推B使弹簧压缩x_0，然后释放。已知$m_1=m$，$m_2=3m$，试求：（1）释放后，A、B两木块速度相等时的速度大小；（2）释放后弹簧的最大伸长量？

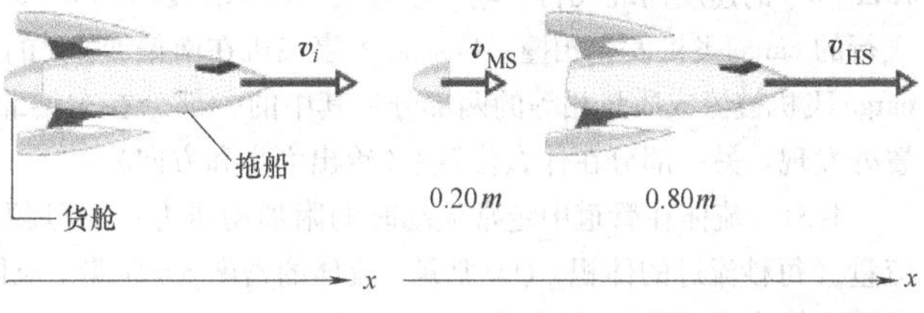

习题4-24图

4-24 习题4-24图a所示为一艘宇航拖船和货舱，总质量为m，沿x轴在外太空飞行。它们正相对太阳以大小为$2100\mathrm{km\cdot h^{-1}}$的初速度$\boldsymbol{v}_i$运动。经过一次轻微的爆炸，拖船将质量为0.20$m$的货舱抛出（见习题4-24图b)，因而拖船沿$x$轴的速度比货舱快了$500\mathrm{km\cdot h^{-1}}$；也就是说，拖船与货仓间的相对速率$v_{\mathrm{rel}}$是$500\mathrm{km\cdot h^{-1}}$。拖船相对于太阳的速度$\boldsymbol{v}_{\mathrm{HS}}$为多少？

习题4-25图

4-25 一种美洲蜥蜴能在水面上行走（见习题4-25图）。走每一步时，蜥蜴先用它的脚拍水，然后很快就把它推到水中以致在脚面上形成一空气坑。为了完成这一步时不至于在向上拉起脚时受水的拽力，蜥蜴在水流进空气坑时就撤回了自己的脚。在整个拍水-向下推-又撤回的过程中，对蜥蜴的向上的冲量必须等于重力产生的向下的冲量才能使蜥蜴不致沉于水中。假设一只美洲蜥蜴的质量是90.0g，每只脚的质量是3.00g，一只脚拍水时的速率是$1.5\mathrm{m\cdot s^{-1}}$，一单步的时间是0.600s。（1）拍水期间对蜥蜴的冲量的大小是多少？（假定此冲量竖直向上）；（2）在一步的0.600s期间，重力对蜥蜴的向下的冲量是多少？（3）拍和推中哪一个动作提供了对蜥蜴的主要支持力，或者它们近似地提供了相等的支持力？

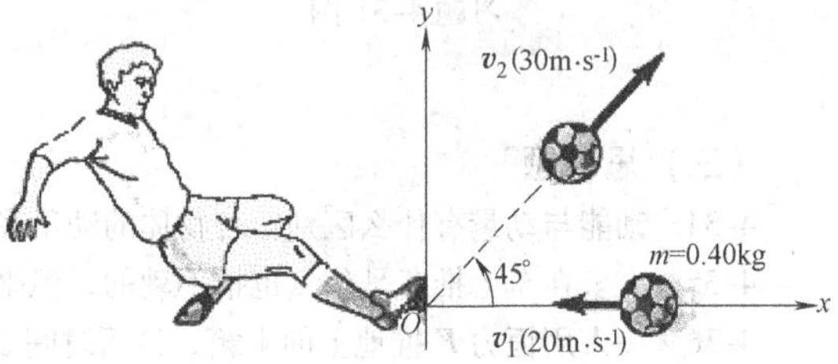

习题4-26图

4-26 足球质量为0.40kg，初始时刻以$20\mathrm{m\cdot s^{-1}}$速度向左运动，受到斜向上45°的力后向右上方运动，速度为$30\mathrm{m\cdot s^{-1}}$（见习题4-26图）。求冲量和平均冲力，碰撞时间设为0.010s。

4-27 核反应堆减速剂：铀核反应堆裂变产生高速运动的中子。在一个中子可以触发额外的裂变前，它必须通过与反应堆减速剂原子核碰撞来减速。第一个核反应堆（建于1942年芝加哥大学）以及1986年发生核事故的前苏联切尔诺贝利反应堆都使用碳（石墨）作为减速剂材料。假设一个中子（质量为1.0u）速度为$2.6\times10^{7}\mathrm{m\cdot s^{-1}}$与静止的碳原子核（质量为12u）弹性碰撞。在碰撞过程中外力忽略。碰撞后的速度是多少？（u是原子质量单位，等于$1.66\times10^{-27}\mathrm{kg}$）。

4-28 飞机着陆减速板：为了减小飞机着陆的距离，在发动机排气口外装有挡板，使排出气体转向，排出气体分为相等的两路通过挡板后转为与竖直方向成15°角（见习题4-28图）。已知气体的流量为$1000\mathrm{kg\cdot s^{-1}}$，排出气体的相对速度为$700\mathrm{m\cdot s^{-1}}$，求排出气体作用于飞机的阻力。

4-29 有一水平运动的传送带将砂子从一处运到另一处，砂子经一竖直的静止漏斗落到传送带上，传送带

以恒定的速率 v 水平地运动。忽略机件各部位的摩擦及传送带另一端的其他影响，试问：

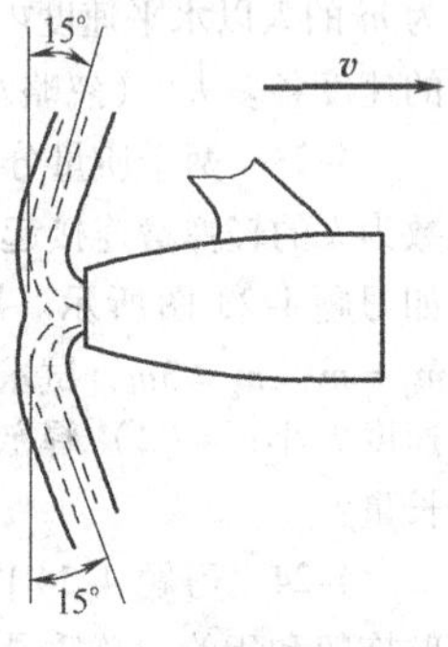

习题 4-28 图

（1）若每秒有质量为 $q_m = \mathrm{d}m/\mathrm{d}t$ 的砂子落到传送带上，要维持传送带以恒定速率 v 运动，需要多大的功率？

（2）若 $q_m = 20\mathrm{kg}\cdot\mathrm{s}^{-1}$，$v = 1.5\mathrm{m}\cdot\mathrm{s}^{-1}$，水平牵引力多大？所需功率多大？

4-30　质量为 3000kg 的 Cessna 飞机在巴西一丛林 1600m 的高空以 $75\mathrm{m}\cdot\mathrm{s}^{-1}$ 的速度向北飞行，与一质量为 7000kg、以 $100\mathrm{m}\cdot\mathrm{s}^{-1}$ 的速度北偏西 35° 飞行的 carge 飞机发生相撞。Cessna 失事飞机在南偏西 25° 的 1000m 位置处，而 carge 飞机被撞成质量相等的两部分。其中的一部分在东偏北的 22° 的 1800m 位置处发现。另一部分在什么位置？（给出大小和方向）

4-31　流体在管道中定常流动时的附加动压力：如习题 4-31 图所示，任一弯曲管道，流体从中流动，流量（每秒流过的体积）Q = 常量，流体的密度 ρ = 常量，流体在截面 AB 和 CD 处的平均流速各是 v_1 和 v_2，求因流体流动使管壁受到的附加动压力。

4-32　质量为 m_0 的战舰以速度 v_0 向前行驶。若舰上 6 门大炮向正前方同一目标齐射，仰角为 θ，每发炮弹的质量为 m，炮弹出口速度为 u，不计水的阻力。求经过一次齐射后，战舰的速度增量 Δv。

4-33　习题 4-33 图表示飞机的三个轮子和飞机重心的位置，设三个轮子置于地坪上，已知飞机重 W = 480kN，重心坐标为 $x_C = 0.02\mathrm{m}$，$y_C = 0.2\mathrm{m}$，试求三个轮子对地坪的压力（图中尺寸单位为 m）。

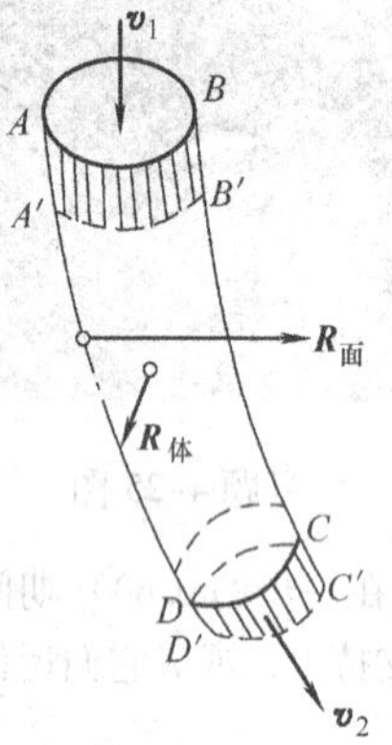

习题 4-31 图

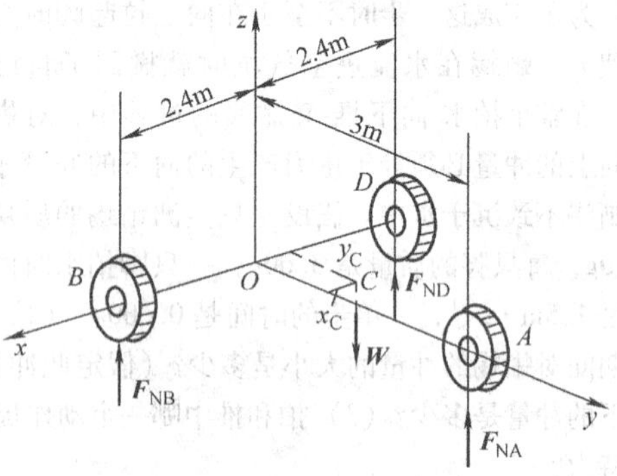

习题 4-33 图

（三）思考题

4-34　动能与动量有什么区别？若物体的动量发生改变，它的动能是否一定也发生改变？试举例说明。

4-35　人坐在车上推车是怎么也推不动的，但坐在轮椅上的人却能让车前进。为什么？

4-36　一人用恒力 $\boldsymbol{F}$ 推地上的木箱，经历时间 Δt 未能推动木箱，此推力的冲量等于多少？木箱既然受了力 $\boldsymbol{F}$ 的冲量，为什么它的动量没有改变？

4-37　能否利用装在小船上的风扇扇动空气使小船前进？

4-38　试阐述为什么质点系中的内力不能改变质点系的总动量。

4-39　以球击墙而弹回，由球和墙组成的系统动量守恒吗？

4-40　自己身体的质心是固定在身体内某一点吗？能把自身的质心移到身体外面吗？

4-41　我国东汉学者王充在他所著《论衡》（公元 28 年）一书中记有："奡、育，固之多力者，身能负荷千钧。手能决角伸钩。使之自举，不能离地。"说的是古代大力士自己不能把自己举离地面。这个说法正确吗？为什么？

4-42 在燃放烟火时，一朵五彩缤纷的烟火，其质心的运动轨迹如何（忽略空气阻力与风力）？为什么在空中烟火总是以球形逐渐扩大？

4-43 对于变质量系统，能否应用$\boldsymbol{F}=\frac{\mathrm{d}m\boldsymbol{v}}{\mathrm{d}t}$？为什么？

本章军事应用及工程应用阅读材料——火箭推进技术简介

目前所有运载工具和绝大多数航天器都利用固体和液体化学剂推进，其主要缺点是能量密度低。火箭发动机所携带燃料要占总重的90%以上，因此，效费比低，安全性降低。而采用新技术推进的空间飞行器，不仅能够克服这一缺点，还有可能让人类实现恒星际飞行。

国外正在为可重复使用运载器和空天飞机等未来航天运载器、高超音速导弹等，发展以火箭为基础的组合循环（RBCC）推进技术和脉冲爆震推进技术；为航天器的空间位置保持、机动变轨及星际飞行等，发展电火箭推进、核火箭推进、太阳能加热火箭推进等非化学推进技术。

1. 核能推进技术

1955年，美国开始研究核火箭。后来这项计划曾一度因种种原因而进展缓慢，但在研究中，科学家已找到了一些有希望的设计方案。

核火箭用的发动机是靠核燃料裂变时产生的巨大热能，将推进剂加热到极高温度（4000℃以上）。推进剂因而获得动能，以极高速度从尾部喷出，从而推动火箭高速飞行。

由于核燃料体积小、发热量大，核火箭可做到重量轻、体积小，化学燃料火箭根本不能与它抗衡。

国外研究得比较多的核火箭发动机叫“过热喷射式核发动机”。它的核心是一个小巧玲珑的核反应堆，核燃料制成燃料元件，排成堆芯。起动时将液氢打进堆芯，受热后迅速变成几千摄氏度的高温气体，从火箭尾部高速喷射出来，产生巨大推力，这种发动机比较容易实现，也可能比化学火箭更经济。但由于冲量不够大，还不能作为远程的星际航行工具。

第二种叫“等离子挤压式核发动机”。它的心脏也是一个核反应堆，但反应堆不是用来供热，而是用来供电的。启动时，先向Y型真空室注入推进剂（如液氢），接着马上将两端封闭起来，并接通电流，使推进剂加热到70万℃。这时推进剂已成为高温等离子体，它在电磁力的推动下，从火箭尾部喷出。由于喷出的等离子体可达极高速度（甚至接近光速），因此可以将火箭加速到星际航行所要的速度。

第三种叫“气体堆芯核发动机”。它是以气态铀或钚代替固体核燃料，利用气体核燃料的裂变反应放出的热量，把来自燃料箱的液氢加热到极高温度（9000℃以上），以强大的排气流推动火箭。备有这种核发动机的火箭可肩负火星之行的光荣使命。

最后一种叫“爆炸排气式核发动机”。发动时向爆炸室内注入少量核爆炸剂，利用核爆炸对室壁产生的巨大压力来推动火箭前进。

2. 电火箭推进

也称电推进，与化学火箭推进不同，电推进是用电能加速工质形成高速射流而产生推力的推进技术。电推进系统的能源和工质是分开的，电能由飞行器提供，一般由太阳能、核能或化学能经转换装置获得；工质常用氢、氮、氩或碱金属的蒸汽。电推进的比冲高，可达250kN·s·kg^{-1}；寿命长，累计工作时间可达上万小时，重复启动次数可达上万次。但是，电推进的推力一般小于100N，适用于航天器如地球静地轨道卫星的位置保持和姿态控制，以及航天器如深空探测器的星际航行。

电推进系统按工质加速方式可分为电热推进、离子推进和电磁推进3种类型。

电热推进，是利用电能加热工质如肼、氨、氢等，使其汽化经喷管膨胀加速、喷出产生推力的。按加热方式的不同，又分为电阻加热推进器和电弧加热推进器。

离子推进又称静电推进，其工作原理是：工质从贮箱经电离室电离成离子，在静电场作用下加速形成射束；离子射束与中和器发射的电子耦合形成中性的高速射流，喷射而产生推力。根据离子生成的方式不同，离子推进器分为3种。电子轰击型：利用直流放电产生的电子轰击工质，使工质电离的离子推进器。由于这种推进器是考夫曼在1959年发明的，所以也称为考夫曼推进器；射频型：利用高频放电使工质电离的被称为射频型离子推进器；接触型：将电离电压较低的工质与金属接触而生成离子的离子推进器。

电磁推进是利用电磁场对载流等离子体产生洛伦兹力的原理，使处于中性等离子状态的工质加速产生推力。目前国外研制的电磁推进器主要是稳态等离子体（霍尔效应）推进器（SPT）和脉冲等离子体推进器（PPT），此外还在研究微波等离子体推进器（MPT）。

激光、核能、光压和反物质这四种新的推进技术，正在研究开发之中，有的甚至已经能够应用。中国科学院院士庄逢甘在此前举行的我国首届近代空气动力学与气动热力学会上说，人类最早可能在未来数十年内就能制造出由这些技术推进的空间飞行器。

激光推进，即远距离发射出的高能激光，在航天器的抛物面反向镜聚焦后加热气体，使气体热膨胀产生推力。科学家预测，这种运载工具有效载荷可提高到15%以上。目前美国和俄罗斯等国已经提出制造激光飞船的计划。

光压推进，利用这种技术的飞行器就像一艘帆船，把太阳光或其他粒子流照射到帆板上，根据光帆两面的压差产生推力。新华社东京2011年1月27日电（记者蓝建中）：日本宇宙航空研究开发机构日前宣布，世界上第一艘依靠太阳能驱动的太空帆船“伊卡洛斯”号已成功完成全部实验项目，包括利用阳光实现加速、减速和改变轨道等。据悉，“伊卡洛斯”号通过张开的太阳帆，借助光的微弱压力实现加速，并利用安装在太阳帆上的液晶元件，通过部分改变光的反射率来使帆倾斜，从而改变行进方向，日本宇宙航空研究开发机构还透露，准备在2018年至2019年间发射前往木星的太空帆船。

反物质推进，现今推进技术最高推进速度约为$20\mathrm{km\cdot s^{-1}}$，无法实现恒星际飞行。反物质推进的飞行器将有可能达到光速。其原理是，由于反物质和物质如果相遇，将会湮灭，正反物质的质量将全部转化为能量，按照爱因斯坦的质能公式$E=mc^2$释放出大量的能量。科学家们初步估算，一艘质量为1000kg的飞船加速到0.1c，需9kg的反物质“燃料”。现在科学家们正在研究反物质如何生产和储存。这种技术难度很高，然而一旦成功将是一次革命。

第5章 刚体的定轴转动

历史背景与物理思想发展脉络

物体的一些运动是与它的形状有关的，这时物体就不能看成质点了，对其运动规律的讨论必须考虑形状的因素。对有形物体的一般性讨论是非常复杂的问题，全面分析和研究这些问题是力学专业课程学习的内容。在大学物理中，我们讨论有形物体的一种特殊的情况，那就是物体在运动时没有形变或形变可以忽略的情况。如果物体在运动时没有形变或其形变可以忽略，我们就能抽象出一个有形状而无形变的物体模型，这个模型叫作刚体。刚体的更准确更定量的定义是：如果一个物体中任意两个质点之间的距离在运动中都始终保持不变，则我们称之为刚体。被认为是刚体的物体在任何外力作用下都不会发生形变。实际物体在外力作用下总是有形变的，因此，刚体是一个理想模型。它是对有形物体运动的一个重要简化。实际物体能否看成刚体，不是依据其材质是否坚硬，而是考察它在运动过程中是否有形变或其形变是否可以忽略。正如质点力学中所讨论的那样，刚体不但是一个质点系，而且是一个较为特殊的刚性的质点系，它的运动规律相比于一个质点相对位置分布可以随时间改变的一般质点系而言，要简单得多。

在物理学研究中，物理学家建立物理模型是一种基本的、十分重要的研究方法。从广义上讲，物理学中的各种基本概念，如长度、时间、空间等都可称为物理模型，因为它们都是以各自相应的现实原型（实体）为背景而抽象出来的最基本的物理概念。从狭义上讲，只有那些反映特定问题或特定具体事物的结构才叫作物理模型，如质点、刚体、理想气体等。

理想模型是指在原型（物理实体、物理系统、物理过程）基础上，经过科学抽象而建立起来的一种研究客体。它忽略了原型中的次要因素，集中突出了原型中起主导作用的因素，所以，理想模型是原型的简化和纯化，是原型的近似反映。

实体理想模型是建立在客观实体的基础上，根据讨论问题的性质和需要把客观实体理想化。比如，物理学中最简单、最重要的质点模型即如此。质点这一概念忽略了大小、形状等因素，突出了位置和质量特性，所以这个模型的提出是一个科学抽象过程，是对实际物体的简化和纯化。但这种简化和纯化并不是没有根据的，任何理想模型的建立都要根据具体的实际情况而定。实际物体抽象为质点基于两点考虑：一是一个体积不是很大的物体，其运动被定域在非常广阔的空间里面，所以运动物体的大小跟空间线度相比是可以忽略的。二是运动物体上各个不同位置的点具有完全相同的运动状态，只要知道它的任何一点的运动状态就可以知道整个物体的运动状态。可见，在这两种情况下，可以把物体看成忽略大小和形状的质点。在物理学中，实体理想模型还有刚体、点电荷、点光源、光滑平面、无限大平面、理想气体、理想流体、杠杆、绝对黑体、平面镜、薄透镜等。

理想模型也应用于系统和过程，系统一般泛指相互作用的物体的全体。如：遵循牛顿第三定律、相互作用的物体的全体，叫作“力学系统”；讨论重力势能时，把地球和某物体视为“保守力系统”等。这些系统都是理想化的物理模型，称为系统理想模型。这种模型忽略了其他物体对系统的影响（如力的作用、能量传递等），而只研究系统内部物体间相互作用的规律。“力学系统”忽略了其他物体对系统的万有引力作用等，“保守力系统”忽略了一些非保守力因素，如摩擦等。事实上在现实世界中严格的保守力系统和绝热系统是不存在的。自然界中各种事物的运动变化过程都是极其复杂的，在物理学研究中，不可能面面俱到。要首先分清主次，然后忽略次要因素，只保留运动过程中的主要因素，这样就得到了过程理想模型，如匀速直线运动、匀变速直线运动、匀速圆周运动、自由落体运动、斜抛运动、简谐振动、光的直线传播等模型。理想实验实际上也是一种过程理想模型，只不过这个“过程”是指实验过程。

类比方法也是物理学研究中常见的、十分重要的研究方法，它最早是由亚里士多德提出的，他把类比称为类推。类比方法自提出到现在已有了很大的发展和充实。类比方法的客观基础，一是不同的自然事物之间的相似性。不同事物在属性、数学形式及其定量描述上，有相同或相似的地方，因而可以进行比较。根据其相同或相似的已知部分，推知其未知的部分也可能相同或相似。所以，事物间的相似性是运用类比方法进行逻辑推理的客观依据。而事物之间差异性的存在却限制了类比的范围，使类比只能在一定的条件下进行。二是人脑的生理结构和功能为类比方法提供了生理条件。类比是人脑凭借已知对象的知识（即脑中已建立的暂时神经联系）做出推测或结论，而且复杂的联想与联系是人脑结构与功能的基本要素和特征，也是人的神经系统与外界、主观与客观相互作用的结果。

诚然，类比是与科学发现这种创造性工作最有密切联系的一种逻辑方法。它是建立于原有背景知识的基础上，尝试从已知导向未知，推进科学认识的有力武器。科学家在构造和发展科学假说及其解释系统时，总是得益于在所研究对象与已知事物之间寻求和使用类比，类比几乎对一切科学理论都有帮助发现作用，巧妙的类比往往还能够预示观察、实验的正确方向，并可能在最终导致重大的科学发现。开普勒曾说：“我珍视类比胜于任何别的东西，它是我最可信赖的老师，它能揭示自然界的秘密。”康德也说过：“每当理智缺乏可靠的思路时，类比这个方法往往能指引我们前进。”“我始终以类比的方法和合理的可信性为指导，尽可能地把我的理论体系大胆发展下去。”

下面我们将类比牛顿质点力学的研究方法，来研究一个特殊的理想模型——刚体。

5.1 刚体及刚体运动

物理学基本内容

现代喷气式发动机前面有一个很大的风扇，把空气压缩到燃烧室内，空气与雾化燃料混合后点燃，燃烧后的气体从发动机后面喷出后推动飞机向前飞行，这些风扇的旋转速度达到7000～9000$\mathrm{r \cdot min^{-1}}$。几乎所有的发动机都是由旋转部分向外部其他设备传输能量。

飞机上旋转的螺旋桨的所有部分都具有相同的角速度和角加速度，对于某一个给定的叶片，线速度与离轴线的距离有什么关系呢？加速度又如何呢？还有，光盘、游乐场的大转轮、电锯的锯片、吊扇，这些运动物体上各点的运动轨迹不同，每一个物体都是绕一个静止的轴做转动。转动随处可见，从原子中的电子运动到太阳系、银河系。这一章我们首先从运动学出发来描述刚体的转动，来研究转动物体的动能，然后进一步研究旋转物体的动力学关系。

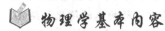

空中的跳伞运动员如何改变旋转速度？这符合什么物理定律？前面的学习告诉我们：力作用在物体上会使物体产生加速度。但是力是如何使静止的物体旋转或者使旋转的物体停止？在这

章中我们会定义一个新的物理量：力矩。它描述了力产生的旋转。我们将会看到旋转运动的力矩和能量产生，从而懂得汽车上的转轴运动的能量是如何转换的。

5.1.1　刚体运动及其分类

实际物体的运动形式是非常复杂的，施加在物体上的力会使物体的形状发生改变，会使它们发生拉伸、扭曲、挤压。在以后的学习中我们忽略掉物体的形变并且假定物体的形状和大小都不发生变化。我们把这个理想的模型定义为刚体。刚体运动的基本形式有平动和转动，刚体任意的运动形式都可以看成平动和转动的叠加。

1. 刚体的平动

如果在一个运动过程中刚体内部任意两个质点之间的连线的方向都始终不发生改变，则我们称刚体的运动为平动。平动的示意图如图 5-1 所示。电梯的上下运动，缆车的运动等都可看成刚体平动。

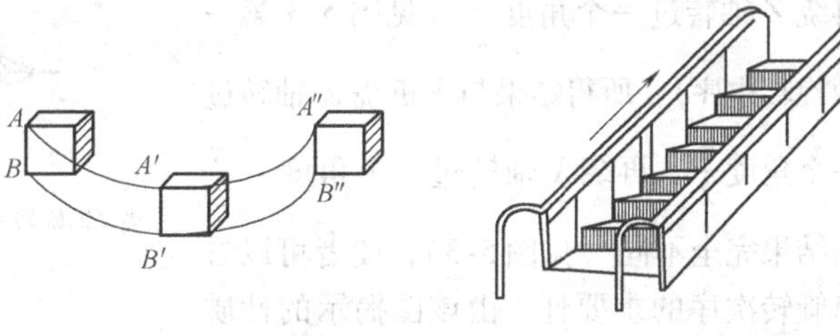

图　5-1

刚体平动的一个明显特点是，在平动过程中刚体上每个质点的位移、速度和加速度相同。这意味着，如果我们要研究刚体的平动，只需要研究某一个质点（例如质心）的运动就行了。因为这一个质点的运动规律就代表了刚体所有质点的运动规律，即刚体的运动规律。在这个意义上我们可以说，刚体平动的运动学属于质点运动学，可以使用质点模型。刚体平动的动力学也可以使用质点模型，通过质点动力学来解决。这实际上并不是新问题，如牛顿运动定律的多数题目中出现的都是有形状的物体，但只要它是在平动，我们就仍可以用牛顿运动定律来正确地处理它们。实际上，这时我们用牛顿运动定律求出来的是质心的加速度，但是由于在平动中刚体上每个质点的加速度相同，所以质心的加速度就代表了所有质点的加速度。综上所述我们知道，刚体平动可以使用质点模型，我们可以用前面质点力学中的知识去分析和处理它们。

2. 刚体的定轴转动

如果在一个运动过程中，刚体上所有的质点均绕同一直线做圆周运动，则我们称刚体在转动，该直线称为转轴，如火车车轮的运动、飞机螺旋桨的运动都是转动。如果转轴是固定不动的，则称转动为定轴转动，如车床齿轮的运动、吊扇扇叶的运动均属于定轴转动。

转动是否是定轴的，取决于参考系的选择。如火车车轮的运动，将参考系置于轮轴上的转动就是定轴转动。

定轴转动显著的特点是：转动过程中刚体上所有质点的角位移、角速度和角加速度相同。我们称这几个量为刚体转动的角位移、角速度和角加速度。

5.1.2　描述刚体定轴转动的物理量

刚体定轴转动最佳的描述方法是角量描述。定轴转动中刚体上的任一质点 P 都绕一个固定轴做圆周运动（见图 5-2），习惯上常把转轴设为 z 轴，圆周所在平面 S 称为质点的转动平面，转动平面与转轴垂直。质点做圆周运动的圆心 O 叫作质点的转心，在转动平面上取相对于实验室系静止的坐标轴 Ox，P 相对 O 点的位矢用 $\boldsymbol{r}$ 表示。刚体的定轴转动就可用 OP 对 Ox 轴的夹角 θ 描述。θ 表示 t 时

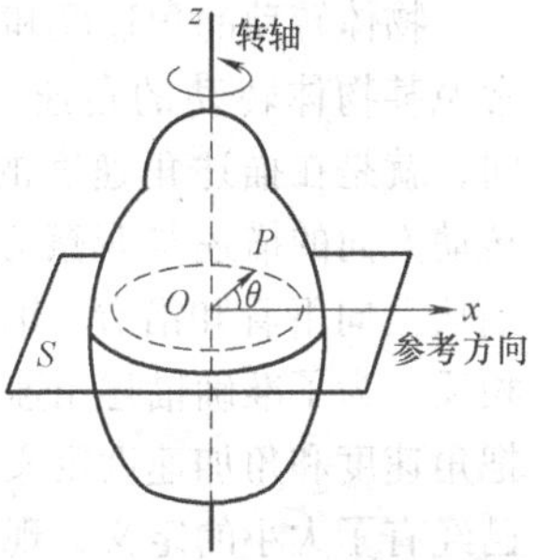

图　5-2

刻刚体相对坐标轴 Ox 转过的角度，θ 为时间 t 的函数，即

$$\theta = \theta(t) \tag{5-1}$$

这就是质点 P 的角量运动方程。刚体定轴转动的位置由角坐标 θ 描述，位置变化由角位移 $\Delta\theta$ 来描述。

角位移是矢量吗？矢量除了必须有大小和方向外，还需要满足平行四边形加法法则，因而也满足交换律 $\boldsymbol{A}+\boldsymbol{B}=\boldsymbol{B}+\boldsymbol{A}$。但有的物理量虽然有明确的大小和方向，但并不满足这个条件，这种量就不是矢量。例如，在机体坐标系中，飞机绕 X 轴转过一个角度 $-\frac{\pi}{2}$，再绕 Z 轴转过一个角度 $\frac{\pi}{2}$（见图 5-3 第一种旋转次序），所得结果与飞机绕 Z 轴转过一个角度 $\frac{\pi}{2}$，再绕 X 轴转过一个角度 $-\frac{\pi}{2}$ 的结果完全不同（见图5-3），读者可以看出旋转次序的重要性。由该图揭示的性质可知，上述飞机的旋转角位移求和与服从交换律的矢量的求和是全然不同的，有限的角位移不是矢量。尽管有限角位移不是矢量，但是无限小角位移却可以用平行四边形法则相加（证明从略）。于是，把无限小角位移除以所经历的时间定义为角速度，那么它也是可以用平行四边形法则求和的。无限小角位移以及由之定义的角速度是矢量。

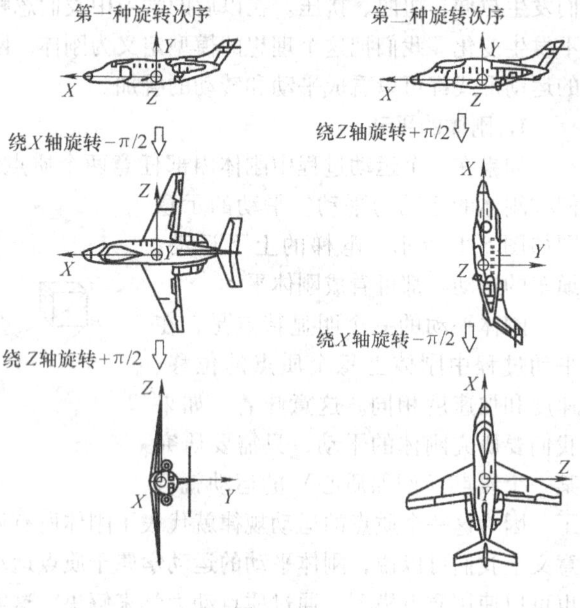

图 5-3

刚体的角速度和角加速度分别定义为

$$\omega = \lim_{\Delta t \to 0}\frac{\Delta\theta}{\Delta t} = \frac{\mathrm{d}\theta}{\mathrm{d}t} \tag{5-2}$$

$$\beta = \frac{\mathrm{d}\omega}{\mathrm{d}t} = \frac{\mathrm{d}^2\theta}{\mathrm{d}t^2} \tag{5-3}$$

由于刚体上各质点之间的相对位置不变，因而绕定轴转动的刚体上的所有质点在同一时间内都具有相同的角位移，在同一时刻都具有相同的角速度和角加速度，于是我们把角量 θ、$\Delta\theta$、ω、β 分别称为刚体的角位置、角位移、角速度和角加速度。显然用角量描述刚体的定轴转动较为方便。

物体转动的角速度和角加速度是有方向的，我们常说某物体转动的角速度是逆时针方向或顺时针方向，就是在描述角速度的方向。对于刚体定轴转动，转动方向的描述与观察方向有关，在图 5-4 中逆着 z 轴从上向下看和沿着 z 轴从下向上看得到的结论正好相反。为了准确描述角速度和角加速度的方向，我们把角速度和角加速度定义为矢量。角速度和角加速度已经有了大小的定义，现在要赋予它们方向。

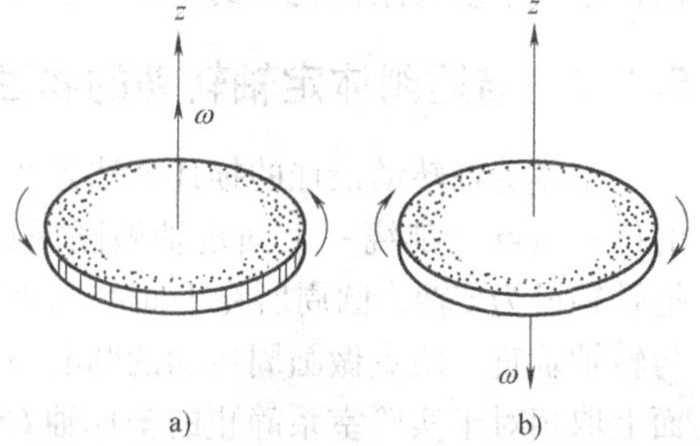

图 5-4

我们规定，物体的角速度矢量的方向与直观的转

动方向遵守右手螺旋定则：当我们伸直大拇指并弯曲其余的四个手指，使四个手指指向直观的转动方向时，大拇指所指的方向即为角速度矢量的方向。在图5-4a中，刚体的转动是逆时针方向的，按右手螺旋法则，我们说它的角速度沿z轴向上；在图5-4b中，刚体的转动是顺时针方向的，我们说它的角速度沿z轴向下。角速度矢量还可以使用如下的数学表达式来表示：

$$\boldsymbol{\omega} = \omega \boldsymbol{n} \tag{5-4}$$

式中，$\boldsymbol{n}$表示转动方向；ω表示角速度的大小。

若角加速度矢量的方向与角速度矢量的方向相同，则角速度增加；反之，若角加速度矢量的方向与角速度矢量的方向相反，则角速度减小。角加速度矢量的方向与直观转动的加速方向也遵守右手螺旋定则。当四个手指指向直观的加速方向时，大拇指所指的方向即为角加速度矢量的方向。

显然，在刚体的定轴转动中，角速度和角加速度矢量的方向只有沿着z轴和逆着z轴两个方向。可以把沿着z轴的角速度叫作正角速度，逆着z轴的角速度叫作负角速度，这是角速度的标量表述，与一维直线运动的处理方法类似。对角加速度也可进行同样的标量表述，读者可自行推广。

5.1.3　定轴转动的线量

当刚体做定轴转动时，刚体上的各个质点都有速度和加速度。这些质点的速度和加速度与刚体的角速度和角加速度矢量有什么关系呢？在矢量描述中，刚体定轴转动的角量与线量的关系将包含方向之间的关系而表现得更加完整。若考察刚体上的一个质点对z轴的径矢为$\boldsymbol{r}$，则其速度、切向加速度与法向加速度和角速度与角加速度的矢量关系为

$$\begin{cases} \boldsymbol{v} = \boldsymbol{\omega} \times \boldsymbol{r} \\ \boldsymbol{a}_\tau = \boldsymbol{\beta} \times \boldsymbol{r} \\ \boldsymbol{a}_n = \boldsymbol{\omega} \times \boldsymbol{v} \end{cases} \tag{5-5}$$

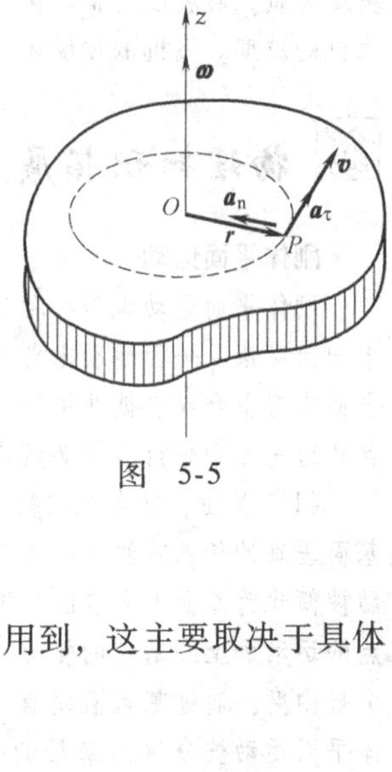

图　5-5

这个式子大家可以自己推导。其意义可以由图5-5看出。

在后面的讨论中，角速度和角加速度的矢量表述和标量表述都会用到，这主要取决于具体问题中用什么描述方法更为方便。

物理知识应用

飞机的转动

飞机作为刚体在空中的运动，一般有6个自由度，相应地有6个动力学方程，其中3个用来描述质心的运动，3个用来描述飞机绕质心的转动。另外，还有6个运动学方程，用来描述飞机在空间的位置和姿态的变化。

在建立飞机运动学方程时，为了确定相对位置、速度、加速度和外力矢量的分量，必须引入多种坐标系。一般常在机体坐标系和气流坐标系中描述飞机的转动，机体坐标系与对应地面坐标系的坐标轴的夹角称为欧拉角，飞机绕质心的三维定点转动十分复杂，将在理论力学课程专门研究，下面仅对一维定轴转动进行简要描述。

如前所述，机体坐标系固连于飞机，原点O为飞机重心；纵轴Ox_t平行于机身轴线或机翼平均气动弦线，指向机头方向；竖轴Oy_t在飞机对称平面内，垂直于Ox_t，指向上方，横轴Oz_t垂直于飞机对称平面，指向右方，见图5-6。在飞行中，飞机绕纵轴、竖轴和横轴转动的角速度分别称为滚转角速度（ω_x）、偏转

角速度（ω_y）和俯仰角速度（ω_z）。飞机的滚转、偏转和俯仰角速度有正负之分，其正、负号由右手螺旋定则并依据飞机转动轴的正、负向来确定。比如，确定俯仰角速度的正负时，用右手握住横轴，以四指弯曲的方向表示飞机的转动方向，如拇指伸直指向横轴正向，则俯仰角速度为正，反之则为负。偏转角速度和滚转角速度的正、负用上述同样的方法确定。

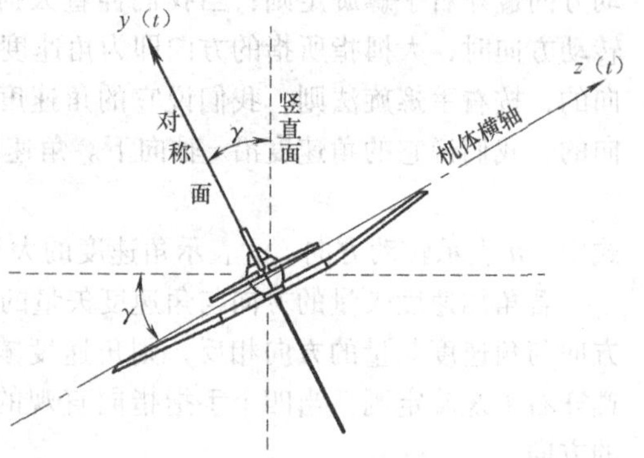

图 5-6

飞机在空中转动，它的姿态会随着发生变化。为了确定飞机的俯仰姿态和滚转姿态，需要建立俯仰角和坡度的概念。机体纵轴与水平面之间的夹角叫俯仰角，用θ表示，俯仰角有正、负之分：纵轴指向水平面的上方，俯仰角为正，正的俯仰角又叫仰角；指向水平面的下方，俯仰角为负，负的俯仰角又叫俯角。飞行时，飞行员可根据机头与天地线的位置关系或地平仪的指示来判断俯仰角。坡度是飞机对称面与通过纵轴的铅垂面之间的夹角，用γ表示，一般规定，左坡度为负，右坡度为正。在飞行中，飞行员可从飞机风挡和天地线的关系位置或根据地平仪的指示来判断飞机的坡度。飞机的坡度还可以用飞机的横轴与机头所对天地线之间的夹角来表示。

物理知识拓展

刚体平面运动

刚体平面运动也是一种常见的运动，诸如直道上行驶汽车的车轮、斜面上滚动的圆柱、运动员高台跳水向前翻滚。平面运动定义为：在观测时间中，刚体上任意点的运动轨道限定于一平面内，所有这些轨道平面或者重合或者彼此平行，这类运动也常被称作平面平行运动。其实，其平行性是平面性的一个推论，若轨道平面不平行，则必然违背刚性。平面运动有如下重要性质：

(1) 基面、基点与基轴　选定一轨道平面为参考平面，简称为基面，其他轨道平面均平行于基面，与基面垂直的任意直线上的各点，运动状态相同，有相同的速度和相同的加速度。于是，三维刚体的平面运动被简化为基面上各点的二维运动。选定基面上一点作为参考的基点，于是基面上各点的运动被分解为基点的运动加上绕基点的转动。基点运动有2个自由度，绕基点的转动有1个自由度，故刚体平面运动有3个自由度。通过基点且垂直基面的直线被称为基轴，回归到三维空间看，刚体平面运动被分解为基轴的平动加上绕基轴的转动。一般选基轴通过质心，这在动力学分析中有好处：应用质心定理考虑质心轴的运动，应用随后给出的定轴转动定理考虑绕质心轴的转动。

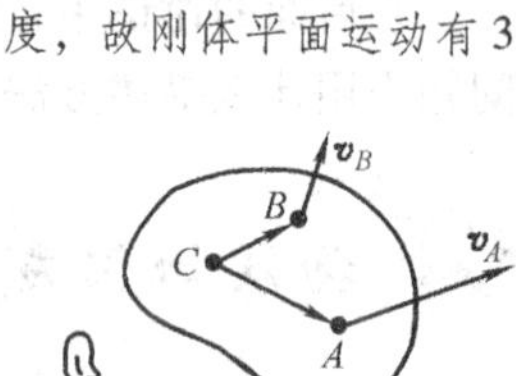

图 5-7

(2) 速度表示式　设基点为C，线速度为$\boldsymbol{v}_C$，则基面上各点的线速度表示为

$$\boldsymbol{v}=\boldsymbol{v}_C+\boldsymbol{\omega}\times\boldsymbol{R}$$

如图5-7所示，对A点和B点，其线速度分别为

$$\boldsymbol{v}_A=\boldsymbol{v}_C+\boldsymbol{\omega}\times\boldsymbol{R}_A,\quad \boldsymbol{v}_B=\boldsymbol{v}_C+\boldsymbol{\omega}\times\boldsymbol{R}_B$$

(3) 角速度与基点选择无关　对于一个旋转的车轮，人们将其习惯地视为轮轴的平动以及轮圈绕轮轴的转动，这是正确的。然而，若有人说，轮轴相对轮圈某一点也以同一角速度在旋转，不免难以置信。其实，这也是正确的，试看以下证明，如图5-8所示，选C为基点，考察P点的速度

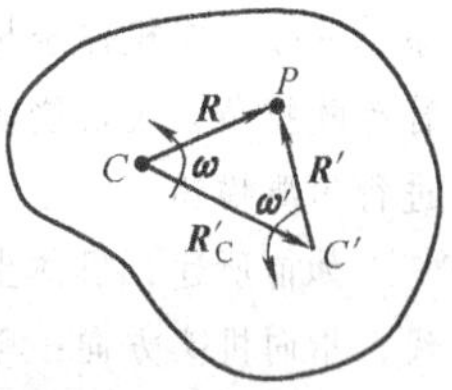

图 5-8

$$\boldsymbol{v}_P=\boldsymbol{v}_C+\boldsymbol{\omega}\times\boldsymbol{R} \tag{5-6}$$

若选C'为基点，设P点绕C'点有一角速度，以$\boldsymbol{\omega}'$表示，则

$$\boldsymbol{v}_P = \boldsymbol{v}'_C + \boldsymbol{\omega}' \times \boldsymbol{R}' \tag{5-7}$$

注意到

$$\boldsymbol{v}'_C = \boldsymbol{v}_C + \boldsymbol{\omega} \times \boldsymbol{R}'_C, \quad \boldsymbol{R} = \boldsymbol{R}'_C + \boldsymbol{R}' \tag{5-8}$$

把式（5-6）和式（5-8）代入式（5-7）有

$$\boldsymbol{v}_C + \boldsymbol{\omega} \times \boldsymbol{R} = \boldsymbol{v}_C + \boldsymbol{\omega} \times (\boldsymbol{R} - \boldsymbol{R}') + \boldsymbol{\omega}' \times \boldsymbol{R}' \tag{5-9}$$

显然得到

$$\boldsymbol{\omega}' \times \boldsymbol{R}' - \boldsymbol{\omega} \times \boldsymbol{R}' = \boldsymbol{0} \tag{5-10}$$

即

$$\boldsymbol{\omega}' = \boldsymbol{\omega} \tag{5-11}$$

这表明，角速度与基点选择无关。换句话说，对任意基点而言，基面上各点均以同一角速度在旋转。

（4）瞬心　基面上必定存在一个特殊点，其瞬时速度为零，该点被称作瞬心。瞬心位矢$\boldsymbol{R}_0$取决于方程

$$\boldsymbol{v}_C + \boldsymbol{\omega} \times \boldsymbol{R}_0 = \boldsymbol{0} \tag{5-12}$$

这一方程总是有解的，可以有几种方法寻求瞬心位置。值得注意的是，瞬心位置可以落在实体之外，如同质心位置可能在实体之外。须知，基面无边界，是实体截面的无限的刚性延伸。式(5-12)表明，当存在加速度，即$\boldsymbol{v}_C = \boldsymbol{v}_C(t)$ 或$\boldsymbol{\omega}_C = \boldsymbol{\omega}_C(t)$ 时，自然有$\boldsymbol{R}_0 = \boldsymbol{R}_0(t)$，瞬心位置一般来说也在变化。选瞬心为基点，在分析运动学问题时有好处。

刚体角速度矢量的唯一性：通过定轴转动和平面运动的分析，我们已经认证了刚体瞬时角速度矢量的唯一性。其具体含义是：刚体在一个时刻只有一个角速度，角速度矢量属于整个刚体，从刚体上任意一点看，周围所有质点均以同一角速度在旋转。角速度的唯一性对刚体任意运动也有效。定轴运动是平面运动的一个特例，平面运动角速度的特点是其数值可能改变，但其方向总垂直基面，而对于任意运动，其角速度方向可能多变。角速度在刚体力学中的重要性源于它具有上述的唯一性，角速度唯一性的根源来自物体的刚性，若一个油筒盛满油在路面上滚动，就不具有唯一的角速度；若仅装半筒油在滚动，那情况就更复杂了，绝不是一个角速度物理量就能描述的了。

应用能力训练

匀变速定轴转动与匀变速直线运动对应与比较如下：

$$\begin{cases}\omega = \omega_0 + \beta t \\ \theta = \theta_0 + \omega_0 t + \dfrac{1}{2}\beta t^2 \\ \omega^2 - \omega_0^2 = 2\beta\ (\theta - \theta_0)\end{cases} \qquad \begin{cases}v = v_0 + at \\ x = x_0 + v_0 t + \dfrac{1}{2}at^2 \\ v^2 - v_0^2 = 2a\ (x - x_0)\end{cases} \tag{5-13}$$

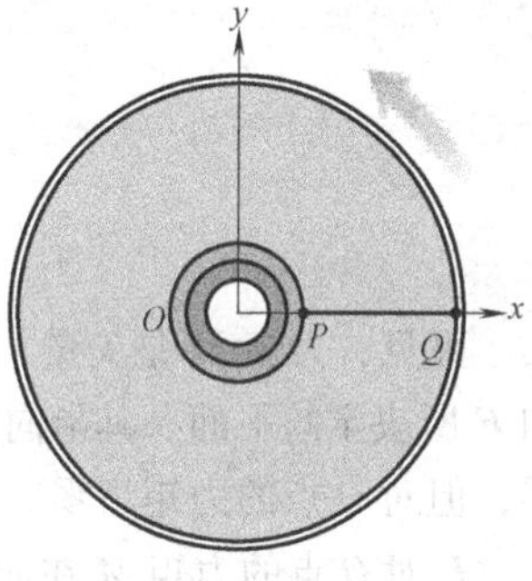

图　5-9

【例5-1】你或许刚刚欣赏完一张DVD光盘上的电影，并且此时光盘正慢慢地停止转动。这张盘的角速度在$t=0$时是$27.5\text{rad}\cdot\text{s}^{-1}$，角加速度恒为$-10.0\text{rad}\cdot\text{s}^{-2}$。在$t=0$时光盘上直线$PQ$处于$x$轴正半轴，如图5-9所示，那么在$t=0.3\text{s}$时，盘的角速度是多少？$PQ$与$x$轴正向的夹角是多少？

【解】

$$\omega = \omega_0 + \beta t = 24.5\text{rad}\cdot\text{s}^{-1}$$

$$\theta = \theta_0 + \omega_0 t + \frac{1}{2}\beta t^2 = 7.80\text{rad}$$

5.2 转动定律

物理学基本内容

我们知道，力是引起物体运动状态变化的原因。然而，刚体在力的作用下发生的转动状态的变化，并不只取决于力的大小，还与力的作用点和力的方向有关。例如，开门窗时，若力通过转轴，或力的方向与转轴平行，那么，无论用多大的力，都不能把门窗打开或关上。从本质上说，刚体转动状态的变化取决于作用于该刚体的力矩。

5.2.1 力对轴的力矩

设一刚体在力 $\boldsymbol{F}$ 作用下绕 Oz 轴转动。取转动平面 S 通过受力点 A，并与 Oz 轴交于 O 点，如图 5-10a 所示，受力点 A 对 O 点的位矢为 $\boldsymbol{r}$，在 S 面内，力 $\boldsymbol{F}$ 对 O 点的力矩定义为

$$\boldsymbol{M} = \boldsymbol{r} \times \boldsymbol{F} \tag{5-14}$$

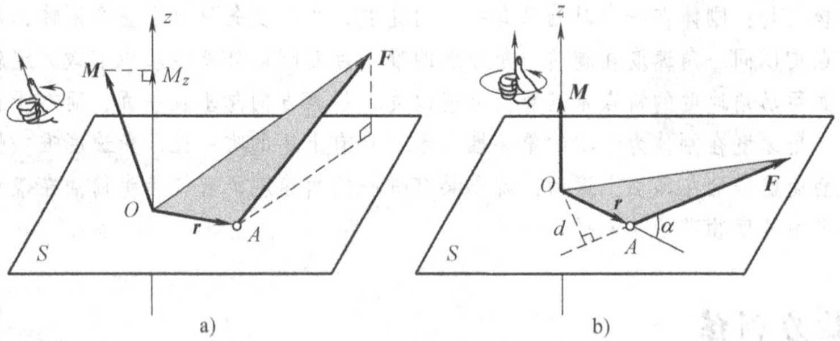

图 5-10

可见，力矩 $\boldsymbol{M}$ 是矢量，它的大小为 $M = Fr\sin\alpha = F_\tau r$，$\alpha$ 是 $\boldsymbol{r}$ 与 $\boldsymbol{F}$ 的夹角；$\boldsymbol{M}$ 的方向垂直于 $\boldsymbol{r}$ 和 $\boldsymbol{F}$ 所决定的平面，其指向由右手螺旋定则确定。显然，力的作用线通过 O 点时，虽然力不为零，但对 O 点的力矩为零。

$\boldsymbol{F}$ 对 O 点的力矩 $\boldsymbol{M}$ 在通过 O 点的 Oz 轴上的投影 M_z 称为 $\boldsymbol{F}$ 对 Oz 轴的力矩。可以证明，同一力对 Oz 轴上不同点的力矩是不相同的，但它们在 Oz 轴上的投影却是相等的。

若 $\boldsymbol{F}$ 的方向与 Oz 轴平行，则 $\boldsymbol{M}$ 垂直于 Oz 轴，因而 $M_z = 0$，所以，凡是与转轴平行的力，其对该轴的力矩都等于零。若力 $\boldsymbol{F}$ 在转动平面内，则 $\boldsymbol{F}$ 与 Oz 轴垂直，此时 $\boldsymbol{M}$ 的方向沿 Oz 轴，如图 5-10b 所示，因而有 $M_z = M$，这时 $\boldsymbol{F}$ 对 Oz 轴的力矩大小为

$$M_z = M = Fr\sin\alpha = Fd \tag{5-15}$$

式中，$r\sin\alpha = d$ 是转轴到力的作用线的垂直距离，称为力臂。所以，与转轴垂直的力对轴的力矩等于该力与其力臂的乘积，这正是中学物理对力矩的定义。

当作用于刚体的力与转轴既不平行也不垂直时，可将力分解为与转轴平行和垂直的两个分力。其中，平行分力对轴的力矩为零。因此，该力对轴的力矩就等于其垂直分力的力矩。

在定轴转动中，力矩矢量在轴上的投影只有两种可能指向，因此对轴的力矩可用正、负号来

表示其指向。我们把沿着 z 轴的力矩叫作正力矩，逆着 z 轴的力矩叫作负力矩，这是力矩的标量表述。

可以证明，力对定轴 z 的力矩不过是力对轴上任一定点的力矩在 z 轴方向的分量，所以它们的讨论和表示方式才如此相似。从力对定点的力矩的定义式可知，力矩的大小和方向还与参考点的选择有关。然而，在具体力学问题的处理中参考点是选择在原点的。这样，$\boldsymbol{r}$ 矢量就是质点的位置矢量。读者认识到这一点是很重要的。

若作用在 A 点的力不止一个，即是一个合力，则该点所受合力的力矩等于各分力力矩之和。简要证明如下：按式（5-14），合力的力矩

$$\boldsymbol{M} = \boldsymbol{r} \times \boldsymbol{F} = \boldsymbol{r} \times \sum_i \boldsymbol{F}_i = \sum_i \boldsymbol{r} \times \boldsymbol{F}_i = \sum_i \boldsymbol{M}_i \tag{5-16}$$

式中，$\boldsymbol{M}_i = \boldsymbol{r} \times \boldsymbol{F}_i$ 为各分力的力矩，证毕。

由于作用力和反作用力是成对出现的，所以它们的力矩也成对出现。由于作用力与反作用力的大小相等，方向相反且在同一直线上，故有相同的力臂，作用力矩和反作用力矩也是大小相等，方向相反，其和为零。

$$\boldsymbol{M} + \boldsymbol{M}' = 0 \tag{5-17}$$

在国际单位制中，力矩的量纲为 $\mathrm{ML^2T^{-2}}$，单位为 N · m。

5.2.2 刚体定轴转动的转动定律

刚体绕固定轴转动时，刚体上的每一点都绕转轴做圆周运动，如图 5-11 所示。在刚体上任取一质点，其质量为 Δm_i，离转轴的距离为 r_i，作用在 Δm_i 上的外力用 $\boldsymbol{F}_i$ 表示，内力用 $\boldsymbol{F}_i'$ 表示，不妨设 $\boldsymbol{F}_i$ 和 $\boldsymbol{F}_i'$ 都在转动平面内，根据牛顿第二定律，有

$$\boldsymbol{F}_i + \boldsymbol{F}_i' = \Delta m_i \boldsymbol{a}_i \tag{5-18}$$

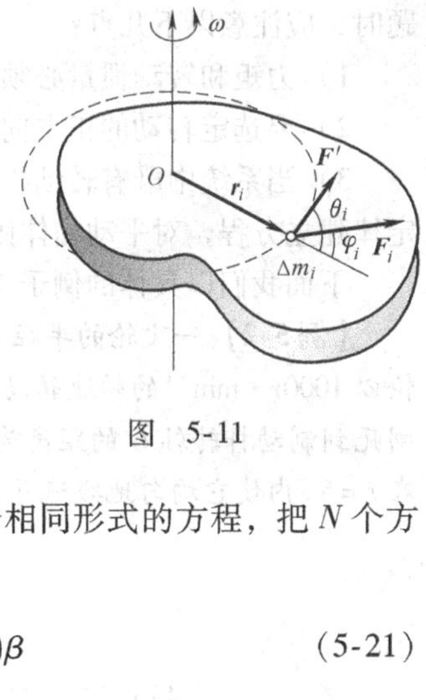

图 5-11

采用自然坐标系，上式的切向分量式为

$$F_i \sin\varphi_i + F_i' \sin\theta_i = \Delta m_i a_{i\tau} = \Delta m_i r_i \beta \tag{5-19}$$

式中，φ_i、θ_i 分别为 $\boldsymbol{F}_i$、$\boldsymbol{F}_i'$ 与 $\boldsymbol{r}_i$ 的夹角；β 为刚体的角加速度。用 r_i 乘以式（5-19）中各项，得到

$$F_i r_i \sin\varphi_i + F_i' r_i \sin\theta_i = \Delta m_i r_i^2 \beta \tag{5-20}$$

由式（5-15）可知，式（5-20）左边两项分别为作用在质点 Δm_i 上的外力矩和内力矩。若刚体可以分成 N 个质点，则可以写出 N 个相同形式的方程，把 N 个方程两边相加，有

$$\sum_{i=1}^{N} F_i r_i \sin\varphi_i + \sum_{i=1}^{N} F_i' r_i \sin\theta_i = \left(\sum_{i=1}^{N} \Delta m_i r_i^2\right)\beta \tag{5-21}$$

因为刚体中的内力是由刚体内各质点间的相互作用产生的，每一对质点间的相互作用力是一对作用力和反作用力，它们等值、反向、共线，对同一轴的力矩的代数和等于零，所以作用于刚体的内力矩总和为零，即 $\sum_{i=1}^{N} F_i' r_i \sin\theta_i = 0$。这样，式（5-21）中左边只剩下第一项，这一项就是作用在刚体上所有外力对轴的力矩的代数和，称为合外力矩，用 M 表示。式（5-21）右边括号内的量与刚体的转动状态无关，称为刚体对该转轴的转动惯量，以 J 表示。于是有

$$M = J\beta = J\frac{\mathrm{d}\omega}{\mathrm{d}t} \tag{5-22}$$

式（5-22）表明，作用于定轴转动刚体上的合外力矩等于刚体对该轴的转动惯量和角加速

度的乘积。这一结论叫作刚体定轴转动的转动定律，是解决刚体转动问题的基本定律，它的地位与解决质点动力学问题的牛顿第二定律相当。

由式（5-22）可知，当定轴转动刚体所受的合外力矩为零时，角加速度为零，因而角速度保持不变，即原来静止的保持静止，原来转动的做匀角速转动。这表明，任何转动物体都具有转动惯性，即在不受外力矩作用时，物体都具有保持转动状态不变的性质。对于给定的合外力矩 M，转动惯量 J 越大，角加速度 β 就越小，即刚体绕定轴转动的状态越难改变，可见转动惯量是物体转动惯性大小的量度。

将刚体定轴转动定律 $M=J\beta$ 与质点的牛顿运动定律 $\boldsymbol{F}=m\boldsymbol{a}$ 进行对比，可以看出物理量间具有一一对应的关系，即合外力矩与合外力相对应，角加速度与加速度相对应，而转动惯量则与质量相对应。注意到牛顿第二定律中的质量 m 和转动定律中的转动惯量 J 在定律中的地位是完全对应的，由此能够进一步理解转动惯量的物理意义。

在对定律的理解中应注意，$M=J\beta$ 中的合外力矩 M、转动惯量 J、角加速度 β 均是对同一定轴而言，请勿混淆。

5.2.3 转动定律的应用

刚体定轴转动定律的应用与牛顿运动定律的应用相似。牛顿运动定律应用的基础是受力分析，而对于转动定律的应用，则不仅要进行受力分析，还要进行力矩分析。按力矩分析，可用转动定律列出刚体定轴转动的动力学方程并求解出结果。在刚体定轴转动定律的应用中还常常涉及与牛顿运动定律的综合，题目的复杂性相对较大，这也是读者应注意的问题。应用转动定律解题时，应注意以下几点：

1）力矩和转动惯量必须对同一转轴而言。

2）要选定转动的正方向，以便确定已知力矩或角加速度、角速度的正负。

3）当系统中既有转动物体又有平动物体时，如果用隔离体法解题，那么对转动物体按转动定律建立方程，对平动物体则按牛顿定律建立方程。

下面我们以具体的例子来给读者介绍刚体定轴转动定律的应用方法。

【例 5-2】 一飞轮的半径 $R=0.25\text{m}$，质量 $m=60\text{kg}$，此质量可近似认为只分布在轮的边缘，飞轮以 $1000\text{r}\cdot\text{min}^{-1}$ 的转速转动，如图 5-12a 所示。已知飞轮与制动杆上闸瓦间的摩擦因数为 $\mu=0.4$，闸瓦到制动杆转轴 O 的距离为杆全长的 1/3，制动杆及闸瓦质量忽略不计。在制动飞轮时，若要求在 $t=5\text{s}$ 内使它均匀地减速并最后停止转动，则制动杆自由端加的力的大小 F 为多少？

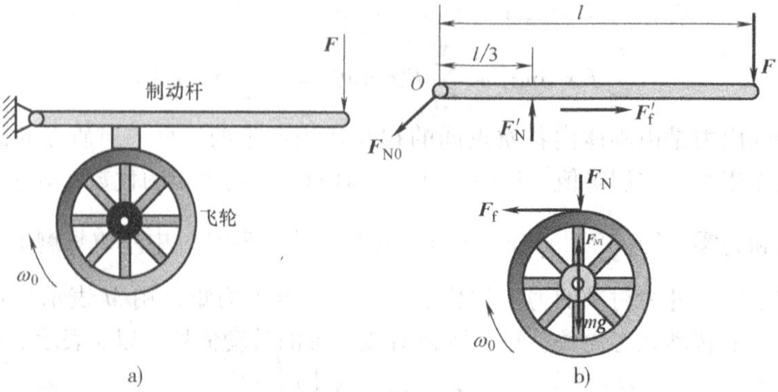

图 5-12

【解】 飞轮初始角速度为

$$\omega_0 = 2\pi n = \frac{2\times 3.14\times 1000}{60}\text{rad}\cdot\text{s}^{-1} \approx 104.7\text{rad}\cdot\text{s}^{-1}$$

末角速度 $\omega=0$。以 ω_0 方向为正方向，可得飞轮的角加速度为

$$\beta = \frac{\omega-\omega_0}{t} = \frac{0-104.7}{5}\text{rad}\cdot\text{s}^{-2} \approx -20.9\text{rad}\cdot\text{s}^{-2}$$

式中，负号表示 β 与 ω_0 方向相反。

飞轮与制动杆受力如图5-12b所示，飞轮所受摩擦力的大小 $F_f=\mu F_N$，它对飞轮的阻力矩为

$$M_f = -F_f R = -\mu F_N R$$

其他外力对中心轴的力矩均为零，因此，按转动定理，则有

$$-\mu F_N R = J\beta$$

式中，转动惯量 $J=mR^2$。代入公式化简可得

$$F_N = -\frac{mR\beta}{\mu} = \frac{-60\times 0.25\times(-20.9)}{0.4}\text{N} \approx 784\text{N}$$

根据牛顿第三定律，飞轮对制动杆的压力的大小 $F_N'=F_N=784\text{N}$。设制动杆长度为 l，由对制动杆轴的力矩平衡条件得

$$F_N'\cdot\frac{l}{3} = Fl$$

$$F = \frac{F_N'}{3} = \frac{784}{3}\text{N} \approx 261\text{N}$$

【例5-3】 一匀质圆盘的质量为 m，半径为 R，在水平桌面上绕其中心轴旋转，如图5-13所示，设圆盘与桌面间的摩擦因数为 μ，求圆盘从以角速度 ω_0 旋转到静止需要多少时间以及停转过程中的角位移？

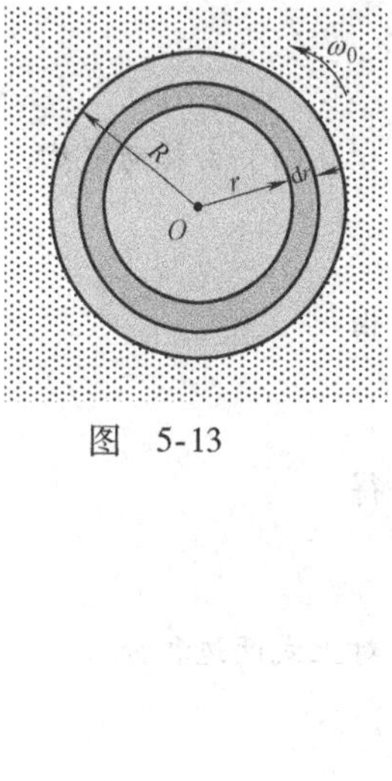

图 5-13

【解】 以圆盘为研究对象，它受重力、桌面的支持力和摩擦力，前两个力对中心轴的力矩为零。

在圆盘上取一细圆环，半径为 r，宽度为 $\mathrm{d}r$，整个圆环所受摩擦力矩之和为 $\mathrm{d}M$。由于圆环上各质点所受摩擦力的力臂都相等，力矩的方向都相同。取 ω_0 的方向为正方向，σ 为圆盘面密度，$\mathrm{d}S$ 为圆环面积，即

$$\sigma = \frac{m}{\pi R^2}, \mathrm{d}S = 2\pi r\mathrm{d}r, \mathrm{d}m = \sigma\mathrm{d}S = \frac{2mr\mathrm{d}r}{R^2}$$

因此有

$$\mathrm{d}M = \mu gr\mathrm{d}m = -2\mu mg\frac{r^2\mathrm{d}r}{R^2}$$

整个圆盘所受力矩为

$$M = \int\mathrm{d}M = -\frac{2\mu mg}{R^2}\int_0^R r^2\mathrm{d}r = -\frac{2}{3}\mu mgR$$

式中，负号表示力矩 $\boldsymbol{M}$ 与 $\boldsymbol{\omega}_0$ 方向相反，是阻力矩。

根据转动定律，得

$$\beta = \frac{M}{J} = \frac{-\frac{2}{3}\mu mgR}{\frac{1}{2}mR^2} = -\frac{4\mu g}{3R}$$

由此可知，$\boldsymbol{\beta}$ 为常量，且与 $\boldsymbol{\omega}_0$ 方向相反，表明圆盘做匀减速转动，因此有

$$\omega = \omega_0 + \beta t$$

当圆盘停止转动时，$\omega = 0$，则得

$$t = \frac{0 - \omega_0}{\beta} = \frac{3R\omega_0}{4\mu g}$$

而转动角位移为

$$\Delta\theta = \omega_0 t + \frac{1}{2}\beta t^2 = \frac{3R\omega_0^2}{8\mu g}$$

【例5-4】 一根长为 l、质量为 m 的均匀细直棒，一端有一固定的光滑水平轴，可以在铅垂面内自由转动，最初棒静止在水平位置。求：(1) 它下摆 θ 角时的角加速度、角速度；(2) 此时轴对棒作用力的大小。

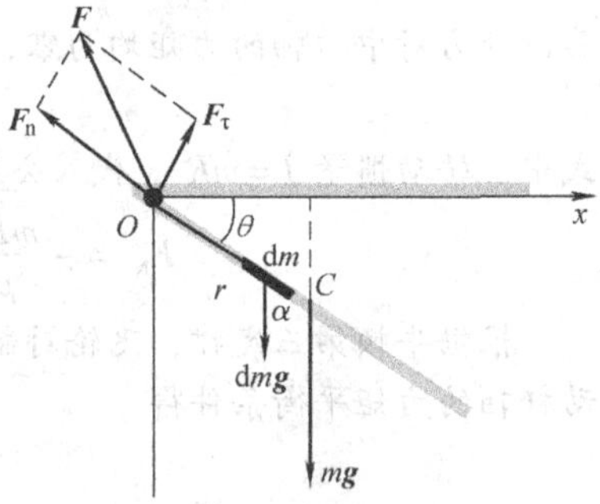

图 5-14

【解】 如图5-14所示，当棒下摆 θ 角时，作用在质元 dm 上的重力相对转轴的力矩大小为

$$dM = |\boldsymbol{r} \times dm\boldsymbol{g}| = rdmg\sin\alpha = xgdm$$

方向使棒绕轴顺时针转动。对所有质元求和，得棒受到的重力矩

$$M = g\int x dm = mgx_C$$

这表明作用在各个质元上的重力矩之和等于全部重力作用在质心上的力矩。由 $x_C = \frac{l}{2}\cos\theta$，求得

$$M = \frac{1}{2}mgl\cos\theta$$

(1) 由转动定律，角加速度

$$\beta = \frac{M}{J} = \frac{(mgl\cos\theta)/2}{ml^2/3} = \frac{3g\cos\theta}{2l}$$

由

$$\beta = \frac{d\omega}{dt} = \frac{d\omega}{d\theta}\frac{d\theta}{dt} = \omega\frac{d\omega}{d\theta}$$

得

$$\omega d\omega = \frac{3g\cos\theta}{2l}d\theta$$

对上式两边积分

$$\int_0^\omega \omega d\omega = \int_0^\theta \frac{3g\cos\theta}{2l}d\theta$$

可得

$$\omega^2 = \frac{3g\sin\theta}{l}$$

所以

$$\omega = \sqrt{\frac{3g\sin\theta}{l}}$$

(2) 为了求轴对棒的作用力，考虑棒质心的运动。由图5-14，得

$$F_n - mg\sin\theta = ma_n = m\omega^2 l/2$$
$$mg\cos\theta - F_\tau = ma_\tau = m\beta l/2$$

其中 $a_n = \omega^2 l/2$，$a_\tau = \beta l/2$。

利用前面求出的β、ω，可解出F_τ、F_n，由此求出

$$F=\sqrt{F_\tau^2+F_n^2}=mg\sqrt{\frac{25}{4}\sin^2\theta+\frac{11}{6}\cos^2\theta}$$

物理知识应用

作用在飞机上的力矩与飞机的平衡

由转动定律可知，物体转动角速度的保持与改变，取决于作用在物体上的力矩是否平衡。对于飞机来说，也不例外。飞机俯仰、偏转和滚转角速度的保持和改变，同作用于飞机上的力矩密切相关。因此，研究作用在飞机上的各种力矩，对于研究飞机的转动特性具有重要意义。如图5-15所示，飞机除机翼外，还在机身尾部装有水平尾翼和垂直尾翼。螺旋桨飞机的水平尾翼一般就安在机身上。喷气式飞机为了躲开喷出的气流，有时把水平尾翼提高，安在垂直尾翼上。水平尾翼和垂直尾翼都有平衡、稳定、操纵的作用。

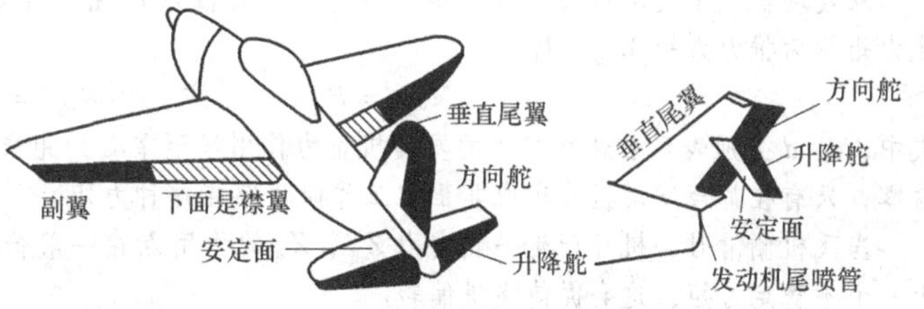

图　5-15

(1) 飞机纵向平衡　飞机纵向平衡是指飞机做匀速直线运动，并且不绕横轴转动的飞行状态。保持飞机俯仰平衡的条件是作用于飞机的各俯仰力矩之和为零。飞机取得俯仰平衡后，不绕横轴转动，迎角保持不变。

飞行中，飞机受升力、重力、阻力和推力的作用，除重力外，剩下的力构成了绕横轴转动的力矩，即俯仰力矩，如图5-16所示，其中影响最为显著的是机翼力矩和平尾力矩。

机翼力矩主要是机翼升力对飞机重心构成的俯仰力矩，用$M_{z翼}$表示。如机翼升力的大小为$Y_翼$，其压力中心到飞机重心的距离为$X_翼$，则机翼的俯仰力矩为$M_{z翼}=Y_翼X_翼$。

水平尾翼的力矩是水平尾翼的升力的大小$Y_尾$对飞机重心所形成的力矩，用$M_{z尾}$表示为$M_{z尾}=Y_尾L_尾$。$L_尾$是平尾压力中心至飞机重心的距离，称为平尾的尾臂。

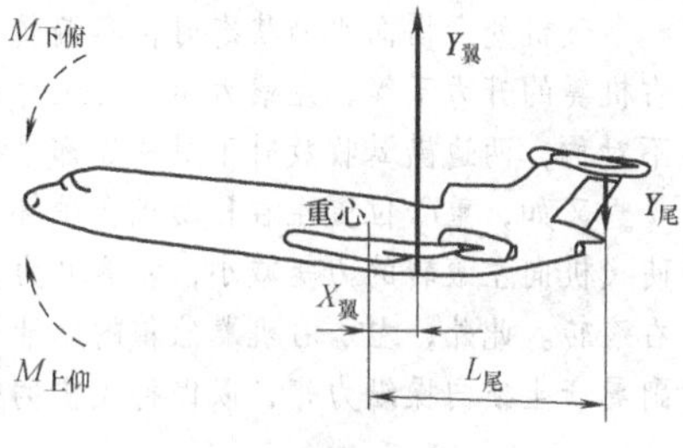

图5-16　俯仰力矩平衡

由于尾翼通常为对称翼型，所以迎角变化时，压力中心基本保持不变，故近似地认为$L_尾$是不变的，因此，当迎角变化时，水平尾翼力矩$M_{z尾}$只取决于$Y_尾$的大小。

对同一飞机，在一定飞行高度上，$Y_尾$的值取决于空气流向水平尾翼的速度和升力系数。操纵升降舵上偏和下偏，可改变水平尾翼翼面的弯度，引起升力系数的变化。若升降舵下偏，使水平尾翼的升力增加；反之，升降舵上偏，使水平尾翼的升力减小。

飞行中作用在飞机上的各俯仰力矩的平衡是暂时的，不平衡是经常的。例如，燃油消耗将使飞机重心位置前后移动，从而导致飞机俯仰的不平衡，要继续保持平衡，驾驶员可前后移动驾驶盘来偏转升降舵或使用调整片来偏转升降舵，产生操纵力矩，以保持力矩平衡。

(2) 飞机方向平衡　飞机方向平衡是指作用于飞机各偏转力矩之和为零。飞机取得航向平衡后，不绕立轴转动，侧滑角不变或没有侧滑。

飞机的侧滑角是指飞机的对称平面和相对气流间的夹角，用β表示。

飞机方向平衡破坏后，机头要向左或向右偏转而产生侧滑。如机头向右偏转，气流从左前方吹来叫作左侧滑；反之，机头向左偏转，气流从右前方吹来，叫作右侧滑。

作用于飞机的偏转力矩主要有：两边机翼阻力对重心形成的力矩、垂直尾翼侧力对重心形成的力矩、双发动机或多发动机的推力对重心形成的力矩及机身力矩等。

机翼的阻力力矩指机翼阻力的大小 X 对立轴形成的力矩，它力图迫使机头偏转，其大小可用下式表示

$$M_{y翼} = X_{左}a \qquad 或 \qquad M_{y翼} = X_{右}b \tag{5-23}$$

式中，a、b 分别表示左边和右边机翼的阻力作用线与重心的垂直距离。

当飞机发生侧滑时，垂直尾翼产生的侧力 $Z_{尾}$ 将对立轴形成偏转力矩（$M_{y尾}$）。飞机做无侧滑飞行时，如果方向舵不在中立位置上，则垂直尾翼两侧的流速和压力不等，亦会产生垂直尾翼侧力，产生绕立轴偏转的力矩，其大小可用下式表示

$$M_{y尾} = Z_{尾}L_{尾} \tag{5-24}$$

式中，$L_{尾}$ 是垂直尾翼压力中心至飞机重心距离。

双发动机或多发动机的飞机，其一侧发动机的推力 P 绕飞机立轴所形成的力矩，也会促使飞机偏转，此力矩称为推力力矩 $M_{y推}$，即

$$M_{y推} = P_{右}c \qquad 或 \qquad M_{y推} = P_{左}d \tag{5-25}$$

式中，c、d 分别表示右边和左边的发动机推力作用线至重心的距离。在各发动机正常工作情况下，该力矩为零，只有在某台发动机停车或非正常工作时才存在这种力矩。

当飞机侧滑时，机身产生一侧向力 $Z_{身}$，$Z_{身}$ 的作用点在一般情况下均位于重心之前，因此，对重心产生一个不稳定力矩，这会促使飞机偏转。

飞机处于方向平衡状态时，各偏转力矩之和为零。在飞机的使用维护过程中，如果机翼或垂直尾翼变形，使两边机翼阻力不等或垂直尾翼上有侧向力产生，就会使左、右偏转力矩不等，即破坏了飞机的方向平衡。此时最有效的克服办法就是适当地扳舵或使用方向舵调整片，利用偏转方向舵产生的方向操纵力矩来平衡使机头偏转的力矩，从而保持飞机的方向平衡。

(3) 飞机的横向平衡　飞机的横向平衡是指作用于飞机的各滚转力矩之和为零。飞机取得横向平衡后，不绕纵轴滚转或仅做等速滚转，其倾斜角为零或滚转速度不变化。

作用于飞机的滚转力矩，主要有两侧机翼升力对纵轴形成的力矩，此力矩叫作机翼升力力矩 $M_{x翼}$

$$M_{x翼} = Y_{右}a \qquad 或 \qquad M_{x翼} = Y_{左}b \tag{5-26}$$

式中，a、b 分别表示右边和左边机翼升力的作用线至重心的垂直距离。

飞机处于横向平衡状态时，各偏转力矩之和为零。在飞机使用维护过程中，如果飞机维护不良，使左右机翼的升力不等，左滚力矩和右滚力矩不等，就会破坏飞机的横向平衡，例如，机翼变形，副翼的安装不对称，两边襟翼收放时不对称等都会破坏飞机的横向平衡。

又如，重心位置左右移动也会破坏飞机的横向平衡。重心位置向右移，右翼升力至重心的距离缩短，使飞机向左滚转的力矩减小，左翼升力至重心的距离加长，使飞机向右滚转的力矩增大，这将迫使飞机向右滚转。此外，左、右机翼油箱的燃油消耗快慢不一，会破坏飞机横向平衡。此时可通过驾驶员适当操纵副翼产生横向操纵力矩，以保持飞机的横向平衡。

物理知识拓展

刚体转动惯量

1. 转动惯量及其计算

如前所述，式（5-21）右边括号内的量定义为转动惯量

$$J = \sum_{i=1}^{N} \Delta m_i r_i^2 \tag{5-27}$$

即刚体对转轴的转动惯量等于组成刚体的各质点的质量与各质点到转轴的距离平方的乘积之和。显然，转动惯量是标量，并且具有可加性。这就是说，如果一个刚体由几部分组成，可以分别计算各部分对同一给定轴的转动惯量，然后把结果相加就得到整个刚体对该轴的转动惯量。

对于质量连续分布的刚体，则用积分代替求和，即

$$J = \int r^2 \mathrm{d}m \tag{5-28}$$

式中，r 是质元 $\mathrm{d}m$ 到转轴的垂直距离。当质量为线分布时，则取 $\mathrm{d}m = \lambda \mathrm{d}l$；当质量为面分布时，则取 $\mathrm{d}m =$

σdS；当质量为体分布时，则取 $dm=\rho dV$。其中的 λ、σ 和 ρ 分别为线密度、面密度和密度，dl、dS 和 dV 分别为所取的线元、面元和体元。

在国际单位制中，转动惯量的单位名称是千克二次方米，符号是 $kg \cdot m^2$。

【例5-5】 如图5-17所示，匀质细棒的质量为 m，长为 l，求该棒对通过棒上距中心距离为 d 的 O 点并与棒垂直的 Oz 轴的转动惯量。

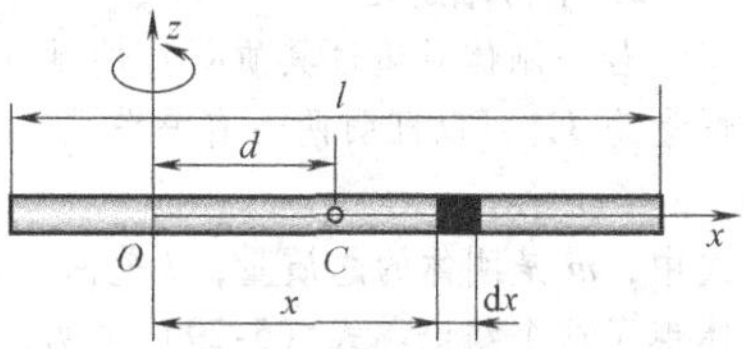

图 5-17

【解】 如图5-17取坐标轴，原点在转轴上。在 x 处取一线元 dx，其质量为 $dm=\lambda dx$，其中 $\lambda=m/l$ 是细棒的线密度。由式(5-28)有

$$J=\int x^2 dm=\lambda\int_{-\frac{l}{2}+d}^{\frac{l}{2}+d}x^2 dx=\frac{1}{12}ml^2+md^2$$

上述结果有两种特殊情况：

(1) 当 $d=0$ 时，即转轴通过棒的中心并与棒垂直时，则有

$$J=\frac{1}{12}ml^2$$

(2) 当 $d=l/2$ 时，即转轴通过棒的一端并与棒垂直，则有

$$J=\frac{1}{12}ml^2+m\left(\frac{l}{2}\right)^2=\frac{1}{3}ml^2$$

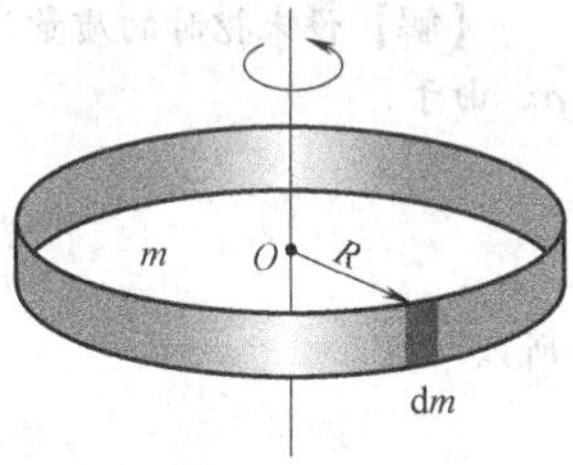

图 5-18

【例5-6】 求质量为 m、半径为 R 的匀质薄圆环对通过圆环中心并与其所在平面垂直的轴的转动惯量。

【解】 如图5-18所示，将圆环看成由许多段小圆弧组成，每一段小圆弧为一质元，其质量为 dm，各质元到轴的垂直距离都等于 R，所以

$$J=\int R^2 dm=R^2\int dm=mR^2$$

从本例不难看出，一个质量为 m、半径为 R 的薄壁圆筒对其中心轴的转动惯量也是 mR^2。

【例5-7】 求质量为 m，半径为 R，厚为 h 的匀质圆盘对通过中心并与圆盘垂直的轴的转动惯量。

【解】 如图5-19所示，将圆盘看成由许多薄圆环组成。取任一半径为 r，宽度为 dr 的薄圆环，按例5-6结果，此薄圆环的转动惯量为

$$dJ=r^2 dm$$

式中，dm 为薄圆环的质量。以 ρ 表示圆盘的密度，则有

$$dm=\rho dV=\rho\cdot h2\pi r dr$$

因此有

$$dJ=r^2\cdot\rho hz\pi r dr$$

从而

$$J=\int dJ=\int_0^R 2\pi r^3 h\rho dr=\frac{1}{2}\pi R^4 h\rho$$

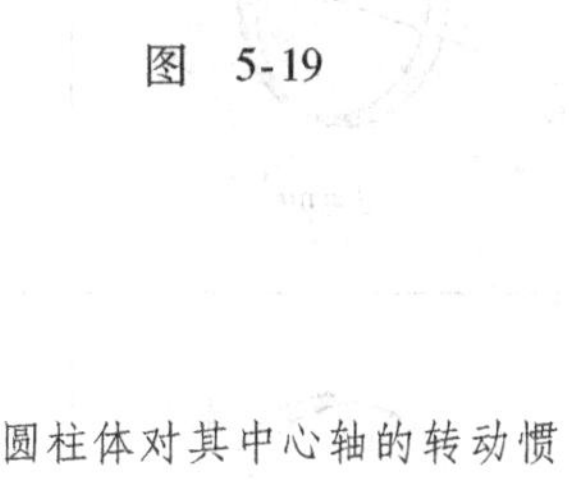

图 5-19

将 $\rho=\dfrac{m}{\pi R^2 h}$ 代入上式，可得

$$J=\frac{1}{2}mR^2$$

由于上式中对厚度 h 没有限制，所以一个质量为 m、半径为 R 的匀质实心圆柱体对其中心轴的转动惯量也是 $\frac{1}{2}mR^2$。

由以上例题可以看出，决定刚体转动惯量大小的因素如下。

(1) 刚体的总质量：形状、大小和转轴位置都相同的匀质刚体，总质量越大，转动惯量就越大。

(2) 质量分布：形状、大小和转轴位置都相同的刚体，如果总质量相同，那么质量的分布离转轴越远，转动惯量就越大。如质量和半径都相同的圆盘与圆环，由于圆环质量集中分布在边缘，而圆盘质量均

匀分布在整个盘面上，因此对于它们的中心轴而言，圆环的转动惯量较大。

(3) 转轴位置：同一刚体，对不同位置的转轴，其转动惯量不同。如例 5-5 中，转轴由中间移向边缘时，转动惯量变大。下面具体研究转轴位置对转动惯量的影响。

2. 平行轴定理

若一刚体对通过其质心 C 的轴（称为质心轴）的转动惯量为 J_C，而对另一个与质心轴平行的轴的转动惯量为 J，可以证明两者有关系式

$$J = J_C + md^2 \tag{5-29}$$

式中，m 是刚体的总质量；d 是两平行轴间的距离。上式称为转动惯量的平行轴定理。例 5-5 的结果已经体现了这个结论。式 (5-29) 表明，在一组平行轴中，同一刚体对质心轴的转动惯量总是最小。当 J_C 已知时，利用式 (5-29) 容易求出对其他平行轴的转动惯量。

【例 5-8】 一半径为 R 的匀质圆盘，挖去如图 5-20 所示的一块小圆盘，剩余部分的质量为 m。试求其对通过中心并垂直盘面的轴的转动惯量。

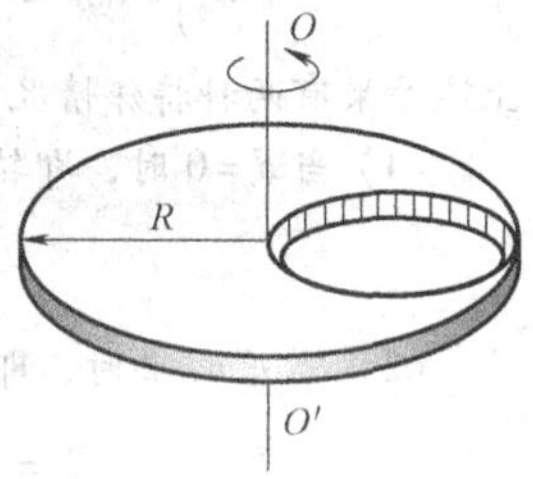

图 5-20

【解】 设未挖时的质量为 m_0，挖掉部分的质量为 m'，盘厚为 h，密度为 ρ。由于

$$\frac{m'}{m_0} = \frac{\pi\left(\frac{R}{2}\right)^2 h\rho}{\pi R^2 h\rho} = \frac{1}{4}$$

所以

$$m = m_0 - m' = \frac{3}{4}m_0$$

$$m_0 = \frac{4}{3}m, m' = \frac{1}{3}m$$

根据平行轴定理，挖掉部分对 OO' 轴的转动惯量

$$J' = \frac{1}{2}m'\left(\frac{R}{2}\right)^2 + m'\left(\frac{R}{2}\right)^2 = \frac{1}{8}mR^2$$

由转动惯量的相加性可得，剩余部分的转动惯量为

$$J = J_0 - J' = \frac{1}{2}m_0R^2 - \frac{1}{8}mR^2 = \frac{13}{24}mR^2$$

一些典型的匀质刚体对给定轴的转动惯量，见表 5-1。

表 5-1 典型匀质刚体对给定轴的转动惯量

刚体及公式	说明	刚体及公式	说明
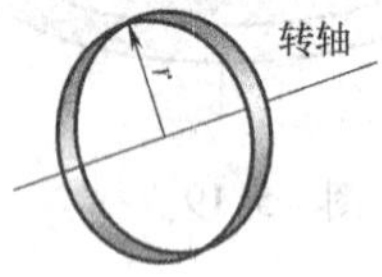 $J = mr^2$	圆环 转轴通过中心 与环面垂直	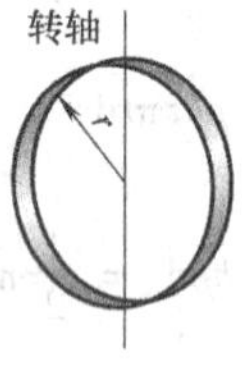 $J = \frac{1}{2}mr^2$	圆环 转轴沿直径
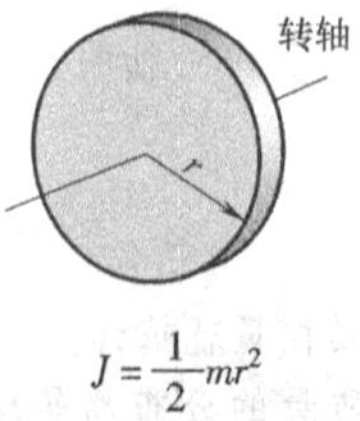 $J = \frac{1}{2}mr^2$	薄圆盘 转轴通过中心 与盘面垂直	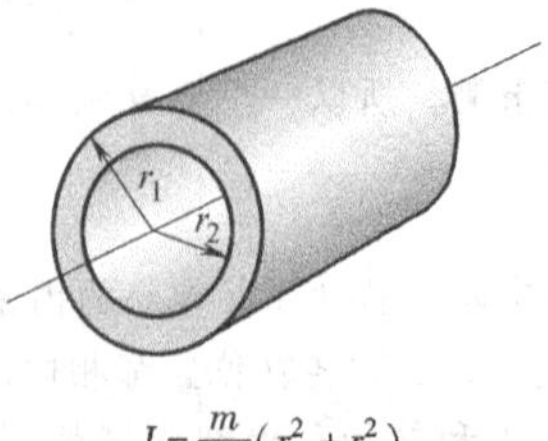 $J = \frac{m}{2}(r_1^2 + r_2^2)$	圆筒 转轴沿几何轴

（续）

刚体及公式	说明	刚体及公式	说明
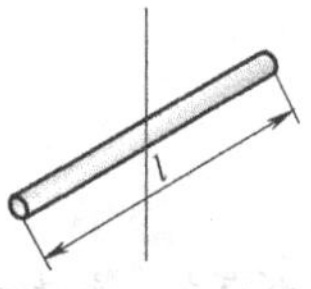 $J=\frac{1}{12}ml^2$	细棒 转轴通过中点 与棒垂直	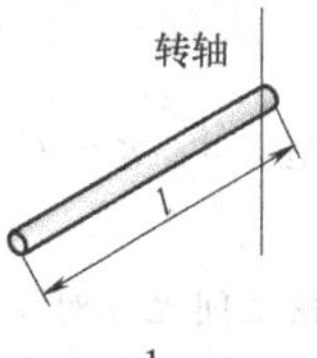 $J=\frac{1}{3}ml^2$	细棒 转轴通过端点 与棒垂直
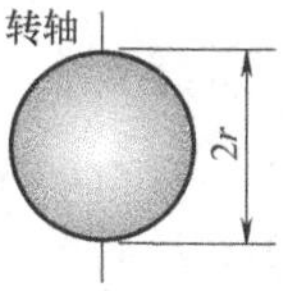 $J=\frac{2}{5}mr^2$	球体 转轴沿直径	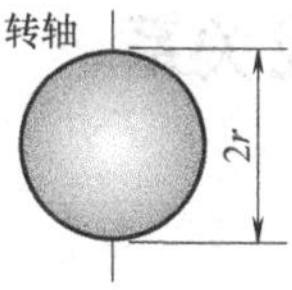 $J=\frac{2}{3}mr^2$	薄球壳 转轴沿直径

应用能力训练

【例5-9】 如图5-21a所示，一根轻绳跨过定滑轮，其两端分别悬挂质量为 m_1 及 m_2 的两个物体，且 $m_2>m_1$。滑轮半径为 R，质量为 m_3（可视为匀质圆盘），绳不可伸长，绳与滑轮间也无相对滑动。忽略轴处摩擦，试求物体的加速度和各段绳子的张力。

【解】 由题意可知 m_1 和 m_2 做平动，m_3 做定轴转动。分隔 m_1、m_2 和 m_3，并画出受力图，如图5-21b所示。由于滑轮质量不能忽略，所以滑轮两边绳子张力的大小 F'_{T1} 和 F'_{T2} 并不相等，但 $F_{T1}=F'_{T1}$，$F_{T2}=F'_{T2}$。因绳子不能伸长，所以 m_1 和 m_2 的加速度大小相等。选取各自的加速度方向为正方向，根据牛顿第二定律对 m_1 和 m_2 分别有

$$F_{T1}-m_1g=m_1a$$
$$m_2g-F_{T2}=m_2a$$

对 m_3 来说，取逆时针方向为转动正方向，由于重力 $m_3\boldsymbol{g}$ 和轴承支持力 $\boldsymbol{F}_N$ 对轴 O 均无力矩，故根据转动定律得

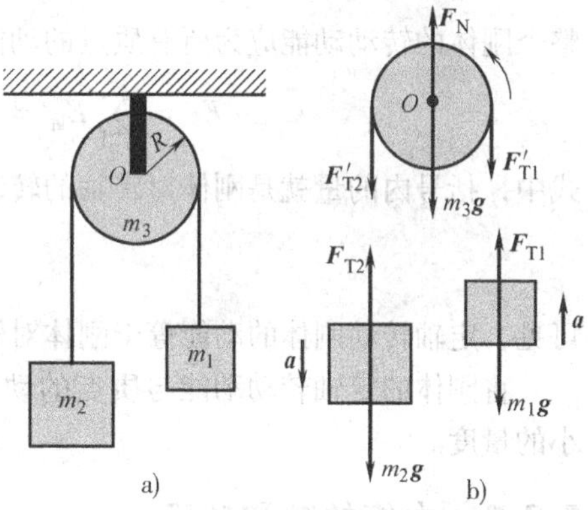

图 5-21

$$F'_{T2}R-F'_{T1}R=J\beta$$

因绳与滑轮之间无相对滑动，所以 m_2（或 m_1）的加速度 a 与滑轮边缘点的切向加速度相等，即

$$a=R\beta$$

将以上四个方程联立求解，并代入 $J=\frac{1}{2}m_3R^2$，可得

$$a=\frac{(m_2-m_1)g}{m_1+m_2+\frac{1}{2}m_3}$$

$$F_{T1}=m_1(g+a)=\frac{m_1\left(2m_2+\frac{1}{2}m_3\right)g}{m_1+m_2+\frac{1}{2}m_3}$$

$$F_{T2}=m_2(g-a)=\frac{m_2\left(2m_1+\frac{1}{2}m_3\right)g}{m_1+m_2+\frac{1}{2}m_3}$$

本例题值得注意的是，绳与轮槽之间无相对滑动是靠静摩擦力来维持的，而静摩擦力存在一个最大值，相应地，滑轮有最大角加速度和边缘点的最大线加速度，当两物体质量差别太大以致物体有过大的加速度时，将产生绳与轮槽的相对滑动。

5.3 定轴转动中的功能关系

物理学基本内容

5.3.1 刚体定轴转动的动能

一个质量为 m，速率为 v 的质点的动能是 $mv^2/2$。绕定轴转动的刚体，其动能该如何计算？

刚体是一个特殊的质点系，根据质点系处理问题的思想方法，设在某一时刻刚体转动的角速度为 ω。在刚体中取一质点，质量为 Δm_i，到转轴的垂直距离为 r_i，则该质点做圆周运动的速率为 $v_i=r_i\omega$，其动能为

$$E_{ki}=\frac{1}{2}\Delta m_i v_i^2=\frac{1}{2}\Delta m_i r_i^2\omega^2 \tag{5-30}$$

整个刚体的转动动能应为所有质点的动能之和，即

$$E_k=\sum_{i=1}^{N}E_{ki}=\sum_{i=1}^{N}\frac{1}{2}\Delta m_i v_i^2=\frac{1}{2}\left(\sum_{i=1}^{N}\Delta m_i r_i^2\right)\omega^2 \tag{5-31}$$

式中，括号内的量就是刚体对转轴的转动惯量，因此式（5-31）可写成

$$E_k=\frac{1}{2}J\omega^2 \tag{5-32}$$

可见，定轴转动刚体的动能等于刚体对转轴的转动惯量与其角速度二次方的乘积之半。

将刚体的定轴转动动能与质点的动能加以比较，再一次看出，转动惯量是刚体转动惯性大小的量度。

5.3.2 力矩的功和功率

质点在外力作用下发生位移时，我们说力对质点做了功。同样，当刚体在外力矩作用下绕定轴转动发生角位移时，我们就说力矩对刚体做了功，即力矩对空间发生了积累作用。如图 5-22 所示，设在转动平面内，力 $\boldsymbol{F}$ 作用于 P 点，当 P 点发生元位移 $\mathrm{d}\boldsymbol{r}$ 时，力 $\boldsymbol{F}$ 做的元功为

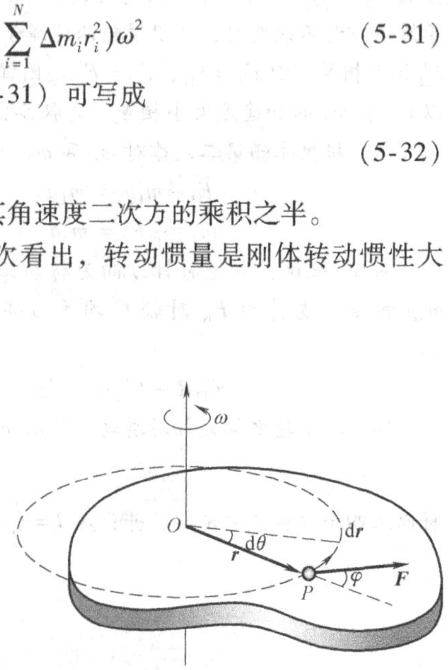

图 5-22

$$đA = \boldsymbol{F} \cdot \mathrm{d}\boldsymbol{r} = F\mathrm{d}s\cos\left(\frac{\pi}{2} - \varphi\right) \tag{5-33}$$

$$= F\mathrm{d}s\sin\varphi$$

式中，$\mathrm{d}s = |\mathrm{d}\boldsymbol{r}|$，$\varphi = \langle \boldsymbol{r}, \boldsymbol{F} \rangle$。以 r 表示 P 点做圆周运动的半径，$\mathrm{d}\theta$ 表示与线量 $\mathrm{d}s$ 对应的角量，则有 $\mathrm{d}s = r\mathrm{d}\theta$，又由于 $Fr\sin\varphi = M$，所以元功可写成

$$đA = M\mathrm{d}\theta$$

结果表明，力对刚体所做的功，可以用力矩做功来计算，两者是等价的。若刚体从角坐标 θ_0 转到 θ，则力矩做功为

$$A = \int đA = \int_{\theta_0}^{\theta} M\mathrm{d}\theta \tag{5-34}$$

显然，力矩的功就是力的功，在刚体的定轴转动中，力的功用力矩来表示更为方便，所以才称之为力矩的功。

作用在刚体上的合外力矩为各外力矩之和，即 $M = \sum M_i$，故合外力矩做功等于各外力矩做功的代数和，即总功

$$A = \int M\mathrm{d}\theta = \int \sum M_i \mathrm{d}\theta = \sum \int M_i \mathrm{d}\theta = \sum A_i \tag{5-35}$$

需要指出的是，在质点力学中，我们计算过一对内力的功，结果不一定为零。但对于刚体来说，由于质点间无相对位移，作用在刚体上的一对作用力矩和反作用力矩等值反向，即 $M + M' = 0$，故一对力矩的总功为零，即有

$$A + A' = \int_{\theta_1}^{\theta_2} M\mathrm{d}\theta + \int_{\theta_1}^{\theta_2} M'\mathrm{d}\theta = \int_{\theta_1}^{\theta_2} (M + M')\mathrm{d}\theta = 0 \tag{5-36}$$

力矩的功率为

$$P = \frac{đA}{\mathrm{d}t} = M\frac{\mathrm{d}\theta}{\mathrm{d}t} = M\omega \tag{5-37}$$

当力矩与角速度同方向时，力矩的功和功率均为正值，反向时则为负值。其形式与力的功率 $P = \boldsymbol{F} \cdot \boldsymbol{v}$ 相似。这里的功和功率的单位与前面的一致。

5.3.3 刚体定轴转动的动能定理

力对质点做功会使质点的动能发生变化。那么，力矩对定轴转动刚体做功会使刚体的动能发生变化吗？

设一刚体做定轴转动时所受合外力矩为 M，在 $\mathrm{d}t$ 时间内刚体的角位移为 $\mathrm{d}\theta$，则合外力矩做的元功为

$$đA = M\mathrm{d}\theta = J\beta\mathrm{d}\theta = J\frac{\mathrm{d}\omega}{\mathrm{d}t}\mathrm{d}\theta = J\frac{\mathrm{d}\theta}{\mathrm{d}t}\mathrm{d}\omega = J\omega\mathrm{d}\omega \tag{5-38}$$

若刚体从角位置 θ_0 处转到角位置 θ 处，在 θ_0 处角速度为 ω_0，在 θ 处角速度为 ω，则在此过程中合外力矩对刚体做的功为

$$A = \int đA = \int_{\theta_0}^{\theta} M\mathrm{d}\theta = \int_{\omega_0}^{\omega} J\omega\mathrm{d}\omega = \frac{1}{2}J\omega^2 - \frac{1}{2}J\omega_0^2 \tag{5-39}$$

即

$$\int_{\theta_0}^{\theta} M\mathrm{d}\theta = \frac{1}{2}J\omega^2 - \frac{1}{2}J\omega_0^2 \tag{5-40}$$

式（5-40）表明，合外力矩对绕定轴转动的刚体做的功等于该刚体转动动能的增量。这是动能

定理在刚体定轴转动问题中的具体形式，称为刚体定轴转动的动能定理。

刚体作为一个质点系，应遵从质点系动能定理，即外力的总功与内力总功之和等于系统动能的增量。在刚体定轴转动中，我们把力的功称为力矩的功，则质点系动能定理应表述为外力矩的总功与内力矩的总功之和等于系统动能的增量。但刚体定轴转动的动能定理［式（5-40）］却表明，刚体动能的增量仅与合外力矩的功有关，按功能原理的理解即仅与外力矩的总功有关，这意味着内力矩对刚体的总功应该为零。这一点应该这样来理解：由于刚体的内力矩是成对出现的，并且作用点之间没有相对位移，所以每对内力矩的总功为零。故全部内力矩的总功当然应该为零。

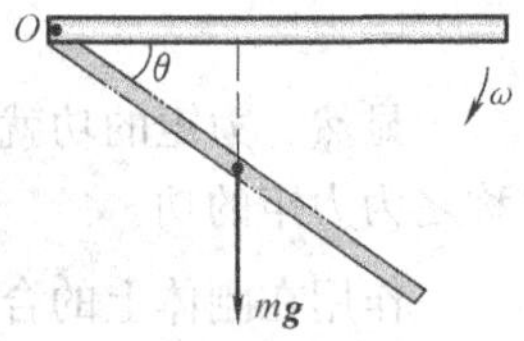

图 5-23

【例 5-10】如图 5-23 所示，质量为 m，长为 l 的均质细杆可绕水平光滑轴 O 在铅垂平面内转动。若杆从水平位置开始由静止释放，求杆转至竖直位置时的角速度。

【解】我们用动能定理求解。

应用动能定理求角速度。当杆的位置由 θ 转到 $\theta+\mathrm{d}\theta$ 时，重力矩所做元功为

$$\text{đ}A = M\mathrm{d}\theta = \frac{1}{2}mgl\cos\theta\mathrm{d}\theta$$

杆从水平位置转至竖直位置过程中，合外力矩（即重力矩）做功的量值为

$$A = \int_0^{\frac{\pi}{2}} M\mathrm{d}\theta = \frac{mgl}{2}\int_0^{\frac{\pi}{2}}\cos\theta\mathrm{d}\theta = \frac{1}{2}mgl$$

根据刚体定轴转动的动能定理，有

$$\frac{1}{2}mgl = \frac{1}{2}J\omega^2 - 0 = \frac{1}{2}J\omega^2$$

可得

$$\omega = \sqrt{\frac{mgl}{J}} = \sqrt{\frac{3g}{l}}$$

5.3.4 刚体的重力势能

刚体没有形变，所以没有内部的弹性势能。而在实际使用中我们常常会碰到刚体的重力势能问题，这里对此问题做一点说明。刚体的重力势能为组成刚体各个质元的重力势能之和。用重心的概念，刚体的重力势能应当等于刚体的全部质量集中在重心处的质点的重力势能。在均匀的重力场中，刚体的重心与质心重合，对匀质而对称的几何形体，质心就在其几何中心。刚体的重力势能为

$$E_\mathrm{p} = \sum_{i=1}^{N}\Delta m_i g h_i = mg\sum_{i=1}^{N}\frac{\Delta m_i h_i}{m} = mgh_C \tag{5-41}$$

式中，m 为刚体的质量；h_C 为重心高度，这里已设 $h=0$ 处为重力势能零点。由于一般刚体的线度与地球半径相比甚小，因此其重心与质心重合。在例 5-10 中，直杆从水平位置转至竖直位置时，其重心下降了 $l/2$的高度，重力势能减少了 $mgl/2$，所以重力矩做功为 $mgl/2$。

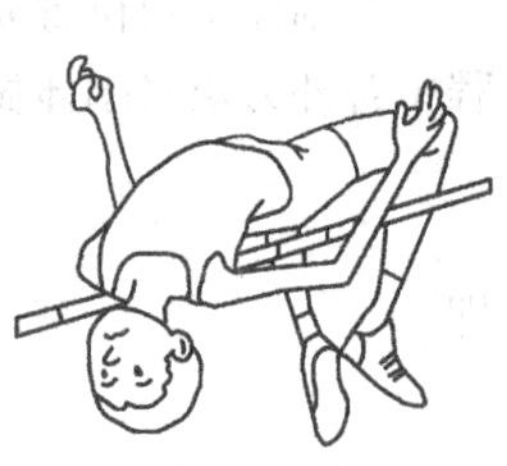
图 5-24

背越式跳高是指跳高运动员越过横杆的时候把自己的身体弯曲成拱形的跳高方式，如图 5-24 所示，这样，他的质心实际上是在横杆的下方。这种跳高方式与跨骑式跳高方式相比，需克服的重力势能较少。

5.3.5 刚体的功能原理和机械能守恒定律

对于既有平动物体又有定轴转动物体组成的系统来说，第 3 章介绍的功能原理仍然成立。如果在运动过程中，只有保守内力做功，那么机械能守恒定律同样适用。需要注意的是，系统的动能应该包括系统内平动物体的平动动能和定轴转动物体的转动动能，势能也应是平动物体和转动物体的势能之和。

物理知识应用

舰载机起飞弹射器与飞轮储能

航空母舰上推动舰载机增大起飞速度、缩短滑跑距离的装置简称为弹射器。弹射器一般由动力系统、往复车、导向滑轨等构成。弹射起飞时，驾驶员操纵飞机松开制动，加大功率，在弹射器动力系统的强力作用下，往复车拉着挂在飞机上的拖索，沿导向滑轨做加速运动，使飞机经过 50 ~ 95m 的滑跑距离，达到升空速度起飞。

自 20 世纪 20 年代以来，先后出现过压缩空气式、火药式、火箭式、电动式、液压式和蒸汽式等多种动力的弹射器。除蒸汽弹射器外，其他形式的弹射器由于安全性或弹射能量的限制，制约了舰载机的发展使用，已逐渐被淘汰。蒸汽弹射器是以高压蒸汽推动活塞带动弹射轨道上的滑块把连接其上的舰载机投射出去的。美国的 C－13－1 型蒸汽弹射器长 76.3m，每分钟可以弹射两架舰载机。如果把一辆重 2t 的吉普车从舰首弹射，可以将其抛到 2.4km 以外的海面，可见其功率之大。

蒸汽弹射器工作时要消耗大量蒸汽，如果以最小间隔进行弹射，就需要消耗航母锅炉 20% 的蒸汽。现在，美国已研制出新型的电磁弹射器。电磁弹射器的核心构成包括：弹射直线电动机、储能系统、电力电子变换系统和控制与状态监测系统。电磁弹射器对电力的需求很大，在弹射较重的舰载机时，整个电磁弹射器的峰值功率可达到 100MW 甚至更高。在目前的条件下，这部分用电无法直接依赖航母电力系统实时供给，必须依靠储能系统将所需的电能事先储存起来，在需要的时候瞬间释放。由于体积和质量等原因，能够满足电磁弹射器储能需要的现成系统无法直接用于航母。美国海军的电磁弹射器采用的是飞轮储能（FES）装置。

电磁弹射器的效率可达到 60% 甚至更高，弹射作业时对能量的需求大为降低，其在能量利用率方面的优势明显，而典型的蒸汽弹射器一次弹射作业一般要消耗 614kg 蒸汽，每次弹射结束都有大量蒸汽被排出，带走大量能量，其效率一般在 4% ~6%。

与蒸汽弹射器不同，电磁弹射器的研制成果具有广泛的民用市场，这种民用的前景已经不是潜在的，而是有实实在在的市场需求。如美国航空航天局（NASA）已在空间站安装了 48 个飞轮储能系统，可提供超过 150kW 的电能；美国得克萨斯大学研制的汽车用飞轮储能系统，其提供的能量能使满载车辆速度达到 $100\mathrm{km\cdot h^{-1}}$；德国西门子公司研制的长 1.5m、宽 0.75m 的飞轮储能系统，可为火车提供 3MW 的功率；中速飞轮储能系统已用于关键的工业不间断电源系统等。电磁弹射器的这些关键技术转为民用后，还可能在激烈的竞争中变得更为成熟、可靠，在其取得重大突破时再通过技术移植进一步提高电磁弹射器的性能，如此往复，形成一个军用与民用良性互动、融合发展、共同提高的局面。

应用能力训练

【例 5-11】 试用功能原理求例 5-9 中物体的加速度。

【解】 将 m_1、m_2、m_3 及绳作为一个系统，所受外力为 m_1g、m_2g、m_3g 以及轴承的支持力。在运动过程中，由于绳与滑轮之间无相对滑动，故非保守内力不做功，不考虑绳的伸长即不考虑弹性势能。于是系统的功能原理可表示为

$$A_{外} = E_k - E_{k0} \tag{5-42}$$

式中，外力做功为

$$A_{外} = m_2gh - m_1gh$$

而 E_k 和 E_{k0} 则为系统末态和初态的动能。设 m_1 和 m_2 的初速度为零，相应地，m_3 的初角速度也为零。当 m_2 下降一段距离 h 时，m_1 和 m_2 的速率为 v，m_3 的角速度为 ω，所以有

$$E_{k0} = 0$$

$$E_k = \frac{1}{2}m_1v^2 + \frac{1}{2}m_2v^2 + \frac{1}{2}J\omega^2$$

式中，$J=\frac{1}{2}m_3R^2$。因绳与滑轮之间无相对滑动，故物体 m_1 或 m_2 的速率 v 应与滑轮边缘上点的速率相等，即 $v=\omega R$。

根据功能原理可得

$$(m_2 - m_1)gh = \frac{1}{2}(m_1 + m_2)v^2 + \frac{1}{2}J\omega^2 = \frac{1}{2}\left(m_1 + m_2 + \frac{1}{2}m_3\right)v^2$$

将上式对时间求导，得

$$(m_2 - m_1)g\frac{\mathrm{d}h}{\mathrm{d}t} = \left(m_1 + m_2 + \frac{1}{2}m_3\right)v\frac{\mathrm{d}v}{\mathrm{d}t}$$

因为 $\frac{\mathrm{d}h}{\mathrm{d}t}=v$，所以

$$a = \frac{\mathrm{d}v}{\mathrm{d}t} = \frac{(m_2 - m_1)g}{m_1 + m_2 + \frac{1}{2}m_3}$$

如将地球包括在系统内，则重力为保守内力。系统在运动过程中，只有保守内力做功，所以此例也可用机械能守恒定律求解，读者不妨一试。

5.4 角动量 角动量守恒定律

物理学基本内容

大到天体，小到基本粒子都具有转动的特征，角动量就是描述转动特征的物理量。虽然角动量定义于18世纪，但直到20世纪人们才认识到它是自然界最基本最重要的概念之一。它不仅在经典力学中很重要，而且在近代物理中有着更广泛的应用。

5.4.1 角动量

设 O 为某一惯性系中的一个参考点，做一般曲线运动的质点某时刻动量为 $\boldsymbol{p}=m\boldsymbol{v}$，相对 O 点的位置矢量为 $\boldsymbol{r}$，如图5-25a所示。该质点对 O 点的角动量定义为位矢 $\boldsymbol{r}$ 和动量 $\boldsymbol{p}$ 的矢量积，即

$$\boldsymbol{L} = \boldsymbol{r}\times\boldsymbol{p} = \boldsymbol{r}\times(m\boldsymbol{v}) \tag{5-43}$$

可见 $\boldsymbol{L}$ 是矢量，它的大小为

$$L = mvr\sin\theta \tag{5-44}$$

式中，θ 是 $\boldsymbol{r}$ 与 $\boldsymbol{p}$（或 $\boldsymbol{v}$）的夹角。$\boldsymbol{L}$ 的方向垂直于 $\boldsymbol{r}$ 和 $\boldsymbol{p}$ 决定的平面，其指向由右手螺旋定则确定。显然，当质点运动方向与矢径 $\boldsymbol{r}$ 一致时，角动量为零。

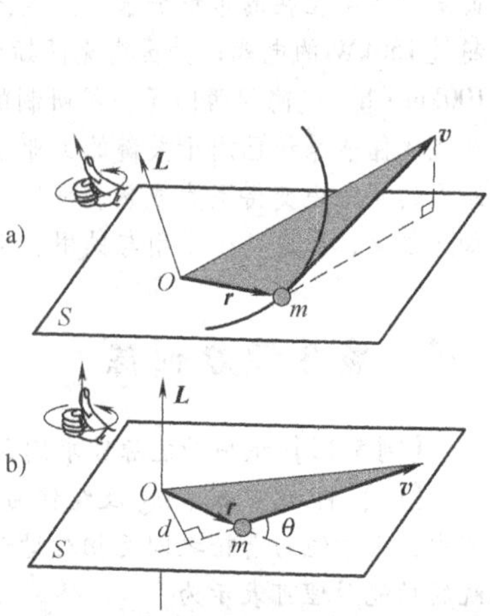

图 5-25

由式（5-44）可见，$\boldsymbol{L}$不仅与质点的运动有关，还与参考点的位置有关。对于不同的参考点，同一质点有不同的位矢，故$\boldsymbol{L}$一般不等，因此，在说明一个质点的角动量时，必须指明是对哪一个参考点而言的，脱离参考点谈角动量没有意义。为此，在进行角动量图示时，通常将角动量标示在参考点O上，而不是在质点m上。特别需要强调的是，在实际处理力学问题时，参考点都是选择在坐标系的原点。这时，矢量$\boldsymbol{r}$就是质点的位置矢量。

如果质点在平面内运动，则质点对平面内任一点的角动量均与该平面垂直。因此，其方向只有两种可能的取向，要么指向平面这一侧，要么指向平面另一侧。在这种情况下，常把角动量视为代数量，即用正、负号表示其方向。当质点在平面内运动时，质点对平面内任一点的角动量，也称为质点对通过该点且垂直于运动平面的轴的角动量。可以证明，质点对某点的角动量在通过该点的任意轴上的投影等于质点对该轴的角动量。

如图5-25b所示，质点在S面内运动，对O点的角动量即为对过O点且垂直于S面的轴的角动量，其大小为

$$L = mvr\sin\alpha = mvd \tag{5-45}$$

式中，α是$\boldsymbol{r}$与$\boldsymbol{v}$的夹角，$d=r\sin\alpha$是在质点运动的平面内由轴到其速度方向所在直线的垂直距离，显然，d与力矩中的力臂相当。

值得指出，速度方向的变化必定改变动量的方向，但不一定改变角动量的方向。例如，当质点做半径为r的圆周运动时，角动量大小$L=mvr$，其方向垂直于圆平面。只要速率v保持不变，$\boldsymbol{L}$就是恒定的，但动量$\boldsymbol{p}$却因速度方向的变化而时刻在变化。

在国际单位制中，角动量的量纲为$\mathrm{ML^2T^{-1}}$，单位为$\mathrm{kg\cdot m^2\cdot s^{-1}}$或$\mathrm{J\cdot s}$。

在多个质点构成的系统中，各个质点都有自己的角动量。若每个质点的角动量的参考点选择是相同的，则它们的角动量可以求矢量和从而得到系统的（总）角动量。

【例5-12】 质量为m的质点沿一直线运动，O点到该直线的垂直距离为d。设在时间t质点位于A点，速度为$\boldsymbol{v}$，如图5-26所示。求该时刻质点对O点的角动量。

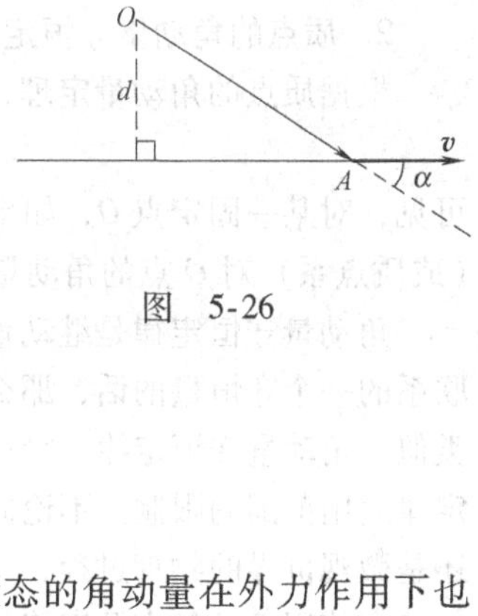

图 5-26

【解】 依题意$\boldsymbol{r}=\overrightarrow{OA}$，设$\alpha=(\boldsymbol{r},\ \boldsymbol{v})$。根据角动量定义，质点对$O$点角动量的大小为

$$L = rmv\sin\alpha = mvd$$

$\boldsymbol{L}$的方向垂直纸面向外。

5.4.2 质点的角动量定理与角动量守恒定律

1. 质点的角动量定理

物体在受到外力作用时运动状态会发生变化，描述物体运动状态的角动量在外力作用下也会发生变化。角动量的变化遵循什么样的规律呢？下面我们来讨论这个问题。首先，我们将角动量和力矩的参考点都选定在坐标系的原点，则此时角动量$\boldsymbol{L}=\boldsymbol{r}\times\boldsymbol{p}$的变化率为

$$\frac{\mathrm{d}\boldsymbol{L}}{\mathrm{d}t} = \frac{\mathrm{d}}{\mathrm{d}t}(\boldsymbol{r}\times\boldsymbol{p}) = \frac{\mathrm{d}\boldsymbol{r}}{\mathrm{d}t}\times\boldsymbol{p} + \boldsymbol{r}\times\frac{\mathrm{d}\boldsymbol{p}}{\mathrm{d}t} \tag{5-46}$$

在式（5-46）结果的第一项中，$\dfrac{\mathrm{d}\boldsymbol{r}}{\mathrm{d}t}=\boldsymbol{v}$（因为参考点在原点，$\boldsymbol{r}$为位置矢量），速度$\boldsymbol{v}$与动量$\boldsymbol{p}$同方向，二者的矢量积等于零。第二项中的$\dfrac{\mathrm{d}\boldsymbol{p}}{\mathrm{d}t}$为动量的变化率，根据动量定理的微分形式$\boldsymbol{F}=\dfrac{\mathrm{d}\boldsymbol{p}}{\mathrm{d}t}$，式（5-46）可以表示为

$$\frac{\mathrm{d}\boldsymbol{L}}{\mathrm{d}t} = \boldsymbol{r} \times \boldsymbol{F} \tag{5-47}$$

式中，$\boldsymbol{r}$ 为位置矢量；$\boldsymbol{F}$ 为质点所受的合力。$\boldsymbol{r} \times \boldsymbol{F}$ 定义为力矩，用 $\boldsymbol{M}$ 表示，并考虑到质点所受力的力矩应为所有外力形成的合外力矩，式（5-47）可表示为

$$\boldsymbol{M}_{外} = \frac{\mathrm{d}\boldsymbol{L}}{\mathrm{d}t} \tag{5-48}$$

即：质点受到的合外力矩等于质点角动量对时间的变化率。式（5-48）为质点的角动量定理的微分表达形式。它不但指明了角动量变化的原因在于受到外力矩的作用，而且定量地给出了合外力矩与角动量变化率的关系，是力矩与物体运动状态变化关系的基本方程之一。

为了便于进一步理解质点的角动量定理，我们将式（5-48）改写成如下形式

$$\boldsymbol{M}_{外}\,\mathrm{d}t = \mathrm{d}\boldsymbol{L} \tag{5-49}$$

现在，等式的左侧为合外力矩与作用时间 $\mathrm{d}t$ 的乘积，表示合外力矩在 $\mathrm{d}t$ 时间内的累积，称为冲量矩。等式的右侧则为 $\mathrm{d}t$ 时间内质点角动量的增量。如果考虑的是一段有限长的时间，例如，从 t_1 到 t_2，相应质点的角动量在 t_1 时间为 $\boldsymbol{L}_1$，t_2 时间为 $\boldsymbol{L}_2$，将式（5-49）积分得

$$\int_{t_1}^{t_2} \boldsymbol{M}_{外}\,\mathrm{d}t = \int_{L_1}^{L_2} \mathrm{d}\boldsymbol{L} = \boldsymbol{L}_2 - \boldsymbol{L}_1 \tag{5-50}$$

式中，力矩从 t_1 到 t_2 的积分是力矩在这段时间内的冲量矩；$\boldsymbol{L}_2 - \boldsymbol{L}_1 = \Delta\boldsymbol{L}$ 则是 t_1 到 t_2 时间内质点角动量的增量，式（5-50）说明：在相同的时间内，合外力矩的冲量矩等于质点角动量的增量。这个规律也称为质点的角动量定理（积分形式）。

角动量定理是一个非常重要的自然规律，读者除了要深刻理解其涵义外，还要在计算中注意一些细节。最为重要的是合外力矩的概念和计算方法以及它与角动量的计算的参考点必须要相同。

2. 质点的角动量守恒定律

根据质点的角动量定理，若 $\boldsymbol{M} = \boldsymbol{0}$，则有

$$\boldsymbol{L} = \boldsymbol{L}_0 \tag{5-51}$$

可见，对某一固定点 O，如果作用于质点（或质点系）的所有力矩的矢量和为零，那么该质点（或质点系）对 O 点的角动量保持不变。这一结论称为质点的角动量守恒定律。

角动量守恒定律是继动量守恒定律之后得到的又一重要守恒定律，如果说动量是与平动相联系的一个守恒量的话，那么角动量则可以认为是与转动相联系的守恒量。与动量守恒定律相类似，角动量守恒定律尽管可以从牛顿运动定律推导出来，但是角动量守恒定律不受牛顿运动定律适用范围的限制。不论研究物体的低速运动还是高速运动，不论研究宏观领域的物理现象还是微观世界的物理过程，角动量守恒定律已被大量实验事实验证是正确的，无一相悖。

在使用角动量守恒定律的过程中，角动量守恒定律成立的条件是我们注意的重点。角动量守恒定律成立的条件是质点所受的合外力矩为零。合外力矩为零有两种实现的可能，一是质点所受的合外力为零，自然合外力矩为零；二是合外力 $F_{外} \neq 0$，但力与作用点的矢径在同一直线上，$\boldsymbol{r} \times \boldsymbol{F} = \boldsymbol{0}$。在地球绕太阳运动的简化模型中，地球在太阳的万有引力作用下做匀速圆周运动，任一时刻，地球受到的太阳引力恒指向太阳中心，引力对太阳中心不形成力矩，因而地球对太阳中心的角动量为一守恒量。

如果质点在运动过程中受到的力始终指向某个中心，这种力称为有心力，这个中心称为力心。例如，太阳对行星的引力总是通过太阳的中心，这种引力就是有心力。因为有心力对力心的力矩恒为零，所以仅受有心力作用的质点对力心的角动量保持不变。事实上，地球绕太阳运动的

轨道是一椭圆，太阳位于椭圆的一个焦点上，但太阳对地球的引力仍然指向太阳中心，引力对太阳中心的力矩为零，因此地球对太阳中心的角动量仍然是一守恒量。这类情况在有心力场诸如万有引力场、点电荷的电场中是常见的。

角动量是一个矢量，角动量守恒要求角动量的大小不变，方向也不变。仍以地球绕太阳运行为例，地球对太阳中心的角动量根据 $\boldsymbol{L}=\boldsymbol{r}\times m\boldsymbol{v}$ 可知方向垂直于椭圆轨道平面，由于角动量守恒，这一方向不发生变化，这意味着地球绕太阳运行的轨道平面方位不变，类似的情况在人造地球卫星绕地球运转时也是一样的。

角动量守恒也可以有分量式，例如

$$M_z = 0 \text{ 时}, \quad L_z = \text{常量} \tag{5-52}$$

式中，z 指过参考点 O 的 z 轴；M_z 是合外力矩在 z 轴上的分量，也称为对 z 轴的力矩；L_z 是角动量沿 z 轴的分量。上式说明，合外力矩沿某一轴的分量（对某一轴的力矩）为零时，角动量沿该轴的分量就守恒。

角动量守恒定律和动量守恒定律、能量守恒定律一样，也是自然界最基本、最普遍的规律之一。它不仅适用于经典力学，也适用于相对论力学，还适用于微观世界。

5.4.3 质点系的角动量定理与角动量守恒定律

上述针对单个质点得到的角动量定理还可以推广到多个质点构成的质点系中去。设有 n（$n=1, 2, \cdots$）个质点构成的质点系，质点系的角动量为系统中各质点对同一参考点（坐标原点）的角动量的矢量和，即

$$\boldsymbol{L} = \sum_i \boldsymbol{L}_i = \sum_i \boldsymbol{r}_i \times m_i \boldsymbol{v}_i \tag{5-53}$$

作用于质点系各质点的力可分为外力和内力。外力形成外力矩，内力形成内力矩，合力矩为外力矩和内力矩（对同一参考点）的矢量和。

现在考虑质点系中第 i 个质点，i 质点受到的合力矩为 $\boldsymbol{M}_i=\boldsymbol{M}_{i外}+\boldsymbol{M}_{i内}$，角动量为 $\boldsymbol{L}_i$，应用质点的角动量定理式（5-48），有

$$\boldsymbol{M}_i = \boldsymbol{M}_{i外} + \boldsymbol{M}_{i内} = \frac{\mathrm{d}\boldsymbol{L}_i}{\mathrm{d}t} \tag{5-54}$$

质点系有 n 个质点，$i=1, 2, \cdots, n$，一共可以列出 n 个这样的方程，现在对这 n 个方程求和，则

$$\sum_i \boldsymbol{M}_i = \sum_i \boldsymbol{M}_{i外} + \sum_i \boldsymbol{M}_{i内} = \sum_i \frac{\mathrm{d}\boldsymbol{L}_i}{\mathrm{d}t} \tag{5-55}$$

式中，$\sum_i \boldsymbol{M}_{i外}$ 为作用于整个质点系的合外力矩，它等于 $\boldsymbol{M}_外$；$\sum_i \boldsymbol{M}_{i内}$ 为质点系中各质点彼此相互作用的内力矩之和，由于一对作用力和反作用力对同一参考点的力矩之和为零，故对整个系统而言 $\sum_i \boldsymbol{M}_{i内}=0$。式（5-55）右侧的求和项为

$$\sum_i \frac{\mathrm{d}\boldsymbol{L}_i}{\mathrm{d}t} = \frac{\mathrm{d}}{\mathrm{d}t}\sum_i \boldsymbol{L}_i = \frac{\mathrm{d}\boldsymbol{L}}{\mathrm{d}t} \tag{5-56}$$

式中，$\boldsymbol{L}$ 是质点系的角动量；$\frac{\mathrm{d}\boldsymbol{L}}{\mathrm{d}t}$是质点系的角动量对时间的变化率，现在式（5-54）可以表示为

$$\boldsymbol{M}_外 = \frac{\mathrm{d}\boldsymbol{L}}{\mathrm{d}t} \tag{5-57}$$

这就是质点系的角动量定理的微分表达形式：作用于质点系的合外力矩等于质点系对同一参考点的角动量对时间的变化率。

也可以将式（5-57）改写为

$$\boldsymbol{M}_{外}\,\mathrm{d}t = \mathrm{d}\boldsymbol{L} \tag{5-58}$$

考虑时间从 t_1 到 t_2，质点系角动量从 $\boldsymbol{L}_1$ 变化到 $\boldsymbol{L}_2$，对式（5-58）积分得

$$\int_{t_1}^{t_2}\boldsymbol{M}_{外}\,\mathrm{d}t = \int_{L_1}^{L_2}\mathrm{d}\boldsymbol{L} = \boldsymbol{L}_2 - \boldsymbol{L}_1 \tag{5-59}$$

式中，左侧的积分是合外力矩对时间的累积，即冲量矩；右侧 $\Delta\boldsymbol{L} = \boldsymbol{L}_2 - \boldsymbol{L}_1$ 是相同时间内质点系角动量的增量。这是与式（5-58）相对应的质点系的角动量定理的积分表达形式。

式（5-58）和式（5-59）都说明，只有作用于系统的合外力矩才改变系统的角动量，内力矩并不改变系统的角动量。内力矩起的作用只是在系统内各质点间彼此交换角动量。这个规律与质点系的动量定理相似。

如果质点系所受到的合外力矩$\boldsymbol{M}_{外}=\boldsymbol{0}$，则有

$$\frac{\mathrm{d}\boldsymbol{L}}{\mathrm{d}t} = \boldsymbol{0} \text{ 或 } \boldsymbol{L} = \sum_i \boldsymbol{L}_i = \text{常矢量} \tag{5-60}$$

它表明，当质点系相对于某一参考点所受的合外力矩为零时，质点系相对于该参考点的总角动量保持不变，这就是质点系的角动量守恒定律。关于质点系角动量定理和角动量守恒定律，需要强调的是：

1）同一问题中应用角动量定理或判断角动量是否守恒时，角动量和力矩必须相对同一参考点计算。

2）如果相对某一参考点，合外力矩$\boldsymbol{M}_{外}=\boldsymbol{0}$，则系统只相对这一参考点角动量守恒，相对其他参考点角动量不一定守恒。

3）条件 $\sum \boldsymbol{F}_i = \boldsymbol{0}$ 与 $\sum \boldsymbol{r}_i \times \boldsymbol{F}_i = \boldsymbol{0}$，两者彼此独立。也就是说，合外力等于零时合外力矩可能不为零；反过来合外力矩等于零时，合外力亦可以不为零。力偶矩就是一个简单的实例。不过当合外力为零时合外力矩与参考点无关（请读者自己证明）。

4）质点系的角动量定理和角动量守恒定律都是矢量关系式，它们沿任意方向的分量都成立。如果质点系所受合外力矩为零，则在直角坐标系中的三个分量 L_x、L_y、L_z 都守恒。若作用在质点系上的合外力矩沿某个方向的分量为零，则角动量沿该方向的分量守恒。

宇宙中存在着大大小小、各种层次的天体系统，它们都具有旋转的盘状结构，现在人们认识到，旋转的盘状结构的成因正是星系在演化过程中遵从角动量守恒的结果。我们可以把天体系统看成是不受外力的孤立质点系，缓慢旋转着的星云弥漫在很大的空间范围里，具有一定的初始角动量 $\boldsymbol{L}$，星云在万有引力的作用下向内逐渐收缩，粒子的向心速度从小变大。由于角动量守恒，垂直于 $\boldsymbol{L}$ 的横向速度也会增大，从而也使惯性离心力增大，并抵抗住引力的收缩作用，但在与 $\boldsymbol{L}$ 平行的方向上却不存在这个问题。于是天体系统就演化成一个高速旋转的扁盘形结构。

螺旋桨的反作用力矩是空气作用于螺旋桨的力矩，与螺旋桨的旋转方向相反（见图5-27）。反作用力矩使飞机向螺旋桨旋转的反方向倾斜。例如，右转螺旋桨飞机，螺旋桨反作用力矩试图使飞机向左滚转。

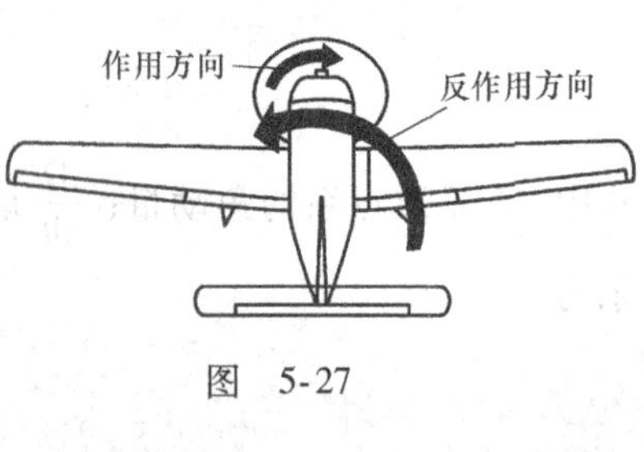

图 5-27

【例5-13】请由角动量守恒定律导出开普勒第二定律：行星对太阳的位置矢量在相等的时间内扫过相等的面积。

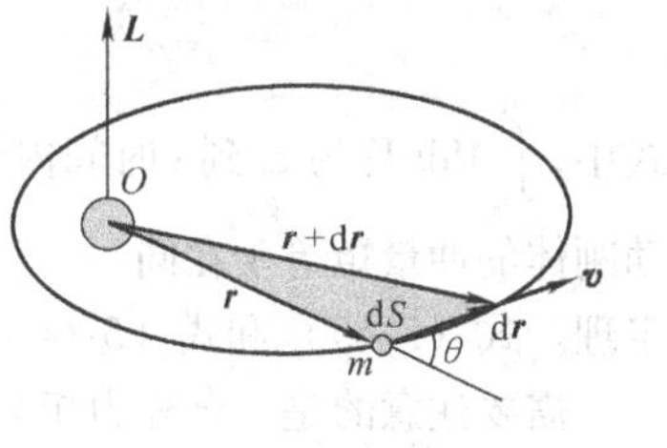

图 5-28

【解】如图5-28所示，设太阳中心为O点，行星在太阳引力作用下运动。由于引力始终通过O点，所以行星对O点的角动量$\boldsymbol{L}$保持不变。$\boldsymbol{L}$方向不变表明由$\boldsymbol{r}$和$\boldsymbol{v}$决定的平面方位保持不变，因此，行星运动的轨道是一个平面轨道。

L的大小为

$$L = rmv\sin\theta = mr\frac{|\mathrm{d}\boldsymbol{r}|}{\mathrm{d}t}\sin\theta$$

由图5-28可知，乘积$r|\mathrm{d}\boldsymbol{r}|\sin\theta$等于阴影三角形面积的2倍，而阴影面积正是位矢$\boldsymbol{r}$在$\mathrm{d}t$时间内扫过的面积。以$\mathrm{d}S$表示这一面积，则有

$$L = m\frac{2\mathrm{d}S}{\mathrm{d}t}$$

可得

$$\frac{\mathrm{d}S}{\mathrm{d}t} = \frac{L}{2m}$$

由于L和m为常量，所以上式表明，行星对太阳的位置矢量$\boldsymbol{r}$扫过面积的时间变化率（称为行星运动的面积速度）保持不变，即位置矢量$\boldsymbol{r}$在相等的时间内扫过相等的面积。

5.4.4 定轴转动刚体的角动量定理与角动量守恒定律

1. 刚体的角动量

由于刚体可以看成是由大量质点组成的质点系，所以刚体对某一参考点的角动量应等于组成刚体的所有质点对同一参考点的角动量的矢量和。一般来说，刚体的角动量并不平行于转轴。

对于刚体的定轴转动，只涉及刚体的角动量在转轴方向上的分量。设刚体绕z轴做定轴转动。过刚体上任一质量为Δm_i的质点作垂直于z轴的平面，交z轴于点O，显然这个平面就是一个转动平面，质点Δm_i就在这个平面内绕z轴做圆周运动。根据式（5-44），这个质点对z轴的角动量可以表示为

$$L_{zi} = r_i\Delta m_i v_i \tag{5-61}$$

式中，r_i和v_i分别是质点Δm_i到转轴的距离和线速度。若刚体做定轴转动的角速度为ω，则$v_i = r_i\omega$，于是

$$L_{zi} = r_i^2\Delta m_i\omega \tag{5-62}$$

因为所有转动平面都是等价的，组成刚体的每个质点对转轴的角动量都可以用式（5-62）来表示，所以整个刚体对转轴的角动量就是将所有质点对转轴的角动量求和，根据式（5-53）有

$$L_z = \sum_i L_{zi} = \left(\sum_i r_i^2\Delta m_i\right)\omega = J\omega \tag{5-63}$$

式（5-63）表明，做定轴转动的刚体对转轴的角动量等于刚体对同一转轴的转动惯量与角速度的乘积。

2. 定轴转动刚体的角动量定理

刚体是特殊的质点系，根据质点系角动量定理式（5-55）有

$$M = \frac{\mathrm{d}L}{\mathrm{d}t} = \frac{\mathrm{d}}{\mathrm{d}t}(J\omega) \tag{5-64}$$

因此有

$$M\mathrm{d}t = \mathrm{d}(J\omega) \tag{5-65}$$

设从t_0到t这段时间内，刚体的角速度由ω_0变为ω，将式（5-65）积分，可得

$$\int_{t_0}^{t} M\mathrm{d}t = J\omega - J\omega_0 \tag{5-66}$$

式中，$\int_{t_0}^{t} M\mathrm{d}t$ 称为 t_0 到 t 时间内作用于定轴转动刚体的冲量矩。式（5-66）表明，作用于定轴转动刚体的冲量矩等于在同一时间内该刚体角动量的增量。这一结论称为定轴转动刚体的角动量定理。式（5-65）和式（5-66）分别为定理的微分和积分表达形式。

需要注意的是，合外力矩与角动量必须是对同一轴而言的，但合外力矩的方向与角动量的方向不一定相同，而是与角动量增量的方向相同。

3. 定轴转动刚体的角动量守恒定律

由式（5-64）可见，刚体定轴转动时，如果其所受的合外力矩 M 恒为零，则角动量 L 必为常量，即

$$L = J\omega = 常量 \tag{5-67}$$

这就是定轴转动刚体的角动量守恒定律。由于此定律是对一个过程而言的，在这一过程中的任意时刻，刚体的角动量都是恒定不变的，因此，合外力矩也必须时时为零，这就是角动量守恒的条件。

应当指出，式（5-66）虽然是对固定轴而言的，但可以证明，在物体有整体运动的情况下，若考虑它绕质心轴的转动，这一公式仍然适用。因此，只要作用于物体的对于质心轴的合外力矩为零，那么它对质心轴的角动量也保持不变。

理解和应用角动量守恒定律时，应注意以下几个方面：

1）对于一个绕质心轴转动的刚体，因为其转动惯量 J 不变，所以当对转轴的合外力矩为零时，刚体的角速度保持不变。

2）对在转动过程中转动惯量可以改变的物体而言，如果物体上各点绕定轴转动的角速度相同，可以证明，式（5-66）仍然成立。当合外力矩为零时，仍然有角动量守恒：J 增大时，ω 就减小；J 减小时，ω 就增大。两者乘积保持不变。如舞蹈演员和滑冰运动员做旋转动作时，先将两臂和腿伸开，绕通过足尖的竖直轴以一定的角速度旋转，然后将两臂和腿迅速收拢，由于转动惯量减小，因而使旋转明显加快。

3）对于既有转动又有平动的系统来说，若作用于系统的对某一定轴的合外力矩为零，则系统对该轴的角动量保持不变，即

$$\sum_{i=1}^{N} L_i = \sum_{i=1}^{N} J_i\omega_i = 常量 \tag{5-68}$$

刚体定轴转动的角动量定理和角动量守恒定律，实际上是对轴上任一定点的角动量定理和角动量守恒定律在定轴方向的分量形式，它的适用范围是对任意质点系成立。无论是对定轴转动的刚体，或是对几个共轴刚体组成的系统，甚至是有形变的物体以及任意质点系，对定轴的角动量守恒定律式（5-67）都成立。

【例 5-14】 用角动量定理求解例 5-3。

【解】 例 5-3 中已算出圆盘所受合外力矩为

$$M = -\frac{2}{3}\mu mgR$$

可见 M 为常量。设圆盘从角速度 ω_0 旋转到静止需要的时间为 t，由角动量定理有

$$\int_{0}^{t} M\mathrm{d}t = Mt = J\omega - J\omega_0$$

因 $\omega = 0$，所以有

$$t = \frac{-J\omega_0}{M} = \frac{-\frac{1}{2}mR^2\omega_0}{-\frac{2}{3}\mu mgR} = \frac{3R\omega_0}{4\mu g}$$

【例5-15】 如图5-29所示，一长为l、质量为m的均匀细杆，可绕光滑轴O在铅垂面内摆动。当杆静止时，一颗质量为m_0的子弹水平射入与轴相距a处的杆内，使杆偏转到$\theta=30°$，求子弹的初速v_0。

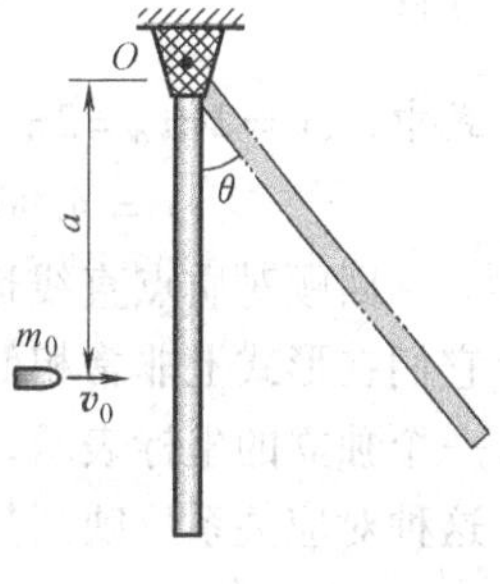

图 5-29

【解】 我们把整个过程分为两个阶段进行讨论。

第一阶段：子弹射入细杆，并使杆获得初角速度。这一阶段时间极短，细杆发生的偏转极小，可以认为仍处于竖直位置。考虑子弹和细杆所组成的系统，系统的外力为子弹、细杆所受的重力及轴的支持力，但这些力对轴O均无力矩，满足条件$M=0$，故此阶段系统的角动量守恒。以细杆转动的方向为正方向，子弹射入细杆前后，系统的角动量分别为

$$L_0 = m_0v_0a, \qquad L = J\omega$$

式中，$J=\frac{1}{3}ml^2+m_0a^2$为子弹射入细杆后系统对轴O的转动惯量。由$L_0=L$有

$$m_0v_0a = J\omega \qquad ①$$

第二阶段：子弹随杆一起绕轴O转动。以子弹、细杆和地球为系统，在第二阶段只有保守内力做功，因此系统的机械能守恒。选取细杆处在竖直位置时子弹的位置为重力势能零点，系统在始末态的机械能分别为

$$E_0 = \frac{1}{2}J\omega^2 + mg\left(a-\frac{l}{2}\right)$$

$$E = m_0ga(1-\cos\theta) + mg\left(a-\frac{l}{2}\cos\theta\right)$$

式中，$\theta=30°$。由$E_0=E$，有

$$\frac{1}{2}J\omega^2 + mg\left(a-\frac{l}{2}\right) = m_0ga(1-\cos\theta) + mg\left(a-\frac{l}{2}\cos\theta\right)$$

所以

$$J\omega^2 = g\left[m_0a(2-\sqrt{3}) + ml\left(1-\frac{\sqrt{3}}{2}\right)\right] = g\frac{2-\sqrt{3}}{2}(2m_0a+ml) \qquad ②$$

式①和式②联立，并代入J值，可得

$$v_0 = \frac{1}{m_0a}\sqrt{\frac{2-\sqrt{3}}{6}(ml+2m_0a)(ml^2+3m_0a^2)g}$$

【例5-16】 中子星的前身一般是一颗质量比太阳大8倍的恒星。它在爆发坍缩过程中产生的巨大压力，使它的物质结构发生巨大的变化。在这种情况下，不仅原子的外壳被压破，而且连原子核也被压破。原子核中的质子和中子便被挤出来，质子和电子挤到一起结合成中子。最后，所有的中子挤在一起，形成了中子星。当恒星收缩为中子星后，自转就会加快，能达到每秒几圈到几十圈。同时，收缩使中子星成为一块极强的“磁铁”，这块“磁铁”的某一部分向外发射出电波。当它快速自转时，就像灯塔上的探照灯那样，有规律地不断向地球扫射电波。当发射电波的那部分对着地球时，我们就收到电波；当这部分随着星体的转动而偏转时，我们就收不到电波。所以，我们收到的电波是间歇的。这种现象称为“灯塔效应”。

问题：恒星每天自转9周，半径减小因子$\frac{R_0}{R}$为700，最后角速度是多大？

【解】根据角动量守恒定律：$J_0\omega_0 = J\omega$

可得

$$\frac{\omega}{\omega_0} = \frac{J_0}{J} = \frac{R_0^2}{R^2} = 700^2 = 4.9\times10^5$$

式中，$\omega_0 = 2\pi\nu_0 = 2\pi\ [9/(24\times3600\mathrm{s})] = 6.55\times10^{-4}\mathrm{rad\cdot s^{-1}}$

$$\omega = 4.90\times10^5\omega_0 = 4.9\times10^5\times(6.55\times10^{-4}\mathrm{rad\cdot s^{-1}}) = 321\mathrm{rad\cdot s^{-1}}$$

回顾对质点直线运动和刚体定轴转动的描述以及两种运动所遵循的力学规律，我们发现，它们在形式上非常相似，如表5-2所示。这是因为质点直线运动和刚体定轴转动的位置都只需要一个独立的坐标表示，前者用线坐标x，后者用角坐标θ。x和θ是一种线量和角量的对应关系，这种对应关系反映到其他的物理量，自然这两种运动的物理规律也具有线量和角量的对应形式。

表5-2 质点直线运动和刚体定轴转动的比较

质点直线运动		刚体定轴转动	
速度 $v=\frac{dx}{dt}$	加速度 $a=\frac{dv}{dt}=\frac{d^2x}{dt^2}$	角速度 $\omega=\frac{d\theta}{dt}$	角加速度 $\beta=\frac{d\omega}{dt}=\frac{d^2\theta}{dt^2}$
动量 $p=mv$	动能 $E_k=\frac{1}{2}mv^2$	角动量 $L=J\omega$	动能 $E_k=\frac{1}{2}J\omega^2$
力 F	质量 m	力矩 M	转动惯量 J
功 $A=\int F\mathrm{d}x$	冲量 $\int F\mathrm{d}t$	功 $A=\int M\mathrm{d}\theta$	冲量矩 $\int M\mathrm{d}t$
牛顿定律 $F=ma$		转动定律 $M=J\beta$	
动量定理 $F\mathrm{d}t=\mathrm{d}p$ 或 $\int_{t_0}^{t}F\mathrm{d}t=p-p_0$		角动量定理 $M\mathrm{d}t=\mathrm{d}L$ 或 $\int_{t_0}^{t}M\mathrm{d}t=L-L_0$	
动能定理 $A=\frac{1}{2}mv^2-\frac{1}{2}mv_0^2$		动能定理 $A=\frac{1}{2}J\omega^2-\frac{1}{2}J\omega_0^2$	

物理知识拓展

进动

前面主要讨论的是刚体绕固定轴的转动。下面介绍一种刚体的转轴不固定的情况。我们以陀螺为例。当陀螺没有转动时，在重力矩作用下它将会倾倒；但当陀螺高速旋转时，尽管仍受重力矩的作用，但它却不倒下来。这时，陀螺在绕本身的对称轴转动（这种旋转叫自旋）的同时，其对称轴还将绕竖直轴Oz回转，如图5-30a所示。这种高速自旋的物体的转轴在空间转动的现象叫作进动。

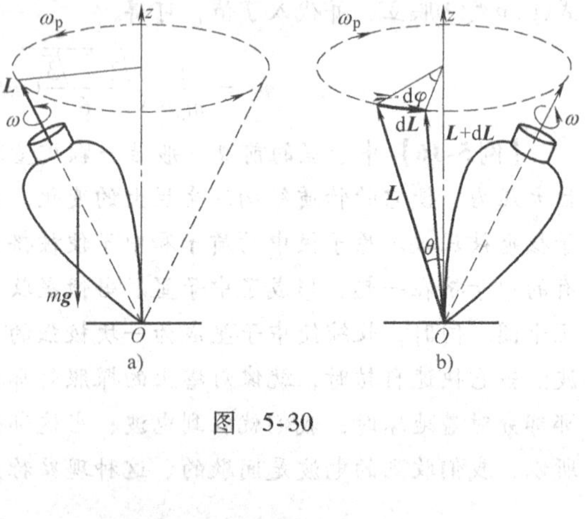

图 5-30

严格地讲，陀螺的总角动量应该是它的自旋角动量和进动角动量的矢量和。但当陀螺高速旋转时，其自转的角速度远大于进动的角速度，故可忽略进动的角动量而把陀螺对O点的总角动量$\boldsymbol{L}$近似地看成是它的自转运动所引起的对 O 点的角动量。由于陀螺的对称性，它的自转运动所引起的对 O 点的角动量就等于陀螺对本身对称轴的角动量，即自转角动量。重力对 O 点产生一力矩，其方向垂直于转轴和重力的作用线所组成的平面。根据质点系的角动量定理，质点系所受的对给定参考点 O 的合外力矩 $\boldsymbol{M}$ 满足 $\boldsymbol{M}=\frac{\mathrm{d}\boldsymbol{L}}{\mathrm{d}t}$，或写成 $\mathrm{d}\boldsymbol{L}=\boldsymbol{M}\mathrm{d}t$。所以，在极短的时间 $\mathrm{d}t$ 内，陀螺的角动量将因重力矩的作用而产生一增量 $\mathrm{d}\boldsymbol{L}$，其方向与重力矩的方向相同。因重力矩的方向垂直于 $\boldsymbol{L}$，所以 $\mathrm{d}\boldsymbol{L}$ 的方向也与 $\boldsymbol{L}$ 垂直，结果使 $\boldsymbol{L}$ 的大小不变而方向发生变化，如图 5-30b 所示。因此，陀螺的自转轴将从 $\boldsymbol{L}$ 的位置偏转到 $\boldsymbol{L}+\mathrm{d}\boldsymbol{L}$ 的位置上，而不是向下倾倒。如此持续不断地偏转下去就形成了自转轴的转动。从陀螺的顶部向下看，其自转轴是沿逆时针方向回转的。这样，陀螺不会倒下，而是沿一锥顶在陀螺尖顶与地面接触处的锥面转动，即绕竖直轴 Oz 进动。

进动角速度定义为

$$\Omega=\frac{\mathrm{d}\varphi}{\mathrm{d}t} \tag{5-69}$$

其中，$\mathrm{d}\varphi$ 为自转轴在 $\mathrm{d}t$ 时间内绕 Oz 轴转过的角度。下面来计算这个角速度。在 $\mathrm{d}t$ 时间内，角动量 $\boldsymbol{L}$（$L=J\omega$）的增量 $\mathrm{d}\boldsymbol{L}$ 是很小的，从图 5-30 可知

$$|\mathrm{d}\boldsymbol{L}|=L\sin\theta\mathrm{d}\varphi=J\omega\sin\theta\mathrm{d}\varphi \tag{5-70}$$

式中，$\boldsymbol{\omega}$ 是陀螺自转的角速度，θ 为自转轴与 Oz 轴间的夹角。由角动量定理有

$$|\mathrm{d}\boldsymbol{L}|=M\mathrm{d}t \tag{5-71}$$

两式联立得

$$M\mathrm{d}t=J\omega\sin\theta\mathrm{d}\varphi$$

所以

$$\Omega=\frac{\mathrm{d}\varphi}{\mathrm{d}t}=\frac{M}{J\omega\sin\theta}=\frac{M}{L\sin\theta} \tag{5-72}$$

由此可知，进动角速度 Ω 正比于外力矩，反比于陀螺的自旋角动量。称进动陀螺对施力物体的反作用力矩 $\boldsymbol{M}_{\mathrm{g}}$ 为陀螺力矩，其矢量形式为

$$\boldsymbol{M}_{\mathrm{g}}=J_z\boldsymbol{\omega}\times\boldsymbol{\Omega} \tag{5-73}$$

需要指出的是，如果陀螺的自旋速度不太大，则它的轴线在进动时还会上上下下做周期性的摆动。这种摆动就是所谓的章动。产生章动的原因是，由于此时陀螺的自旋速度不太大，陀螺的进动角动量和自旋角动量是可以比拟的，不能忽略掉，总角动量应该是自旋角动量和进动角动量的矢量和。但具体的分析较复杂，在此从略。

【例 5-17】 喷气发动机转子的质量 $m=90\mathrm{kg}$，对自转轴 z 的回转半径 $\rho=0.23\mathrm{m}$，绕 z 轴的转速 $n=12000\mathrm{r}\cdot\mathrm{min}^{-1}$。自转轴 z 沿飞机的纵轴安装，轴承 A、B 间的距离 $l=1.2\mathrm{m}$，如图 5-31a 所示。设飞机以速度 $v=720\mathrm{km}\cdot\mathrm{h}^{-1}$ 在水平面沿半径 $r=1200\mathrm{m}$ 的圆弧进行左盘旋，求这时发动机转子的陀螺力矩以及轴承 A 和 B 上由陀螺力矩引起的附加动压力。

【解】 转子的自转角速度为

$$\omega=2\pi n/60=2\pi\times12000/60\mathrm{rad}\cdot\mathrm{s}^{-1}=400\pi\mathrm{rad}\cdot\mathrm{s}^{-1}$$

因为飞机的速度　$v=720\times1000/(60\times60)\mathrm{m}\cdot\mathrm{s}^{-1}=200\mathrm{m}\cdot\mathrm{s}^{-1}$

所以飞机盘旋角速度（即转子轴的进动角速度）

$$\Omega=v/r=200/1200\mathrm{rad}\cdot\mathrm{s}^{-1}\approx0.167\mathrm{rad}\cdot\mathrm{s}^{-1}$$

由式（5-73）得陀螺力矩

$$\boldsymbol{M}_g=J_z\boldsymbol{\omega}\times\boldsymbol{\Omega}$$

它的大小为

$$M_g=J_z\omega\Omega\sin\frac{\pi}{2}=90\times0.23^2\times400\pi\times0.167\mathrm{N}\cdot\mathrm{m}\approx999.14\mathrm{N}\cdot\mathrm{m}$$

其方向沿轴 y 的正向。应该注意，陀螺力矩不是作用在转子上而是作用在轴承上。陀螺力矩 $\boldsymbol{M}_g$ 在轴承 A 和

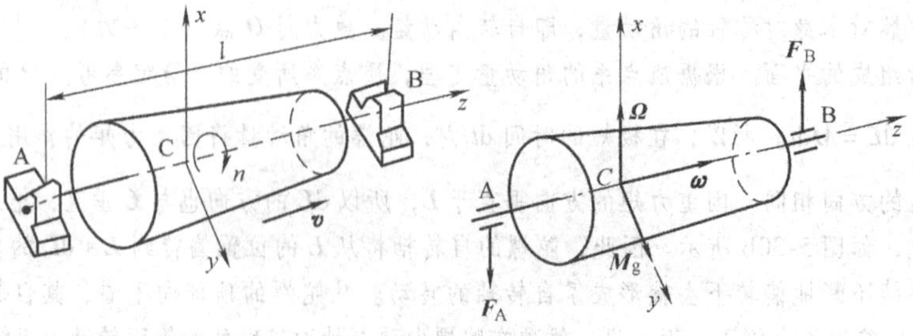

a)　　　　b)

图　5-31

B 上引起的附加动压力为

$$F_A = F_B = M_g/l = 1000/1.2\text{N} = 833\text{N}$$

方向如图 5-31b 所示。显然，力偶（F_A，F_B）会影响飞机的运动，迫使它的头部仰起。为了保持水平盘旋，驾驶员必须做相应操纵，以便在机翼上产生附加空气动力，来平衡这个力偶。

物理知识应用

1. 直升机尾桨

角动量守恒定律在实践中有着广泛的应用。鱼雷在其尾部装有转向相反的两个螺旋桨就是一例。鱼雷最初是不转动的，在不受外力矩作用时，根据角动量守恒定律，其总的角动量应始终为零。如果只装一个螺旋桨，当其顺时针转动时，雷身将反向滚动，这时鱼雷就不能正常运行了。为此在鱼雷的尾部再装一个相同的螺旋桨，工作时让两个螺旋桨向相反的方向旋转，这样就可使鱼雷的总角动量保持为零，以免鱼雷发生滚动。而水对转向相反的两个螺旋桨的反作用力便是鱼雷前进的推力。又如当安装在直升机上方的旋翼转动时，根据角动量守恒定律，它必然引起机身的反向打转，通常在直升机的尾部侧向安装一个小的辅助螺旋桨，叫作尾桨（见图 5-32），它提供一个外加的水平力，其力矩可抵消旋翼给机身的反作用力矩。

2. 机械陀螺原理

安装在轮船、飞机或火箭上的导航装置称为回转仪，也叫陀螺，也是通过角动量守恒的原理来工作的（见图 5-33）。回转仪的核心器件是一个转动惯量较大的转子，装在“常平架”上。常平架由两个圆环构成，转子和圆环之间用轴承连接，轴承的摩擦力矩极小，常平架的作用是使转子不会受任何力矩的作用。转子一旦转动起来，它的角动量将守恒，即其指向将永远不变，因而能实现导航作用。

图　5-32

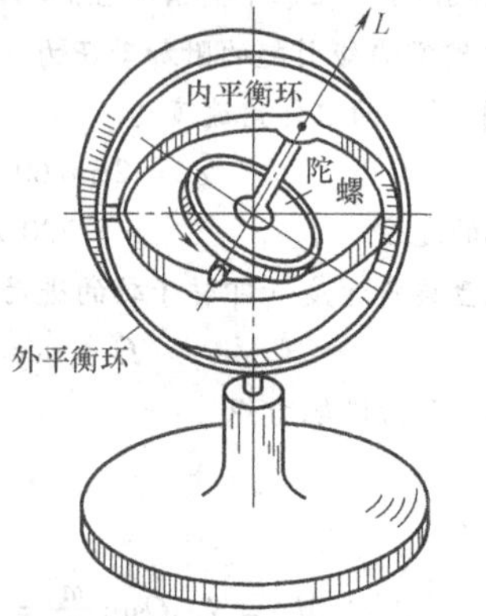

图　5-33

3. 飞机螺旋桨的进动

高速旋转的螺旋桨，当受到改变桨轴方向的操纵力矩作用时，螺旋桨轴除了依操纵力矩转动外，还要绕另一个轴转动，这种现象称为螺旋桨的进动。

例如：右转螺旋桨飞机，当操纵飞机向右转弯时，进动力矩使飞机向下进动；

当操纵飞机向左转弯时，进动力矩使飞机向上进动；

当操纵飞机向上抬头时，进动力矩使飞机向右进动；

当操纵飞机向下低头时，进动力矩使飞机向左进动。

应用能力训练

【例 5-18】 当质子以初速度$\boldsymbol{v}_0$接近原子核时，原子核可被看作不动，质子受到原子核斥力的作用，它的运动轨道将是一条双曲线，如图 5-34 所示。设原子核的电荷量为 Ze，质子的质量为 m，初速$\boldsymbol{v}_0$的方向线与原子核的垂直距离为 b，质子所受静电力为 $k\dfrac{Ze^2}{r^2}$，k 是一个常数。忽略万有引力，试求质子和原子核最接近的距离。

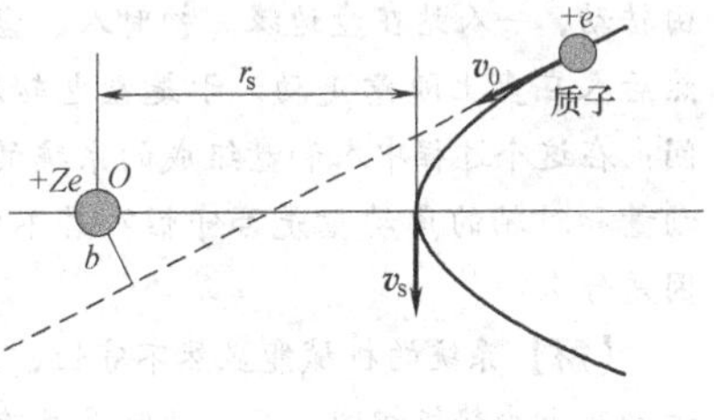

图　5-34

【解】 选原子核所在处为坐标原点 O，因为原子核对质子的斥力始终通过 O 点，即质子受有心力作用，所以质子在运动过程中对 O 点的角动量守恒。设质子和原子核的最近距离为 r_s，该处速度的大小为 v_s，则有

$$mv_0 b = mv_s r_s \quad ①$$

由于在质子的运动过程中仅受静电力作用，而静电力为保守力，因此，对于原子核和质子组成的系统来说，其动能和电势能的总和保持不变。选取距 O 点无穷远处为势能零点，根据势能定义，在与 O 点相距为 r 处的电势能为

$$E_p(r) = \int_r^{\infty} k\frac{Ze^2}{r^2}\mathrm{d}r = k\frac{Ze^2}{r}$$

在 $r = r_s$ 处，有

$$\frac{1}{2}mv_s^2 + k\frac{Ze^2}{r_s} = \frac{1}{2}mv_0^2 \quad ②$$

由式①和式②消去 v_s，并化简得

$$r_s^2 - 2k\frac{Ze^2}{mv_0^2}r_s - b^2 = 0$$

解得

$$r_s = k\frac{Ze^2}{mv_0^2} \pm \sqrt{\left(k\frac{Ze^2}{mv_0^2}\right)^2 + b^2}$$

上式取负号时，$r_s < 0$，不合题意，故舍去。因此质子与原子核的最近距离为

$$r_s = k\frac{Ze^2}{mv_0^2} + \sqrt{\left(k\frac{Ze^2}{mv_0^2}\right)^2 + b^2}$$

【例 5-19】 如图 5-35 所示，A 和 B 两圆盘绕各自的中心轴转动，角速度分别为 $\omega_A = 50\mathrm{rad \cdot s^{-1}}$，$\omega_B = 200\mathrm{rad \cdot s^{-1}}$。已知 A 圆盘的半径 $R_A = 0.2\mathrm{m}$，质量 $m_A = 2\mathrm{kg}$，B 圆盘的半径$R_B = 0.1\mathrm{m}$，质量 $m_B = 4\mathrm{kg}$。试求两圆盘对心衔接后的角速度 ω。

【解】 以两圆盘为系统。在衔接过程中，系统受到的外力有重力、轴对圆盘的支持力和轴向的正压力。圆盘间的切向摩擦力为系统内力。重力和支持力的作用线通过转轴，不产生力矩。轴向正压力的方向平行于转轴，也不产生力矩。因此系统受合外力矩为零，角动量守恒。于是有

$$J_A\omega_A + J_B\omega_B = (J_A + J_B)\omega$$

式中

$$J_A = \frac{1}{2}m_A R_A^2,\quad J_B = \frac{1}{2}m_B R_B^2$$

可得

$$\omega = \frac{m_A R_A^2\omega_A + m_B R_B^2\omega_B}{m_A R_A^2 + m_B R_B^2}$$

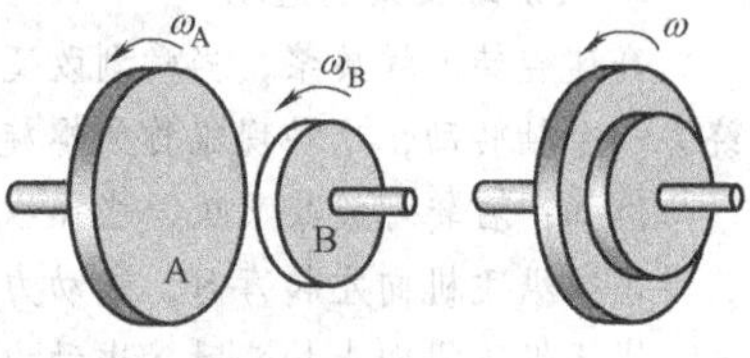

图 5-35

代入 m_A、R_A、ω_A、m_B、R_B、ω_B 的值，得到两圆盘对心衔接后的角速度为

$$\omega = 100\text{rad}\cdot\text{s}^{-1}$$

【例5-20】 如图5-36a所示，一转盘可看成匀质圆盘，能绕过中心 O 的竖直轴在水平面自由转动，一人站在盘边缘。初时人、盘均静止，然后人在盘上随意走动，于是盘也转起来。请问：在这个过程中人和盘组成的系统的机械能、动量和对轴的角动量是否守恒？若不守恒，原因是什么？

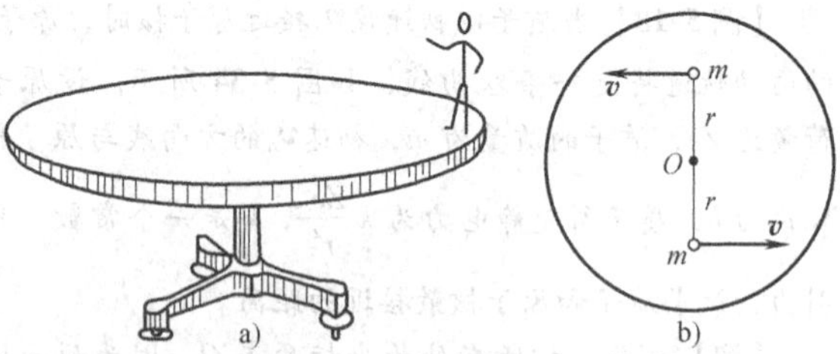

图 5-36

【解】 系统的机械能显然不守恒，静止时和运动时重力势能相同，而运动时系统有了动能，故机械能增加了。增加的原因是人的肌肉的力量作为非保守内力做了正功。

系统的动量也不守恒。一个匀质圆盘，无论它转得多快，其动量始终是零。如图5-36b所示，以 O 为对称轴在盘上取一对对称的质元，它们的质量相同，到轴的距离相同，故动量大小相同，速度方向相反，所以它们的动量之和为零。由于整个圆盘可看作是由无数的质元成对组成的，每一对质元的动量为零，则整个圆盘的动量也是零。系统静止时动量为零，系统运动时盘的动量依然是零而人的动量不为零，可见动量不守恒。不守恒的原因是圆盘的轴要给盘一个冲量来制止盘的平动。

系统对轴的角动量守恒，因为人受到的重力和盘受到的重力的方向与轴平行，根据对定轴力矩的定义，它们不提供对轴的力矩。盘受到的轴的支撑力的作用点在盘中心，力臂为零，故力矩也为零。所以系统受到的对轴的合外力矩为零。故角动量守恒。

本章归纳总结

1. 基本概念

（1）描述刚体定轴转动的角量

$$\text{刚体运动方程}\ \theta = \theta(t),\text{角速度}\ \omega = \frac{d\theta}{dt},\ \text{角加速度}\ \beta = \frac{d\omega}{dt} = \frac{d^2\theta}{dt^2}$$

刚体定轴转动的位置由角坐标 θ 描述，位置变化由角位移 $\Delta\theta$ 来描述。

（2）转动惯量

$$J = \sum_{i=1}^{N}\Delta m_i r_i^2,\quad J = \int r^2 dm$$

（3）定轴转动动能

$$E_k = \frac{1}{2}J\omega^2$$

（4）质点角动量 $\boldsymbol{L} = \boldsymbol{r}\times\boldsymbol{p}$

（5）刚体对定轴的角动量

$$L = J\omega$$

2. 基本规律

（1）力矩的瞬时作用规律——刚体定轴转动定律

$$M = J\beta = \frac{dL}{dt}$$

（2）力矩的空间累积作用规律——定轴转动动能定理

$$\int_{\theta_0}^{\theta} M d\theta = \frac{1}{2}J\omega^2 - \frac{1}{2}J\omega_0^2$$

（3）力矩的时间累积作用规律——角动量定理

$$\int_0^t \boldsymbol{M} dt = \boldsymbol{L} - \boldsymbol{L}_0$$

（4）角动量守恒定律

若 $\boldsymbol{M}_{外}=0$，则有 $\boldsymbol{L}=\boldsymbol{L}_0$。

本章习题

（一）填空题

5-1 可绕水平轴转动的飞轮，直径为1.0m，一条绳子绕在飞轮的外周边缘上。如果飞轮从静止开始做匀角加速运动且在4s内绳被展开10m，则飞轮的角加速度为________。

5-2 绕定轴转动的飞轮均匀地减速，$t=0$ 时角速度为 $\omega_0=5\text{rad}\cdot\text{s}^{-1}$，$t=20\text{s}$ 时角速度为 $\omega=0.8\omega_0$，则飞轮的角加速度 $\beta=$________，$t=0$ 到 $t=100\text{s}$ 时间内飞轮所转过的角度 $\theta=$________。

5-3 决定刚体转动惯量的因素是：____________________。

5-4 一长为 l、质量可以忽略的直杆，两端分别固定有质量为 $2m$ 和 m 的小球，杆可绕通过其中心 O 且与杆垂直的水平光滑固定轴在铅垂平面内转动。开始杆与水平方向成某一角度 θ，处于静止状态，如习题5-4图所示。释放后，杆绕 O 轴转动。则当杆转到水平位置时，该系统所受到的合外力矩的大小 $M=$________。

5-5 如习题5-5图所示，P、Q、R 和 S 是附于刚性轻质细杆上的质量分别为 $4m$、$3m$、$2m$ 和 m 的四个质点，$PQ=QR=RS=l$，则系统对 OO' 轴的转动惯量为________。

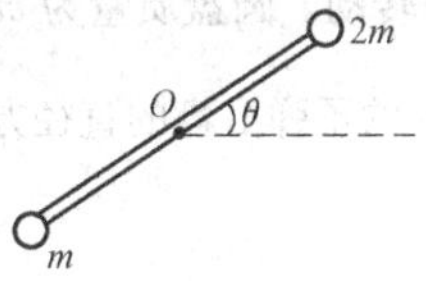

习题5-4图

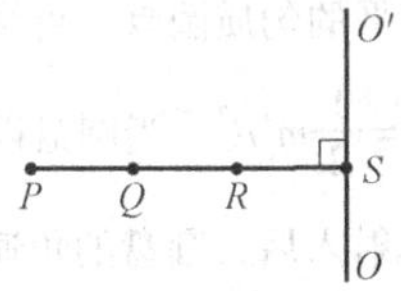

习题5-5图

5-6 一做定轴转动的物体，对转轴的转动惯量 $J=3.0\text{kg}\cdot\text{m}^2$，角速度 $\omega_0=6.0\text{rad}\cdot\text{s}^{-1}$。现对物体加一恒定的制动力矩 $M=-12\text{N}\cdot\text{m}$，当物体的角速度减慢到 $\omega=2.0\text{rad}\cdot\text{s}^{-1}$ 时，物体已转过的角度 $\theta=$________。

5-7 如习题5-7图所示，一长为 L 的轻质细杆，两端分别固定质量为 m 和 $2m$ 的小球，此系统在铅垂平面内可绕过中点 O 且与杆垂直的水平光滑固定轴（O 轴）转动。开始时杆与水平成60°角，处于静止状态。无初转速地释放以后，杆球这一刚体系统绕 O 轴转动。系统绕 O 轴的转动惯量 $J=$________。释放后，当杆转到水平位置时，刚体受到的合外力矩 $M=$________；角加速度 $\beta=$________。

5-8 如习题5-8图所示，一可绕定轴转动的飞轮，在20N·m的总力矩作用下，在10s内转速由零均匀地增加到 $8\text{rad}\cdot\text{s}^{-1}$，飞轮的转动惯量 $J=$________。

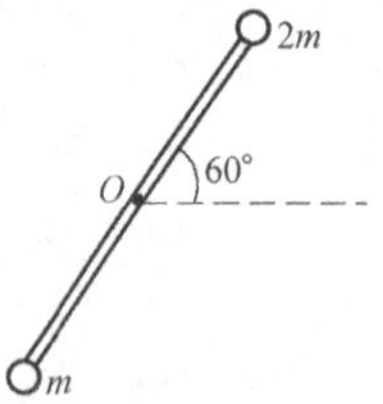

习题 5-7 图

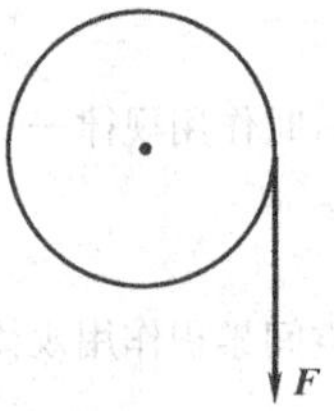

习题 5-8 图

5-9 转动着的飞轮的转动惯量为 J，在 $t=0$ 时角速度为 ω_0。此后飞轮经历制动过程。阻力矩 M 的大小与角速度 ω 的平方成正比，比例系数为 k（k 为大于 0 的常量）。当 $\omega=\frac{1}{3}\omega_0$ 时，飞轮的角加速度 $\beta'=$ ________。从开始制动到 $\omega=\frac{1}{3}\omega_0$ 所经过的时间 $t=$ ________。

5-10 长为 l、质量为 m' 的匀质杆可绕通过杆一端 O 的水平光滑固定轴转动，转动惯量为 $\frac{1}{3}m'l^2$，开始时杆竖直下垂，如习题 5-10 图所示。有一质量为 m 的子弹以水平速度 $\boldsymbol{v}_0$ 射入杆上 A 点，并嵌在杆中，$OA=2l/3$，则子弹射入后瞬间杆的角速度 $\omega=$ ________。

5-11 如习题 5-11 图所示，质量为 m、长为 l 的棒，可绕通过棒中心且与棒垂直的竖直光滑固定轴 O 在水平面内自由转动（转动惯量 $J=ml^2/12$）。开始时棒静止，现有一子弹，质量也是 m，在水平面内以速度 $\boldsymbol{v}_0$ 垂直射入棒端并嵌在其中，则子弹嵌入后棒的角速度 $\omega=$ ________。

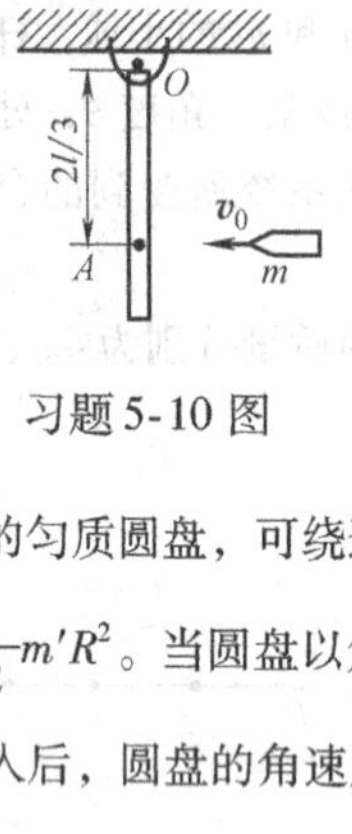

习题 5-10 图

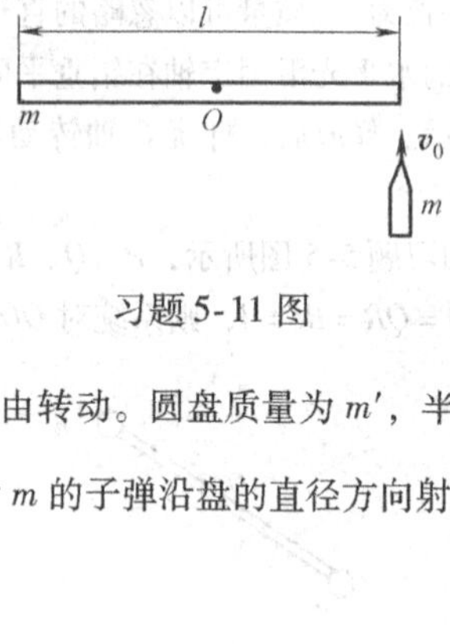

习题 5-11 图

5-12 一水平的匀质圆盘，可绕通过盘心的竖直光滑固定轴自由转动。圆盘质量为 m'，半径为 R，对轴的转动惯量 $J=\frac{1}{2}m'R^2$。当圆盘以角速度 ω_0 转动时，有一质量为 m 的子弹沿盘的直径方向射入而嵌在盘的边缘上。子弹射入后，圆盘的角速度 $\omega=$ ________。

（二）计算题

5-13 如习题 5-13 图所示，一长为 l 的均匀直棒可绕过其一端且与棒垂直的水平光滑固定轴转动。抬起另一端使棒向上与水平面成 60°，然后无初转速地将棒释放。已知棒对轴的转动惯量为 $\frac{1}{3}ml^2$，其中 m 和 l 分别为棒的质量和长度。求：

（1）放手时棒的角加速度；

（2）棒转到水平位置时的角加速度。

5-14 质量分别为 m 和 $2m$、半径分别为 r 和 $2r$ 的两个均匀圆盘，同轴地粘在一起，可以绕通过盘心且垂直盘面的水平光滑固定轴转动，对转轴的转动惯量为 $9mr^2/2$，大小圆盘边缘都绕有绳子，绳子下端都挂一质量为 m 的重物，如习题 5-14 图所示。求盘的角加速度的大小。

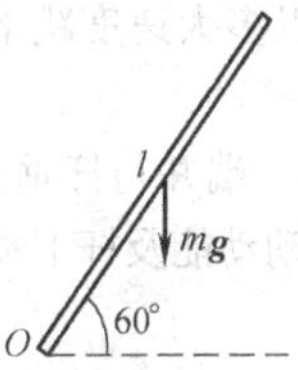

习题 5-13 图

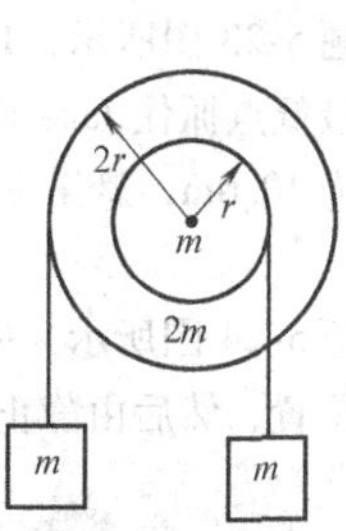

习题 5-14 图

5-15　一做匀变速转动的飞轮在 10s 内转了 16 圈，其末角速度为 15rad · s^{-1}，它的角加速度的大小等于多少？

5-16　一定滑轮半径为 0.1m，相对中心轴的转动惯量为 1×10^{-3}kg · m^2。一变力 $F=0.5t$（SI）沿切线方向作用在滑轮的边缘上。如果滑轮最初处于静止状态，忽略轴承的摩擦，试求它在 1s 末的角速度。

5-17　一质量为 $m'=15$kg、半径为 $R=0.30$m 的圆柱体，可绕与其几何轴重合的水平固定轴转动（转动惯量 $J=\frac{1}{2}m'R^2$）。现以一不能伸长的轻绳绕于柱面，而在绳的下端悬一质量 $m=8.0$kg 的物体。不计圆柱体与轴之间的摩擦，求：

（1）物体自静止下落，5s 内下降的距离；

（2）绳中的张力。

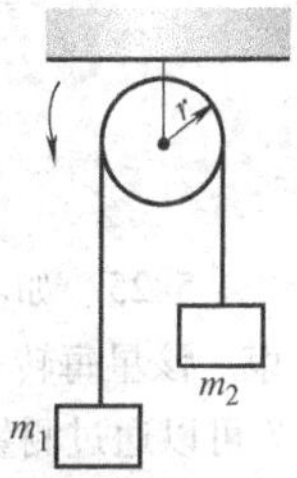

习题 5-18 图

5-18　如习题 5-18 图所示，设两重物的质量分别为 m_1 和 m_2，且 $m_1>m_2$，定滑轮的半径为 r，对转轴的转动惯量为 J，轻绳与滑轮间无滑动，滑轮轴上摩擦不计。设开始时系统静止，试求 t 时刻滑轮的角速度。

5-19　一根放在水平光滑桌面上的匀质棒，可绕通过其一端的竖直固定光滑轴 O 转动。棒的质量为 $m=1.5$kg，长度为 $l=1.0$m，对轴的转动惯量为 $J=\frac{1}{3}ml^2$。初始时棒静止。今有一水平运动的子弹垂直地射入棒的另一端，并留在棒中，如习题 5-19 图所示。子弹的质量为 $m'=0.020$kg，速率为 $v=400$m · s^{-1}。试问：

（1）棒开始和子弹一起转动时角速度 ω 有多大？

（2）若棒转动时受到大小为 $M_r=4.0$N · m 的恒定阻力矩作用，棒能转过多大的角度 θ？

5-20　一均匀木杆，质量为 $m_1=1$kg，长 $l=0.4$m，可绕通过它的中点且与杆身垂直的光滑水平固定轴，在竖直平面内转动。设杆静止于竖直位置时，一质量为 $m_2=10$g 的子弹在距杆中点 $l/4$ 处穿透木杆（穿透所用时间不计），子弹初速度的大小 $v_0=200$m · s^{-1}，方向与杆和轴均垂直。穿出后子弹速度大小减为 $v=50$m · s^{-1}，但方向未变，求子弹刚穿出的瞬时，杆的角速度的大小。（木杆绕通过中点的垂直轴的转动惯量 $J=m_1l^2/12$）

5-21　如习题 5-21 图所示，质量为 m、长为 l 的匀质细杆可绕光滑水平轴在竖直面内转动。若使杆从水平位置由静止释放，求杆转至任意位置（与水平方向成 θ 角）时所受力矩及角加速度、角速度。

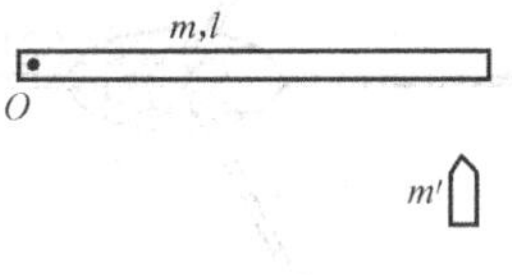

习题 5-19 图

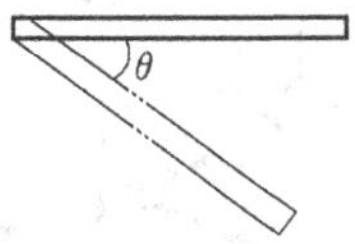

习题 5-21 图

5-22　质量为 m' 的圆柱体，可绕其水平轴转动，阻力不计。一轻绳绕在圆柱体上，另一端系一质量为 m 的物体，求物体下落高度为 h 时的速度。

5-23　如习题5-23图所示，Tarzan站在悬崖上可以摆动绳子营救地面上被蛇围困的Jane，他要跳下悬崖，在他摆动的最低点抓住Jane到树附近安全的地方。Tarzan的质量为80.0kg，Jane的质量为40.0kg，附近树的安全高度为10.0m，悬崖高20.0m。绳子长度为30m，Tarzan将以多大速度跳下悬崖然后和Jane成功离开险境？

5-24　如习题5-24图所示，一质量为m、长为l的匀质细杆可绕其一端并与杆垂直的水平轴转动。开始时杆处在水平位置，然后由静止状态被释放。求转至竖直位置时的转动动能及杆下端的线速度大小。

习题5-23图

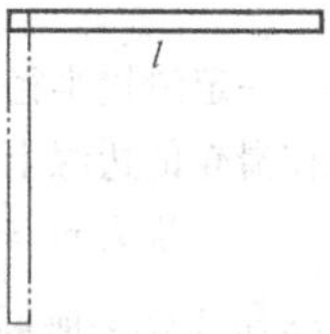

习题5-24图

5-25　如习题5-25图所示，脉冲星是一个高速旋转的中子星，它像灯塔发射光束那样发射无线电波束。该星每转一次我们接收到一个无线电脉冲。转动的周期T可以通过测量脉冲之间的时间得知。蟹状星云中的脉冲星的转动周期$T=0.033$s，并以1.26×10^{-5}s/a（年）的时率增大。（1）脉冲星的角加速度是多少？（2）如果它的角加速度是恒定的，从现在经过多长时间脉冲星要停止转动？（3）此脉冲星是在1054年看到的一次超新星爆发中产生的。该脉冲星的初始周期T是多少？（假定脉冲星从产生时起是以恒定角加速度加速的。）

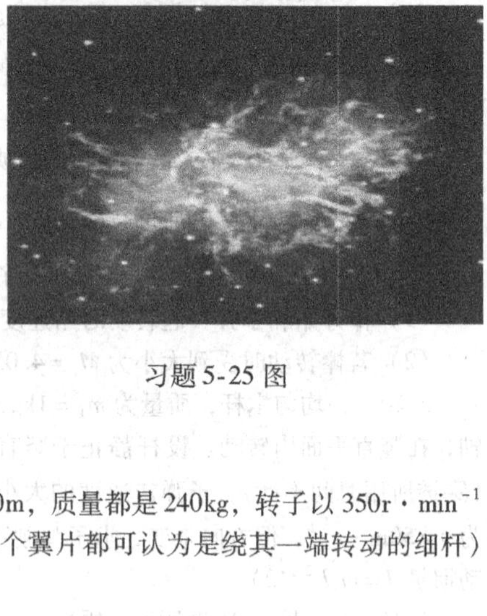

习题5-25图

5-26　通信卫星是一个质量为1210kg、直径为1.21m和长为1.75m的实心圆柱体。从航天飞机货舱发射前，它就被驱动绕其轴以$1.52\text{r}\cdot\text{s}^{-1}$的速度旋转，如习题5-26图所示。计算这颗卫星绕其转动轴的转动惯量和转动动能。

5-27　如习题5-27图所示，直升机的三个翼片长度都是5.20m，质量都是240kg，转子以$350\text{r}\cdot\text{min}^{-1}$的速度转动。（1）此转动组合体对转轴的转动惯量是多少？（每个翼片都可认为是绕其一端转动的细杆）（2）总转动动能是多少？

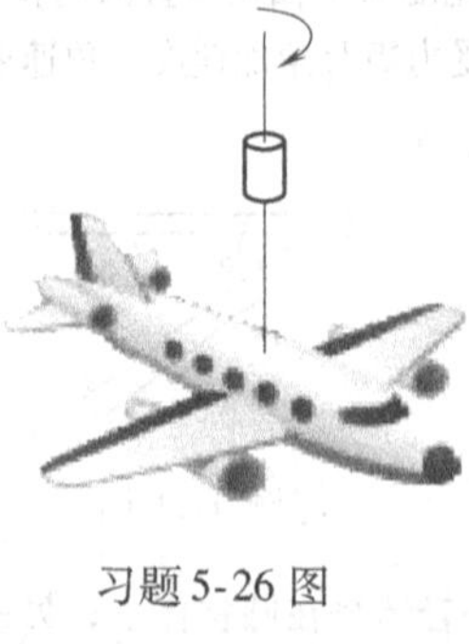

习题5-26图

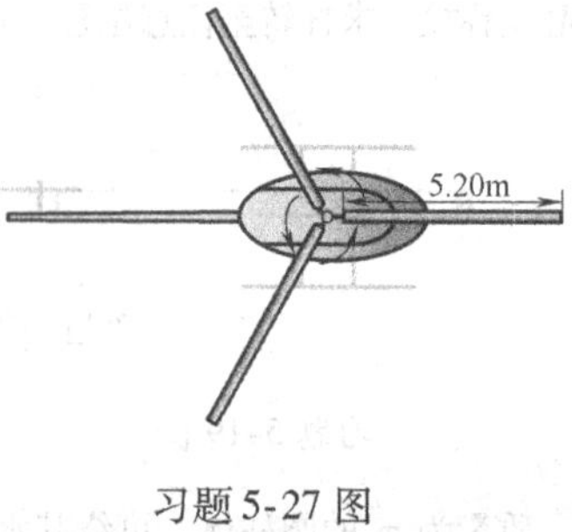

习题5-27图

5-28　利用储存在一个转动的飞轮中的能量工作的载货汽车曾在欧洲使用过。载货时用电动机使飞轮

达到其最高速率 $200\pi\ rad\cdot s^{-1}$。假设这样的飞轮是一个质量为 500kg、半径为 1.0m 的实心均匀圆柱体。（1）在充足能量后，飞轮的动能是多少？（2）如果载货汽车工作时的平均功率需求是 8.0kW，则在两次充能之间它可以工作多少分钟？

5-29　在从跳板起跳期间，一个跳水者对她自己的质心的角速度在 220ms 内从零增大到 $6.20rad\cdot s^{-1}$，她对她的质心的转动惯量是 $12kg\cdot m^2$。在起跳期间，她的平均角加速度和板对她的平均外力矩的大小是多少？

5-30　习题 5-30 图所示为在 Lawrence Livermore 实验室中的中子试验设备的重屏蔽门。它是世界上最重的安有轴的门。此门的质量是 44000kg，对于通过其大轴的竖直轴的转动惯量是 $8.7\times10^4kg\cdot m^2$，（前）面宽是 2.4m。忽略摩擦，在它的外沿上并垂直于门面加多大的恒定的力才能使它在 30s 内从静止转过 90°角？

习题 5-30 图

5-31　汽车的曲轴以 100hp（相当于 74.6kW，hp 为非法定计量单位）的功率从发动机向主轴传送能量，其时主轴以速率 $1800r\cdot min^{-1}$ 转动。曲轴产生的力矩（单位用 N·m）是多少？

5-32　一个坍缩着的自旋的恒星其转动惯量降到了初值的 $\frac{1}{3}$。它的新的转动动能与初始的转动动能之比是多少？

5-33　一个质量为 m' 的女孩站在静止的半径为 R、转动惯量为 J 的无摩擦旋转木马的边沿上。她沿与旋转木马外沿相切的方向水平地扔出一块质量为 m 的石头。石头相对地面的速率是 v，此后，旋转木马的角速率和女孩的线速率分别是多少？

5-34　一个质量为 0.10kg 和半径为 0.10m 的水平乙烯唱片绕通过它的中心的竖直轴以角速率 $4.7rad\cdot s^{-1}$ 转动。唱片对其转轴的转动惯量是 $5.0\times10^{-4}kg\cdot m^2$。一小块质量为 0.020kg 的湿泥从上方竖直地落到唱片上并粘在唱片边上。在泥块刚粘上唱片时唱片的角速率是多大？

5-35　计算将地球在一天内从静止加速到它现时绕自己的轴转动的角速度所需要的力矩、能量和平均功率。

5-36　如习题 5-36 图所示，一只质量为 m 的企鹅从 A 点由静止上下落。A 点离一个 $Oxyz$ 坐标系的原点 O 的距离是 D（z 轴的正向垂直于纸面向外）。（1）下落的企鹅对 O 的角动量 $\boldsymbol{L}$ 为何？（2）对于 O，企鹅的重力 $\boldsymbol{F}_g$ 的力矩为何？

5-37　George Washington Gale Ferris, Jr.，来自 Rensselaer Polytechnie Institute 的一个土木工程研究生，为 1893 年在芝加哥举办的世界博览会建造了第一座摩天轮（见习题 5-37 图）。该转轮成为当时一座令人震惊的工程建筑，它装有 36 个大座舱，每一个座舱最多可乘 6 名乘客，排在一个半径 $R=38m$ 的圆周上。每一个座舱的质量约为 1.1×10^4kg。轮子结构的质量约为 6.0×10^5kg，大部分都在吊着座舱的圆周的格架中。座舱每次乘 6 个人。一旦 36 个座舱都乘满了人，轮子以角速率 ω_F 在约 2min 内转一周。（1）估计当轮以 ω_F 转动时轮和它的乘客的角动量的大小 L。（2）假设坐满了乘客的大轮从静止经过时间 $\Delta t_1=5.0s$ 转动达到 ω_F。在时间 Δt_1 内对它作用的平均净外力矩的大小 M_{avg} 是多少？

5-38　杂技运动：在跳向他的搭档的过程中，一个空中飞人做了一个翻腾 4 周的动作，延续时间 $t=1.87s$。在最初和最后的 1/4 周中，他是伸展的，如习题 5-38 图所示，这时他对于质心（图中的点）的转动惯量 $J_1=19.9kg\cdot m^2$。在飞行的其余时间，他处于屈体的姿态，转动惯量 $J_2=3.93kg\cdot m^2$。他对于他的质心的角速率在屈体姿势时必须是多少？

5-39　如果地球的极地冰帽都融化了，而且水都回归海洋，海洋深度将增加约 30cm，这对地球的转动会有什么影响？估算一下所引起的每天长度的改变。（对此的关心已经表现在工业污染所引发的人气变暖能使冰帽熔化）。

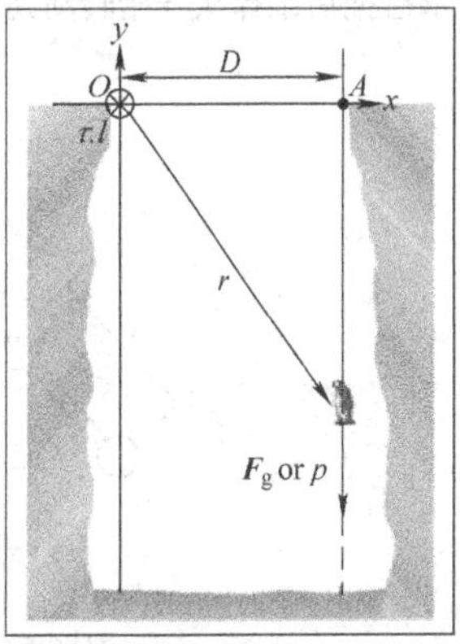

习题 5-36 图

习题 5-37 图

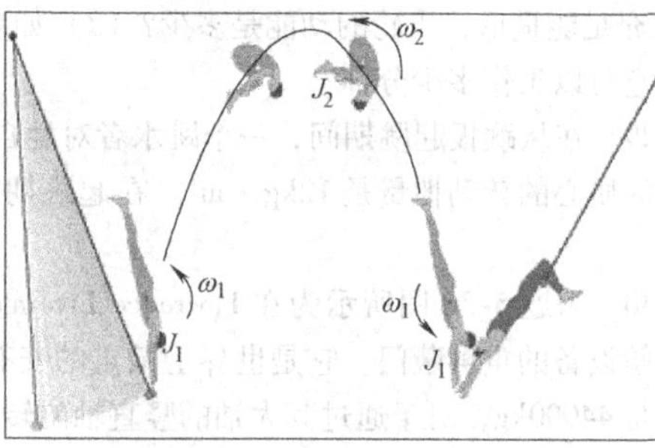

习题 5-38 图

5-40　如习题 5-40 图所示，要求我们来设计一个以 $2400\mathrm{r}\cdot\mathrm{min}^{-1}$ 转动的飞机的螺旋桨。飞机的飞行速度为 $75\mathrm{m}\cdot\mathrm{s}^{-1}$，并且螺旋桨桨片顶端的速度不能超过 $270\mathrm{m}\cdot\mathrm{s}^{-1}$。（这个速度是声速的 0.8 倍，如果桨片的顶端的速度接近声速，就会产生巨大的噪声）那么螺旋桨的最大半径是多少？在这个半径下，桨片顶端的加速度是多少？

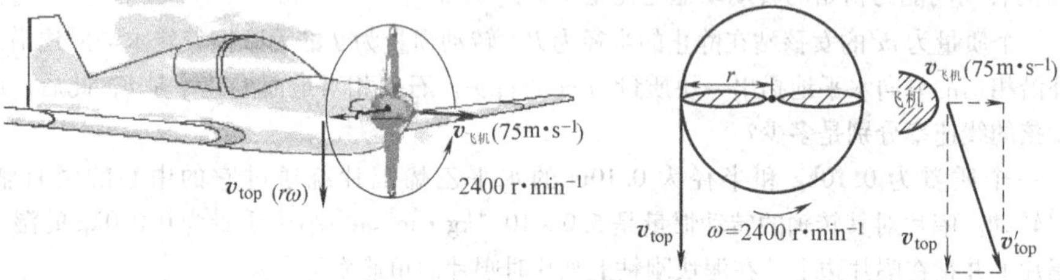

习题 5-40 图

5-41　转速表的简化模型如习题 5-41 图所示。长为 $2l$ 的杆 DE 的两端各有质量为 m 的球 D 与 E，杆 DE 与转轴 AB 铰接。当转轴 AB 的角速度改变时，杆 DE 的转角也发生变化。当 $\omega=0$ 时，$\varphi=\varphi_0$，此时扭簧中不受力。已知扭簧产生的力矩 M 与转角 φ 的关系为 $M=k(\varphi-\varphi_0)$。式中 k 为扭簧劲度系数。试求角速度 ω 与角 φ 之间的关系。

5-42　有一质量为 m_1、长为 l 的均匀细棒，静止平放在动摩擦因数为 μ 的水平桌面上，它可绕通过其端点 O 且与桌面垂直的固定光滑轴转动。另有一水平运动的质量为 m_2 的小滑块，从侧面垂直于棒与棒的另一端 A 相碰撞，设碰撞时间极短。已知小滑块在碰撞前后的速度分别为 $\boldsymbol{v}_1$ 和 $\boldsymbol{v}_2$，如习题 5-42 图所示。求碰撞后细棒从开始转动到停止转动的过程所需的时间。（已知棒绕 O 点的转动惯量 $J=\frac{1}{3}m_1l^2$）

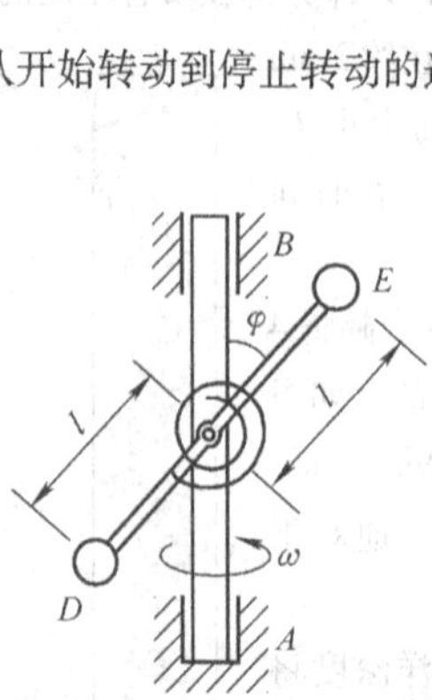

习题 5-41 图

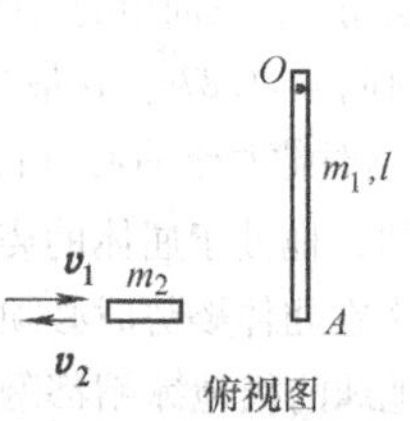

习题 5-42 图

5-43 有两位滑冰运动员，质量均为50kg，沿着距离为3.0m的两条平行路径相互滑近。他们具有$10m\cdot s^{-1}$的等值反向的速度。第一个运动员手握住一根3.0m长的刚性轻杆的一端，当第二个运动员与他相距3m时，就抓住杆的另一端。(假设冰面无摩擦)

(1) 试定量地描述两人被杆连在一起以后的运动；

(2) 两人通过拉杆而将距离减小为1.0m，问这以后他们怎样运动?

5-44 一圆柱体截面半径为r，重为P，放置如习题5-44图所示。它与墙面和地面之间的静摩擦因数均为$\frac{1}{3}$。若对圆柱体施以向下的力$F=2P$可使它刚好要反时针转动，求作用于A点的正压力和摩擦力，力$\boldsymbol{F}$与$\boldsymbol{P}$之间的垂直距离为d。

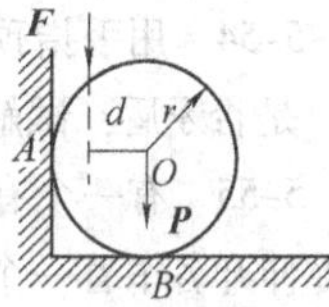

习题5-44图

5-45 一转动惯量为J的圆盘绕一固定轴转动，起初角速度为ω_0。设它所受阻力矩与转动角速度成正比，即$M=-k\omega$（k为正的常数），求圆盘的角速度从ω_0变为$\frac{1}{2}\omega_0$时所需的时间。

5-46 一轻绳跨过两个质量均为m、半径均为r的均匀圆盘状定滑轮，绳的两端分别挂着质量为m和$2m$的重物，如习题5-46图所示。绳与滑轮间无相对滑动，滑轮轴光滑。两个定滑轮的转动惯量均为$\frac{1}{2}mr^2$。将由两个定滑轮以及质量为m和$2m$的重物组成的系统从静止释放，求两滑轮之间绳内的张力。

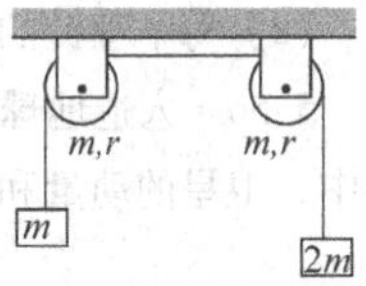

习题5-46图

5-47 如习题5-47图所示，质量为m的小球系于轻绳一端，以角速度ω_0在光滑水平面上做半径为r_0的圆周运动。绳的另一端穿过中心小孔并受铅直向下的拉力，当半径变为$r_0/2$时，试求此刻小球的速率及拉力在此过程中所做的功。

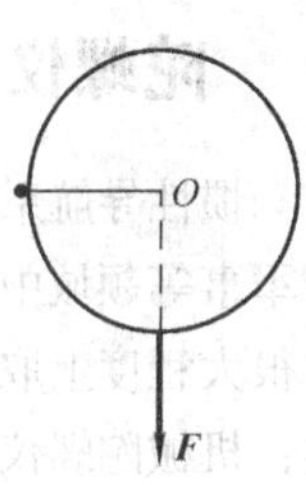

习题5-47图

5-48 如习题5-48图所示，宇宙航行飞行器以速度$v_1=5140km\cdot h^{-1}$绕着月球在半径为$R_1=2400km$的圆形轨道上运动，为了转换到另一半径为$R_2=2000km$的圆形轨道上运行，在A点点火使速度减少到$v_2=4900km\cdot h^{-1}$以进入椭圆轨道AB。试求：

(1) 在椭圆轨道上B点的速度。

(2) 在B点速度应降低多少，才能使其进入到较小的圆形轨道上运行。

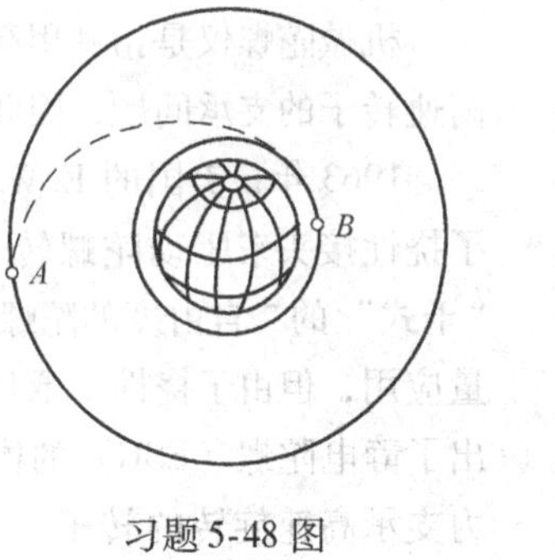

习题5-48图

5-49 物体A和B叠放在水平桌面上，由跨过定滑轮的轻质细绳相互连接，如习题5-49图所示。今用大小为F的水平力拉A。设A、B和滑轮的质量都为m，滑轮的半径为R，对轴的转动惯量$J=\frac{1}{2}mR^2$。AB之间、A与桌面之间、滑轮与其轴之间的摩擦都可以忽略不计，绳与滑轮之间无相对的滑动且绳不可伸长。已知$F=10N$，$m=8.0kg$，$R=0.050m$。求：

(1) 滑轮的角加速度；

(2) 物体A与滑轮之间的绳中的张力；

(3) 物体B与滑轮之间的绳中的张力。

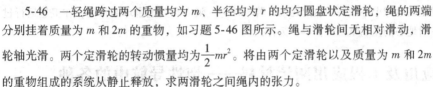

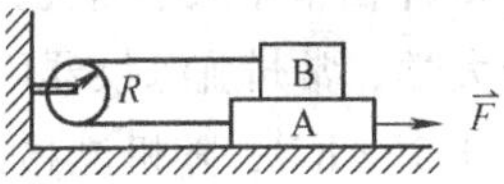

习题5-49图

5-50 一质量均匀分布的圆盘，质量为m'，半径为R，放在一粗糙水平面上（圆盘与水平面之间的摩擦因数为μ），圆盘可绕通过其中心O的竖直固定光滑轴转动。开始时，圆盘静止，一质量为m的子弹以水平速度$\boldsymbol{v}_0$垂直于圆盘半径打入圆盘边缘并嵌在盘边上，求：

(1) 子弹击中圆盘后，盘所获得的角速度；

(2) 圆盘停止转动所经过的时间。

(圆盘绕通过O的竖直轴的转动惯量为$\frac{1}{2}m'R^2$，忽略子弹重力造成的摩擦阻力矩)

(三) 思考题

5-51 在求刚体所受的合外力矩时，能否先求出刚体所受合外力，再求合外力对转轴的力矩？说明其理由。

5-52 绕固定轴做匀变速转动的刚体，其上各点都绕转轴做圆周运动。试问刚体上任意一点是否有切向加速度？是否有法向加速度？切向加速度和法向加速度的大小是否变化？理由如何？

5-53 一个圆环和一个圆盘半径相等，质量相同，均可绕通过中心、垂直于环、盘面的轴转动，开始时静止。当对两者施以相同的力矩时，哪个转得快？

5-54 用手指顶一根竖直竹竿，为什么长的比短的容易顶？这和一般常识所说的“长的重心高，不稳”是否矛盾？试解释之。

5-55 有一个有竖直光滑固定轴的水平转台，人站立在转台上，身体的中心轴线与转台竖直轴线重合，两臂伸开各举着一个哑铃。当转台转动时，此人把两哑铃水平地收缩到胸前。在这一收缩过程中，

(1) 转台、人与哑铃以及地球组成的系统的机械能守恒否？为什么？

(2) 转台、人与哑铃组成的系统的角动量守恒否？为什么？

(3) 每个哑铃的动量与动能守恒否？为什么？

5-56 人造地球卫星绕地球中心做椭圆轨道运动，若不计空气阻力和其他星球的作用，在卫星运行过程中，卫星的动量和它对地心的角动量都守恒吗？为什么？

本章军事应用及工程应用阅读材料——惯性导航中的各种陀螺仪

惯性导航系统（INS）是一种自主式导航系统，自问世以来，广泛应用在航海、航空、航天和军事等领域中；陀螺仪作为一种重要的惯性敏感器，是构成 INS 的基础核心器件，INS 的性能在很大程度上取决于陀螺仪的性能。目前惯性导航中应用的陀螺仪按结构构成大致可以分为三类：机械陀螺仪、光学陀螺仪、微机械陀螺仪（MEMSG）。

1. 机械陀螺仪

机械陀螺仪是指利用高速转子的转轴稳定性来测量载体正确方位的角传感器，主要问题是高速转子的支承问题，因此机械陀螺仪的发展过程就是同支承的有害力矩做斗争的过程。

1963 年，美国的 E. W. Home 提出了“动力调谐陀螺仪（DTG）”的结构。在 DTG 中，采用了挠性接头来驱动陀螺转子，同时，挠性接头也取代了陀螺支架环及精密轴承。DTG 是一种“干式”的二自由度的陀螺仪，不需要浮液和温度控制系统，因而在飞机和战术导弹中得到了大量应用，但由于挠性支承只有零点几毫米厚度，承受不了较大的冲击和振动。1952 年，美国提出了静电陀螺（ESG）的构想，即在金属球形空心转子的周围装有均匀分布的高压电极，用静电力支承高速旋转的转子。它不存在摩擦，所以精度高，漂移率达 $(10^{-5} \sim 10^{-6})° \cdot h^{-1}$。我国 1965 年由清华大学首先开始研制 ESG，应用背景是“高精度船用 INS”。1967 年至 1990 年，清华大学、常州航海仪器厂、上海交通大学等合作研制成功了 ESG 工程样机，其零偏漂移误差小于 $0.5' \cdot h^{-1}$，随机漂移误差小于 $0.001' \cdot h^{-1}$，中国和美国、俄罗斯并列成为世界上掌握 ESG 技术的几个国家。

2. 光学陀螺

随着光学技术的发展，激光陀螺、光纤陀螺应运而生。1963 年，美国 Spurry 公司首先研制了“激光陀螺（RLG）”。1978 年，Honeywell 公司研制成功了 GG-1342 型 RLG，达到了中等精度 INS 所要求的精度，在飞机上首次得到大量应用，开始了光学陀螺导航的新时代。经过 30 多年的发展和完善，激光陀螺捷联惯导系统在军用、民用方面被广泛应用，在波音 747 – 400，757，

767，737，空中客车 A320 和 A340 等中高精度 INS 均装备了激光陀螺惯性基准系统。其优点是：启动时间短，测量范围宽，是理想的捷联式陀螺仪。但由于激光陀螺制造工艺的问题不易解决，因此人们开始把精力转移到研制光纤陀螺上。

光纤陀螺的工作原理与激光陀螺的不同之处仅在于光纤陀螺是用光导纤维缠绕成一个线圈所构成的光路来代替用石英玻璃加工出的密封空腔光路。1981 年，Stanford 大学的 H. G. Shaw 和 H. C. Lefevre 等人在世界上首次研制成功了“全光纤的 IFOG ”。自 1990 年以来，光纤陀螺仪的精度得到了逐步的提高，由于采用了“多功能电光调制器”等集成光电子器件，光纤陀螺仪的结构实现了模块化和小型化。因此，与激光陀螺仪相比较，光纤陀螺仪成本较低，比较适合批量生产。光纤陀螺的主要优点在于：无活动部件，体积小，结构简单，耐冲击；启动时间短；易于采用集成光路技术，信息稳定可靠，可直接数字输出，便于与计算机接口；检测灵敏度和分辨率比激光陀螺仪提高了几个数量级，克服了激光陀螺仪的闭锁问题。有关专家认为：光纤陀螺必将代替激光陀螺，这是发展趋势。

3. 微机械陀螺

由于电子技术和微机械加工技术的发展，使微机械陀螺成为现实，其体积小，成本低，适合大批量生产。微机械加工技术是通过化学腐蚀的办法，在材料上蚀刻出来一个可以转动的转子。根据陀螺原理，它自转的速度再加上一个牵连速度，会产生陀螺力矩，就有陀螺效应。

微机械陀螺仪（MEMSG）属于微电子机械范畴，是一种振动式角速率传感器，它按所用材料分为石英和硅振动梁两类。石英材料结构的品质因数 Q 值很高，陀螺仪特性最好，且有实用价值，是最早商品化的。但石英材料加工难度大，成本很高。而硅材料结构完整，弹性好，比较容易得到高 Q 值的硅微机械结构。就目前已研制成功的 MEMSG 来说，其结构有以下两种：音叉式结构（利用线振动来产生陀螺效应）和双框架结构（利用角振动来产生陀螺效应）。

从 20 世纪 90 年代开始研制以来，MEMSG 已经在民用产品上得到了广泛的应用，部分应用在了低精度惯性导航产品中。美国国防部将 MEMS 技术列入国防部的关键技术，美国国防高级研究计划局（DARPA）资助开发军用 MEMS 的经费每年达 5000 万美元以上。BEI 公司生产了一种高性能的单轴、固态石英音叉微机械振动陀螺仪 CRS11，据报道，此型号陀螺已应用于 Predator Tactial 导弹和 Maverick 导弹上。

4. 陀螺仪的发展趋势

新型的 MEMSG（如静电悬浮转子微陀螺和集成光学陀螺 IOG）也是各国竞相研究的陀螺。静电悬浮转子微陀螺可同时测量二轴角速度和三轴线加速度，是高精度多轴集成微惯性传感器技术发展的一个重要方向。静电悬浮转子微陀螺已得到美、日、英等国的重视，并于 20 世纪 90 年代初着手研究。特别是日本研制的具有五轴惯性测量功能的静电悬浮环形转子微陀螺代表了目前微机械惯性测量器件的先进发展水平。IOG 是采用先进的微米/纳米集成光电子技术，用光波导集成光路作为其谐振腔的一种新型陀螺。其体积小、质量轻、耐振动、抗电磁干扰能力强、成本低，是光学陀螺向微型陀螺发展的方向。1983 年微型集成光学陀螺在美国公司开始研制，受到 Honeywell，Rice 等公司的重视。在国内，清华大学于 1996 年首先开始研制谐振式集成光学陀螺（R－IOG），精度大大提高。

静电陀螺是目前最高精度水平的陀螺仪，但由于其成本高，制作工艺复杂，仅适用于高精度 INS 中。随着静电悬浮转子微陀螺的发展，制作成本明显降低，将来静电陀螺应用会更加广泛。液浮陀螺仪和动力调谐陀螺仪在精度上仅次于静电陀螺，也属于高精度陀螺仪。但因其结构和制作工艺复杂，成本高，体积大，寿命短，国外在20世纪80年代就被激光陀螺仪和光纤陀螺仪取代。

微机械陀螺仪在过去几年受到了人们的广泛关注，发展非常迅速，由于振动式微陀螺本身的局限性及微加工精度的限制，目前报道的振动式微陀螺的性能精度尚未取得根本突破，没有像微加速度计那样在市场上大量应用。因此应积极开展微机械惯性器件的研制，围绕关键技术、材料、特殊工艺和微型设计等方面进行研制。总之，随着科技进步，成本较低的光纤陀螺和微机械陀螺精度将越来越高，这也是未来陀螺技术发展的总趋势。

第6章 机械振动

历史背景与物理思想发展脉络

我国古代对声乐的研究、声学的应用，如乐器的制作等，有着辉煌的成就。乐器的出现给人们以美的感觉，可能是推动声学发展的一个因素。远在夏、商以前就有了石磬、陶制的钟，还有了铜制的铃、钟、编钟和鼓。1979 年在湖北随县发掘的战国时期曾侯乙（公元前433 年左右）墓中，有一套随葬的编钟共65 件，其工艺之精美、结构之别致、音律之清晰，都达到了惊人的地步，这些钟至今仍能发出十分悦耳的声音。这足以显示出我国古代人民在制作乐器上的智慧。

音律的研究是随着人们对乐器发声和调节音调的要求而提出的课题，音律是指音高的规律，远在黄帝时就有人曾用 12 只竹管按长度的不同排列起来作为定律的标准，这可能就是中国以管定律的由来（西方是以弦定律），到了西周时期就出现了 12 律；在春秋战国时期的《管子·地员篇》中记载了音律的“三分损益法”，这是以某一音律的管或弦的长度为标准，将此长度乘以 $(3\pm1)/3$，便是相邻的两个音的管或弦的长度，以此类推，直到得出比基音约高二倍或低一倍的位置为止，这样就完成了 12 律音，可是由此计算而得出的 12 个律，其相邻两律之间的长度差并不相等，这就叫 12 不平均律。到了明代，朱载堉又在《律吕精义》中提出“12 平均律”，这也是世界上最早完成的 12 平均律。

关于共振现象的研究，也是我国古代对声学的突出贡献之一。北宋时期的沈括发现，管与弦发生共振时，两个频率成倍数或成简单的整数比。这就是我们所说的共振条件。他通过实验证实了这一问题，他在《补笔谈》中描述了这一实验：“今曲中有声者，须以此而用之。欲知其应者，先调诸弦令声和，乃剪纸人加弦上，鼓其应弦，则纸人跃，他弦即不动……虽在他琴鼓之，应弦亦振。”所得结论是“声同即应，此常理也”。沈括的物理思想是非常可贵的。在欧洲直到 17 世纪，才由牛津的诺布耳和皮戈特完成了弦线的共振实验，比我国晚600 多年。

在西方，最早的声学是由研究弦的振动发声问题开始的。早在公元前6 世纪，古希腊的毕达哥拉斯就研究了弦的振动问题。他发现，如果几根弦长度成简单的比值，这样发出的音调，彼此之间就是有规律的乐音音程。比如用3 根弦发出某一乐音以及它的五度音和八度音，在其他条件（弦的密度、张力等）都相同的情况下，这三根弦的长度比为6:4:3。这样就把以前感官上欣赏的和谐音乐，同简单的数目联系起来了。

在这方面做出重大突破的是意大利的伽利略。伽利略通过观察单摆的摆动，发现其周期或频率仅由其摆长决定而不能随意改变，而且，由周期性的同相位推动能够保持甚至逐渐增大单摆振幅的观察，他领悟到这就是产生声学共鸣现象的具体机制。接着，伽利略先描述了在一架古钢琴上，不仅两根同音的弦之间会发生共鸣，而且在两根相差八度或五度音程的琴弦之间也会发生有限度的共鸣，这些现象完全可以解释为击响了的弦的振动在空气中的传播激起了另一根弦振动的结果。其次，伽利略还观察到，当奏起中提琴的低音弦时，会使得放在邻近的一只薄壁的高脚酒杯发生共鸣，只要这只酒杯具有相同的固有振动周期。伽利略还发现，单纯用手指尖摩擦酒杯的边缘，也可以使它发出同样音调的声音，与此同时，如果在酒杯里盛有水的话，则可以从水面上的波纹看到酒杯的振动。于是，伽利略就通过这样一系列的观察和推理，证实了声音是一种机械振动现象。

1633 年，伽利略的学生，法国的马林·默森（1588—1648），首次测定了振动频率的绝对量值和空气中的声速，并且发现弦在发出基音的同时还伴有泛音，也就是倍频音。伽利略和默森的工作，在声学的发展中起了重要作用。继默森测定空气中的声速之后，牛顿在他的《自然哲学的数学原理》一书中，推导出了空气的传声速度与空气的压缩系数及密度的关系。1826 年，拉普拉斯把这一推导进一步发展，使牛顿的声速公式与实验相符。19 世纪初期，声学出现了第一流的实验家——德国的克拉尼（1756—1827），他系统地研究了弦、杆、板的振动问题，发现了弦与杆的纵向振动和扭转振动，并在不是空气的其他气体和固体中测定了声的传播速度，于 1802 年出版《声学》一书，公布了他的研究成果。此后，柯莱顿（1802—1892）和施特姆（1803—1855）在日内瓦湖中测定了水中的声速，证明了水是可压缩的。

德国的亥姆霍兹在声学的发展过程中，也起了举足轻重的作用。他在《声音的感觉理论》一书中，强调了正弦振荡和人们生理实在的直接对应关系。1857 年他又提出了听觉的共鸣理论，认为人的耳蜗有一系列的调谐共振子，正是这些共振子，实现了按声波频谱的共振，从而使人们能够分辨出不同频率的声音。基于声学理论的研究，亥姆霍兹于 1863 年提出了音乐和谐理论。英国的物理学家瑞利（1842—1919）出版了《声的理论》一书后（1877），又完成了声学的数学理论。

弦的振动方程是提出著名的泰勒级数的泰勒在 1713 年提出的，伯努利、达朗贝尔和欧拉几位大学者为此建立了偏微分方程和波动方程，从而彻底解决了弦的振动理论。

6.1 简谐振动

物理学基本内容

当发动机工作时，只要受到周期性变化的力和力矩的作用，就会产生振动。任何性能良好的发动机，工作时受力总是不平衡的，因而总会有一点轻微的振动。这种振动对发动机的强度和飞机的操纵性影响很小，不属于故障。然而，如果使用维护不当，或发动机生产质量不高，使发动机在工作时产生较大的交变力，以致振动加剧，威胁发动机的安全和飞机的操纵，就属于故障了。

在发动机出现振动故障后，由于振动过大，会使发动机各零件上的应力增大，并且在交变应力作用下，容易产生疲劳裂纹，甚至断裂。这不仅使发动机寿命缩短，还可能造成严重事故。在发动机振动不太严重的情况下，通常会激起燃烧室、叶片、机匣和导管等刚性较弱的零部件振动，造成导管折断或零件损坏。发动机振动还会引起飞机的座椅、仪表板、瞄准具光环和油门手柄抖动，使飞行员操纵困难并易于疲劳。

当一个物体看上去是静止的时候，构成物体的原子和分子正在快速地振动。例如，晶体内部的原子在处于周期性电场的作用下，以一定的频率持续地振动，这种振动用于石英钟和手表中。振动的本质是什么？最简单的振动就是弹簧和单摆。可通过分析这两种简单的简谐运动来分析其他振动。

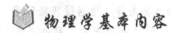

振动和波动是物质的基本运动形式。在力学中有机械振动和机械波，在电学中有电磁振荡

和电磁波，声是一种机械波，光则是电磁波，量子力学又叫波动力学。

机械振动是最直观的振动，物体在某固定位置附近的往复运动叫作机械振动，它是物体的一种普遍运动形式。例如，活塞的往复运动、树叶在空气中的抖动、琴弦的振动、心脏的跳动等都是振动。

广义地说，任何物理量在某一量值附近随时间做周期性的变化都可以叫作振动。例如，交流电路中的电流和电压，振荡电路中的电场强度和磁场强度等均随时间做周期性的变化，因此都可以称为振动。

无论在宏观世界还是微观世界，高速领域还是低速领域，振动与波动都是普遍存在的运动形式，它们的主要特点是运动在时间和空间上具有周期性。这个特点带来了它们在运动规律和研究方法上的特殊性，如状态参量相位的引入，正弦、余弦形式的运动方程，旋转矢量法，波的干涉现象，等等。振动和波动这两种运动形式密切相关，机械波是机械振动在介质中的传播，电磁波是电磁振荡产生的变化的电场和磁场在空间的传播，在以后我们将看到，组成场和实物的微观粒子都具有波粒二象性，虽然这种波与上述机械波、电磁波本质不同，但数学描述方法是相通的。

振动分析主要有两方面的内容：系统的固有动力特性与系统的动力响应。系统的固有动力特性是包括固有频率、固有振型、模态质量等的模态参数，它们是与外加激励无关的系统本身所具有的振动特性。它的理论分析是建立在没有外加激励的自由振动微分方程的求解上。它反映了系统的基本振动性质，所以，它在振动分析中占有特别重要的地位，对系统的振动分析常常是首先要分析系统的固有动力特性。系统的动力响应是系统在外加激励作用下所产生的运动响应，包括位移响应、速度响应、加速度响应等，它的分析是建立在外加激励作用下的受迫振动微分方程的求解上，这是振动分析的主要内容。

6.1.1 弹簧振子模型

弹簧振子是一个理想化的简谐振动模型。将质量可忽略不计的轻弹簧一端固定，另一端与质量为 m 的物体相连，置于光滑的水平面上。若该系统在振动过程中，弹簧的形变较小（即形变弹簧作用于物体上的力总是满足胡克定律），那么，这样的弹簧-物体系统称为弹簧振子。

如图6-1所示，当弹簧处于自然状态（弹簧既未伸长也未压缩的状态）时振子受到的合外力为0，此时振子的位置称为稳定平衡位置，以平衡位置为坐标原点，当振子偏离平衡位置的位移为 x 时，其受到的弹力作用为

$$F = -kx \tag{6-1}$$

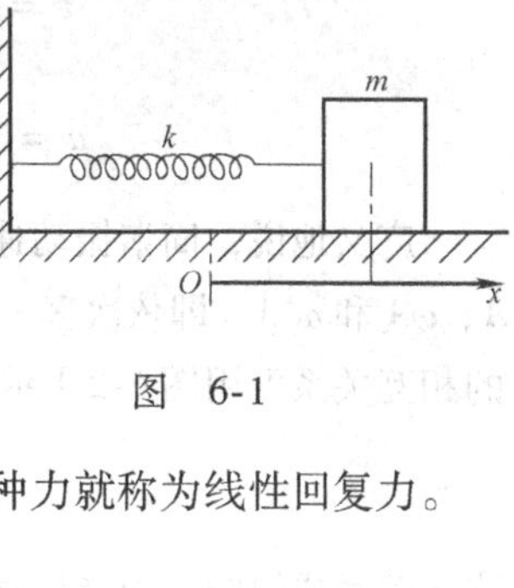

图 6-1

式中，k 为弹簧的劲度系数；负号表示弹力的方向与振子的位移方向相反。式（6-1）表明，振子在运动过程中受到的力总是指向平衡位置，且力的大小与振子偏离平衡位置的位移大小成正比，这种力就称为线性回复力。

由牛顿第二定律，可得

$$m\frac{d^2x}{dt^2} = -kx \quad 或 \quad \frac{d^2x}{dt^2} + \frac{k}{m}x = 0 \tag{6-2}$$

令

$$\omega = \sqrt{\frac{k}{m}} \tag{6-3}$$

即有

$$\frac{d^2x}{dt^2}+\omega^2x=0 \tag{6-4}$$

这正是谐振微分方程，其解为

$$x=A\cos(\omega t+\varphi) \tag{6-5}$$

式（6-5）表示 x 是一个谐振量，总结一下：若质点所受的合外力是线性回复力，则质点的运动是简谐振动，这可作为简谐振动的判据或它的动力学定义。由式（6-2）可知，简谐振动的判据还可推广为：任何一个物理量对时间的二阶导数与其本身成正比，且反号时该物理量做简谐振动。

简谐振动的 ω 由式（6-3）决定。这意味着 ω 是由振动系统本身的力学性质（包括物体的质量和力的性质）所决定的。所以我们把 ω 称为振动系统的固有角频率。

能满足式（6-5）的系统，又可称为谐振子系统。

6.1.2 简谐振动的速度、加速度

如前所述，微分方程 $\frac{d^2x}{dt^2}+\omega^2x=0$ 的解可写为

$$x=A\cos(\omega t+\varphi)$$

称为简谐振动的运动学方程。式中，A 和 φ 是由初始条件确定的两个积分常数，由于

$$\cos(\omega t+\varphi)=\sin\left(\omega t+\varphi+\frac{\pi}{2}\right)$$

令 $\varphi'=\varphi+\frac{\pi}{2}$，简谐振动的运动学方程亦可写成

$$x=A\sin(\omega t+\varphi') \tag{6-6}$$

可见，简谐振动的运动规律也可用正弦函数表示，本书对机械振动统一用余弦函数表示，对电磁振动统一用正弦函数表示。

由谐振方程，可求得任意时刻质点的振动速度和加速度

$$v=\frac{dx}{dt}=-\omega A\sin(\omega t+\varphi)=\omega A\cos\left(\omega t+\varphi+\frac{\pi}{2}\right) \tag{6-7}$$

$$a=\frac{dv}{dt}=-\omega^2A\cos(\omega t+\varphi)=\omega^2A\cos(\omega t+\varphi+\pi) \tag{6-8}$$

广义地说，简谐振动速度 v 和加速度 a 也都是简谐振动，它们振动的频率相同，振幅分别为 A、ωA 和 ω^2A，即依次多一个因子 ω；它们的相位依次超前 $\pi/2$，因而加速度和位移反相。它们的相互关系可用图6-2所示的曲线表示。和振动方程比较亦可以看出

$$a=\frac{d^2x}{dt^2}=-\omega^2x \tag{6-9}$$

这一关系式说明，简谐振动的加速度与位移的大小成正比，而方向相反。

6.1.3 描述简谐振动的特征量

（1）振幅 A　物体偏离平衡位置的最大位移（或角位移）的绝对值叫作振幅。振幅的大小由初始条件决定。

(2) 周期、频率、角频率

周期：物体做简谐振动时，完成一次全振动所需的时间，用字母 T 表示。由周期函数的性质，有

$$A\cos(\omega t+\varphi)=A\cos[\omega(t+T)+\varphi]=A\cos(\omega t+\varphi+2\pi)$$

由此可知

$$\omega T=2\pi,\quad T=\frac{2\pi}{\omega}$$

频率：单位时间内系统所完成的全振动的次数，用 ν 表示。

$$\nu=\frac{1}{T}=\frac{\omega}{2\pi} \tag{6-10}$$

在国际单位制中，ν 的单位是“赫兹”(Hz)。

角频率：系统在 2πs 内完成的全振动的次数。

$$\omega=\frac{2\pi}{T}=2\pi\nu \tag{6-11}$$

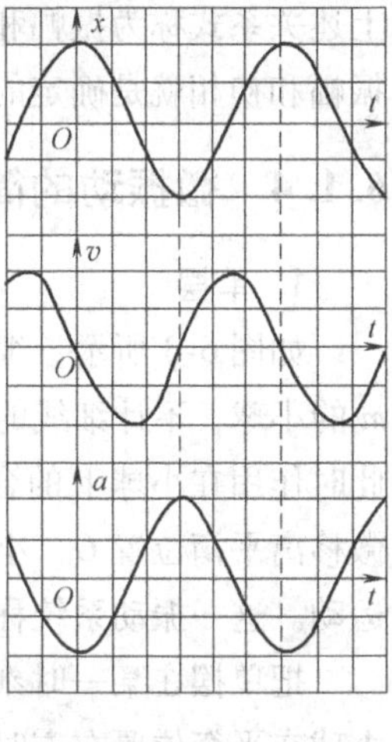

图 6-2

由之前的讨论可知，简谐振动的角频率是由系统的力学性质决定的，故又称为固有（本征）角频率。由此确定的振动周期称为固有（本征）周期。例如，

$$\text{弹簧振子：}\ \omega=\sqrt{\frac{k}{m}},\qquad T=2\pi\sqrt{\frac{m}{k}} \tag{6-12}$$

$$\text{单摆：}\ \omega=\sqrt{\frac{g}{l}},\qquad T=2\pi\sqrt{\frac{l}{g}} \tag{6-13}$$

$$\text{复摆：}\ \omega=\sqrt{\frac{mgh}{J}},\qquad T=2\pi\sqrt{\frac{J}{mgh}} \tag{6-14}$$

(3) 相位和初相位　在简谐振动方程中余弦函数中的变量 $(\omega t+\varphi)$ 叫作振动的相位，记为 $\Phi=\omega t+\varphi$，简谐振动的状态仅随相位的变化而变化，因而相位是描述简谐振动状态的物理量。相位是一个非常重要的概念，读者要注意两点：相位与时间一一对应，相位不同是指时间先后不同。相位是以角度的方式出现，便于我们讨论振动的细节。上式对时间求导，可得

$$\omega=\frac{\mathrm{d}\Phi}{\mathrm{d}t} \tag{6-15}$$

故角频率表示相位变化的速率，是描述简谐振动状态变化快慢的物理量。ω 是一个常量，表示相位是匀速变化的。

φ 叫初相，即 $t=0$ 时的相位。初相描述简谐振动的初始状态。

(4) 振幅和初相与初始条件的关系　$t=0$ 时的速度和加速度称为初始条件。由简谐振动方程和其速度方程，我们有

$$x_0=A\cos\varphi \tag{6-16}$$

$$v_0=-\omega A\sin\varphi \tag{6-17}$$

所以我们有

$$A=\sqrt{x_0^2+\frac{v_0^2}{\omega^2}} \tag{6-18}$$

$$\varphi=\arctan\left(-\frac{v_0}{\omega x_0}\right) \tag{6-19}$$

上述关系式称为振幅和初相与初始条件的关系。由此可知，只要初始条件确定，质点简谐振动的振幅和初相就是确定的。

6.1.4 微振动的简谐近似

1. 单摆

如图6-3所示，细线长为l，一端固定在A点，另一端系一质量为m的小球，不计细线的质量和伸长。细线在竖直位置时，小球在O点。此时作用在小球上的合外力为零，故位置O即为平衡位置。将小球稍微移离平衡位置O，小球在重力作用下就会在位置O附近来回往复地运动。这一振动系统称为单摆。

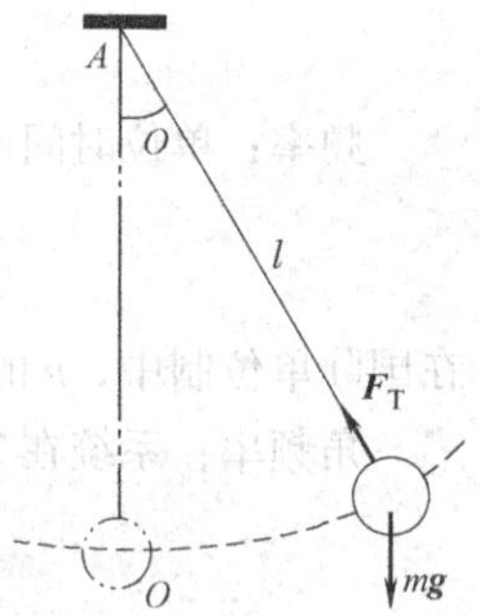

图 6-3

把单摆在某一时刻离开平衡位置的角位移θ作为位置变量，并规定小球在平衡位置右方时，θ为正，在左方时，θ为负。重力对A点的力矩为$mgl\sin\theta$，拉力$\boldsymbol{F}_{\mathrm{T}}$对该点的力矩为零，所以单摆是在重力矩作用下而振动。根据转动定律，得

$$J\beta = M = -mgl\sin\theta \tag{6-20}$$

式中，负号表示重力矩的符号总是和$\sin\theta$的符号（即角位移θ的符号）相反；$J=ml^2$为小球对A轴的转动惯量；$\beta=\frac{\mathrm{d}^2\theta}{\mathrm{d}t^2}$为小球的角加速度。当角位移$\theta$很小时，$\theta$的正弦函数可用$\theta$的弧度代替，所以

$$\beta = \frac{\mathrm{d}^2\theta}{\mathrm{d}t^2} = -\frac{g}{l}\theta \tag{6-21}$$

式中，摆长和重力加速度都是常量，而且均为正值。令

$$\omega^2 = \frac{g}{l} \tag{6-22}$$

有

$$\frac{\mathrm{d}^2\theta}{\mathrm{d}t^2} + \omega^2\theta = 0$$

可以归结为如下形式的简谐振动的微分方程，即

$$\frac{\mathrm{d}^2x}{\mathrm{d}t^2} + \omega^2x = 0 \tag{6-23}$$

可见，小角度单摆振动是简谐振动。

2. 复摆

任何刚体悬挂后所做的摆动叫复摆。如图6-4所示，一刚体悬挂于O点，刚体的质心C距刚体的悬挂点O之间的距离是h。选θ角增加的方向为正方向，故z轴垂直纸面向外

$$M_z = -mgh\sin\theta = J\frac{\mathrm{d}^2\theta}{\mathrm{d}t^2} \tag{6-24}$$

当θ很小时，$\theta\approx\sin\theta$，故有

$$\frac{\mathrm{d}^2\theta}{\mathrm{d}t^2} + \frac{mgh}{J}\theta = 0 \tag{6-25}$$

因此

$$\frac{d^2\theta}{dt^2}+\omega^2\theta=0 \qquad (6\text{-}26)$$

式中

$$\omega=\sqrt{\frac{mgh}{J}} \qquad (6\text{-}27)$$

可见，小角度复摆振动也是简谐振动，其振动周期为

$$T=\frac{2\pi}{\omega}=2\pi\sqrt{\frac{J}{mgh}} \qquad (6\text{-}28)$$

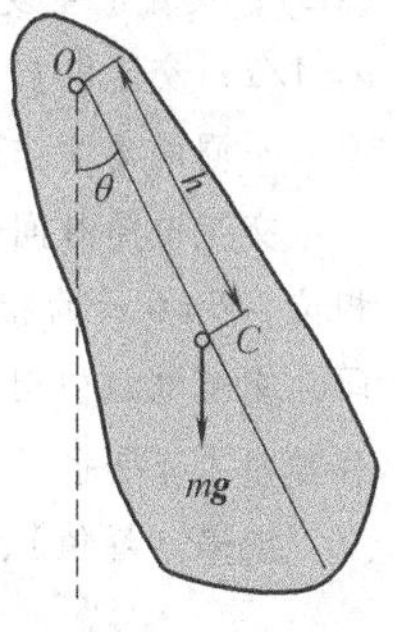

图 6-4

【例6-1】 如图6-5所示某直升机桨叶，用实验方法测得它对垂直轴的质量静矩$ml=5.75\text{kg}\cdot\text{m}$。给予初始扰动产生微幅摆动后，用秒表测得平均周期$T=3.48\text{s}$，试求桨叶绕垂直轴$O$的转动惯量。

【解】 直升机桨叶相当于一个复摆（也叫物理摆），描述它的位移的坐标是摆动角θ。应用转动定律来建立它的摆动微分方程

$$J\frac{d^2\theta}{dt^2}=-mgl\sin\theta$$

由于是微幅摆动，可以认为$\theta\approx\sin\theta$，则它的微分方程是

$$\frac{d^2\theta}{dt^2}+\omega^2\theta=0$$

由此可得它的固有频率及固有周期为

$$\omega=\sqrt{\frac{mgl}{J}}$$

$$T=2\pi\sqrt{\frac{J}{mgl}}$$

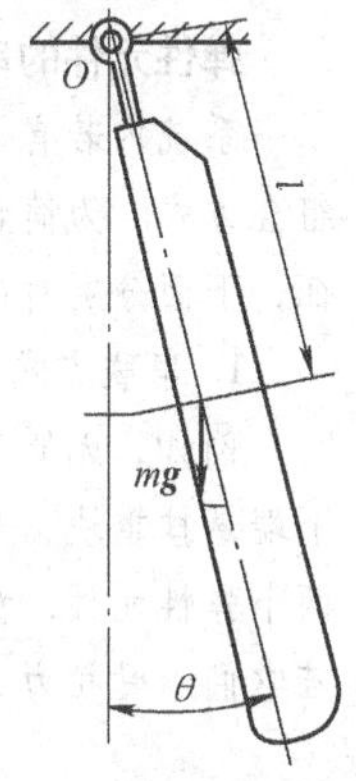

图 6-5

于是，桨叶绕垂直轴的转动惯量为

$$J=\frac{T^2}{4\pi^2}mgl=17.30\text{kg}\cdot\text{m}^2$$

物理知识应用

简谐交流电的描述

交流电路广泛地应用于电力工程、无线电电子技术和电磁测量中。大多数无线电电子设备中的电信号也是交流电信号。这里电信号的来源是多种多样的，在收音机和电视机中，通过天线接收了从电台发射到空间的电磁波，形成整机的信号源。在电力系统中，从发电到输配电，用的都是交流电，这里的电源是交流发电机。交流发电机产生的交变电动势随时间变化的关系基本上是正弦或余弦函数的波形，故也叫作简谐交流电。关于简谐振动的描述和分析问题的思想方法对交流电也完全适用。下面看描述交流电的特征量。

简谐交流电中的电压、电流和电动势均可写成余弦（或正弦）函数形式：

$$u(t)=U_m\cos(\omega t+\varphi_u)$$

$$i(t)=I_m\cos(\omega t+\varphi_i)$$

$$\mathscr{E}(t)=\mathscr{E}_m\cos(\omega t+\varphi_e)$$

回顾简谐振动的描述方法，类比地把U_m，I_m，$\mathscr{E}_m$分别称为电压、电流和电动势的振幅，它表示交流电压、电流和电动势的峰值或最大值。交流电每秒钟重复变化的次数称为频率，用ν表示，单位为赫兹

(Hz)；交流电重复变化一次所需要的时间称为周期，用 T 表示，单位为秒（s）；频率和周期互为倒数，即 $\nu=1/T$；交流电在 2πs 内重复变化的次数称为角频率，用 ω 表示，即 $\omega=2\pi/T=2\pi\nu$。周期、频率和角频率从不同的角度描述了交流电的变化快慢，三者只要知道其一，其余就可以由公式变换求出。

交流电随时间做周期性的变化，在不同的时间 t，$(\omega t+\varphi)$ 是随时间变化的角度，称为相位角，简称相位。$T=0$ 时的相位角 φ 即为初相位角，简称初相。初相的大小与所取的计时起点有关，所取计时起点不同，交流电的初相也就不同，因此，初相决定了交流电的初始值。相位与初相的单位相同，为弧度（rad），有时为了方便也可以用度（°）。

振幅（峰值）、频率和初相位是确定简谐交流电的三个特征参量。

物理知识拓展

弹性元件的串、并联

系统内若有多个弹性元件去联结惯性元件，由于联结方式不同，可构成弹性元件的并联、串联或其他组合方式。为简化分析，可用等效劲度系数来表示它们的弹性特征，下面分别对串联和并联方式进行讨论：

1. 串联方式

例如，无质量的悬臂梁，在其自由端处连接一根弹簧，弹簧下端悬挂重块，悬臂梁和弹簧这两个弹性元件是串联的。串联的两个弹性元件，如图6-6所示，各自的劲度系数是 k_1 和 k_2。它们可以用一个等效劲度系数的弹性元件替代。若它们承受拉力 $\boldsymbol{F}$ 作用，两个弹性元件分别产生形变是

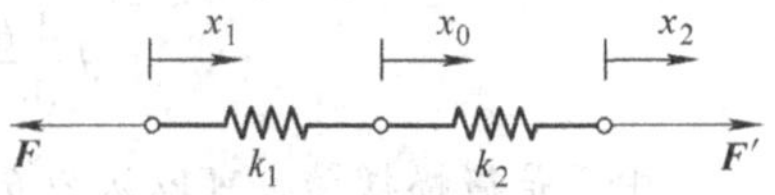

图 6-6

$$x_1=\frac{F}{k_1},\quad x_2=\frac{F}{k_2}$$

它们的总形变是

$$x=x_1+x_2=F\left(\frac{1}{k_1}+\frac{1}{k_2}\right)$$

则它们的等效劲度系数为

$$k=\frac{F}{x}=\frac{1}{\dfrac{1}{k_1}+\dfrac{1}{k_2}}=\frac{k_1k_2}{k_1+k_2}$$

由此可见，若串联一个弹性元件，将使总劲度系数下降。

2. 并联方式

例如，无质量的悬臂梁，在其自由端固定有惯性元件，同时惯性元件又有一根弹簧支持着。悬臂梁与弹簧这两个弹性元件是并联的。并联的两个弹性元件，如图6-7所示，各自的劲度系数是 k_1 和 k_2。它们也可以用一个等效劲度系数的弹性元件替代。当它们发生形变时，形变将都是 x，则两个弹性元件分别承受拉力为

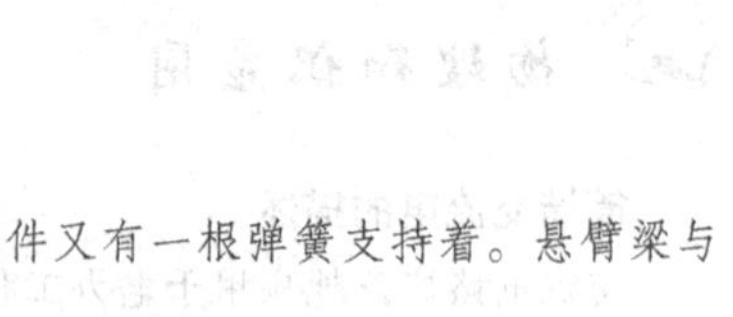

图 6-7

$$F_1=k_1x,\quad F_2=k_2x$$

总的拉力是

$$F=F_1+F_2=(k_1+k_2)x$$

则它们的等效劲度系数是

$$k=\frac{F}{x}=k_1+k_2$$

由此可见，并联一个弹性元件将使总劲度系数增高。

应用能力训练

【例6-2】一质量为 $m=1.0\text{kg}$ 的物体悬挂于轻弹簧下端，平衡时可使弹簧伸长 $l=9.8\times10^{-2}\text{m}$，今使物体在平衡位置获得方向向下的初速度 $v_0=1\text{m}\cdot\text{s}^{-1}$，此后物体将在竖直方向上运动。不计空气阻力，(1) 试证其在平衡位置附近的振动是简谐振动；(2) 求物体的速度、加速度及其最大值；(3) 求最大回复力。

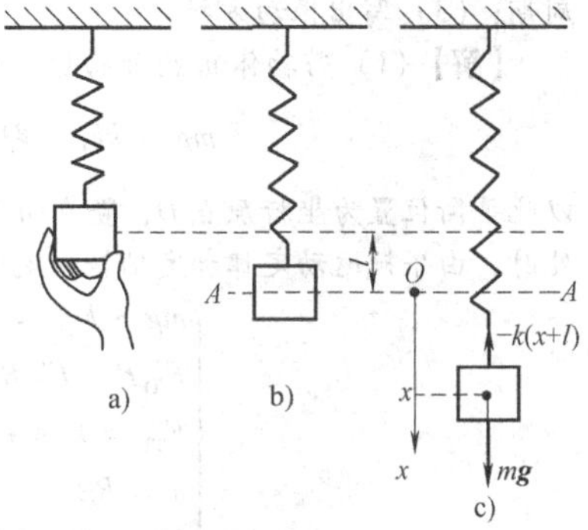

图 6-8

【解】(1) 如图6-8所示，以平衡位置 A 为原点，向下为 x 轴正方向，设某一瞬时振子的坐标为 x，则物体在振动过程中的运动方程为

$$m\frac{\mathrm{d}^2x}{\mathrm{d}t^2}=-k(x+l)+mg$$

式中，l 是弹簧挂上重物后的净伸长，因为 $mg=kl$，所以上式变为

$$m\frac{\mathrm{d}^2x}{\mathrm{d}t^2}=-kx$$

即为

$$\frac{\mathrm{d}^2x}{\mathrm{d}t^2}+\omega^2x=0$$

式中，$\omega^2=\frac{k}{m}$。于是该系统做简谐振动。

$$\omega=\sqrt{\frac{g}{l}}=10\text{rad}\cdot\text{s}^{-1}$$

设振动系统的振动方程为 $x=A\cos(\omega t+\varphi)$

依题意知 $t=0$ 时，$x_0=A\cos\varphi=0$，$v_0=-\omega A\sin\varphi=1\text{m}\cdot\text{s}^{-1}$，可求出

$$A=\sqrt{x_0^2+\frac{v_0^2}{\omega^2}}=\frac{v_0}{\omega}=0.1\text{m}$$

$$\varphi=\arctan\left(-\frac{v_0}{\omega x_0}\right)=\pm\frac{\pi}{2}$$

由 $v_0>0$ 得

$$\varphi=-\pi/2$$

振动系统的振动方程为

$$x=0.1\cos\left(10t-\frac{1}{2}\pi\right)\quad(\text{SI})$$

(2) 此简谐振动的速度为

$$v=\frac{\mathrm{d}x}{\mathrm{d}t}=-\omega A\sin(\omega t+\varphi)=-\sin\left(10t-\frac{\pi}{2}\right)\quad(\text{SI})$$

加速度为

$$a=\frac{\mathrm{d}v}{\mathrm{d}t}=-\omega^2A\cos(\omega t+\varphi)=-10\cos\left(10t-\frac{\pi}{2}\right)\quad(\text{SI})$$

速度和加速度最大值为

$$v_\text{m}=1\text{m}\cdot\text{s}^{-1},\quad a_\text{m}=10\text{m}\cdot\text{s}^{-2}$$

(3) 最大回复力和最大位移相对应

$$F_m = kA = m\omega^2 A = 10\text{N}$$

【例6-3】 如图6-9所示，一根劲度系数为k的轻质弹簧一端固定，另一端系一轻绳，绳过定滑轮挂一质量为m的物体。滑轮的转动惯量为J，半径为R，若物体m在其初始位置时弹簧无伸长，然后由静止释放。(1) 试证明物体m的运动是简谐振动；(2) 求此振动系统的振动周期；(3) 写出振动方程。

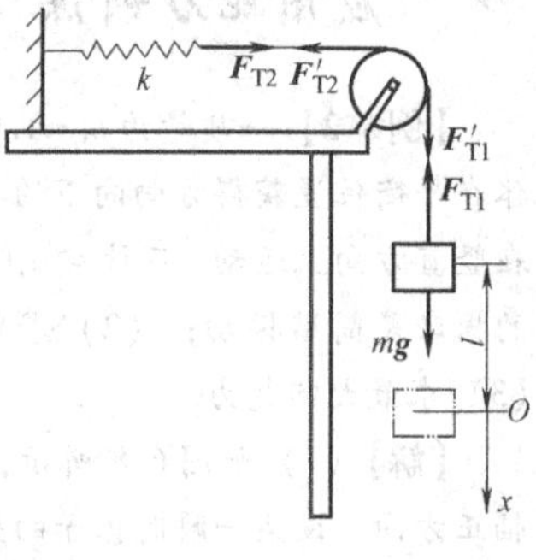

图 6-9

【解】 (1) 若物体m离开初始位置的距离为l时受力平衡，则此时

$$mg = kl, \quad 即 \quad l = \frac{mg}{k}$$

以此平衡位置为坐标原点O，竖直向下为x轴正向，当物体m在坐标x处时，由牛顿运动定律和定轴转动定律有

$$\begin{cases} mg - F_{T1} = ma \\ F'_{T1}R - F'_{T2}R = J\beta \\ F_{T2} = k(x+l) \\ a = R\beta \\ F'_{T1} = F_{T1} \text{ 及 } F'_{T2} = F_{T2} \end{cases}$$

联立以上6式解得

$$\left(m + \frac{J}{R^2}\right)\frac{d^2x}{dt^2} + kx = 0$$

即

$$\frac{d^2x}{dt^2} + \frac{k}{m + (J/R^2)}x = 0$$

所以，此振动系统的运动是简谐振动。

(2) 由上面的表达式知，此振动系统的角频率

$$\omega = \sqrt{\frac{k}{m + (J/R^2)}}$$

故振动周期为

$$T = \frac{2\pi}{\omega} = 2\pi\sqrt{\frac{m + (J/R^2)}{k}}$$

(3) 依题意知$t=0$时，$x_0 = -l$，$v_0 = 0$，可求出$A = l = \dfrac{mg}{k}$，$\varphi = \pi$，因此振动系统的振动方程为

$$x = A\cos(\omega t + \varphi) = \frac{mg}{k}\cos\left(\sqrt{\frac{k}{m + (J/R^2)}}t + \pi\right)$$

【例6-4】 如果过月球中心从月球一侧到另一侧开有一条隧道，将一质量为5kg的钢球静止放在一侧，请问钢球如何运动？(月球半径$R_M = 1.735 \times 10^6$m，月球质量$m_M = 7.35 \times 10^{22}$kg)

【解】 首先，计算月球表面的重力加速度

$$g_M = \frac{Gm_M}{R_M^2} = \frac{(6.67 \times 10^{-11}\text{m}^3 \cdot \text{kg}^{-1} \cdot \text{s}^{-2})(7.35 \times 10^{22}\text{kg})}{(1.735 \times 10^6\text{m})^2} = 1.63\text{m} \cdot \text{s}^{-2}$$

月球表面的加速度是地球表面加速度的1/6。

在本书下册会学到万有引力的高斯定理，由之可以证明球壳对壳内质元的引力为零，钢球在月球中心受力为零，取为平衡位置（坐标原点），r处钢球只受r内质元的引力，r外球壳的引力为0，故有

$$F = -\frac{Gm \cdot \frac{4}{3}\rho\pi r^3}{r^2} = -\frac{4}{3}Gm\rho\pi r = m\frac{d^2r}{dt^2}$$

令

$$\omega^2 = \frac{4}{3}G\rho\pi = \frac{4}{3}G\pi\frac{m_M}{\frac{4}{3}\pi R_M^3} = \frac{Gm_M}{R_M^3} = \frac{g_M}{R_M}$$

有
$$\frac{d^2r}{dt^2}+\omega^2 r=0$$

说明钢球做简谐振动，振动的角频率为
$$\omega=\sqrt{\frac{g_M}{R_M}}=\sqrt{\frac{1.63\mathrm{m\cdot s^{-2}}}{1.735\times10^6\mathrm{m}}}=9.69\times10^{-4}\mathrm{s^{-1}}$$

运动方程可以表述为 $x(t)=A\cos(\omega t+\varphi)$

初始条件：月球表面静止释放，$t=0$，$x(0)=R_M$；$v(0)=0$，所以
$$A\cos\varphi=R_M$$
$$-A\omega\sin\varphi=0$$
$$A=R_M,\quad \varphi=0$$

所以
$$x(t)=1.735\times10^6\cos(9.69\times10^{-4}t)$$

最大速度
$$v_{max}=\omega R_M=9.69\times10^{-4}\mathrm{s^{-1}}\times1.735\times10^6\mathrm{m}=1680\mathrm{m\cdot s^{-1}}$$

【例6-5】 已知如图6-10所示的谐振动曲线，试写出振动方程。

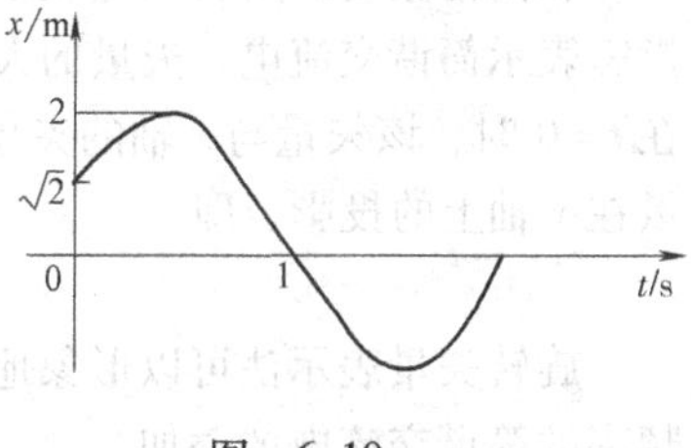

图 6-10

【解】 设谐振动方程为 $x=A\cos(\omega t+\varphi)$。从图中易知 $x_0=\sqrt{2}$m，$A=2$m，下面只要求出 φ 和 ω 即可。从图中分析知，$t=0$ 时，有
$$x_0=2\cos\varphi=\sqrt{2},\quad v_0=-2\omega\sin\varphi>0$$

所以
$$\varphi=\pm\frac{\pi}{4},\quad \sin\varphi<0$$

得
$$\varphi=-\frac{\pi}{4}$$

再从图中分析，$t=1$s 时
$$x_1=2\cos\left(\omega-\frac{\pi}{4}\right)=0$$
$$v_1=-2\omega\sin\left(\omega-\frac{\pi}{4}\right)<0$$

所以
$$\omega-\frac{\pi}{4}=\frac{1}{2}\pi,\quad \omega=\frac{3\pi}{4}\mathrm{s^{-1}}$$

所以振动方程为
$$x=2\cos\left(\frac{3\pi}{4}t-\frac{\pi}{4}\right)\quad(\mathrm{SI})$$

6.2 简谐振动的旋转矢量表示法 相位差

物理学基本内容

6.2.1 简谐振动的旋转矢量表示法

若采用三角函数解析法来分析振动问题，运算是很繁琐的。因此，简谐振动除了用谐振方程和谐振曲线来描述以外，还有一种很直观、很方便的描述方法，称为旋转矢量表示法。

如图6-11所示，在一个平面上作一个 Ox 坐标轴，以原点 O 为起点作一个长度为 A 的振动矢量 $\boldsymbol{A}$。

矢量$\boldsymbol{A}$绕原点O以匀角速度ω沿逆时针方向旋转，故称为旋转矢量，矢量端点在平面上将画出一个圆，称为参考圆。

设$t=0$时矢量$\boldsymbol{A}$与x轴的夹角即初角位置为φ，则任意t时刻$\boldsymbol{A}$与x轴的夹角即角位置为$\Phi=\omega t+\varphi$，矢量的端点M在x轴上投影点P的坐标为

$$x = A\cos(\omega t + \varphi)$$

这与简谐振动定义式完全相同。由此可知，旋转矢量的端点在x轴上的投影点的运动就是简谐振动。显然，一个旋转矢量与一个简谐振动相对应，其对应关系是：旋转矢量的长度就是振动的振幅，因而旋转矢量又称为振幅矢量；矢量的角位置就是振动的相位，矢量的初角位置就是振动的初相，矢量的角位移就是振动相位的变化；矢量的角速度就是振动的角频率，即相位变化的速率；矢量旋转的周期和频率就是振动的周期和频率。我们在讨论一个简谐振动时，用上述方法作一个旋转矢量来帮助分析，可以使运动的各个物理量更直观，运动过程更清晰，有利于问题的解决。

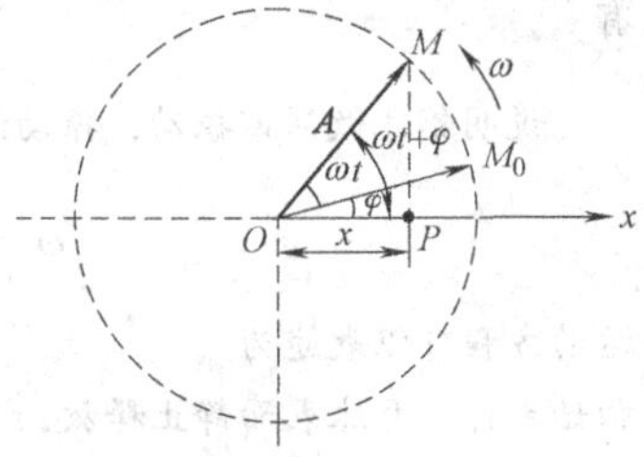

图 6-11

和简谐振动的旋转矢量表示法相同，简谐交流电也可以用一个逆时针旋转的矢量在x轴上的投影表示简谐交流电，矢量的大小等于交流电的峰值，矢量旋转的角速度等于交流电的角频率，在$t=0$时，该矢量与x轴的夹角等于交流电的初相。在任一时刻t，交流电流的瞬时值为振幅矢量在x轴上的投影，即

$$i=I_{\mathrm{m}}\cos(\omega t+\varphi)$$

旋转矢量表示法可以形象地表示出简谐交流电的三个参量，且可以方便直观地计算两个同频率的简谐交流电的叠加。

由于在实用中常用交流电的有效值，所以一般旋转矢量法中也常用有效值表示其大小，旋转矢量的大小也就代表有效值，交流电有效值的概念后面会叙述。

如图6-12所示为$t=0$时某两个振动的旋转矢量图。其中，$\boldsymbol{A}_1$是x_1振动对应的旋转矢量，$\boldsymbol{A}_2$是x_2振动对应的旋转矢量。由于旋转矢量的角位置表示振动的相位，因而它们的夹角代表它们的相位差。如果是两个同频率的简谐振动，则旋转矢量的角速度相同，它们的相位差不随时间改变。从图中可以看出，x_2振动的相位（矢量的角位置）始终要比x_1振动的相位大$\pi/2$，即超前$\pi/2$。x_2振动到达一个状态后，x_1振动总要在$T/4$后才能到达这个状态，即x_2振动超前x_1振动$T/4$。

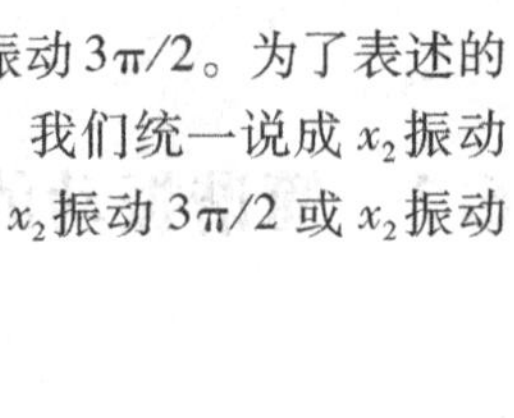

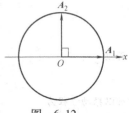

图 6-12

由于$x_1 = A_1\cos\omega t = A_1\cos(\omega t + 2\pi)$，所以也可以说是$x_1$振动超前$x_2$振动$3\pi/2$。为了表述的一致性，我们约定把$|\Delta\varphi|$的值限定在$\pi$以内，对于上面的两个简谐振动，我们统一说成$x_2$振动超前$x_1$振动$\pi/2$，或说成$x_1$振动落后于$x_2$振动$\pi/2$。而不说是$x_1$振动超前$x_2$振动$3\pi/2$或$x_2$振动落后于$x_1$振动$3\pi/2$。

6.2.2 相位差

有下列两个简谐振动

$$x_1 = A_1\cos(\omega t + \varphi_1),\quad x_2 = A_2\cos(\omega t + \varphi_2)$$

它们的相位差（相差）为

$$\Delta\varphi = (\omega t + \varphi_2) - (\omega t + \varphi_1) = \varphi_2 - \varphi_1 \tag{6-29}$$

相差描述同一时刻两个振动的状态差。从式（6-29）可以看出，两个连续进行的同频率的简谐振动在任意时刻的相差都等于其初相差而与时间无关。由这个相差的值可以分析它们的步

调是否相同。

如果 $\Delta\varphi=0$（或者 2π 的整数倍），两振动质点将同时到达各自的极大值，同时越过原点并同时到达极小值，它们的步调始终相同。这种情况我们说二者同相。

如果 $\Delta\varphi=\pi$（或者 π 的奇数倍），两振动质点中的一个到达极大值时，另一个将同时到达极小值，将同时越过原点并同时到达各自的另一个极值，它们的步调正好相反。对于这种情况，我们说二者反相。

当 $\Delta\varphi$ 为其他值时，我们一般说二者不同相。例如，对于下面两个简谐振动

$$x_1 = A_1\cos\omega t,\quad x_2 = A_2\cos(\omega t + \pi/2) = A_2\cos\omega(t + T/4)$$

它们的相差为 $\Delta\varphi=\pi/2$，即 x_2 振动的相位始终要比 x_1 振动的相位超前 $\pi/2$。

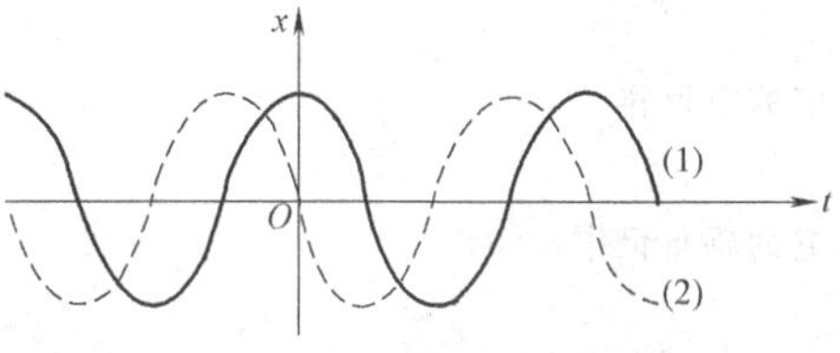

图 6-13

图6-13描出了这两个振动的振动曲线（设两个振动的振幅相同，图中实线表示 x_1 振动，虚线表示 x_2 振动）。从图中可以看出，在 $t=0$ 时，x_1 振动的相位为0，x_2 振动的相位为 $\pi/2$，在 $t=T/4$ 时，x_1 振动的相位变为了 $\pi/2$，而 x_2 振动的相位则变为 π。对于这种情况，我们说 x_2 振动在相位上超前 x_1 振动 $\pi/2$，或说是 x_1 振动落后于 x_2 振动 $\pi/2$，即两个振动比较，相位大的一个称为超前，相位小的一个称为落后。从时间上看，x_2 振动超前 x_1 振动 $T/4$，即 x_1 振动必须要在 $T/4$ 后才能到达 x_2 振动现在的状态。也就是说，两个振动比较，时间因子大的一个称为超前，时间因子小的一个称为落后。两个同频率的简谐振动的相差 $\Delta\Phi$ 和时间差 Δt 的关系，仍然可以表示为

$$\Delta\Phi = \omega\Delta t = \frac{2\pi}{T}\Delta t \tag{6-30}$$

这表示，一个振动的时间每超前一个周期，则它的相位超前 2π。

物理知识应用

从振动频率认识次声武器

次声的振动是机械振动，其频率在20Hz以下。它传播远，衰减小，在空气中约以 $340\text{m}\cdot\text{s}^{-1}$（$1200\text{km}\cdot\text{h}^{-1}$）的速度传播，在水中约以 $1480\text{m}\cdot\text{s}^{-1}$（$5300\text{km}\cdot\text{h}^{-1}$）的速度传播，且可达数千km以上。它穿透力强，一般的障碍物如房屋、碉堡工事、一般的隔声材料等很难将次声挡住。因人体和动物的器官的固有频率多在次声的频率范围内，次声对人体和动物的损伤作用就更大，这已为许多实验事实所证明。

实验发现：人的头部固有频率为8～12Hz；心脏的固有频率为5Hz；内脏器官的固有频率为4～8Hz等。次声作用于人体，将引起人体器官的强烈共振；轻者发生头痛、恶心、晕眩；较重者出现肌肉痉挛、全身颤抖、呼吸困难、神经错乱等；重者将脱水休克、失去知觉、血管破裂、内脏严重损伤甚至死亡。1972年苏联学者曾以10Hz、135dB的次声作用于小白鼠进行研究；1974年美国学者曾以0.5Hz、166～172.5dB的次声作用于狗、猴进行研究，都证实次声对动物的损伤和致死效果。坦皮斯（Tempes）和布赖恩（Brgan）发现，7Hz、105dB的次声可以使30%的被试者出现眼球振颤，当次声强度加大时，这种现象更为明显和严重。

由于次声的种种奇妙特性，它随传播距离增加的衰减极小，无论在空中、在水下全然如此，为此，人们始终在不断地探讨次声武器。20世纪90年代，美国洛斯阿拉莫斯实验室宣称它正在发展次声武器，产生极低频率的次声，绕过窗口、建筑物，使敌方丧失意识、内脏受损。法国历来在声学应用研究中卓有建树，对次声武器的研究也不例外；俄罗斯、英国和我国也在展开这方面的研究。

研制次声武器有几个关键技术尚待解决：其一，作为武器如何产生高强度的次声波，这涉及工作原理、

成本、能源、材料等因素。其二，控制次声波的聚束定向传播，微波和激光聚束定向传播已得到圆满解决，但次声的波长从十几米至几百米，能轻易绕过传播路径上的建筑物，其传播指向性无法与电磁波相比拟。这一技术很难解决，然而不解决不仅会造成能源的巨大浪费，而且会危及己方，不能成为武器。其三，小型化问题，作为一种实用性的武器，小型化的必要性自不待言。

物理知识拓展

简谐振动的复数表示法

简谐振动的更为一般的表示法是复数表示法，它便于在振动分析中使用。复数$\dot{x}$的指数表示形式是

$$\dot{x} = r\mathrm{e}^{\mathrm{j}\theta}$$

它的模记作

$$|\dot{x}| = r$$

它的辐角记作

$$\arg(\dot{x}) = \theta$$

我们可以用它的模表示振幅，辐角表示相位，则复数表示了一个简谐振动，它是

$$\dot{x} = A\mathrm{e}^{\mathrm{j}(\omega t+\varphi)} \quad ①$$

它可改写为

$$\dot{x} = A\mathrm{e}^{\mathrm{j}\varphi}\cdot \mathrm{e}^{\mathrm{j}\omega t}$$

其中，$\mathrm{e}^{\mathrm{j}\omega t}$称为旋转因子，它对应为旋转矢量以角速度$\omega$旋转（旋转矢量法）；$A\mathrm{e}^{\mathrm{j}\varphi}$称为复振幅，它不仅给出振动的振幅，而且给出它的初相位，它对应的是初始状态，用$\dot{A}$表示。

$$\dot{A} = A\mathrm{e}^{\mathrm{j}\varphi}$$

有些教材也把复振幅写成下面的形式

$$\dot{A} = A\angle\varphi$$

A表示旋转矢量的大小，φ表示旋转矢量的初相。

$$\dot{x} = A\mathrm{e}^{\mathrm{j}\varphi}\cdot \mathrm{e}^{\mathrm{j}\omega t} = \dot{A}\mathrm{e}^{\mathrm{j}\omega t}$$

复数也可以用它的实部和虚部表示（三角函数解析表示法），它的实部记作$\mathrm{Re}(\dot{x})$，它的虚部记作$\mathrm{Im}(\dot{x})$，则式①的实部与虚部分别是

$$\mathrm{Re}(\dot{x}) = A\cos(\omega t+\varphi)$$
$$\mathrm{Im}(\dot{x}) = A\sin(\omega t+\varphi)$$

它们就是简谐振动的位移时间历程。

简谐振动的速度和加速度同样地也可用复数表示（复数表示法）。它的位移若由式①给出，则它的速度和加速度分别是

$$\frac{\mathrm{d}\dot{x}}{\mathrm{d}t} = \mathrm{j}\omega A\mathrm{e}^{\mathrm{j}(\omega t+\varphi)} = \mathrm{j}\omega\dot{A}\mathrm{e}^{\mathrm{j}\omega t}$$

$$\frac{\mathrm{d}^2\dot{x}}{\mathrm{d}t^2} = -\omega^2 A\mathrm{e}^{\mathrm{j}(\omega t+\varphi)} = -\omega^2\dot{A}\mathrm{e}^{\mathrm{j}\omega t}$$

上述的三种表示方法各有特点，三角函数解析表示法比较直观，旋转矢量表示法几何意义明确，复数表示法便于分析。在振动分析中将根据不同情况加以选用。同时，必须熟悉它们之间的转换关系。在振动分析时相互变换，才能加深对振动现象的理解。

应用能力训练

【例6-6】 一质点沿x轴做简谐振动，振幅$A=0.06\mathrm{m}$，周期$T=2\mathrm{s}$，当$t=0$时，质点对平衡位置的位移

$x_0 = 0.03\text{m}$，此时刻质点向x轴正方向运动。求：(1) 初相位；(2) 在$x_1 = -0.03\text{m}$且向x轴负方向运动时物体的速度、加速度，以及从这一位置回到平衡位置所需的最短时间。

【解】(1) 取平衡位置为坐标原点。设位移表达式为

$$x = A\cos(\omega t + \varphi)$$

其中，$A = 0.06\text{m}$，$\omega = \frac{2\pi}{T} = \pi\text{rad}\cdot\text{s}^{-1}$

$t=0$ 时，有$x_0 = 0.03\text{m}$且向x轴正方向运动，

所以　$\sin\varphi < 0$

得　$\varphi = -\frac{\pi}{3}$

于是此简谐振动的运动方程为

$$x = 0.06\cos\left(\pi t - \frac{\pi}{3}\right)\ (\text{SI})$$

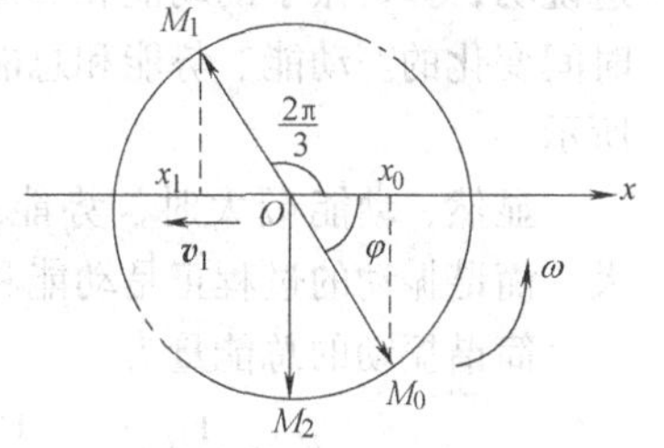

图　6-14

下面我们用旋转矢量法来求初相φ。由初始条件，$t=0$时$x_0 = 0.03\text{m} = A/2$，质点向x轴正向运动，可画出如图6-14所示的旋转矢量的初始位置M_0，从而得出$\varphi = -\frac{\pi}{3}$。

(2) 设$t = t_1$时，$x_1 = -0.03\text{m}$，$v<0$。这时旋转矢量的矢端应该在M_1的位置，即有

$$x_1 = 0.06\cos\left(\pi t_1 - \frac{\pi}{3}\right) = -0.03$$

且$\pi t_1 - \pi/3$为第二象限角，取

$$\pi t_1 - \frac{\pi}{3} = \frac{2\pi}{3}$$

此时质点的速度、加速度为

$$v = -\omega A\sin(\omega t + \varphi) = -0.06\pi\sin\left(\frac{2\pi}{3} + \pi\right) = -0.16\text{m}\cdot\text{s}^{-1},\quad a = -\omega^2 A\cos(\omega t + \varphi) = 0.30\text{m}\cdot\text{s}^{-2}$$

从$x_1 = -0.03\text{m}$回到平衡位置，旋转矢量的矢端应该从M_1的位置逆时针旋转到M_2位置，旋转矢量旋转的最小角度为$3\pi/2 - 2\pi/3 = 5\pi/6$，需要的最短时间为

$$t = \frac{5\pi}{6\omega} = 0.83\text{s}$$

6.3　简谐振动的能量　能量平均值

物理学基本内容

6.3.1　简谐振动的能量

以弹簧振子为例来说明简谐振动的能量。设振子质量为m，弹簧的劲度系数为k，在某一时刻的位移为x，速度为v，即

$$x = A\cos(\omega t + \varphi),\quad v = -\omega A\sin(\omega t + \varphi)$$

于是，振子所具有的振动动能和振动势能分别为

$$E_k = \frac{1}{2}mv^2 = \frac{1}{2}m\omega^2A^2\sin^2(\omega t + \varphi)$$
$$= \frac{1}{2}kA^2\sin^2(\omega t + \varphi) \tag{6-31}$$

$$E_p = \frac{1}{2}kx^2 = \frac{1}{2}kA^2\cos^2(\omega t+\varphi) \tag{6-32}$$

这说明，弹簧振子的动能和势能是按余弦或正弦函数的平方随时间变化的。动能、势能和总能量随时间变化的曲线如图6-15所示。

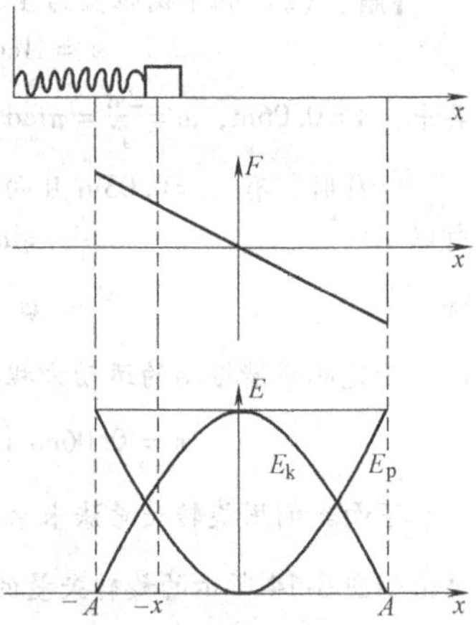

图 6-15

显然，动能最大时，势能最小，而动能最小时，势能最大。简谐振动的过程正是动能和势能相互转换的过程。

简谐振动的总能量为

$$E = \frac{1}{2}kA^2 = \frac{1}{2}m\omega^2A^2 = \frac{1}{2}mv_m^2 \tag{6-33}$$

即简谐振动系统在振动过程中机械能守恒。从力学观点看，这是因为做简谐振动的系统都是保守系统。此外，式（6-33）还说明简谐振动的能量正比于振幅的平方，正比于系统固有角频率的平方。

讨论：如图6-16所示，

（1）当 $x=0$ 时，势能 $E_p=\frac{1}{2}kx^2=0$，动能$E_k=\frac{1}{2}m\omega^2A^2$最大。

（2）当 $x=A$ 时，势能 $E_p=\frac{1}{2}kA^2$ 最大，动能$E_k=0$。

（3）系统的总机械能 $E=E_p+E_k=\frac{1}{2}m\omega^2A^2=\frac{1}{2}kA^2$不随时间变化。

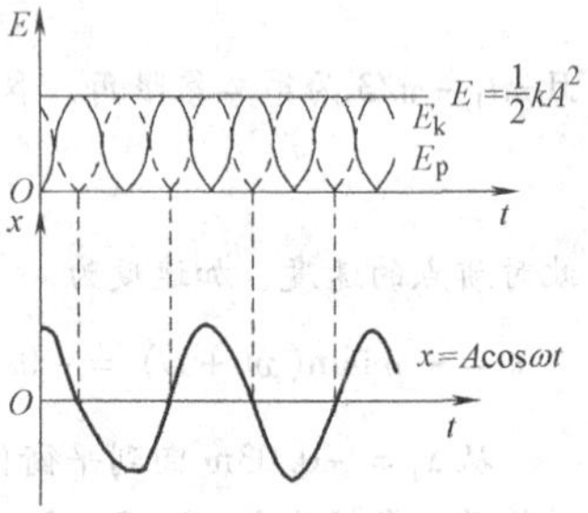

图 6-16

6.3.2 能量平均值

动能和势能在一个周期内的平均值定义为

$$\overline{E}_k = \frac{1}{T}\int_0^T E_k(t)\,dt = \frac{1}{T}\int_0^T \frac{1}{2}kA^2\sin^2(\omega t+\varphi)\,dt = \frac{1}{4}kA^2 \tag{6-34}$$

$$\overline{E}_p = \frac{1}{T}\int_0^T E_p(dt)\,dt = \frac{1}{T}\int_0^T \frac{1}{2}kA^2\cos^2(\omega t+\varphi)\,dt = \frac{1}{4}kA^2 \tag{6-35}$$

可见，

$$\overline{E}_k = \overline{E}_p = \frac{1}{4}kA^2 = \frac{1}{2}E \tag{6-36}$$

动能和势能在一个周期内的平均值相等，且均等于总能量的一半。

上述结论虽是从弹簧振子这一特例推出，但具有普遍意义，适用于任何一个简谐振动系统。

对于实际的振动系统，我们可以通过讨论它的势能曲线来研究其能否做简谐振动近似处理。

设系统沿 x 轴振动，其势能函数为 $E_p(x)$，如果势能曲线存在一个极小值，该位置就是系统的稳定平衡位置，在该位置（取 $x=0$）附近将势能函数用级数展开为

$$E_p(x) = E_p(0) + \left(\frac{dE_p}{dx}\right)_{x=0}x + \frac{1}{2}\left(\frac{d^2E_p}{dx^2}\right)_{x=0}x^2 + \cdots$$

由于势能极小值在 $x=0$ 的平衡位置处，有

$$\frac{dE_p(x)}{dx} = 0 \tag{6-37}$$

若系统是做微振动

$$\left(\frac{\mathrm{d}^2E_\mathrm{p}}{\mathrm{d}x^2}\right)_{x=0} \neq 0 \tag{6-38}$$

略去x^3以上高阶无穷小，得到

$$E_\mathrm{p}(x) \approx E_\mathrm{p}(0) + \frac{1}{2}\left(\frac{\mathrm{d}^2E_\mathrm{p}}{\mathrm{d}x^2}\right)_{x=0} x^2 \tag{6-39}$$

根据保守力与势能函数的关系

$$F = -\frac{\mathrm{d}E_\mathrm{p}(x)}{\mathrm{d}x} \tag{6-40}$$

对式（6-39）两边关于x求导可得

$$F = -\left(\frac{\mathrm{d}^2E_P}{\mathrm{d}x^2}\right)_{x=0} x = -kx \tag{6-41}$$

这说明，一个微振动系统一般都可以当作谐振动处理。

物理知识应用

交流电的有效值

在实际工作中，使用交流电的目的之一是使用交流电产生的效应，如电灯、电炉等是利用交流电产生的热效应，因此，可以通过电流所产生的效应来衡量交流电的大小，即用有效值来表示交流电效应的大小。

定义：在相同的电阻中，分别通以直流电和交流电，如果在交流电的一个周期T内二者消耗的电能（或电功）相等，则把这个直流电流值称为交流电流的有效值，相应的直流电压值称为交流电压的有效值。

瞬时值为i的交流电通过电阻R时，在一个周期T内的总功为

$$A_{交} = \int_0^T I_\mathrm{m}^2\cos^2(\omega t + \varphi_i)R\mathrm{d}t$$

电流为I的直流电通过电阻R时，在一个周期T内的总功为

$$A_{直} = I^2RT$$

根据有效值定义，$A_{交} = A_{直}$，所以得简谐交流电流的有效值为

$$I = \sqrt{\frac{1}{T}\int_0^T I_\mathrm{m}^2\cos^2(\omega t + \varphi_i)\,\mathrm{d}t} = \sqrt{\frac{1}{2}I_\mathrm{m}^2} = \frac{1}{\sqrt{2}}I_\mathrm{m} = 0.707I_\mathrm{m}$$

这就是说，余弦交流电的有效值等于它的瞬时值的平方在一个周期内的平均值的平方根，故交流电的有效值又称为方均根值。这一结论不仅适用于余弦交流电，而且也适用于任何周期性的量，但不能用于非周期量。用类似的方法可得电压和电动势的有效值和峰值的关系为

$$U = \frac{1}{\sqrt{2}}U_\mathrm{m} = 0.707U_\mathrm{m}$$

$$\mathscr{E} = \frac{1}{\sqrt{2}}\mathscr{E}_\mathrm{m} = 0.707\varepsilon_\mathrm{m}$$

各种交流电表的读数几乎都是有效值。

物理知识拓展

能量法

单自由度系统无阻尼自由振动的又一个重要分析方法是能量法。前面的振动分析方法是从力和运动的关系上去分析，应用的是牛顿第二定律。这里的振动分析方法是从能量观点去分析，应用的是机械能守恒定律。

对于单自由度固有系统，它的惯性元件在振动时提供动能$E_\mathrm{k} = \frac{1}{2}mv^2$。它的弹性元件则提供势能，重

力也提供势能，以静平衡位置为零势能点，则它的势能是 $E_p=\frac{1}{2}kx^2$。系统是无阻尼的，没有能量耗散，也没有外加策动力作用，不会提供额外的能量，所以系统的机械能守恒，即有 $\frac{dE}{dt}=\frac{d}{dt}(E_k+E_p)=0$，这构成了用能量法分析无阻尼自由振动的理论基础。

首先，应用能量法可推导出系统无阻尼自由振动的微分方程

$$\frac{d}{dt}\left(\frac{1}{2}mv^2+\frac{1}{2}kx^2\right)=mv\frac{dv}{dt}+kx\frac{dv}{dt}=0$$

因为 $v=\frac{dx}{dt}\neq 0$，有

$$\frac{d^2x}{dt^2}+\frac{k}{m}x=0$$

在很多情况下写出系统的动能和势能表达式比分析力和运动的关系更为方便，因而常常应用能量法来推导振动微分方程。

其次，能量法还提供了振动分析的近似方法。在前面所述的方法中，往往只能处理一些表示为集中质量或转动惯量的惯性元件，难以分析分布质量的惯性元件。例如，一根弹簧，我们是把它看作无质量的弹性元件。能否考虑它的质量对振动系统的影响呢？能量法提供了近似分析方法。

【例 6-7】 现在考虑一下弹簧振子振动时弹簧质量的影响。如图 6-17 所示，设弹簧质量为 m，沿弹簧长度均匀分布，振子质量为 m'。以 v 表示振子在某时刻的速度，设弹簧各点的速度和它们到固定端的长度成正比。证明：

(1) 此时刻弹簧振子的动能为 $\frac{1}{2}\left(m'+\frac{m}{3}\right)v^2$。从而可知此系统的有效质量为 $m'+\frac{m}{3}$。

(2) 此系统的角频率应为 $[k/(m'+m/3)]^{\frac{1}{2}}$。

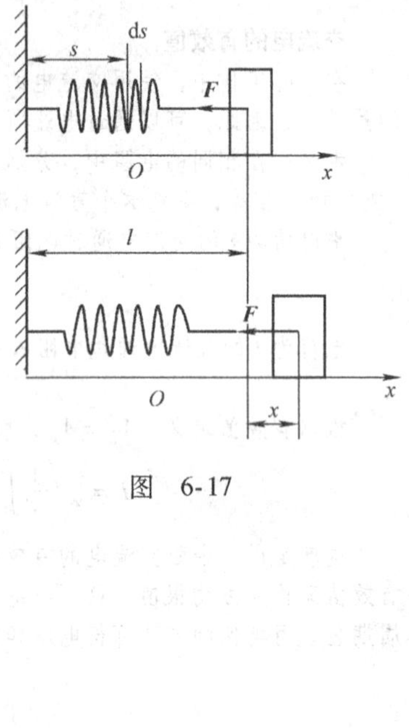

图 6-17

【证明】 (1) 设弹簧某时刻长度为 l，则距离其固定端为 s 的 ds 微元段质量和速度为

$$dm=\frac{m\,ds}{l}$$

$$v_l=\frac{s}{l}v$$

这一微元段的动能为

$$\frac{1}{2}dmv_l^2=\frac{1}{2}\left(\frac{s}{l}v\right)^2dm=\frac{mv^2}{2l^3}s^2ds$$

整个弹簧的动能为

$$E_k'=\int_0^l\frac{mv^2}{2l^3}s^2ds=\frac{1}{6}mv^2$$

整个弹簧振子系统的动能为

$$E_k=\frac{1}{2}\left(m'+\frac{m}{3}\right)v^2$$

从而此系统的有效质量为

$$m'+\frac{m}{3}$$

(2) 弹簧振子的总能量为

$$E=E_k+E_p=\frac{1}{2}\left(m'+\frac{m}{3}\right)v^2+\frac{1}{2}kx^2=\text{常数}$$

此式对 x 求导，可得

$$\left(m'+\frac{m}{3}\right)v\frac{\mathrm{d}v}{\mathrm{d}x}+kx=0$$

所以
$$\left(m'+\frac{m}{3}\right)\frac{\mathrm{d}v}{\mathrm{d}t}=\left(m'+\frac{m}{3}\right)\frac{\mathrm{d}^2x}{\mathrm{d}t^2}=-kx$$

由此得此系统的角频率为

$$\omega=[k/(m'+m/3)]^{1/2}$$

由以上分析可以看出，应用能量法分析我们就可以考虑类似弹簧质量等因素的影响。若我们忽略弹簧质量会使计算所得的固有频率偏高，将影响计算的精度。用折算质量去修正计算结果，既方便又有利于提高精度，是工程上采用的很好的近似方法。

应用能力训练

【例6-8】如图6-18所示，一密度均匀的“T”字形细尺由两根金属米尺组成，若它可绕通过O点且垂直纸面的水平轴转动，求其微小振动的周期。

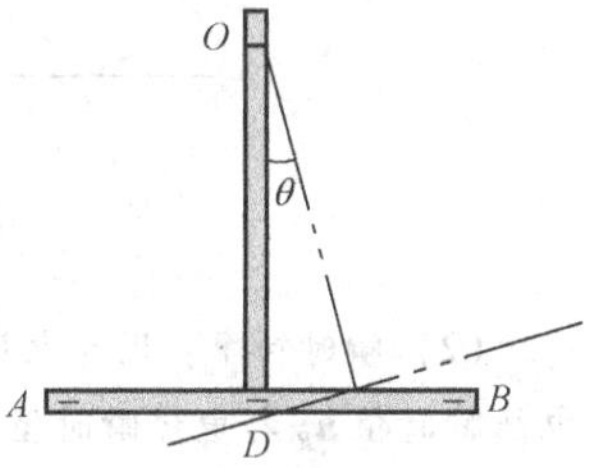

图 6-18

【解】设米尺长为l，质量为m，以地球和“T”形尺为研究系统，当图6-18中的“T”形尺绕通过O点且垂直于纸面的水平轴转动时，不计阻力的影响，则只有重力做功，系统的机械能守恒，取“T”形尺处于平衡位置时系统的势能为零，当“T”形尺转离平衡位置θ角时，系统的动能和势能分别为

$$E_k=\frac{1}{2}J\left(\frac{\mathrm{d}\theta}{\mathrm{d}t}\right)^2$$

$$E_p=mg\frac{l}{2}(1-\cos\theta)+mgl(1-\cos\theta)=\frac{3}{2}mgl(1-\cos\theta)$$

式中，J是“T”形尺对轴O的转动惯量，根据平行轴定理，有

$$J=\frac{1}{3}ml^2+\left(\frac{1}{12}ml^2+ml^2\right)=\frac{17}{12}ml^2$$

$$E=E_k+E_p=\frac{1}{2}\cdot\frac{17}{12}ml^2\cdot\left(\frac{\mathrm{d}\theta}{\mathrm{d}t}\right)^2+\frac{3}{2}mgl(1-\cos\theta)=\text{常量}$$

将上式对时间t求导，有

$$\frac{17}{12}ml^2\cdot\frac{\mathrm{d}\theta}{\mathrm{d}t}\cdot\frac{\mathrm{d}^2\theta}{\mathrm{d}t^2}+\frac{3}{2}mgl\sin\theta\frac{\mathrm{d}\theta}{\mathrm{d}t}=0$$

因为是微小角振动，所以$\sin\theta\approx\theta$，代入上式可得

$$\frac{17}{12}ml^2\cdot\frac{\mathrm{d}\theta}{\mathrm{d}t}\cdot\frac{\mathrm{d}^2\theta}{\mathrm{d}t^2}+\frac{3}{2}mgl\cdot\theta\frac{\mathrm{d}\theta}{\mathrm{d}t}=0$$

即
$$\frac{\mathrm{d}^2\theta}{\mathrm{d}t^2}+\frac{18g}{17l}\theta=\frac{\mathrm{d}^2\theta}{\mathrm{d}t^2}+\omega^2\theta=0,\ \omega^2=\frac{18g}{17l}$$

说明“T”形尺的微小振动是简谐振动，振动的周期为

$$T=\frac{2\pi}{\omega}=2\pi\sqrt{\frac{17l}{18g}}=2\times3.14\times\sqrt{\frac{17\times1}{18\times9.8}}\mathrm{s}=1.95\mathrm{s}$$

【例6-9】 图6-19a是线性电阻元件的交流电路，已知输入正弦电压$u_R=U_{Rm}\sin\omega t$，求电路中的电流i、电阻消耗的瞬时功率和平均功率。

【解】 (1) 在图示的参考方向下，根据欧姆定律，电路中的电流i为

$$i=\frac{u_R}{R}=\frac{U_{Rm}}{R}=\sin\omega t=I_m\sin\omega t$$

i 也是一个同频率的正弦量。U_R 和 i 随时间变化的波形如图6-19b所示。电流最大值为

$$I_m = \frac{U_{Rm}}{R}$$

两边同除以$\sqrt{2}$，可得电压与电流的有效值关系式为

$$I = \frac{U_R}{R} \text{或} \ U_R = IR$$

由此可见，在只含电阻元件的交流电路中，电压与电流都是同频率的正弦量。在数值上，电压与电流的最大值或有效值关系符合欧姆定律；在相位上，$\Delta\varphi = \varphi_u - \varphi_i = 0$，即电压与电流同相。

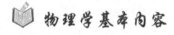

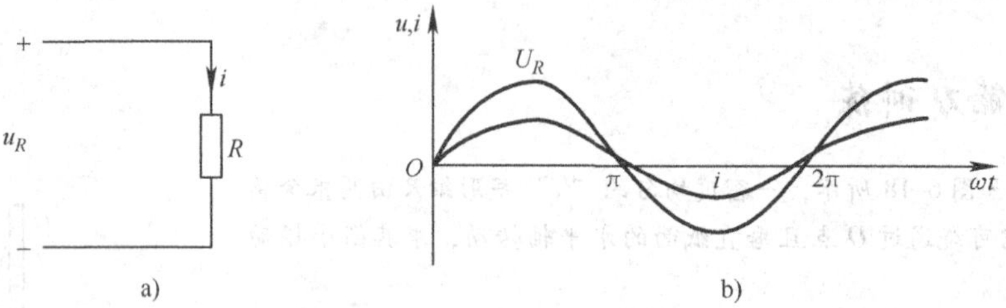

图6-19

(2) 瞬时功率：因为电压与电流都随时间变化，所以电阻元件中的功率也随时间变化。在任意时刻，电压瞬时值 u_R 与电流瞬时值 i 的乘积即为瞬时功率，用小写字母 p 表示，则

$$p = ui = U_{Rm}I_m\sin^2\omega t = \frac{U_{Rm}I_m}{2}(1-\cos2\omega t) = U_RI(1-\cos2\omega t)$$

由于电压与电流同相，所以瞬时功率恒为正值，即 $p>0$，这表明电阻元件在任何时刻都从电源取用电能，将电能转换为热能消耗掉。这是一种不可逆的能量转换过程，所以电阻元件是耗能元件。

(3) 平均功率：由于瞬时功率是随时间变化的，工程上通常取它在一个周期内的平均值来表示功率的大小，称为平均功率，又称有功功率，用大写字母 P 来表示，即

$$P = \frac{1}{T}\int_0^T p\mathrm{d}t = \frac{1}{T}\int_0^T U_RI(1-\cos2\omega t)\mathrm{d}t = U_RI = \frac{U_R^2}{R} = I^2R = \frac{1}{2}U_{Rm}I_m$$

平均功率为最大瞬时功率的一半。

6.4 简谐振动的合成

物理学基本内容

一个质点同时参与两个振动，在独立作用原理前提下，这个质点的合运动就是这两个振动的合成。一般情况下振动的合成是比较复杂的，我们先来看同方向、同频率的简谐振动的合成问题。

6.4.1 同方向、同频率简谐振动的合成

设质点同时参与两个同方向、同频率的简谐振动

$$x_1 = A_1\cos(\omega t+\varphi_1), \quad x_2 = A_2\cos(\omega t+\varphi_2)$$

合振动是

$$\begin{aligned} x = x_1 + x_2 &= A_1\cos(\omega t+\varphi_1) + A_2\cos(\omega t+\varphi_2) \\ &= (A_1\cos\varphi_1 + A_2\cos\varphi_2)\cos\omega t - (A_1\sin\varphi_1 + A_2\sin\varphi_2)\sin\omega t \end{aligned} \tag{6-42}$$

若把式(6-42)记为 $$x = A\cos\varphi\cos\omega t - A\sin\varphi\sin\omega t = A\cos(\omega t + \varphi) \tag{6-43}$$

与式(6-42)对比有

$$A_1\cos\varphi_1 + A_2\cos\varphi_2 = A\cos\varphi$$
$$A_1\sin\varphi_1 + A_2\sin\varphi_2 = A\sin\varphi$$

两式平方并求和得到 $$A = \sqrt{A_1^2 + A_2^2 + 2A_1A_2\cos(\varphi_2 - \varphi_1)} \tag{6-44}$$

两式相除得 $$\tan\varphi = \frac{A_1\sin\varphi_1 + A_2\sin\varphi_2}{A_1\cos\varphi_1 + A_2\cos\varphi_2} \tag{6-45}$$

由此可见，同方向同频率的简谐振动的合振动仍为一同频率的简谐振动，其振幅和初相由上式确定。

利用旋转矢量讨论上述问题则更为简洁直观。如图6-20所示，取坐标轴 Ox，画出两分振动的旋转矢量 $\boldsymbol{A}_1$ 和 $\boldsymbol{A}_2$，它们与 x 轴的夹角分别为 φ_1 和 φ_2，并以相同角速度 ω 沿逆时针方向旋转，x_1，x_2 分别为旋转矢量 $\boldsymbol{A}_1$ 和 $\boldsymbol{A}_2$ 在 x 轴上的投影，x 是 $\boldsymbol{A}_1$ 和 $\boldsymbol{A}_2$ 的合矢量 $\boldsymbol{A}$ 在 x 轴上的投影。因两分矢量 $\boldsymbol{A}_1$ 和 $\boldsymbol{A}_2$ 的夹角恒定不变，所以合矢量 $\boldsymbol{A}$ 的模保持不变，而且同样以角速度 ω 旋转。这说明合矢量 $\boldsymbol{A}$ 所代表的合振动仍是简谐振动，其振动频率与原来两个振动相同。图中矢量 $\boldsymbol{A}$ 即 $t=0$ 时的合振动旋转矢量，任一时刻合振动的位移等于该时刻 $\boldsymbol{A}$ 在 x 轴上的投影，即

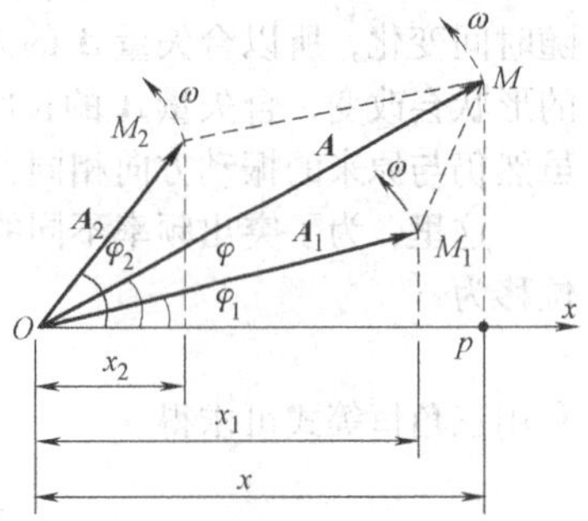

图 6-20

$$x = A\cos(\omega t + \varphi)$$

式中，振幅 A 是合矢量 $\boldsymbol{A}$ 的长度，初相位 φ 是初始时刻合矢量 $\boldsymbol{A}$ 与 x 轴之间的夹角。由图中三角形 OM_1M，运用余弦定律，即可求得式（6-44），又由图中直角三角形 OMP，根据 $\tan\varphi = MP/OP$，即可求得式（6-45）。由式（6-44）可知，合振幅 A 的大小除了与分振幅 A_1、A_2 有关外，还决定于两个振动的相位差（$\varphi_2 - \varphi_1$）。下面讨论合振动的振幅与两分振动相位差之间的关系。

当相位差 $\varphi_2 - \varphi_1 = \pm 2k\pi \quad (k = 0,1,2,\cdots)$ 时，

$$A = \sqrt{A_1^2 + A_2^2 + 2A_1A_2} = A_1 + A_2 \tag{6-46}$$

即两分振动同相时，合振幅最大。

当相位差 $\varphi_2 - \varphi_1 = \pm(2k+1)\pi \quad (k = 0,1,2,\cdots)$ 时，

$$A = \sqrt{A_1^2 + A_2^2 - 2A_1A_2} = |A_1 - A_2| \tag{6-47}$$

即两分振动反相时，合振幅最小。

一般情况下，合振幅在 $A_1 + A_2$ 与 $|A_1 - A_2|$ 之间。

简谐交流电的叠加：回顾同方向、同频率简谐振动的合成方法，设在一个二支路并联电路中有两个同频率交流电 i_1 和 i_2，即

$$i_1 = I_{1m}\cos(\omega t + \varphi_1)$$
$$i_2 = I_{2m}\cos(\omega t + \varphi_2)$$

则两电流之和为

$$i = i_1 + i_2 = I_{1m}\cos(\omega t + \varphi_1) + I_{2m}\cos(\omega t + \varphi_2)$$

合电流仍然是同频率交流电，

$$i = I_m\cos(\omega t + \varphi)$$

其峰值和初相由下式确定

$$I_m = \sqrt{I_{1m}^2 + I_{2m}^2 + 2I_{1m}I_{2m}\cos(\varphi_2 - \varphi_1)}$$

$$\tan\varphi = \frac{I_{1m}\sin\varphi_1 + I_{2m}\sin\varphi_2}{I_{1m}\cos\varphi_1 + I_{2m}\cos\varphi}$$

6.4.2 同方向、不同频率简谐振动的合成

设质点同时参与两个同方向，但频率分别为 ω_1 和 ω_2 的简谐振动，即

$$x_1 = A_1\cos(\omega_1 t + \varphi_1),\quad x_2 = A_2\cos(\omega_2 t + \varphi_2)$$

由于

$$\Delta\varphi = (\omega_2 t + \varphi_2) - (\omega_1 t + \varphi_1) = (\omega_2 - \omega_1)t + (\varphi_2 - \varphi_1)$$

随时间变化，所以合矢量 $\boldsymbol{A}$ 的大小和转动角速度也要不断变化，也就是说平行四边形 OM_1MM_2 的形状会改变，合矢量 $\boldsymbol{A}$ 的长度和角速度都将随时间而改变。因此，合矢量 $\boldsymbol{A}$ 所代表的合振动虽然仍与原来的振动方向相同，但不再是简谐振动，而是比较复杂的周期运动。

这里，为了突出频率不同的效果，我们设两分振动的振幅相同，且初相均等于0，合振动的位移为

$$x = x_1 + x_2 = A_1(\cos\omega_1 t + \cos\omega_2 t) \tag{6-48}$$

利用三角恒等式可求得

$$x = 2A\cos\left(\frac{\omega_2 - \omega_1}{2}t\right)\cos\left(\frac{\omega_2 + \omega_1}{2}t\right) \tag{6-49}$$

这时，式中第一项因子 $2A\cos\left(\frac{\omega_2 - \omega_1}{2}t\right)$ 的周期要比另一因子 $\cos\left(\frac{\omega_2 + \omega_1}{2}t\right)$ 的周期长得多。为了突出问题的主要矛盾，我们研究频率相近的两个简谐振动的合成，设两个简谐振动角频率很接近，分别为 ω_1 和 ω_2，且 $\omega_1 > \omega_2$。式（6-49）表示的运动可以看作振幅按照 $\left|2A\cos\left(\frac{\omega_2 - \omega_1}{2}t\right)\right|$ 缓慢变化，而角频率等于 $\frac{\omega_2 + \omega_1}{2}$ 的“准谐振动”，这是一种振幅有周期性变化的“简谐振动”（见图6-21，$\nu_1 = 4.5\text{Hz}$，$\nu_2 = 4\text{Hz}$，虚线间隔为1s）。或者说，合振动描述的是一个高频振动受到一个低频振动调制的运动，这种振动的振幅时大时小的周期性变化现象叫作“拍”。

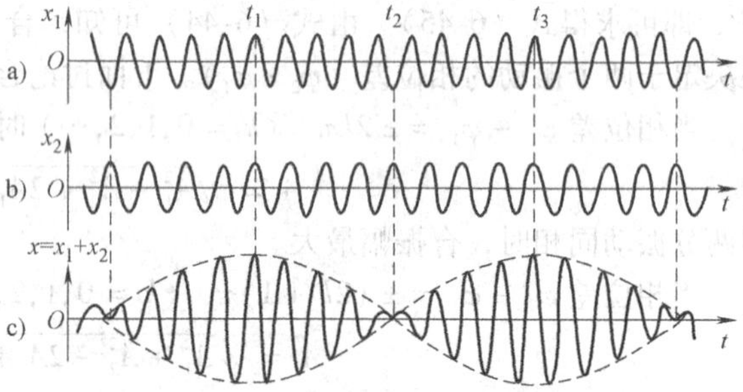

图 6-21

由于振幅只能取正值，因此拍的角频率应为调制圆频率 $\frac{\omega_2 - \omega_1}{2}$ 的2倍，即 $\omega_{拍} = |\omega_1 - \omega_2|$，于是拍频为

$$\nu_{拍} = \frac{\omega_{拍}}{2\pi} = \left|\frac{\omega_2}{2\pi} - \frac{\omega_1}{2\pi}\right| = |\nu_2 - \nu_1| \tag{6-50}$$

即拍频等于两个分振动频率之差。

拍现象在声振动、电磁振荡、无线电技术和波动中经常遇到。例如拍现象可用于频率的测定，使待测振动系统振动时发出的声音与已知频率的标准音叉发生的声音会合，测听其强弱相间的拍音（它反映出合振动能量的强弱变化）而得出拍频，即得到两者的频率差，从而确定待测系统的振动频率。拍频振动有很多实际应用，例如管乐器中的双簧管就是利用两个簧片振动频率的微小差别产生出颤动的拍音，超外差式收音机中的振荡电路、汽车速度监视器等也都利用了拍的原理。

用旋转矢量法理解上述结果更简单一些。分别画出两个旋转矢量，若 $\omega_2>\omega_1$，A_2比A_1转得快，当A_2与A_1反向时合振幅最小，当A_2与A_1同向时合振幅最大，并且这种变化是周期性的。

物理知识应用

谐振分析

两个在同一直线上而频率不同的简谐振动合成的结果仍是振动，但一般不再是简谐振动。现在再来看频率比为1:2的两个简谐振动合成的例子。设

$$x=x_1+x_2=A_1\sin\omega t+A_2\sin 2\omega t$$

合振动的 $x-t$ 曲线如图6-22所示。可以看出合振动不再是简谐振动，但仍是周期性振动。合振动的频率就是那个较低的振动的频率。一般地说，如果分振动不是两个，而是两个以上而且各分振动的频率都是其中一个最低频率的整数倍，则上述结论仍然正确，即合振动仍是周期性的，其频率等于那个最低的频率。合振动的具体变化规律则与分振动的个数、振幅比例关系及相差有关。图6-23是说明由若干分简谐振动合成“方波”的曲线。图6-23a表示方波的合振动曲线，其频率为ν。图6-23b、c、d依次为频率是ν、2ν、3ν的简谐振动的曲线。这三个简谐振动的合成曲线如图6-23e所示。它已和方波振动曲线相近了，如果再加上频率为4ν，5ν，……而振幅适当的若干简谐振动，就可以合成相当准确的方波振动了。

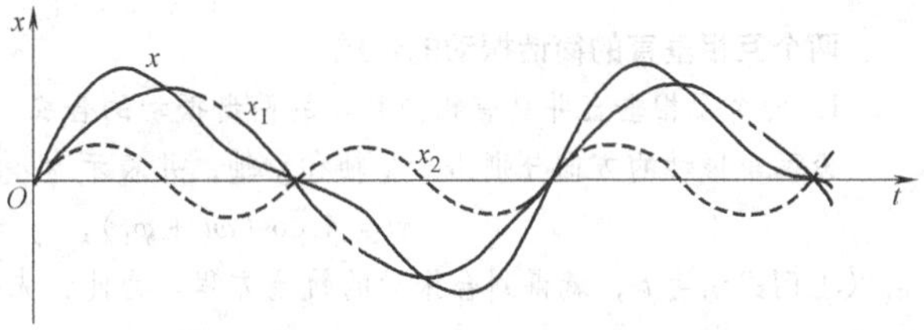

图 6-22

以上讨论的是振动的合成，与之相反，任何一个复杂的周期性振动都可以分解为一系列简谐振动之和。这种把一个复杂的周期性振动分解为许多简谐振动之和的方法称为谐振分析。

根据实际振动曲线的形状，或它的位移时间函数关系，求出它所包含的各种简谐振动的频率和振幅的数学方法叫傅里叶分析，它指出：一个周期为T的周期函数$F(t)$可以表示为

$$F(t)=\frac{a_0}{2}+\sum_{k=1}^{\infty}\left[A_k\cos(k\omega t+\varphi_k)\right] \tag{6-51}$$

式中，各分振动的振幅A_k与初相φ_k可以用数学公式根据$F(t)$求出。这些分振动中频率最低的称为基频振动，它的频率就是原周期函数$F(t)$的频率，这一频率也叫基频。其他分振动的频率都是基频的整数倍，依次分别称为二次、三次、四次……谐频。

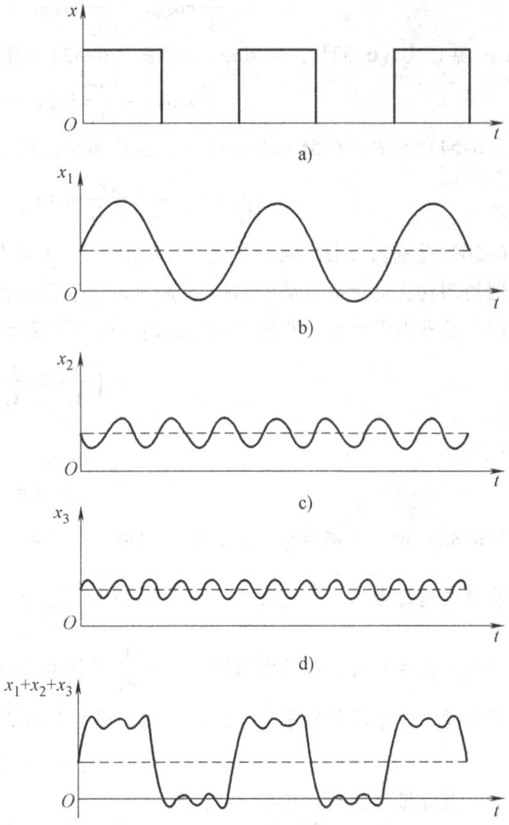

图 6-23

不仅周期性振动可以分解为一系列频率

为最低频率整数倍的简谐振动，而且任意一种非周期性振动也可以分解为许多简谐振动。不过对非周期性振动的谐振分析要用傅里叶变换处理。通常用频谱来表示一个实际振动所包含的各种谐振成分的振幅和它们的频率的关系。周期性振动的频谱是分立的线状谱，而非周期性振动的频谱密集成连续谱。

谐振分析无论对实际应用还是理论研究，都是十分重要的方法，因为实际存在的振动大多不是严格的简谐振动，而是比较复杂的振动。在实际现象中，一个复杂振动的特征总跟组成它的各种不同频率的谐振成分有关。例如，同为C音，音调（即基频）相同，但钢琴和胡琴发出的C音的音色不同，就是因为它们所包含的高次谐频的个数与振幅不同的缘故。

物理知识拓展

两个互相垂直的简谐振动的合成

1. 两个互相垂直并具有相同频率的简谐振动的合成

设两个振动的方向分别沿着 x 轴和 y 轴，并表示为

$$x = A_1\cos(\omega t + \varphi_1),\quad y = A_2\cos(\omega t + \varphi_2)$$

由以上两式消去 t，就得到合振动的轨迹方程。为此，先将上式改写成下面的形式

$$\frac{x}{A_1} = \cos\omega t\cos\varphi_1 - \sin\omega t\sin\varphi_1 \tag{6-52}$$

$$\frac{y}{A_2} = \cos\omega t\cos\varphi_2 - \sin\omega t\sin\varphi_2 \tag{6-53}$$

以 $\cos\varphi_2$ 乘以式（6-52），以 $\cos\varphi_1$ 乘以式（6-53），并将所得两式相减，得

$$\frac{x}{A_1}\cos\varphi_2 - \frac{y}{A_2}\cos\varphi_1 = \sin\omega t\sin(\varphi_2 - \varphi_1) \tag{6-54}$$

以 $\sin\varphi_2$ 乘以式（6-52），以 $\sin\varphi_1$ 乘以式（6-53），并将所得两式相减，得

$$\frac{x}{A_1}\sin\varphi_2 - \frac{y}{A_2}\sin\varphi_1 = \cos\omega t\sin(\varphi_2 - \varphi_1) \tag{6-55}$$

将式（6-54）和式（6-55）分别平方，然后相加，就得到合振动的轨迹方程

$$\frac{x^2}{A_1^2} + \frac{y^2}{A_2^2} - 2\frac{xy}{A_1A_2}\cos(\varphi_2 - \varphi_1) = \sin^2(\varphi_2 - \varphi_1) \tag{6-56}$$

式（6-56）是椭圆方程，在一般情况下，两个互相垂直的、频率相同的简谐振动合振动的轨迹为一椭圆，而椭圆的形状决定于分振动的相位差 $\varphi_2 - \varphi_1$。下面分析几种特殊情形。

（1）两分振动的相位相同或相反：$\varphi_2 - \varphi_1 = 0$ 或 π，这时，式（6-56）变为

$$\left(\frac{x}{A_1} \mp \frac{y}{A_2}\right)^2 = 0 \tag{6-57}$$

即

$$y = \pm\frac{A_2}{A_1}x \tag{6-58}$$

在式（6-58）中，当两分振动的相位相同时，取正号；当两分振动的相位相反时，取负号。它表示，合振动的轨迹是通过坐标原点的直线，如图6-24所示。当 $\varphi_2 - \varphi_1 = 0$ 时，此直线的斜率为 $\frac{A_2}{A_1}$（图6-24中直线 a）；当 $\varphi_2 - \varphi_1 = \pi$ 时，此直线的斜率为 $-\frac{A_2}{A_1}$（图6-24中直线 b）。显然，在这两种情况下，合振动都仍然是简谐振动，合振动的频率与分振动相同，而合振动的振幅为

$$A = \sqrt{A_1^2 + A_2^2} \tag{6-59}$$

（2）两分振动的相位相差 $\pi/2$，有

$$\frac{x^2}{A_1^2} + \frac{y^2}{A_2^2} = 1 \tag{6-60}$$

此式表示，合振动的轨迹是以坐标轴为主轴的正椭圆，如图6-25所示。当 $\varphi_2-\varphi_1=\dfrac{\pi}{2}$ 时，振动沿顺时针方向进行；当 $\varphi_2-\varphi_1=-\dfrac{\pi}{2}$ 时，振动沿逆时针方向进行。如果两个分振动的振幅相等，即 $A_1=A_2$，椭圆变为圆，如图6-26所示。

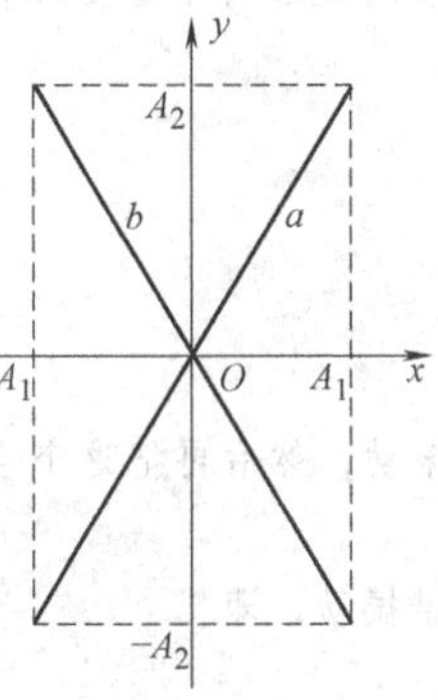

图 6-24

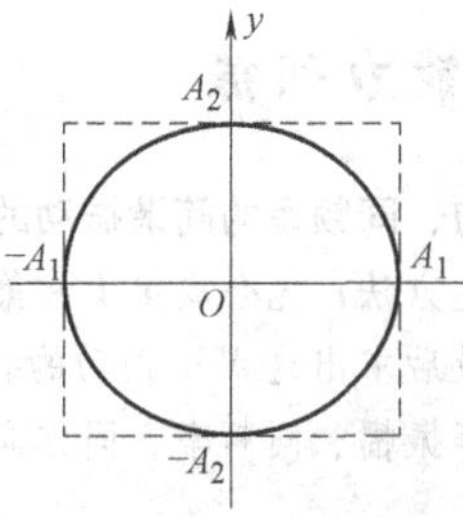

图 6-25

(3) 两分振动的相位差不为上述数值。合振动的轨迹为处于边长分别为 $2A_1$（x 方向）和 $2A_2$（y 方向）的矩形范围内的任意确定的椭圆。图6-27画出了几种不同相位差所对应的合振动的轨迹图形。

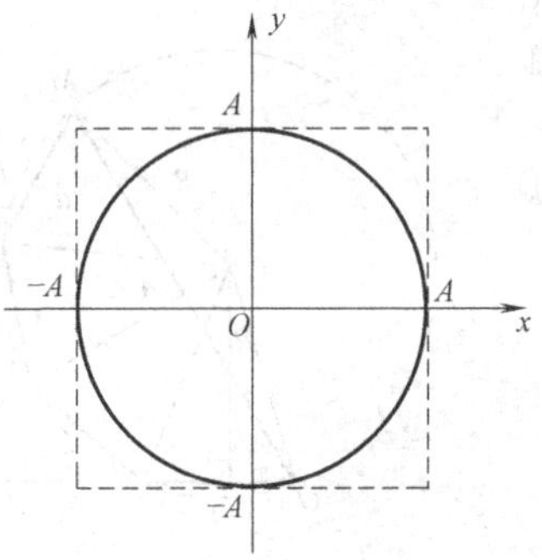

图 6-26

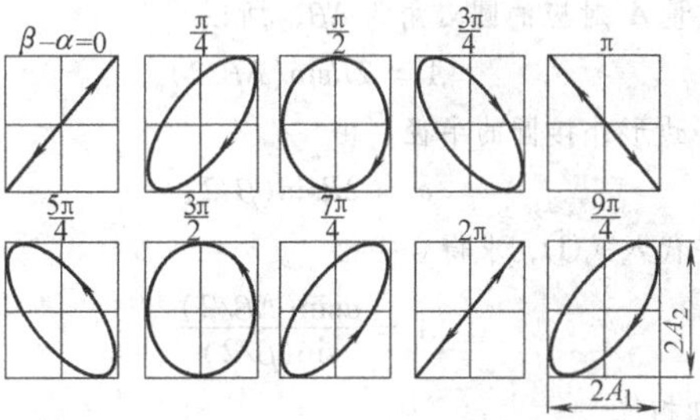

图 6-27

总之，两个振动方向互相垂直、频率相同的简谐振动，其合振动轨迹为一直线、圆或椭圆。轨迹的形状、方位和运动方向由分振动的振幅和相位差决定，在电子示波器中，若令互相垂直的正弦变化的电学量频率相同，即可以在荧光屏上观察到合成振动的轨迹。

以上讨论同时也说明：任何一个直线简谐振动、椭圆运动或匀速圆周运动都可以分解为两个互相垂直的同频率的简谐振动。通过这些例子，可以加深我们对运动叠加原理的认识。

2. 两个互相垂直、具有不同频率的简谐振动的合成

如果两个分振动的频率接近，其相位差将随时间变化，合振动的轨迹将不断按图6-27所示的顺序，在上述矩形范围内由直线逐渐变为椭圆，又由椭圆逐渐变为直线，并不断重复进行下去。

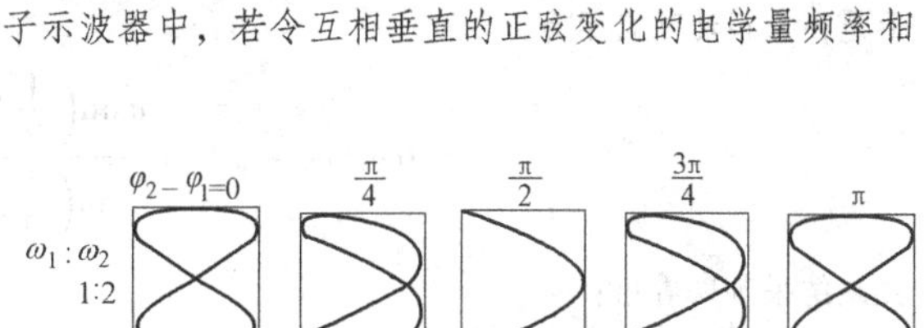

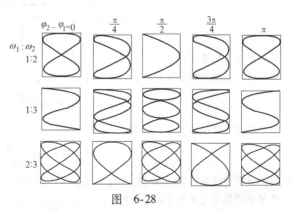

图 6-28

如果两个分振动的频率相差较大，但有简单的整数比关系，这时合振动为有一定规则的稳定的闭合曲线，这种曲线称为李萨如图形。

图6-28表示了两个分振动的频率之比为1:2、1:3和2:3情况下的李萨如图形。利用李萨如图形的特点，可以由一个频率已知的振动，求得另一个振动的频率。这是无线电技术中常用来测定振荡频率的方法。

如果两个互相垂直的简谐振动的频率之比是无理数，那么合振动的轨迹将不重复地扫过整个由振幅所限定的矩形（$2A_1 \times 2A_2$）范围。这种非周期性运动称为准周期运动。

应用能力训练

N个同方向、同频率的简谐振动的合成

可以按上述方法，先合成第1和第2这两个振动得到它们的合振动，然后再把这个合振动和第3个振动合成……，最后求出这N个振动的合振动。

下面考虑等振幅、同频率、同方向、相位差依次为β的N个简谐振动，即

$$x_1 = a\cos\omega t$$
$$x_2 = a\cos(\omega t + \beta)$$
$$\vdots$$
$$x_n = a\cos[\omega t + (N-1)\beta]$$

的合成。用矢量相加的多边形法则求合振动矢量，分振动以及合成振动的振幅矢量如图6-29所示，可以证明这样得到的多边形外接于圆心在C点的圆，任意一个矢量的两端与C构成一个等腰三角形，这些三角形全等，所以每个等腰三角形的顶角都是β。合矢量$\boldsymbol{A}$对应的圆心角为$N\beta$，所以

$$A = 2R\sin(N\beta/2) \quad ①$$

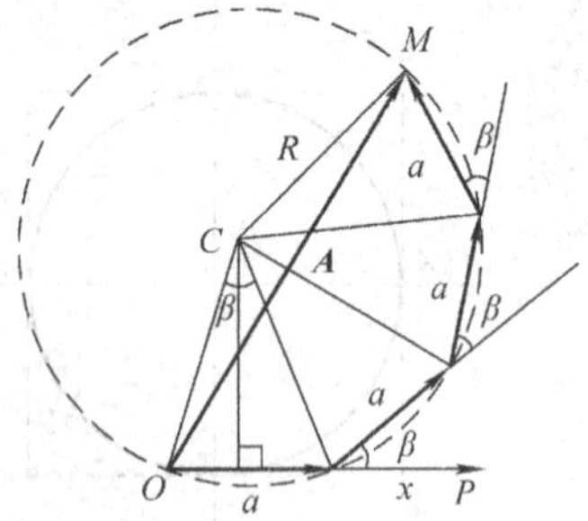

图 6-29

R是这个多边形外接圆的半径，由

$$a = 2R\sin(\beta/2)$$

求出R，并代入式①，求得合振幅

$$A = \frac{a\sin(N\beta/2)}{\sin(\beta/2)}$$

合振动的初相位

$$\varphi = \angle COP - \angle COM$$
$$= \frac{1}{2}(\pi - \beta) - \frac{1}{2}(\pi - N\beta) = \frac{1}{2}(N-1)\beta$$

于是，合振动可表示为

$$x = A\cos(\omega t + \varphi) = \frac{a\sin\left(\frac{1}{2}N\beta\right)}{\sin\left(\frac{1}{2}\beta\right)}\cos\left[\omega t + \frac{1}{2}(N-1)\beta\right]$$

由此结果可以看出：

当各分振动相位相同时，$\beta = 0$，合振动振幅最大

$$A = \lim_{\delta \to 0}\frac{a\sin(N\beta/2)}{\sin(\beta/2)} = Na$$

当各个分振动相位差依次为$\beta = 2\pi/N$时，合振动振幅为

$$A = \lim_{\delta \to 0}\frac{a\sin(\pi)}{\sin(\pi/N)} = 0$$

这时分振动振幅矢量围成闭合多边形（当N为偶数时，可能出现分振动两两相消的情况）。这一结果将在光学中研究多光束光干涉时用到。

【例6-10】质点同时参与两个简谐振动，它们的运动方程分别为

$$x_1 = 5\times10^{-2}\cos\left(10t+\frac{3}{4}\pi\right)\quad(\text{SI})$$

$$x_2 = 6\times10^{-2}\cos\left(10t+\frac{1}{4}\pi\right)\quad(\text{SI})$$

（1）求合振动的振幅和初相；

（2）另有一同方向的简谐振动

$$x_3 = 7\times10^{-2}\cos(10t+\varphi)\quad(\text{SI})$$

问 φ 为何值时，x_1+x_3 的振幅最大？φ 为何值时，x_2+x_3 的振幅最小？幅值各为多少？

【解】同方向同频率的简谐振动的合振动仍为一简谐振动

$$A = \sqrt{A_1^2+A_2^2+2A_1A_2\cos(\varphi_2-\varphi_1)} = 7.8\times10^{-2}\text{m}$$

$$\tan\varphi = \frac{A_1\sin\varphi_1+A_2\sin\varphi_2}{A_1\cos\varphi_1+A_2\cos\varphi_2} = 11$$

$$\varphi = 84°48'$$

当 x_3 振动与 x_1 振动同相，即 $\varphi=\frac{3\pi}{4}$ 时，合振幅最大

$$A_{13} = A_1+A_3 = 12\times10^{-2}\text{m}$$

当 x_3 振动与 x_2 振动反相，即 $\varphi=\frac{\pi}{4}\pm\pi$ 时，合振幅最小

$$A_{23} = |A_2-A_3| = 1\times10^{-2}\text{m}$$

6.5　阻尼振动　受迫振动　共振

物理学基本内容

6.5.1　阻尼振动

前面我们所讨论的是假定物体在运动过程中不受任何阻力的理想条件下的振动，即物体一经扰动将永远振动下去，而且振幅保持不变。实际上，任何振动系统总要受到阻力的作用，由于克服阻力做功，振动系统的能量将不断减少；同时由于在振动的传播过程中，伴随着能量的传递，也会使振动系统的能量不断减少。随着能量不断减少，振幅也逐渐减少。这种振幅随时间而减小的振动叫做阻尼振动。

振动系统的阻尼通常分为两种，一种是由于摩擦阻力使系统能量逐渐变为热能，这叫摩擦阻尼。另一种是由于振动系统引起邻近质点的振动，并使振动系统的能量逐渐向四周辐射出去，转变为波动的能量，这叫辐射阻尼。例如音叉振动时，一方面因受空气阻力而消耗能量，同时也因辐射声波而导致能量的减少。下面主要讨论造成谐振子系统受到弱介质阻力而衰减的情况。

弱介质阻力是指当振子运动速度较低时，介质对物体的阻力仅与速度的一次方成正比，即这时阻力为

$$F_f = -\gamma v = -\gamma\frac{\mathrm{d}x}{\mathrm{d}t} \tag{6-61}$$

式中，γ 称为阻力系数，与物体的形状、大小、物体的表面性质及介质性质有关。仍以弹簧振子为例，这时振子的动力学方程为

$$-kx-\gamma\frac{\mathrm{d}x}{\mathrm{d}t}=m\frac{\mathrm{d}^2x}{\mathrm{d}t^2} \tag{6-62}$$

$$m\frac{\mathrm{d}^2x}{\mathrm{d}t^2}+\gamma\frac{\mathrm{d}x}{\mathrm{d}t}+kx=0 \tag{6-63}$$

令$\frac{k}{m}=\omega_0^2$，$\frac{\gamma}{m}=2\beta$，则

$$\frac{\mathrm{d}^2x}{\mathrm{d}t^2}+2\beta\frac{\mathrm{d}x}{\mathrm{d}t}+\omega_0^2x=0 \tag{6-64}$$

式中，$\omega_0=\sqrt{\frac{k}{m}}$是系统的固有角频率，由系统的性质决定；$\beta=\frac{\gamma}{2m}$定义为阻尼系数，由系统的阻力系数决定。

讨论：（1）欠阻尼运动　若$\beta<\omega_0$，则方程的解为

$$x=A\mathrm{e}^{-\beta t}\cos(\omega t+\varphi) \tag{6-65}$$

式中，$\omega=\sqrt{\omega_0^2-\beta^2}$，$A$和$\varphi$是由初始条件决定的积分常数，图6-30是阻尼振动的位移－时间曲线。阻尼对振动的影响表现在振动的振幅$A\mathrm{e}^{-\beta t}$随时间t逐渐衰减，β越大，即阻尼越大，振幅衰减得越快，因此阻尼振动不是简谐振动，也不是一种周期运动。但是由于$\cos(\omega t+\varphi)$是周期性变化的，它使得质点每连续两次通过平衡位置并沿相同方向运动所需的时间间隔是相同的，因此我们把函数$\cos(\omega t+\varphi)$的周期叫作阻尼振动的周期，并用T表示，则

$$T=\frac{2\pi}{\omega}=\frac{2\pi}{\sqrt{\omega_0^2-\beta^2}}>\frac{2\pi}{\omega_0}=T_0 \tag{6-66}$$

（2）过阻尼运动　若$\beta>\omega_0$，则方程的解为

$$y=A_1\mathrm{e}^{-(\beta-\sqrt{\beta^2-\omega_0^2})t}+A_2\mathrm{e}^{-(\beta+\sqrt{\beta^2-\omega_0^2})t} \tag{6-67}$$

式中，A_1、A_2是两个积分常数，由初始条件决定。这时物体从开始的最大位移处缓慢地回到平衡位置，不再做往复运动（见图6-30）。β越大，物体回到平衡位置所用的时间越长。

（3）临界阻尼运动　若$\beta=\omega_0$，则方程的解为

$$y=(A_1+A_2t)\mathrm{e}^{-\beta t} \tag{6-68}$$

式中，A_1、A_2是两个积分常数。与欠阻尼和过阻尼相比，在临界阻尼状态下，物体回到平衡位置所需的时间最短（见图6-31）。

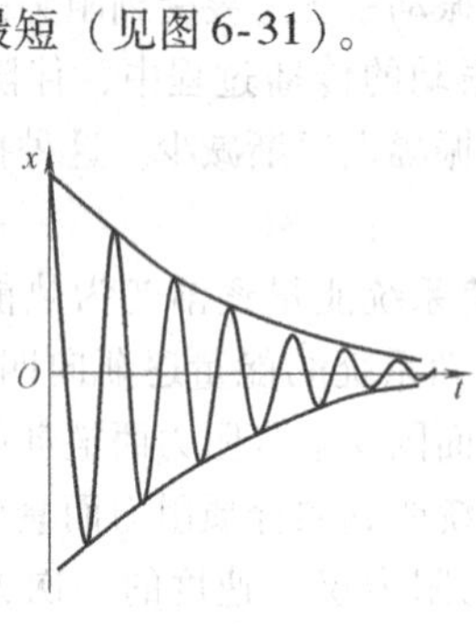

图　6-30

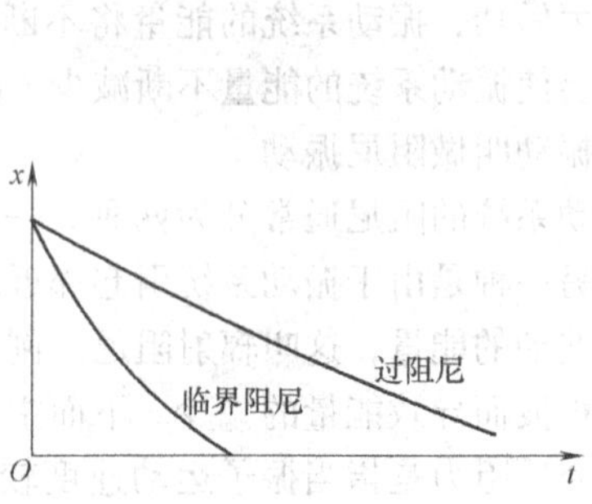

图　6-31

可见，对一个振动系统，有阻尼时的振动周期要比无阻尼时大。这就是说，由于阻尼，振动变慢了。阻尼越小，其周期也就越接近于无阻尼自由振动的周期，运动越接近于简谐振动。阻尼越大，振幅的减少越快，周期比无阻尼时长；阻尼过大，甚至在未到达平衡位置以前，能量就消

耗完毕，振动通过非周期运动的方式回到平衡位置。

应用：某些科学研究和工程技术设备，根据需要常用改变阻尼大小的方法来控制系统的振动情况。例如各类机器的防震器大多采用一系列的阻尼装置，使频繁的撞击变为缓慢的振动，并迅速衰减，以保护机件；有些精密仪器，如物理天平、灵敏电流计中装有阻尼装置并调至临界阻尼状态，使指针较快回到零位，而不致来回摆动很长时间，使测量快捷、准确。

6.5.2　受迫振动

阻尼振动又称减幅振动。要使有阻尼的振动系统维持等幅振动，必须给振动系统不断地补充能量，即施加持续的周期性外力作用。振动系统在周期性外力作用下发生的振动叫作受迫振动。例如电动机转子的质心若不在转轴上，则当电动机工作时，它的转子就会对基座加上一个周期性外力（频率等于转子的转动频率）而使基座做受迫振动；扬声器中和纸盆相连的线圈，在通有音频电流时，在磁场作用下，就会对纸盆施加周期性的外力而使之发声；人们听到声音也是耳膜在传入耳蜗的声波的周期性压力作用下做受迫振动的结果。

为简单起见，假设策动力取如下形式

$$F = F_0\cos\Omega t \tag{6-69}$$

式中，F_0 为策动力的幅值；Ω 为策动力的角频率。下面我们以弹簧振子为例，讨论弱阻尼谐振子系统在策动力作用下的受迫振动，其动力学方程为

$$-kx - \gamma v + F_0\cos\Omega t = m\frac{d^2x}{dt^2} \tag{6-70}$$

令$\dfrac{k}{m}=\omega_0^2$，$\dfrac{\gamma}{m}=2\beta$，则有

$$\frac{d^2x}{dt^2} + 2\beta\frac{dx}{dt} + \omega_0^2x = \frac{F_0}{m}\cos\Omega t \tag{6-71}$$

该方程的解为

$$x = A_0e^{-\beta t}\cos(\omega t + \varphi') + A\cos(\Omega t + \varphi) \tag{6-72}$$

式中，第一项实际上是在弱阻尼下的通解，随着时间的推移，很快就会衰减为零，故第一项称为衰减项。第二项才是稳定项，即稳定解为简谐振动 $x = A\cos(\Omega t + \varphi)$。

稳定受迫振动的角频率等于策动力的角频率。用待定系数法可确定稳定受迫振动的振幅为

$$A = \frac{F_0}{m\sqrt{(\omega_0^2 - \Omega^2)^2 + 4\beta^2\Omega^2}} \tag{6-73}$$

需要说明的是，稳定受迫振动的振幅与系统的初始条件无关，而是与系统固有频率、阻尼系数及策动力角频率和幅值均有关的函数。

必须指出，稳定的受迫振动的位移表达式虽然与简谐振动同形，但由于它们受力情况不同，因而其运动情况是有区别的。前者以强迫力的频率振动，在这种振动中，由于阻力的存在而消耗能量，将由强迫力做功来补偿，它是一种实际的振动；后者是以系统的固有频率振动，阻力被忽略，不消耗能量，是一种理想的振动。此外，简谐振动的振幅由初始条件决定，稳定的受迫振动的振幅则由振动系统的性质（m、ω_0、β）及强迫力的性质（Ω、F_0）共同决定，与初始条件无关。但就运动学的性质来说（指 x、v 与 t 的关系），稳定的受迫振动仍然是简谐振动。

6.5.3　共振

共振是受迫振动中一个重要而具有实际意义的现象，下面分别从位移共振和速度共振两方

面加以讨论。

1. 位移共振

对于一个给定振动系统，当阻尼和策动力幅值不变时，受迫振动的位移振幅是策动力角频率Ω的函数，它存在一个极值。受迫振动的位移达极大值的现象称为位移共振。由式（6-73）求导，并令$\frac{dA}{d\Omega}=0$，可求出位移共振的角频率满足$\Omega_r=\sqrt{\omega_0^2-2\beta^2}$。所以，共振时的振幅

$$A_r=\frac{F_0}{2m\beta\sqrt{\omega_0^2-\beta^2}} \tag{6-74}$$

显然，位移共振的振幅大小与阻尼有关。

2. 速度共振

系统做受迫振动时，其速度也是与策动力角频率相关的函数，称为速度振幅，即

$$v=-\Omega A\sin(\Omega t+\varphi)=-v_m\sin(\Omega t+\varphi) \tag{6-75}$$

式中

$$v_m=\Omega A=\frac{\Omega F_0}{m\sqrt{(\omega_0^2-\Omega^2)^2+4\beta^2\Omega^2}} \tag{6-76}$$

称为速度振幅，同样可求出当$\Omega=\omega_0$时，速度振幅有极大值，这种现象称为速度共振，如图6-32所示。进一步的研究表明，当系统发生速度共振时，外界能量的输入处于最佳状态，即策动力在整个周期内对系统做正功，用以补偿阻尼引起的能耗。因此，速度共振又称为能量共振。在弱阻尼情况下，位移共振与速度共振的条件趋于一致，所以一般可以不必区分两种共振。

应用：如收音机的“调谐”就是利用了“电共振”。此外，如何避免共振对桥梁、烟囱、水坝、高楼等建筑物的破坏，也是设计制造者必须考虑的。

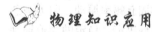

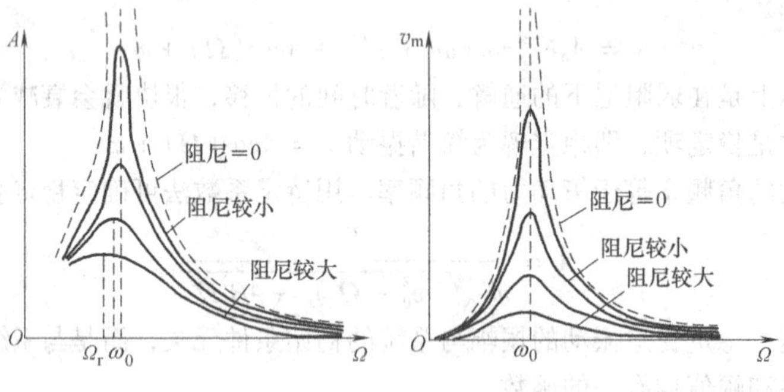

图 6-32

物理知识应用

颤振

“颤振”是一种气动弹性动力不稳定的现象。颤振是气流中运动的结构在空气动力、惯性力和弹性力的相互作用下形成的一种自激振动。低于颤振速度时，振动是衰减的；等于颤振速度时，振动保持等幅；超过颤振速度时，在多数情况下，振动是发散的，从而会引起结构的破坏。在第一次世界大战期间，Hardly Page 双发动机飞机因尾翼颤振而坠毁。这可能是航空发展史上最早的颤振事故。

随着科学技术的发展，一些工程结构的刚度相对地越来越小了，如现代的一些飞行器、大型的桥梁建筑、高层建筑、电视发射塔、高大的烟囱等，这些结构的设计都需要考虑预防气动弹性振动，或者说都有气动弹性设计问题。

具有流线形切面的机翼结构，在空气中运动时也会出现气动弹性不稳定振动。例如，将一悬臂机翼模型置于风洞中，当风洞中没有气流时，机翼模型受扰动就会引起振动，但是这种振动是衰减性的。当风洞中的气流速度逐渐增加，受扰动的机翼模型的振动阻尼率先是增加，随着气流速度进一步增加时，阻尼率会逐渐降低，气流速度增加到某一临界值时，阻尼为零，受扰动的机翼模型会维持等幅振动。气流速度超过临界速度时，任何微小的扰动，都会引起机翼模型的不稳定的剧烈振动，这时阻尼率是负值。我们称这时的机翼模型出现了“颤振”。

对于简单的悬臂机翼，在超过临界速度的任何风速下，都会发生颤振。而对于包含有副翼的机翼，则有可能在几个速度范围内发生颤振。不同速度范围内的颤振型态是不一样的。但是，它们的共同特点是振动翼面的迎角都较小，或者说振动不稳定性是限于位流意义下的，即气流不发生分离。然而，螺旋桨叶之类的颤振往往是处于失速迎角状态的不稳定振动，这类振动称为“失速”颤振。

机翼结构是一个具有无限多自由度的弹性体，经过某种简化的模型仍有很多自由度，理论分析与实验观察都表明，发生颤振运动时各广义坐标的振动位移间存在着明显的相位差，也就是说各广义坐标间相位差的存在是发生颤振的必要条件。

物理知识拓展

自激振动

自激振动，泛论之，一个弹性系统受到外界激励便产生振动。若激励是短暂的冲击，则系统做阻尼振动，若激励是持续的脉动，则系统做受迫振动。有意思的是，有一类弹性系统，即使外界激励为定常，也能产生振动-自激振动（self－excited vibration），简称为自振。各种管乐器、机械钟表和心脏等均为自振系统。如果联系电子线路和电磁现象，那么晶体管振荡器、能输出各种电压波形的信号发生器和电磁断续器也是自振系统。旷野中输电线在大风中“尖叫”，自来水管有时出现颤振或嗡嗡长鸣，车床在切削过程中有时也会出现颤动，等等，这些现象均系自振。深入分析自振产生的机制以后，发现自振系统必定由三个部分组成：①振动系统。②能源，用以供给自振过程中的能量耗损。③具有正反馈特性的控制和调节系统，正是这一反馈性能将定常能量转变为交变的振动能量，这种反馈过程体现了振动系统对外界激励的控制和调节。自振系统的工作原理方框图如图6-33所示。

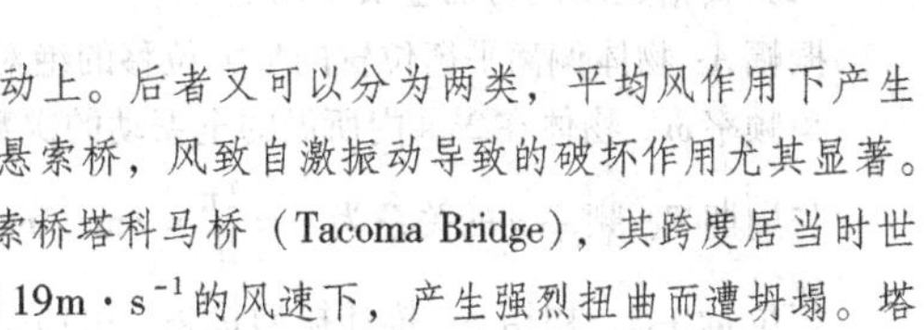

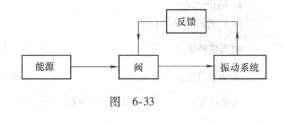

图 6-33

风对桥梁的作用不仅表现在风压上，更表现在风致振动上。后者又可以分为两类，平均风作用下产生的自激振动；脉动风作用下的受迫振动。对于柔性结构的悬索桥，风致自激振动导致的破坏作用尤其显著。1940年美国西海岸华盛顿州建成了中央跨径为853m的悬索桥塔科马桥（Tacoma Bridge），其跨度居当时世界第三，其设计抗风速为$60\mathrm{m\cdot s^{-1}}$。不料四个月后，却在$19\mathrm{m\cdot s^{-1}}$的风速下，产生强烈扭曲而遭坍塌。塔科马桥事故再次令桥梁工程界震惊，经广泛深入的研究，终于提出了风致振动问题，由此开辟了桥梁与风场相互作用动力学研究的新领域，逐渐形成了一门新兴学科——结构风工程学。塔科马桥事故是一个自激振动的典型，风致桥梁振动问题的定量研究十分复杂，其大略图像是，风场给予桥梁一个气动力，引起桥梁变形和振动，反过来这又改变了桥梁四周的风场，产生了一附加气动力作用于桥梁，如此反馈、循环和放大，最终造成桥梁大幅度剧烈的自振，相应地将风的动能转换为桥梁的振动能。风场中的脉动成分或湍流成分将导致桥梁做受迫振动（抖振），不过，从桥梁的实际情况看，抖振不会造成桥梁在短期内的破坏性后果，它会引起结构的局部疲劳，也影响着行车的安全。

应用能力训练

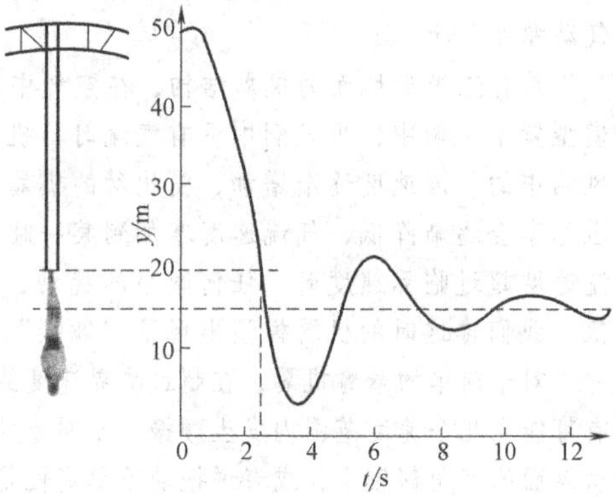

图 6-34

【例 6-11】 蹦极跳：如图 6-34 所示，一较深的山谷上面有一高度为 50m 的桥和一 30m 长的绳，其中一质量为 70kg 的蹦极爱好者跳下后绳子伸长了 5m，达到平衡时绳子是 35m 长，其中绳子的阻尼系数为 0.3s^{-1}。请描述一下蹦极者垂直跳下后随时间变化的运动情况。

【解】 跳下的 30m 之内属于自由落体运动，选择向上方向为正方向，此时的速度为

$$v_0 = -\sqrt{2gl} = -24.26\text{m}\cdot\text{s}^{-1}$$

所用时间为

$$t = \sqrt{\frac{2l}{g}} = 2.47\text{s}$$

35m 位置处为平衡位置，$mg = 5k$

$$\omega_0 = \sqrt{\frac{k}{m}} = \sqrt{\frac{g}{l_0 - l}} = \sqrt{\frac{9.8\text{m/s}^2}{5\text{m}}} = 1.4\text{s}^{-1}$$

由于 $\beta = 0.3\text{s}^{-1}$，因此

$$\omega' = \sqrt{\omega_0^2 - \beta^2} = 1.367\text{s}^{-1}$$

本章归纳总结

1. 简谐运动

(1) 简谐运动的特征

动力学特征：$F = -kx$ 或 $\dfrac{d^2x}{dt^2} = -\omega^2 x$

运动学特征：$x = A\cos(\omega t + \varphi)$

能量特征：$E = E_k + E_p = \dfrac{1}{2}kA^2$，$\overline{E_k} = \overline{E_p} = \dfrac{1}{2}E = \dfrac{1}{4}kA^2$

(2) 简谐运动的特征量及其确定

振幅 A：物体偏离平衡位置的最大位移的绝对值，由初始条件决定。

角频率 ω：物体在 2πs 内所做的全振动的次数，单位为 $\text{rad}\cdot\text{s}^{-1}$，由系统本身决定。

与周期 T、频率 ν 的关系为 $\omega = \dfrac{2\pi}{T} = 2\pi\nu$，$\nu = \dfrac{1}{T}$。

相位 $\omega t + \varphi$，初相 φ：描述振动状态，由初始条件决定。

$$A = \sqrt{x^2 + \left(\frac{v}{\omega}\right)^2},\quad \tan\varphi = \frac{-v_0}{\omega x_0}$$

(3) 表述方法

数学解析法：$y = A\cos(\omega t + \varphi)$

图示法：x-t，v-t，a-t 曲线

旋转矢量法

(4) 速度和加速度

$$v = \frac{dx}{dt} = -\omega A\sin(\omega t + \varphi), \quad v_m = \omega A$$

$$a = \frac{dv}{dt} = -\omega^2 A\cos(\omega t + \varphi), \quad a_m = \omega^2 A$$

2. 简谐运动的合成

(1) 同一直线上两个同频率简谐运动的合成(仍为简谐运动)

分振动: $x_1 = A_1\cos(\omega t + \varphi_1)$, $x_2 = A_2\cos(\omega t + \varphi_2)$

合振动: $x = x_1 + x_2 = A\cos(\omega t + \varphi)$

$$A = \sqrt{A_1^2 + A_2^2 + 2A_1A_2\cos(\varphi_2 - \varphi_1)}, \quad \tan\varphi = \frac{A_1\sin\varphi_1 + A_2\sin\varphi_2}{A_1\cos\varphi_1 + A_2\cos\varphi_2}$$

$$\Delta\varphi = \varphi_2 - \varphi_1 = \begin{cases} \pm 2k\pi & (k = 0,1,2\cdots) \quad A = A_1 + A_2 \quad \text{振动加强} \\ \pm(2k+1)\pi & (k = 0,1,2\cdots) \quad A = |A_1 - A_2| \quad \text{振动减弱} \end{cases}$$

(2) 同一直线上两个不同频率简谐运动的合成(不是简谐运动)

当 ω_1 和 ω_2 都很大,但 $|\omega_2 - \omega_1|$ 很小时,产生拍现象。拍频 $\nu_{拍} = |\nu_2 - \nu_1|$

(3) 两个相互垂直的同频率简谐运动的合成

$$\varphi_2 - \varphi_1 = \begin{cases} 0 \text{ 或 } \pi, \text{合运动为简谐运动} \\ \left.\begin{array}{l} \frac{\pi}{2} \text{或} \frac{3\pi}{2}, \text{合运动轨道为正椭圆} \\ \text{其他值,合运动轨道为斜椭圆} \end{array}\right\} \text{不是简谐运动} \end{cases}$$

本 章 习 题

(一) 填空题

6-1 有两相同的弹簧,其劲度系数均为 k。

(1) 把它们串联起来,下面挂一个质量为 m 的重物,此系统做简谐振动的周期为__________;

(2) 把它们并联起来,下面挂一个质量为 m 的重物,此系统做简谐振动的周期为__________。

6-2 在两个相同的弹簧下各悬一物体,两物体的质量比为4:1,则二者做简谐振动的周期之比为__________。

6-3 一简谐振动的表达式为 $x = A\cos(3t + \varphi)$,已知 $t = 0$ 时的初位移为0.04m,初速度为 $0.09\text{m}\cdot\text{s}^{-1}$,则振幅 A =__________,初相 φ =__________。

6-4 一简谐振子的振动曲线如习题6-4图所示,则以余弦函数表示的振动方程为__________。

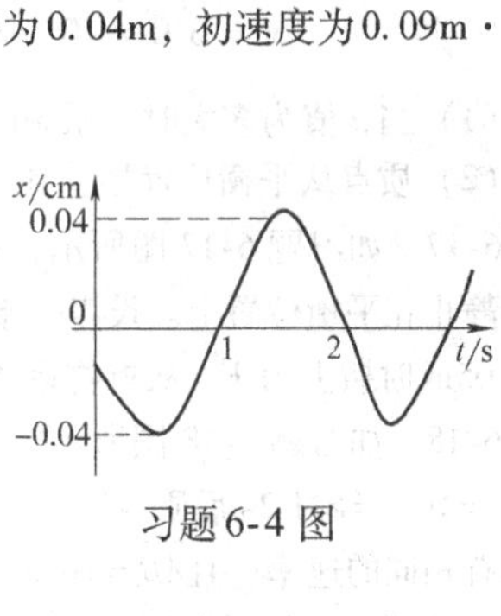

习题6-4图

6-5 一弹簧振子做简谐振动,振幅为 A,周期为 T,其运动方程用余弦函数表示。若 $t = 0$ 时,

(1) 振子在负的最大位移处,则初相为__________;

(2) 振子在平衡位置向正方向运动,则初相为__________;

(3) 振子在位移为 $A/2$ 处,且向负方向运动,则初相为__________。

6-6 已知两个简谐振动的振动曲线如习题6-6图所示,两简谐振动的最大速率之比为__________。

6-7 两个弹簧振子的周期都是0.4s,设开始时第一个振子从平衡位置向负方向运动,经过0.5s后,第二个振子才从正方向的端点开始运动，则这两振动的相位差为________________。

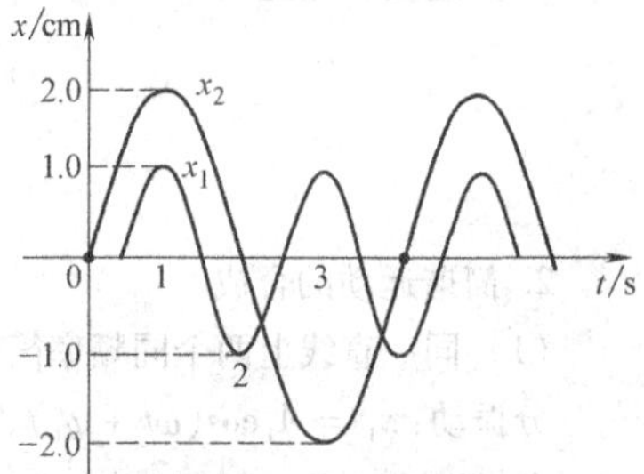

习题 6-6 图

6-8 质量为 m 的物体和一个轻弹簧组成弹簧振子，其固有振动周期为 T。当它做振幅为 A 的自由简谐振动时，其振动能量 $E=$__________。

6-9 一物块悬挂在弹簧下方做简谐振动，当这物块的位移等于振幅的一半时，其动能是总能量的________________。（设平衡位置处势能为零）当这物块在平衡位置时，弹簧的长度比原长长 l，这一振动系统的周期为________________。

6-10 一物体同时参与同一直线上的两个简谐振动：

$$x_1 = 0.05\cos\left(4\pi t + \frac{1}{3}\pi\right)\ \text{(SI)},\quad x_2 = 0.03\cos\left(4\pi t - \frac{2}{3}\pi\right)\ \text{(SI)}$$

合成振动的振幅为____________________m。

6-11 两个同方向、同频率的简谐振动

$$x_1 = 3\times10^{-2}\cos\left(\omega t + \frac{1}{3}\pi\right),\quad x_2 = 4\times10^{-2}\cos\left(\omega t - \frac{1}{6}\pi\right)\ \text{(SI)}$$

它们的合振动的振幅是____________________。

6-12 两个同方向、同频率的简谐振动，其合振动的振幅为20cm，与第一个简谐振动的相位差为 $\varphi_2-\varphi_1=\pi/6$. 若第一个简谐振动的振幅为 $10\sqrt{3}\text{cm}=17.3\text{cm}$，则第二个简谐振动的振幅为________cm，第一、二两个简谐振动的相位差 $\varphi_1-\varphi_2$ 为________。

（二）计算题

6-13 一轻弹簧在60N的拉力下伸长30cm。现把质量为4kg的物体悬挂在该弹簧的下端并使之静止，再把物体向下拉10cm，然后由静止释放并开始计时。求：

（1）物体的振动方程；

（2）物体在平衡位置上方5cm时弹簧对物体的拉力；

（3）物体从第一次越过平衡位置时刻起到它运动到上方5cm处所需要的最短时间。

6-14 一简谐振动的振动曲线如习题6-14图所示，求振动方程。

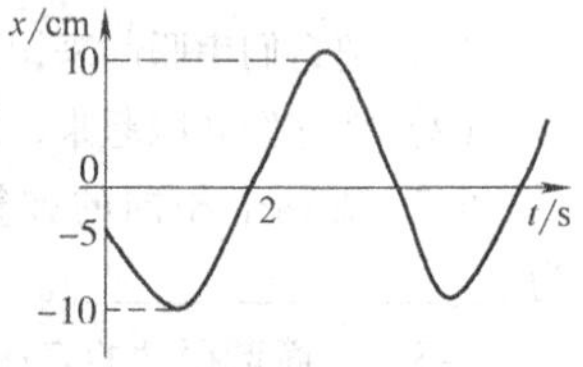

习题 6-14 图

6-15 有一单摆，摆长为 $l=100\text{cm}$，开始观察时（$t=0$），摆球正好过 $x_0=-6\text{cm}$ 处，并以 $v_0=20\text{cm}\cdot\text{s}^{-1}$ 的速度沿 x 轴正向运动，若单摆运动近似看成简谐振动。试求：（1）振动频率；（2）振幅和初相。

6-16 一质点做简谐振动，其振动方程为

$$x = 6.0\times10^{-2}\cos\left(\frac{1}{3}\pi t - \frac{1}{4}\pi\right)\ \text{(SI)}$$

（1）当 x 值为多大时，系统的势能为总能量的一半？

（2）质点从平衡位置移动到上述位置所需最短时间为多少？

6-17 如习题6-17图所示，有一水平弹簧振子，弹簧的劲度系数 $k=24\text{N}\cdot\text{m}^{-1}$，重物的质量 $m=6\text{kg}$，重物静止在平衡位置上。设以一水平恒力 $F=10\text{N}$ 向左作用于物体（不计摩擦），使之由平衡位置向左运动了0.05m时撤去力 F。从重物运动到左方最远位置时开始计时，求物体的运动方程。

6-18 如习题6-18图所示，一质点在 x 轴上做简谐振动，选取该质点向右运动通过 A 点时作为计时起点（$t=0$），经过2s后质点第一次经过 B 点，再经过2s后质点第二次经过 B 点，若已知该质点在 A、B 两点具有相同的速率，且 $\overline{AB}=10\text{cm}$，求：

（1）质点的振动方程；

（2）质点在 A 点处的速率。

6-19 两个同方向的简谐振动的振动方程分别为

$$x_1 = 4\times10^{-2}\cos2\pi\left(t+\frac{1}{8}\right)\ \text{(SI)},\quad x_2 = 3\times10^{-2}\cos2\pi\left(t+\frac{1}{4}\right)\ \text{(SI)}$$

求合振动的方程。

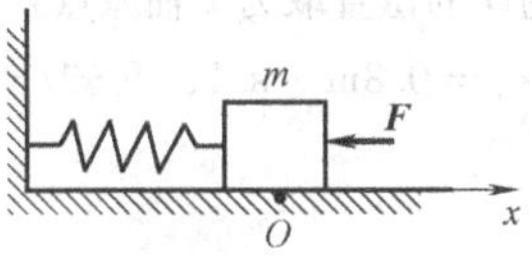

习题6-17图

习题6-18图

6-20 一质点同时参与两个同方向的简谐振动，其振动方程分别为

$$x_1 = 5\times10^{-2}\cos(4t+\pi/3)\ \text{(SI)},\quad x_2 = 3\times10^{-2}\sin(4t-\pi/6)\ \text{(SI)}$$

画出两振动的旋转矢量图，并求合振动的振动方程。

6-21 一个站台以2.20cm的振幅和6.60Hz的频率发生振动，求它的最大加速度是多少？

6-22 一个扬声器的膜片正在做简谐运动，频率是440Hz，最大位移为0.75mm。问其角频率、最大速度和最大加速度的大小各是多少？

6-23 如习题6-23图所示，一位宇航员坐在测量人体质量的装置（BMMD）上。该装置设计的目的是用于空间轨道飞行器，使宇航员在地球轨道上失重条件下能够测量增加的质量。BMMD是一把装有弹簧的椅子，宇航员测量他或她坐在该椅子上时的周期。由振动的物块-弹簧系统振动的周期公式可求出质量。（1）如果m'是宇航员的质量，m是BMMD参与振动的部件的有效质量，证明$m'=\left(\frac{k}{4\pi^2}\right)T^2-m$，这里$T$是振动的周期，$k$是弹簧的劲度系数；（2）在“天空实验任务2号”上的BMMD的弹簧劲度系数$k=605.6\text{N}\cdot\text{m}^{-1}$，空椅子的振动周期是0.90149s。求椅子的有效质量；（3）当宇航员坐在椅子上时，振动周期变为2.08832s。计算宇航员的质量。

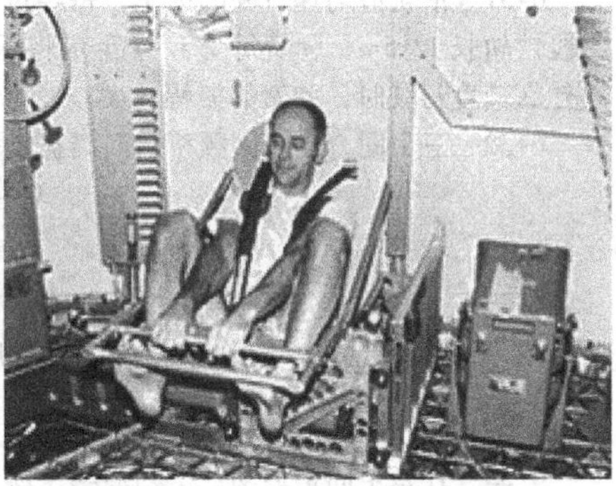

习题6-23图

6-24 把一个假想的大型弹弓拉伸1.5m，发射一个130g的抛射体，其速率足以逃离地球（$11.2\text{km}\cdot\text{s}^{-1}$）。假定弹弓的弹性带服从胡克定律。（1）如果全部的弹性势能转化成动能，此装置的弹簧劲度系数是多少？（2）假设平均说来一个人可出力220N，那么需要多少人来拉这个弹性带？

6-25 一个杂技演员坐在高秋千上来回摆动，周期是8.85s。如果她站起来，从而把秋千-演员系统的质心升高了35.0cm。这时新的周期是多少？（把秋千-演员系统当成一个单摆处理）

6-26 有一轻弹簧，当下端挂一个质量$m_1=10\text{g}$的物体而平衡时，伸长量为4.9cm。用这个弹簧和质量$m_2=16\text{g}$的物体组成一弹簧振子。取平衡位置为原点，向上为x轴的正方向。将m_2从平衡位置向下拉2cm后，给予向上的初速度$v_0=5\text{cm}\cdot\text{s}^{-1}$并开始计时，试求$m_2$的振动周期和振动的数值表达式。

6-27 一质量$m=0.25\text{kg}$的物体，在弹簧的力的作用下沿x轴运动，平衡位置在原点。弹簧的劲度系数$k=25\text{N}\cdot\text{m}^{-1}$。

（1）求振动的周期T和角频率ω；

（2）如果振幅$A=15\text{cm}$，$t=0$时物体位于$x=7.5$ cm处，且物体沿x轴反向运动，求初速v_0及初相φ；

（3）写出振动的数值表达式。

6-28 一物体做简谐振动，其速度最大值$v_m=3\times10^{-2}\text{m}\cdot\text{s}^{-1}$，其振幅$A=2\times10^{-2}\text{m}$。若$t=0$时，物体位于平衡位置且向$x$轴的负方向运动。求：

（1）振动周期 T；

（2）加速度的最大值 a_m；

（3）振动方程的数值表达式。

6-29 一弹簧振子沿 x 轴做简谐振动（弹簧为原长时，振动物体的位置取为 x 轴原点）。已知振动物体最大位移为 $x_m=0.4\text{m}$，最大回复力为 $F_m=0.8\text{N}$，最大速度为 $v_m=0.8\text{m}\cdot\text{s}^{-1}$，又知 $t=0$ 的初位移为 $+0.2\text{m}$，且初速度与所选 x 轴方向相反。

（1）求振动能量；

（2）求此振动的表达式。

6-30 质量 $m=10\text{g}$ 的小球与轻弹簧组成的振动系统，按 $x=0.5\cos\left(8\pi t+\dfrac{1}{3}\pi\right)$ 的规律做自由振动，式中，t 以 s 作单位，x 以 cm 为单位，求：

（1）振动的角频率、周期、振幅和初相；

（2）振动的速度、加速度的数值表达式；

（3）振动的能量 E；

（4）平均动能和平均势能。

6-31 沿轨道匀速行驶的火车，每经过一接轨处便受到一次振动，从而使车厢在弹簧上上下振动，设每段铁轨长 12.5m，弹簧每受 1.0t 重量将压缩 1.6mm，空气阻力可忽略，问若车厢及负荷共重 55t，火车以什么速度行驶时，弹簧的振幅最大？

6-32 三个同方向、同频率的简谐振动分别为

$$x_1=0.08\cos(314t+\pi/6)$$
$$x_2=0.08\cos(314t+\pi/2)$$
$$x_3=0.08\cos(314t+5\pi/6)$$

求：（1）合振动的表达式；（2）合振动由初始位置运动到 $x=\dfrac{1}{2}A$（A 为振幅）所需的最短时间。

（三）思考题

6-33 什么是简谐运动？下列运动中哪个是简谐运动？

（1）拍皮球时球的运动；

（2）锥摆的运动；

（3）一小球在半径很大的光滑凹球面底部的小幅度摆动。

6-34 如果把一弹簧振子和一单摆拿到月球上去，它们的振动周期将如何改变？

6-35 当一个弹簧振子的振幅增大到两倍时，试分析它的下列物理量将受到什么影响：振动的周期、最大速度、最大加速度和振动的能量。

6-36 把一单摆从其平衡位置拉开，使悬线与竖直方向成一小角度 φ，然后放手任其摆动。如果从放手时开始计算时间，此 φ 角是否是振动的初相位？单摆的角速度是否是振动的角频率？

6-37 稳态受迫振动的频率由什么决定？改变这个频率时，受迫振动的振幅会受到什么影响？

6-38 弹簧振子的无阻尼自由振动是简谐运动，同一弹簧振子在简谐驱动力持续作用下的稳态受迫振动也是简谐振动，这两种简谐运动有什么不同？

本章军事应用及工程应用阅读材料——混沌简介

1. 简单系统中的复杂行为

大摆角的单摆的运动情况分析

$$\frac{d^2\theta}{dt^2}+\frac{g}{l}\sin\theta=0 \quad ①$$

此方程是一个二阶非线性微分方程，下面就用非线性力学中最基本的研究方法——相图法来研

究分析该系统。

“相”的意思是运动状态，质点在某一时刻的运动状态就是它在该时刻的位置和速度，位置和速度的关系曲线就是它的相图。相图法是一种图解分析方法，可用于分析一阶、二阶非线性微分方程的动态过程，取得稳定性、时间响应等有关的信息。在现代计算机模拟计算下，可比较迅速与精确地获得相轨迹图形，用于系统的分析与设计。现在我们以质点的速度和位置作为坐标轴构成直角坐标平面，称为相平面；质点的每一个运动状态对应相平面上的一个点，称为相点；质点运动发生变化时，相点就在相平面内运动，相点的运动轨迹称为相迹线或相图；相点在相平面内运动的速度称为相速度。在相图中能得到质点运动状态的整体概念。

当摆角很大时，对单摆的运动方程式①进行积分，可得到

$$\frac{1}{2}\left(\frac{\mathrm{d}\theta}{\mathrm{d}t}\right)^2-\frac{g}{l}\cos\theta=C$$

式中，C 为积分常数。

设初始条件为 $t=0$ 时，$\theta=\theta_0$，$\frac{\mathrm{d}\theta}{\mathrm{d}t}=0$，可得 $C=-\frac{g}{l}\cos\theta_0$，得出

$$\dot{\theta}=\frac{\mathrm{d}\theta}{\mathrm{d}t}=\pm\sqrt{\frac{2g}{l}(\cos\theta-\cos\theta_0)} \quad ②$$

由式②做出相图如图 6-35 所示。

中心 O 点对应单摆下垂的平衡位置，是一个稳定的不动点，在中心 O 周围（$<5°$），相图是椭圆，对于小角度摆动，对式①积分得出的也是椭圆方程，两种情况相符。摆动幅度再增大，相图不再是椭圆但仍然闭合，说明单摆仍做周期运动。若能量再高，相图不再闭合，表示单摆不再往复摆动，而是沿正向或反向转动起来了。当 $\theta=\theta_0=\pi$ 时，即单摆摆到最高点时，$\frac{\mathrm{d}\theta}{\mathrm{d}t}=0$，$\frac{\mathrm{d}^2\theta}{\mathrm{d}t^2}=0$，说明最高点是一个不稳定平衡点。但是要让单摆摆到最高点时恰好静止是不可能的，因为两个分支点 G_1、G_2 是介于单向旋转和往复旋转之间的一个临界状态，究竟如何运动取决于初始条件的细微差别。在求解非线性力学问题时，相图中出现了分支点，这表明在该状态下力学系统的行为不是完全确定的，于是，一个确定性方程演化出了内在的随机性，一个简单的系统顿时变得复杂起来了。

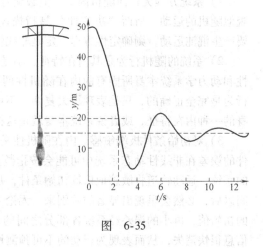

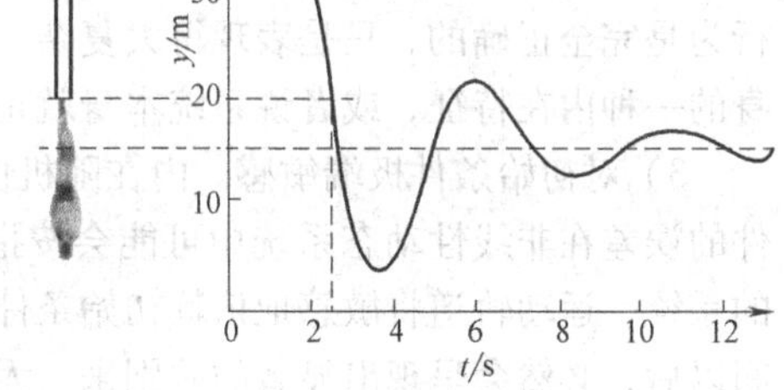

图　6-35

单摆系统的行为不是完全确定的，这种不可预测的、随机的现象就是混沌。实际上，混沌现象到处可见，它揭示了绚丽多彩、千姿百态的大千世界内在的一种机制，它是那么瞬息万变，充满复杂性，确定性系统包含着混沌，混沌中也存在着特殊的有序。

2. 混沌简介

混沌在我国传说中指宇宙形成以前模糊一团的景象，中国人常用混沌一词表达某种令人神往的美学境界或体道致知的精神状态，把混沌当作自然界固有的一种秩序，一种生命的源泉。这与历史上的中国神话、中国哲学有很大关系，最终与中国人独特的思维方式有很大的关系。在西方文化中，混沌是“无形”“空虚”“无秩序”。

现代科学所讲的混沌，其基本含义可以概括为：聚散有法，周行而不殆，回复而不闭。意思是说混沌轨道的运动完全受规律支配，但相空间中轨道运动不会中止，在有限空间中永远运动

着，不相交也不闭合。混沌运动表观上是无序的，产生了类随机性，也称内在随机性。混沌模型一定程度上更新了传统科学中的周期模型，用混沌的观点去看原来被视为周期运动的对象，往往有新的理解。

混沌现象是自然界中的普遍现象，天气变化就是一个典型的混沌运动。混沌现象的一个著名表述就是蝴蝶效应，意思是说：一只蝴蝶今天拍打了一下翅膀，使大气的状态产生了微小的改变，但过了一段时间，这个微小的改变能够使本来会产生的龙卷风避免了，或者能使本来不会产生的龙卷风产生了。南美洲一只蝴蝶扇一扇翅膀，可能就会在佛罗里达引起一场飓风。

混沌也是一种数学现象，有其自身颇为古怪的几何学意义，它与被称为奇异吸引子的离奇分形形状相联系。蝴蝶效应表明，奇异吸引子上的详细运动不可预先确定，但这并未改变它是吸引子的这个事实。

混沌也不是独立存在的科学，它与其他各门科学互相促进、互相依靠，由此派生出许多交叉学科，如混沌气象学、混沌经济学、混沌数学等。混沌学不仅极具研究价值，而且有现实应用价值，能直接或间接创造财富。混沌中蕴涵有序，有序的过程也可能出现混沌，大自然就是如此复杂，纵横交错，包含着无穷的奥秘。因此，对混沌科学的进一步研究将使我们对大自然有更深刻的理解。

3. 混沌的特征

1）系统方程无任何随机因子，但必须有非线性项。混沌是决定性动力学系统中出现的一种貌似随机的运动。所谓“决定性”是指描述系统运动状态的方程是确定的，不包含随机变量。要产生混沌运动，则确定性方程一定是非线性的。

2）系统的随机行为是其内在特征，不是外界引起的。随机性可分为由外界施加的外在随机性和动力学系统本身所固有的内在随机性两种。实际上内在随机并不是一种真正的随机，它的行为是完全正确的，只是表现得太复杂，不可预测，就像是随机一样，这种混乱、随机是系统自身的一种内在特征，或者说系统本身就是这样，“混乱”才正常。

3）对初始条件极端敏感。内在随机性是通过对初始条件的极端敏感性表现出来的，初始条件的误差在非线性动态系统中可能会按指数规律增长，“失之毫厘，谬以千里”。处于混沌状态的系统，运动轨道将敏感地依赖初始条件，从两个极其邻近的初值出发的两轨道，在足够长的时间以后，必然会呈现出显著的差别来。无论多么精密的测量都存在误差，我们无法给出真正精确的初始值，再小的误差经系统各部分之间的非线性相互作用也都可能被迅速放大，初始状态的信息很快消失，从而表现为行动的不可预测性，这就是混沌运动。

第7章 机 械 波

历史背景与物理思想发展脉络

振动状态在介质中的传播过程称为波动，简称波。波动是自然界中广泛存在的一种物质运动形式。机械振动在弹性介质中的传播称为机械波，如声波、水波、地震波等；交变电磁场在空间的传播称为电磁波，如无线电波、光波、X射线等。虽然它们的本质不同，但具有波的共性，例如它们有类似的波动方程，都能产生反射、折射、干涉和衍射等现象，这些性质叫作波动性。

早期的波动理论缺乏数学基础，还很不完善，而牛顿力学正节节胜利。以符合力学规律的粒子行为来描述光学现象，被认为是唯一合理的理论，因此，直到18世纪末，占统治地位的依然是微粒学说。

人们虽然知道声在空气中传播，但声的本质是什么还是众说纷纭，有人说是波，有人说是粒子，这和光学中的波动说和粒子说的争论一样。1687年牛顿在他的《自然哲学的数学原理》一书中对声波作为弹性波推导了声速的公式，他认为声速正比于介质弹性力的平方根，反比于介质密度的平方根，这反映了声的实质。但经过测量，人们发现计算值和实验值有较大的误差，原来牛顿认为声波传播是个等温过程，没有考虑声波变化较快，由压缩变热和稀疏制冷的热量传不出去，实际上是个绝热过程。到1816年拉普拉斯修改了牛顿的公式，把等温压缩系数换为绝热压缩系数，消除了理论和实验的差别。

通过牛顿到拉普拉斯的工作，人们才最后确认声波是弹性波，奠定了经典声学的基础。

值得指出的是，中国古代的鱼洗在激发时出现四角分布的波腹或波节，即沿着盆壁圆周发生两个周期的驻波。有文献记载，浙江省博物馆所藏的一件鱼洗，当盛上不同深度的水时，可以分别激发出四个、六个和八个波节的振动模式，即分别相应于两个、三个和四个周期的驻波。如果情况确实如此，那就应当会先后听到基音、八度音和五度音等音程不同的嗡声。这一现象同伽利略的酒杯实验是那么惊人地相似，而且，驻波的规则图样比波纹密度更加容易观察。那么，假若有人看到了这一现象并且善于思考的话，本来是有可能发现频率就是音高的量度的。遗憾的是，古代的中国缺乏有这样科学头脑的观察者，即使是在文献上，也没有关于鱼洗振动模式变化时所伴随的嗡声变化的记载，所以，中国古代没有出现这些方面的工作，首先是因为受到观念上的限制，因为缺乏纯粹科学研究的传统精神。一个民族，如果到了今天仍然把科学仅仅当做生产力的一部分，那是绝不会产生出深刻的理论思维的。

胡克明确主张光是一种振动，并根据云母片的薄膜干涉现象做出判断，认为光是类似水波的某种快速脉冲。在1667年出版的《显微术》一书中，他写道："在均匀介质中，这种运动在各个方向都以同一速度传播，所以发光体的每个脉冲或振动都必然会形成一个球面。这个球面不断扩大，就如同把石块投进水中在水面一点周围的波或环，膨胀为越来越大的圆环一样（尽管要快得多）。由此可见，在均匀介质中激起的这些球面的所有部分都与射线以直角相交。"

荷兰物理学家惠更斯发展了胡克的思想。他进一步提出光是发光体中微小粒子的振动在弥漫于宇宙空间的以太中的传播过程。光的传播方式与声音类似，而不是微粒说所设想的像子弹或箭那样的运动。1678 年他向巴黎的法国科学院报告了自己的论点（当时惠更斯正留居巴黎），并于 1690 年取名《光论》（Traite de la Lumiere）正式发表。他写道："假如注意到光线向各个方向以极高的速度传播，以及光线从不同的地点甚至是完全相反的地方发出时，其射线在传播中一条穿过另一条而互相毫无影响，就完全可以明白：当我们看到发光的物体时，决不会是由于这个物体发出的物质迁移所引起，就像穿过空气的子弹或箭那样。"

罗迈（Olaf Roemer，1644—1710）在 1676 年根据木星卫蚀的推迟得到光速有限的结论，使惠更斯大受启发。罗迈观测到当地球行至太阳和木星之间时，木卫蚀提早 7 ~ 8min，而当地球行至太阳的另一侧时，木卫蚀却推迟 7 ~ 8min。由此他推算光穿越地球轨道约需 22min。惠更斯根据罗迈的数据和地球轨道直径计算出光速 $c = 2 \times 10^8 \mathrm{m \cdot s^{-1}}$。这个结果虽然尚欠精确，却是第一次得到的光速值。于是惠更斯设想传播光的以太粒子非常之硬，有极好的弹性，光的传播就像振动沿着一排互相衔接的钢球传递一样，当第一个球受到碰撞，碰撞运动就会以极快的速度传到最后一个球。他认为，以太波的传播不是以太粒子本身的远距离移动，而是振动的传播。惠更斯接着写道："我们可以设想，以太物质具有弹性，以太粒子受到的推斥不论是强还是弱都有相同的快速恢复的性能，所以光总以相同的速度传播。"

这样，惠更斯就明确地论证了光是波动（他认为是以太纵波），并进而以光速的有限性推断光和声波一样必以球面波的形式传播。接着，惠更斯运用子波和波阵面的概念，引进了著名的惠更斯原理。从他的理论可以推出与笛卡儿不同的折射公式。

实验物理中引起兴趣的实验之一就是寻找引力波。爱因斯坦在他的广义相对论中预测了引力波并且指出该波比较微弱，只有在宏观极其大的物体中才能产生。引力波的存在是通过中子星运转的轨道频率间接得到的。2016 年 2 月，美国的物理学家向全世界宣布他们探测到了引力波，掀起了一个引力波观测的高潮。

7.1　机械波的一般概念

物理学基本内容

我们在足球场的看台上，常常会看到一种"人浪"。它在看台上到处传播，这种传播的"东西"，显然不是单个的球迷，每个球迷只在自己的座位上站起来举手后又座下，这种东西，只是暂时站起来的球迷对本来坐着的观众的一个扰动，正是这种扰动在看台的观众中传播，我们就把"扰动的传播"称为波。

这种运动与我们以前考查过的运动不同，并非是分子、足球、汽车和其他物体实际的位置变动。

当我们观察一块石子丢在水中产生的波纹时，若有一个软木塞浮在水面上，在波纹经过软木塞时，软木塞则上下晃动（振动），而不随波纹向外运动，波纹使软木塞上下晃动需要对软木塞做功，提供能量。因此，波本质上是在介质中传播的扰动，它传送能量，却不传送物质。这就是波这种运动呈现在我们心中的图像。

如同火车运载货物一样，介质中的波也运载信息和能量。从这个意义上讲，波又称载波，它是通信技术与能量传输技术的科学基础，不管现代通信技术中的卫星通信和光纤通信，还是现代电力工业中的输电网，或者海浪、地震、原子弹爆炸所显现的巨大破坏力，都是波的作为。

波是振动在空间的传播，机械振动在介质中的传播形成机械波，电磁振荡在真空或介质中的传播形成电磁波。不同类型波的物理本质虽然不同，但它们具有一些共同的特征和规律，例如，它们都有一定的传播速度，都伴随着能量的传播，都具有空间、时间上的周期性，线性波还遵从叠加原理，有干涉、衍射现象等。近代物理揭示出微观粒子的运动也具有与上述性质相似的特性，所以我们认为微观粒子具有波粒二象性，并称之为物质波，不过其波函数的物理意义与经典波函数完全不同。下面我们从最简单、形象的机械波入手，开始认识波的基本特征。

7.1.1 机械波的产生

在弹性介质中，介质的每个质元都有自己的平衡位置。如果振动物体（波源）使某个质元受到外力作用而离开平衡位置，相邻的质元就会给它弹力的作用，在弹力和质元惯性的作用下，该质元就在平衡位置附近振动起来。在该质元受到弹力作用的同时，其相邻质元必受到反作用（弹力），也随之振动起来。这样，振动（状态）就以一定的速度由近及远地传播开来，形成机械波。可见，机械波的产生必须具备两个条件：

（1）有作机械振动的物体，谓之波源或振源；

（2）有连续的弹性介质（从宏观来看，气体、液体、固体均可视为连续体）。

如果波动中使介质各部分振动的回复力是弹性力，则称为弹性波。例如，声波即为弹性波。机械波不一定都是弹性波，如水面波就不是弹性波，水面波中的回复力是水质元所受的重力和表面张力，它们都不是弹性力，下面我们只讨论弹性波。

通过以上的波动图景，我们对简谐波传播的物理本质有如下的认识：

1）机械波有赖于介质传播，而质元本身并不随波的传播而向前移动。所有的质元都以原来的位置为平衡位置做同频率、同方向、同振幅的简谐运动，但位移相位有规律地“参差不齐”，因而波动是介质中各质元保持一定相位联系的集体振动。

2）振源的状态随时间发生周期性的变化，它所经历的每一状态顺次向前传递。前已提及，机械振动的状态可以用位置、速度等力学量来描述，也可以用振动相位来描述，因而机械波是力学量周期性的变化在空间的传播过程，亦即相位的传播过程。

3）振源得以持续振动是外界不断馈入能量所致。随着振动状态的传递，原来静止的质元获得能量而开始振动。沿波传播的方向，每个质元不断从后面的质元中吸取能量，又不断地向前面的质元放出能量，因而波动也是能量的传播过程。

简谐波是最简单、最基本的波。可以证明，任何周期性的机械波都可以看作若干个简谐波的合成。因此，对任意一个周期性的波动过程的物理本质，均可做如上认识。

7.1.2 横波和纵波

按振动方向与波传播方向之间的关系可将波分为横波与纵波。

质元振动方向与波的传播方向垂直的波叫作横波，平行的称为纵波。

图 7-1 是横波在一根弦线上传播的示意图，将弦线分成许许多多可视为质点的小段，质点之间以弹性力相联系。设 $t=0$ 时，质点都在各自的平衡位置，此时质点 1 在外界作用下由平衡位置向上运动，由于弹性力的作用，质点 1 即带动质

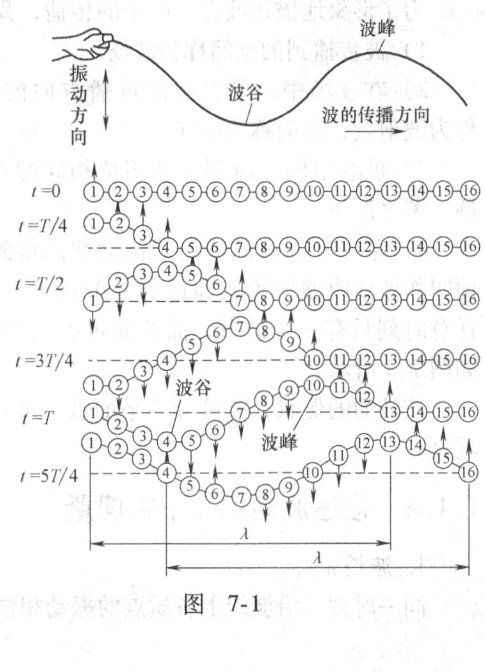

图 7-1

点 2 向上运动；继而质点 2 又带动质点 3……于是各质点就先后上下振动起来。

图中画出了不同时刻各质点的振动状态，设波源的振动周期为 T。由图可知，$t=T/4$ 时，质点 1 的初始振动状态传到了质点 4，$t=T/2$ 时，质点 1 的初始振动状态传到了质点 7……$t=T$ 时，质点 1 完成了自己的一次全振动，其初始振动状态传到了质点 13，此时，质点 1 至质点 13 之间各点偏离各自平衡位置的矢端曲线就构成了一个完整的波形。在以后的过程中，每经过一个周期，就向右传出一个完整波形，可见沿着波的传播方向向前看去，前面各质点的振动相位都依次落后于波源的振动相位。

横波的质元振动方向与传播方向垂直，说明当横波在介质中传播时，介质中层与层之间将发生相对位错，即产生切变。只有固体能承受切变，因此横波只能在固体中传播。

图 7-2 是纵波在一根弹簧中传播的示意图，在纵波中，质元的振动方向与波的传播方向平行，因此在介质中就形成稠密和稀疏的区域，故又称为疏密波，纵波可引起介质产生体变，固、液、气体都能承受体变，因此，纵波能在所有物质中传播，纵波传播的其他规律与横波相同。

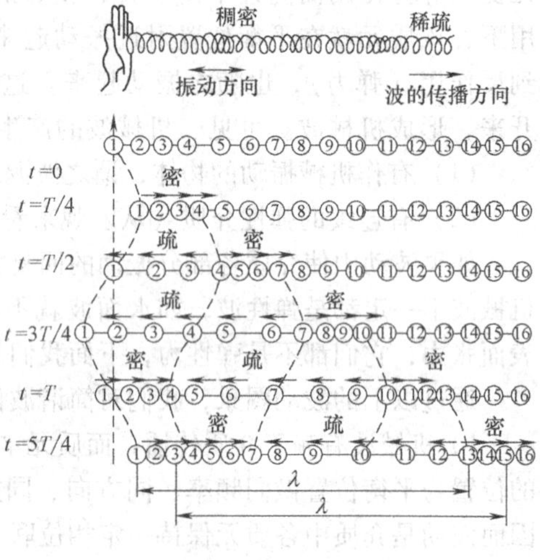

图 7-2

在液面上因有表面张力，故能承受切变，所以液面波是纵波与横波的合成波。此时，组成液体的微元在自己的平衡位置附近做椭圆运动。

综上所述，机械波向外传播的是波源（及各质点）的振动状态和能量，介质中的质元并不随波前进。

7.1.3 波线和波面

为了形象地描述波在空间中的传播，我们介绍如下一些概念。

1）波传播到的空间称为波场。

2）在波场中，代表波的传播方向的射线，称为波射线，也简称为波线。

3）波场中同一时刻振动相位相同的点的轨迹，谓之波面。

4）某一时刻波源最初的振动状态传到的波面叫作波前或波阵面，即最前方的波面，因此，任意时刻只有一个波前，而波面可有任意多个，如图 7-3 所示。

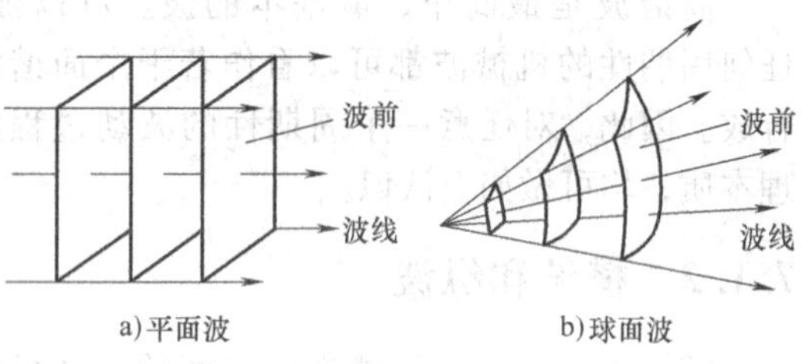

图 7-3

按波面的形状，波可分为平面波、球面波和柱面波等。在各向同性介质中，波线恒与波面垂直。

7.1.4 描述波动的几个物理量

1. 波长 λ

同一时刻，沿波线上各质点的振动相位是依次落后的，则同一波线上相邻的相位差为 2π 的两振动质点之间的距离叫作波长，用 λ 表示。当波源做一次全振动时，波传播的距离就等于一个波长，因此波长反映了波的空间周期性。显然，波长与波速、周期和频率的关系为

$$\lambda = uT = \frac{u}{\nu} \text{或} u = \frac{\lambda}{T} = \lambda\nu \tag{7-1}$$

此式不仅适用于机械波，也适用于电磁波。它的物理意义是明显的，即1s内通过波线上一点的完整波的数目乘上每个完整波的长度，就等于波向前推进的速度，也就是波的传播速度，如图7-4所示。

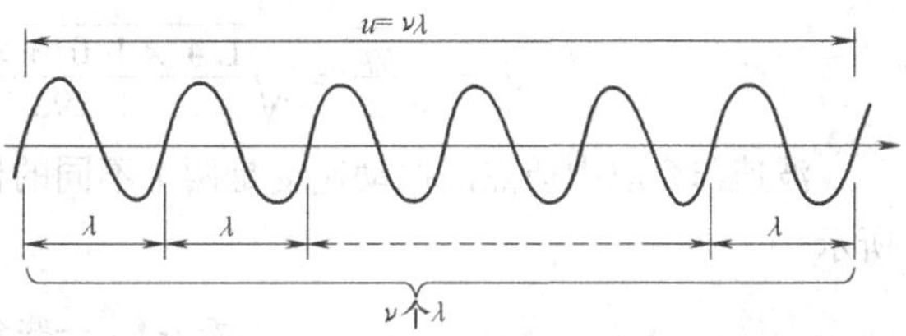

图 7-4

由于机械波的波速仅由介质的力学性质决定，因此，不同频率的波在同一介质中传播时都具有相同的波速，而同一频率的波在不同介质中传播时波速不同，因而其波长不同。

2. 波动周期和频率

波动过程也具有时间上的周期性，波动周期是指一个完整波形通过介质中某固定点所需的时间，用 T 表示。周期的倒数叫作频率，波动频率即为单位时间内通过介质中某固定点完整波的数目，用 ν 表示。由于波源每完成一次全振动，就有一个完整的波形发送出去，由此可知，当波源相对于介质静止时，波动周期即为波源的振动周期，波动频率即为波源的振动频率。波动周期 T 与频率 ν 之间亦有

$$T = \frac{2\pi}{\omega} = \frac{1}{\nu} \tag{7-2}$$

3. 波速 u

波动是振动状态（即相位）的传播，振动状态在单位时间内传播的距离叫作波速，因此波速又称相速，用 u 表示。对于机械波，波速通常由介质的性质决定。可以证明，对于简谐波，在固体中传播的横波和纵波的波速分别为

$$u_{\perp} = \sqrt{\frac{G}{\rho}}, \quad u = \sqrt{\frac{E}{\rho}} \tag{7-3}$$

式中，G 和 E 分别是介质的切变模量和弹性模量（也叫杨氏模量）；ρ 为介质的密度。

在弦中传播的横波的波速为

$$u_{\perp} = \sqrt{\frac{F_{\mathrm{T}}}{\mu}} \tag{7-4}$$

式中，F_{T} 是弦中张力；μ 为弦的线密度。

在液体和气体中不可能发生切变，所以不可能传播横波。液体和气体中只能传播与体变有关的弹性纵波（液体表面的波是由重力和表面张力引起，包含纵波和横波两种成分）。在液体和气体中纵波传播速度为

$$u = \sqrt{\frac{K}{\rho}} \tag{7-5}$$

式中，K 是介质的体积模量；ρ 是介质的密度。对于理想气体，把声波中的气体过程作为绝热过程近似处理，根据分子动理论和热力学（见第9章），可推出声速的公式为

$$u = \sqrt{\frac{\gamma p}{\rho}} = \sqrt{\frac{\gamma RT}{M}} \tag{7-6}$$

式中，M 是气体的摩尔质量；γ 是气体的比热容比；p 是气体的压强；T 是热力学温度；R 是摩尔气体常数。

声波在理想气体中的传播速度为

$$u = \sqrt{\frac{\gamma p}{\rho}} = \sqrt{\frac{1.4 \times 1.013 \times 10^5}{1.293}}\mathrm{m \cdot s^{-1}} = 331.2\mathrm{m \cdot s^{-1}}$$

波速与介质中质点的振动速度是两个不同的概念，注意区分。一些介质中的声速，如表 7-1 所示。

表 7-1　一些介质中的声速

介质	温度/℃	速率/$\mathrm{m \cdot s^{-1}}$
空气（1atm①）	0	331
空气（1atm）	20	343
氢（1atm）	0	1270
纯水	25	1493
海水	25	1531
花岗岩	20	6000
铁	20	5130
铜	20	3750

① atm（标准大气压）为非法定计量单位，1atm = 101325Pa。

物理知识应用

飞机噪声及危害

飞机噪声是一种机械波。随着飞机飞行速度的提高及大功率发动机的使用，飞机噪声问题日趋严重，引起了公众对航空噪声的重视与研究。飞机在起飞、着陆及整个飞行过程中始终伴随着多种类型的噪声，概括如下：

（1）推进系统噪声：如喷气噪声、火箭噪声、风扇和压气机噪声、螺旋桨噪声、推力换向装置噪声等。

（2）动力升力系统噪声：如外部排气、襟翼和喷气襟翼等噪声。

（3）附面层压力脉动噪声：如大速压和跨音速飞行状态引起的附面层压力脉动噪声。

（4）气流分离噪声：由于机体外表面突起或结构不连续引起的气流分离噪声，称为分离流噪声。

（5）空腔噪声：如打开的军械舱、与外部气流相通的隔舱等引起的空腔噪声。

（6）机炮或火箭发射噪声。

（7）管道噪声：如充压空气管道、空调管道、进气口及通风管道等管道噪声。

（8）其他噪声：如辅助动力装置、电动机、油泵噪声等。

飞行器各种噪声源的典型最大声压级：激波振荡、火箭发动机及分离流所产生的噪声声压级高达 170dB 以上，涡轮喷气发动机可达 155dB 以上，螺旋桨式发动机约为 150dB 左右。国产喷气式飞机尾喷口噪声高达 160dB，进气道噪声为 140 ~ 155dB，其他部位的噪声也都在 130dB 以上。

飞机噪声的危害：

（1）飞机噪声可使机上乘员听力损伤、心情烦躁、干扰语音通信，并且影响大脑和心血管的系统功能。飞机在起飞着陆时的噪声影响机场周围环境，居民反应强烈。

(2) 飞机噪声干扰机载电子设备与电器元件。电子设备及各种电器元件对噪声干扰非常敏感，这些设备在高声强的噪声环境下，不仅会发生工作失灵、设备失效引起故障，还会造成错误动作，从而不能可靠地工作，严重时会产生破坏，危及飞机的安全可靠性。

(3) 飞机噪声将引起飞机结构声疲劳，在高噪声载荷作用下结构会产生动应力响应，在反覆应力作用下，铆钉松动、断裂、甚至飞掉、蒙皮裂纹等。严重时承力件断裂。这些故障都不同程度地影响了飞机结构的完整性与使用寿命。

因此，对飞机噪声的研究应该成为飞机结构设计中的必要环节，对飞机噪声的研究应该包括：噪声载荷预估、噪声控制、结构抗声疲劳设计、声疲劳试验技术等。

物理知识拓展

介质的弹性模量 E、切变模量 G 和体积模量 K

我们知道，物体（包括固体、液体和气体），在受到外力作用时，形状或体积都会发生或大或小的变化。这种变化统称为形变。当外力不太大因而引起的形变也不太大时，去掉外力后形状或体积仍能复原。这个外力的限度叫弹性限度。在弹性限度内的形变叫弹性形变，它和外力具有简单的关系。由于外力施加的方式不同，形变可以有以下几种基本形式：最简单的形变就是长度和体积的改变，简称线变和体变；还有一种是物体内各物质层发生相对位移，称为切变。

(1) 弹性模量　如图7-5所示，若在截面积为 S、长为 l 的细棒的两端施以大小相等、方向相反的轴向拉力 $\boldsymbol{F}$ 时，棒伸长了 Δl，则相对变化 $\frac{\Delta l}{l}$ 叫作线应变，$\frac{F}{S}$ 叫作应力。实验表明，在弹性限度内，应力和线应变成正比，这一关系叫作胡克定律，写成公式为

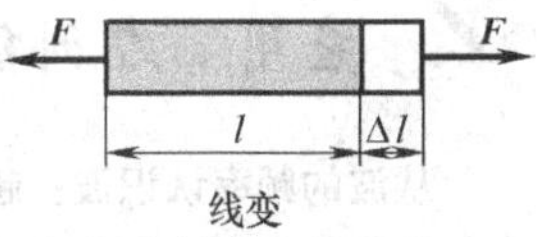

图 7-5

$$\frac{F}{S}=E\frac{\Delta l}{l} \tag{7-7}$$

式中，比例系数 E 称为弹性模量，其大小由材料的弹性决定。

关于胡克定律的讨论：由式 (7-7) 可得

$$F=\frac{ES}{l}\Delta l=k\Delta l \tag{7-8}$$

在外力不太大时，Δl 较小，S 基本不变，因而 $\frac{ES}{l}$ 近似为一常数，可用 k 表示。上式即常见的外力和棒的长度变化成正比的公式，k 称为劲度系数，简称劲度。

材料发生线变时，它具有弹性势能。类比弹簧的弹性势能公式，由上式可得弹性势能为

$$W_{\mathrm{p}}=\frac{1}{2}k(\Delta l)^2=\frac{1}{2}\frac{ES}{l}(\Delta l)^2=\frac{1}{2}ESl\left(\frac{\Delta l}{l}\right)^2 \tag{7-9}$$

注意到 $V=Sl$ 为材料的总体积，就可以得知，当材料发生线变时，单位体积内的弹性势能为

$$w_{\mathrm{p}}=\frac{1}{2}E\left(\frac{\Delta l}{l}\right)^2 \tag{7-10}$$

即等于弹性模量和线应变的平方的乘积的一半。

(2) 切变模量　如图7-6所示，物体的上、下底面积均为 S，若在其上施以大小相等、方向相反的力 $\boldsymbol{F}$ 时，物体发生了切变，实验表明，在弹性限度内，切应力 $\frac{F}{S}$ 与切应变 $\varphi=\frac{\Delta x}{d}$ 成正比，即

$$\frac{F}{S}=G\varphi=G\frac{\Delta x}{d} \tag{7-11}$$

式中，比例系数 G 称为切变模量，其大小由材料的性质决定。

(3) 体积模量　如图 7-7 所示，若流体的体积在压强为 p 时等于 V，当压强增为 $p+\Delta p$ 时，体积变化量为 $V+\Delta V$。实验表明，在通常压强范围内有

$$\Delta p = -K\frac{\Delta V}{V} \tag{7-12}$$

式中，比例系数 K 称为体积模量，它的大小因物质种类不同而异；负号表示压强增大时体积减小。

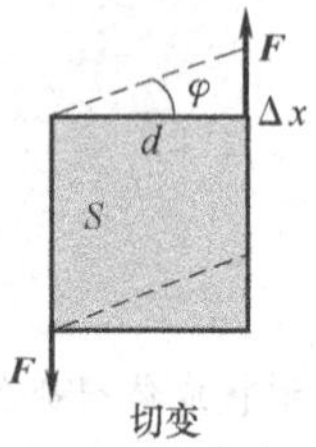

图 7-6

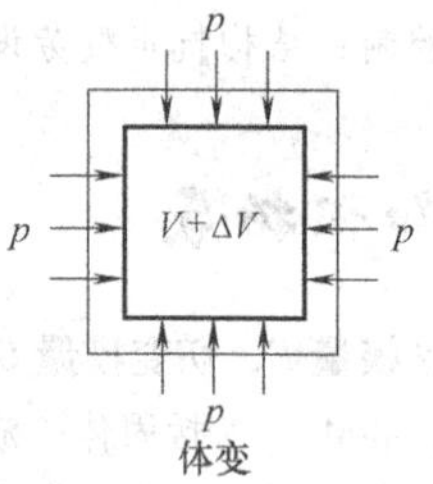

图 7-7

应用能力训练

从波的频率认识波：超声波及其应用

通常的超声波频率范围在 $2\times10^4\sim5\times10^8$ Hz 之间，若用激光激发晶体，可产生频率高达 5×10^8 Hz 以上的超声波。超声波的特点是频率高、波长短、声强大，从而具有良好的定向传播特性和穿透本领。超声波对物质的作用有机械作用、空化作用、热作用、化学作用、生物作用，等等，从而在技术上有着广泛的应用。例如，由于海水导电性好，对电磁波吸收严重，电磁雷达在海水中无法使用，因此可以利用超声波雷达——声呐来探测水中物体。例如，探测鱼群、潜艇，测量海深等。超声探伤不损伤工件，由于超声波穿透本领强，可以用来探测万吨水压机主轴、横梁等大型工件。目前，超声波探伤正向着显像方向发展，如“B 超”就是利用超声波来显示人体内部的结构图像。随着激光全息技术的发展，声全息也日益发展起来，把声全息记录的信息用光显示出来，可以直接看到被测物体的图像，这在地质、医学领域具有重要意义。

超声波能量大而集中，可用于切削、焊接、钻孔、清洗机件、除尘等方面，当超声波通过液体时，使液体不断受到拉伸和压缩，拉伸时液体中会因断裂而形成一些几乎是真空的小空穴，在液体被压缩时，这些小空穴被绝热压缩而消失。这个过程中液体内将产生几千个大气压的压强和几千度的高温，并产生放电发光现象，这就是超声波的空化作用，可以用来粉碎非常坚硬的物体。

超声波在介质中的波速、衰减、吸收等均与介质特征和状态密切相关，因此可以用来间接测量有关物理量，称为非电量声测法，这种方法测量的精密度高，速度快。超声波对生物体也有明显的作用。例如，某些农作物种子经超声波处理后可提前发芽和增产，而有的植物种子经超声波处理后发芽能力却会降低。人体的某些病变，用超声波治疗可获得良好效果。

由于超声波频率与一般电磁波频率相近，因此可以用超声元件代替某些电子元件，如超声波延迟线等。在无线电技术中，有时需要将信号延迟一定的时间，而由于电磁波的速率很大，必须使用很长的传输线。如果通过超声延迟线将电磁波经换能器转换为超声波，让比电磁波波速小得多的超声波在介质中传播一定的距离后，再重新转换为电磁波，相当于使电磁波在空间或传输线上传播很长的距离，从而达到将信号延迟的目的。

7.2 平面简谐波的波函数和物理意义

物理学基本内容

在介质中行进的波叫作行波。在波的传播中，如果波源和介质中各质元都做简谐振动，这种波叫作简谐波。任何复杂的波都可以看作若干个简谐波叠加的结果。如何定量地描述一个波动过程？机械波是机械振动在弹性介质中的传播，是介质中大量质元参与的一种集体运动，下面我们要寻找一个所谓的波函数，要求它能表示波传播方向上任一质元在任何时刻的位移。

7.2.1 平面简谐波的波函数

最简单、最基本的行波是平面简谐波。因为波动是振动状态的传播过程，所以波动方程必须能够定量地描述有波传播的介质中任意一点在任意时刻质元偏离平衡位置的位移，下面讨论平面简谐波的波动方程。因为同一波面上各质元振动状态完全相同，所以只要给出一条波线上各质元的振动规律，就可以知道空间所有质元的振动规律，因此，对于平面简谐波的波动方程只要描述出一条波线上各质元的振动规律就可以了。

如图7-8所示，设一平面简谐波在不吸收能量、无限大的均匀介质中沿 Or 轴正向传播，相速为 u，取 Or 轴为一条波线，O 为坐标原点，已知 O 点处质元的振动规律为

$$y_0 = A\cos(\omega t + \varphi)$$

式中，A 为振幅；ω 为角频率；φ 为初相；y_0 为 t 时刻原点 O 处质元离开平衡位置的位移。在波线（即 Or 轴）上任取一点 P，其坐标为 $OP = r$，下面的任务就是要找出 P 处质元在任一时刻 t 离开平衡位置的位移 y。

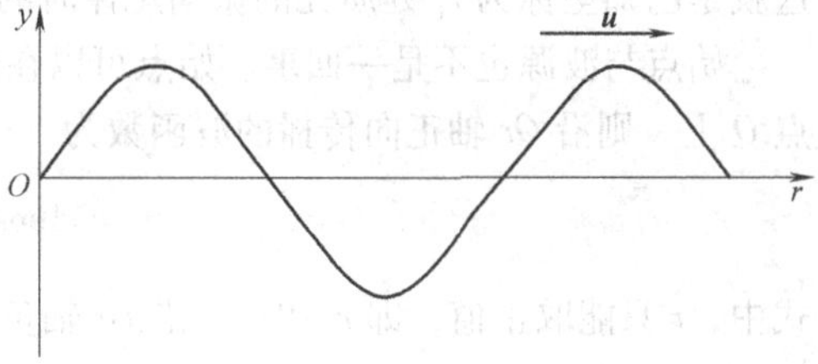

图 7-8

由于振动是以速度 u 沿 Or 轴正向传播，原点 O 处质元的某一振动状态传到 P 点需要的时间 $t' = \frac{r}{u}$，所以 P 处质元在 t 时刻的位移 y 应等于 O 处质元在 $\left(t - \frac{r}{u}\right)$ 时刻的位移，即

$$y = A\cos\left[\omega\left(t - \frac{r}{u}\right) + \varphi\right] \tag{7-13}$$

式（7-13）即为沿 Or 轴正向传播的平面简谐波的表达式或波函数，它含有时间 t 和位置坐标 r 两个变量，给出了波线上任意一处的质元在任意时刻的位移。因为 $\omega = \frac{2\pi}{T} = 2\pi\nu$，$u = \lambda\nu = \frac{\lambda}{T}$，所以平面简谐波的波函数也可以写成下列形式

$$y = A\cos\left[2\pi\left(\nu t - \frac{r}{\lambda}\right) + \varphi\right] \tag{7-14}$$

$$y = A\cos\left[2\pi\left(\frac{t}{T} - \frac{r}{\lambda}\right) + \varphi\right] \tag{7-15}$$

上述结果是波沿着 Or 轴正向传播的情形，如果波沿着 Or 轴负向传播，则 P 处质元的振动状态比 O 处质元的同一振动状态要超前一段时间 $\frac{r}{u}$，因此，P 处质元在 t 时刻的位移 y 应等于原点

O 处质元在$\left(t+\frac{r}{u}\right)$时刻的位移，即

$$y = A\cos\left[\omega\left(t+\frac{r}{u}\right)+\varphi\right] \tag{7-16}$$

$$y = A\cos\left[2\pi\left(\nu t+\frac{r}{\lambda}\right)+\varphi\right] \tag{7-17}$$

$$y = A\cos\left[2\pi\left(\frac{t}{T}+\frac{r}{\lambda}\right)+\varphi\right] \tag{7-18}$$

式（7-16）~式（7-18）是沿 Or 轴负向传播的平面简谐波的波函数。

上面的讨论，是已知原点 O 处质元的振动规律，求出波线上任意一点处质元的振动规律（波动方程）。已知振动规律的点称为始点，原点 O 可以取在始点上，也可能不在始点上。为简便起见，通常把原点 O 取在始点上，得出如式（7-13）的波动方程。若原点 O 未在始点上，设始点坐标为 r_1；振动规律为 $y = A\cos(\omega t+\varphi)$，则某一振动状态从始点传到 r 处所需时间为$\frac{r-r_1}{u}$，r 处质元 t 时刻的位移与 r_1 处质元 $t-\frac{r-r_1}{u}$时刻的位移相等，所以

$$y = A\cos\left[\omega\left(t-\frac{r-r_1}{u}\right)+\varphi\right] \tag{7-19}$$

这就是已知坐标为 r_1 处质元的振动规律时的波函数。

始点与波源也不是一回事。始点可以在波源上，也可以不在波源上。若波源、始点均位于原点 O 上，则沿 Or 轴正向传播的波函数为

$$y = A\cos\left[\omega\left(t-\frac{r}{u}\right)+\varphi\right] \tag{7-20}$$

式中，r 只能取正值，即 $r>0$；而沿 Or 轴负向传播的波函数为

$$y = A\cos\left[\omega\left(t+\frac{r}{u}\right)+\varphi\right] \tag{7-21}$$

式中，r 只能取负值，即 $r<0$。也可以将波函数改写为

$$y = A\cos\left[\frac{2\pi}{\lambda}(ut\mp r)+\varphi\right] = A\cos[k(ut\mp r)+\varphi] \tag{7-22}$$

式中，$k=\frac{2\pi}{\lambda}$，称为波数，它表示在 2π 长度内所具有的完整波的数目。

7.2.2 波函数的物理意义

（1）波动方程中含有位置坐标 r 和时间 t 两个自变量，当位置坐标 r 为定值 r_a 时，介质质元位移 y 只是时间 t 的函数，这种情况是只考察波射线上与原点的距离为 r_a 处质元在波动中的行为，这时波动方程就变成该质元的振动方程，即

$$\begin{aligned} y &= A\cos\left(\omega t-\frac{2\pi}{\lambda}r_a+\varphi\right) \\ &= A\cos(\omega t+\alpha) \end{aligned}$$

式中，$\alpha=-\frac{2\pi}{\lambda}r_a+\varphi$ 是该质元做简谐振动的初相，若 r_a 为不同的值，则表示波线上不同位置的质元都在做同频率的简谐振动，但初相各不相同。$-\frac{2\pi}{\lambda}r_a$ 表示坐标为 r_a 处质元的振动比原点 O

处落后的相位，离 O 点越远，r_a 越大，相位落后得越多。所以，沿传播方向，波线上各质元的振动相位依次落后。若 $r=\lambda$，则该处质元振动与原点 O 处质元的振动相差为 2π。可见，波长这个物理量反映出波在空间上的周期性。

（2）当时间 t 为定值 t_a 时，位移 y 只是位置坐标 r 的函数，这种情况相当于在 t_a 时刻把波线上各个质元偏离平衡位置的位移（即波形）“拍照”下来。这时波动方程变为

$$y = A\cos\left(\omega t_a - 2\pi\frac{r}{\lambda} + \varphi\right) = A\cos\left(2\pi\frac{r}{\lambda} + \alpha\right) \tag{7-23}$$

式中，$\alpha = -\omega t_a - \varphi$。该方程表示在 t_a 时刻波线上各质元离开平衡位置位移的分布情况，当 $t=T$ 时，$y = A\cos\left(2\pi\frac{r}{\lambda} - 2\pi - \varphi\right)$，可见 $t=T$ 时的波形与 $t=0$ 时的波形相同，说明周期这个物理量反映了波在时间上的周期性。

另外，可以导出同一波线上两质点之间的相位差为

$$\Delta\varphi = -\frac{2\pi}{\lambda}(r_2 - r_1) \tag{7-24}$$

（3）如果 r 和 t 都在变化，波动方程就描绘出波线上所有质元在不同时刻的位移，或者说，波动方程包括了不同时刻的波形。图7-9给出了 t 时刻和 $t+\Delta t$ 时刻的两条波形曲线，由图可以看出，在 Δt 时间内，整个波形沿 Or 轴正方向移动了一段距离 $\Delta r = u\Delta t$，波形移动的速度就是相速 u。可见，当 r 和 t 同时变化时波动方程描述了波的传播，给出了波线上各个不同质点在不同时刻的位移，或者说它包括了各个不同时刻的波形，也就是反映了波形不断向前推进的波动传播的全过程。

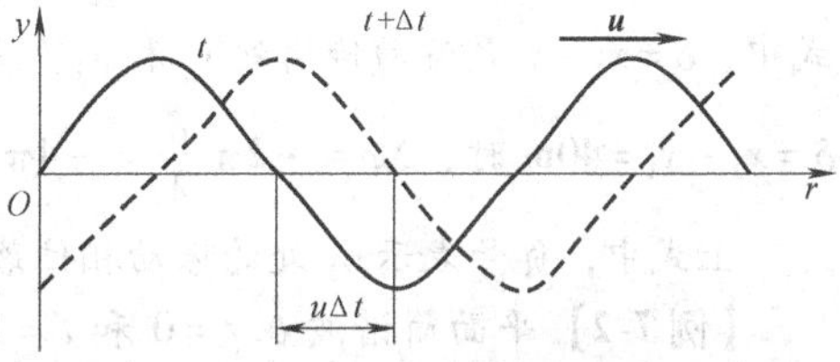

图　7-9

7.2.3　波动中质点振动的速度与加速度

介质中任一质点的振动速度，可通过波动方程表达式，把 r 看作定值，将 y 对 t 求导数（偏导数）得到，记作 $\partial y/\partial t$。以常用的波函数 $y = A\cos\left[\omega\left(t-\frac{r}{u}\right)+\varphi\right]$ 为例，质点的振动速度为

$$v = \frac{\partial y}{\partial t} = -A\omega\sin\left[\omega\left(t-\frac{r}{u}\right)+\varphi\right] \tag{7-25}$$

质点的加速度为 y 对 t 的二阶偏导数，

$$a = \frac{\partial^2 y}{\partial t^2} = -A\omega^2\cos\left[\omega\left(t-\frac{r}{u}\right)+\varphi\right] \tag{7-26}$$

由此可知，介质中各质点的振动速度和加速度都是变化的。

【例7-1】 已知波动方程为 $y = 0.01\text{m}\times\cos\pi\left[(10\text{s}^{-1})t - \frac{x}{10\text{m}}\right]$，求：（1）振幅、波长、周期、波速；（2）$x=10\text{m}$ 处质点的振动方程及该质点在 $t=2\text{s}$ 时的振动速度；（3）距原点为 20m 和 60m 两点处质点振动的相位差。

【解】（1）用比较法，将题给的波动方程改写成如下形式

$$y = 0.01\cos10\pi\left(t - \frac{x}{100}\right)(\text{SI})$$

并与波函数的标准形式比较

$$y = A\cos\left(\omega\left(t - \frac{x}{u}\right) + \varphi\right)$$

即可得：振幅 $A = 0.01\text{m}$，波长 $\lambda = 20\text{m}$，周期 $T = 0.2\text{s}$，波速 $u = \frac{\lambda}{T} = 100\text{m}\cdot\text{s}^{-1}$，初相 $\varphi = 0$。

（2）将 $x = 10\text{m}$ 代入

$$y = 0.01\cos 10\pi\left(t - \frac{x}{100}\right) \quad (\text{SI})$$

得

$$y = 0.01\cos(10\pi t - \pi) \quad (\text{SI})$$

所以

$$v = -0.1\pi\sin(10\pi t - \pi) \quad (\text{SI})$$

$$t = 2\text{s 时}, v = 0$$

（3）同一时刻，波线上坐标为 x_1 和 x_2 两点处质点振动的相位差

$$\Delta\varphi = -\frac{2\pi}{\lambda}(x_2 - x_1) = -2\pi\frac{\delta}{\lambda}$$

式中，$\delta = x_2 - x_1$ 是波动传播到 x_2 和 x_1 处的波程之差。

$\delta = x_2 - x_1 = 40\text{m}$ 时，$\Delta\varphi = -2\pi\frac{\delta}{\lambda} = -4\pi$

上式中，负号表示 x_2 处的振动相位落后于 x_1 处的振动相位。

【例 7-2】 平面简谐波在 $t = 0$ 和 $t = 1\text{s}$ 时的波形如图 7-10 所示。求：（1）波的角频率和波速；（2）写出此简谐波的波动方程；（3）以图中 P 点为坐标原点，写出波动方程。

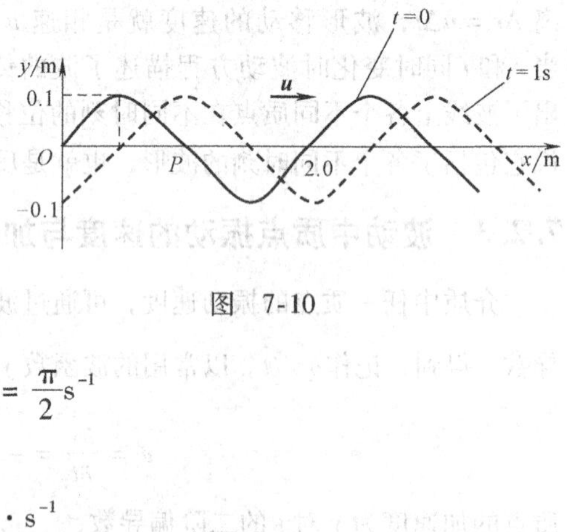

图 7-10

【解】（1）图中所示振幅和波长分别为：$A = 0.1\text{m}$，$\lambda = 2.0\text{m}$。

在 $t = 1\text{s}$ 时间内，波形沿 x 轴正方向移动了 $\lambda/4$，则波的周期和角频率分别为

$$T = 4\text{s}, \quad \omega = \frac{2\pi}{T} = \frac{\pi}{2}\text{s}^{-1}$$

波速为

$$u = \frac{\lambda}{T} = 0.5\text{m}\cdot\text{s}^{-1}$$

（2）设原点 O 处质点的振动方程为

$$y_O = A\cos(\omega t + \varphi)$$

由 $t = 0$ 初始条件得

$$y_0 = A\cos\varphi = 0, \quad v_0 = -\omega A\sin\varphi < 0$$

$$\varphi = \frac{\pi}{2}$$

此平面简谐波的波函数为

$$y = A\cos\left(\omega\left(t - \frac{x}{u}\right) + \varphi\right) = 0.1\cos\left(\frac{\pi}{2}t - \pi x + \frac{\pi}{2}\right) \quad (\text{SI})$$

（3）我们看到，如果知道了某一个质点的振动方程，通过相位（或时间）超前或落后的概念就很容易得到波动方程。

$$y_P = 0.1\cos\left(\frac{\pi}{2}t + \frac{\pi}{2} - \pi\right) = 0.1\cos\left(\frac{\pi}{2}t - \frac{\pi}{2}\right)$$

$$y = A\cos\left[\omega\left(t - \frac{x}{u}\right) + \varphi\right] = 0.1\cos\left(\frac{\pi}{2}t - \pi x - \frac{\pi}{2}\right) \quad (\mathrm{SI})$$

7.2.4 平面简谐行波的微分方程

波传播着的振动状态，对于时间和空间都是周期性的，它可以传播能量却没有物质迁移，产生波的系统可以看成无限多耦合着的振子。电磁波、声波和物质波（德布罗意波）等都满足相同的数学方程即波动方程，都具有波的基本性质。

将沿 x 轴传播的平面简谐波的波函数分别对 t 和 x 求二阶偏导数

$$\frac{\partial^2 y}{\partial t^2} = -A\omega^2\cos\left[\omega\left(t - \frac{x}{u}\right) + \varphi\right]$$

$$\frac{\partial^2 y}{\partial x^2} = -A\frac{\omega^2}{u^2}\cos\left[\omega\left(t - \frac{x}{u}\right) + \varphi\right]$$

比较上面两式可得到

$$\frac{\partial^2 y}{\partial x^2} = \frac{1}{u^2}\frac{\partial^2 y}{\partial t^2} \tag{7-27}$$

式（7-27）反映的是一切平面波必须满足的波动微分方程。

对于波动方程，仅考虑无限延伸的波动，这时的数学描述比较容易，但自然界中的波动多数都是局限在某空间里的，这就限定了波动方程解的形式，求解时必须依据相应的边界条件。现代的光导就是一个例子，光被限制在光导中传播，这时会受光导边界条件的限制，能够激发出各种不同的模式，因此，一个光导可以传播多个信号。

物理知识应用

声呐

海洋开发、航运、地质勘探、水下物体搜索、军事活动都需要有高效的水下观察手段。陆地上常用的光波和无线电波在水中衰减很快，无法长距离传播，而声波却可以在水中传输很远的距离，因此它理所当然地成为最主要的水下信息载体。随着人类海洋活动的日益增多，各种水声技术和设备迅速发展起来。

水下较远距离的探测和成像一般都使用声呐设备。声呐可以分成多个种类。按工作方式可分为主动声呐，被动声呐；按载体可分成舰艇用声呐，潜艇用声呐，航空吊放声呐及岸用声呐；按工作任务又可分为预警声呐、导航声呐、通信声呐、猎雷声呐、剖面声呐和图像声呐，等等。

目前水底成像声呐主要有回声探测仪、前视声呐、侧视声呐等。合成孔径声呐（SAS，Synthetic Aperture Sonar）是一种新型的水下探测成像声呐，是国际水声高技术研究的热点之一。在合成孔径的过程中，声呐平台承载的换能器一面以匀速直线运动，一面以固定的重复频率发射并接收信号。如果把回波信号的幅度和相位信息存储起来并与以前的接收信号叠加，则随着换能器的前进将形成等效的线列阵。这样可以合成一个很大的等效换能器基阵，并能够产生不依赖于径向距离和频率的方位向高分辨率。这正是合成孔径技术的价值所在。与普通的声呐相比，SAS的突出优点是具有很高的横向空间分辨力，而且从原理上来说，它的分辨力与声呐的工作频率和作用距离无关。这样我们就可以用较小的声呐基阵和较低的工作频率同时满足近距离和远距离的探测需要。

图像声呐是一种功能通用的声呐，即可以通过声呐图像进行目标识别来给出预警信息，也可以通过声呐图像分析目标的表面结构对目标进行检测。图像声呐的波束形成主要有两种方法：电子波束形成技术和声透镜波束形成技术。电子波束形成技术采用阵列技术，通过传感器阵列接收空间声场信息，对阵列信号进行时空相关处理得到多个波束，阵列信号处理理论已是水声信号处理中的一个基本内容，在目标探测、噪声中的信号检测及目标信号特征参数估计等诸多领域中起着举足轻重的作用。其技术内容主要是波束形成，空间增益的获取，干扰抑制，为后置信号处理环节提供良好的波形，及目标参数的估计等。多波束技术需要与阵列规模匹配的模拟数字信号处理电路来作为支撑，如何简化模拟数字电路规模也是人们研究的方向之一。

声透镜波束形成技术采用声透镜进行波束形成，可以极大地简小声呐接收机的电路规模，声透镜的工作原理与光学透镜相同，都依据几何射线成像理论。某一方向传播来的声波经过声透镜时，由于透镜前后界面的折射作用，使声波会聚在一点，即透镜的焦点上；在焦点位置放一个接收换能器就能实现对来自该方向波束的接收。在透镜焦平面位置布放一个由多个阵元组成的接收基阵，就能实现对来自不同方向入射声波的接收，得到目标的距离信息。如果声透镜是柱面透镜或接收阵是一维线列阵，可以进行二维声成像；如果声透镜和接收基阵都是二维的，则可以进行三维声成像。

【例7-3】 声呐波源的振动方程为 $y_0 = A\cos\omega t$，假设其发出平面波，波速为 u，沿 x 方向传播，在距离声呐 l 处遇到潜艇，设反射波振幅近似等于入射波振幅，且反射点有半波损失（反射波引入 $-\pi$ 相差），求(1) 入射波的波动方程；(2) 反射波的波动方程；(3) 反射波在声呐接收处的振动方程。

【解】

(1) 显然，入射波的波动方程为

$$y_{入} = A\cos\omega\left(t - \frac{x}{u}\right)$$

故

$$y_{入艇} = A\cos\omega\left(t - \frac{l}{u}\right)$$

潜艇处反射波源的振动方程为

$$y_{反艇} = A\cos\left[\omega\left(t - \frac{l}{u}\right) - \pi\right]$$

(2) 反射波的波动方程

$$y_{反} = A\cos\left[\omega\left(t + \frac{x-l}{u}\right) + \omega\left(-\frac{l}{u} - \pi\right)\right]$$

$$= A\cos\left[\omega\left(t + \frac{x-2l}{u}\right) - \pi\right]$$

(3) 反射波在声呐接收处的振动方程为

$$y_{反0} = A\cos\left[\omega t - \left(\frac{2\omega l}{u} + \pi\right)\right]$$

物理知识拓展

波动的复数表示方法

第6章介绍了简谐振动的复数表示方法，波动是振动的传播过程，所以也能采用复数表示方法，只要能够正确地运用这种方法，它可使计算过程大为简化。下面举一些例子进行介绍。

首先，讨论无衰减平面行波沿 x 轴正向传播的情况，用三角函数形式表示的波函数形式为

$$y = A\cos\left[\omega\left(t - \frac{x}{u}\right) + \varphi\right] = A\cos(\omega t - kx + \varphi)$$

式中，$k = \dfrac{\omega}{u} = \dfrac{2\pi}{\lambda}$ 称为波数，它表示 2π 长度内的完整波的数量。上面的振动位移表达式如果用复数形式表示，则可以写成

$$\dot{y} = Ae^{j(\omega t - kx + \varphi)} = Ae^{j\varphi}e^{-jkx}e^{j\omega t}$$

$$= Ae^{-jkx}e^{j(\omega t + \varphi)} = Ae^{-j(kx - \varphi)}e^{j\omega t}$$

y 可以利用复数的实部来表示，则可以得到

$$y = Re(\dot{y}) = Re(Ae^{j\varphi}e^{-jkx}e^{j\omega t}) = Re(\dot{y}e^{j\omega t})$$

其中

$$\dot{y} = Ae^{j\varphi}e^{-jkx}$$

称为复振幅。它仅是空间位置的函数，而与时间无关，由于它包含场量的相位，所以也称为相量。若要得到场矢量的瞬时值，只需要将复振幅乘以 $e^{j\omega t}$ 并取实部即可。例如：若已知某电磁波电场复振幅为

$$\dot{\boldsymbol{E}}(x,y,z) = \boldsymbol{e}_x E_0 \sin(k_x x)\sin(k_y y)e^{-jk_z z}$$

则其波函数为

$$\begin{aligned}\boldsymbol{E}(x,y,z,t) &= Re(\dot{\boldsymbol{E}}(x,y,z)e^{j\omega t}) \\ &= Re(\boldsymbol{e}_x E_0\sin(k_x x)\sin(k_y y)e^{-jk_z z}e^{j\omega t}) \\ &= \boldsymbol{e}_x E_0 \sin(k_x x)\sin(k_y y)\cos(\omega t - k_z z)\end{aligned}$$

再比如：若已知某电磁波电场复振幅为

$$\dot{\boldsymbol{E}}(x,y,z) = \boldsymbol{e}_x j2E_0\sin\theta\cos(kz\cos\theta)e^{-jkz\sin\theta}$$

则其波函数为

$$\begin{aligned}\boldsymbol{E}(x,y,z,t) &= Re(\dot{\boldsymbol{E}}(x,y,z)e^{j\omega t}) \\ &= Re(\boldsymbol{e}_x 2E_0\sin\theta\cos(kz\cos\theta)e^{j\frac{\pi}{2}}e^{-jkz\sin\theta}e^{j\omega t}) \\ &= \boldsymbol{e}_x 2E_0\sin\theta\cos(kz\cos\theta)\cos\left(\omega t + \frac{\pi}{2} - kz\sin\theta\right)\end{aligned}$$

应用能力训练

【例 7-4】 一平面波在介质中以速度 $u = 20\text{m}\cdot\text{s}^{-1}$ 沿直线传播，已知在传播路径上某点 A 的振动方程为 $y_A = 3\cos4\pi t$，如图 7-11 所示。(1) 若以 A 点为坐标原点，写出波函数，并求出 C、D 两点的振动方程；(2) 若以 B 点为坐标原点，写出波函数，并求出 C、D 两点的振动方程。

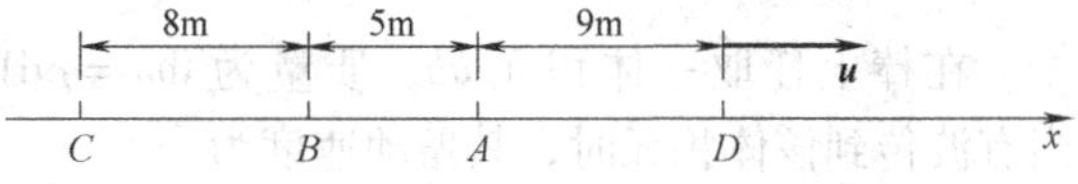

图 7-11

【解】 已知 $u = 20\text{m}\cdot\text{s}^{-1}$，$\omega = 4\pi\text{s}^{-1}$，$T = \frac{2\pi}{\omega} = 0.5\text{s}$，$\lambda = uT = 10\text{m}$。若以 A 点为坐标原点，则原点的振动方程为

$$y_0 = y_A = 3\cos4\pi t$$

所以波函数为

$$y = 3\cos4\pi\left(t - \frac{x}{20}\right) = 3\cos\left(4\pi t - \frac{\pi}{5}x\right)$$

对 C 点，$x_C = -13\text{m}$；对 D 点，$x_D = 9\text{m}$。C 点和 D 点的振动方程分别为

$$y_C = 3\cos\left(4\pi t - \frac{\pi}{5}x_C\right) = 3\cos\left(4\pi t + \frac{13}{5}\pi\right)$$

$$y_D = 3\cos\left(4\pi t - \frac{\pi}{5}x_D\right) = 3\cos\left(4\pi t - \frac{9}{5}\pi\right)$$

对 B 点，$x_B = -5\text{m}$；$y_B = 3\cos\left[4\pi t - \frac{\pi}{5}\cdot(-5)\right] = 3\cos(4\pi t + \pi)$

若以 B 点为坐标原点，则原点的振动方程为

$$y_0 = y_B = 3\cos(4\pi t + \pi)$$

此时波函数为

$$y = 3\cos\left[4\pi\left(t - \frac{x}{20}\right) + \pi\right] = 3\cos\left(4\pi t - \frac{\pi}{5}x + \pi\right)$$

式中，x 是波线上任意一点的坐标（以 B 点为坐标原点），所以对 C 点，$x_C = -8\text{m}$；对 D 点，$x_D = 14\text{m}$。C 点和 D 点的振动方程分别为

$$y_C = 3\cos\left(4\pi t + \frac{8}{5}\pi + \pi\right) = 3\cos\left(4\pi t + \frac{13}{5}\pi\right)$$

$$y_D = 3\cos\left(4\pi t - \frac{\pi}{5} \times 14 + \pi\right) = 3\cos\left(4\pi t - \frac{9}{5}\pi\right)$$

7.3 波的能量 能流密度（波强）

物理学基本内容

7.3.1 波的能量和能量密度

在波的传播中，载波的介质并不随波向前移动，波源的振动能量则通过介质间的相互作用而传播出去。介质中各质点都在各自的平衡位置附近振动，因而具有动能；同时，介质因形变而具有弹性势能。下面我们以介质中任一体积元 dV 为例来讨论波动能量。

1. 介质中体积元的能量

如图 7-12 所示，设一细棒，沿 Ox 轴放置，密度为 ρ，横截面为 S，弹性模量为 E。当平面简谐波以波速 u 沿 Ox 轴正向传播时，棒中波动方程为

$$y = A\cos\left[\omega\left(t - \frac{x}{u}\right) + \varphi_0\right]$$

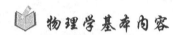

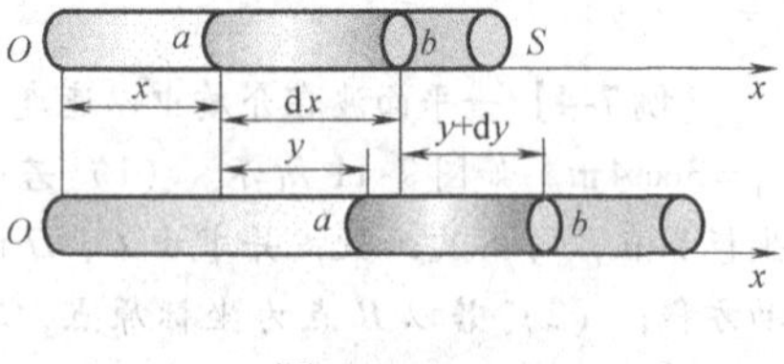

图 7-12

在棒上任取一体积元 ab，质量为 $dm = \rho dV = \rho S dx$，当有波传到该体积元时，其振动速度为

$$v = \frac{\partial y}{\partial t} = -A\omega\sin\left[\omega\left(t - \frac{x}{u}\right) + \varphi_0\right] \qquad (7\text{-}28)$$

因而该体积元的振动动能为

$$dE_k = \frac{1}{2}(dm)v^2 = \frac{1}{2}\rho dVA^2\omega^2\sin^2\left[\omega\left(t - \frac{x}{u}\right) + \varphi_0\right] \qquad (7\text{-}29)$$

设在时刻 t 该体积元正在被拉长，两端面 a 和 b 的位移分别为 y 和 $y + dy$，则体积元 ab 的实际伸长量为 dy，有

$$\frac{F}{S} = E\frac{dy}{dx}$$

由形变产生的弹性回复力大小为

$$F = ES\frac{dy}{dx} = \frac{ES}{dx}dy$$

则该体积元的弹性势能为

$$dE_p = \frac{1}{2}k(dy)^2 = \frac{1}{2}\frac{ES}{dx}(dy)^2 = \frac{1}{2}ESdx\left(\frac{dy}{dx}\right)^2 \qquad (7\text{-}30)$$

$$\frac{\partial y}{\partial x} = \frac{\omega A}{u}\sin\left[\omega\left(t - \frac{x}{u}\right) + \varphi_0\right] \qquad (7\text{-}31)$$

而固体中纵波的速度为 $u=\sqrt{\dfrac{E}{\rho}}$，则弹性势能可写成

$$dE_p = \frac{1}{2}\rho dVA^2\omega^2\sin^2\left[\omega\left(t-\frac{x}{u}\right)+\varphi_0\right] \tag{7-32}$$

于是该体积元的机械能为

$$dE = dE_k + dE_p = \rho dVA^2\omega^2\sin^2\left[\omega\left(t-\frac{x}{u}\right)+\varphi_0\right] \tag{7-33}$$

式（7-33）表明，波在介质中传播时，介质中任一体积元的总能量随时间做周期性变化。这说明该体积元和相邻的介质之间有能量交换，体积元的能量增加时，它从相邻介质中吸收能量；体积元的能量减少时，它向相邻介质释放能量。这样，能量不断地从介质的一部分传递到另一部分，所以，波动过程也就是能量传播的过程。

应当注意，波动的能量和谐振动的能量有着明显的区别。在一个孤立的谐振动系统中，它和外界没有能量交换，所以机械能守恒且动能和势能在不断地相互转换，当动能有极大值时势能为极小值，当动能为极小时势能为极大值，而在波动中，体积内总能量不守恒，且同一体积元内的动能和势能是同步变化的，即动能有极大值时势能也为极大值。

2. 波的能量密度

单位体积介质中所具有的波的能量，称为能量密度，用 w 表示

$$w = \frac{dE}{dV} = \rho A^2\omega^2\sin^2\left[\omega\left(t-\frac{x}{u}\right)+\varphi_0\right] \tag{7-34}$$

能量密度在一个周期内的平均值称为平均能量密度，用 $\overline{w}$ 表示

$$\overline{w} = \frac{1}{T}\int_0^T w dt = \frac{1}{T}\int_0^T \rho A^2\omega^2\sin^2\left[\omega\left(t-\frac{x}{u}\right)+\varphi_0\right]dt = \frac{1}{2}\rho A^2\omega^2 \tag{7-35}$$

式（7-35）指出，平均能量密度与波振幅的平方、角频率的平方及介质密度成正比。此公式适用于各种弹性波。

7.3.2 波的能流密度（波强）

所谓能流，即单位时间内通过某一截面的能量。如图 7-13 所示，设想在介质中作一个垂直于波速的截面积为 ΔS，长度为 u 的长方体，则在单位时间内，体积为 $u\cdot\Delta S$ 的长方体内的波动能量都要通过 ΔS 面，能流 P 为

$$P = wu\Delta S = u\rho A^2\omega^2\sin^2\left[\omega\left(t-\frac{x}{u}\right)+\varphi_0\right]\Delta S \tag{7-36}$$

平均能流为

$$\overline{P} = \overline{w}u\Delta S = \overline{\rho A^2\omega^2\sin^2\left[\omega\left(t-\frac{x}{u}\right)+\varphi_0\right]\cdot u\Delta S} = \frac{1}{2}\rho A^2\omega^2 u\Delta S \tag{7-37}$$

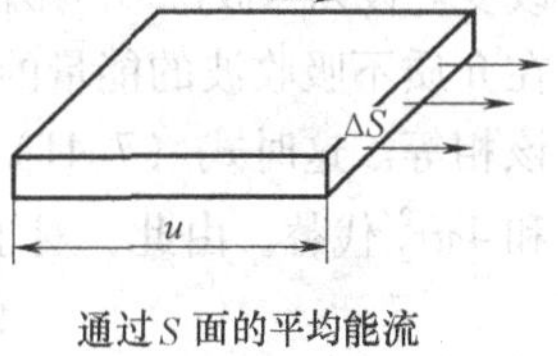

通过 S 面的平均能流

图 7-13

显然，平均能流 $\overline{P}$ 与截面积 ΔS 有关，与波的传播方向垂直的单位面积的平均能流称为能流密度或波的强度，简称波强，用 $\boldsymbol{I}$ 表示，把平均能流密度或波强定义为矢量，方向为波的传播方向，设为 $\boldsymbol{k}$，则有

$$\overline{\boldsymbol{I}} = \frac{\overline{P}}{\Delta S}\boldsymbol{k} = \frac{1}{2}\rho A^2\omega^2 u\boldsymbol{k} = \overline{w}\boldsymbol{u} \tag{7-38}$$

波强是一个矢量，它等于波的平均能量密度与波速的乘积，即 $\boldsymbol{I}=\overline{w}\boldsymbol{u}$。

简谐波波强的矢量表达式为

$$\boldsymbol{I} = \frac{1}{2}\rho A^2\omega^2\boldsymbol{u} \tag{7-39}$$

简谐波波强的大小为

$$I = \frac{1}{2}\rho A^2\omega^2 u$$

即波强与波振幅的平方、角频率的平方、介质密度以及波速的大小成正比（只对弹性波成立）。波强的单位是瓦［特］每平方米（$\mathrm{W \cdot m^{-2}}$）。

7.3.3 波的振幅

若平面简谐波在各向同性、均匀、无吸收的理想介质中传播，可以证明其波振幅在传播过程中将保持不变：

设有一平面波在均匀介质中沿 x 方向行进。图 7-14 中画出了为同样的波线所限的两个截面积 S_1 和 S_2。假设介质不吸收波的能量，根据能量守恒，在一周期内通过 S_1 和 S_2 面的能量应该相等。以 I_1 表示 S_1 处的平均能流密度，以 I_2 表示 S_2 处的平均能流密度，则应该有

$$I_1S_1T = I_2S_2T \tag{7-40}$$

利用式（7-37），则有

$$\frac{1}{2}\rho u\omega^2A_1^2S_1T = \frac{1}{2}\rho u\omega^2A_2^2S_2T \tag{7-41}$$

对于平面波，$S_1 = S_2$，因而有

$$A_1 = A_2 \tag{7-42}$$

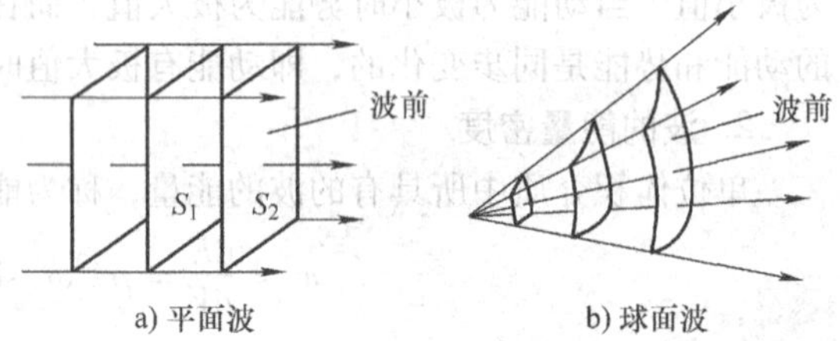

图 7-14

这就是说，在均匀的、不吸收能量的介质中传播的平面波的振幅保持不变。这一点我们在之前介绍平面简谐波的波函数时已经用到了。

波面是球面的波叫球面波。如图 7-14b、图 7-15 所示，球面波的波线沿着半径向外。如果球面波在均匀无吸收的介质中传播，则振幅将随 r 改变。设以点波源 O 为圆心画半径分别为 r_1 和 r_2 的两个球面（见图 7-15）。在介质不吸收波的能量的条件下，一个周期内通过这两个球面的能量应该相等。这时式（7-41）仍然正确，不过 S_1 和 S_2 应分别用球面积 $4\pi r_1^2$ 和 $4\pi r_2^2$ 代替。由此，对于球面波应有

$$A_1^2r_1^2 = A_2^2r_2^2,\quad I_1r_1^2 = I_2r_2^2$$

或

$$A_1r_1 = A_2r_2 \tag{7-43}$$

图 7-15

即振幅与离点波源的距离成反比。以 A_1 表示离波源的距离为单位长度处的振幅，则在离波源任意距离 r 处的振幅为 $A = A_1/r$，由于振动的相位随 r 的增加而落后的关系和平面波类似，所以球面简谐波的波函数应该是

$$y = \frac{A}{r}\cos\left[\omega\left(t - \frac{x}{u}\right) + \varphi_0\right] \tag{7-44}$$

实际上，波在介质中传播时，介质总要吸收波的一部分能量，因此即使在平面波的情况下，波的振幅，因而波的强度也要沿波的传播方向逐渐减小，这种现象称为波的吸收，所吸收的能量通常转换成介质的热力学能或热。

7.3.4 波的吸收

在导出平面简谐波的波动方程时，假定了波是在均匀无吸收的介质中传播，因此介质中各质点振动的振幅不变。在垂直于波传播方向上取两个为同样的波线所限的截面积 S_1 和 S_2，如图 7-16 所示，则通过这两个平面的平均能流分别为

$$\overline{P}_1 = \frac{1}{2}\rho\omega^2 A_1^2 u S_1 \tag{7-45}$$

$$\overline{P}_2 = \frac{1}{2}\rho\omega^2 A_2^2 u S_2 \tag{7-46}$$

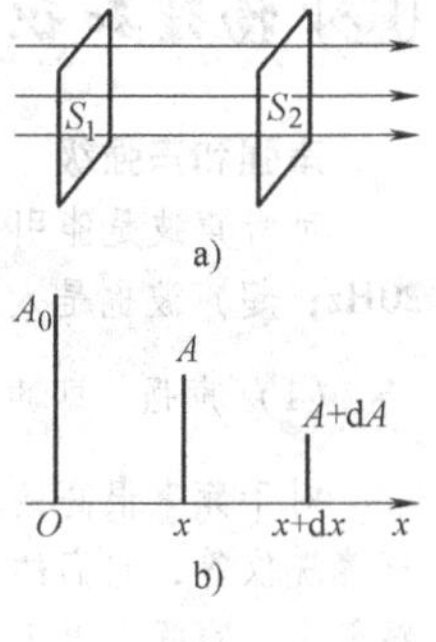

图 7-16

由于介质无吸收，所以 $\overline{P}_1 = \overline{P}_2$，$S_1 = S_2$，$A_1 = A_2$，质点振动的振幅不变。实际上波在介质中传播时，由于波动能量总有一部分会被介质吸收，所传播的机械能会不断地减少，其振幅和波强亦逐渐减弱，这种现象称为波的吸收。

设平面波通过厚度为 dx 的有吸收介质薄层后，其振幅衰减量为 $-\mathrm{d}A$，实验指出

$$\frac{-\mathrm{d}A}{A} = \alpha\mathrm{d}x \tag{7-47}$$

经积分得

$$A = A_0 \mathrm{e}^{-\alpha x} \tag{7-48}$$

式中，A_0 和 A 分别是 $x=0$ 和 $x=x$ 处的波振幅；α 是介质的吸收系数（看成常量）。

由于波强与波振幅的平方成正比，所以波强的衰减规律为

$$I = I_0 \mathrm{e}^{-2\alpha x} \tag{7-49}$$

式中，I_0 和 I 分别是 $x=0$ 和 $x=x$ 处的波强。

物理知识应用

从波强认识波：战场冲击波

振动时间相对较短、传播能量相对较大的波称为冲击波。在军事活动中伴随着兵器的使用，常常会产生各种各样的冲击波。例如，火炮发射时，由于弹丸离开炮口，炮膛内高温高压的火药气体从炮口喷出，压缩炮口周围的空气，激起空气剧烈的扰动，产生空气密度和压力的突变，形成炮口冲击波。火箭、导弹等在空中飞行时会形成弹道冲击波，超声速飞机或舰艇航行时也会产生轨道冲击波。炸弹或核武器在空中爆炸时，会形成爆炸冲击波。其中以核爆炸时产生的冲击波能量最大。

在空中爆炸的普通炸弹，当冲击波超压为 0.1atm 时就会引起门窗损坏、玻璃破碎；超压为 0.5atm 时，能掀翻屋顶；超压为 1atm 时，会造成房屋倒塌。粗看起来，0.1atm 的超压很小，可是当它作用在长、宽各为 1m 的玻璃窗上时，受力竟达 10^4N，虽然这个力的作用时间很短，但这么大的冲击力仍能产生相当可观的破坏作用。对于人体而言，冲击波超压为 0.5atm 时，人的耳膜破裂，内脏受伤；超压为 1atm 时，人体内脏器官严重损伤，尤其会造成肺、肝、脾破裂，导致人员死亡。

炸弹在水中爆炸产生的冲击波的威力比在空气中爆炸大。由于水的密度为空气密度的 800 多倍，可压缩性为空气的 1/30000 ~ 1/20000，水本身吸收的能量少，所以水成了爆炸能量的良好传导体。例如，装有几百千克炸药的水雷或鱼雷在水中爆炸的瞬时，能形成几万大气压和几千摄氏度的高压高温气体，并以每秒传播 6000 ~ 7000m 的高速猛烈地向四周膨胀，强大的冲击波压力超过舰舷装甲和隔舱钢板的强度，可以一下子击穿舰体的水下部分。

核武器在空中爆炸的瞬间，形成高温高压的火球，其温度可达几百万甚至几千万摄氏度，压强高达上亿大气压。由于火球内的温度和压强极高，促使火球迅速向外膨胀，压缩周围的空气，在火球周围形成一

个空气密度很大的压缩区。随着火球的不断膨胀，压缩区的厚度不断增加，火球本身的压强逐渐降低，膨胀的速度越来越慢。而此时压缩区仍以惯性继续高速前进，所以在压缩区的后面必然会出现一个压强低于正常大气压的稀疏区。负压在一定程度上又加重了破坏杀伤作用。

物理知识拓展

声强和声强级

可听声波是能引起人的听觉的机械波，频率在20～20000Hz；次声波是人听不到的机械波，频率低于20Hz；超声波也是人听不到的机械波，频率高于20000Hz。

（1）声强　即声波的平均能流密度。$I=\frac{1}{2}\rho\omega^2A^2u$。单位：瓦每平方米（$\mathrm{W\cdot m^{-2}}$）。

对于频率很高的超声，其声强就很大。现在应用于医学和工业上的各种超声诊断仪、超声探伤仪、超声清洗仪等，它们的声强达到几十瓦特、几百瓦特甚至几千瓦特每平方厘米，有些雷声、爆炸声等由于振幅很大，声强也很大。由于声强的变化范围非常大，数量级可以相差很多，而人耳对声音响度的感觉，近似与声强的对数成正比，因此常采用对数标度而引入声强级。

（2）声强级　$L=\lg\frac{I}{I_0}$

其中$I_0=10^{-12}\,\mathrm{Wm^{-2}}$为规定声强，是测定声强的参考标准。声强级的单位是贝尔（B），但通常用分贝（dB，1B=10dB），因此声强级的公式通常记为

$$L=10\lg\frac{I}{I_0}$$

【例7-5】 喷气飞机在10m远处声强为$10^2\,\mathrm{W\cdot m^{-2}}$，求距飞机1000m远处的声强和声强级。

【解】

$$I_2=I_1\frac{r_1^2}{r_2^2}=10^2\times\left(\frac{10}{1000}\right)^2\mathrm{W\cdot m^{-2}}=10^{-2}\,\mathrm{W\cdot m^{-2}}$$

由$L=10\lg\frac{I}{I_0}$，$I_0=10^{-12}\,\mathrm{W\cdot m^{-2}}$，得

$$L_1=10\lg\frac{10^{-2}}{10^{-12}}\mathrm{dB}=100\mathrm{dB}$$

r_1和r_2的声强级差：

$$\Delta L=L_2-L_1=10\lg\frac{I_2}{I_1}=20\lg\frac{r_1}{r_2}$$

当$r_2=2r_1$时：

$$\Delta L=-20\lg2\mathrm{dB}=-6\mathrm{dB}$$

即距声源距离远一倍，声强级下降6dB。

几种声音近似的声强、声强级和响度见表7-2。

表7-2　几种声音近似的声强、声强级和响度

声源	声强（$\mathrm{W\cdot m^{-2}}$）	声强级/dB	响度
引起痛觉的声音	1	120	
炮声	1	120	
铆钉机	10^{-2}	100	震耳
交通繁忙的街道	10^{-5}	70	响
通常谈话	10^{-6}	60	正常
耳语	10^{-10}	20	轻
树叶沙沙声	10^{-11}	10	
引起听觉的最弱声音	10^{-12}	0	极轻

应用能力训练

超声波与无损检测

超声波探伤是无损检测的主要方法之一。它利用材料自身或内部缺陷的声学性质对超声波传播的影响，非破坏性地探测材料性质及其内部和表面缺陷（如裂纹、气泡、夹渣等）的大小、形状和分布情况。超声波探伤具有灵敏度高、穿透力强、检测速度快、成本低、设备简单轻便和对人体无害等一系列优点。它已广泛应用于机械制造、冶金、电力、石油、化工和国防等各个部门，并成为保证产品质量，确保设备安全运行的一种重要手段。

超声波频率在很大程度上决定了超声探伤的探测能力，必须选择恰当。频率高时，波长短，声束窄，发散角小，能量集中，因而发现小缺陷能力强，分辨力高，缺陷定位准确，但检查的空间小，仅能发现声束附近位置的缺陷。此外，高频超声波在材料中衰减大，穿透力较差。频率低时，波长长，声束宽，发散角大，能量不集中，因而发现缺陷能力差，分辨力弱，但探测空间大。此外，低频超声波在材料中衰减小，穿透能力较强。

以钢件气孔超声波探伤为例，如图7-17所示，波强的衰减规律为

$$I = I_0 e^{-2\alpha x}$$

式中，α 为介质吸收系数，与介质的性质、温度及波的频率有关，ν 增大则 α 增大。

空气：$\alpha \propto \nu^2$，$\alpha_{气} = 2\times10^{-11}\nu^2 \text{m}^{-1}$

钢：$\alpha \propto \nu$，$\alpha_{钢} = 4\times10^{-7}\nu \text{m}^{-1}$

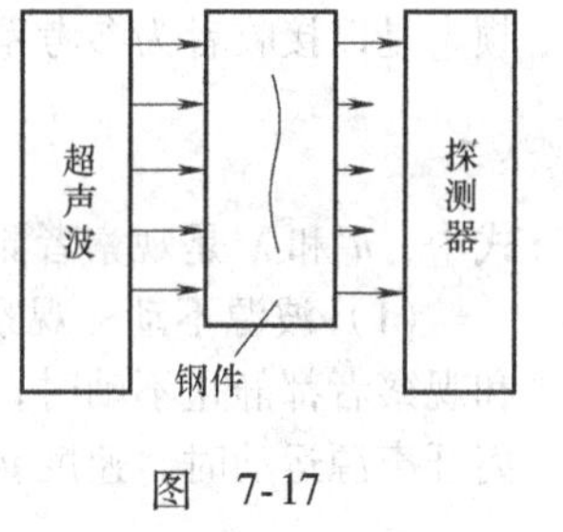

图 7-17

若取 $\nu = 5\times10^6\text{Hz}$，则超声波在空气中传输4.6mm，$I = \frac{I_0}{100}$；而在钢中衰减相同的强度，需要传输1.15m，两种材料吸收能力相差 $\frac{1.15\text{m}}{4.6\times10^{-3}\text{m}} = 250$ 倍。由此可利用它来探测钢件内存在的气孔。

【例7-6】 绳波的平均能流：绳波是一种横波，作为位置和时间函数的波函数为

$$y(x,t) = (0.130\text{m})\cos((9.00\text{m}^{-1})x + (72.0\text{s}^{-1})t)$$

绳子的线密度为 $0.0067\text{kg}\cdot\text{m}^{-1}$，波在传播过程中的平均能流多大？

【解】 波的平均能流

$$\overline{P} = \frac{1}{2}\rho S_{\perp} u\omega^2 [A(r)]^2$$

其中 $S_{\perp}$ 为绳的横截面积。由于

$$\rho S_{\perp} = \frac{m}{V}S_{\perp} = \frac{m}{L} = \mu$$

所以

$$\overline{P} = \frac{1}{2}\mu u\omega^2 [A(r)]^2$$

把 $u = \frac{\omega}{k} = \frac{72.0\text{s}^{-1}}{9.00\text{m}^{-1}} = 8.00\text{m}\cdot\text{s}^{-1}$ 代入平均能流表达式可以得到

$$\overline{P} = \frac{1}{2}\mu u\omega^2 [A(r)]^2 = \frac{1}{2}\times0.0067\times8.00\times(72.0)^2\times(0.130)^2\text{W} \approx 2.35\text{W}$$

7.4 多普勒效应

物理学基本内容

在日常生活和科学技术中，经常会遇到波源或观察者，或者这两者同时相对于介质运动的情况。例如，站在站台上，当一列火车迎面飞驰而来时，我们听到它的汽笛声高昂，而当火车从我们身边疾驰而去时，却听到它的汽笛声变得低沉。

实际上，火车鸣笛的音调并未改变（即波源的振动频率未变），而火车接近和驶离我们时，人耳接收到的频率却不同。

这些现象表明：当波源或观察者，或者两者同时相对于介质有相对运动时，观察者接收到的波的频率与波源的振动频率不同，这类现象是由奥地利物理学家多普勒于1842年发现并提出的，故称为多普勒效应或者多普勒频移。

为简单起见，我们将介质选为参考系，并假定波源和观察者的运动发生在两者的连线上，如图7-18所示。设定三种频率（即波源振动频率ν_S，介质的波动频率ν，观察者的接收频率ν'），波动频率是以介质为参考系，接收频率是以接收者为参考系。已知

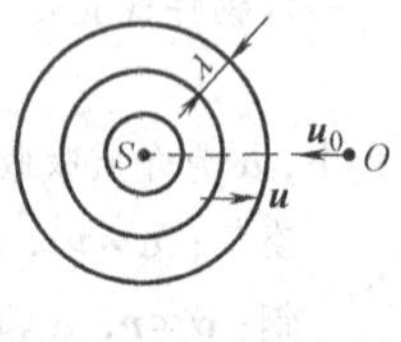

图 7-18

$$\nu' = \frac{u'}{\lambda'}$$

式中，u'和λ'是观察者测得的波速和波长。

（1）波源不动　观察者以u_0相对于介质运动（$u_S=0$，$u_0\neq0$）。设声波的速度为u，当声源和观察者都静止不动时，有$\lambda=u/\nu$。观察者向着声源运动时，观察者的速度u_0取为正；观察者离开声源运动时，速度u_0取为负。此时观察者接收到的声波频率为

$$\nu' = \frac{u+u_0}{\lambda} = \frac{u+u_0}{u/\nu} = \frac{u+u_0}{u}\nu \tag{7-50}$$

式（7-50）表明，观察者向着波源运动时，接收到的频率为波源振动频率的$1+\frac{u_0}{u}$倍。当观察者远离波源运动时，所接收到的频率会小于波源的振动频率；$u_0=-u$时，$\nu'=0$，观察者就接收不到波动了。

（2）观察者不动　波源以速度u_S相对于介质运动（$u_S\neq0$，$u_0=0$）。先假设波源S以u_S向着观察者运动。

因为波在介质中的传播速度u只决定于介质的性质，与波源的运动与否无关，所以这时波源S的振动在一个周期内向前传播的距离就等于一个波长$\lambda=uT$。

但由于波源向着观察者运动，u_S为正，所以在一个周期内波源也在波的传播方向上移动了u_ST的距离而达到S'点，结果使一个完整的波被挤压在$S'O$之间，这就相当于波长减少为$\lambda'=\lambda-u_ST$，如图7-19所示。因此，观察者在单位时间内接收到的完整波的数目，即观察者接收到的频率为

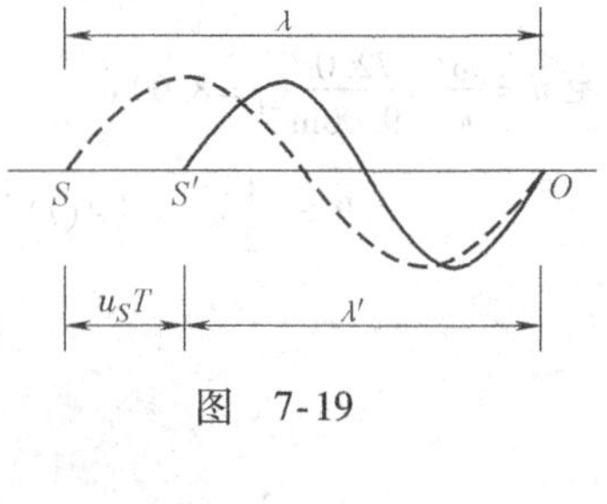

图 7-19

$$\nu' = \frac{u}{\lambda'} = \frac{u}{(u-u_S)/\nu} = \frac{u}{u-u_S}\nu \tag{7-51}$$

式（7-51）表明：波源向着观察者运动时，观察者接收到

的频率为波源振动频率的$\frac{u}{u-u_S}$倍，比波源频率要高；若波源远离观察者运动，接收到的频率ν'将小于波源的振动频率。当$u_S \to u$时，接收频率越来越高，其波长λ也越来越短。当λ小于组成介质的分子间距时，介质对于此波列不再是连续了，波列也就不能传播了。

（3）波源和观察者同时相对于介质运动（$u_S \neq 0$，$u_0 \neq 0$）

$$\nu' = \frac{u+u_0}{\lambda'} = \frac{u+u_0}{(u-u_S)/\nu} = \frac{u+u_0}{u-u_S}\nu \tag{7-52}$$

式中，当观察者与波源接近时，$u_0>0$，$u_S>0$，$\nu'>\nu$；远离时，$u_0<0$，$u_S<0$，$\nu'<\nu$。

物理知识应用

激波与超声速飞机的声障

上面讨论多普勒效应时，总是假设波源相对于介质的运动速率小于波在该介质中的传播速率，而当波源的运动速率达到波的传播速率时，多普勒效应失去物理意义。如果波源相对于介质的运动速率u_S超过波在该介质中的传播速率u，情况又将如何呢？显然，在Δt时间中运动质点掠过的距离为$u_S\Delta t$，起始时被激励的球面波前的传播半径为$u\Delta t$，它小于$u_S\Delta t$。沿途先后被激励的球面波前，其半径依次按比例缩短，此时大量的微观波面的公切面即包络面，形成了一个宏观波面，它是以运动质点为顶点的圆锥面，被称作马赫锥。观测者感受的就是这个脉冲的锥状波前，如图7-20所示。因为马赫锥面是波的前缘，在圆锥外部，无论距离波源多近都没有波扰动。这个以波速传播的圆锥波面称为冲击波，简称激波。其实，在日常生活中用一根筷子在水面上一划，也能产生激波，因为波长为几厘米的水面波（涟波），其波速约为$20\text{cm}\cdot\text{s}^{-1}$，小于筷子划动速度；当船速超过水面上的水波的波速时，在船后激起以船为顶点的V形波。这种波叫舷波，即是一种激波。

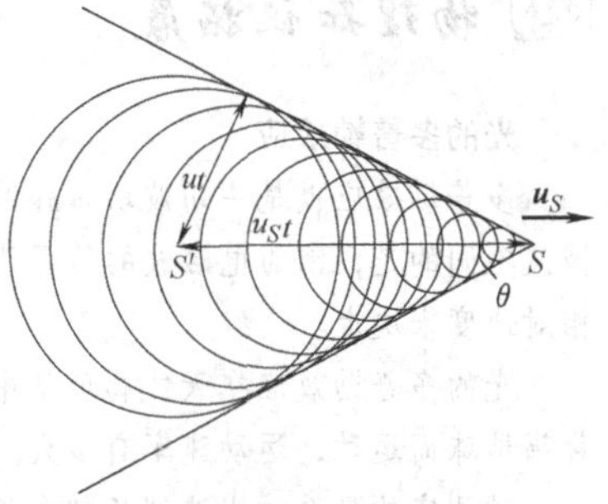

图 7-20

马赫锥的半顶角，称为马赫角，应由下式决定

$$\sin\theta = \frac{u}{u_S} = \frac{1}{Ma} \tag{7-53}$$

式中，$Ma=\frac{u_S}{u}$称为马赫数，是空气动力学中的一个很有用的量。例如，只要测出高速飞行物的马赫数，就可以相当准确地计算出该物体的飞行速度。

例如，子弹飞行速度为$700\text{m}\cdot\text{s}^{-1}$，其马赫数$Ma\approx 2$，则马赫角$\theta\approx 30°$，水面快艇的马赫数是很大的，在$10^2$以上，当它乘风破浪于水面时产生的激波的锥角却不小，且维持于常数值，这是因为激波的波前面非常薄，这相当于其空间波函数是一个非常尖锐的脉冲，它在水面传播时有着严重的色散，理论计算表明，快艇尾迹的马赫角维持为一常数$\theta\approx 19.5°$，全角约为39°，这与观测结果一致。

“激波”虽然以波来称呼，而实际上却不同于一般意义上的波，它只是一个以波速向外扩展的、聚集了一定能量的圆锥面。

伴随着激波的到达，一股巨大气浪冲击而来，激波的波阵面极薄，仅有10nm量级，其前后两侧气压有个突跃，前方近乎正常气压p_1，后方因气体被压缩而有较高气压p_2，压强比值p_2/p_1用于定量地表示激波的强弱，比如，瓦斯爆炸，$p_2/p_1\approx 10$；炮弹爆炸，$p_2/p_1\approx 10^2$；核弹爆炸，p_2/p_1高达10^4以上。与此相联系，激波阵面后方高气压区域中的气流也有较大的速度，理论计算表明，当激波p_2/p_1达到约5.3时，该气流速度为波前声速的$\sqrt{2}$倍，近$500\text{m}\cdot\text{s}^{-1}$，这相当于一般子弹的初速度值，当激波$p_2/p_1$值达到21.4

时，该气流速度为波前声速的3.4倍，同时该区域的温度是前方的4.5倍，即高达1050℃。激波的冲击力或破坏力，主要来自它携带的高速高温气流，当$p_2/p_1\approx1.5\sim2.0$时，就足以使动物的肝肺受到致命的伤害，打碎窗玻璃或推倒砖木结构的房屋。

当飞机、炮弹以超声速飞行时，也会在空气中激起冲击波，特别是当飞机以声速飞行时，$u_S=u,\alpha\to\pi$，这时马赫锥面为平面，即波源在所有时刻发射的波几乎同时到达接收器，这种冲击波的强度极大，通常称之为“声暴”。由于飞行速率与声速相同，机体所产生的任一振动都将尾随在机体附近，容易给飞行带来危险，所以声速区对飞行构成“声障”，在超声速飞机加速飞行时，必须尽快地越过“声障”进入超声速区。电磁波的情况下，加速运动的带电粒子是电磁波的波源，由于在真空中带电粒子的速度总是小于光速，所以不会出现与机械波相似的冲击波。但当带电粒子在介质中加速运动时，它的速度有可能大于介质中的光速（仍小于真空中光速，所以不违反相对论原理），这时就会辐射锥形的电磁波，这种辐射称为切仑柯夫辐射，可以利用切仑柯夫辐射的角度来测定粒子的速率，这样的仪器称为切仑柯夫探测器。

物理知识拓展

光的多普勒效应

多普勒效应也是一切波动过程的共同特征，不仅机械波有多普勒效应，电磁波也有多普勒效应。与机械波不同的是，因为电磁波的传播不需要介质，相应地，在电磁波的多普勒效应中，是由光源和观察者的相对速度来决定。

光的多普勒效应在天体物理学中有许多重要应用。例如，用这种效应可以确定发光天体是向着、还是背离地球而运动，运动速率有多大。通过对多普勒效应所引起的天体光波波长偏移的测定，发现所有被进行这种测定的星系的光波波长都向长波方向偏移，这就是光谱线的多普勒红移，从而确定所有星系都在背离地球运动。这一结果成为宇宙演变的所谓“宇宙大爆炸”理论的基础。“宇宙大爆炸”理论认为，现在的宇宙是从大约150亿年以前发生的一次剧烈的爆发活动演变而来的，此爆发活动就称为“宇宙大爆炸”。“大爆炸”以其巨大的力量使宇宙中的物质彼此远离，它们之间的空间在不断增大，因而原来占据的空间在膨胀，也就是整个宇宙在膨胀，并且现在还在继续膨胀着。

多普勒效应在科学技术中还有其他很多重要应用。例如，利用声波的多普勒效应可以测定声源的频率、波速等；利用超声波的多普勒效应来诊断心脏的跳动情况；利用电磁波的多普勒效应可以测定运动物体的速度；此外，多普勒效应还可以用于报警、检查车速等。

应用能力训练

【例7-7】 一警笛发射频率为1500Hz的声波，并以$22\mathrm{m\cdot s^{-1}}$的速度向某一方向运动，一人以$6\mathrm{m\cdot s^{-1}}$的速度跟踪其后。

求：此人听到的警笛发出的声音的频率以及在警笛后方空气中声波的波长？

【解】 观察者接收到的频率（波源和观察者同时运动）

$$\nu_R=\frac{u+u_0}{u-u_S}\nu_0=\frac{330+6}{330+22}\times1500\mathrm{Hz}\approx1432\mathrm{Hz}$$

警笛后方空气中声波的频率（观察者静止，波源运动）

$$\nu=\frac{u}{u-u_S}\nu_0=\frac{330}{330+22}\times1500\mathrm{Hz}\approx1406\mathrm{Hz}$$

警笛后方空气中声波的波长

$$\lambda=\frac{u}{\nu}=\frac{u-u_S}{\nu_0}=\frac{330+22}{1500}\mathrm{m}\approx0.23\mathrm{m}$$

本章归纳总结

1. 主要物理量

平面简谐波

机械波产生的条件：波源和弹性介质

描述波动的物理量：波速 u、波长 λ、波的周期 T（或频率 ν、角频率 ω）

平均能量密度：$\overline{w} = \frac{1}{2}\rho A^2\omega^2$

平均能流密度（波的强度）：$\boldsymbol{I} = \overline{w}\boldsymbol{u} = \frac{1}{2}\rho A^2\omega^2\boldsymbol{u}$

声强和声强级：$I = \frac{1}{2}\rho\omega^2 A^2 u$，$L = 10\lg\frac{I}{I_0}$（dB）

2. 基本规律

关系式 $\lambda = uT$，$\omega = 2\pi\nu = \frac{2\pi}{T}$

平面简谐波的波函数（波动方程、表达式）

沿 Ox 轴正方向传播：$y = A\cos\left[\omega\left(t - \frac{r - r_0}{u}\right) + \varphi\right]$

沿 Ox 轴负方向传播：$y = A\cos\left[\omega\left(t + \frac{r - r_0}{u}\right) + \varphi\right]$

平面简谐波的微分方程：$\frac{\partial^2 y}{\partial r^2} = \frac{1}{u^2}\frac{\partial^2 y}{\partial t^2}$

本 章 习 题

（一）填空题

7-1 已知波源的振动周期为 4.00×10^{-2}s，波的传播速度为 $300\text{m}\cdot\text{s}^{-1}$，波沿 x 轴正方向传播，则位于 $x_1 = 10.0$m 和 $x_2 = 16.0$m 的两质点振动相位差为____________。

7-2 一平面简谐波沿 x 轴正方向传播，波速 $u = 100\text{m}\cdot\text{s}^{-1}$，$t = 0$ 时刻的波形曲线如习题 7-2 图所示。可知波长 $\lambda =$________；振幅 $A =$________；频率 $\nu =$________。

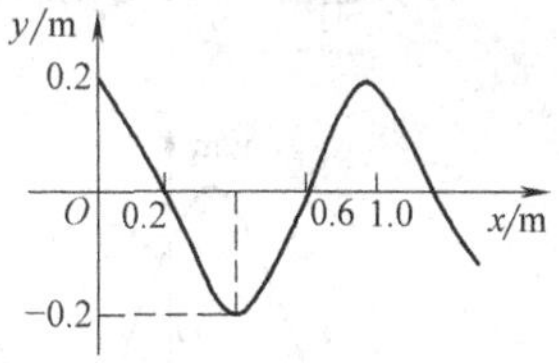

习题 7-2 图

7-3 一平面简谐波沿 x 轴负方向传播。已知 $x = -1$m 处质点的振动方程为 $y = A\cos(\omega t + \varphi)$，若波速为 u，则此波的波函数为________________。

7-4 一平面余弦波沿 Ox 轴正方向传播，波函数为 $y = A\cos\left[2\pi\left(\frac{t}{T} - \frac{x}{\lambda}\right) + \varphi\right]$，则 $x = -\lambda$ 处质点的振动方程是______________；若以 $x = \lambda$ 处为新的坐标轴原点，且此坐标轴指向与波的传播方向相反，则对此新的坐标轴，该波的波函数是__________________。

7-5 在截面积为 S 的圆管中，有一列平面简谐波在传播，其波函数为 $y = A\cos\left(\omega t - 2\pi\left(\frac{x}{\lambda}\right)\right)$，管中波的平均能量密度是 w，则通过截面积 S 的平均能流是____________。

7-6 一列火车以 $20\text{m}\cdot\text{s}^{-1}$ 的速度行驶，若机车汽笛的频率为 600Hz，一静止观测者在机车前和机车后所听到的声音频率分别为________和________（设空气中声速为 $340\text{m}\cdot\text{s}^{-1}$）。

（二）计算题

7-7 习题7-7图所示为一平面简谐波在 $t=0$ 时刻的波形图，求

（1）该波的波函数；

（2）P 处质点的振动方程。

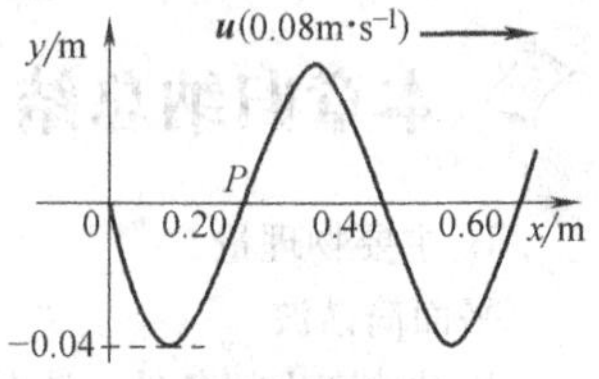

习题7-7图

7-8 一横波沿绳子传播，其波函数为 $y=0.05\cos(100\pi t-2\pi x)$ (SI)

（1）求此波的振幅、波速、频率和波长；

（2）求绳子上各质点的最大振动速度和最大振动加速度；

（3）求 $x_1=0.2\text{m}$ 处和 $x_2=0.7\text{m}$ 处两质点振动的相位差。

7-9 如习题7-9图所示，一平面波在介质中以波速 $u=20\text{m}\cdot\text{s}^{-1}$ 沿 x 轴负方向传播，已知 A 点的振动方程为 $y=3\times10^{-2}\cos4\pi t$ (SI)。

（1）以 A 点为坐标原点写出波函数；

（2）以距 A 点 5m 处的 B 点为坐标原点，写出波函数。

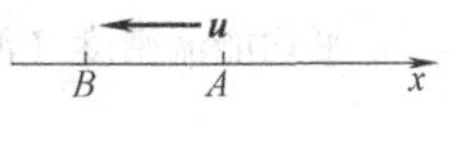

习题7-9图

7-10 一平面简谐纵波沿着线圈弹簧传播。设波沿着 x 轴正向传播，弹簧中某圈的最大位移为 3.0cm，振动频率为 25Hz，弹簧中相邻两疏部中心的距离为 24cm。当 $t=0$ 时，在 $x=0$ 处质元的位移为零并向 x 轴正向运动。试写出该波的波函数。

7-11 一振幅为 10cm，波长为 200cm 的一维余弦波，沿 x 轴正向传播，波速为 $100\text{cm}\cdot\text{s}^{-1}$，在 $t=0$ 时原点处质点在平衡位置向正位移方向运动。求：

（1）原点处质点的振动方程；

（2）在 $x=150\text{cm}$ 处质点的振动方程。

7-12 如习题7-12图所示为一平面简谐波在 $t=0$ 时刻的波形图，设此简谐波的频率为 250Hz，且此时质点 P 的运动方向向下，求：

（1）该波的波函数；

（2）在距原点 O 为 100m 处质点的振动方程与振动速度表达式。

7-13 一简谐波沿 x 轴正方向传播，波长 $\lambda=4\text{m}$，周期 $T=4\text{s}$，已知 $x=0$ 处质点的振动曲线如习题7-13图所示。

（1）写出 $x=0$ 处质点的振动方程；

（2）写出波的波函数；

（3）画出 $t=1\text{s}$ 时刻的波形曲线。

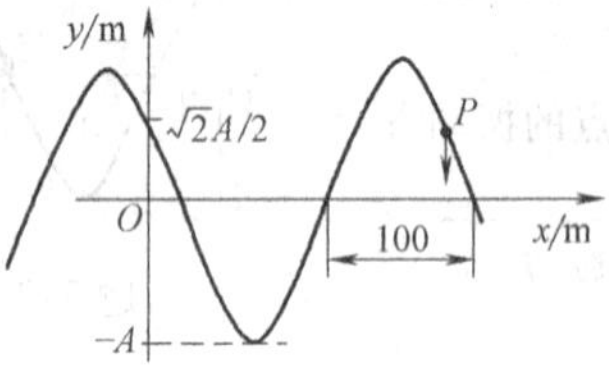

习题7-12图

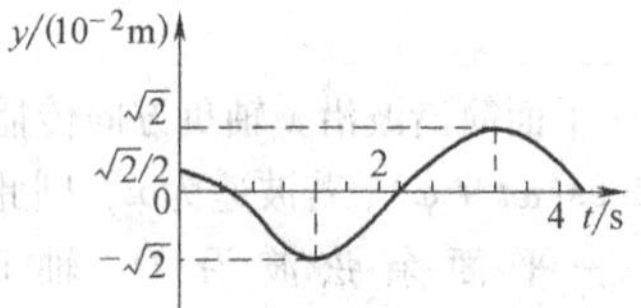

习题7-13图

7-14 一平面简谐波在介质中以速度 $u=30\text{m}\cdot\text{s}^{-1}$ 沿 x 轴正方向传播，如习题7-14图所示。已知 P 点的振动方程是 $y_P=3\cos4\pi t$，式中 y 以 m 计，t 以 s 计，（1）以 P 点为坐标原点写出波函数；（2）以距 P 点 5m 处的 Q 点为坐标原点写出波函数。

7-15 一平面简谐波沿 x 轴正方向传播，波速为 $10\text{cm}\cdot\text{s}^{-1}$，如习题7-15图所示，已知 O 点的振动方程为 $y=3\cos(2\pi t+\pi)$，式中 y 以 cm 计，t 以 s 计。（1）以 O 点为坐标原点，写出此波的波函数；（2）求距 O 点 10cm 处的 P 质点在 $t=\frac{3}{4}\text{s}$ 时的振动速度。

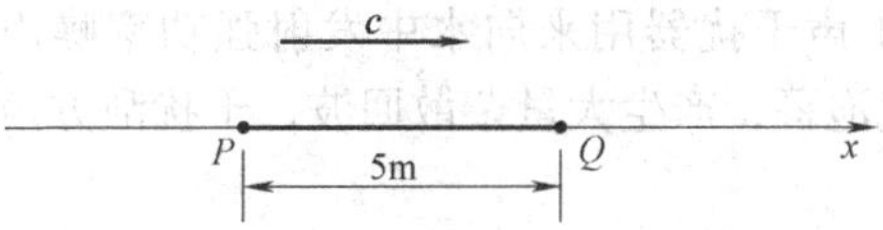

习题7-14图

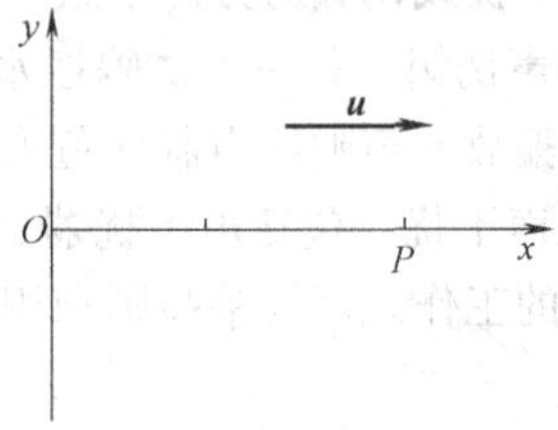

习题7-15图

7-16　如习题7-16图所示，已知 $t=0$ 时和 $t=0.5\text{s}$ 时的波形曲线分别为图中曲线（a）和（b），波沿 x 轴正向传播，试根据图中绘出的条件，求：（1）波函数；（2）P 点的振动方程。

7-17　沿绳子传播的平面简谐波的波函数为 $y=0.05\cos(10\pi t-4\pi x)$，式中 x、y 以m计，t 以s计，求（1）波的振幅、波速、频率和波长；（2）绳子上各质点振动时的最大速度和最大加速度；（3）求 $x=0.2\text{m}$ 处质点在 $t=1\text{s}$ 时的相位，它是原点处质点在哪一时刻的相位？

7-18　习题7-18图所示为一简谐波在 $t=0$ 时的波形图，波速 $u=20\text{m}\cdot\text{s}^{-1}$，写出 P 质点的振动速度公式。

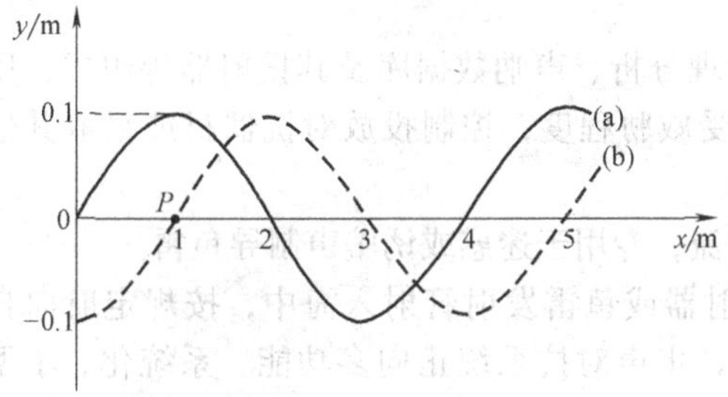

习题7-16图

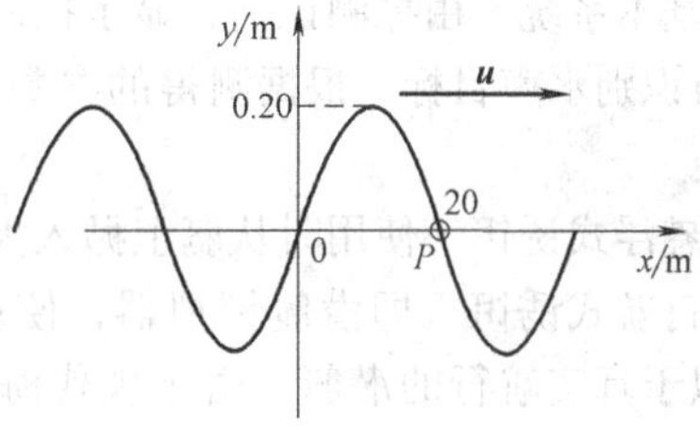

习题7-18图

7-19　一固定波源在海水中发射频率为 ν 的超声放，此超声波在一艘运动的潜艇上反射回来，在波源处静止的观察者测得发射波与反射波引起的两个振动合成的拍频为 $\Delta\nu$，设超声波在海水中传播的速度为 u，求潜艇向波源方向的分速度 v（设 $v<u$）。

（三）思考题

7-20　什么是波动？波动和振动有什么区别和联系？具备什么条件才能形成机械波？

7-21　在某弹性介质中，波源做简谐振动，并产生平面余弦波。波长为 λ，波速为 u，频率为 ν。问在同一介质内，这三个量哪一个是不变量？当波从一种介质进入另一种介质时，哪些是不变量？波速与波源振动速度是否相同？

7-22　在波函数 $y=A\cos\left[\omega\left(t-\dfrac{x}{u}\right)+\varphi\right]$ 中，y、A、ω、u、x、φ 的意义是什么？$\dfrac{x}{u}$ 的意义是什么？如果将波函数写成 $y=A\cos\left(\omega t-\dfrac{\omega x}{u}+\varphi\right)$，$\dfrac{\omega x}{u}$ 的意义又是什么？

本章军事应用及工程应用阅读材料——反声探测技术和孤立波

利用声呐可以有效地探测、侦察和跟踪水下目标，相应地反声探测技术也应运而出。

1. 水声对抗技术

水声对抗技术包括侦察声呐、水声干扰和水声诱饵等，应用于水面舰艇、潜艇和反潜机上，用来侦察、干扰或诱骗对方声呐或声制导鱼雷，也称为声呐对抗。

（1）水声诱饵　是一种诱骗性水声对抗设备，它向水中发射一个模拟的舰艇回波或舰艇辐射噪声，诱骗敌方声呐或声制导鱼雷跟踪，使舰艇免遭发现或攻击。

（2）水声干扰　包括声干扰器、声气幕弹等。水声干扰器用来向水中发射强功率噪声，压制敌方声呐的工作。声气幕弹则利用在水中形成的气泡幕，产生大量杂散回波，干扰敌方声呐的工作。

（3）侦察声呐　主要采用被动工作方式，专门用于截获对方声呐发出的声信号，测出其工作频率和所在方位，并判断对方舰艇的类型。必要时还能为干扰机提供情报，发出假目标迷惑对方。

第二次世界大战期间出现的潜艇用气幕弹，是最早出现的一种被动式水声对抗器材，并一直沿用至今。20 世纪 60 年代，潜艇上开始装备专用的侦察声呐，其测频范围、测频精度和测向精度等不断得到提高和扩大。20 世纪 70 年代，各国军方相继开始研制水声对抗系统，并已陆续装备部队。现代潜艇的水声对抗系统一般包括：

1）侦察声呐　有一套特制的多模式（高频和低频）水听器，可在很宽频段范围内对目标的数量、方位、频率、波形、脉冲宽度、脉冲周期等进行侦察，测得的参数直接送入信号分析和处理系统。

2）基本系统　由探测识别、显示控制、信号处理分析、声呐数据库及其投射器等组成，用于探测与识别水声目标，根据测得的参数分析本艇受威胁程度，控制投放对抗器材或采取其他对抗措施。

3）悬浮式诱饵　使用时从艇上抛入大海任其漂流，专用于迷惑或诱骗声制导鱼雷。

4）自航式诱饵　即潜艇模拟器，使用时由投射器或鱼雷发射管射入海中，按规定航向自航，类似于真实航行的潜艇。由于现代海战的需要，水声对抗系统正向多功能、系统化、小型化、通用化方向发展。

2. 声波隐身技术

隐蔽性是潜艇的特点，也是潜艇出奇制胜、有效保存自己的一个关键。而水下声辐射则是破坏其隐蔽性的主要因素，同时也是降低潜艇水声设备作用距离、构成敌方声制导水中兵器跟踪的信号源。水面舰和潜艇辐射的高能噪声很容易由被动声呐截获，拖曳声呐阵可能在数百海里以外就能侦听到。对入射声波反射强的舰艇则易被主动声呐探测到。此外，舱室空气噪声还严重影响潜艇员工作和身体健康，削弱其战斗力。因此。随着海战的需要和潜艇技术的发展，降低噪声问题日益受到世界各国的高度重视。

为降低目标向周围介质传播噪声，主要的技术途径包括控制噪声源和控制噪声传播途径。目前研究的主要技术措施有：

1）尽量减少机械装置　最理想的办法是采用喷水推进和电磁推进及磁流体推进技术，取消减速齿轮或改进其设计。英国的“敏捷”级、“特拉法尔加”级和美国的“海狼”级核动力潜艇由于采用了喷水推进装置，使得平均噪声降低 10dB 左右。

2）采用降低振动噪声的技术　主要是采用超低噪声发动机和辅助机或改进发动机和辅助机的设计和螺旋桨结构。例如，英国核潜艇率先采用减振筏形机座，美国于 20 世纪 60 年代，前苏联于 70 年代先后采用并发展了此技术，使整艇降噪效果出现了一个飞跃。

3）减小螺旋桨空泡噪声　螺旋桨工作时，桨叶正面产生极低压力区；背面为高压区，以此产生推动潜艇前进的推力。在极低压力区会产生蒸汽、形成气泡并不断膨胀，当它们进入高压区后将突然爆裂，产生空泡噪声，其频谱很宽（20Hz ~ 50kHz）。螺旋桨的空泡噪声是水面舰艇的最大噪声源，也是潜艇高速航行时的主要噪声源，是探测识别潜艇的最突出线索。以当前的声呐技术，已能具体识别出为哪一型潜艇的哪一艘。因此，降低螺旋桨噪声是舰艇降噪声相当重要的一环，特别是对潜艇来说，意义更为重大。目前各国已摸索出一些行之有效的措施，例如，采用先进的精密加工制造技术，改进结构，有效地抑制螺旋桨的振动，降低螺旋桨噪声；增加桨叶数，降低其共振现象；降低桨叶负载，减少空泡形成；选用高阻尼合金材料，抑制桨叶振动，降低辐射噪声；采用主动气幕降噪法，以缓解或阻止空泡噪声的产生等。

4）在舰艇体外表面采用消声瓦或涂敷吸音涂层等吸声材料　吸声层的材料基本上是在橡胶基体中加入某些金属微粒，声波入射后使金属粒子运动产生热量，从而消耗声波能量。如美、英、俄等国有不少核潜艇都在壳体上安装了消声瓦，将吸收敌方主动声呐声波和降低自身的辐射噪声结合起来，使舰体形成一个无回声层来达到隐身的目的。据测算，潜艇加装吸音涂层后，可使敌方主动声呐探测能力降低50%～75%。同时由于吸收了本艇的自噪声，使本艇声呐基阵区相对安静，从而提高了本艇声呐探测能力。实验表明，核潜艇采用吸音涂层后，可使敌方主动声呐的反射声强降低90%，探测距离缩短68%。

3. 孤立波（Solitary wave）

关于非线性系统，除去前面谈到的混沌，还有非线性波动。非线性波动有两大类：一种是孤立波，又称孤子（Soliton）；另一种是耗散系统的波动，这类波的波形多种多样，研究方法与前者颇不相同。

1844年罗素（J. Scott Russell）在“关于波的报道”中，谈及他于1834年在狭窄的爱丁堡——格拉斯哥运河观察到有两匹马拉着一条船迅速前进。当船突然停下时，在船前面被船推动的水团形成一个光滑孤立的波峰，在河道中行进，最后高度逐渐减小而消失。罗素还在约30cm宽、6m长的水槽中做过有关孤立波的实验，通过实验来研究波速。罗素的实验研究是初步的，后来还有许多关于水槽中孤子的研究。直到1895年，荷兰的考特威格（D. J. Korteweg）和德伏瑞斯（G. de Vries）才提出该水波的动力学方程，即KdV方程为

$$\frac{\partial y}{\partial t} = \frac{3}{2}\sqrt{g/h}\left(\frac{2}{3}a\frac{\partial y}{\partial x} + y\frac{\partial y}{\partial x} + \frac{1}{3}\sigma\frac{\partial^3 y}{\partial t^3}\right)$$

其中，$\sigma = \frac{h^3}{3} - \frac{Th}{\rho g}$，$T$和$\rho$分别表示表面张力和液体密度，$a$为一常数。上述方程的波形解为

$$y(x,t) = a\,\mathrm{sech}^2\left\{\frac{1}{2}\sqrt{a/\sigma}\left[x - \sqrt{gh}\left(1 - \frac{a}{2h}\right)t\right]\right\}$$

而波速为

$$v = \sqrt{gh}\left(1 + \frac{a}{2h}\right)$$

由上式可知，振幅越大，波速越快。

孤立波还有一个重要的性质：两个波形不同的孤立波相碰撞，碰撞后仍保持为孤立波，称作碰撞不变性。正是由于这种类似于“粒子”的特征，人们称上述孤立波为“孤子”。此外，KdV方程还有无穷多个守恒量。它们之中最前面的两个分别表示动量守恒和能量守恒。

当KdV方程被提出之后，在很长时间内都未引起人们的兴趣。一方面是由于人们还以为孤立波只不过是某种特殊的方程具有的特殊的解，是一种稀有现象；另一方面也是由于非线性数学有待进一步发展，以便对非线性方程（如KdV方程等）做更深入的研究。自20世纪60年代以来，关于“孤子”的研究有了巨大进展。“孤子”普遍存在于粒子物理、等离子体物理、超导

理论、场论和非线性光学等许多学科中，许多方程有孤子解。在分子生物学领域，DNA 螺旋结构的“孤子”提出一种描述结构转变的方法，它可能解决控制基因表达机制的途径。“孤子”在技术上也得到应用，例如，应用光导纤维传播光学“孤子”可用于非常迅速地传递信息等。

非线性耗散系统的波动普遍存在于物理化学和生物学领域中。其研究方法与“孤子”不同。它们也不具有碰撞不变性和存在无穷多个守恒量的特征。它们之所以具有稳定波形和波速是扩散和非线性相互影响的结果。

第8章 气体动理论

历史背景与物理思想发展脉络

1638年伽桑狄提出物质是由分子构成的，他假设分子能向各个方向运动，并由此出发解释气、液、固三种物质状态。玻意耳在1662年通过实验得到了气体定律，他把气体粒子比作固定在弹簧上的小球，用空气的弹性来解释气体的压缩和膨胀，从而定性地说明了气体的性质。他对分子运动论的贡献主要是引入了压强的概念。牛顿对玻意耳定律也进行过类似的说明，他认为：气体压强与体积成反比的原因是由于气体粒子对周围的粒子有斥力，而斥力的大小与距离成反比。胡克则把气体压力归因于气体分子与器壁的碰撞。由此可见，17世纪人们已经产生了分子运动论的基本概念，能够定性地解释一些热学现象。但是在18世纪和19世纪初，由于热质说的兴盛，分子运动论受到压抑，发展的进程甚为缓慢。

D. 伯努利在1738年首先考虑在圆柱体容器中密封无数的微小粒子，这些粒子在运动中碰撞到活塞，对活塞产生一个力。他假设粒子碰前和碰后都具有相同的速度，推导出了压强公式，得到了比玻意耳定律更普遍的公式。这比范德瓦耳斯早近150年，遗憾的是，伯努利的理论被人们忽视了整整一个世纪。

俄国人罗蒙诺索夫在1746年论证了热的本质在于运动，讨论了气体的性质，阐述了气体分子无规则热运动的思想，并肯定了运动守恒定律在热学现象中的应用。

1816年，英国的赫拉帕斯向皇家学会提出自己的分子运动理论。他明确地提出温度取决于分子速度的思想，并对物态变化、扩散、声音的传播等现象做出定量解释，但是权威们认为他的论文太近于遐想，拒绝发表。

1846年，苏格兰的瓦特斯顿提出混合气体中不同比重的气体，所有分子的mv^2的平均值应相同。这大概是能量均分定理的最早说法。

要做进一步研究，靠完全弹性球的假设已经满足不了需要，必然需要进一步考虑分子速度的统计分布和分子间的作用力。从这一点来看，克劳修斯和麦克斯韦才是分子运动论真正的奠基人。

早在1850年，当克劳修斯初次发表热力学论文时，他就设想可以把热和功的相当性以热作为一种分子运动的形式体现出来。在谈到焦耳的摩擦生热实验之后，他写道："热不是物质，而是包含在物体最小成分的运动之中。"1857年他对分子运动论做了全面的论述，明确提出在分子运动论中应该应用统计概念。克劳修斯对分子运动论主要有以下几方面的贡献：①明确引进了统计思想；②引进平均自由程概念；③提出"维里理论"，这个理论后来对推导真实气体的状态方程很有用。④更严格地推导了理想气体状态方程。⑤根据上述方程确定气体中平动动能和总动能的比值，从而判定气体分子除了平动动能以外，还有其他形式的能量。

在19世纪中叶，大多数物理学家坚持把经典力学用于分子的热运动，企图对系统中所有分子的状态（位置、速度）做出完备的描述。而麦克斯韦认为这是不可能的，只有用统计方法才能正确描述大量分子的行为。他从分子热运动的基本假设出发得到的结论是：气体中分子间的大量碰撞不会像某些科学家所期望的那样，使分子速度平均，而是呈现速度的统计分布，所有速度都会以一定的概率出现。1859 年麦克斯韦在论文《气体动力理论的说明》中写道："如果有大量相同的球形粒子在完全弹性的容器中运动，则粒子之间将发生碰撞，每次碰撞都会使速度变化，所以在一定时间后，活力将按某一有规则的定律在粒子中分配，尽管每个粒子的速度在每次碰撞时都要改变，但速度在某些限值内的粒子的平均数是可以确定的。"在 1859 年的文章里，他还讨论了分子无规则运动的碰撞问题，麦克斯韦考虑到分子速率分布，计算了平均碰撞频率为$\sqrt{2}\pi\rho^2 Nv$，比克劳修斯推算出的$\frac{4}{3}\pi\rho^2 Nv$更准确。1860 年麦克斯韦用分子速度分布律和平均自由程的理论推算气体的输运过程：扩散、热传导和黏滞性，取得了一个惊人的结果："黏滞系数与密度（或压强）无关，随热力学温度的升高而增大。"极稀薄的气体和浓密的气体，其黏滞系数没有区别，竟与密度无关，这确是不可思议的事。于是麦克斯韦和他的夫人一起，在 1866 年亲自做了气体黏滞性随压强改变的实验。他们的实验结果表明，在一定的温度下，尽管压强在 10 ~ 760mmHg[㊀]之间变化，空气的黏滞系数仍保持常数。这个实验为分子运动论提供了重要的证据。

麦克斯韦速度分布律是从概率理论推算出来的，人们自然很关心这一规律的实际可靠性。首先对速度分布律做出间接验证的是通过光谱线的多普勒展宽，这是因为分子运动对光谱线的频率会有影响。1873 年瑞利用分子速度分布讨论了这一现象，1889 年他又定量地提出多普勒展宽公式。1892 年迈克尔孙通过精细光谱的观测，证明了这个公式，从而间接地验证了麦克斯韦速度分布律。1908 年理查森通过热电子发射间接验证了速度分布律。1920 年斯特恩发展了分子束方法，第一次直接得到速度分布律的证据。直到 1956 年才由库什和密勒对速度分布律做出了更精确的实验验证。

8.1 平衡态 状态参量

物理学基本内容

8.1.1 热力学与气体动理论

牛顿经典力学研究的对象是有限数量的质点、刚体等在力的作用下的力学规律，对于由大量粒子组成的系统，如果对其中每一个粒子都列出牛顿定律方程，然后联立求解，显然是不现实的。那么由大量粒子组成的系统有什么样的规律？如何研究？这就是下面两章要回答的热学问题。

按研究角度和研究方法的不同，热学可分成热力学和气体动理论两个组成部分。热力学不涉及物质的微观结构，只是根据由观察和实验所总结得到的热力学规律，用严密的逻辑推理方法着重分析和研究系统在物态变化过程中有关热功转换等的关系和实现条件。而气体动理论则是从物质的微观结构出发，依据每个粒子所遵循的力学规律，用统计的方法来推求宏观量与微观量统计平均值之间的关系，解释并揭示系统宏观热现象及其有关规律的微观本质。可见热力学与气体动理论的研究对象是一致的，即由大量粒子组成的系统，也称为热力学系统，但是研究的角度和方法却截然不同。在对热运动的研究上，气体动理论和热力学二者起到了相辅相成的作用。热力学的研究成果，可以用来检验微观气体动理论的正确性；气体动理论所揭示的微观机制，又可以使热力学理论获得更深刻的意义。

㊀ mmHg 为非法定计量单位。1mmHg = 133.322Pa。——编辑注

从微观上看，热现象是组成系统的大量粒子热运动的集体表现，热运动也称为分子运动、分子热运动。它是不同于机械运动的一种更加复杂的物质运动形式。因此，对于大量粒子的无规则热运动，不可能像力学中那样，对每个粒子的运动进行逐个的描述，而只能探索它的群体运动规律。就单个粒子而言，由于受到其他粒子的复杂作用，其具体的运动过程可以变化万千，具有极大的偶然性；但在总体上，运动却在一定条件下遵循确定的规律，如分子的速率分布、平均碰撞频率等，正是这种特点，使得统计方法在研究热运动时得到广泛应用，从而形成了统计物理学。统计物理学是从物质的微观结构出发，依据每个粒子所遵循的力学规律，用统计的方法来推求宏观量与微观量统计平均值之间的关系，解释与揭示系统宏观热现象及其有关规律的微观本质。

通常我们把描述单个粒子运动状态的物理量称为微观量，如粒子的质量、位置、动量、能量等，相应的用系统中各粒子的微观量描述的系统状态，称为微观态；描述系统整体特性的可观测物理量称为宏观量，如温度、压强、热容等，相应的用一组宏观量描述的系统状态，称为宏观态。

8.1.2 平衡态

热学的研究对象是热力学系统，简称系统。在大学物理中我们所研究的系统通常是一个气体系统，固体和液体系统的热力学问题不在这里研究。一个热力学系统所处的外部环境，通常称为外界。

处在没有外界影响条件下的热力学系统，经过一定时间后，将达到一个确定的状态，其宏观性质不再随时间变化，而不论系统原先所处的状态如何。这种在不受外界影响的条件下，宏观性质不随时间变化的状态称为平衡态。

上面所说的没有外界影响，是指外界对系统既不做功也不传热的情况。事实上，并不存在完全不受外界影响，从而使得宏观性质绝对保持不变的系统，所以平衡态只是一种理想模型，它是在一定条件下对实际情况的抽象和近似。以后，只要实际状态与上述要求偏离不是太大，就可以将其作为平衡态来处理，这样既可简化处理的过程，又有实际的指导意义。

另外，由于永不停息的热运动，各粒子的微观量和系统的微观态都会不断地发生变化。但只要粒子热运动的平均效果不随时间改变，系统的宏观状态性质就不会随时间变化。因此，确切地说平衡态应该是一种热动平衡的状态。下面看如何描述平衡态。

8.1.3 状态参量

当系统处于平衡态时，系统的宏观性质将不再随时间变化，因此可以使用相应的物理量来具体描述系统的状态。这些物理量通称为状态参量，或简称态参量。在这里我们将为读者介绍体积 V、压强 p 和温度 T 这三个状态参量。在实际问题中，用哪些参量才能将系统的状态描述完全，是由系统本身的性质和所研究的问题决定的。

1. 体积

气体的体积，通常是指组成系统的分子的活动范围。由于分子的热运动，容器中的气体总是分散在容器中的各个空间部分，因此气体的体积，也就是盛气体容器的容积。在国际单位制中，体积的单位是立方米，用符号 m^3 表示，常用单位还有升，用符号 L 表示，$1L = 10^{-3}m^3$。

2. 压强

气体的压强，表现为气体对容器壁单位面积上产生的压力，是大量气体分子频繁碰撞容器壁产生的平均冲力的宏观表现，它显然与分子无规则热运动的频繁程度和剧烈程度有关。在国际单位制中，压强的单位是帕斯卡，用符号 Pa 表示，常用的压强单位还有：厘米汞高、标准大气压等，它们与帕斯卡的关系是

$$1\text{cmHg（厘米汞高）}=1.333\times10^3\text{Pa}$$

$$1\text{atm（标准大气压）}=76\text{cmHg}=1.013\times10^5\text{Pa}$$

3. 温度

体积 V 和压强 p 都不是热学所特有的，体积属于几何参量，压强属于力学参量，而且它们都不能直接表征系统的“冷热”程度。因此，在热学中还必须引进一个新的物理量——温度，来描述状态的热学性质。

气体的温度宏观上表现为气体的冷热程度，而从微观上看，它表示的是分子热运动的剧烈程度。

在生活中，人们往往认为热的物体温度高，冷的物体温度低，这种凭主观感觉对温度的定性了解，在逻辑要求严格的热学理论和实践中，显然是远远不够的，必须对温度建立起严格的科学的定义。假设有两个热力学系统 A 和 B，原先处在各自的平衡态，现在使系统 A 和 B 互相接触，使它们之间能发生热传递，这种有热传递的接触称为热接触。一般说来，热接触后系统 A 和 B 的状态都将发生变化，但经过充分长一段时间后，系统 A 和 B 将达到一个共同的平衡态，由于这种共同的平衡态是在有传热的条件下实现的，因此称为热平衡。如果有 A、B、C 三个热力学系统，当系统 A 和系统 B 都分别与系统 C 处于热平衡时，那么系统 A 和系统 B 此时也必然处于热平衡。这个实验结果通常称为热力学第零定律。这个定律为温度概念的建立提供了可靠的实验基础。根据这个定律，我们有理由相信，处于同一热平衡状态的所有热力学系统都具有某种共同的宏观性质，描述这个宏观性质的物理量就是温度。也就是说，一切互为热平衡的系统都具有相同的温度，这为我们用温度计测量物体或系统的温度提供了依据。

温度的数值表示法称为温标，常用的有热力学温标 T、摄氏温标 t 等。国际单位制中采用热力学温标，温度的单位是开尔文，用符号 K 表示。摄氏温标与热力学温标的数值关系是

$$t=T-273.15$$

在大学物理中我们规定使用热力学温标。

物理知识应用

航空标准大气简介

大气的物理状况复杂多变，主要表现为压强、温度和密度的垂直分布，而在水平方向却比较均匀。这同地心引力随距离平方成反比不无关系，并常把这类变化作为大气分层的依据。若按大气温度随高度的分布特征，则可把大气分为对流层、平流层、中间层、热层和外大气层，如图 8-1 所示；若按大气成分变化，则可把大气分为均质层（小于 86km）和非均质层（大于 86km）；若按空气电离特性，则可把大气分为中性层（小于 60km）和电离层（大于 60km）。目前飞机主要在对流层和平流层的低层中飞行。

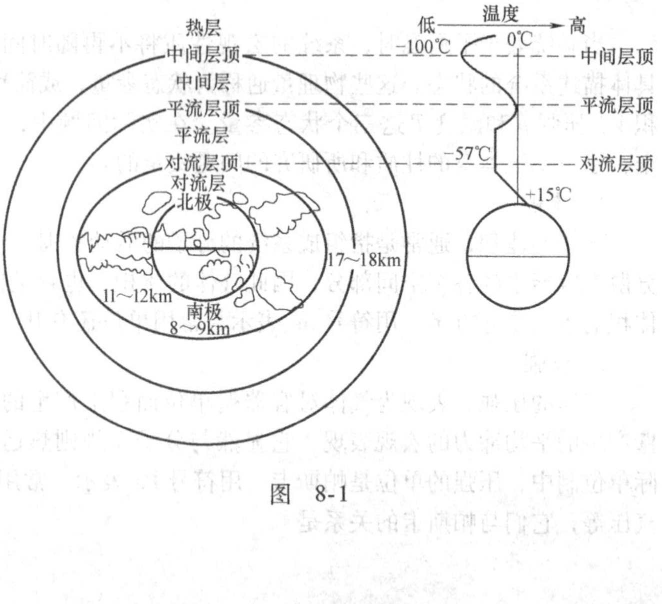

图 8-1

在航空航天等工程领域中，根据大量的高空大气探测资料和有关理论，对大气主要物理特性随高度的平均分布，规定一种最接近实际大气的大气

物理特性模式，称为标准大气。世界气象组织（WMO）关于标准大气的定义是：“能粗略地反映周年、中纬度状况的，取得国际认可的，假定的大气温度、压强和密度的垂直分布”；“假定空气服从使温度、气压和密度与位势建立关系的理想气体定律和流体静力学方程，并考虑随地球的旋转，在周日循环和半年变化，从活动到平静的地磁影响条件范围，以及从活动到平静的太阳黑子条件的平均值”。它的典型用途是作为气压高度表校准、飞机性能计算、飞机和火箭设计、弹道制表和气象制图的基准。在一个时期内，只能规定一个标准大气。这个标准大气，除相隔多年进行修正外，不允许经常变动。

国际民航组织（ICAO）的《ICAO 标准大气手册》被批准作为国际标准化组织（ISO）的 ISO 标准大气（ISO，1973），1980 年我国国家标准总局首次等效采用 USSA－76 的 36km 以下部分为我国国家标准（GB1920－80）。美国 1976 年标准大气（USSA－76）的基本假设包括：空气干洁，在 86km 以下呈均匀混合，视为理想气体，处于静力平衡状态和水平成层分布等。在给定温度-高度变化关系曲线及边界条件后，通过对静力学方程和气体状态方程求积分，即得相应的气压和密度数值。对于平均海平面处的大气特征参数为：标准重力加速度 $g=9.80665\mathrm{m\cdot s^{-2}}$，气压 $p_0=1013.25\mathrm{hPa}$（hPa：百帕），气温 $T=288.15\mathrm{K}$，密度 $\rho=1.2250\mathrm{kg\cdot m^{-3}}$。

低层（20km 以下）标准大气的气温和气压随高度的分布，如图 8-2 所示。

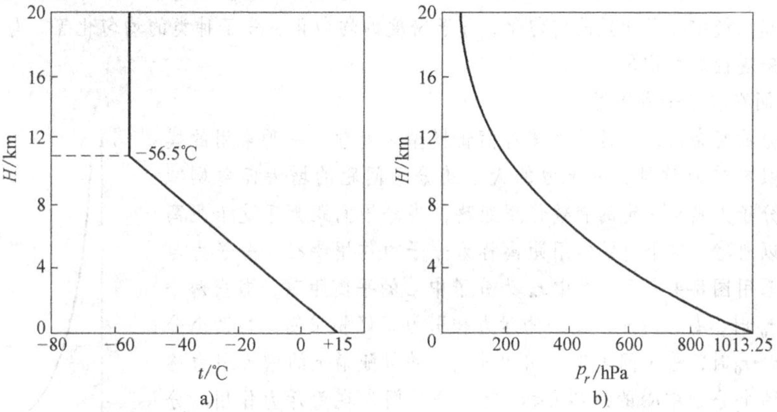

图 8-2

物理知识拓展

气体的微观模型

我们从气体动理论的观点来分析一个包含大量分子的气体系统中分子所具有的特点。

1. 分子具有一定的质量和体积

如果系统包含的物质的量是 1mol，那么系统中的分子数等于阿伏伽德罗常量 $N_A=6.0221367\times10^{23}\mathrm{mol^{-1}}$。如果所讨论的是氢气系统，1mol 氢气的总质量是 $2.0\times10^{-3}\mathrm{kg}$，每个氢气分子的质量为 $3.3\times10^{-27}\mathrm{kg}$。

可以用类似的方法估计分子的体积。1mol 水的体积约为 $18\times10^{-6}\mathrm{m^3}$，每个水分子占据的体积约为 $3.0\times10^{-29}\mathrm{m^3}$，一般认为液体中分子是一个挨着一个排列起来的，水分子的体积与水分子所占据的体积的数量级相同。在气态下分子数的密度比在液态下小得多，在标准状况（或称标准状态，即温度为 273.15K，压强为101325Pa）下，饱和水蒸气的密度约为水的密度的 1/1000，即分子之间的距离约为分子自身线度的 10 倍。这正是气体具有可压缩性的原因。

2. 分子处于永不停息的热运动之中

布朗运动是分子热运动的间接证明。在显微镜下观察悬浮在液体中的固体微粒，会发现这些小颗粒在不停地做无规则运动，这种现象称为布朗运动。图 8-3 画出了五个藤黄粉粒每隔 20s 记录下来的位置变化。

做布朗运动的小颗粒称为布朗微粒。布朗微粒受到来自各个方向的做无规则热运动的液体分子的撞击，由于颗粒很小，在每一瞬间这种撞击不一定都是平衡的，布朗微粒就朝着撞击较弱的方向运动。可见，布朗运动是液体分子做无规则热运动的间接反映。

实验显示，无论液体还是气体，组成它们的分子都处于永不停息的热运动之中。组成固体的微粒由于受到彼此间的较大的束缚作用，一般只能在自己的平衡位置附近做热振动。

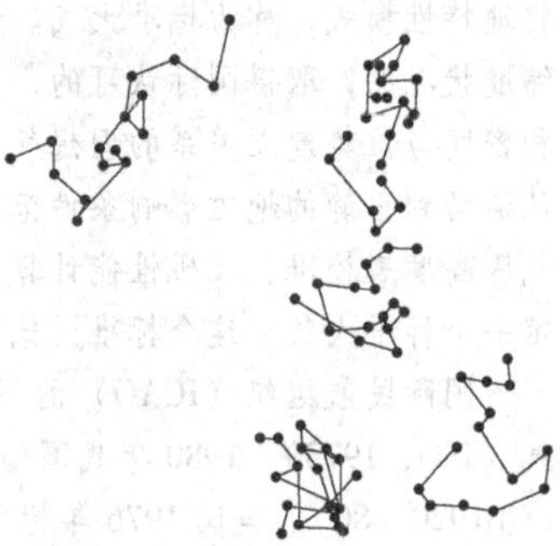

图　8-3

3. 分子之间以及分子与器壁之间进行着频繁碰撞

布朗微粒的运动实际上是液体和气体分子热运动的缩影，我们可以由布朗微粒的运动推知气体分子热运动的情景：在热运动过程中，气体系统中分子之间以及分子与容器器壁之间进行着频繁的碰撞，每个分子的运动速率和运动方向都在不断地、突然地发生变化；对于任一特定的分子而言，它总是沿着曲折的路径在运动，在路径的每一个折点上，它与一个或多个分子发生了碰撞，或与器壁上固体的分子发生了碰撞。

设想一个具有特定动量的分子进入气体系统中，由于碰撞，经过一段时间后这个分子的动量将分配给系统中每一个分子，并将分配到空间各个方向上去。由此可见，碰撞引起系统中动量的均匀化。同样，由于碰撞还将引起系统中分子能量的均匀化、分子密度的均匀化、分子种类的均匀化等。与此相对应，系统表现出一系列宏观性质的均匀化。

4. 分子之间存在分子力作用

由于分子力的复杂性，通常采用某种简化模型来处理。一种常用的模型是假设分子具有球对称性，分子力的大小随分子间距的增大而急剧减小。一般认为分子力具有一定的有效作用距离，当分子间距大于这个距离时，分子力可以忽略，这个有效作用距离称为分子力作用半径。分子力与分子间距的关系用图 8-4 表示，图中 r_0 为分子中心的平衡距离，即当两个分子中心相距 r_0 时，每个分子所受到的斥力和引力正好相平衡。当两个分子中心的距离 $r>r_0$ 时，分子间表现为引力作用，并且随着 r 的增大引力逐渐趋于零；当两个分子中心的距离 $r<r_0$ 时，分子间表现为斥力作用。分子自身具有一定的体积，不能无限制地压缩，正反映了这种斥力作用的存在。

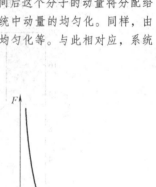

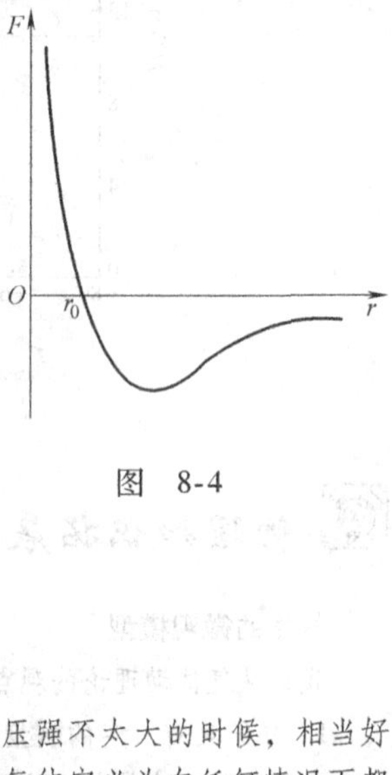

图　8-4

应用能力训练

理想气体状态方程

理想气体是一个抽象的物理模型。实际气体在密度不太高、温度不太低、压强不太大的时候，相当好地遵从气体的三个实验定律即玻意耳定律、盖－吕萨克定律和查理定律。理想气体定义为在任何情况下都严格地遵从这三个定律的气体。

理想气体状态方程是理想气体在平衡态时状态参量所满足的方程，可以由上述三个实验定律推出，表示为

$$pV = \frac{m}{M}RT = \nu RT \tag{8-1}$$

式中，R 为摩尔气体常数，在国际单位制中，$R=8.31\mathrm{J\cdot mol^{-1}\cdot K^{-1}}$；$\nu$ 为气体分子的物质的量，可表示为

$$\nu = \frac{m}{M} = \frac{N}{N_A} \tag{8-2}$$

式中，m 为气体质量；M 为气体分子的摩尔质量；N 为气体的分子数；N_A 是阿伏加德罗常数，在国际单位制中 $N_A=6.02\times10^{23}\mathrm{mol^{-1}}$。式（8-1）还可以进一步写成

$$p = \frac{N}{V} \cdot \frac{R}{N_A} \cdot T$$

或

$$p = nkT \tag{8-3}$$

式中，$n = \frac{N}{V}$称为气体的分子数密度，即单位体积内的分子数；$k = \frac{R}{N_A}$称为玻耳兹曼常量，在国际单位制中，$k = 1.38 \times 10^{-23} \text{J} \cdot \text{K}^{-1}$。

理想气体状态方程表明了在平衡态下理想气体的各个状态参量之间的关系。当系统从一个平衡态变化到另外一个平衡态时，各状态参量发生变化，但它们之间仍然要满足物态方程。

式（8-3）是理想气体状态方程的微观形式，在大学物理中使用较多。下面我们分析这条实验定律的物理本质。

8.2　理想气体的压强和温度

物理学基本内容

8.2.1　理想气体的微观模型

在宏观上我们知道，理想气体是一种在任何情况下都遵守玻意耳定律、盖－吕萨克定律和查理定律的气体。但从微观上看什么样的分子组成的气体才具有这种宏观特性呢？气体分子的运动是肉眼看不见的，所以理想气体的微观模型是通过对宏观实验结果进行分析和综合而提出的一个假说。通过这个假说得到的结论与宏观实验结果进行比较来判断模型的正确性。通过前人多年的努力，我们现在知道理想气体的微观模型具有以下特征：

（1）分子与容器壁和分子与分子之间只有在碰撞的瞬间才有相互作用力，其他时候的相互作用力可以忽略不计。

（2）分子本身的体积在气体中可以忽略不计，即对分子可采用质点模型。

（3）分子与容器壁以及分子与分子之间的碰撞属于牛顿力学中的完全弹性碰撞，没有能量耗散。

实验表明，实际气体中分子本身占的体积约只占气体体积的千分之一，在气体中分子之间的平均距离远大于分子的几何尺寸，所以将分子看成质点是完全合理的。从另一个方面看，对已达到平衡态的气体如果没有外界影响，其温度、压强等态参量都不会因分子与容器壁以及分子与分子之间的碰撞而发生改变，气体分子的速度分布也保持不变，因而分子与容器壁以及分子与分子之间的碰撞是完全弹性碰撞也是理所当然的。

综上所述，经过抽象与简化，理想气体可以看成一群彼此间无相互作用的无规则运动的弹性质点的集合，这就是理想气体的微观模型。

8.2.2　平衡态的统计假设

上述理想气体模型主要是针对分子的运动特征而建立起来的一个假设。为了以此模型为基础，求出平衡态时气体的一些宏观状态参量，还必须知道理想气体在处于平衡态时，分子的群体运动特征。这些特征也叫作平衡态的统计特性。在忽略重力场影响时，从平衡态的定义分析可知，气体的分子数密度总是处处相同的，即气体分子在容器中任何空间位置分布的机会均等，具有分布的空间均匀性，如若不然就会发生扩散，状态参量就会发生变化，也就不是平衡态。另一方面，在平衡态下向各个方向运动的气体的分子数是相同的，即气体分子向各个方向运动的概率是一样的，具有运动的各向同性，显然这一特征不能满足，气体就有定向运动，也不是平衡态。因此，我们将上述分析的结果归纳为平衡态的统计假设：理想气体处于平衡态时气体分子出现在容器内任何空间位置概率相等；气体分子向各个方向运动的概率相等。平衡态统计假设的正确性将由应用该统计假设获得的理论结果与实验结果进行比对而得到验证。

根据上述假设，还可以进一步得到如下一些结论：

1）分子沿各个方向运动的速度分量的各种平均值应该相等。例如，沿 x、y、z 三个方向速度分量的方均值应该相等。某方向的速度分量的方均值，定义为分子在该方向上的速度分量的平方的平均值，即把所有分子在该方向上的速度分量平方后加起来再除以分子总数

$$\overline{v_x^2} = \frac{\sum_{i=1}^{N} v_{ix}^2}{N}, \quad \overline{v_y^2} = \frac{\sum_{i=1}^{N} v_{iy}^2}{N}, \quad \overline{v_z^2} = \frac{\sum_{i=1}^{N} v_{iz}^2}{N} \tag{8-4}$$

按照统计假设，分子群体在 x、y、z 三个方向上的运动应该是各向同性的，所以应该有 $\overline{v_x^2} = \overline{v_y^2} = \overline{v_z^2}$。方均速率，即分子速度的平方的平均值为

$$\overline{v^2} = \overline{v_x^2 + v_y^2 + v_z^2} = \overline{v_x^2} + \overline{v_y^2} + \overline{v_z^2} \tag{8-5}$$

由于 $\overline{v_x^2} = \overline{v_y^2} = \overline{v_z^2}$，所以有

$$\overline{v_x^2} = \overline{v_y^2} = \overline{v_z^2} = \frac{\overline{v^2}}{3} \tag{8-6}$$

即速度分量的方均值等于方均速率的三分之一。这个结论在下面证明压强公式时要用到。

2）速度和它的各个分量的平均值为零。平衡态理想气体中各个分子朝各个方向运动的概率相等（正向运动的概率等于负向运动的概率）。因此，分子速度的平均值为零，各种方向的速度矢量相加会相互抵消。类似地，分子速度的各个分量的平均值也为零。

以上结论是统计结论，只有在平均意义上才是正确的，气体分子数越多，统计结果就越准确。

8.2.3 压强的解释与压强公式

1. 压强的理论解释

压强是宏观量。用气体动理论观点来看：压强是大量分子对器壁不断碰撞的结果。

2. 压强公式的推导

为了简化讨论，假设有同种理想气体盛于一个长、宽、高分别为 l_1、l_2、l_3 的长方体容器中并处于平衡态，如图 8-5 所示。设气体共有 N 个分子，每个分子的质量均为 m。我们先考察其中一个面上的压强，如图中的 S 面，其面积为 $l_2 l_3$。

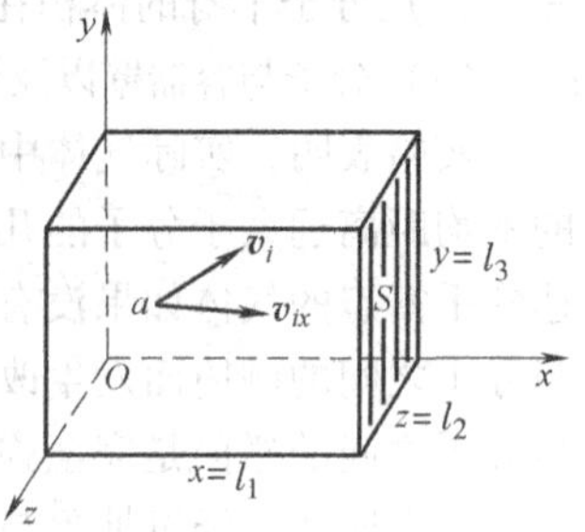

图 8-5

（1）一个分子在一次碰撞中对器壁的冲量　设序号为 i 的分子以速度（v_{ix}，v_{iy}，v_{iz}）运动（$v_{ix}>0$）并与 S 面碰撞，碰撞后速度变为（$-v_{ix}$，v_{iy}，v_{iz}）。按理想气体平衡态的统计假设，分子与器壁间的碰撞是完全弹性的，分子在碰撞过程中受到的冲量为

$$\Delta p_{ix} = -mv_{ix} - mv_{ix} = -2mv_{ix} \tag{8-7}$$

分子对器壁的冲量为 $I_{ix} = -\Delta p_{ix} = 2mv_{ix}$

（2）一个分子对器壁 S 的平均作用力　我们假设此分子不与其他任何分子碰撞，则分子在与

S面以及S面的对面碰撞时，它在x方向的速度的大小不变，只是方向发生改变；而且在分子与其余的四个面碰撞时，它在x方向的速度也不会变，所以分子在x方向的速度的大小在运动中是一个常量，就以v_{ix}表示。此分子在容器中在x方向来回运动，不断与画阴影的S面发生碰撞，碰撞周期为$\frac{2l_1}{v_{ix}}$，碰撞频率为$\frac{v_{ix}}{2l_1}$。所以Δt时间内第i分子碰撞S面的次数为$\frac{\Delta t}{2l_1/v_{ix}}$，$\Delta t$时间内第$i$分子施于器壁的冲量为

$$\Delta I_{ix} = I_{ix} \cdot \frac{v_{ix}}{2l_1} \cdot \Delta t = \frac{mv_{ix}^2}{l_1}\Delta t \tag{8-8}$$

i分子对器壁S的平均作用力为

$$\overline{F}_{ix} = \frac{\Delta I_{ix}}{\Delta t} = \frac{mv_{ix}^2}{l_1} \tag{8-9}$$

（3）N个分子对器壁S面的作用力　气体的N个分子对器壁S的平均作用力为各分子给S面的平均作用力的总和

$$\overline{F} = \sum \overline{F}_{ix} = \sum_{i=1}^{N} \frac{mv_{ix}^2}{l_1} = \frac{m}{l_1} \cdot \sum_{i=1}^{N} v_{ix}^2 \tag{8-10}$$

按力学的理解，气体在单位时间内给S面的冲量就是气体给S面的平均冲力$\overline{F}$。再按前面所学习过的速度分量的方均值的定义：$\overline{v_x^2} = \frac{\sum_{i=1}^{N} v_{ix}^2}{N}$，以及速度分量的方均值与方均速率的关系$\overline{v_x^2} = \frac{\overline{v^2}}{3}$，我们得到气体给$S$面的平均冲力为

$$\overline{F} = \frac{m}{l_1} \cdot \sum_{i=1}^{N} v_{ix}^2 = \frac{m}{l_1} \cdot N\overline{v_x^2} = \frac{mN\overline{v^2}}{3l_1} \tag{8-11}$$

（4）器壁S面受到的压强　由于气体大量分子的密集碰撞，分子对器壁的冲力在宏观上表现为一个持续的恒力，它就等于平均冲力。因而我们可以求得S面上的压强

$$p = \frac{\overline{F}}{S} = \frac{\overline{F}}{l_2 l_3} = \frac{mN\overline{v^2}}{3l_1 l_2 l_3} = \frac{mN\overline{v^2}}{3V} \tag{8-12}$$

式中，$V = l_1 l_2 l_3$为容器的体积。由于$\frac{N}{V} = n$是气体的分子数密度，最后我们得到

$$p = \frac{1}{3} nm\overline{v^2} \tag{8-13}$$

在上述结果中，有几点值得读者注意：一是容器的各个器壁上的压强都是相等的；二是压强公式与容器大小无关。因此，我们在推导的过程中使用的假设“分子与其他分子没有碰撞”是合理的，因为我们可以假设S面足够的小。由进一步分析可知，压强公式还与容器的形状无关。实际上，如果我们选择一个球形容器同样可以推导出上述的压强公式。

再考虑到分子的平均平动动能

$$\overline{\varepsilon}_{\mathrm{k}} = \overline{\frac{1}{2}mv^2} = \frac{1}{2}m\overline{v^2} \tag{8-14}$$

代入式（8-13）可得

$$p = \frac{2}{3} n\overline{\varepsilon}_{\mathrm{k}} \tag{8-15}$$

式（8-13）和式（8-15）均称为理想气体的压强公式。上述式子表明：气体的压强与分子数密度和平均平动动能成正比。这个结论与实验是高度一致的，它说明了我们对压强的理论解

释以及理想气体平衡态的统计假设都是合理的。

3. 压强的统计意义

压强是大量分子对器壁碰撞的统计平均效果。在推导压强公式过程中，用到了统计方法，即对大量偶然事件求平均的方法。

【例 8-1】 某理想气体的压强 $p=100\text{Pa}$，密度 $\rho=1.24\times10^{-3}\text{kg}\cdot\text{m}^{-3}$，求气体分子的方均根速率（即方均速率的平方根）。若该气体为双原子理想气体，且温度为 $T=273\text{K}$，问该气体是何种气体？

【解】 按压强公式 $p=\frac{1}{3}nm\overline{v^2}$，方均根速率为

$$\sqrt{\overline{v^2}}=\sqrt{\frac{3p}{nm}} \tag{①}$$

气体的密度 ρ 与分子数密度 n 和分子的质量 m 的关系为

$$\rho = nm \tag{②}$$

将式②代入式①，即得

$$\sqrt{\overline{v^2}}=\sqrt{\frac{3p}{\rho}}=492\text{m}\cdot\text{s}^{-1}$$

由理想气体状态方程 $pV=\frac{m}{M}RT$，可得

$$\frac{RT}{M}=\frac{pV}{m}=\frac{p}{\rho}$$

故气体的摩尔质量

$$M=\frac{\rho RT}{p}=28\times10^{-3}\text{kg}\cdot\text{mol}^{-1}$$

所以，该气体应是摩尔质量为 $M=28\times10^{-3}\text{kg}\cdot\text{mol}^{-1}$ 的 N_2 或 CO。

8.2.4 温度公式

1. 理想气体温度公式的推导

在压强的解释与压强公式知识点中我们推导出了理想气体的压强公式 $p=\frac{2}{3}n\overline{\varepsilon}_k$，又根据在理想气体状态方程知识点中得到的状态方程 $p=nkT$，我们可以得到如下公式

$$\overline{\varepsilon}_k=\frac{3}{2}kT \tag{8-16}$$

这就是平衡态下理想气体的温度公式。

上式说明气体分子的平均平动动能唯一决定于温度，并与热力学温度成正比。由此可知，描写系统宏观状态的参量——温度的高低唯一地由微观量的统计平均值——分子平均平动动能的大小来确定。因此我们说，温度是分子无规则热运动剧烈程度的量度，并可以将上式作为温度的定义式。由温度的定义加上理想气体模型和统计条件，就自然推导出理想气体的物态方程，理论模型和实验结果得到了完美的结合。需要指出的是，温度公式讨论的对象仍然是由大量分子组成的理想气体，对少量分子不成立。对于少数或单个分子讨论其温度是没有意义的。

温度公式（8-16）表明，在相同的温度下，气体分子的平均平动动能相同而与气体的种类无关。也就是说，如果有一团由不同种类的气体混合而成的气体处于热平衡状态，那么不同的气体分子的运动可能很不相同，但它们的平均平动动能却是相同的。

2. 温度的统计意义

1）理想气体的热力学温度是气体分子平均平动动能的量度。

2）气体的平均平动动能与温度成正比。

3）温度是表征大量气体分子热运动剧烈程度的宏观量，是大量气体分子热运动的集体表现。温度平均地标志了系统内部分子热运动的剧烈程度。

3. 关于热力学温度零开

从理想气体温度公式可以看出，当气体的温度达到热力学温度零开（0K）时分子热运动将会停止，这个结论显然是错误的。关于这个问题，我们想说明以下几点：

(1) 当气体系统的温度达到0K时，分子平均平动动能等于零，这一结论是理想气体模型的直接结果。前面曾说过，理想气体模型属于经典物理范畴，所得结论的正确性应根据实验判断。实验告诉我们，当温度趋近0K时，组成固体的粒子还维持着某种振动能量。

(2) 前面曾说过，实际气体只是在温度不太低、压强不太高的情况下，才接近于理想气体的行为。随着温度的降低，实际气体将转变为液体，乃至固体，其性质和行为显然不能用理想气体状态方程来描述，所以，由理想气体状态方程所得出的上述结论，是没有实际意义的。

(3) 从理论上说，热力学温度零开只能趋近而不可能达到。所以上述“当气体的温度达到热力学温度零开时分子热运动将会停止”的命题，其前提是不成立的。

由式（8-16）可以计算气体分子在热力学温度 T 时的方均根速率

$$\sqrt{\overline{v^2}} = \sqrt{\frac{3kT}{m}} = \sqrt{\frac{3RT}{M}} \tag{8-17}$$

式中，M 为气体的摩尔质量或平均摩尔质量。由上式可以得到，在同一温度下，两种不同气体分子的方均根速率之比与它们的质量的平方根成反比，即

$$\sqrt{\frac{\overline{v_1^2}}{\overline{v_2^2}}} = \sqrt{\frac{m_2}{m_1}} \tag{8-18}$$

式（8-18）表明，在相同温度下，质量较大的气体分子运动的平均速率较小，扩散较慢；质量较小的分子，运动的平均速率较大，扩散较快。铀分离工厂就是利用这一原理将 $^{235}_{92}U$ 与 $^{238}_{92}U$ 分离，并获得纯度达99%的$^{235}_{92}U$ 核燃料的。

8.2.5 对理想气体定律的推证

1. 阿伏加德罗定律

由 $n=\frac{p}{kT}$，可得

$$N = nV = \frac{pV}{kT}$$

即在同温同压下，相同体积的任何理想气体所含的分子数相等。

2. 道尔顿分压定律

设有 N 种不同的理想气体混合在同一容器中，由于温度相同，所以容器内各种气体分子的平均平动动能相等，即

$$\bar{\varepsilon}_{k1} = \bar{\varepsilon}_{k2} = \cdots = \frac{3}{2}kT = \bar{\varepsilon}_k \tag{8-19}$$

设容器内各种气体的分子数密度分别为 n_1，n_2，…，则单位体积内混合气体的总分子数为

$$n = \sum_{i=1}^{N} n_i$$

由压强公式得到混合气体的压强为

$$p = \frac{2}{3}n\bar{\varepsilon}_k = \frac{2}{3}\sum_{i=1}^{N} n_i \cdot \frac{3}{2}kT = \sum_{i=1}^{N} n_i kT = \sum_{i=1}^{N} p_i \tag{8-20}$$

混合理想气体的压强等于在同样温度、体积条件下组成混合气体的各成分单独存在时的分压强之和。这就是道尔顿分压定律（与力的叠加原理有些类似）。

物理知识应用

飞机空速表原理

空速是重要的飞行参数之一，飞行员根据空速的大小可判断作用在飞机上的空气动力情况，以便正确操纵飞机。另外，根据空速、风速、风向还可以计算地速，由地速和飞行时间可以计算出飞行距离。

空速与动压、静压和气温的关系是测量空速的理论基础，因此，在研究空速表的原理之前，必须分析这几个参数之间的关系。飞机相对于空气运动，可以看作飞机不动，而空气以大小相等、方向相反的流速流过飞机。由于空气流速等于或大于音速时会产生激波，而激波前后空气的状态参数将发生剧烈的变化，这与低速气流流动时有很大差别，因此需要将空气流速分为小于声速和大于声速两种情况来讨论。我们这里只讨论空气流速小于声速的情况，我们先看不考虑空气压缩性的低速情形。

通过测量空气压强来测量空速，必须将气流引入，在飞机上都是用皮托管（总静压管、空速管）引入气流来测量压力的。皮托管的形状多种多样，但其原理是相同的，皮托管是由两个同心圆管组成的，其测压原理如图 8-6 所示。内管的端部（A）对准气流，外管的端部是封闭的，但是在其外侧面开有许多小圆孔（B）。内外管与 U 形压强计的两管相连。

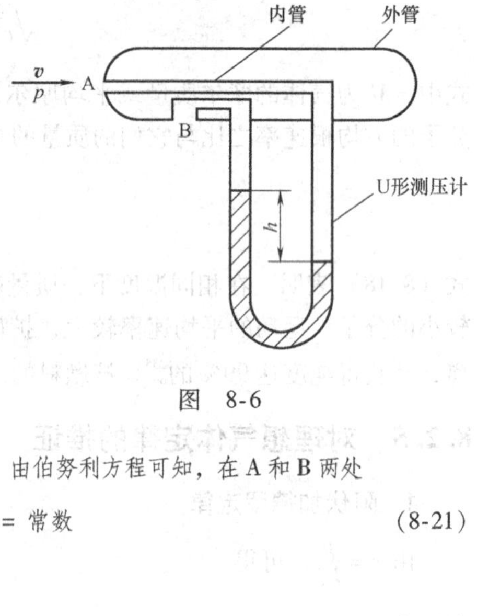

图 8-6

当气流流过圆管时，被圆管的前缘分为两部分，一部分气流流过圆管上部，另一部分流过圆管的下部，而中间有一个分界的流管，这个流管既不向上弯，也不向下弯，它沿着法线方向接近圆管，气流撞击在圆管上（设想 A 处封闭），由于气流受阻滞而完全失去定向运动动能。即在圆管头部 A 处，气流的速度变为零，动能全部变为压力能，这个 A 处称为停滞点或驻点。由伯努利方程可知，在 A 和 B 两处

$$p_1 + \frac{1}{2}\rho v_1^2 = p_2 + \frac{1}{2}\rho v_2^2 = 常数 \tag{8-21}$$

由于 $v_1 = 0$，所以

$$p_1 = p_2 + \frac{1}{2}\rho v_2^2 \tag{8-22}$$

气流受到全阻滞，这一点（A 处）的压力 p_1 就是总压，用 p_t 表示，总压 p_t 包括两部分，一部分是未受扰动的空气压力 p_2（就是静压），用 p_s 表示，另一部分是由动能转变来的压力 $\frac{\rho v^2}{2}$（v_2 就是空速 v），称为动压，用 q_c 表示。故上式可写成

$$p_t = p_s + q_c \tag{8-23}$$

或

$$q_c = p_t - p_s \tag{8-24}$$

在皮托管 B 处，如果与头部距离足够远，则该处的气流可以认为未受扰动，其流速 $v_2 = v$，压力 $p_2 = p_s$，即

从皮托管外侧小圆孔引入的压力即为大气静压 p_s。因此，不考虑空气压缩性时可得

$$p_t = p_s + \frac{1}{2}\rho_s v^2 \tag{8-25}$$

所以

$$v = \sqrt{\frac{2(p_t - p_s)}{\rho_s}} = \sqrt{\frac{2q_c}{\rho_s}} \tag{8-26}$$

因为 $\rho_s = \dfrac{p_s M}{RT_s}$，所以

$$v = \sqrt{\frac{2(p_t - p_s)RT_s}{p_s M}} = \sqrt{\frac{2q_c RT_s}{p_s M}} \tag{8-27}$$

可以看出：空速可以通过测量总压 p_t、静压 p_s 和空气密度 ρ_s 来测量；也可通过测量动压 q_c 和空气密度 ρ_s 来测量；还可通过测量总压 p_t（或动压 q_c）、静压 p_s 和空气温度 T_s 来测量。

物理知识拓展

可压缩流体的伯努利方程

当空气流速大于300km·h^{-1}而小于声速时，需要考虑空气的压缩性（即空气密度变化），且其压缩过程是绝热的（见下章），则伯努利方程变形为

$$\frac{1}{2}v_1^2 + \frac{\gamma}{\gamma-1}\frac{p_1}{\rho_1} = \frac{1}{2}v_2^2 + \frac{\gamma}{\gamma-1}\frac{p_2}{\rho_2} \tag{8-28}$$

式中，γ 为比热容比，对于空气，$\gamma = 1.4$。考虑 A 处为静止空气，则 p_1 即为总压 p_t，有

$$\frac{1}{2}v^2 + \frac{\gamma}{\gamma-1}\frac{p_s}{\rho_s} = \frac{\gamma}{\gamma-1}\frac{p_t}{\rho_t} \tag{8-29}$$

因此

$$v = \sqrt{\frac{2\gamma}{\gamma-1}\left(\frac{p_t}{\rho_t} - \frac{p_s}{\rho_s}\right)}$$

利用热力学绝热关系并进行适当近似，可得

$$v = \sqrt{\frac{2q_c}{\rho_s(1+\varepsilon)}} \tag{8-30}$$

其中，

$$\varepsilon = \frac{1}{4}\left(\frac{v}{c}\right)^2 + \frac{1}{40}\left(\frac{v}{c}\right)^4 + \cdots \tag{8-31}$$

可见，考虑空气压缩性时，空速测量仍然与不考虑空气压缩性时测量的参数一样，但计算公式不同。

应用能力训练

【例8-2】 一容器内储有氧气，其压强 $p = 1.013\times10^5$Pa，温度 $t = 27$℃。求：（1）单位体积内的分子数；（2）氧气分子的质量。

【解】（1）$n = \dfrac{p}{kT} = \dfrac{1.013\times10^5}{1.38\times10^{-23}\times(273+27)}\text{m}^{-3} = 2.45\times10^{25}\text{m}^{-3}$

（2）氧气分子的质量

$$m = \frac{M}{N_A} = \frac{32\times10^{-3}}{6.023\times10^{23}}\text{kg} = 5.31\times10^{-26}\text{kg}$$

8.3 能量均分定理 热力学能

物理学基本内容

8.3.1 能量按自由度均分定理

1. 自由度

热运动的分子不仅有平动，还可能有转动和振动，为了确定能量在各种运动形式间的分配，需要引入“自由度”的概念。

（1）自由度的定义 确定一个物体空间位置所需要的独立坐标数，叫作该物体的运动自由度或简称自由度。例如，将飞机看成一个质点时确定它的位置所需要的独立坐标数是三个，自由度为3，分别是飞机的经度、纬度和高度。若将大海中航行的军舰看成质点，确定它的位置所需要的独立坐标数为两个，自由度为2，分别是军舰的经度和纬度。军舰被约束在海面上，自由度比飞机少。由这些事例可以看出，物体自由度是与物体受到的约束和限制有关的，物体受到的限制（或约束）越多，自由度就越小。考虑到物体的形状和大小，它的自由度等于描写物体上每个质点的坐标个数减去所受到的约束方程的个数。

（2）气体分子的自由度 根据自由度的定义，单原子气体分子可以看成一个质点（理想气体）并且运动是完全自由的，则其分子需要 x、y、z 三个独立的空间坐标才能确定其位置，所以它的自由度为3；对于刚性双原子气体分子除用 x、y、z 确定其质心位置（或者其中一个原子的位置）外，还要用两个独立的方位角才能确定其双原子连线的方位（或另一个原子的相对空间位置），因而它的自由度是5。刚性双原子分子的5个自由度常常也因此分解为3个平动自由度和2个转动自由度。刚性双原子分子的5个自由度也可以这样来理解，两个原子需要6个坐标，但是由于有刚性的要求（两个原子之间的距离不变），从而形成一个约束方程，自由度等于5。对于刚性的多原子气体分子则在确定质心位置和任一过质心的轴线的方位后，还需要一个用以确定绕该轴转动的角坐标，因而它有6个自由度。它的6个自由度也常常分解为3个平动自由度和3个转动自由度。上述分子的自由度如图8-7所示。

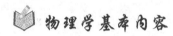

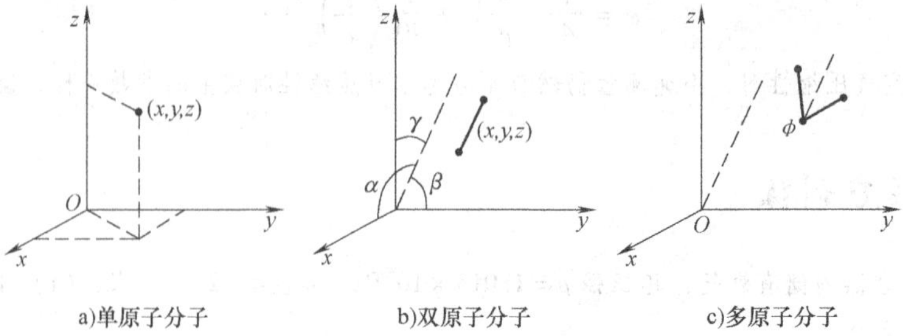

图 8-7

分子的自由度通常用 i 表示，平动自由度用 t 表示，转动自由度用 r 表示。在大学物理中只需要大家掌握上述三种情况，对于分子内有振动（原子间距离变化）的情况不予考虑。我们将上述情况总结如下。

单原子分子：$i=3$。

刚性双原子分子：$i=5$，其中 $t=3$，$r=2$。

刚性多原子分子：$i=6$，其中 $t=3$，$r=3$。

2. 能量按自由度均分定理

(1) 能量按自由度均分定理的说明　一个分子的平动动能可以表示为

$$\varepsilon_{ik} = \frac{1}{2}mv_i^2 = \frac{1}{2}m(v_{ix}^2 + v_{iy}^2 + v_{iz}^2) = \frac{1}{2}mv_{ix}^2 + \frac{1}{2}mv_{iy}^2 + \frac{1}{2}mv_{iz}^2 \tag{8-32}$$

式(8-32)可以理解为：分子的平动动能是分配在三个平动自由度上的。但对于气体中的一个分子而言，这种分配没有规律，速度的各个分量大小各不相同。对于大量分子而言，分子的平均平动动能表示为

$$\overline{\varepsilon}_k = \frac{1}{2}m\overline{v^2} = \frac{1}{2}m(\overline{v_x^2} + \overline{v_y^2} + \overline{v_z^2}) = \overline{\frac{1}{2}mv_x^2} + \overline{\frac{1}{2}mv_y^2} + \overline{\frac{1}{2}mv_z^2} \tag{8-33}$$

式(8-33)也可以理解为：气体分子的平均平动动能也是分配在三个平动自由度上的。但是，根据理想气体平衡态的统计假设，我们有：$\overline{\frac{1}{2}mv_x^2} = \overline{\frac{1}{2}mv_y^2} = \overline{\frac{1}{2}mv_z^2}$。因而气体分子的平均平动动能在三个平动自由度上是平均分配的，即每个自由度将分得平均平动动能的$\frac{1}{3}$。又由温度公式$\overline{\varepsilon}_k = \frac{3}{2}kT$，可得每个自由度分得的平均平动动能为

$$\overline{\frac{1}{2}mv_x^2} = \overline{\frac{1}{2}mv_y^2} = \overline{\frac{1}{2}mv_z^2} = \frac{1}{2}kT \tag{8-34}$$

式(8-34)表明：对于平衡态下的分子运动，每一个平动自由度都均分$\frac{1}{2}kT$的平均动能，没有哪个自由度的运动更占优势。

如果气体是由刚性的多（双）原子分子构成的，则分子的热运动除了分子的平动外，还有分子的转动。转动也有相应的能量。由于分子间频繁的碰撞，分子间的平动能量和转动能量是不断相互转化的。当理想气体达到平衡态时，其中的平动能量与转动能量之间有什么关系呢？是平动与转动平分能量吗？实验表明：理想气体达到平衡态时，其中分子的平动能量与转动能量是按自由度分配的，从而就得到如下的能量按自由度均分定理。

(2) 能量按自由度均分定理　理想气体在温度为 T 的平衡态下，分子运动的每一个平动自由度和转动自由度都平均分得$\frac{1}{2}kT$的能量，而每一个振动自由度平均分得 kT 的能量（振动包括动能和势能）。这个结果可以由经典统计物理学理论得到严格的证明，称为能量按自由度均分定理，简称能量均分定理。

如果某种气体分子有 t 个平动自由度，r 个转动自由度，s 个振动自由度，则分子的平均平动动能、平均转动动能和平均振动动能就分别为$\frac{t}{2}kT$，$\frac{r}{2}kT$，skT，而分子的平均总动能为

$$\overline{\varepsilon}_k = \frac{1}{2}(t + r + 2s)kT = \frac{i}{2}kT$$

能量均分定理是关于分子热运动动能的统计规律，是对大量分子统计平均所得的结果。

在大学物理中，我们所研究的气体一般不需要考虑分子内部的振动自由度，即将分子视为刚性的。所以气体分子的平均动能为

$$\bar{\varepsilon} = \frac{t+r}{2}kT$$

其中，t 为平动自由度数目；r 为转动自由度数目。

平均平动动能为

$$\bar{\varepsilon} = \frac{t}{2}kT = \frac{3}{2}kT$$

平均转动动能为

$$\bar{\varepsilon} = \frac{r}{2}kT$$

平均动能等于平均平动动能与平均转动动能之和。

能量均分定理适用于达到平衡态的气体、液体、固体和其他由大量运动粒子组成的系统。对大量粒子组成的系统来说，动能会按自由度均分是依靠分子间频繁的无规则碰撞来实现的。在碰撞过程中，一个分子的动能可以传递给另一个分子，一种形式的动能可以转化为另一种形式的动能，而且动能还可以从一个自由度转移到另一个自由度。但只要气体达到了平衡态，那么任意一个自由度上的平均动能就应该相等。

8.3.2 理想气体的热力学能

1. 热力学能的定义

热运动系统的热力学能（亦称内能）定义为：系统内热运动能量的总和。对于实际气体来说，它的热力学能通常包括所有分子的平动动能、转动动能、振动动能及振动势能。由于分子间存在着相互作用的保守力，所以还具有分子之间的势能，所有分子的各种形式的动能和势能的总和称为气体的热力学能。

2. 理想气体平衡态的热力学能

根据理想气体的微观模型，理想气体的分子间无相互作用，因此，分子之间没有势能。又由于不考虑分子内部原子间的振动，所以理想气体平衡态的热力学能只是所有分子平动动能和转动动能之和，即

$$E = \sum_{i=1}^{N} \varepsilon_{ik} = N\bar{\varepsilon}_k = \frac{m}{M}N_A \cdot \frac{i}{2}kT \tag{8-35}$$

式中，N 为系统的总分子数；$\bar{\varepsilon}_k$ 为分子的平均动能；$i=t+r$ 为分子的平动和转动自由度数之和。由于 $\nu=\frac{m}{M}$，上式可进一步写为

$$E = \nu N_A \cdot \frac{i}{2}kT \tag{8-36}$$

又由 $N_A k = R$，我们得到理想气体的热力学能公式

$$E = \nu \cdot \frac{i}{2}RT \tag{8-37}$$

这说明，对于给定的系统来说（m、M、i 都是确定的），理想气体平衡态的热力学能由温度唯一确定，也就是说理想气体平衡态的热力学能是温度的单值函数，由系统的状态参量就可以确定它的热力学能。系统热力学能是一个态函数，只要状态确定了，那么相应的热力学能也就确定了。按照理想气体状态方程 $pV=\nu RT$，热力学能公式还可以记为

$$E = \frac{i}{2}pV \tag{8-38}$$

如果状态发生变化，则系统的热力学能也将发生变化。对于理想气体系统来说，热力学能的变化

$$\Delta E = \nu \cdot \frac{i}{2}R\Delta T \tag{8-39}$$

或记作

$$\Delta E = \frac{i}{2}\Delta(pV) \tag{8-40}$$

它与状态变化所经历的具体过程无关。上述与热力学能有关的公式我们在后面有广泛的应用，希望大家熟练掌握。

物理知识应用

热力学系统的储存能

除了储存在热力学系统内部的热力学能外，在系统外的参考坐标系中，热力学系统作为一个整体，由于其宏观运动速度的不同或在重力场中由于高度的不同，而储存着不同数量的机械能，称为宏观动能和重力势能。这种储存能又称为外部储存能。

这样，我们就把系统的储存能分成了两类：需要用在系统外的参考坐标系内测量的参数来表示的能量称为外部储存能；与物质内部粒子的微观运动和粒子空间位形有关的能量称为内部储存能（热力学能）。下面讨论外部储存能。

宏观动能：质量为 m 的物体以速度 v 运动时，该物体具有的宏观运动动能为

$$E_k = mv^2/2$$

重力势能：质量为 m 的物体，当其在参考坐标系中的高度为 z 时所具有的重力势能为

$$E_p = mgz$$

上两式中，g 为重力加速度；v、z 为力学变量。处于同一热力学状态的物体可以有不同的 v、z，从这个意义上讲，v、z 是独立于热力学系统内部状态的，称为外参数。在外部参考坐标系中，v、z 为点函数。

系统的总储存能：系统的总储存能 $E_{总}$ 为内、外储存能之和，即

$$E_{总} = E + E_k + E_p$$

或

$$E_{总} = E + \frac{1}{2}mv^2 + mgz$$

物理知识拓展

热力学能的深入讨论

从微观观点来看，热力学能是与物质内部粒子的微观运动和粒子空间位形有关的能量。在分子尺度上，热力学能包括分子平动、转动、振动运动的动能，分子间由于相互作用力的存在而具有的位能；在分子尺度以下，热力学能还包括不同原子束缚成分子的能量、电磁偶极矩的能量；在原子尺度内，热力学能还包括自由电子绕核旋转及自旋的能量、自由电子与核束缚在一起的能量和核自旋的能量；在原子核尺度以下，热力学能还包括核能，等等。在工程热力学中，在我们所讨论的一般热力学系统所进行的过程里，常常没有分子结构及核变化，这时，热力学能停留在分子尺度上，只考虑分子运动的内动能 ε_k 及分子间由于相互作用力的存在而具有的内势能 ε_p，即

$$E = \varepsilon_k + \varepsilon_p$$

在化学热力学中，由于涉及到物质分子的变化，热力学能还将考虑物质内部储存的化学能。既然热力

学能是一个状态参数，那么就可用其他独立状态参数表示出来。例如，对简单可压缩系统而言，其热力学能可表示为 $E=E(T,V)$。热力学能的法定计量单位为 J。单位质量物体的热力学能称为比热力学能，单位为 J/kg。

应用能力训练

【例 8-3】当温度 $T=273\text{K}$ 时，求氧气分子的平均平动动能和平均转动动能。

【解】氧气是双原子分子气体，自由度 $i=5$，平动自由度 $t=3$，转动自由度 $r=2$，有

$$\bar{\varepsilon}_t = \frac{3}{2}kT = \frac{3}{2}\times 1.38\times 10^{-23}\times 273\text{J} = 5.65\times 10^{-21}\text{J}$$

$$\bar{\varepsilon}_r = \frac{2}{2}kT = \frac{2}{2}\times 1.38\times 10^{-23}\times 273\text{J} = 3.77\times 10^{-21}\text{J}$$

【例 8-4】2g 氢气与 2g 氦气分别装在两个容积相等、温度也相等的封闭容器内，试求：(1) 平均平动动能之比；(2) 压强之比；(3) 热力学能之比。

【解】(1) 因为 $T_2=T_1$，所以

$$\bar{\varepsilon}_{k1} = \bar{\varepsilon}_{k2}$$

$$\frac{\bar{\varepsilon}_{k1}}{\bar{\varepsilon}_{k2}} = 1$$

(2) 由 $pV=\frac{m}{M}RT$ 得

$$\frac{p_1}{p_2} = \frac{M_2}{M_1} = \frac{4}{2} = 2$$

(3) 理想气体的热力学能为

$$E = \frac{m}{M}\cdot\frac{i}{2}RT = \frac{i}{2}pV$$

$$\frac{E_1}{E_2} = \frac{i_1}{i_2}\cdot\frac{p_1}{p_2} = \frac{10}{3}$$

8.4 气体分子热运动的速率分布

物理学基本内容

对大量分子构成的气体，由于每个时刻各个分子热运动的速度一般各不相同，并且每个分子的速度都通过碰撞不断改变，所以我们无法准确预言某个分子在某一时刻的速度。但对于处于平衡态的气体，我们仍可能从统计的角度，找出气体分子整体的速度分布和速率分布规律。下面先来看一下分子速率分布的描述方法。

8.4.1 速率分布函数

1. 分子的速率分布

随机量的分布通常用分布函数来表示。用分布函数表示统计分布规律有两种描述方式，一种是用离散值的方式，例如，讨论掷骰子行为中的统计规律；另一种是用连续值的方式。我们先看对掷骰子的描述。

用x表示掷骰子每次所掷出的数值。假设共掷了N次，其中出现x_i值的次数有N_i次（i可取1，2，3，4，5，6），各离散值出现的比值（通常可用百分比表示）为

$$W_i = \frac{N_i}{N} \tag{8-41}$$

当N充分大时，这个比率趋于一个稳定值，这就是掷出数值x的分布函数。分布函数的物理意义通常可以用两种完全等价的方式来阐明。一是掷出数值x_i的次数N_i占总投掷次数N的比值；二是任意投掷一次，掷出数值为x_i的概率（可能性）。对于掷骰子这个具体例子来说，只要N充分大，出现x_i的概率肯定是无限接近1/6，无论x_i为何值，这个概率都是相同的。而且还必然要满足归一化条件

$$\sum_i W_i = \sum_i \frac{N_i}{N} = \frac{\sum_i N_i}{N} = \frac{N}{N} = 1 \tag{8-42}$$

即全部事件的总概率等于1。

上述描述方法可以用来描述气体分子的速率分布。由于频繁的热运动，气体分子之间不断的碰撞将使某个分子的速率不断改变。设想我们能够跟踪这个分子并测量它在不同时刻的速率，可以想象得出每次测量的分子速率是随机分布的，这种分布有什么特点和性质正是我们要讨论的问题。需要指出的是，多次测量一个分子的速率所得到的速率分布与同时测量气体的所有分子所得到的速率分布是完全相同的。为了讨论方便，我们后面所说的速率分布使用后一种方式。

在平衡态下，气体分子速率的大小各不相同。由于分子的数目巨大，速率v可以看作在$0\sim\infty$之间连续分布。此时分子的速率分布函数应该这样来定义：假设系统的总分子数为N，在速率$v\sim v+\mathrm{d}v$之间的分子数为$\mathrm{d}N$，则用$\mathrm{d}w=\frac{\mathrm{d}N}{N}$来表示在速率$v\sim v+\mathrm{d}v$之间的分子数占系统总分子数的比值；或者对于任意一个分子来说，这是它的速率处于$v\sim v+\mathrm{d}v$之间的概率。由于这一比值或概率和速率区间$\mathrm{d}v$的大小成正比（即$\mathrm{d}v$越大则$\mathrm{d}w$越大），故通常用$\frac{\mathrm{d}w}{\mathrm{d}v}=\frac{\mathrm{d}N}{N\mathrm{d}v}$来反映气体分子的速率分布，它与所取区间$\mathrm{d}v$的大小无关而仅与速率$v$有关，如图8-8所示。我们把这个比值定义为平衡态下的速率分布函数

$$f(v) = \frac{\mathrm{d}w}{\mathrm{d}v} = \frac{\mathrm{d}N}{N\mathrm{d}v} \tag{8-43}$$

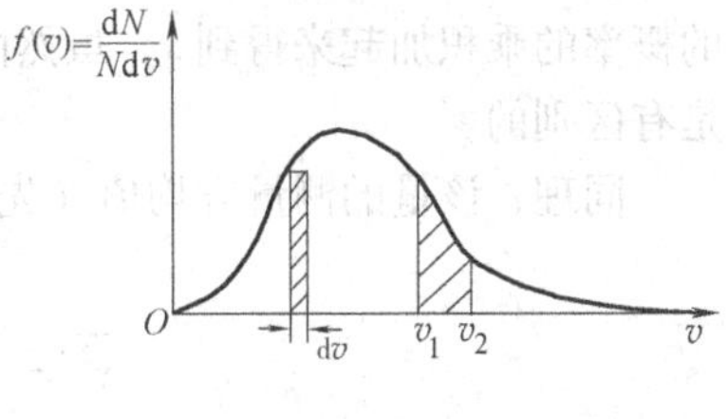

图　8-8

速率分布函数$f(v)$的物理意义是：在速率v附近，单位速率区间内的分子数占系统总分子数N的比值；或者说，对于任意一个分子而言，它的速率刚好处于v值附近单位速率区间内的概率，故$f(v)$也称为分子速率分布的概率密度。对于任意一个分子来说，它的速率多大是偶然的，但却具有一定的概率分布。只要给出了速率分布函数，整个分子的速率分布就完全确定了。由速率分布函数$f(v)$可求出：

在$v\sim v+\mathrm{d}v$区间的分子数

$$\mathrm{d}N = Nf(v)\,\mathrm{d}v \tag{8-44}$$

在$v\sim v+\mathrm{d}v$区间的分子数在总数中占的比值，即一个分子的速率在$v\sim v+\mathrm{d}v$区间的概率

$$\frac{\mathrm{d}N}{N} = f(v)\,\mathrm{d}v \tag{8-45}$$

在分布函数$f(v)$的曲线上，它表示曲线下一个微元矩形的面积。

在$v_1\sim v_2$区间的分子数可以用积分表示为

$$\Delta N = \int_{v_1}^{v_2} Nf(v)\,\mathrm{d}v \tag{8-46}$$

在 $v_1 \sim v_2$ 区间的分子数在总数中占的比例，即一个分子的速率在 $v_1 \sim v_2$ 区间的概率

$$\frac{\Delta N}{N} = \int_{v_1}^{v_2} f(v)\,\mathrm{d}v \tag{8-47}$$

在分布曲线上，它表示在 $v_1 \sim v_2$ 区间曲线下的面积。令 $v_1 = 0$，$v_2 = \infty$，则 ΔN 即为全部分子数 N，故有

$$\int_0^{+\infty} f(v)\,\mathrm{d}v = 1 \tag{8-48}$$

式（8-48）称为速率分布函数的归一化条件，表示所有速率的分子数与分子总数的比值为1，即一个分子速率在（0，+∞）区间的概率为1。在分布曲线上，它表示在0～∞区间曲线下的面积为1。

2. 统计平均速率

下面讨论如何用统计分布函数来求统计平均值。

一般来说，假定某量有 N 个测量值，测量结果为 x_1 的有 N_1 个，为 x_2 的有 N_2 个，…，为 x_k 的有 N_k 个，按照求平均值的方法，该量的测量平均值应该是

$$\bar{x} = \frac{N_1x_1 + N_2x_2 + \cdots + N_kx_k}{N_1 + N_2 + \cdots + N_k} = \frac{\sum_{i=1}^{k} N_ix_i}{N} = \sum_{i=1}^{k} \frac{N_i}{N}x_i = \sum_{i=1}^{k} W_ix_i \tag{8-49}$$

式中，$\dfrac{\sum_{i=1}^{k} N_ix_i}{N}$ 这种形式意味着只要把各种测量值全部加起来，再除以测量总次数 N，就可得 $\bar{x}$；而 $\sum_{i=1}^{k} W_ix_i$ 这种形式意味着每一种测量值先乘以它出现的概率，然后再把每一种测量值与它对应的概率的乘积加起来得到 $\bar{x}$，虽然两种方法计算的结果肯定是一样的，但作为方法本身来说，还是有区别的。

同理，该量的测量方均值（先平方后再求平均值）应该是

$$\overline{x^2} = \frac{\sum_{i=1}^{k} N_ix_i^{\ 2}}{N} = \sum_{i=1}^{k} \frac{N_i}{N}x_i^{\ 2} = \sum_{i=1}^{k} W_ix_i^{\ 2} \tag{8-50}$$

实际上，只要把式（8-49）中的 x_i 用 $x_i^{\ 2}$ 来代替就得到式（8-50）。

对于总分子数 N 很大的平衡态气体，由于分子速率在 $v \sim v + \mathrm{d}v$ 之间的分子数有 $\mathrm{d}N$ 个，这 $\mathrm{d}N$ 个分子的速率严格来说肯定是不相同的，但差别极其微小，因此可以近似认为这 $\mathrm{d}N$ 个分子速率都是等于 v 的。这 $\mathrm{d}N$ 个分子的速率加起来等于 $v\mathrm{d}N = vNf(v)\,\mathrm{d}v$，全部气体分子的速率加起来等于 $\int_0^{+\infty} v\mathrm{d}N = \int_0^{+\infty} vNf(v)\,\mathrm{d}v$，故分子的平均速率

$$\bar{v} = \frac{\int_0^{+\infty} v\mathrm{d}N}{N} = \frac{\int_0^{+\infty} vNf(v)\,\mathrm{d}v}{N} = \int_0^{+\infty} vf(v)\,\mathrm{d}v \tag{8-51}$$

式中，$\dfrac{\int_0^{+\infty} v\mathrm{d}N}{N}$ 这种形式意味着，把每个分子的速率全部加起来，然后再除以总分子数 N 就是 $\bar{v}$；而 $\int_0^{+\infty} vf(v)\,\mathrm{d}v$ 这种形式则意味着，先计算速率 v 与速率在 $v \sim v + \mathrm{d}v$ 区间的概率的乘积，然后再

将它们全部相加得出 $\bar{v}$。

同理，方均速率只要将上式中的 v 用 v^2 代替，即可很方便地写出

$$\overline{v^2}=\frac{\int_0^{+\infty}v^2\mathrm{d}N}{N}=\frac{\int_0^{+\infty}v^2Nf(v)\mathrm{d}v}{N}=\int_0^{+\infty}v^2f(v)\mathrm{d}v \tag{8-52}$$

若进一步要求方均根速率，只要将 $\overline{v^2}$ 开方，即

$$\sqrt{\overline{v^2}}=\sqrt{\int_0^{+\infty}v^2f(v)\mathrm{d}v} \tag{8-53}$$

从上述三式可以清楚地看出，为了计算 $\bar{v}$、$\overline{v^2}$ 或 $\sqrt{\overline{v^2}}$，实际上只要给定速率分布函数 $f(v)$ 就可以了，可见速率分布函数 $f(v)$ 的重要性。

8.4.2　麦克斯韦速率分布及其特点

1. 麦克斯韦速率分布

1859 年，当分子的存在还只是一种假说时，麦克斯韦就用概率论导出了在温度为 T 的平衡态下，不受外力场作用的理想气体分子速率分布函数的具体形式，即在速度区间 $v_x\sim v_x+\mathrm{d}v_x$，$v_y\sim v_y+\mathrm{d}v_y$，$v_z\sim v_z+\mathrm{d}v_z$ 内的分子数 $\mathrm{d}N$ 占分子总数 N 的比为

$$f(v)=4\pi\left(\frac{m}{2\pi kT}\right)^{\frac{3}{2}}v^2\mathrm{e}^{-\frac{mv^2}{2kT}} \tag{8-54}$$

这个函数表达的速率分布规律叫作麦克斯韦速率分布律。式中，T 为理想气体平衡态的热力学温度；m 为气体分子的质量；k 为玻耳兹曼常数。上式表达的分布规律从数学形式上来看是较为复杂的，从图 8-9a 中的曲线可以更清楚地看到它的特点。

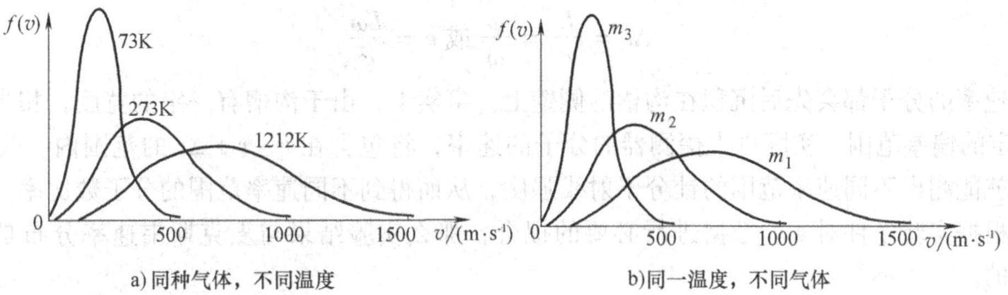

a) 同种气体，不同温度　　b)同一温度，不同气体

图　8-9

2. 麦克斯韦速率分布的特点

从图 8-9 中读者可以看到麦克斯韦速率分布取决于两个参数 T 和 m，麦克斯韦速率分布只适用于平衡态下包含大量分子的理想气体，对于少量气体其分子的速率没有确定的分布规律。非平衡态的理想气体也不遵守麦克斯韦速率分布。

我们从图 8-9 中可以看到速率分布显然是不均匀的，速率分布函数曲线($f(v)-v$)峰值所对应的速率是一个与速率分布函数直接有关的常用的速率，定义为最概然速率 v_p，其物理意义是：在 v_p 附近单位速率区间内的分子数占系统总分子数的比值最大，或者说，对于一个分子而言，它的速率刚好处于 v_p 附近单位速率区间内的概率最大。

根据最概然速率的定义，可以用求极值的方法求出它。令

$$\frac{\mathrm{d}}{\mathrm{d}v}f(v)=\frac{\mathrm{d}}{\mathrm{d}v}\left[4\pi\left(\frac{m}{2\pi kT}\right)^{\frac{3}{2}}v^2\mathrm{e}^{-\frac{mv^2}{2kT}}\right]=0$$

有

$$2v-\frac{mv}{kT}v^2=0$$

即

$$v_{\mathrm{p}}=\sqrt{\frac{2kT}{m}} \tag{8-55}$$

最概然速率 v_{p}、平均速率$\bar{v}$和方均根速率$\sqrt{\overline{v^2}}$统称为速率分布的特征速率。

3. 实验测量

1920 年，斯特恩最早用实验方法测出了银蒸气分子的速率分布。其后又有很多人，包括我国物理学家葛正权，对不同物质的蒸气分子进行了更为精确的测定。精确度最高的是 1956 年进行的密勒-库什实验。在图 8-10 中，S 是炽热的钍分子射线源，C 是一个可绕中心轴旋转的铝合金圆柱体，上面沿纵向刻有一系列长螺距的螺旋形细槽（图中只画出了一条），圆柱体的半径为 r，长为 L，在侧视图上，细槽两端对圆柱体轴线的张角为 φ。S′是根据电离计原理制成的分子射线探测器，它可以通过钍分子电离空气产生的电流大小，测出进入探测器的钍分子射线的强度。

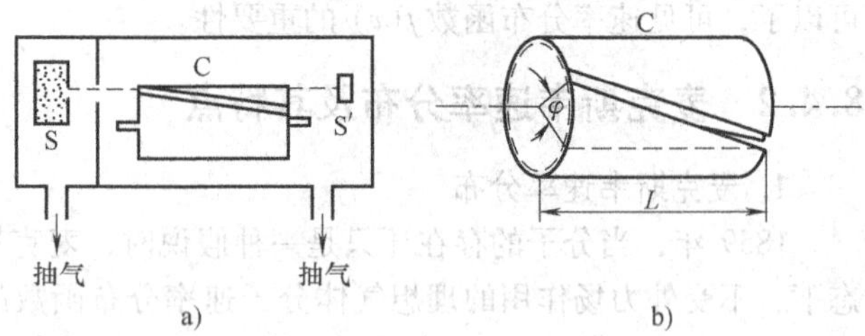

图 8-10

整个装置都放在抽成高真空的容器内。实验时，圆柱体以一定的角速度 ω 旋转，从加热的蒸气源逸出后进入沟槽的分子中，只有那些沿轴向通过距离 L 所用时间恰好等于圆柱体转动角度 φ 所需时间的分子，即速率满足如下关系的分子才能沿着沟槽进入探测器

$$\Delta t=\frac{L}{v}=\frac{\varphi}{\omega} \text{ 或 } v=\frac{L\omega}{\varphi}$$

而其他速率的分子都会先后沉积在沟槽的侧壁上。事实上，由于沟槽有一定的宽度，相当于张角 φ 有一定的偏差范围。实际进入探测器的分子的速率，将包含在 $v\sim v+\Delta v$ 的范围内。改变 ω 的大小，就能测出不同速率范围的钍分子射线强度，从而得到不同速率范围的分子数比率。实验表明，若根据实验条件对实验数据进行必要的拟合，那么实验结果与麦克斯韦速率分布是符合得相当好的。

8.4.3 特征速率

处于平衡态的理想气体系统，它的热运动常用最概然速率、平均速率和方均根速率来表征。按前面讲述的定义和计算方法，利用麦克斯韦速率分布函数 $f(v)=4\pi\left(\frac{m}{2\pi kT}\right)^{\frac{3}{2}}\mathrm{e}^{-\frac{mv^2}{2kT}}v^2$ 可得平衡态理想气体的最概然速率、平均速率和方均根速率，它们分别如下。

最概然速率：$v_{\mathrm{p}}=\sqrt{\frac{2kT}{m}}=\sqrt{\frac{2RT}{M}}\approx 1.41\sqrt{\frac{RT}{M}}$

平均速率：$\bar{v}=\sqrt{\frac{8kT}{\pi m}}=\sqrt{\frac{8RT}{\pi M}}\approx 1.60\sqrt{\frac{RT}{M}}$

方均根速率：$\sqrt{\overline{v^2}}=\sqrt{\frac{3kT}{m}}=\sqrt{\frac{3RT}{M}}\approx 1.73\sqrt{\frac{RT}{M}}$

从以上三个式子很容易看出，三个特征速率都和$\sqrt{T}$成正比，都和$\sqrt{m}$成反比，当气体的温度 T 和摩尔质量 M 相同时，$v_p:\bar{v}:\sqrt{\overline{v^2}}=1.41:1.60:1.73$，如图 8-11 所示。在室温下，三个特征速率的数量级一般为几百米每秒。三个特征速率就不同的问题有各自的应用。举例来说，在讨论速率分布时，要用到最概然速率；在计算分子运动的平均自由程时，要用到平均速率；在计算分子的平均平动动能时，则要用到方均根速率。

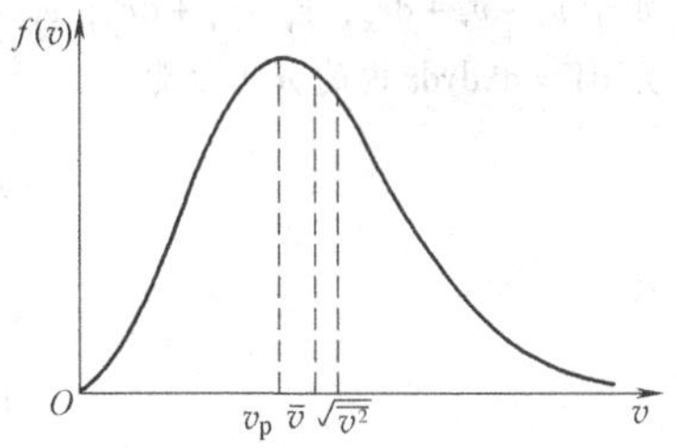

图　8-11

从麦克斯韦速率分布函数可以看出，分布函数不仅是速率 v 的函数，还与系统的构成——分子的质量 m 和系统的状态——温度 T 有关，由可变因子 T/m 或 T/M 决定。三个特征速率也仅取决于 T/m 或 T/M。

从公式可以看出：气体的温度越高，曲线的峰值速率 v_p（以及平均速率和方均根速率）越大，但由于曲线下的总面积始终为 1，故速率分布曲线会随温度升高而变得比较平坦，所以曲线的峰值 $f(v_p)$ 会随温度升高反而降低。

利用理想气体状态方程 $pV=\nu RT$，可以把理想气体的三个特征速率用压强 p 和体积 V 来表示，例如，最概然速率就可以记作

$$v_p=\sqrt{\frac{2RT}{M}}=\sqrt{\frac{2pV}{m'}}=\sqrt{\frac{2p}{\rho}} \tag{8-56}$$

式中，m' 为气体质量，ρ 为气体密度。

8.4.4　麦克斯韦速度分布律

如果计及速度的方向，气体分子速率分布规律为

$$\frac{dN_v}{N}=\left(\frac{m}{2\pi kT}\right)^{\frac{3}{2}}e^{-\frac{mv^2}{2kT}}dv_x dv_y dv_z \tag{8-57}$$

物理知识应用

玻耳兹曼能量分布律与飞机高度表原理

前面一个知识点介绍的麦克斯韦分子速率分布是理想气体处于平衡态时的情况，在讨论中我们没有涉及力场（如重力场）对气体分子的影响，下面我们将深入讨论这个问题。

将麦克斯韦速率分布函数 $f(v)=4\pi\left(\frac{m}{2\pi kT}\right)^{\frac{3}{2}}e^{-\frac{mv^2}{2kT}}v^2$ 改写为

$$dN=4\pi N\left(\frac{m}{2\pi kT}\right)^{\frac{3}{2}}e^{-\frac{\varepsilon_k}{kT}}v^2 dv \tag{8-58}$$

式中，$\varepsilon_k=\frac{1}{2}mv^2=\frac{1}{2}m(v_x^2+v_y^2+v_z^2)$ 为分子的动能。如果把气体放在保守力场中，那么气体分子不仅有动能，而且还有势能。一般说来，动能是速率的函数，即 $\varepsilon_k=\varepsilon_k(v)$，而势能则是分子在空间位置坐标的函数，即 $\varepsilon_p=\varepsilon_p(x,y,z)$。例如，在重力场中，分子的势能为 $\varepsilon_p=mgh$（设 $h=0$ 处为势能零点）。因此，在有力场的情况下，如果我们既要考虑分子按速率的分布（即按动能分布），也要考虑分子按空间的分布（即按势能分布），前面考虑的分子通过频繁碰撞而进行的平动、转动、振动的能量转换还应包括通过频繁碰撞而进行的动能与重力势能的能量转换。那么一个合理的考虑是，上式因子 $e^{-\varepsilon_k/kT}$ 中的 ε_k 应当用粒子的总的能量 $\varepsilon=\varepsilon_k+\varepsilon_p$ 来代替。玻耳兹曼从这个观点出发，进一步运用统计物理学基本原理得到，分子速度

处于 $v_x \sim v_x + dv_x$，$v_y \sim v_y + dv_y$，$v_z \sim v_z + dv_z$ 区间内，坐标处于 $x \sim x + dx$，$y \sim y + dy$，$z \sim z + dz$ 的空间体积元 $dV = dxdydz$ 内的分子数为

$$dN = n_0 \left(\frac{m}{2\pi kT}\right)^{\frac{3}{2}} e^{-\frac{\varepsilon_k + \varepsilon_p}{kT}} dv_x dv_y dv_z dxdydz$$

或

$$dN = n_0 \left(\frac{m}{2\pi kT}\right)^{\frac{3}{2}} e^{-\frac{\varepsilon}{kT}} dv_x dv_y dv_z dxdydz \tag{8-59}$$

由于

$$\iiint_{-\infty}^{+\infty} \left(\frac{m}{2\pi kT}\right)^{\frac{3}{2}} e^{-\frac{\varepsilon_k}{kT}} dv_x dv_y dv_z = 1$$

所以

$$dN' = n_0 e^{-\frac{\varepsilon_p}{kT}} dxdydz$$

式中，n_0 表示在势能 $\varepsilon_p = 0$ 处单位体积内所含各种速度的分子数。式（8-59）表示在平衡态下，气体分子按能量（动能和势能）的分布规律，称为麦克斯韦-玻耳兹曼能量分布律，简称玻耳兹曼能量分布律。把上式对位置积分，就可以回到麦克斯韦速率分布，可见麦克斯韦速率分布是玻耳兹曼能量分布律的一个直接结果。

从式（8-59）很容易地看出，当气体的温度给定时，在确定的速度区间和坐标区域内，分子数只取决于因子 $e^{-\frac{\varepsilon}{kT}}$，称为概率因子。分子的能量 $\varepsilon = \varepsilon_k + \varepsilon_p$ 越大，概率因子 $e^{-\frac{\varepsilon}{kT}}$ 越小，分子数就越少。从统计意义上看，这说明气体分子占据能量较低状态的概率比占据能量较高状态的概率大。一般来说，气体分子占据基态（最低能量状态）的概率要比占据激发态（较高能量状态）的概率大得多。根据玻耳兹曼能量分布律，可以推出气体分子在重力场中按高度分布的规律。

$$n = n_0 e^{-\frac{mgh}{kT}} = n_0 e^{-\frac{Mgh}{RT}} \tag{8-60}$$

式中，n_0 是 $h = 0$ 处单位体积内所含各种速度的分子数；n 则是在高度 h 处单位体积内所含各种速度的分子数；T 是系统的温度。式（8-60）告诉我们：重力场中处于平衡态的理想气体越往高处分子越稀少，而且，质量越大的分子其分子数随高度的增加减少得越快。例如，离地 80km 时 O_2 已基本没有了，并且可以预期，由于一个氧分子的质量比氮分子的大，在含有 O_2 和 N_2 的混合理想气体中，越往上，N_2 所占的比例将越大，但在实际的大气层中，由于各种因素（如风或对流等）的影响，大气分子并不处于平衡态，分子密度并不严格按式（8-60）的规律分布。

将 $p = nkT$ 代入式（8-60），由此还可进一步得到，气体压强随高度变化的规律为

$$p = p_0 e^{-\frac{Mgh}{RT}} \tag{8-61}$$

在登山运动和航空技术（如飞机高度表）中，可由此判断上升的高度

$$h = \frac{RT}{Mg} \ln \frac{p_0}{p} \tag{8-62}$$

玻耳兹曼能量分布律是在等温条件下讨论问题的，下面的问题研究了温度的变化对高度测量的影响。

【例 8-5】 实际的大气层是不等温的，设大气的对流层（1.1×10^4m 以下）中的温度随高度的变化规律为 $T = T_0 - \tau h$，式中，T_0 为海平面的温度，τ 为常量，试推导高度表达式（用气压 p 表示）。

【解】 如图 8-12 所示，由地面取一竖直空气柱，设地球表面处 $h = 0$，气压为 p_0，距地面高为 h 处，气压为 p，p 和 T 都随 h 变化。在高度为 h 处取一空气薄层，厚度为 dh，薄层内温度相同，为 $T = T_0 - \tau h$，气压变化为 dp，dp 应等于该处单位面积上高度为 dh 的气柱的重量，即

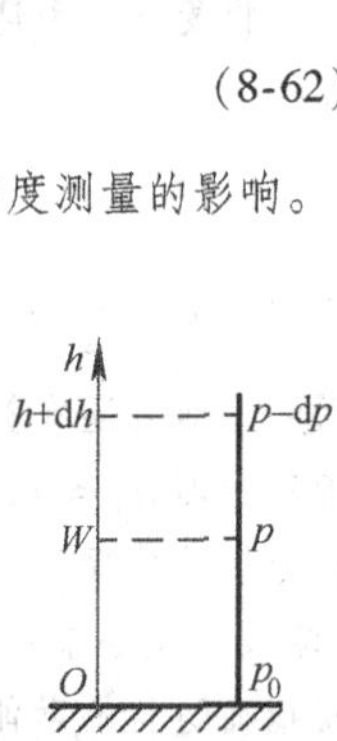

图 8-12

$$dp = -\rho g dh \tag{①}$$

式中，负号表示气压随高度的增加而减小，ρ 表示空气密度。式①亦可通过对式（8-61）求导获得。在空气薄层内可视为等温，并遵从理想气体物态方程

$$pV = \frac{m}{M}RT$$

所以

$$p = \frac{m}{V}\frac{R}{M}(T_0 - \tau h)$$

与式①联立可得

$$-\frac{\mathrm{d}h}{1 - \dfrac{\tau h}{T_0}} = \frac{RT_0}{Mg}\frac{\mathrm{d}p}{p}$$

等式两边积分，有

$$\int_0^h \frac{\mathrm{d}\left(1 - \dfrac{\tau h}{T_0}\right)}{1 - \dfrac{\tau h}{T_0}} = \frac{R\tau}{Mg}\int_{p_0}^{p}\frac{\mathrm{d}p}{p}$$

$$\ln\left(1 - \frac{\tau h}{T_0}\right) = \frac{R\tau}{Mg}\ln\frac{p}{p_0}$$

即

$$1 - \frac{\tau h}{T_0} = \left(\frac{p}{p_0}\right)^{\frac{R\tau}{Mg}}$$

$$h = \frac{T_0}{\tau}\left[1 - \left(\frac{p}{p_0}\right)^{\frac{R\tau}{Mg}}\right]$$

这就是所求的高度表达式。

物理知识拓展

平均自由程

气体系统由非平衡态向平衡态转变的过程，就称为输运过程。当系统各处气体密度不均匀时，就会发生扩散过程，使系统各处的密度趋于均匀；当系统各处的温度不均匀时，就会发生热传导过程，使各处的温度趋于均匀；当系统各处的流速不均匀时，就会发生黏性现象，使系统各处的流速趋于一致。扩散过程、热传导过程和黏性现象都是典型的输运过程。

如前所述，气体系统由非平衡态向平衡态的转变，是通过气体分子的热运动和相互碰撞得以实现的。所以，我们可以把热运动过程中分子间的碰撞作为气体内输运过程的机制。

气体分子在热运动中进行着频繁的碰撞，假如忽略了分子力作用，那么在连续两次碰撞之间分子所通过的自由路程的长短，完全是偶然事件。但对大量分子而言，在连续两次碰撞之间所通过的自由路程的平均值，即平均自由程却是一定的，它是由气体系统自身性质决定的。

不难想象，气体分子的平均自由程与系统中单位体积分子数有关，与分子自身大小有关。为了探讨这种关系，我们首先应对气体系统和分子进行一些简化处理。(1) 认为气体分子是刚性球，把两个分子中心间最小距离的平均值认为是刚性球的有效直径，用 d 表示，并且分子间的碰撞是完全弹性碰撞；(2) 系统中气体分子的密度不是很大，以致发生三个分子互相碰撞在一起的概率很小，可以忽略，只要考虑两个分子的碰撞过程就够了；(3) 当某个分子与其他分子碰撞时，它们的中心间距为 d，换一个角度，我们可以认为这个分子的直径为 $2d$，而所有与它发生碰撞的分子都看为没有大小的质点；(4) 如果分子热运动的相对速率的平均值为 $\overline{u}$，可以假定这个被我们跟踪的分子以 $\overline{u}$ 运动，而所有与它发生碰撞的分子都静止不动。

我们把 d 称为分子的有效直径，是由于气体分子并不是真正的球体，分子碰撞的实际过程也与刚性球的完全弹性碰撞不同。（分子是一个复杂的带电体，分子之间相互作用的性质也是十分复杂的，当分子间

距很小时，表现为斥力，并且随着分子间距的减小，斥力迅速增大，碰撞过程就是在这种斥力的作用下进行的。显然，随着两个分子在碰撞前相互接近的速率的不同，它们之间所能达到的最小距离也不同。可见分子的有效直径并不能代表分子的真正大小。)

如图8-13所示，在上述简化处理下，让我们跟踪分子a，观察它与其他分子碰撞的情形。在分子a的运动过程中，它将扫过一个以πd^2为截面积、以它的中心的运动轨迹为轴线的圆柱体，凡是处于这个圆柱体内的质点，都将与分子a发生碰撞。因此我们把截面积πd^2称为分子的碰撞截面。这个圆柱体必定是曲折的，如图所示，这是因为在与其他分子发生碰撞的地方，分子a改变了运动方向。在t时间内，分子所扫过的曲折圆柱体的总长度（即其轴线的长度）为$\bar{u}t$，相应的圆柱体的体积为$\bar{u}t\pi d^2$。如果系统中单位体积内的分子数为n，那么包含在圆柱体内的分子数为$n\bar{u}t\pi d^2$。因为圆柱体内包含的分子都与分子a发生碰撞，所以圆柱体内包含的分子数必定等于在t时间内分子a与其他分子碰撞的次数。若用$\bar{Z}$表示在单位时间内分子a与其他分子的平均碰撞次数，则应有

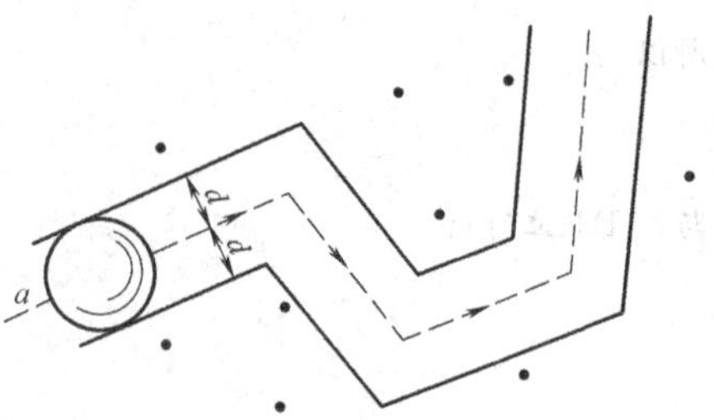

图 8-13

$$\bar{Z}=\frac{n\bar{u}t\pi d^2}{t}=n\bar{u}\pi d^2 \tag{8-63}$$

$\bar{Z}$也称为分子的碰撞频率。可以证明，分子热运动的平均相对速率$\bar{u}$与平均速率$\bar{v}$之间存在下面的关系

$$\bar{u}=\sqrt{2}\bar{v} \tag{8-64}$$

将式（8-64）代入式（8-63），得

$$\bar{Z}=\sqrt{2}n\bar{v}\pi d^2 \tag{8-65}$$

分子a在1s内运动的平均路程为$\bar{v}$，在这段时间内发生了$\bar{Z}$次碰撞，因而每连续两次碰撞所通过的平均路程，即平均自由程为

$$\lambda=\frac{1}{\sqrt{2}\pi d^2 n} \tag{8-66}$$

式（8-66）表示，分子的平均自由程与分子的有效直径的平方成反比，与单位体积内分子数成反比，而与分子的平均速率无关。

因为温度恒定时气体的压强与单位体积内的分子数成正比，即$p=nkT$，所以可以得到分子平均自由程与压强的关系

$$\lambda=\frac{kT}{\sqrt{2}\pi d^2 p} \tag{8-67}$$

这表示，在温度恒定时，分子的平均自由程与气体压强成反比。

在标准大气压下，0℃时各种气体的碰撞频率的数量级在$5\times10^9\mathrm{s}^{-1}$左右，平均自由程的数量级在$10^{-8}\sim10^{-7}$m左右（见表8-1）。

表8-1 标准大气压下，0℃时几种气体分子的平均自由程

气体	氢	氮	氧	空气
λ/m	1.123×10^{-7}	0.599×10^{-7}	0.647×10^{-7}	7.000×10^{-8}

应用能力训练

【例8-6】 试计算气体分子热运动速率介于$v_p-\frac{v_p}{100}\sim v_p+\frac{v_p}{100}$之间的分子数占总分子数的百分率。

【解】

$$\frac{\Delta N}{N}=4\pi\left(\frac{m}{2\pi kT}\right)^{\frac{3}{2}}\mathrm{e}^{-\frac{mv^2}{2kT}}v^2\Delta v$$

$$v_\mathrm{p}=\sqrt{\frac{2kT}{m}}$$

所以

$$\frac{\Delta N}{N}=\frac{4}{\sqrt{\pi}}\left(\frac{v}{v_\mathrm{p}}\right)^2\mathrm{e}^{-\left(\frac{v}{v_\mathrm{p}}\right)^2}\frac{\Delta v}{v_\mathrm{p}}$$

由已知条件可知

$$v=\frac{99}{100}v_\mathrm{p},\quad \Delta v=\frac{v_\mathrm{p}}{50}$$

最后得到

$$\frac{\Delta N}{N}=1.66\%$$

【例8-7】计算在标准状态下氢分子的平均自由程和平均碰撞频率。（取分子的有效直径为 $2.0\times10^{-10}\mathrm{m}$）

【解】

$$\bar{\lambda}=\frac{kT}{\sqrt{2}\pi d^2p}=2.1\times10^{-7}\mathrm{m}$$

$$\bar{v}=\sqrt{\frac{8RT}{\pi M}}=1.7\times10^3\mathrm{m\cdot s^{-1}}$$

$$\bar{Z}=\frac{\bar{v}}{\bar{\lambda}}=8.1\times10^9\mathrm{s^{-1}}$$

【例8-8】在金属自由电子论中，金属中的自由电子被看作是限制在三维盒内、没有相互作用的费米气，设导体中共有 N 个自由电子，在 $0K$ 温度下电子的最大速率为 v_F（称为费米速率），电子速率分布在 $v\sim v+\mathrm{d}v$ 的概率为

$$\frac{\mathrm{d}N}{N}=\begin{cases}\dfrac{4\pi A}{N}v^2\mathrm{d}v, & 0<v<v_\mathrm{F}\\ 0, & v>v_\mathrm{F}\end{cases}$$

（1）用 N 和 v_F 确定出常数 A；

（2）证明电子气中电子的平均平动动能为 $\bar{\varepsilon}_\mathrm{k}=\frac{3}{5}\varepsilon_\mathrm{F}$，其中 $\varepsilon_\mathrm{F}=\frac{1}{2}m\overline{v_\mathrm{F}^2}$，$m$ 是电子质量。

【解】（1）$N=\int_0^{v_\mathrm{F}}4\pi Av^2\mathrm{d}v+\int_{v_\mathrm{F}}^{+\infty}0\mathrm{d}v=4\pi A\dfrac{v_\mathrm{F}^3}{3}$

故

$$A=\frac{3N}{4\pi v_\mathrm{F}^3}$$

（2）由题中条件 得到电子速率分布函数

$$f(v)=\frac{\mathrm{d}N}{N\mathrm{d}v}=\begin{cases}\dfrac{4\pi A}{N}v^2=\dfrac{3v^2}{v_\mathrm{F}^3}, & 0<v<v_\mathrm{F}\\ 0, & v>v_\mathrm{F}\end{cases}$$

于是

$$\overline{v^2}=\int_0^{v_\mathrm{F}}v^2f(v)\mathrm{d}v=\int_0^{v_\mathrm{F}}v^2\frac{3v^2}{v_\mathrm{F}^3}\mathrm{d}v=\frac{3}{5}v_\mathrm{F}^2$$

所以

$$\bar{\varepsilon}_\mathrm{k}=\frac{1}{2}m\overline{v^2}=\frac{3}{5}\frac{1}{2}m\overline{v_\mathrm{F}^2}=\frac{3}{5}\varepsilon_\mathrm{F}$$

本章归纳总结

1. 理想气体状态方程

$$pV = \frac{m}{M}RT = \nu RT$$

2. 理想气体的压强和温度

$$p = \frac{1}{3}nm\overline{v^2} = \frac{2}{3}n\bar{\varepsilon}_k = nkT, \quad \bar{\varepsilon}_k = \frac{3}{2}kT$$

3. 能量按自由度均分定理

理想气体在温度为 T 的平衡态下，分子运动的每一个自由度都平均分得 $\frac{1}{2}kT$ 的能量，称为能量按自由度均分定理。

理想气体的热力学能

$$E = \nu \cdot \frac{i}{2}RT$$

4. 麦克斯韦速率分布律

速率分布函数 $$f(v) = \frac{\mathrm{d}w}{\mathrm{d}v} = \frac{\mathrm{d}N}{N\mathrm{d}v}, \quad \int_0^{+\infty} f(v)\,\mathrm{d}v = 1$$

$f(v)$ 的物理意义是：在速率 v 附近，单位速率区间内的分子数占系统总分子数 N 的比值；或者说，对于任意一个分子而言，它的速率刚好处于 v 值附近单位速率区间内的概率，故 $f(v)$ 也称为分子速率分布的概率密度。

麦克斯韦速率分布律： $$f(v) = 4\pi\left(\frac{m}{2\pi kT}\right)^{\frac{3}{2}} v^2 e^{-\frac{mv^2}{2kT}}$$

三种速率

最概然速率：$v_p = \sqrt{\frac{2kT}{m}} = \sqrt{\frac{2RT}{M}} \approx 1.41\sqrt{\frac{RT}{M}}$

平均速率：$\bar{v} = \sqrt{\frac{8kT}{\pi m}} = \sqrt{\frac{8RT}{\pi M}} \approx 1.60\sqrt{\frac{RT}{M}}$

方均根速率：$\sqrt{\overline{v^2}} = \sqrt{\frac{3kT}{m}} = \sqrt{\frac{3RT}{M}} \approx 1.73\sqrt{\frac{RT}{M}}$

5. 玻耳兹曼分布律

$$\mathrm{d}N = n_0\left(\frac{m}{2\pi kT}\right)^{\frac{3}{2}} e^{-\frac{\varepsilon_k+\varepsilon_p}{kT}} \mathrm{d}v_x \mathrm{d}v_y \mathrm{d}v_z \mathrm{d}x\mathrm{d}y\mathrm{d}z$$

粒子数密度公式：$n = n_0 e^{-\frac{mgh}{kT}} = n_0 e^{-\frac{Mgh}{RT}}$

气体压强随高度变化的规律：$p = p_0 e^{-\frac{Mgh}{RT}}$

本 章 习 题

（一）填空题

8-1 在相同的温度和压强下，氢气（视为刚性双原子分子气体）与氦气的单位体积热力学能之比为__________________，氢气与氦气的单位质量热力学能之比为__________________。

8-2 A、B、C 三个容器中皆装有理想气体，它们的分子数密度之比为 $n_A : n_B : n_C = 4:2:1$，而分子的平

均平动动能之比为 $\overline{\varepsilon}_{kA}:\overline{\varepsilon}_{kB}:\overline{\varepsilon}_{kC}=1:2:4$，则它们的压强之比 $p_A:p_B:p_C=$______。

8-3 2g 氢气与 2g 氦气分别装在两个容积相同的封闭容器内，温度也相同。（氢气分子视为刚性双原子分子）

（1）氢气分子与氦气分子的平均平动动能之比 $\overline{\varepsilon}_{H_2}:\overline{\varepsilon}_{He}=$______；

（2）氢气与氦气压强之比 $p_{H_2}:p_{He}=$______；

（3）氢气与氦气热力学能之比 $E_{H_2}:E_{He}=$______。

8-4 在平衡状态下，已知理想气体分子的麦克斯韦速率分布函数为 $f(v)$，分子质量为 m，最概然速率为 v_p，试说明下列各式的物理意义：

（1）$\int_{v_p}^{+\infty} f(v)\,\mathrm{d}v$ 表示______；

（2）$\int_{0}^{+\infty} \frac{1}{2}mv^2 f(v)\,\mathrm{d}v$ 表示______。

8-5 习题 8-5 图所示的两条 $f(v)$-v 曲线分别表示氢气和氧气在同一温度下的麦克斯韦速率分布曲线。由此可知氢气分子的最概然速率为______；氧气分子的最概然速率为______。

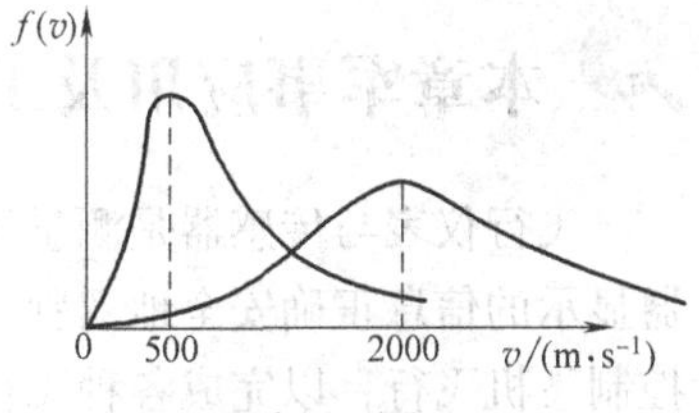

习题 8-5 图

8-6 一定量的某种理想气体，先经过等体过程使其热力学温度升高为原来的 2 倍，再经过等压过程使其体积膨胀为原来的 2 倍，则分子的平均自由程变为原来的______倍。

（二）计算题

8-7 一瓶氢气和一瓶氧气温度相同，若氢气分子的平均平动动能为 6.21×10^{-21}J，试求：（1）氧气分子的平均平动动能和方均根速率；（2）氧气的温度。

8-8 试从温度公式（即分子热运动平均平动动能和温度的关系式）和压强公式推导出理想气体的状态方程。

8-9 一密封房间的体积为 45m^3，室温为 20℃，室内空气分子热运动的平动动能的总和是多少？如果气体的温度升高 1.0K，而体积不变，则气体的热力学能变化多少？气体分子的方均根速率增加多少？（已知空气的密度 $\rho=1.29\text{kg}\cdot\text{m}^{-3}$，摩尔质量 $M_{mol}=29\times10^{-3}\text{kg}\cdot\text{mol}^{-1}$，且空气分子可视为刚性双原子分子）

8-10 在容积为 $2.0\times10^{-3}\text{m}^3$ 的容器中，有热力学能为 6.75×10^{2}J 的刚性双原子分子理想气体。

（1）求气体的压强；（2）若容器中分子总数为 5.4×10^{22} 个，求分子的平均平动动能及气体的温度。

8-11 设想太阳是由氢原子组成的理想气体，其密度可看作均匀的。若此理想气体的压强为 1.35×10^{14}Pa，试估计太阳的温度。（已知氢原子的质量 $m=1.67\times10^{-27}$kg，太阳半径 $R=6.96\times10^{8}$m，太阳质量 $m_{sun}=1.99\times10^{30}$kg）

8-12 某些恒星的温度可达到约 1.0×10^{8}K，这也是发生聚变反应（也称热核反应）所需的温度。在此温度下，恒星可视为由质子组成。问：

（1）质子的平均动能是多少？

（2）质子的方均根速率为多大？

8-13 电视机显像管的真空度为 1.33×10^{-3}Pa，温度为 27℃，求其内的分子数密度和分子的平均自由程（设分子的有效直径为 $d=3\times10^{-10}$m）。

8-14 在太阳的大气中，温度和压强分别是 2.00×10^{6}K 和 0.0300Pa。计算那里的自由电子（质量 $m=9.11\times10^{-31}$kg）的方均根速率。（设太阳的大气是理想气体）

8-15 真空管的线度为 10^{-2}m，其中真空度为 1.33×10^{-3}Pa，若空气分子的有效直径为 3×10^{-10}m，真空管内的温度为 27℃，试求此时真空管内的分子数密度、空气分子的平均自由程和平均碰撞频率。

8-16 地球的大气在 2km 范围内是等温的，设为 10℃。海平面气压为 750mmHg，如果测得一山顶气压为 630mmHg，求山高。

8-17 一个大热气球的容积为 $2.1\times10^{4}\text{m}^3$，气球本身和负载质量共 4.5×10^{3}kg，若其外部空气温度为

20℃，要想使气球上升，其内部空气最低要加热到多少度？（已知标准状态下的空气密度 $\rho_0 = 1.29\text{kg}\cdot\text{m}^{-3}$）

（三）思考题

8-18　气体在平衡态时有何特征？这时气体中有分子热运动吗？热力学中的平衡与力学中的平衡有何不同？

8-19　对一定量的气体来说，当温度不变时，气体的压强随体积的减小而增大；当体积不变时，压强随温度的升高而增大，就微观来看，它们是否有区别？

8-20　在推导理想气体的压强公式时为什么没有考虑分子间的碰撞？

8-21　试用气体的分子热运动说明为什么大气中氢的含量极少？

8-22　如盛有气体的容器相对于某坐标系从静止开始运动，容器内的分子速度相对于该坐标系也将增大，则气体的温度会不会因此升高呢？

本章军事应用及工程应用阅读材料——航空大气数据计算机

飞行仪表与传感器是测量飞机飞行运动状态参数的机载设备，飞行员凭借这类仪表与传感器显示的信息正确安全地驾驶飞机，自动控制系统凭借这类仪表与传感器输出的信息自动操纵控制飞机飞行，以完成各种飞行任务。

大气数据仪表是指测量大气参数的压力式飞行仪表与传感器，包括高度表、指示空速表、真空速表、马赫数表、升降速度表和大气温度表等，它们之所以称为大气数据仪表，是因为这些仪表不能直接测量出飞机所需要的飞行参数，而是通过测量飞机与大气之间的作用力及飞机所在位置的大气参数（如大气静压和温度等），再根据大气参数与飞机飞行参数的特定关系进行换算，才能在相应的仪表上指示出所需要的飞行参数，所以把这样的一些仪表叫作大气数据仪表，用在大气数据系统的一些电动大气数据仪表是相应的大气参数，经过飞机的全、静压系统和大气数据计算机转换成相应的电信号，再送到相应的仪表分别指示飞机的各飞行参数。

飞行高度、空速、大气静温、大气密度等飞行参数都与总压、静压等参数有关，因此，只要有统一测量总压、静压、总温等少数参数的传感器，通过计算均可以得到上述飞行参数。

近30年来，航空科技迅速发展，各种高性能飞机相继出现，自动控制系统飞速发展（如相继出现飞行控制系统、发动机控制系统、火力控制系统、导航系统等），而且其功能日臻完善，这些系统都需要各种相同或不同的飞行参数，显然再用分立的、数目众多的仪表与传感器来提供这些参数，已不再适应需要。

因此，根据传感器测得的少量原始参数，如总压、静压、总温等参数，计算出较多的与大气数据有关的上述飞行参数的多输入多输出的机载综合测量系统——大气数据计算机就出现了，它有如下优点：

1）减少了大量重复的分立式仪表与传感器，减少了机载设备的体积和重量，目前大气数据计算机的重量约5kg。

2）提高了参数的测量精度。在大气数据计算机中可以采用精度高的压力传感器、解算装置及误差补偿方法，可以大大提高参数的测量精度。

而众多的分立式仪表与传感器，则加重了总静压管的负担，加大了延迟误差，降低了测量系统的动态特性。

3）提供信息的一致性得到提高。在大气数据计算中，计算机根据原始信息计算出各参数，并统一提供给各系统，因此提供的信息一致性得到提高。

4）提高了可靠性。在大气数据计算机中均设有自检和故障监测系统，因而提高了可靠性；并可与机上其他计算机系统联网，构成变结构计算机系统，增加了冗余；在大型飞机上一般均装有两套大气数据计算机以提高其可靠性。

任何类型的大气数据计算机均由下述三大部分组成：

1）几个原始参数传感器，提供总压、静压、总温和迎角等参数。

2）解算装置或计算机，实现参数计算、误差修正。

3）输出装置，为所需飞行参数信息的系统提供所要求的信息。

有的地方，把大气数据计算机称为大气数据系统。实际上，大气数据计算机的上述三大部分再加上显示飞行参数的显示装置（电子综合显示仪）才称为大气数据系统。

大气数据计算机技术的进一步发展趋势是将硬、软件设计成公用模块和专用模块两部分，公用模块适用于多种飞机机型，通常约占整机硬、软件的 80% 以上。专用模块则根据各种机型的特殊要求设计。这种标准化设计有利于批量生产，降低成本，减少维修设备，便于维护；减少对备件的需求，降低对维修人员技术水平的要求；缩短新品研制周期。

上述大气数据计算机由于总压（或动压）和静压传感器与输入、输出接口及中央处理机组装在一起，因而总静压要从总静压管经导管引到大气数据计算机，加大压力延迟误差。因此可以考虑在总静压管出口处直接装有小型的总压和静压传感器，直接送给各用户计算机的是总压、静压和总温的数字信号，由各用户的计算机自己计算得到所需的飞行参数。这样做的好处是减少了总静压的压力延迟误差，提高了飞行参数的动态特性，也可以减少机载计算机的数量，充分发挥计算机的潜力。

第 9 章　热力学基础

历史背景与物理思想发展脉络

热学的早期历史开始于 17 世纪末直到 19 世纪中叶，这个时期积累了大量的实验和观察事实。人们对热的本质展开的研究和争论，为热力学理论的建立做了准备。热功相当原理奠定了热力学第一定律的基础，它和卡诺理论结合，导致了热力学第二定律的形成。

迈尔在 1842 年宣布了热和机械能的相当性和可转换性，这是关于能量转化与守恒最早的完整表达。迈尔是一位随船医生，他在给生病的船员放血时发现，静脉血不像生活在温带国家中的人那样颜色暗淡，而是像动脉血那样鲜红。当地医生告诉他，这种现象在辽阔的热带地区是随处可见的。他还听海员们说，暴风雨时海水比较热。这些现象引起了迈尔的深思。他想到，食物中含有化学能，它像机械能一样可以转化为热。在热带高温情况下，机体只需要吸收食物中较少的热量，所以机体中食物的燃烧过程减弱了，因此，静脉血中留下了较多的氧。他已认识到生物体内能量的输入和输出是平衡的。

迈尔明确指出："在死的和活的自然界中，这个力（即能量）永远处于循环转化的过程之中。任何地方，没有一个过程不是力的形式和变化！"他指出："热是一种力，它可以转变为机械效应。"他还具体地论述了热和功的联系，推出了气体比定压热容和比定容热容之差等于定压膨胀功，现在我们称这一关系为迈尔公式。

从多方面论证能量转化与守恒定律的是德国的亥姆霍兹。1847 年，26 岁的亥姆霍兹完成了著名论文《力的守恒》，由于被认为是思辨性的缺乏实验研究成果的一般论文，没有在当时有国际声望的《物理学年鉴》上发表，而是以小册子的形式单独印行的。但是历史证明，这篇论文在热力学的发展中占有重要地位，因为亥姆霍兹总结了许多人的工作，一举把能量概念从机械运动推广到了所有变化过程，并证明了普遍的能量守恒原理。这是一个十分有力的理论武器，它使人可以更深入地理解自然界的统一性。

焦耳是英国著名的实验物理学家。从 1838 年到 1842 年的几年中，他通过磁电机的各种试验注意到电机和电路中的发热现象，他认为这和机件运转中的摩擦现象一样，都是动力损失的根源。从 1843 年以磁电机为对象开始测量热功当量，直到 1878 年最后一次发表实验结果，他先后做实验不下四百余次，采用了原理不同的各种方法，以日益精确的数据，为热和功的相当性提供了可靠的证据，使能量转化与守恒定律确立在牢固的实验基础之上。

能量转化与守恒定律是自然界的基本规律之一。恩格斯对这一规律的发现给予了高度的评价，并把它和达尔文的进化论及细胞学说并列为三大自然发现。能量转化与守恒定律这个全面的名称就是恩格斯首先提出来的。完整的数学形式则是德国的克劳修斯在 1850 年首先提出的。

热力学第二定律的发现与提高热机效率的研究有密切关系。蒸汽机虽然在 18 世纪就已发明，但它从初创到广泛应用，经历了漫长的年月，1765 年和 1782 年，瓦特两次改进蒸汽机的设计，使蒸汽机的应用得到了很大发展，但是效率仍不高。如何进一步提高机器的效率就成了当时工程师和科学家共同关心的问题。

1824年，卡诺提出了在热机理论中有重要地位的卡诺定理，这个定理后来成了热力学第二定律的先导。他写道："为了以最普遍的形式来考虑热产生运动的原理，就必须撇开任何的机构或任何特殊的工作物质来进行考虑，就必须不仅建立蒸汽机原理，而且还要建立所有假想的热机的原理，不论在这种热机里用的是什么工作物质，也不论以什么方法来运转它们。"卡诺取最普遍的形式进行研究的方法，充分体现了热力学的精髓。他撇开一切次要因素，径直选取一个理想循环，由此建立了热量及其转移过程中所做功之间的理论联系。

卡诺根据热质守恒的假设和永动机不可能实现的经验总结，经过逻辑推理，证明他的理想循环能获得最高的效率。由于他缺乏热功转化的思想，所以对于热力学第二定律，"他差不多已经探究到问题的底蕴。阻碍他完全解决这个问题的，并不是事实材料的不足，而只是一个先入为主的错误理论。"卡诺在1832年6月先得了猩红热和脑膜炎，8月24日又患流行性霍乱去世，年仅36岁。

克劳修斯于1850年对卡诺定理做了详尽的分析，他对热功之间的转化关系有了明确的认识。他证明，在卡诺循环中，"有两种过程同时发生，一些热量被用去了，另一些热量从热的物体转到冷的物体，这两部分热量与所产生的功有确定的关系。"克劳修斯正确地把卡诺定理做了扬弃，并进而将其改造成与热力学第一定律并列的热力学第二定律。

1854年，克劳修斯更明确地阐明："热永远不能从冷的物体传向热的物体，如果没有与之联系的、同时发生的其他的变化的话。关于两个不同温度的物体间热交换的种种已知事实证明了这一点；因为热处处都显示出企图使温度的差别均衡的趋势，所以只能沿相反的方向，即从热的物体传向冷的物体。因此，不必再做解释，这一原理的正确性也是不证自明的。"他特别强调"没有其他变化"这一点，并解释说，如果同时有沿相反方向并至少是等量的热转移，还是有可能发生热量从冷的物体传到热的物体的。这就是沿用至今的关于热力学第二定律的克劳修斯表述。

9.1　热力学第一定律

物理学基本内容

9.1.1　热力学过程

1. 非静态过程

上一章我们研究了不随时间变化的平衡态，现在我们将进一步研究热力学系统从一个平衡态到另一个平衡态的变化过程。当热力学系统的状态随时间变化时，我们称系统经历了一个热力学过程。此处所说的过程是指系统状态的变化。设系统从某一个平衡态开始发生变化，状态的变化必然要打破原有的平衡，在经过一定的时间后系统的状态才能达到新的平衡，这段时间称为弛豫时间。如果过程进行得较快，弛豫时间相对较长，系统状态在还未来得及实现平衡之前，又开始了下一步的变化，在这种情况下系统必然要经历一系列非平衡的中间状态，这种过程称为非静态过程。由于中间状态是一系列非平衡态，因此就不能用统一确定的状态参量来描述，这样，整个非静态过程的描述将是相当困难和复杂的，它是当前物理学的前沿课题之一。

2. 准静态过程

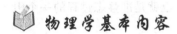

如果过程进行得非常缓慢，过程经历的时间远远大于弛豫时间，以至于过程的一系列中间

状态都无限接近于平衡态，过程的进行可以用系统的一组状态参量的变化来描述，则这样的过程叫作准静态过程（quasi-static process），也称为平衡过程。准静态过程显然是一种理想过程，它的优点在于描述和讨论都比较方便。在实际热力学过程中，只要弛豫时间远远小于状态变化的时间，那么这样的实际过程就可以近似看成准静态过程，因此，准静态过程依然有很强的实际意义。例如，发动机中气缸压缩气体的时间约为10^{-2}s，气缸中气体压强的弛豫时间约为10^{-3}s，只有过程进行时间的十分之一，如果要求不是非常精确，则在讨论气体做功时把发动机中气体压缩的过程作为准静态过程依然是合理的。

为了说明实际热力学过程和准静态过程的区别，我们来考虑如图9-1所示的那样一个装置。这是一个带活塞的容器，里面储有气体，气体系统与外界处于热平衡，温度为T_0，气体状态用态参量（p_0，T_0）表示。现将活塞快速下压，气体体积压缩，从而打破了原有的平衡态。当活塞停止运动后，经过充分长的时间后，系统将达到新的平衡态，用态参量（p_1，T_0）表示。很显然，在活塞快速下压的过程中，严格地说，气体内各处的温度和压强都是不均匀的。比如，靠近活塞的部分压强较大，而远离活塞的部分压强较小，也就是说，系统每一时刻都处于非平衡状态。因此，活塞快速下压的过程是一种非静态过程。仍采用如图9-1所示的系统，初始平衡态是（p_0，T_0），增设活塞与器壁之间无摩擦的条件，控制外界压强，让活塞缓慢地压缩容器内的气体。每压缩一步，气体体积就相应地减少一个微小量，这种状态的变化时间长于相应的弛豫时间。那么就可以在压缩过程中，基本实现系统随时处于平衡态。所谓准静态过程就是这种无摩擦的缓慢进行的过程的理想极限。过程中每一中间状态，系统内部的压强都等于外部的压强。如果活塞与容器之间有摩擦存在时，虽然仍能实现平衡过程，但系统内部的压强显然不再与外界压强随时相等了。如不特别声明，本书讨论的都是无摩擦的准静态过程。

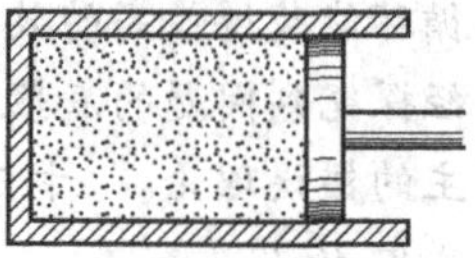

图 9-1

3. 准静态过程的描述

（1）过程曲线描述　对于一定量的理想气体来说，按理想气体物态方程$pV=\nu RT$，它的状态参量（p，V，T）中只有两个是独立的，给定任意两个参量的数值，就确定了第三个参量，即确定了一个平衡态。我们常用p-V图上的一个点来描述相应的一个平衡态。而p-V图上的一条曲线则代表一个准静态过程，因此曲线上的每一点都代表一个平衡态，也就是准静态过程的一个中间状态。

注意：由于非平衡态没有统一确定的参量，所以不能在p-V图上表示出来。

（2）方程描述　在p-V图中，曲线方程$p=p(V)$即为描述准静态过程的方程，称为过程方程，不同的曲线代表着不同的准静态过程。把过程方程$p=p(V)$和理想气体的物态方程$pV=\nu RT$联立，可得到过程方程的另外两个形式$T=T(V)$和$p=p(T)$。图9-2a是用p-V图描述的等容、等压、等温过程的三条曲线，而图9-2b、c则分别是用p-T图、V-T图表示的等容、等压和等温过程曲线。除了上述三种等值过程外，热力学中常见的还有绝热过程以及更一般的过程等。

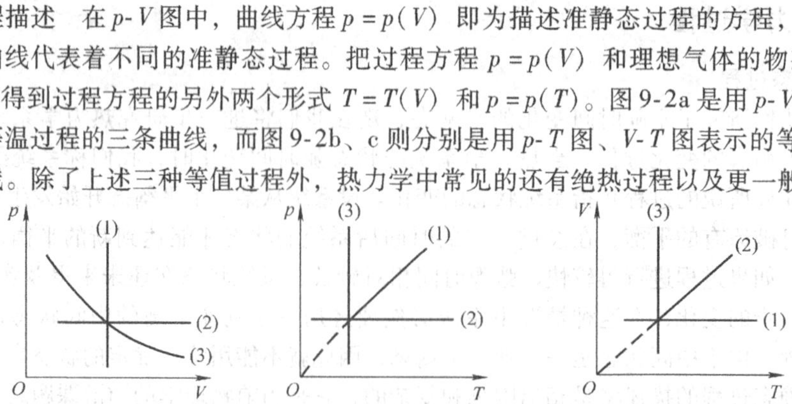

a) $p-V$图　　b) $p-T$图　　c) $V-T$图

图 9-2

9.1.2 准静态过程中的功

1. 体积功的定义及计算式

如图9-3所示为气缸中气体膨胀的过程，为了使其是一个准静态过程，外界必须提供受力物体让活塞无限缓慢地移动。

设活塞面积为S，气体压强为p，则当活塞向外移动dx距离时，气体推动活塞对外界所做的功为

$$đA = Fdx = pSdx = pdV \quad (9\text{-}1)$$

式中，$dV=Sdx$为气体膨胀时体积的微小增量。由上式可以看到，系统对外做功一定与气体体积变化有关，所以我们将准静态过程中系统所做功叫作体积功。

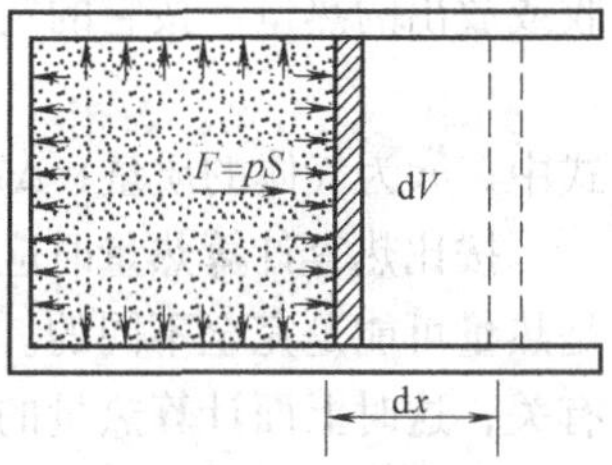

图 9-3

显然，$dV>0$，$đA>0$，即气体膨胀时系统对外界做正功；$dV<0$，$đA<0$，即气体被压缩时系统对外界做负功，或外界对系统做正功。

如果系统的体积经过一个准静态过程由V_1变为V_2，则该过程中系统对外界做的功为

$$A = \int_{V_1}^{V_2} pdV \quad (9\text{-}2)$$

上述结果虽然是从气缸中活塞运动推导出来的，但对于任何形状的容器，系统在准静态过程中对外界做的功，都可用上式计算。

2. 体积功的几何意义

在p-V图上，积分式$\int_{V_1}^{V_2} pdV$表示$V_1 \sim V_2$之间过程曲线下的面积，即体积功等于对应过程曲线下的面积（见图9-4）。

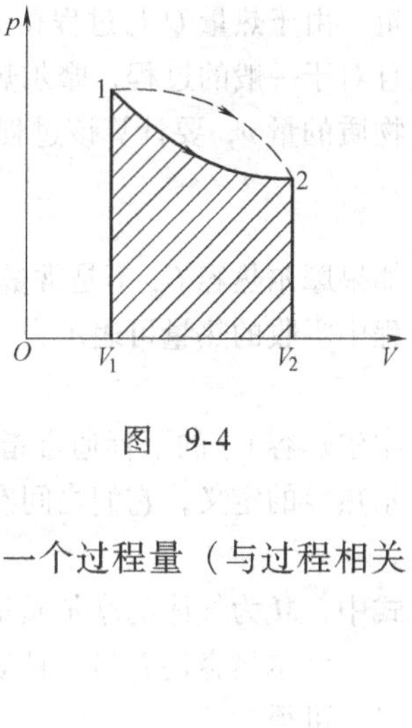

图 9-4

根据上述几何解释，对于一些特殊的过程，体积功的计算可以不用积分，而直接由计算面积的大小得到。

必须强调指出，系统从状态1经准静态过程到达状态2，可以沿着不同的过程曲线（如图中的虚线），也就是经历不同的准静态过程，所做的体积功（即过程曲线下的面积）也就不同。即体积功是一个过程量（与过程相关的物理量）。

9.1.3 热量

1. 什么是热量

在系统与外界之间或系统的不同部分之间转移的无规则热运动能量叫作热量。热量本质上是传递给一个物体的能量，它以分子热运动的形式储存在物体中。热量常用Q表示，它是过程量。这种传热过程大多是与系统和外界之间，或系统的不同部分之间的温度差相联系的。

热量应是与热力学能区分开的一个概念，在一定情况下可以认为热量是系统与外界交换热力学能的净值。比如，系统的温度比外界的温度高并与外界有热接触，系统内各个分子的热运动能量通过频繁的碰撞传递给外界，但同时外界分子的热运动能量同样也可以通过碰撞转移给系统，由于温度不同，系统转移给外界与外界转移给系统的热运动能量是不同的，这个差值就成为热量。

大学物理规定，系统从外界吸收热量，Q取正；系统对外界放出热量，Q取负。有特别规定

的情况除外。

2. 热量的计算方法

一个系统在变化过程中的热量可以有三种计算方法。一是使用比热容来计算；二是使用摩尔热容来计算；三是使用热力学第一定律来计算（见热力学第一定律的应用知识点）。

（1）比热容　中学学过物质的比热 c 的定义为：单位质量的物体温度每升高或降低 1K 所吸收或放出的热量。按它的定义很容易得到热量的计算公式

$$Q = mc(T_2 - T_1) = mc\Delta T \tag{9-3}$$

式中，m 为气体的质量；ΔT 为过程的温度差；T_1 和 T_2 分别为过程的初状态和末状态的温度。

按比热容计算热量时应该注意，热量多少是与过程有关的。不同的过程虽然温度差相同，但是热量可能是完全不同的。这体现在比热容 c 对不同过程取值不同。在很多过程中，c 还与温度有关，这时上面计算热量的公式应该改为积分。

（2）摩尔热容　比热容是单位质量的物体温度每升高或降低 1K 所吸收或放出的热量。这里我们定义一个新的物理量——摩尔热容，它的定义为：1mol 物质温度升高（或降低）1K 所吸收（或放出）的热量，用 C_{m} 表示，其定义式为

$$C_{\mathrm{m}} = \frac{đQ}{\nu \mathrm{d}T} \tag{9-4}$$

式中，$đQ$ 为一个无限小的热力学过程中系统吸收的热量；$\mathrm{d}T$ 为温度的变化；ν 为系统的物质的量。由于热量 Q 与过程相关，所以摩尔热容也与过程相关，对不同的过程摩尔热容也不同。而且对于一般的过程，摩尔热容也不是常量。若已知过程的摩尔热容 C_{m}，温度的变化 ΔT，系统的物质的量 ν，要计算该过程吸收的热量应是积分

$$Q = \int_{T_1}^{T_2} \nu C_{\mathrm{m}} \mathrm{d}T \tag{9-5}$$

如果摩尔热容 C_{m} 不是常量，C_{m} 是不能从积分号内提出的。如果摩尔热容是一个常量，系统在过程中吸收的热量可表示为

$$Q = \nu C_{\mathrm{m}}(T_2 - T_1) = \nu C_{\mathrm{m}} \Delta T \tag{9-6}$$

摩尔热容 C_{m} 的下标通常指示过程。比如，$C_{V,\mathrm{m}}$ 表示等容过程的摩尔定容热容。根据比热容和摩尔热容的定义，它们之间有如下关系

$$C_{\mathrm{m}} = Mc \tag{9-7}$$

式中，M 为气体的摩尔质量。

摩尔热容还有另一种表达方式。根据热力学第一定律，以 $\mathrm{d}Q = \mathrm{d}E + \mathrm{d}A$ 代入摩尔热容的定义，可得

$$C_{\mathrm{m}} = \frac{\mathrm{d}E}{v\mathrm{d}T} + \frac{đA}{v\mathrm{d}T} \tag{9-8}$$

式中，第一项代表系统热力学能改变所需要的热量；第二项代表系统做功需要的热量。由于系统的热力学能是状态量，功是过程量，故上式等号右端第一项应与具体过程无关；第二项才反映具体过程的特征。例如，对于理想气体的准静态过程，由于理想气体的热力学能 $E = \frac{i}{2}vRT$，故 $\mathrm{d}E = \frac{i}{2}vR\mathrm{d}T$，而 $\mathrm{d}A = p\mathrm{d}V$，代入上式有

$$C_{\mathrm{m}} = \frac{i}{2}R + \frac{p\mathrm{d}V}{v\mathrm{d}T} \tag{9-9}$$

式（9-9）即为理想气体的摩尔热容计算公式。在根据上式计算理想气体的摩尔热容时，第一项

是与具体过程无关的确定表达式；第二项只要把反映具体过程特征的过程方程引入即可算出。有时，摩尔热容也可以通过热量表达式求解出来。

9.1.4　准静态过程中的热力学能增量

热力学能是由系统状态决定的，并随状态改变而发生变化。对应一个确定的状态，就有一个确定的能量值。热力学能是状态的单值函数。系统经历准静态过程后，温度有可能发生变化。由热力学能公式 $E = i\nu RT/2$ 可知：过程初状态和末状态的热力学能是不同的，其增加量叫热力学能增量，用 ΔE 表示。

$$\Delta E = \frac{i}{2}\nu R\Delta T \tag{9-10}$$

式中，i 表示气体分子的自由度；ν 是气体的物质的量；$\Delta T = T_2 - T_1$ 是温度增量。显然，ΔT 大于零，表示该准静态过程使系统温度升高，系统热力学能增大，ΔE 大于零。

对无限小过程而言，热力学能增量可以表示为

$$\mathrm{d}E = \frac{i}{2}\nu R\mathrm{d}T \tag{9-11}$$

特别需要指出的是，热力学能增量是与过程无关的状态量。它只与系统在过程始末状态的温度差有关。无论经历什么样的过程，只要始末状态的温度差相等，热力学能的增量就都是相同的。在 p-V 图中，只要过程曲线的起点和终点相同，曲线形状不同，热力学能增量也是相同的。

在热力学中，我们不涉及分子内的原子能和核能，也不考虑系统整体运动的动能，所涉及的仅是分子热运动的动能和分子之间的相互作用势能。对于理想气体，由于略去了分子之间的相互作用，热力学所考虑的仅是分子热运动各种形式的动能。

9.1.5　热力学第一定律的内容和讨论

1. 热力学第一定律的内容

通过能量交换方式来改变系统热力学状态的方式有两种。一是做功，如活塞压缩气缸内的气体使其温度升高；二是传热，如对容器中的气体加热，使之升温和升压。做功与传热的微观过程不同，但都能通过能量交换改变系统的状态，在这一点上二者是等效的。实验研究发现，功、热量和系统热力学能之间存在着确定的当量关系。当固定质量的闭口热力学系统（闭口系）从一个状态变化到另一个状态时，无论经历的是什么样的具体过程，过程中外界做功和吸入热量一旦确定，系统热力学能的变化也是一定的。根据普遍的能量守恒定律，外界对系统做的功 A' 与传热过程中系统吸入热量 Q 的总和，应该等于系统能量的增量。由于热力学中系统能量的增量即为热力学能的增量 ΔE，故有

$$\Delta E = A' + Q \tag{9-12}$$

因外界对系统所做的功 A' 等于系统对外界所做功 A 的负值，即 $A' = -A$，所以上式可进一步写成

$$Q = \Delta E + A \tag{9-13}$$

对于无限小的热力学过程，则有

$$\text{đ}Q = \mathrm{d}E + \text{đ}A \tag{9-14}$$

上面两个式子称为热力学第一定律，它是普遍的能量转化和守恒定律在热力学范围内的具体表现。

2. 热力学第一定律的讨论

（1）物理量符号规定　系统从外界吸入热量为正，系统向外界放出热量为负；系统的热力

学能增加为正，系统的热力学能减少为负；系统对外界做功为正，外界对系统做功为负。

（2）热力学第一定律适用于任何系统的任何热力学过程 包括气、液、固态变化的准静态过程和非静态过程，可见热力学第一定律具有极大的普遍性。热力学第一定律表明，从热机的角度来看，要让系统对外做功，要么从外界吸入热量，要么消耗系统自身的热力学能，或者二者兼而有之。

（3）第一类永动机不可能制成 历史上，有人曾想设计制造一种热机，这是一种能使系统不断循环，不需要消耗任何动力或燃料，却能源源不断地对外做功的所谓永动机，结果理所当然地失败了。这种违反热力学第一定律，也就是违反能量守恒定律的永动机，称为第一类永动机。因此，热力学第一定律的另一种表达是：第一类永动机是不可能制成的。

物理知识应用

飞行器的热防护

半个多世纪以来，人类在高超声速飞行器发展方面的成就卓著，这和防热技术的发展密不可分。以弹道导弹来说，要使导弹飞得越远，速度就越快，那么气动加热越严重；弹头越小，防热材料所占比重越小，防热层越薄，防热技术要求也越高。美国高速试验机成功地突破了热障，达到马赫数6，外表面温度达到730℃。航天器的发展同样与防热技术的发展紧密相连，脱轨后的航天飞机以马赫数25的高速再入大气层，引起近1600℃的高温。洲际弹道导弹弹头的再入速度为$7km \cdot s^{-1}$左右。

再入时飞行器具有很高的初始动能，同时在地球引力场中，还具有所处再入高度上的势能，随高度下降，势能的变化将转化为动能。飞行器再入至到达地面的过程中，总能量的变化表现为对周围大气做功，其中一部分功转化成热能。例如，在300km高度圆形轨道飞行的飞行器动能约为$3 \times 10^4 kJ \cdot kg^{-1}$。设其中一小部分转化成热能，若采用热沉式防热，即使是吸热材料性能最好的材料——铍，每千克也只能吸储$2.34 \times 10^3 kJ \cdot kg^{-1}$的热量，不可能全部承受，可见再入气动加热问题的严重性。

再入飞行器热防护的基本目的是在严酷的热环境下确保飞行器的安全，并使飞行器内部保持在允许的温度和压力范围内。热防护技术的发展，一方面取决于对再入气动热环境的深刻认识和了解，另一方面取决于热防护材料技术、设计制造技术的发展。高超声速飞行器从导弹开始发展，后有返回式卫星、载人飞船、航天飞机、月球和其他星球探测器等，空天飞机虽然还没有使用，防热技术曾作为其中一项关键技术进行大量研究。导弹弹头和返回式航天器，使命不同，飞行轨迹不同，热环境差别较大，因此防热的要求不同，采用的防热技术也不同。

再入飞行器防热曾经研究过多种方案。例如，热沉法、辐射防热、发汗冷却防热、烧蚀防热等。热沉法利用材料的热容，吸收一定热量，国外曾在早期弹头上采用。辐射防热利用某些材料在高温下具有高辐射特性，将表面热量以辐射形式散发出去，航天器某些局部表面采用这种技术。发汗冷却借助向边界层中注入质量流，从而降低对流热流，实际上是一种传质式方法。早年在再入弹头，近年在反导导弹红外导引头窗口的防热技术方面可见到不少研究报告，但未见实际使用的报道。烧蚀防热则借助防热材料表面层的熔解、汽化、热解等来消散热能，损失部分防热材料，而达到保护飞行器内部热环境的要求。这种方法用得最多，技术发展最快。

烧蚀防热是气动热极端严重情况下采用的一种热防护技术，得到了成功的发展和广泛应用。它并不排斥其他防热技术的研究发展和应用。例如，航天飞机的机身和机翼表面的气动加热不如机头严重，它采用防热瓦借助辐射散发热量；新型耐高温材料的出现，将扩大热沉式防热技术的应用；在弹头防热研究方面仍可见应用传质式防热技术的报告；高超声速导弹弹头向前喷射气体既可降低波阻又可降低表面热流；等等。不同类型飞行器和飞行器不同部位可以采用不同类型防热措施，因此，高超声速气动热环境和根据气动热大小应采取什么样防热措施始终是一个不断研究发展的课题。

物理知识拓展

开口系统稳定流动能量方程——开口系统的热力学第一定律

前面讨论了闭口热力学系统的热力学第一定律，得出了一个重要的结论：热能转变为机械能的唯一途径是通过工质体积的膨胀。这是热能转变为机械能的基本特征。工程上的热力设备中常常涉及开口系统，有流体从系统流进流出，且工作流体常常是处在稳定工况下。这时，可认为系统与外界的功量和热量交换情况不随时间改变，系统内各处流体的热力学状态和流动情况也不随时间变化。这种过程称为稳定流动过程。例如飞机喷气发动机、汽轮机、叶轮式压气机、风机、泵、热交换器等的流动过程即是如此。将实际流动过程近似视为稳定流动过程可使问题的分析、解决大为简化。

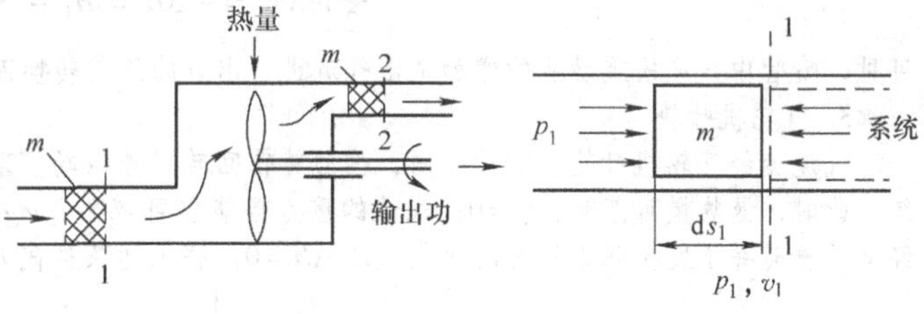

a) b)

图 9-5

稳定流动的能量方程可根据能量守恒原理得出。有工质出入的热力设备，按其工作情况可概括为图9-5a所示的装置，取其进、出口截面1－1与2－2间的工质为热力学系统（简称热力系），该开口系与外界交换热量，通过叶轮向外输出净功（也称为轴功），还有工质进出界面，对于稳定流动，显然进出界面的工质质量相等，设为m。类比于第3章的流体流动功式（3-86）的讨论，开口系为流体在流入和流出系统时支付的流动功为

$$A_f = p_2V_2 - p_1V_1$$

V_1、V_2分别为流入、流出质量为m的流体的体积。假定质量为m的流体在流经此系统时吸入热量Q，对外做净功A_s（开口系通过叶轮向外输出的功，即轴功）；进入系统的工质的能量应该包含其热力学能E_1、宏观动能$mv_1^2/2$及重力势能mgz_1；相应地，出口流出质量为m的工质的能量应该包含其热力学能E_2、宏观动能$mv_2^2/2$及重力势能mgz_2；根据能量守恒原理可写出开口系稳定流动的能量方程为

$$Q = \left(E_2 + \frac{1}{2}mv_2^2 + mgz_2\right) - \left(E_1 + \frac{1}{2}mv_1^2 + mgz_1\right) + (p_2V_2 - p_1V_1) + A_s \tag{9-15}$$

值得注意的是，在稳定流动过程中，我们所研究的开口系统本身热力学状态及流动情况不随时间变化，因此整个流动过程的总效果相当于一定质量的流体由进口穿过开口系经历一系列状态变化并与外界发生热和功的交换，最后流到了出口。这样，开口系稳定流动能量方程式也可视为对这部分流体流动过程的描述，即可视为一定控制质量的流体流过给定开口系时的能量方程式。因此，开口系稳定流动能量方程式也可取上述控制质量（流入流出的质量）为研究对象，利用闭口系能量方程导出。

应用能力训练

常见热力工程问题分析

1. 热力发动机

热力发动机包括内燃机、蒸汽机、燃气轮机、蒸汽轮机等。下面以气轮机为例进行分析。如图9-5a所示，有气体流经开口系而对外做功。为分析气轮机中的能量转换，取1－1与2－2截面间的流体作热力系。我们只讨论稳定流动情况，此时气流通过气轮机发生膨胀，压力下降，对外做功。在实际的气轮机中，其进、出口速度相差不多，可认为$m\Delta v^2/2=0$，气流对外略有散热损失，但数量通常不大，可认为$Q=0$。同时，气体在进、出口的重力势能之差甚微，也可忽略。即$mg\Delta z=0$，将上述条件代入式（9-15），得到气体流经气轮机时的能量方程式为

$$A_s = (E_1 + p_1V_1) - (E_2 + p_2V_2)$$

定义一个新的物理量焓，用H表示：

$$H = E + pV$$

显然，焓是由状态参数组成的，因此它也是一个状态参数。从物理意义上讲，焓实际上是流动工质的热力学能和流动功之和，可以认为是流动工质所携带的能量。

因此，气体流经气轮机时的能量方程式为

$$A_s = H_1 - H_2$$

可见，在气轮机中气流对外输出的净功量（轴功）等于其进、出口焓的差值。

2. 喷管

喷管是使气流加速的设备。它通常是一个变截面的流道，在分析中取其进、出口截面间的流体为热力学系统，并假定流动是稳定的。喷管实际流动过程的特征是：气流迅速流过喷管，其散热损失甚微，可认为$Q=0$；气流流过喷管时无净功输入或输出，$A_s=0$；出口气体的重力势能差可忽略，$mg\Delta z=0$。将上述条件代入式（9-15），得到

$$\frac{1}{2}m\Delta v^2 = -\Delta H = H_1 - H_2$$

可见，喷管中气流宏观动能的增加是由气流进、出口的焓差转换而来的。

3. 气轮机叶轮

气流流经气轮机叶轮上的动叶栅，推动转轮回转对外做功。取叶轮进、出口截面间的流体为热力学系统，此时，散热量可忽略，$Q=0$；气体的重力势能差可忽略，$mg\Delta z=0$；在一般冲击式气轮机中，气流流经动叶栅时并不发生热力状态的变化，即$\Delta H=0$。将上述条件代入式（9-15），得到

$$A_s = \frac{1}{2}m(v_1^2 - v_2^2)$$

可见，在气轮机叶轮中所进行的，是将气流的宏观动能差转换成对外的机械功的单纯的机械能变换过程。

4. 热交换器

电厂中锅炉、加热器等换热设备均属于热交换器。取热交换器进、出口截面间的流体为热力学系统，此时有，$A_s=0$；$mg\Delta z=0$及$m\Delta v^2/2=0$。将上述条件代入式（9-15），得到

$$Q = \Delta H = H_2 - H_1$$

可见，气流在热交换器中得到的热量等于其焓的增加量。

【例9-1】 定量空气在状态变化过程中，对外放热$40\mathrm{kJ\cdot kg^{-1}}$，热力学能增加$80\mathrm{kJ\cdot kg^{-1}}$，试问空气是被压缩还是膨胀，功量为多少？

【解】 热力学系统：定量空气参与过程的热量 $Q=-40\mathrm{kJ\cdot kg^{-1}}$，热力学能的改变量$\Delta E=80\mathrm{kJ\cdot kg^{-1}}$，由热力学第一定律可求解功量

$$A = Q - \Delta E = (-40-80)\mathrm{J\cdot kg^{-1}} = -120\mathrm{kJ\cdot kg^{-1}}$$

计算结果讨论：

（1）负号表示外界对空气做功，即空气被压缩。压缩所需功量为$120\mathrm{kJ\cdot kg^{-1}}$。

（2）热力学系统放热，使热力系本身储存能量减少，而外界对热力系做功，增加了热力系的储存能量，总的效果取决于通过边界所传递的净能量的正负，本例中输入能量大于输出能量，故热力系储存能量增加，即热力学能增加。

9.2 热力学第一定律对理想气体的应用（闭口系）

物理学基本内容

9.2.1 等容过程

1. 定义与方程

等容过程（也叫等体过程）的状态参量V为常量，过程方程为$V=c$或$\frac{p}{T}=c$，过程曲线叫作等容线，在p-V图中等容线是一些与p轴平行的直线，如图9-6所示。

2. 等容过程的功、能和热量

显然，等容过程的体积功为零，即

$$A = 0 \tag{9-16}$$

由热力学第一定律可知，在等容过程中，气体吸热全部用于增加热力学能（或放出的热量等于热力学能的减少量），即

$$Q = \Delta E = \nu \frac{i}{2}R(T_2 - T_1) = \frac{i}{2}V(p_2 - p_1) \tag{9-17}$$

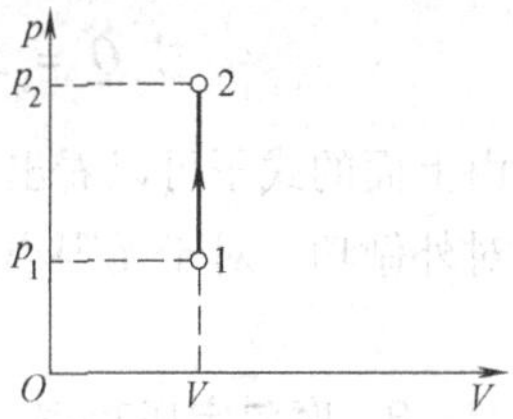

图 9-6

3. 摩尔定容热容

按理想气体摩尔热容的计算公式，摩尔定容热容

$$C_{V,\mathrm{m}} = \frac{i}{2}R + \frac{p\mathrm{d}V}{\nu\mathrm{d}T} = \frac{i}{2}R \tag{9-18}$$

由于等容过程气体不做功，所以摩尔定容热容 $C_{V,\mathrm{m}}$ 只包含气体热力学能变化所需要的热量。对于刚性分子模型，单原子分子 $i=3$，双原子分子 $i=5$，多原子分子 $i=6$，可分别得到 $C_{V,\mathrm{m}}=\frac{3}{2}R$，$\frac{5}{2}R$，$3R$。

4. 用摩尔定容热容表达的相关公式

用摩尔定容热容可以把理想气体的热力学能公式记为

$$E = \nu C_{V,\mathrm{m}}T = \frac{i}{2}pV \tag{9-19}$$

热力学能的变化记为

$$\Delta E = \nu \frac{i}{2}R\Delta T = \nu C_{V,\mathrm{m}}\Delta T = \frac{i}{2}\Delta(pV) \tag{9-20}$$

一般准静态过程的摩尔热容的计算公式记为

$$C_{\mathrm{m}} = C_{V,\mathrm{m}} + \frac{p\mathrm{d}V}{\nu\mathrm{d}T} \tag{9-21}$$

9.2.2 等压过程

1. 等压过程的定义与方程

等压过程（也叫定压过程）的状态参量 p 为常量，过程方程为 $p=c$ 或 $\frac{V}{T}=c$，过程曲线为等压线，如图 9-7 所示。

2. 等压过程的功、热力学能改变和热量

等压过程中气体对外做功为

$$A = \int_{V_1}^{V_2} p\mathrm{d}V = p(V_2 - V_1) = \nu R(T_2 - T_1) \tag{9-22}$$

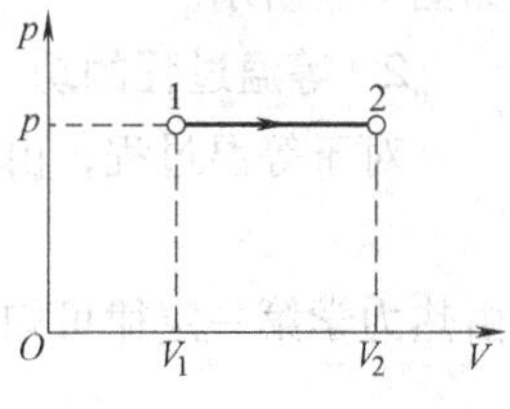

图 9-7

由气体热力学能增量计算式，可得热力学能增量

$$\Delta E = \nu C_{V,\mathrm{m}}(T_2 - T_1) = \frac{i}{2}p(V_2 - V_1) \tag{9-23}$$

由热力学第一定律可知

$$Q = \Delta E + A = \nu C_{V,\mathrm{m}}(T_2 - T_1) + \nu R(T_2 - T_1) = \nu(C_{V,\mathrm{m}} + R)(T_2 - T_1) \tag{9-24}$$

也可以记为

$$Q = \Delta E + A = \frac{i}{2}p(V_2 - V_1) + p(V_2 - V_1) = \frac{i+2}{2}p(V_2 - V_1) \tag{9-25}$$

由上面的式子可以看出，在等压过程中气体吸收的热量一部分用于增加热力学能，一部分用于对外做功。对于无限小的等压过程有

$$đQ = \nu(C_{V,\mathrm{m}} + R)\mathrm{d}T \tag{9-26}$$

3. 摩尔定压热容

按摩尔热容的定义式，摩尔定压热容为

$$C_{p,\mathrm{m}} = \frac{đQ}{\nu \mathrm{d}T} = \frac{\nu(C_{V,\mathrm{m}} + R)\mathrm{d}T}{\nu \mathrm{d}T} = C_{V,\mathrm{m}} + R = \frac{i+2}{2}R \tag{9-27}$$

式中

$$C_{p,\mathrm{m}} = C_{V,\mathrm{m}} + R \tag{9-28}$$

称为迈尔公式，表示摩尔定压热容和摩尔定容热容的关系。$C_{p,\mathrm{m}}$比$C_{V,\mathrm{m}}$大一个R是因为系统在等压过程中，要多吸收一部分热量用来对外做功。这个关系也可以用比热容比γ表示，比热容比γ定义为摩尔定压热容和摩尔定容热容之比

$$\gamma = \frac{C_{p,\mathrm{m}}}{C_{V,\mathrm{m}}} = \frac{i+2}{i} \tag{9-29}$$

对于刚性分子模型，摩尔定压热容$C_{p,\mathrm{m}} = \frac{5}{2}R$，$\frac{7}{2}R$，$4R$，比热容比$\gamma = \frac{5}{3}$，$\frac{7}{5}$，$\frac{4}{3}$。用摩尔定压热容可以将等压过程的气体吸热量表示为

$$Q = \nu C_{p,\mathrm{m}}\Delta T \tag{9-30}$$

大家注意到，摩尔定压热容与摩尔定容热容虽然不同，但它们在各自的变化过程中都是一个常数。在一般的过程中，摩尔热容不仅与过程有关，而且在过程中也是变化的。

9.2.3 等温过程

1. 等温过程的定义与方程

在等温过程中，系统的温度为一个常量。过程方程为$T = C$或$pV = c$，过程曲线称为等温线，如图9-8所示。

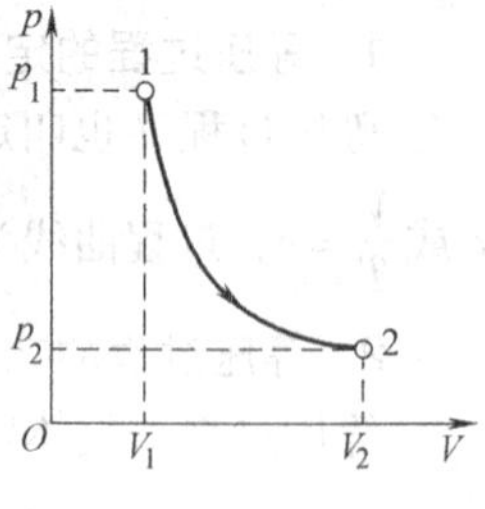

图 9-8

2. 等温过程的功、热力学能增量和热量

对于等温过程，由于温度不发生变化，所以

$$\Delta E = 0 \tag{9-31}$$

由热力学第一定律可知，等温过程中气体吸热完全用于做功

$$Q = A = \int_{V_1}^{V_2} p\mathrm{d}V = \int_{V_1}^{V_2} \frac{\nu RT}{V}\mathrm{d}V = \nu RT\ln\frac{V_2}{V_1} \tag{9-32}$$

或根据理想气体状态方程表达为

$$Q = A = p_1V_1\ln\frac{V_2}{V_1} = p_2V_2\ln\frac{V_2}{V_1} \tag{9-33}$$

在等温过程中，温度T是不变的，$\mathrm{d}T = 0$。该过程的摩尔热容没有实际意义，也可以认为$C_{T,\mathrm{m}} = \frac{\mathrm{d}Q}{\nu \mathrm{d}T} = \infty$。

物理知识应用

压缩空气做功

第一个用空气作为能源进行实验的人是Ktesibios，他生活在公元前3世纪的亚历山大城。Vitruvius是一位曾为凯撒和奥古斯都服务的罗马建筑师和军事工程师，他在《建筑十书·第三书》中，介绍了Ktesibios怎样发现自然空气的力量和怎样发明空气动力推动物体的机器。历史上，希腊人Philon就曾以空气作为动力源来推动寺院大门；此后的几百年，风动技术也没有停滞不前。人们早就知道风车、风箱以及军事装备气枪。17世纪的Otto von Guericke在Magdeburg实验中当众演示了产生真空时大气压的动力。他首次提出了测量空气特性理论，并发现大气压力相对于真空能产生推力。Papin用他的空气活塞发动机也说明了这个现象，但没能应用于实际。Guericke向大众所做的Magdeburg演示证明了“空气能做功”。

19世纪出现了能实际使用的机器，用于铁路行业和气动管道输送。同一时期，也出现了空气驱动的冲击锤和气动钻。尤其值得一提的是：1861年建造Mont Cenis隧道时，由于采用了气动冲击钻，使施工时间缩短了好几年。巴黎完好地保存了世界上第一个环绕城市的压缩空气网络，至今仍得到多种形式的应用。19世纪末，在一些国家出现了第一批生产压缩空气工具的工厂，生产的冲击锤、气动钻主要供应采矿和筑路行业。随着电动工具的产生，压缩空气驱动的机器及工具不再像以前那样受到欢迎。此后一段时期，气动工具和机械的改进或气动技术的创新没有取得重要进展。20世纪上半叶的两次世界大战，使其研究和开发走上了另一条轨道。

航母蒸汽弹射器是利用高压蒸汽做功的典型案例，下面我们定性分析一下弹射功率。

假定弹射一架35t重的飞机起飞，飞机离开甲板的时候需要有$80\text{m}\cdot\text{s}^{-1}$的速度（相当于$288\text{km}\cdot\text{h}^{-1}$）。按照动能的计算公式，弹射结束时候，飞机所获得的能量应该达到$\frac{1}{2}mv^2=112\text{MJ}$；弹射距离$s=\frac{1}{2}at^2$，飞机以$4g$（按照$40\text{m}\cdot\text{s}^{-2}$计算）的加速度加速2s，可以达到$80\text{m}\cdot\text{s}^{-1}$的速度，需要弹射加速行程80m。以$4g$的加速度弹射35t重的飞机，需要超过$1.37\times10^6\text{N}$的弹射力；由弹射器瞬间功率公式$P=Fv$，弹射功率从零开始，随着时间的推进，弹射速度稳定地直线上升，超过$1.37\times10^6\text{N}$的弹射力在$80\text{m}\cdot\text{s}^{-1}$的弹射终了速度时候，这个弹射器的峰值功率将达到$11.2\times10^8\text{W}$，相当于一个中型发电站的功率范围。

物理知识拓展

压气机

压缩气体在工程上应用广泛，如气力输送和风动工具等。产生压缩气体的机械设备称为压气机。气体由低压压缩至高压需要消耗能量，所以压气机要消耗外界动力。压气机从基本原理和结构特征上可分为活塞式压气机、叶轮式压气机以及特殊的引射压缩器。

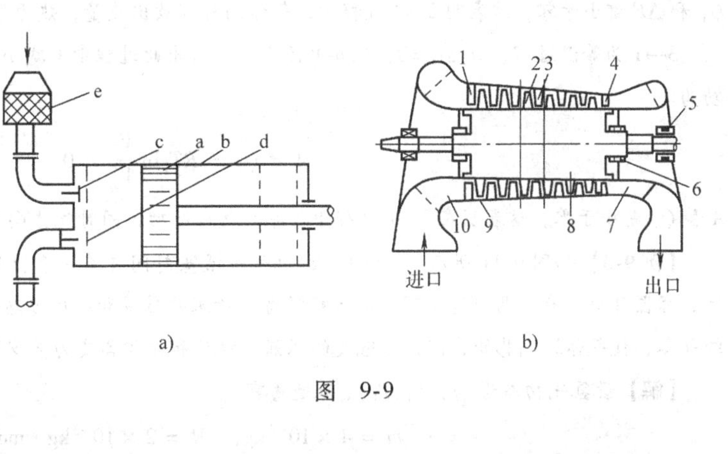

图 9-9

如图9-9a所示为单级活塞式压气机，主要由活塞a、气缸b、吸气阀c、排气阀d和滤清器e组成。活塞式压气机由于转速不可能很高、间歇性工作以及存在余隙体积等原因，产气量不宜过大。叶轮式压气机克服了这些缺点，能连续不断地吸气、排气，没有余隙体积，并且转速较高，所以它的机体结构紧凑且产气量较大。但它每级的增压比小，要想获得较高的压力，则所需级数很多，且因气流速度高，摩擦损失较大，效率偏低，故对设计和制造的技术要求甚高。叶轮式压气机分为离心式（径流式）与轴流式两种，图9-9b为轴流式压气机的构造示意图。初态参数为p_1及T_1，初速为v_1的气体自进气管流经收缩器10，使气流均匀并得到初步加速。气流流经固定在机壳上的进口导向叶片1间的流道，使气流被整理成轴向流动，并使气体压力有少许提高。转子8由外力（原动机或电动机）推动做高速旋转。固定在转子上的工作叶片2将气流推动，使之大大加速，这是气体接受外界供给的机械功转变为气流定向流动动能的过程。高速气流流经固定在机壳上的导向叶片3间的流道（相当于扩压管），在其中降低流速而使气体压缩，这是靠减少气体定向流动动能来使气体升压的过程。一列工作叶片与一列导向叶片构成一个工作级，气体连续流经压气机的各个工作级，逐级压缩升压，最后经扩散器7，并在其中进一步利用降低气流的余速使气体升压。终态参数为p_2及T_2、流速为v_2的高压气体，从排气管排出压气机。

应用能力训练

在前面几个知识点中，我们通过几个特殊的等值过程使用了热力学第一定律，这里我们通过例题为读者介绍它更广泛的应用。

【例9-2】1mol理想气体的循环过程如图9-10所示，其中1→2为等压过程，2→3为等容过程，3→1为等温过程。试分别讨论气体在这三个过程中气体吸入的热量Q、对外所做的功A，热力学能增量ΔE是大于、小于还是等于零。

【解】1→2为等压过程，从p-V图上可以看出$T_2>T_1$，因此有

$$Q_p = C_{p,\mathrm{m}}(T_2-T_1)>0$$
$$\Delta E = C_{V,\mathrm{m}}(T_2-T_1)>0$$

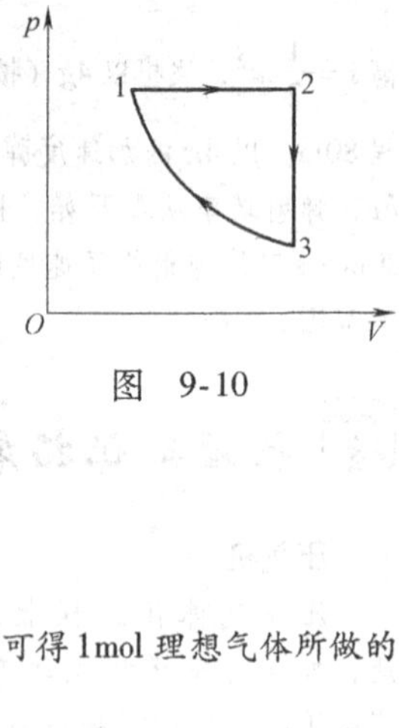

图 9-10

Q_p、A、ΔE都大于零，表明气体从外部吸收的热量一部分用来对外部做功，其余部分用来增加热力学能。

2→3为等容过程，故$A=0$，从p-V图上可以看出此过程中p减小，T减小，即$T_2>T_3$，所以有

$$Q_V = C_{V,\mathrm{m}}(T_3-T_2)<0$$
$$\Delta E = Q_V<0$$

Q_V和ΔE都小于零，这表明2→3过程中，气体向外部放出热量，热力学能减少。

3→1为等温过程，故$\Delta E=0$，从p-V图上可以看出此过程中V减小，由公式可得1mol理想气体所做的功为

$$A = Q_T = RT_1\ln\frac{V_1}{V_3}<0$$

A和Q_T都小于零，这表明在3→1过程中外界对气体做功，同时气体向外部放出热量，热力学能保持不变。

【例9-3】如图9-11所示，4×10^{-3}kg氢气被活塞封闭在某一容器的下半部而与外界（标准状态）平衡，容器开口处有一凸出边缘可防止活塞脱离（活塞的质量和厚度可忽略），现把2×10^4J的热量缓慢地传给气体，使气体逐渐膨胀，问最后氢气的压强、温度和体积各变为多少？

【解】设氢气初态为(p_1,V_1,T_1)，依题意有

$$m=4\times10^{-3}\mathrm{kg},\quad M=2\times10^{-3}\mathrm{kg\cdot mol^{-1}}$$

$$p_1 = p_0 = 1.013 \times 10^5 \text{Pa}, \quad T_1 = 273\text{K}$$

由理想气体状态方程可得氢气的初态体积为

$$V_1 = \frac{mRT_1}{Mp_1} = \frac{2RT_1}{p_1}$$

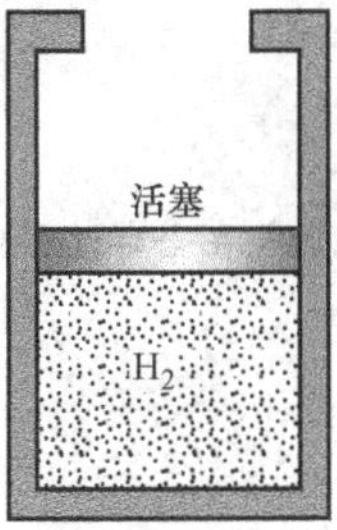

图　9-11

再考虑容器内气体先后进行的两个过程：

（1）气体等压膨胀升温使活塞达到容器上边缘，在此过程中，设气体吸热 Q_1，状态由 (p_1, V_1, T_1) 变为 (p_2, V_2, T_2)，依题意，$p_2 = p_1 = p_0, V_2 = 2V_1$，因此可得

$$V_2 = \frac{4RT_1}{p_1} = 8.96 \times 10^{-2} \text{m}^3$$

$$T_2 = \frac{V_2}{V_1}T_1 = 2T_1 = 546\text{K}$$

氢气是双原子分子气体，利用摩尔定压热容的定义，可得此过程中气体吸收的热量为

$$Q_1 = \frac{m}{M}C_{p,\text{m}}(T_2 - T_1) = 2 \times \frac{7}{2}R(T_2 - T_1) = 1.59 \times 10^4 \text{J}$$

（2）气体等容升温升压，设在此过程中气体吸收热量为 Q_2，最后状态为 (p_3, V_3, T_3)，已知外界传递的热量为 $Q = 2 \times 10^4$J，则有

$$Q_2 = Q - Q_1 = 4.1 \times 10^3 \text{J}$$

又因为

$$Q_2 = \frac{m}{M}C_{V,\text{m}}(T_3 - T_2)$$

所以有

$$T_3 = \frac{Q_2}{(m/M)C_{V,\text{m}}} + T_2 = 645\text{K}$$

$$p_3 = \frac{T_3}{T_2}p_2 = 1.20 \times 10^5 \text{Pa}$$

因此，氢气最后的压强为 1.20×10^5Pa，温度为645K，体积为 $8.96 \times 10^{-2}\text{m}^3$。

【例9-4】 一气缸内盛有1mol温度为27℃，压强为1atm（=101325Pa）的氮气（视作刚性双原子分子的理想气体），先使它等压膨胀到原来体积的两倍，再等容升压使其压强变为2atm，最后使它等温膨胀到压强为1atm。求氮气在全部过程中对外做的功，吸收的热及其热力学能的变化。（取摩尔气体常数 $R = 8.31\ \text{J} \cdot \text{mol}^{-1} \cdot \text{K}^{-1}$）

【解】 该氮气系统经历的全部过程如图9-12所示。

设初态的压强为 p_0、体积为 V_0、温度为 T_0，而终态压强为 p_0、体积为 V、温度为 T。在全部过程中氮气对外所做的功

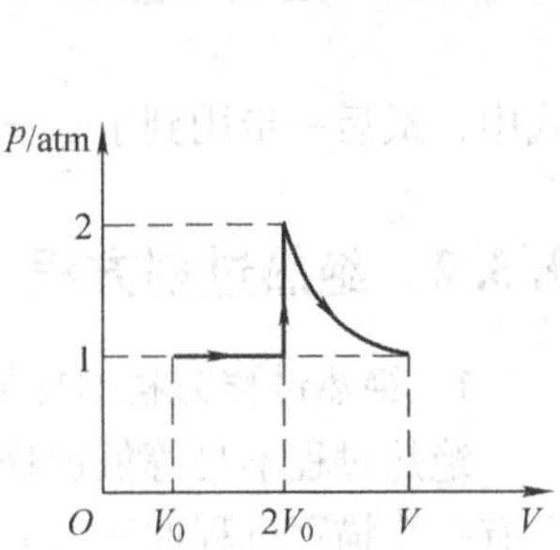

图　9-12

$$A = A_{\text{等压}} + A_{\text{等温}}$$

而

$$A_{\text{等压}} = p_0(2V_0 - V_0) = RT_0$$

$$A_{\text{等温}} = 4p_0V_0\ln(2p_0/p_0)$$

$$= 4p_0V_0\ln2 = 4RT_0\ln2$$

所以

$$A = RT_0 + 4RT_0\ln2 = RT_0(1 + 4\ln2)$$

$$= 9.41 \times 10^3 \text{J}$$

氮气热力学能的改变为

$$\Delta E = C_{V,m}(T - T_0) = \frac{5}{2}R(4T_0 - T_0)$$
$$= 15RT_0/2 = 1.87 \times 10^4 \mathrm{J}$$

氮气在全部过程中吸收的热量

$$Q = \Delta E + W = 2.81 \times 10^4 \mathrm{J}$$

9.3 绝热过程

物理学基本内容

9.3.1 绝热过程的定义和特点

1. 绝热过程的定义

所谓绝热过程是系统在与外界完全没有热量交换情况下发生的状态变化过程，当然这是一种理想过程。对于实际发生的过程，只要满足一定的条件，可以近似看成绝热过程，例如：用绝热性能良好的绝热材料将系统与外界分开，或者让过程进行得非常快，以致系统来不及与外界进行明显的热交换等。

2. 绝热过程的特点

绝热过程的特征是

$$Q = 0 \tag{9-34}$$

因而有

$$A = -\Delta E \tag{9-35}$$

即在绝热过程中，如果系统对外界做正功，就必须以消耗系统的热力学能为代价，即系统的热力学能减少；反之，如果系统对外界做负功（也叫作外界对系统做正功），则系统的热力学能就增加。按照热力学能增量的计算公式，我们有

$$A = -\Delta E = -\nu C_{V,m}(T_2 - T_1) = \frac{i}{2}(p_1V_1 - p_2V_2) = \frac{1}{\gamma - 1}(p_1V_1 - p_2V_2) \tag{9-36}$$

式中，最后一步用到了$\frac{i}{2} = \frac{1}{\gamma - 1}$，$\gamma$是比热容比。绝热过程没有热量交换，摩尔热容为零。

9.3.2 绝热过程方程

1. 绝热过程方程的推导

绝热过程不是等值过程，系统的状态参量(p,V,T)在过程中均为变量，它和其他过程一样会有一个描写过程曲线的方程，这个方程叫作绝热方程。表示绝热过程的曲线叫作绝热线。下面推导理想气体的绝热过程方程。对于理想气体，将物态方程$pV = \nu RT$全微分，有

$$p\mathrm{d}V + V\mathrm{d}p = \nu R\mathrm{d}T \tag{9-37}$$

对于准静态绝热过程，由$đA = -\mathrm{d}E$和$đA = p\mathrm{d}V$以及$\mathrm{d}E = \nu C_{V,m}\mathrm{d}T$，可得

$$p\mathrm{d}V = -\nu C_{V,m}\mathrm{d}T \tag{9-38}$$

用式（9-38）去除式（9-37）并消去$\mathrm{d}T$，得到

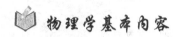

$$1+\frac{V\mathrm{d}p}{p\mathrm{d}V}=-\frac{R}{C_{V,\mathrm{m}}} \tag{9-39}$$

或

$$\frac{V\mathrm{d}p}{p\mathrm{d}V}=-\frac{R}{C_{V,\mathrm{m}}}-1=-\frac{C_{V,\mathrm{m}}+R}{C_{V,\mathrm{m}}}=-\frac{C_{p,\mathrm{m}}}{C_{V,\mathrm{m}}}-\gamma \tag{9-40}$$

式中，γ 为比热容比。把上式分离变量为

$$\frac{\mathrm{d}p}{p}=-\gamma\frac{\mathrm{d}V}{V} \tag{9-41}$$

两端积分

$$\int\frac{\mathrm{d}p}{p}=-\gamma\int\frac{\mathrm{d}V}{V} \tag{9-42}$$

得到

$$\ln p=-\gamma\ln V+c=-\ln V^{\gamma}+c \tag{9-43}$$

或

$$\ln pV^{\gamma}=c \tag{9-44}$$

最后得到绝热方程

$$pV^{\gamma}=\text{常量} \tag{9-45}$$

式（9-45）称为绝热过程的泊松方程。再使用理想气体物态方程 $pV=\nu RT$，上式可以替换成

$$TV^{\gamma-1}=\text{常量} \tag{9-46}$$

$$p^{\gamma-1}T^{-\gamma}=\text{常量} \tag{9-47}$$

上面三个式子统称为绝热方程。

2. 绝热方程的讨论

图9-13是 p-V 图上的绝热过程曲线（1）和等温过程曲线（2）的比较。从图中可以看出，一定量的理想气体从同一状态 A 出发，绝热线要比等温线变化陡一些，亦即发生相同的体积变化 ΔV 时，绝热过程的压强变化绝对值 $|\Delta p|$ 要比等温过程的大一些。

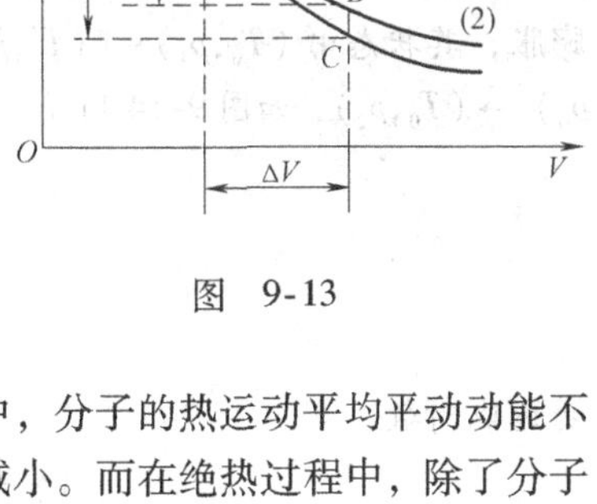

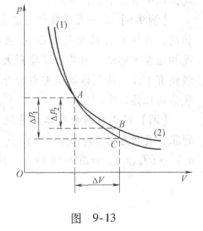

图　9-13

由绝热过程的泊松方程可得绝热线的斜率为

$$\frac{\mathrm{d}p}{\mathrm{d}V}=-\gamma\frac{p}{V} \tag{9-48}$$

由等温斜率

$$\frac{\mathrm{d}p}{\mathrm{d}V}=-\frac{p}{V}$$

对比即可看出，在 p-V 图上同一点，绝热线斜率的绝对值大于等温线斜率的绝对值。即

$$\gamma\frac{p}{V}>\frac{p}{V} \tag{9-49}$$

另外，绝热过程的压强变化大于等温过程的压强变化，也可用气体动理论来加以解释。以气体膨胀为例，在等温过程中，分子的热运动平均平动动能不变，引起压强减少的因素仅是因体积增大引起的分子数密度的减小。而在绝热过程中，除了分子数密度有同样的减小外，还由于气体膨胀对外做功时降低了温度，从而使分子的平均平动动能也随之减小。因此，绝热过程压强的减小要比等温过程大得多。

以上的分析和所得结论，只适用于以准静态过程进行的绝热过程，不适用于以非静态过程进行的绝热过程。因为对于非静态过程，下面的关系式不成立

$$đA = -p\mathrm{d}V \tag{9-50}$$

而且也不能用物态方程的微分形式表示过程中间状态的微小变化，所以也就得不到泊松方程。

下面我们来计算在准静态绝热过程中，外界对系统所做的功。根据泊松方程

$$pV^{\gamma} = p_1V_1^{\gamma} = 常量, \tag{9-51}$$

式中，p_1 和 V_1 分别表示初状态系统的压强和体积。外界对系统做的功为

$$\begin{aligned} A &= -\int_{V_1}^{V_2} p\mathrm{d}V = -\int_{V_1}^{V_2}\frac{p_1V_1^{\gamma}}{V^{\gamma}}\mathrm{d}V \\ &= -p_1V_1^{\gamma}\int_{V_1}^{V_2}\frac{\mathrm{d}V}{V^{\gamma}} = -p_1V_1^{\gamma}\left(\frac{V_2^{1-\gamma}}{1-\gamma}-\frac{V_1^{1-\gamma}}{1-\gamma}\right) \\ &= \frac{p_1V_1}{\gamma-1}\left[\left(\frac{V_1}{V_2}\right)^{\gamma-1}-1\right] = \frac{1}{\gamma-1}(p_2V_2-p_1V_1) \end{aligned} \tag{9-52}$$

可以证明式（9-52）与式（9-36）是一致的。

【例 9-5】狄塞尔内燃机气缸中的空气，在压缩前的压强为 1.013×10^5Pa，温度为 320K，假定空气突然被压缩为原来体积的 1/17，试求末态的压强和温度（设空气的比热容比 $\gamma=1.4$）。

【解】把空气看作理想气体，已知初态压强 $p_1=1.013\times10^5$Pa，温度 $T_1=320$K，由于压缩很快，可看作绝热过程，根据绝热过程方程 $p_1V_1^{\gamma}=p_2V_2^{\gamma}$，可得末态压强为

$$p_2 = p_1\left(\frac{V_1}{V_2}\right)^{\gamma} = 5.35\times10^6\,\mathrm{Pa}$$

根据 $T_1V_1^{\gamma-1}=T_2V_2^{\gamma-1}$，可得末态温度为

$$T_2 = T_1\left(\frac{V_1}{V_2}\right)^{\gamma-1} = 994\,\mathrm{K}$$

可见，绝热压缩使温度升高了许多，这时只要向气缸中喷入柴油，不需点火，柴油就会燃烧，从而省去了专门的点火装置。

【例 9-6】在一大玻璃瓶内装有干燥空气，初始气体温度与室温相同，其压强 p_1 比大气压强 p_0 稍高。若打开瓶口阀门让气体与大气相通发生膨胀，当其压强降到大气压强时迅速关闭阀门，这时气温稍有下降，待气体温度重新回升到室温时测得气体压强为 P_2，求气体的比热容比。

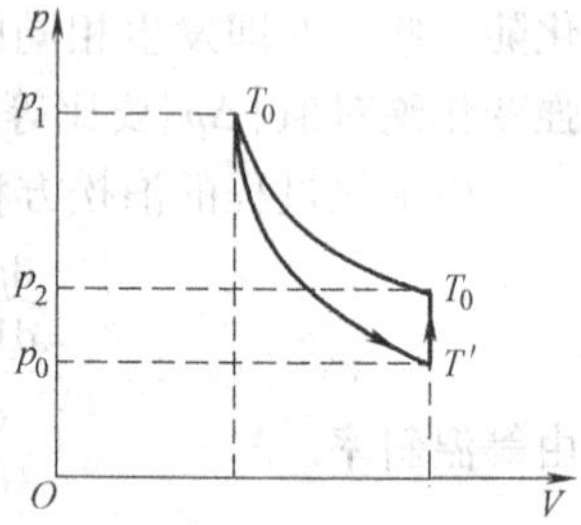

图 9-14

【解】以瓶内剩余气体为系统，系统所经历的过程是，先绝热膨胀，其状态由 $(T_0,p_1)\rightarrow(T',p_0)$，然后等容升压，其状态由 $(T',p_0)\rightarrow(T_0,p_2)$，如图 9-14 所示，因而有

$$\left(\frac{p_1}{p_0}\right)^{\gamma-1} = \left(\frac{T_0}{T'}\right)^{\gamma}$$

$$\frac{p_2}{p_0} = \frac{T_0}{T'}$$

两边取对数，有

$$(\gamma-1)(\ln p_1-\ln p_0) = \gamma(\ln p_2-\ln p_0)$$

解得

$$\gamma = \frac{\ln p_1-\ln p_0}{\ln p_1-\ln p_2}$$

物理知识应用

可压缩气体的声速与飞行马赫数 *Ma*

由于空气压缩性的影响，飞机的高速空气动力特性与低速空气动力特性有明显不同。在研究低速气流时，都假定空气密度是不变的。实际上，空气密度是随着流速的改变而变化的，并且变化量随流速的加快而逐渐加大。因此，在研究高速气流特性时，必须考虑空气密度变化的影响。

流过飞机表面的气流，其压缩性的大小，要从空气本身是否容易压缩和飞行速度能否引起压缩性变化两个方面分析。而空气本身是否容易压缩，则取决于空气温度的高低。空气温度高的，不容易压缩；温度低的，比较容易压缩。这是因为在压力改变量相同的情况下，温度高的空气体积变化小，空气密度变化也比较小，因此空气的压缩性也比较小。

无论是低速飞行还是高速飞行，空气流经机翼各处的速度变化时，压力也随之改变，从而引起该处的空气密度发生变化。但是，在不同飞行速度的情况下，空气密度的变化程度是不一样的。飞行速度越大，所引起的空气密度变化程度也越大，即空气的压缩性越大。

声速公式$a=\sqrt{\frac{dp}{d\rho}}$表明，在压力改变同样数量的情况下，若密度变化量大，即$dp/d\rho$小，则声速a小，说明空气易压缩；反之，声速大，空气不易压缩。可见，声速的大小反映了空气是否容易被压缩这一物理属性。

声速公式还可用其他形式表示。弱扰动波在空气中的传播，因其压力、密度变化非常快，来不及与周围气体进行热交换。因此，这一过程可以认为是绝热过程。根据泊松方程可得压强和密度间的关系为

$$\frac{p}{\rho^{\gamma}} = C \tag{9-53}$$

对上式取对数，得

$$\ln p - \gamma \ln \rho = \ln C \tag{9-54}$$

两边微分，得

$$\frac{dp}{p} - \gamma \frac{d\rho}{\rho} = 0 \tag{9-55}$$

或

$$\frac{dp}{d\rho} = \gamma \frac{p}{\rho} \tag{9-56}$$

将这个关系代入声速公式，得

$$a = \sqrt{\gamma \frac{p}{\rho}} \tag{9-57}$$

将状态方程$p=\rho RT$代入上式，得

$$a = \sqrt{\gamma RT} \tag{9-58}$$

式（9-58）说明，声速的大小取决于绝热指数γ、摩尔气体常数$R'=R/M$和气体的热力学温度T。对于空气来讲，$\gamma=1.4$，$R'=287.06\text{J}\cdot\text{kg}^{-1}\cdot\text{K}^{-1}$，所以声速为

$$a = 20\sqrt{T} \tag{9-59}$$

上式表明，空气温度高，声速大，空气难压缩；反之，气温低，声速小，空气容易压缩。

实际上，空气流过机翼时，其压缩性大小受该处声速和飞行速度两个方面的影响。为了综合考虑这两个因素对空气压缩性的影响，取飞行速度与声速的比值，称为飞行马赫数，记为Ma，作为衡量空气压缩性的标志，即

$$Ma = \frac{v}{a_H} \tag{9-60}$$

式中，v为飞行速度（$\text{m}\cdot\text{s}^{-1}$）；$a_H$为飞机所在高度的声速（$\text{m}\cdot\text{s}^{-1}$）。

Ma 大，说明飞行速度大，或声速小，即说明空气的压缩性大；*Ma* 小，说明飞行速度小，或声速大，即空气的压缩性小。一般情况下，在 *Ma* 小于 0.4 的情况下，由于空气密度变化程度较小，可以不考虑空气压缩性影响，称为低速飞行。*Ma* 超过 0.4 以上，由于空气密度变化的影响越来越大，就必须考虑空气压缩性的影响。

Ma 大于 1，表明飞行速度大于飞机所在高度的声速，称为超声速。*Ma* 小于 1，表明飞行速度小于飞机所在高度的声速，称为亚声速。*Ma* 等于 1，表明飞行速度等于声速。

Ma 的大小表明了飞行速度同声速的关系，以及空气流过机翼时空气密度变化的程度，它是说明气流特性是否发生质变的标志。气流特性显著而突然的变化，必然会急剧地改变飞机的气动参数，从而改变飞机的动态和性能。同一型别的飞机，在近声速和超声速飞行中的操纵特点，都是在飞行 *Ma* 超过一定数值后发生的。在近声速和超声速飞机上，为了便于飞行员掌握飞机的操纵特性，及时正确地操纵飞机，一般装有测量 *Ma* 的仪表（即 *M* 数表）。在分析高速飞机的飞行问题中，飞行 *Ma* 具有同迎角一样的重要意义，它是驾驶高速飞机的飞行员必须搞清楚的一个重要概念。

物理知识拓展

多方过程

气体做等温压缩和等温膨胀时，外界对气体所做的功完全转化成热量释放出，或者气体吸收的热量完全转化为机械能输出，实现完全的热功转化，并满足过程方程 $pV=$ 常量。在绝热过程中，气体与外界完全没有热交换，过程方程为 $pV^{\gamma}=$ 常量。理想的等温过程和绝热过程是很难实现的。使气体压缩和膨胀时，气体的温度将高于或者低于外界环境的温度，气体在状态变化时总是和外界进行着部分热交换。这个过程方程可设为 $pV^{n}=$ 常量，n 为介于 1 与 γ 之间的一个常数，数值随着具体过程而定。满足这一方程的过程，称为多方过程，n 称为多方指数，这是大多数情况下气体进行的实际过程。但 n 的数值也不限于上述范围，例如，在压缩气体的同时，又向气体传热，这时 $n>\gamma$。多方过程方程在热工实际过程中有着广泛的应用。

理想气体从状态Ⅰ (p_1,V_1) 经过多方过程进入状态Ⅱ (p_2,V_2)，这时若 $pV^n=c$（c 为常数），$p_1V_1^n=p_2V_2^n=$ 常量。在这个过程中（$n>1$），外界对气体所做的功为

$$
\begin{aligned}
A &= -\int_{V_1}^{V_2} p\mathrm{d}V = -\int_{V_1}^{V_2} \frac{p_1V_1^n}{V^n}\mathrm{d}V \\
&= -p_1V_1^n\int_{V_1}^{V_2}\frac{\mathrm{d}V}{V^n} = -p_1V_1^n\left(\frac{V_2^{1-n}}{1-n}-\frac{V_1^{1-n}}{1-n}\right) \qquad (9\text{-}61)\\
&= \frac{p_1V_1}{n-1}\left[\left(\frac{V_1}{V_2}\right)^{n-1}-1\right] = \frac{1}{n-1}(p_2V_2-p_1V_1)
\end{aligned}
$$

应用能力训练

【例 9-7】 一理想气体系统经历如图 9-15 所示的各过程，其中Ⅰ′→Ⅱ过程为绝热过程，试讨论过程Ⅰ→Ⅱ和过程Ⅰ″→Ⅱ气体吸热是正值还是负值。

【解】 在过程Ⅰ→Ⅱ、Ⅰ′→Ⅱ、Ⅰ″→Ⅱ中系统温度的升高 $\Delta T=(T_2-T_1)$ 相同，而理想气体的热力学能仅是温度的函数，故系统热力学能的增量 ΔE 相同。但在这三个过程中过程曲线下的面积不同，Ⅰ→Ⅱ下的面积最大，Ⅰ″→Ⅱ下的面积最小，故在这三个过程中外界对系统做的功 $A_{外}$ 不同（因压缩过程中外界对系统做的功等于 p-V 图上过程曲线下的面积），$A_{\text{Ⅰ→Ⅱ外}}>A_{\text{Ⅰ′→Ⅱ外}}>A_{\text{Ⅰ″→Ⅱ外}}$。

由热力学第一定律知，系统吸热

$$Q=\Delta E-A_{外}$$

因过程 Ⅰ′→Ⅱ（绝热过程）中吸收的热量 $Q_{\text{Ⅰ}'\to\text{Ⅱ}}=0$，故 $A_{\text{Ⅰ}'\to\text{Ⅱ}外}=\Delta E$。

又因 $A_{\text{Ⅰ}\to\text{Ⅱ}外}>A_{\text{Ⅰ}'\to\text{Ⅱ}外}=\Delta E$，故过程 Ⅰ→Ⅱ 中吸收的热量 $Q_{\text{Ⅰ}\to\text{Ⅱ}}<0$，即放热。

同理，因 $A_{\text{Ⅰ}''\to\text{Ⅱ}外}<A_{\text{Ⅰ}'\to\text{Ⅱ}外}=\Delta E$，故过程 Ⅰ″→Ⅱ 中吸收的热量 $Q_{\text{Ⅰ}''\to\text{Ⅱ}}>0$。

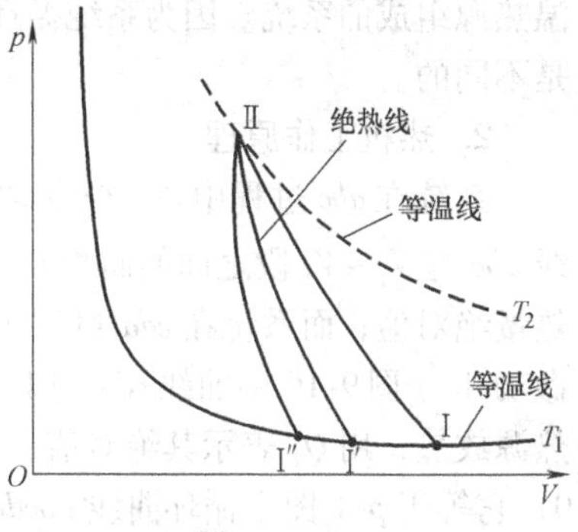

图 9-15

通过此题的讨论使我们看到，在 p-V 图上有两条重要的曲线可以作为我们分析问题的依据：一条是绝热线，绝热过程中 $Q=0$；另一条是理想气体的等温线，等温过程中 $\Delta E=0$。此外，p-V 图上过程曲线下的面积在数值上等于膨胀过程中系统对外做的功或压缩过程中外界对系统做的功，这一点也常常是我们分析过程的重要依据。

9.4 循环过程　卡诺循环

物理学基本内容

9.4.1 循环过程

循环过程的定义：系统由最初状态经历一系列的变化后又回到最初状态的整个过程称为循环过程，也可简称为循环。准静态（平衡）的循环过程，可用 p-V 图上的一条闭合曲线来表示，如图 9-16 中的 *abcda* 所示。

循环过程的特点：每完成一次循环系统热力学能保持不变，即 $\Delta E=0$。根据热力学第一定律可知系统从外界吸收的净热量一定等于系统对外界所做的净功，或外界在系统的一次循环过程中对系统所做的功等于系统对外界放出的净热量，即 $Q=A$。请注意这里所用的“净”字的含意，以净热量为例，它是循环过程中吸热与放热之差。

循环的分类：循环分为两类，分别是正循环和逆循环。

正循环：在 p-V 图上，若循环进行的过程曲线沿顺时针方向，则称为正循环，也叫顺时针循环或热机循环。

逆循环：在 p-V 图上，若循环进行的过程曲线是沿逆时针方向，则称为逆循环。也叫逆时针循环或制冷循环。

1. 系统实现正循环的外部条件

为了对循环过程的特点进行深入分析，我们可以认为循环是由多个分过程组成的。为了满足准静态过程的状态变化要求，外界的温度必须始终随系统温度的变化而仅保持一个微小的差别。因此，在一次循环中，系统通常要和一些温度不同，甚至是一系列只有微小温度差的恒温热源（也叫热库）发生热接触，与它们进行热量的交换，从一些热源吸收热量，而向另外一些热源放出热量。这里所说的恒温热源是指无论怎样进行热交换，都不会改变温度的热力学系统。

对于正循环，如图 9-16 所示，系统在 *abc* 过程中所接触的热源温度较高，这些热源称为高温热源，在 *cda* 过程中所接触的热源温度较低，称为低温热源。系统要完成循环，外界必须提供高温热源和低温热源供系统吸热和放热。

需要说明的是：这里所说的高温热源或低温热源往往不是单一温度的热源，而是一系列恒温热源组成的系统。因为系统循环到不同的阶段所需要的热源的温度是不同的。

2. 热机工作原理

系统在 abc 过程中热力学能增加，同时对外做功 A_1（图9-16中曲线 abc 与 $V_1 \sim V_2$ 段之间的面积），因而将从高温热源吸热，用 Q_1 表示热量绝对值；而系统在 cda 过程中热力学能在减少，同时外界对系统做功 A_2（图9-16中曲线 cda 与 $V_1 \sim V_2$ 段之间的面积），因而将向低温热源放热，用 Q_2 表示其绝对值。系统对外界所做的净功 $A = A_1 - A_2 > 0$，它等于 p-V 图中循环曲线 $abcda$ 所包围的面积（图9-16中的阴影区域的面积）。根据热力学第一定律，有

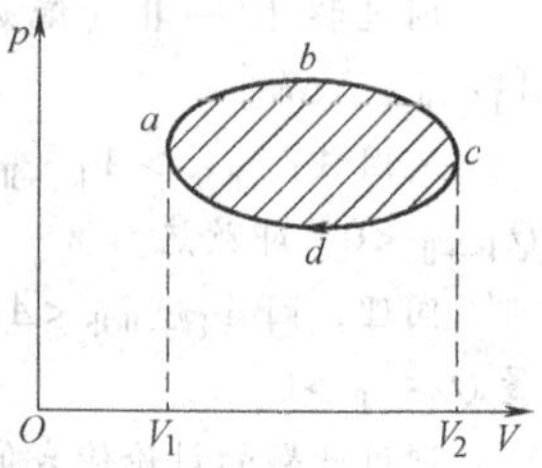

图 9-16

$$A = Q = Q_1 - Q_2 \tag{9-62}$$

显然，当系统经历一次正循环后，系统从高温热源吸入热量 Q_1，将其一部分用于对外做净功 A，剩下一部分热量 Q_2 向低温热源放出。这正是热机的工作原理。图9-17表明了热机工作过程中能量的流动与转移。所谓热机就是能利用系统（在工程上也称为工质）通过正循环，不断地把从外界吸收的热量一部分转化为有用功，从而完成热-功转换的机器，如蒸汽机、内燃机等，统称为热机。因此，正循环也称为热机循环。

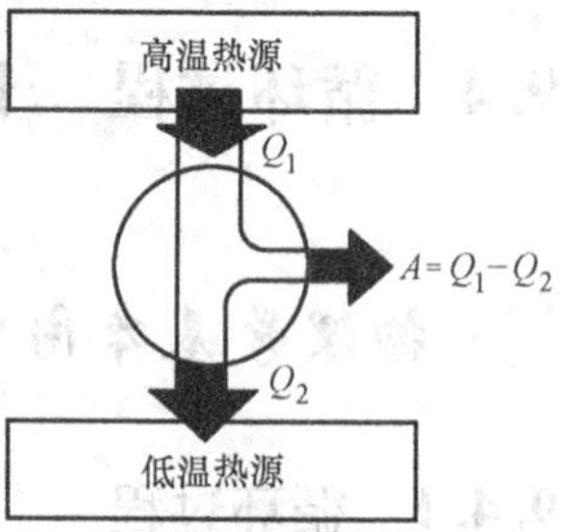

图 9-17

3. 热机的效率

反映热机最重要性能的物理量就是热机的效率。热机效率在理论和实践上都是很重要的，热机效率的定义是，在一次循环中工质对外做的净功与它从高温热源吸收热量的比值，即

$$\eta = \frac{A}{Q_1} \tag{9-63}$$

因净功 $A = Q_1 - Q_2$，式(9-63)还可表示为

$$\eta = 1 - \frac{Q_2}{Q_1} \tag{9-64}$$

在实际应用中，根据已知条件可以选择上面两个式子中的一个进行计算。

9.4.2 卡诺循环

卡诺循环是一种理想循环，它对实际热机的研制具有重要的指导意义，也为热力学第二定律的建立奠定了基础。

1. 卡诺循环的构成

卡诺循环由两个等温和两个绝热的平衡过程组成（见图9-18）。在循环过程中，工作物质（系统或工质）只和温度为 T_1 的高温热源和温度为 T_2 的低温热源交换热量，按卡诺循环运行的热机和制冷机，分别称为卡诺热机和卡诺制冷机。

2. 卡诺热机的效率

图9-18表示的是卡诺正循环（热机循环），在1→2等温膨胀过程中，系统从温度为 T_1 的高温热源吸入热量 Q_{12}，在3→4等温压缩过程中，系统向温度为 T_2 的低温热源放出热量 $|Q_{34}|$，2→3和4→1均为绝热过程，$Q_{23} = Q_{41} = 0$，如果参与循环的是理想气体，由等温过程的热量公式

$$Q_1 = Q_{12} = \nu RT_1 \ln \frac{V_2}{V_1} \tag{9-65}$$

$$Q_2 = |Q_{34}| = \nu RT_2 \ln \frac{V_3}{V_4} \tag{9-66}$$

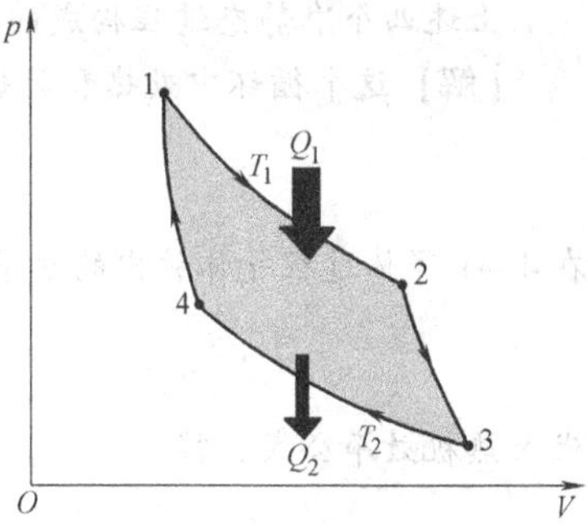

图　9-18

得到卡诺热机的效率

$$\eta_c = 1 - \frac{Q_2}{Q_1} = 1 - \frac{T_2 \ln \frac{V_3}{V_4}}{T_1 \ln \frac{V_2}{V_1}} \tag{9-67}$$

因系统的状态2，3和状态4，1分别是两个绝热过程的初末态，所以可用绝热过程方程 $TV^{\gamma-1}=$ 常量来联系，即

$$T_1 V_2^{\gamma-1} = T_2 V_3^{\gamma-1} \tag{9-68}$$

$$T_1 V_1^{\gamma-1} = T_2 V_4^{\gamma-1} \tag{9-69}$$

两式相除可得

$$\frac{V_2}{V_1} = \frac{V_3}{V_4} \tag{9-70}$$

代入 η_c 的表达式，可得

$$\eta_c = 1 - \frac{T_2}{T_1} \tag{9-71}$$

卡诺热机的效率后来被证明是在相同温度差的高、低温热源之间工作的热机的最大效率。它为我们指明了提高热机效率的基本方法：或者提高高温热源的温度，或者降低低温热源的温度。显然，实用的方法只有提高高温热源的温度一种。继蒸汽机后发明的内燃机就是在上面这个公式的指导下实现的。

【例9-8】 在燃烧汽油的四冲程内燃机中进行的循环由下列过程组成：首先，将汽油与空气的混合气吸入气缸；然后对混合气体进行急速压缩；当压缩混合气的体积最小时用电火花点火使混合气爆燃；爆燃气体放出的热量，使气缸中气体的温度、压强迅速增大，从而推动气缸活塞对外做功。做功后的废气被排出气缸，再吸入新的混合气体进行下一次循环。

显然，实际的循环并非由同一工质完成，而且还经过了燃烧，气缸内的气体发生了化学变化。但在理论上研究上述实际过程中的能量转化关系时，往往用一定质量、被看作理想气体的空气进行的下述准静态过程代替，如图9-19所示。

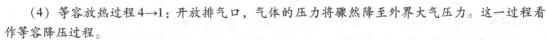

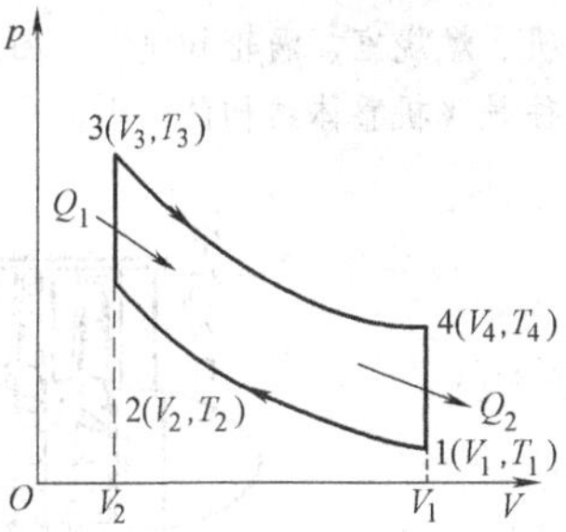

图　9-19

(1) 绝热压缩过程1→2：活塞自右向左移动（见图9-3），将吸入气缸的混合气体自1状态压缩至2状态；

(2) 等容吸热过程2→3：当混合气体压缩至2状态时，用电火花引爆混合气体，气体压力随之突增。但由于爆炸时间极短，活塞移动距离极小，故将这一过程看成是等容增压过程；

(3) 绝热膨胀过程3→4：爆炸后的气体压力巨大，这一巨大的压力推动活塞对外做功，同时压力也随着气体的膨胀而降低。这一过程看作绝热膨胀过程；

(4) 等容放热过程4→1：开放排气口，气体的压力将骤然降至外界大气压力。这一过程看作等容降压过程。

上述四个准静态过程构成的理想循环过程叫作奥托循环，试计算奥托循环的效率。

【解】这个循环中吸热和放热只在两个过程中进行。在2→3等容过程气体吸收的热量为

$$Q_1 = \frac{m}{M}C_{V,\mathrm{m}}(T_3 - T_2)$$

在4→1等体过程气体放出的热量为

$$Q_2 = \frac{m}{M}C_{V,\mathrm{m}}(T_4 - T_1)$$

代入热机效率公式，得

$$\eta = 1 - \frac{Q_2}{Q_1} = 1 - \frac{T_4 - T_1}{T_3 - T_2}$$

由于1→2和3→4都是绝热过程，因此有

$$\frac{T_2}{T_1} = \left(\frac{V_1}{V_2}\right)^{\gamma-1}$$

$$\frac{T_3}{T_4} = \left(\frac{V_1}{V_2}\right)^{\gamma-1}$$

可得

$$\frac{T_3}{T_4} = \frac{T_2}{T_1} = \frac{T_3 - T_2}{T_4 - T_1} = \left(\frac{V_1}{V_2}\right)^{\gamma-1}$$

$$\eta = 1 - \frac{1}{(V_1/V_2)^{\gamma-1}}$$

现将V_1/V_2称为绝热压缩比，用R表示，即得

$$\eta = 1 - \frac{1}{R^{\gamma-1}}$$

由此可见，该循环的效率完全由绝热压缩比R决定，并随R的增大而增大。

物理知识应用

飞机涡轮喷气发动机效率

航空燃气涡轮发动机有多种类型，一台涡轮喷气发动机至少应当由下列五个部件组成：进气道、压气机、燃烧室、涡轮和喷管。图9-20所示燃气涡轮发动机原理图，图中没有画出进气道，这是因为进气道往往是飞机整体结构的一个部分，不便于在单独的发动机图上表示。

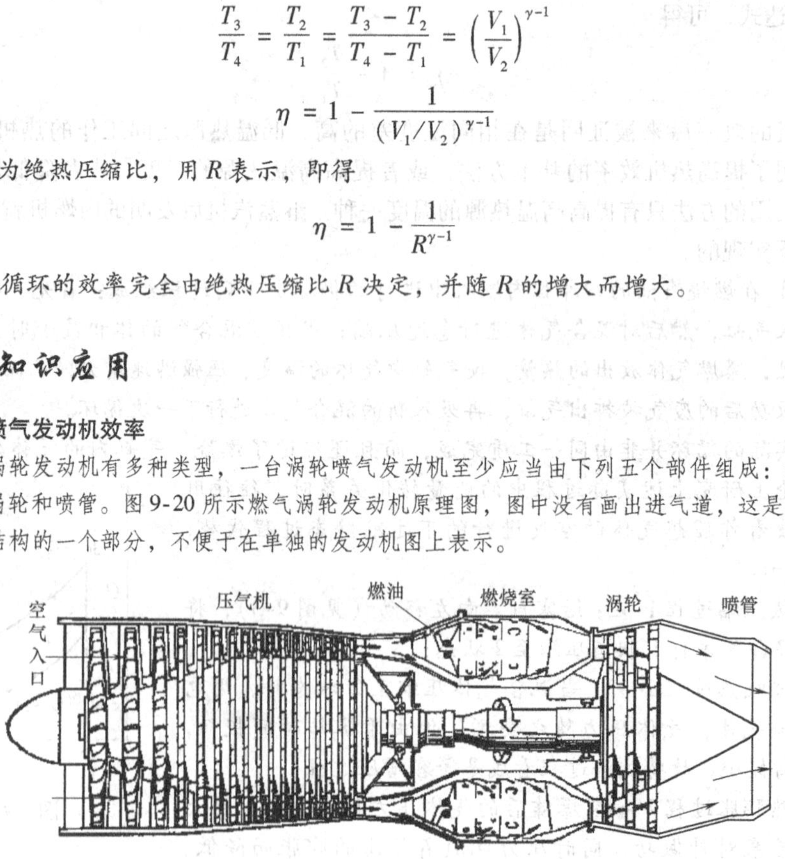

图 9-20

涡轮喷气发动机的理想循环，如图9-21所示，它由如下四个过程组成：

(1) 绝热压缩过程　完成此过程的部件是进气道和压气机。其中0→1为速度冲压（气流的动能）。在

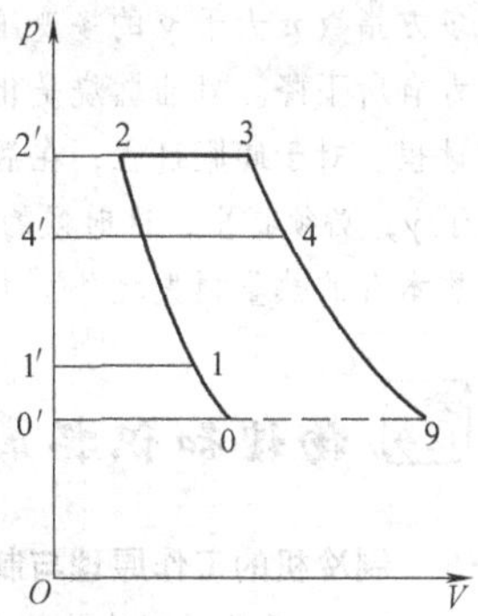

图 9-21

图中 0 点表示外界大气条件，我们可把工质具有的动能也视为外功，加入到工质，使其压力提高，到达 1 点，面积 011′0′0 表示进气动能（$\int_{p_0}^{p_1'} V\mathrm{d}p$）。1→2 为压气机对工质的压缩，总压从 1 到 2，做功量为面积122′1′1（$\int_{p_1'}^{p_2'} V\mathrm{d}p$）。

(2) 定压加热　完成此过程的部件是燃烧室。理想的情况是把燃油在燃烧室内的燃烧视为在定压条件下向工质加热，且工质的性质不变，总温从T_2到 T_3。

(3) 绝热膨胀　完成此过程的部件是涡轮和喷管。其中 3→4 表示工质经过涡轮的绝热膨胀，把热能转化为机械能，向压气机输出，因而面积 344′2′3在数量上是等于压气机的加功量面积 122′1′1，总压从 p_2'到 p_4'。4→9 表示工质在喷管内的绝热完全膨胀，把热能转化为动能，从喷口排出。与进气道类似，这里也可把排气的动能视为向外输出的功。

(4) 定压放热　用虚线表示，在发动机外部完成。由此构成了一个理想的封闭循环。此循环也叫布莱顿循环。

对于 1kg 工质，循环的加热量

$$Q_1 = c_p(T_3 - T_2) \tag{9-72}$$

循环的放热量

$$Q_2 = c_p(T_9 - T_0) \tag{9-73}$$

循环的功

$$A = Q_1 - Q_2 \tag{9-74}$$

循环的热效率

$$\eta_i = \frac{A}{Q_1} = \frac{Q_1 - Q_2}{Q_1} = 1 - \frac{T_9 - T_0}{T_3 - T_2} \tag{9-75}$$

因为

$$0 \to 2,\text{有}\frac{T_2}{T_0} = \left(\frac{p_2}{p_0}\right)^{\frac{\gamma-1}{\gamma}}$$

$$3 \to 9,\text{有}\frac{T_3}{T_9} = \left(\frac{p_2}{p_0}\right)^{\frac{\gamma-1}{\gamma}}$$

所以

$$\eta_i = 1 - \frac{1}{\pi^{\frac{\gamma-1}{\gamma}}} \tag{9-76}$$

式中，$\pi = \frac{p_2}{p_0}$ 称为增压比。

如果用机械能的形式表示，则 1kg 工质的循环功应当是包括进排气动能在内的总的膨胀功和压缩功之差，即

$$A = A_{\mathrm{T}} + \frac{v_9^2}{2} - A_{\mathrm{K}} - \frac{v_0^2}{2} \tag{9-77}$$

式中，v_9 为排气速度；v_0 为飞行速度；A_{T} 和 A_{K} 分别表示压气机的压缩功和涡轮的膨胀功。如果 A_{T} 和 A_{K} 两者相等，则有

$$A = \frac{v_9^2 - v_0^2}{2} \tag{9-78}$$

涡轮喷气发动机的实际循环与理想循环有相当大的差别，主要是在各部件中完成的实际热力学过程有各种损失，包括加热过程在内都不是可逆的。此外，在加热的前后工质的成分发生变化。在压缩过程，无论在进气道内外气流的滞止过程中，还是在压气机中的压缩过程中均有多种流动损失。因而，压缩过程是

多方指数 n 大于 γ 的多变压缩过程。在加热过程，燃烧室中因存在流动损失和加热过程的热阻损失，使压力有所下降。喷油燃烧是化学反应，工质的化学成分和流量都会有变化，因而，加热过程也不是定压加热过程。对于膨胀过程，在涡轮和喷管中，燃气膨胀因有多种流动损失，所以也是多方过程。多方指数 n 小于 γ，必须指出，这时候的 γ 也不等于空气的 γ。对于定压放热过程，因为是在发动机体外完成的，除了放热本身的热量损失之外，不存在流动损失，实际的放热过程与理想循环的放热过程是一致的。

物理知识拓展

制冷机的工作原理与制冷系数

1. 实现逆循环的外部条件

如图 9-22 所示，对于逆循环，系统在 adc 过程中热力学能在增加，同时对外做功，因而将从低温热源吸热 Q_2；系统在 cba 过程中热力学能在减少，同时外界对系统做功，因而将向高温热源放热 Q_1。根据热力学第一定律，可得外界对系统所做的功为

$$A = Q = Q_1 - Q_2 \tag{9-79}$$

因此，系统要实现逆循环，外界必须提供一个低温热源和一个高温热源以供系统吸热与放热。同时外界要对系统做正功。

2. 制冷机的工作原理

和正循环相反，系统（或工质）作逆循环时，系统对外界做的净功 $A = A_1 - A_2$ 为负，也就是外界对系统做正功，系统从外界吸收的净热量 Q 为负，也就是系统向外界放热。在逆循环的过程中，系统从低温热源吸入热量 Q_2，并以外界做功 A 为代价，以热量 $Q_1 = Q_2 + A$ 向高温热源放出。这正是制冷机的工作原理。所谓制冷机就是利用外界对系统（工质）做功，使部分外界（低温热源）通过放热得到冷却或维持较低温度的机器。因此，逆循环也称制冷循环。按制冷循环工作的机器有冰箱、空调等。图 9-23 表明了制冷机工作过程中能量的流动与转移。

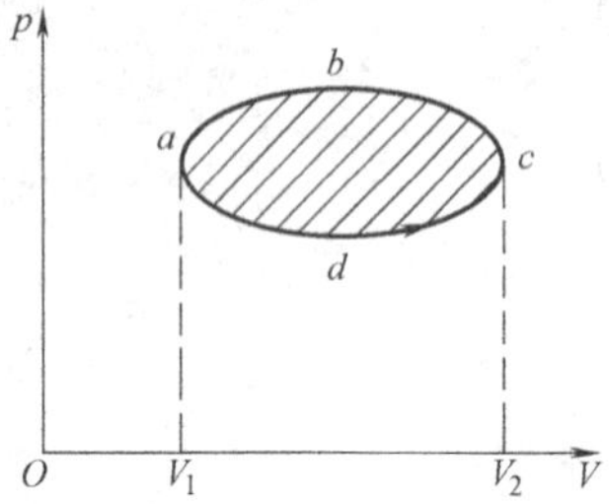

图 9-22　逆循环

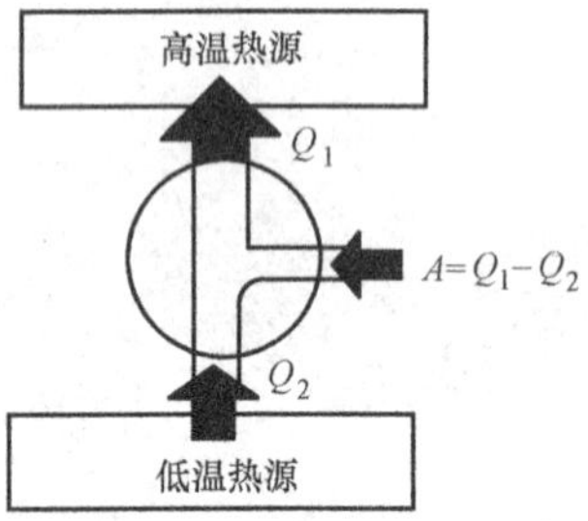

图 9-23　制冷机的工作原理

3. 制冷系数

反映制冷机最重要性能的物理量是其制冷系数。制冷系数定义为：在一次循环中系统从低温热源吸收的热量与外界对系统做的净功的比值，用 ω 表示，即

$$\omega = \frac{Q_2}{A} \tag{9-80}$$

因外界做功 $A = Q_1 - Q_2$，上式还可表示为

$$\omega = \frac{Q_2}{Q_1 - Q_2} \tag{9-81}$$

在实际应用中，根据已知条件可以选择上面两个式子中的一个进行计算。

需要注意的是，热机的效率总是小于 1 的，而制冷机的制冷系数则往往是大于 1 的。在学习效率和制冷系数的公式时，应该注意二者在定义上有一个共同点，那就是都把人所获取的效益放在分子上，而付出

的代价则放在分母上。

4. 卡诺制冷机的制冷系数

如果理想气体进行卡诺制冷循环时，只要把图9-18中的箭头全部反向即可示意。从低温热源吸热

$$Q_2 = Q_{43} = \nu RT_2\ln\frac{V_3}{V_4} \tag{9-82}$$

向高温热源放热

$$Q_1 = |Q_{12}| = \nu RT_1\ln\frac{V_2}{V_1} \tag{9-83}$$

故卡诺制冷机的制冷系数

$$\omega_c = \frac{Q_2}{Q_1 - Q_2} = \frac{T_2}{T_1 - T_2} \tag{9-84}$$

式（9-84）提示我们，低温热源的温度越低，制冷系数就越小，要进一步制冷就越困难。因此，制冷机的制冷系数不是由机器性能唯一决定的，它还与外界条件有关。高、低温热源之间的温差越大，制冷系数就越小，制冷的能耗就越大。

5. 热泵

热泵是制冷机的一种巧妙的应用。我们注意到，制冷机的制冷系数是完全可以大于1的。假设制冷系数为5，则外界对系统做1J的功就可以从低温热源吸收5J的热量，在高温热源放出的热量就是6J。因此，如果我们将制冷机反过来应用于制热（如取暖），使用1J的电能就可以在其高温热源获得6J的热能。这时的制冷机就成为热泵。单冷空调在夏天使用是制冷，它是制冷机；在冬天我们可以将空调调换安装（即将散热装置安于室内），它就是一个热泵了。

应用能力训练

循环过程理论应用

循环过程的理论阐述了热机和制冷机的工作原理，同时也为我们指明了计算热机效率和制冷机制冷系数的方法。大学物理的学习，要求掌握这两个物理量的计算方法。下面我们通过例题的介绍来帮助读者掌握这些方法。

【例9-9】 斯特林发动机（Stirling Engine），是一种由外部供热使气体在不同温度下做周期性压缩和膨胀的封闭往复式发动机。斯特林循环是由两个准静态等温过程和两个准静态等容过程组成的，逆斯特林循环是回热式制冷机的常用工作模式。如图9-24所示，一定量的理想气体经历的准静态循环过程由以下四个过程组成：（1）等温压缩（1→2）；（2）等容降温（2→3）；（3）等温膨胀（3→4）；（4）等容升温（4→1）。试求这个循环的制冷系数。

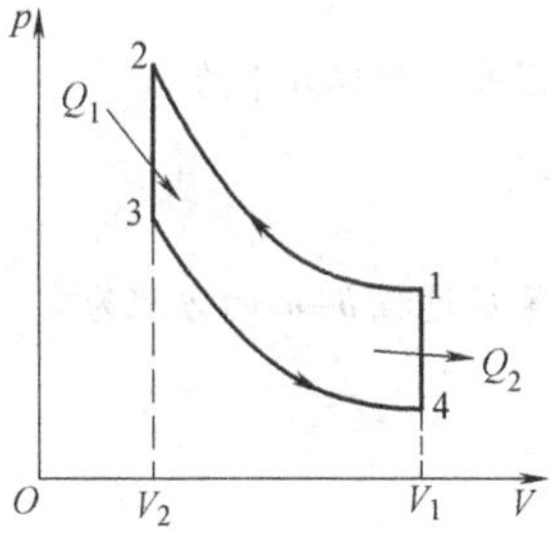

图 9-24

【解】 这个循环中气体在两个等体过程中与外界交换的热量的代数和是零，在3→4等温膨胀过程中气体从低温热源吸取的热量为

$$Q_2 = \frac{m}{M}RT_2\ln\frac{V_1}{V_2}$$

在1→2等温压缩过程中，气体向外界放出的热量为

$$Q_1 = \left|\frac{m}{M}RT_1\ln\frac{V_2}{V_1}\right| = \frac{m}{M}RT_1\ln\frac{V_1}{V_2}$$

根据热力学第一定律，在整个循环中，外界对气体所做的净功为

$$A = Q_1 - Q_2 = \frac{m}{M}R(T_1 - T_2)\ln\frac{V_1}{V_2}$$

所以，该循环的制冷系数为

$$\omega = \frac{Q_2}{A} = \frac{T_2}{T_1 - T_2}$$

顺便指出，这个循环称为逆向斯特林循环，是回热式制冷机的工作循环。

$$\eta = \frac{A}{Q} = \frac{16}{92} = 17.4\%$$

【例 9-10】狄塞尔循环（定压加热循环） 德国工程师狄塞尔（Diesel，1858—1913）于 1892 年提出了压缩点火式内燃机的原始设计。所谓压缩点火式就是使燃料气体在气缸中被压缩使它的温度超过它自己的燃点温度（例如，气缸中气体温度可升高到 600～700℃，而柴油燃点为 335℃）。这时燃料气体在气缸中一面燃烧，一面推动活塞对外做功。1897 年他最早制成了以煤油为燃料的内燃机，后改用柴油为燃料，这就是我们通常所称的柴油机。四冲程柴油机的理想工作过程如图 9-25 所示，$a \to b$ 为绝热压缩（由于绝热压缩比 $V_0/V_1 = 15$ 很大，所以 b 点的相对体积很小，压强很大），$b \to c$ 为等压膨胀（c 点的压强与 b 点的压强相同，在循环中温度最高），$c \to d$ 为绝热膨胀，$d \to a$ 为等容降压。已知绝热压缩比 $k_1 = V_0/V_1 = 15$，绝热膨胀比 $k_2 = V_0/V_2 = 5$，求循环效率和循环一周气体对外所做的功。

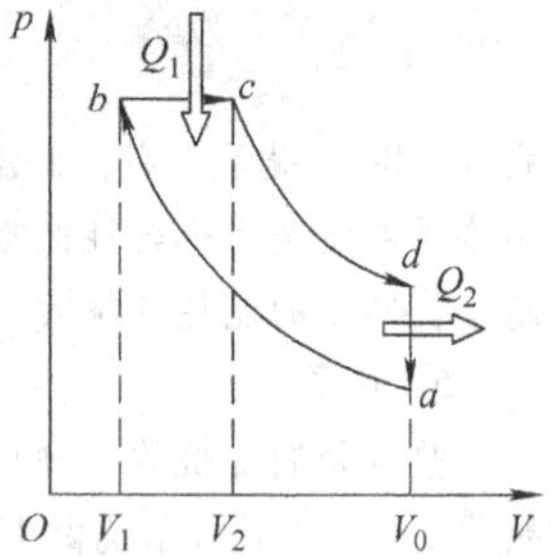

图 9-25

【解】 $a \to b$ 和 $c \to d$ 为绝热过程，不吸热也不放热。

$b \to c$ 是等压吸热过程，所吸收的热量为

$$Q_1 = vC_{p,\mathrm{m}}(T_c - T_b)$$

$d \to a$ 是等容放热过程，所放出的热量为

$$Q_2 = vC_{V,\mathrm{m}}(T_d - T_a)$$

因此，循环效率为

$$\eta = 1 - \frac{Q_2}{Q_1} = 1 - \frac{T_d - T_a}{\gamma(T_c - T_b)}$$

其中 $\gamma = C_{p,\mathrm{m}}/C_{V,\mathrm{m}}$。根据理想气体绝热过程的体积与温度的关系 $TV^{\gamma-1}=$常量，对于绝热过程 $a \to b$ 可得

$$T_a V_0^{\gamma-1} = T_b V_1^{\gamma-1}$$

即

$$T_a = T_b/k_1^{\gamma-1}, \quad T_d = T_c/k_2^{\gamma-1}$$

因此，循环效率为

$$\eta = 1 - \frac{T_c/k_2^{\gamma-1} - T_b/k_1^{\gamma-1}}{\gamma(T_c - T_b)}$$

等压过程 $b \to c$ 的方程为

$$\frac{T_b}{T_c} = \frac{V_1}{V_2} = \frac{k_2}{k_1}$$

循环效率为

$$\eta = 1 - \frac{1/k_2^{\gamma} - 1/k_1^{\gamma}}{\gamma(1/k_2 - 1/k_1)}$$

可见，循环效率由绝热压缩比和绝热膨胀比以及比热容比决定。

气体吸收的热量为

$$Q_1 = \frac{m}{M}C_{p,\mathrm{m}}T_b\left(\frac{T_c}{T_b} - 1\right) = \frac{m}{M}C_{p,\mathrm{m}}T_b\left(\frac{k_1}{k_2} - 1\right) = \frac{m}{M}C_{V,\mathrm{m}}T_b k_1 \gamma\left(\frac{1}{k_2} - \frac{1}{k_1}\right)$$

可得

$$Q_1 = \frac{m}{M}RT_a \frac{i}{2}k_1^{\gamma}\gamma\left(\frac{1}{k_2} - \frac{1}{k_1}\right)$$

循环一周气体对外所做的功为 $A = \eta Q_1$，即

$$A = \frac{m}{M}RT_a \frac{i}{2}k_1^{\gamma}\left[\gamma\left(\frac{1}{k_2} - \frac{1}{k_1}\right) - \left(\frac{1}{k_2^{\gamma}} - \frac{1}{k_1^{\gamma}}\right)\right]$$

可见：功也由绝热压缩比和绝热膨胀比以及比热容比（或自由度i）决定。

由于狄塞尔循环没有绝热压缩比$K<10$的限制，故其效率可大于奥托循环。柴油机比汽油机笨重而能发出较大功率，因而常作为大型卡车、工程机械、机车和船舶的动力装置。

【例9-11】燃气轮机的理想工作过程称为布莱顿循环。如图9-26所示，$A\to B$为等压膨胀，$B\to C$为绝热膨胀，$C\to D$为等压压缩，$D\to A$为绝热压缩。已知：$T_C=300\text{K}$，$T_B=400\text{K}$。试求此循环的效率。

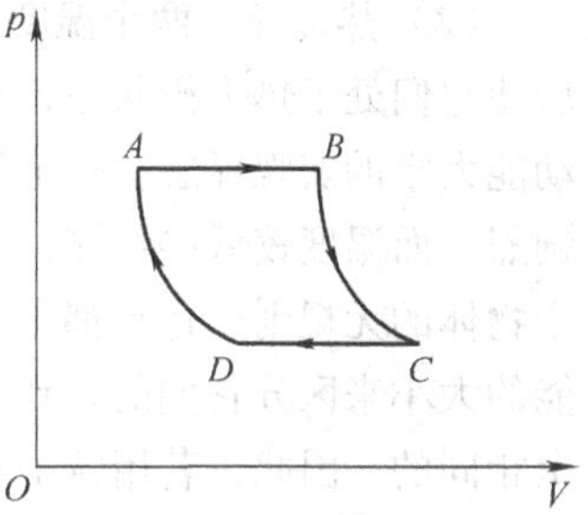

图 9-26

【解】

$$\eta = 1-\frac{|Q_2|}{Q_1} = 1-\frac{|Q_{DC}|}{Q_{AB}}$$

$$\eta = 1-\frac{\nu C_{p,\mathrm{m}}(T_C-T_D)}{\nu C_{p,m}(T_B-T_A)} = 1-\frac{T_C-T_D}{T_B-T_A} = 1-\frac{T_C(1-T_D/T_C)}{T_B(1-T_A/T_B)}$$

$$p_A^{\gamma-1}T_A^{-\gamma} = p_D^{\gamma-1}T_D^{-\gamma}$$

$$p_B^{\gamma-1}T_B^{-\gamma} = p_C^{\gamma-1}T_C^{-\gamma}$$

$$p_A = p_B,\ p_C = p_D$$

$$\frac{T_A}{T_B} = \frac{T_D}{T_C}$$

$$\eta = 1-\frac{T_C(1-T_D/T_C)}{T_B(1-T_A/T_B)} = 1-\frac{T_C}{T_B} = 25\%$$

9.5 热力学第二定律

物理学基本内容

9.5.1 自然过程的方向性

1. 自发过程的单向性是自然规律

热力学第二定律告诉我们，自然界中自发发生的热力学过程都具有方向性，都只能单向进行。例如，由于功热转换（机械能转换为热运动的能量）是可以自发进行的（如通过摩擦），所以功热转换过程是自发过程。热力学第二定律的开尔文表述表明，在这个自发的功热转换过程中过程进行的方向是功转换成热，而热不可能自发转换成功。热从高温物体传到低温物体是可以自发进行的，也是一个自发过程。热力学第二定律的克劳修斯表述表明，这个自发的热传导过程进行的方向只能是热从高温物体传到低温物体，而热量从低温物体自发地传到高温物体是不可能的。

2. 自发热力学过程方向性的微观意义

为什么宏观热力学过程都沿着确定的方向进行？这和热力学研究的对象是大量无规则热运动粒子组成的系统有关。从微观角度来看，任何热力学过程都伴随着大量粒子无序运动状态的变化。自发过程的方向性则说明大量粒子运动无序程度变化的规律性。下面就几种典型的自发热力学过程实例定性加以说明。

（1）功热转换　功转变为热是机械能转变为热力学能的过程。从微观角度看，功相当于粒子做有规则的定向运动（叠加在无规则热运动之上），而热力学能相当于粒子做无规则热运动。因此，功转变为热的过程是大量粒子的有序运动向无序运动转化的过程，这是可能的。从宏观角度看是自发进行的，而相反的过程则是不可能的。因此，功热转换的自发过程是向着无序度增大的方向进行的。

（2）热传导　两个温度不同的物体放在一起，热量将自动地由高温物体传向低温物体，最后使它们处于热平衡状态，具有相同的温度。温度是粒子无规则热运动的剧烈程度即平均平动动能大小的宏观标志。初态温度较高的物体，粒子的平均平动动能较大，粒子无规则热运动比较剧烈，而温度较低的物体，粒子的平均平动动能较小，粒子无规则热运动不太剧烈。显然，这两个物体的无规则热运动都是无序的，而无序的程度是不同的，但是我们还是可以按平均平动动能的大小来区分它们的。到了末态，两个物体具有相同的温度，粒子无规则热运动的无序度是完全相同的。因此，若用粒子平均平动动能的大小来区分它们是不可能的，也就是说末态与初态比较，两个物体组成的系统的无序度增大了，这种自发的热传导过程是向着无规则热运动更加无序的方向进行的。

（3）气体绝热自由膨胀　自由膨胀过程是粒子系统从占有较小空间的初态转变到占有较大空间的末态。在初态，粒子系统占有较小的空间，粒子空间位置的不确定性较小，无序度也较小；在末态，粒子系统占有较大的空间，粒子空间位置的不确定性较大，无序度也较大。因此，气体绝热自由膨胀过程自发地沿大量粒子的无规则热运动更加无序的方向进行。

通过上面的分析可知，一切自发的热力学过程总是沿着无序度增大的方向进行的，这是过程不可逆性的微观本质。

3. 自发过程的不可逆性

一个热力学系统经历一个过程，从状态 A 变到状态 B，如果能使系统进行逆向变化，从状态 B 又回到状态 A，且外界也同时恢复原状，我们称状态 A 到状态 B 的过程为可逆过程。如果系统和外界不能完全恢复原状，哪怕只有一点点不能恢复原状，那么从状态 A 到状态 B 的过程称为不可逆过程。可见可逆过程的要求是非常苛刻的，只是一种理想过程。一切实际的热力学过程都是不可逆过程。

单纯的无摩擦机械运动过程都是可逆过程。例如，单摆做无阻尼（无摩擦）的来回往复运动，从任一位置出发后，经一个周期又回到原来的位置，且对外界没有产生任何影响，因此单摆的无阻尼摆动是可逆过程。又例如，无摩擦的准静态热力学过程也是可逆过程。因为在准静态的正过程与逆过程中，对于每一个微小的中间过程，系统与外界交换的热量和做的功都正好相反，当通过准静态的逆过程使系统的末态返回初态时，正过程中给外界留下的痕迹在逆过程中正好被一一消除，使外界也完全恢复了原状。

9.5.2 热力学第二定律及其两种常用表述

任何热力学过程都必须遵守热力学第一定律，即包含热量在内的能量转化和守恒定律，违反热力学第一定律的热力学过程是绝对不可能发生的。然而遵守热力学第一定律的热力学过程是不是就一定能实现呢？例如，热量可以由高温物体自发地传向低温物体，却不能自发地由低温物体传向高温物体；运动物体的机械能可以通过克服摩擦力做功而转化为热能，却从未见到过静止物体吸收热量并将其自动地转化成机械能而运动起来；在容器中被隔在一半空间内的气体，当抽开隔板向另一半空间扩散后，也未发现全部气体会自动收缩回到原来的一半空间。上述未能发生的几个例子，都没有违反热力学第一定律。事实说明，自然界中自发进行的热力学过程都具有方向性，通过实践人们总结出了表达热力学自发过程进行方向的热力学第二定律。它的表述可以有多种方式，但其中最有代表性的是开尔文表述和克劳修斯表述这两种。

1. 热力学第二定律的开尔文表述

系统不可能从单一热源吸收热量并全部转变为功而不产生其他影响。

这里所谓“不产生其他影响”是指除了吸热做功，即有热运动的能量转化为机械能外，不再有任何其他的变化，或者说热转变为功是唯一的效果。尽管准静态的等温膨胀过程有 $Q=A$，实现了完全的热功转换，也就是将吸入的热量全部转变为功，但该过程使系统的体积发生了变化，也就是产生了其他影响。因此，这并不违反热力学第二定律。在上一节中讨论的热机循环过程，高温热源放出热量 Q_1，其中 Q_1-Q_2 对外做净功 A，经过一次循环后系统恢复了原状，但另有 Q_2 的热量从高温热源传给低温热源，引起了外界的变化，故也没有违反热力学第二定律。历史上曾有人试图制造效率 $\eta=1$ 的热机，即只吸热做功而不放热（$Q_2=0$）的热机，这种热机在一次循环后，除了高温热源放出的热量 Q_1 全部对外做了功 $A=Q_1$ 外，系统恢复了原状，而对外界没有产生任何其他的影响。显然，这是违反热力学第二定律的开尔文表述的。因此，我们把这种效率 $\eta=1$、使用单一热源的热机称为第二类永动机。所以，热力学第二定律的开尔文表述，也可以说成是单一热源的热机或第二类永动机是不可能制成的。

2. 热力学第二定律的克劳修斯表述

热量不可能自动地从低温物体传向高温物体而不引起其他影响。

这里需要强调的是“自动”二字，它的含义是除了有热量从低温物体传到高温物体之外，不会产生其他的影响。我们日常使用的冰箱，它能将热量从冷冻室不断地传向温度较高的周围环境，从而达到制冷的目的。但这不是自动进行的，必须以消耗电能，使外界对其做功为代价，产生了其他的影响，因而并不违反热力学第二定律的克劳修斯表述。

3. 开尔文表述与克劳修斯表述的等效性

开尔文表述主要针对热功转换的方向性问题，而克劳修斯表述则主要针对热传导的方向性问题。事实上，自然界的热力学过程是多种多样的，因此，原则上可以针对每一个具体的热力学过程进行的方向性问题提出一种相应的表述来。各种表述之间存在着内在的联系，由一个热力学过程的方向性可以推断出另一个热力学过程的方向性。

为了说明开尔文表述和克劳修斯表述的等效性，我们可以做如下的证明：（1）违背克劳修斯表述的，也必定违背开尔文表述；（2）违背开尔文表述的，也必定违背克劳修斯表述。

设有一台工作在高温热源 T_1 与低温热源 T_2 之间的卡诺热机，在一次循环过程中，从高温热源吸热 Q_1，向低温热源放热 Q_2，同时对外做功 $A=Q_1-Q_2$，如图 9-27a 所示。

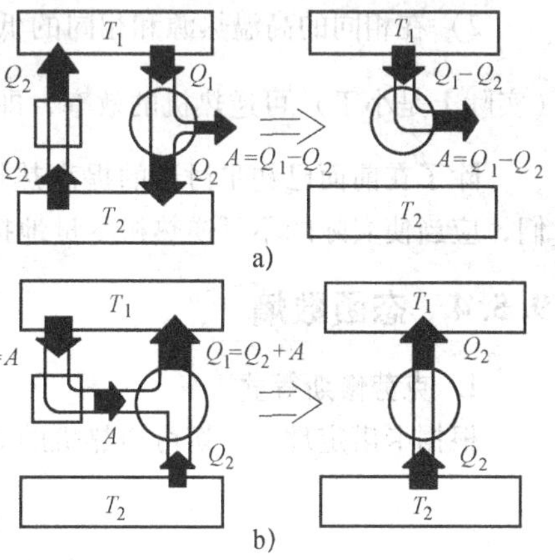

图　9-27

假定克劳修斯表述不成立，则可以将热量 Q_2 自动地从低温热源传向高温热源，而不产生其他影响。那么在一次循环结束时，把上述两个过程综合起来的唯一效果将是从高温热源放出的热量 Q_1-Q_2 全部变成了对外做功 $A=Q_1-Q_2$，导致了开尔文表述的不成立。

设有一台工作在高温热源 T_1 与低温热源 T_2 之间的卡诺制冷机，在一次循环过程中，通过外界对其做功 A 使 Q_2 的热量从低温热源放出，而高温热源吸收的热量为 $Q_1=Q_2+A$，如图 9-27b 所示。假定开尔文表述不成立，则可以在不产生其他影响的情况下将从高温热源放出的热量 $Q=A$ 全部用于对外做功，那么在一次循环结束时，把上述两个过程综合起来的唯一效果将是从低温热源放出的热量 Q_2 自动传给了高温热源，而不产生其他影响，导致克劳修斯表述也不成立。

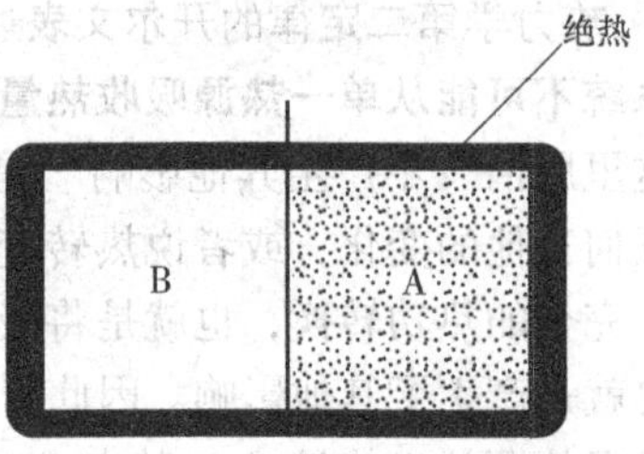

图 9-28

另外，我们还可利用开尔文表述来说明气体是不可自动压缩的。所谓气体的自动压缩，是指在没有外界影响的情况下，气体自行减小原有的活动空间，或者说当体积减小后不引起外界的任何变化。由于没有外界影响，也就没有系统与外界之间的做功或传热等能量交换，压缩后达到平衡的气体应有热力学能不变，对于理想气体还应有温度保持不变。因此，气体的自动压缩是始末平衡态温度相同的自发压缩。与气体的自动压缩相反的过程是气体的自由膨胀过程。如图 9-28 所示，装在绝热气缸 A 室中的平衡态理想气体，在抽掉隔板后向真空 B 室扩散的过程，就是自由膨胀过程。这个过程是在绝热（$Q=0$）和对外不做功（$A=0$）条件下自发进行的，所以气体的热力学能不变，始、末平衡态温度相同，故又称为绝热自由膨胀过程。绝热自由膨胀后的气体不会自己回到原来的状态，但可以在气缸导热的情况下，通过等温压缩回到初始状态。但此过程需要外界对气体系统做功，并有等量的热量传给外界。也就是说，系统恢复原状的同时，对外界伴随产生了功热转换的其他影响。根据开尔文表述，本该传给外界的热量不可能完全转变为功，从而使先前做功的外界也恢复原状。因此，气体的自发膨胀与自发的压缩也有方向性，即可以自发膨胀而不可以自发压缩。

9.5.3 卡诺定理

在前面讨论的卡诺循环中每个过程不仅都是准静态过程，而且都是可逆过程。因此，卡诺循环是理想的可逆循环。由热力学第二定律可以证明（此处从略），热机理论中非常重要的卡诺定理，其要点如下：

1）在相同的高温热源（温度为 T_1）与相同的低温热源（温度为 T_2）之间工作的一切可逆热机，不论用什么工作物质，效率相等，而且都等于$\left(1-\dfrac{T_2}{T_1}\right)$。

2）在相同的高温热源和相同的低温热源之间工作的一切不可逆热机的效率，不可能高于（实际上是小于）可逆热机的效率，即 $\eta<1-\dfrac{T_2}{T_1}$。

除了在前面已初步讨论的提高热机效率的途径外，在这里还要补充的是，卡诺定理提示我们，应当使实际的不可逆热机尽量地接近可逆热机，这也是提高热机效率的一个重要因素。

9.5.4 态函数熵

1. 克劳修斯等式

根据卡诺定理，一切可逆热机的效率都可以表示为

$$\eta=1-\frac{Q_2}{Q_1}=1-\frac{T_2}{T_1} \tag{9-85}$$

由此式可以得到

$$\frac{Q_1}{T_1}=\frac{Q_2}{T_2} \tag{9-86}$$

或者写为

$$\frac{Q_1}{T_1} - \frac{Q_2}{T_2} = 0 \tag{9-87}$$

式中，Q_1 是工质从温度为 T_1 的高温热源吸收的热量；Q_2 是工质向温度为 T_2 的低温热源释放的热量。根据热力学第一定律对热量符号的规定，当系统放热时，对系统而言，此热量应以负值表示，所以 Q_2 应以 $-Q_2$ 代替，于是式（9-87）变为

$$\frac{Q_1}{T_1} + \frac{Q_2}{T_2} = 0 \tag{9-88}$$

这是在一次可逆卡诺循环中必须遵从的规律。

对于一个任意的可逆循环 *acbda*，我们总可以用大量微小的可逆卡诺循环去代替它，如图9-29所示。而对于其中的每一个卡诺循环，我们都可以列出相应于式（9-88）的关系式，将所有这样的关系式加起来，就得到

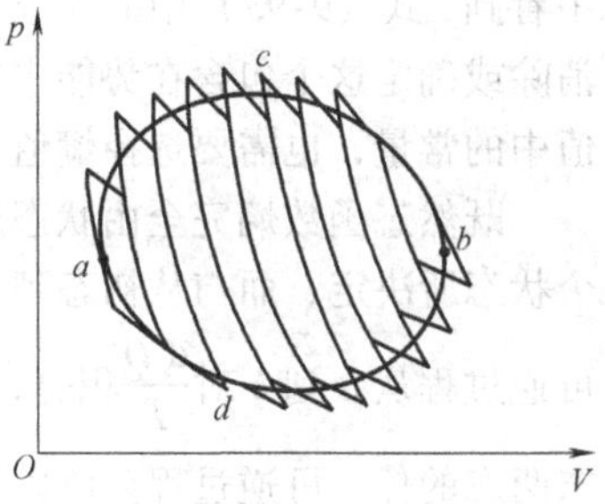

图　9-29

$$\sum \frac{Q_i}{T_i} = 0$$

当无限缩小每一个小循环时，上式中的 Q_i 可用 δQ 代替，求和号可用沿环路 *acbda* 的积分代替，于是上式可以写为

$$\oint \frac{\text{đ} Q}{T} = 0 \tag{9-89}$$

此式称为克劳修斯等式。对于任意可逆循环，克劳修斯等式都成立。

2. 态函数熵

在图9-29中，我们可以将点 a 看作初状态，将点 b 看作末状态，由初状态 a 到末状态 b 可沿过程 *acb* 进行，也可以沿过程 *adb* 进行。根据式（9-89），应有

$$\int_{acb} \frac{\text{đ} Q}{T} + \int_{bda} \frac{\text{đ} Q}{T} = 0$$

上式可以改写为

$$\int_{acb} \frac{\text{đ} Q}{T} - \int_{adb} \frac{\text{đ} Q}{T} = 0$$

即

$$\int_{acb} \frac{\text{đ} Q}{T} = \int_{adb} \frac{\text{đ} Q}{T} \tag{9-90}$$

上式表明，沿不同路径从初态 a 到末态 b，$\int_a^b \frac{\text{đ} Q}{T}$ 的积分值都相等，或者说 $\int_a^b \frac{\text{đ} Q}{T}$ 的积分值只取决于初、末状态，而与过程无关。可见，$\int_a^b \frac{\text{đ} Q}{T}$ 的积分值必定是一个态函数，这个态函数就称为熵，常用 S 表示。从初态 a 到末态 b，熵的变化可以表示为

$$\Delta S = S_b - S_a = \int_a^b \frac{\text{đ} Q}{T} \tag{9-91}$$

对于无限小的过程可以写为

$$\mathrm{d}S = \frac{\text{đ} Q}{T} \tag{9-92}$$

式（9-92）给出了在无限小可逆过程中，系统的熵变 $\mathrm{d}S$ 与其温度 T 和系统在该过程中吸收的热量 $\text{đ} Q$ 的关系。

在热力学中常把均匀系统的态参量和态函数分成两类：一类是强度量，与系统的总质量无

关，如压强、温度和密度等；而热力学能和热量等却属于另一类量，这类量称为广延量，是与系统的总质量成正比的。熵也属于广延量，与系统所包含物质的量成正比。

熵是态函数，完全由状态所决定，也就是完全由描述状态的态参量所决定，所以只要系统所处的平衡态确定了，这个系统的熵也就完全确定了，与通过什么过程到达这个平衡态无关。在由式（9-92）计算的熵值中总包含了一个任意常量，这可以从式（9-92）的积分式

$$S - S_0 = \int_a^b \frac{đQ}{T} \quad \text{或者}\ S = \int_a^b \frac{đQ}{T} + S_0 \tag{9-93}$$

中看到，式（9-93）中的 S_0 就是这个任意常量。这与力学中求势能的情形很相似，力学中为了消除或确定这个包含在势能中的常量，总是要选择势能零点。在这里，为了消除或确定包含在熵值中的常量，也需要选择熵值为零或为某定值的参考态。

既然态函数熵完全由状态所决定，那么从初态 a 到末态 b 熵的变化 $S_b - S_a$ 就完全由 a、b 两个状态所决定，而与从初态到末态经历怎样的过程无关。但是要计算熵变$S_b - S_a$，却必须沿一条可逆过程从 a 到 b 对$\dfrac{đQ}{T}$积分，也就是说，在由式（9-91）计算熵变时，积分路径代表连接初、末两态的任一可逆过程。所以在计算熵变时，总是在初、末两态之间设计一个可逆过程，或者在 p-V 图上找寻一条便于积分的路径，或者计算出熵与态参量的函数关系，再将初、末两态的态参量代入。

9.5.5 熵增加原理

前面我们从可逆过程得出了熵的概念。对于不可逆热机，根据卡诺定理，其效率都不会超过可逆热机，即

$$\eta' \leqslant 1 - \frac{T_2}{T_1} \tag{9-94}$$

也就是

$$\eta' = 1 - \frac{Q_2}{Q_1} \leqslant 1 - \frac{T_2}{T_1} \tag{9-95}$$

于是，对于不可逆过程，克劳修斯等式（9-89）应由克劳修斯不等式

$$\oint \frac{đQ}{T} = \int_a^b \frac{đQ}{T} + \int_{\substack{b\\(\text{可逆})}}^a \frac{đQ}{T} = \int_a^b \frac{đQ}{T} - \int_{\substack{a\\(\text{可逆})}}^b \frac{đQ}{T} \leqslant 0 \tag{9-96}$$

代替，其中$đQ$ 表示工质从温度为 T 的热源吸收的热量。熵的变化则可表示为

$$\Delta S \geqslant \int_a^b \frac{đQ}{T} \tag{9-97}$$

或表示为

$$\mathrm{d}S \geqslant \frac{đQ}{T} \tag{9-98}$$

式（9-97）或式（9-98）可以作为热力学第二定律的普遍表达式，它们反映了热力学第二定律对过程的限制，违背此不等式的过程是不可能实现的。因此，我们可以根据此表达式来研究在各种约束条件下系统的可能变化。

对于一个孤立系统，因为它与外界不进行热量交换，所以无论发生什么过程，总有$đQ = 0$，根据式（9-97）和式（9-98），必定有

$$\Delta S \geqslant 0 \tag{9-99}$$

$$\mathrm{d}S \geqslant 0 \tag{9-100}$$

这表明孤立系统的熵永远不会减小：对于可逆过程，熵保持不变；对于不可逆过程，熵总是增加的。这就是熵增加原理。热力学第二定律指出了一切与热现象有关的宏观过程的不可逆性，假如发生这种过程的系统是孤立系统，那么根据熵增加原理，这个系统的熵必定是增加的。所以热力学第二定律有时也称为熵增加原理。

熵增加原理可以指导我们判明一个孤立系统发生某过程的可能性，计算系统的熵的变化，如果熵增加，说明该过程能够进行，如果熵减小，说明该过程不能发生。假如系统不是孤立的，在某过程中与外界发生热量交换，这时我们可以将系统和与之发生热交换的外界一起作为孤立系统，从而应用熵增加原理。

热力学第一定律可以表示为

$$\text{đ}Q = \mathrm{d}E + \text{đ}A$$

将热力学第二定律的数学表达式（9-98）代入上式，可得

$$T\mathrm{d}S \geqslant \mathrm{d}E + \text{đ}A \tag{9-101}$$

式（9-101）称为热力学基本关系式。式中不等号与不可逆过程相对应，此时 T 表示热源的温度，等号与可逆过程相对应，此时 T 既是热源的温度，也是系统的温度。对于可逆过程并且只存在膨胀功的情况下，热力学基本关系式可以写为

$$T\mathrm{d}S = \mathrm{d}E + p\mathrm{d}V \tag{9-102}$$

式（9-102）虽然是从可逆过程得到的，但应该把它理解为在两相邻平衡态的态参量 E、S、V 的增量之间的关系，态参量的增量只取决于两平衡态，而与连接两态的过程无关。以后我们将会看到这个关系式的重要作用。

物理知识应用

熵与信息

1871年，麦克斯韦给热力学第二定律出过一个难题，他设想在一个能被无摩擦的活门分隔成为两半的容器中盛有气体，如图9-30所示，开始时，两边气体的温度和压强都相同，有一"小精灵"监守在活门上，它只让快分子向左通过，让慢分子向右通过，于是左边温度越来越高，右边温度越来越低，"小精灵"并没有对系统做功，却使原来处于热平衡的系统重新产生了温差，系统的熵降低了，热力学第二定律受到了挑战，这个近似神话的假设使许多杰出的物理学家绞尽脑汁，人们把这个"小精灵"称为麦克斯韦妖。

图 9-30

麦克斯韦妖小巧玲珑，是纯智能型的，与普通人相比具有非凡的微观分辨力，仅凭这一点，它就能做出惊人之举，直至1929年，它的底细才开始被匈牙利物理学家齐拉（L. Szilard）所戳穿，他在"论由智能生灵导致热力学系统中熵的减少"一文中，强调了麦克斯韦妖在智能方面的作用。

麦克斯韦妖的高明之处在于能使系统的熵减小，要做到这一点，就要实现对小门的无误操作，小妖必须有取得分子运动的详细信息（速度、位置）的能力。它怎样才能获得所需的信息呢？必须用一束光照射分子，被分子散射的光子落入它的眼睛，这一过程涉及能量从高温热源到低温热源的不可逆过程，导致系统的熵增加；当它收到有关信息后，操纵小门使快慢分子分离，导致系统熵减少，两个步骤的总效果是，熵还是增加了，因此，即使真有麦克斯韦妖存在，它的工作方式也不违反热力学第二定律。

麦克斯韦妖的功勋使我们把信息和熵联系起来，信息是什么？在现代社会中信息的概念甚广，不仅包含人类所有的文化知识，还概括我们五官感受的一切，信息的特征在于能消除事情的不确定性，例如，电

视机出了故障，对缺少这方面知识的人来说，他会提出多种猜测，而对于一个精通电视并有修理经验的人来说，他会根据现象准确地指出问题所在。前者这方面知识（信息量）少，熵较大，后者这方面知识（信息量）多，熵较小。

1948 年，信息论的创始人香农（C. E. Shannon）定义信息熵为信息量的缺损，即信息量相当于负熵。于是麦克斯韦妖获得了信息就是获得了负熵。

物理知识拓展

热力学第二定律的统计意义

1. 宏观态与微观态　热力学概率

（1）宏观态与微观态的定义　以系统的分子数分布而不区分具体的分子来描写的系统状态叫热力学系统的宏观态；以分子数分布并且区分具体的分子来描写的系统状态叫热力学系统的微观态。

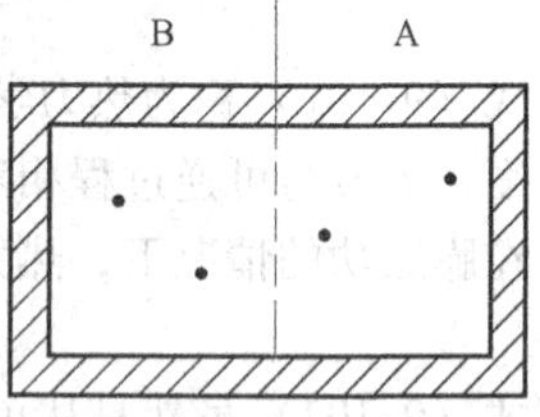

图 9-31

在热力学系统中，由于存在大量粒子的无规则热运动，任一时刻各个粒子处于何种运动状态完全是偶然的，而且又都随时间无规则地变化。系统中各个粒子运动状态的每一种分布，都代表系统的一个微观态，系统的微观态的数目是大量的，在任意时刻系统随机地处于其中任意一个微观态。

下面以图 9-31 所示的情况为例来进一步加以说明。假设容器中体积相等的 A、B 两室内有 a、b、c、d 一共 4 个全同的分子，它们在 A、B 两室内的分布情况共有 16 种方式。具体分布如下：

$$(0,4)\xrightarrow{1}(0,\mathrm{abcd})$$

$$(1,3)\xrightarrow{4}\{(\mathrm{a,bcd});(\mathrm{b,acd});(\mathrm{c,abd});(\mathrm{d,abc})\}$$

$$(2,2)\xrightarrow{6}\{(\mathrm{ab,cd});(\mathrm{bd,ac});(\mathrm{cd,ab});(\mathrm{bc,ad});(\mathrm{ac,bd});(\mathrm{ad,bc})\}$$

$$(3,1)\xrightarrow{4}\{(\mathrm{bcd,a});(\mathrm{acd,b});(\mathrm{abd,c});(\mathrm{abc,d})\}$$

$$(4,0)\xrightarrow{1}(\mathrm{abcd},0)$$

在上面的分布表达中，如（2，2）表示一个宏观态（即 A、B 两室内各有 2 个分子但不区分具体分子），而（ab，cd）表示一个微观态（a 和 b 分子在 A 室内，c 和 d 分子在 B 室内）。由此可清楚地看出，不同的宏观态包含着不同数量的微观态，其中以 A、B 两室各有 2 个分子的宏观态包含的微观态数目最多（6 个），而以 4 个分子全部分布在 A 室或全部分布在 B 室的宏观态所包含的微观态数目最少（都是 1 个）。箭头上标注的数字表示了各宏观态所包含微观态数目的情况。如果将其推广到 A、B 两室共有 N 个分子的情况，可以证明：微观态的总数目共有 2^N 个，其中 A 室中有 N_A（$\leqslant N$）个分子的宏观态包含的微观态的数目为 $\dfrac{N!}{N_A!\,(N-N_A)!}$。

（2）等概率原理（假设）　一个给定的宏观态可以随机地处于它所包含的任何一个微观态。宏观态所包含的微观态数目越多，就越难确定所处的微观态，即系统越是无序，越是混乱。统计物理学假定，在孤立系统中，所有微观态出现的概率都是相等的。这个假设也叫作等概率（几率）原理，它表明，包含微观态数目越多越是无序的宏观态，出现和被观察到的概率就越大。

（3）热力学概率（几率）　某一宏观态出现的概率可用该宏观态所包含的微观态数目与系统所有微观态数目之比来表示。然而，在很多时候我们并不使用这种归一化的概率，而将宏观态所包含的微观态数目叫作热力学概率，常用 Ω 表示。

2. 平衡态的统计意义

（1）平衡态的统计意义　以前面的例子来看，A、B 两室中分子数均匀分布或接近均匀分布的宏观态包含的微观态数目最多，特别是当总分子数 N 很大（量级为10^{25}）时，这种分子数均匀分布或接近均匀分布的宏观态几乎占据了全部微观态，这种宏观态的热力学概率最大。如图9-32所示，纵坐标 Ω 表示热力学概率（微观态的数目），横坐标 N_A 表示在A室中分布的分子数。

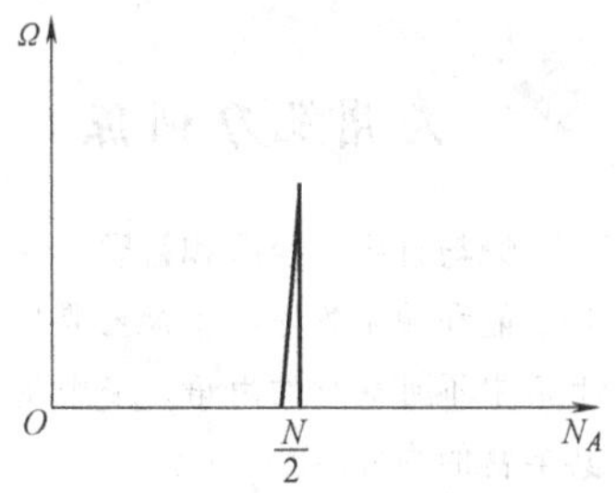

图 9-32

如图9-32所示分子均匀分布的宏观态包含的微观态数目最大，出现的概率最大，这种宏观态就是我们实际观察到的所谓平衡态。因此，从统计意义上讲平衡态就是包含微观态数目最多的宏观态，这就是平衡态的统计意义。

（2）统计涨落　平衡态包含的微观态数目最多，出现的概率也最大。然而，从图9-32中我们可以看到，在平衡态附近的其他宏观态所包含的微观态数目也不少，它们出现的概率也是很大的。因此，一个实际的热力学系统不可能时刻处于绝对的平衡态，而是在平衡态附近变化，这种变化称为统计涨落。统计涨落可以通过实验进行观察，一个最著名的实验就是布朗运动。

3. 热力学第二定律的统计意义

用一个宏观态包含的微观态数目的多少，也就是出现概率的大小，可以重新认识热功转换、热传导以及气体绝热自由膨胀等自发热力学过程的方向或者不可逆性。回顾图9-28所示的气体绝热自由膨胀过程，气体的初状态是一个（0，N）的宏观态，最后达到平衡时末状态是一个（$N/2$，$N/2$）的宏观态。显然，初态的热力学概率最小，而末态的热力学概率最大，整个绝热自由膨胀过程就是系统由小概率的宏观态向大概率的宏观态变化的过程，一旦系统达到了热力学概率最大的末态，要回到小概率的初态是不可能的（概率为$\dfrac{1}{2^N}$，实在太小），因此系统不可能反向变化，只能单向进行。这就是自发过程只能单向进行的原因。

更深入的分析可以得出如下普遍的结论：孤立系统内部发生的过程（自发进行的过程），总是由包含微观态数目较少的宏观态（初状态），向包含微观态数目较多的宏观态（末状态）方向变化，或者由出现概率较小的宏观态向出现概率较大的宏观态方向进行。这就是热力学第二定律的统计解释。

对于由大量分子构成的系统而言，宏观态包含的微观态数目往往很大，这不利于实际计算。为此，玻耳兹曼引进了熵的概念，并定义系统的熵为

$$S = k\ln\Omega \tag{9-103}$$

式中，S 是系统的熵；k 是玻耳兹曼常量。系统的一个宏观态有确定的微观态数目，它的熵也就是确定的，因此熵与系统的热力学能一样，也是一个与系统状态相关的态函数。

从定义式，我们可以看到系统的熵越大必然微观态数目越大，系统的混乱程度也就越大。因此，熵的物理意义是系统无序性或混乱度大小的量度。

熵还有其他的定义方式，在大学物理中不要求掌握。不管以什么形式来定义系统的熵，它的物理意义都是表示系统混乱程度的大小。

根据热力学第二定律，孤立系统内部发生的过程（总是自发的），总是朝着微观态数目增加的方向进行的，即总是朝着熵增加的方向进行的。因此，应用熵的概念，可以将热力学第二定律表示为：孤立系统内部发生的过程，总是朝着熵增加的方向进行的，这个结论称为熵增加原理，即

$$\Delta S \geqslant 0 \tag{9-104}$$

式中，大于号对应于不可逆过程，等号对应于可逆过程。熵增加原理可以认为是热力学第二定律的数学表达。

同时，读者也应该注意到熵增加原理只是表明了孤立系统的熵永不减少，对于开放系统而言，熵是可以增加或减少的。比如，水蒸气放热冷却凝结成水的过程，熵就是减少的，水再结成冰，熵继续减少。显然冰的分子排列整齐，混乱程度最小，熵也是最小的。反之，冰熔化再蒸发成水蒸气的过程就是一个熵增加的过程。

应用能力训练

熵与社会、经济和管理

能和熵是物理学中最重要也是最基本的两个概念。能量的概念早已被人们广泛地接受，成为人类社会生活中不可缺少的用语，熵则是一个人们还不太熟悉的概念，然而它已渗透到社会的各个方面，蕴含了极其丰富的内容。

从这两个概念的建立到20世纪初，人们一直认为能的概念比熵的概念更重要，传统的看法是把能量比喻为宇宙的女主人。熵是她的影子，意思是能量主宰了宇宙中的一切，因为任何过程能量必须守恒，而熵不过是能量的附庸，是在能量守恒的前提下进一步指示过程进行的方向罢了。

随着时代的发展，熵的概念的重要性越来也越突出了，人们把它与无效能量、混乱、废物、污染、生态环境破坏、物质资源浪费，甚至与政治腐败、社会腐败联系起来，把负熵与有序、结构、信息、生命，甚至与廉政、精神文明联系起来，于是就有了另一种比喻："在自然过程的庞大工厂里，熵原理起着经理的作用，因为它规定整个企业经营方式和方法，而能量仅仅充当账本的角色，平衡贷方和借方。"也就是说，能量仅仅表达了宇宙中的一种守恒关系，而熵决定了宇宙向何处去。

今天，谋求可持续发展已成为全球性的主题，这就要求将发展纳入理性轨道，这是人类在尝到发展带来的喜悦和烦恼，又经历了深刻的反思后，所做出的一种新的、理性的抉择，它集纳了影响人类思维、社会发展的许多科学思想和科学方法，在这中间，我们更不能忽视"熵"的作用。

在茫茫宇宙之中，只有一个地球，我们面临的严峻现实是资源在不断地减少，环境在日益恶化，人口在剧烈地暴胀。熵增加原理悄悄地起着作用并实际上主宰着我们这个地球。过去人们一度认为根据热力学第一定律，可以通过能量转化获得永世不竭的物质和能源以供享用，然而，热力学第二定律打破了这种幻想，因为物质和能量只可做单方向的转化，尽管我们可以在局部范围内变废为宝，化无用为有用，但这种转化却是以整个系统熵的增加为代价的，熵概念和熵增加原理为社会发展和经济增长奠定了理论基础。

过去，人们在统计一个国家的财富时，一直采用国民生产总值（GNP，Gross National Product）的指标，认为国民生产总值越高，国家越富裕，人民生活水平就越高，然而却没有考虑在开采矿石、生产粮食、加工食品的过程中，耗费了别的物质和能量，只有部分能量被吸收进了产品，还有不少被浪费了，能量损失越多、熵增加越多。例如，在从粮食的生长到加工成食品的过程中，只有不到20%的能量被摄入粮食和食品中，而80%都浪费了，人们总是优先考虑了价值的增加，产值的增长，却忽略了熵的增加。

随着可持续发展思想的提出，人们现在用净国民生产总值（NNP，Net National Product）来衡量一个国家的经济水平，也就是将环境退化、资源亏损及其他负面效应造成的经济损失从国民生产总值中扣除。于是，一些注意经济、社会和自然协调发展的国家成为净国民生产总值高的国家。

经济系统是一个复杂的物质系统，经济系统中存在着物质流、能流、货币流及熵流。经济系统又是一个开放系统，它不断与自然界进行物质、能量、熵的交换，在物质交换中输入物料资源，排出废物和输出产品；在能的交换中，输入可利用能，排出废热，而物流、能流总是伴随着熵流和熵的产生，经济过程以得到低熵产品和能量为目标，但它总是以同时产生高熵的废物和废热为代价的。

经济过程包括三个子过程：生产过程、流通过程和消费过程，每个过程都是熵增加的过程；在生产过程中，输入高熵的原料和低熵的能源，后者一方面作为机器设备的动力，另一方面也用来吸收原料中的熵和生产过程中产生的熵，生产过程中输出的是低熵的产品，并向环境排放高熵的废物和废热，另外，生产过程中的不可逆因素（如机器的磨损、原料的流失等）也会产生熵。生产过程熵的关系式为

$$S_{产品} + S_{废物废热} > S_{能源} + S_{原料} \tag{9-105}$$

生产过程除了输入原料、能源以外，还要利用技术和知识来合理而科学地安排生产，以减少能耗和废品，即减少熵的产生。因此，技术和知识起着负熵的作用，所以在现代化生产中对工人的培训是十分重要的。

在流通过程中，需要各种运输工具和机械，运输过程中人来车往、扬尘土、排废气、嘈杂扰人都是熵

增过程。

消费过程也是彻头彻尾的熵增过程，如食物消费，经消化吸收变成排泄物；各种生活消费品用坏了、旧了，变成垃圾；等等，都引起熵的增加，要满足消费就要发展生产、发展经济，但是经济腾飞，熵也腾飞，当前人类社会处于经济增长快、熵也增加快的工业社会，经济学家们正在从熵增加原理中寻找出路。采取适当的措施，如节约资源、能源、珍惜产品和设备；避免产品过剩就要控制适当的经济增长速度；发展教育事业提高全民的知识、技术素养等来抑制熵的增加。

城市的可持续发展也同样应引入熵的观念，城市是一个相对独立的生态系统，其物质-能量流动与转换的频率和速度都十分迅速，一切都来去匆匆，然而其空间范围又比较局限，因此，在城市系统中熵的增加十分明显。

在现代化大城市中，人们越来越多地依赖于现代技术的应用，空调、汽车、手机……它们给人们带来了方便，同时也给周围环境带来了更多的废气、噪声、电磁波等污染。现代化程度越高，能量耗散越多，熵就越多，少数人所享受的便利和舒适，往往是在多数人做出牺牲的前提下获得的：空调给周围邻居带来了热污染，高层建筑的玻璃幕墙给周围带来了光污染，日益增多的小轿车造成交通堵塞和尾气污染，当我们竭力把一切活动技术化、秩序化时，其结果却加快了熵的增加过程，而随着熵增过程的发展，要维持和创造新的秩序所要付出的代价就会更高，这正是大城市所面临的一个难题。

在旧城改造中，拆除旧房、砍伐树木，建造巍峨的高楼大厦，使城市增添宏伟的现代气息，其结果却是营造了一座现代化城市沙漠，到处是水泥的“森林”、钢筋的“山峰”，没有绿色，没有湿地，以致造成春季缺少花草和百鸟，夏季“热岛效应”逼人，秋季“雾岛效应”显著，冬季日照减少，人们的生活环境却没有现代化。因此，城市发展过程中必须重视“低熵值”的城市发展模式，展望未来，大城市将不再以高楼林立，高架纵横作为自己的形象标志，而是应当更注重于城郊结合、生态建设，尽可能保持与大自然的协调和谐，乡村化的城市将是未来现代城市的形象，回归自然，从高熵型城市向低熵型城市发展。

值得一提的是，通过管理使系统有序化是实现低熵的重要手段，在形成管理系统之初，应当把那些能看见、能预料到的，只有熵增而没有“有序”产出的种种因素排除在系统之外，要尽可能排除虽有“有序”产出，但同时也有高熵产生的种种不利因素，并注意使系统整体处于高的能态，使管理者与被管理者之间保持较大的能态差，这些都是以低熵换得有序产出的保证。管理系统通常包括人、财、物，其中人的不确定度（混乱度）最大，因此，为实现系统的低熵状态，对人的管理最为重要。

综上所述，要实施持续发展，必须从高熵社会走向低熵社会，熵与熵增加原理早已超越了物理学的范畴，证明自然科学理论对于科学界以外的人们也会有重要的思想、观念和方法上的启示。有一位著名的作家说过，不了解热力学第二定律（或者说不了解熵和熵增加原理）与不懂得莎士比亚同样糟糕。

本章归纳总结

1. 主要物理量——功、热量和热力学能（功和热量是过程量，热力学能是状态量）

（1）准静态过程的功。

$$\text{đ}A = p\mathrm{d}V, \qquad A = \int_{V_1}^{V_2} p\mathrm{d}V$$

（2）热量（x 表示某一过程，$C_{x,\mathrm{m}}$为摩尔热容）。

$$\text{đ}Q_x = \nu C_{x,\mathrm{m}}\mathrm{d}T, \quad Q = \int_{T_1}^{T_2} \nu C_{x,\mathrm{m}}\mathrm{d}T$$

$$C_{V,\mathrm{m}} = \frac{i}{2}R, \quad C_{p,\mathrm{m}} = C_{V,\mathrm{m}} + R = \frac{i+2}{2}R, \quad \gamma = \frac{C_{p,\mathrm{m}}}{C_{V,\mathrm{m}}} = \frac{i+2}{i}$$

（3）理想气体的热力学能。

$$E = \frac{i}{2}\nu RT, \quad \mathrm{d}E = \nu C_{V,\mathrm{m}}\mathrm{d}T$$

2. 基本规律

(1) 热力学第一定律

微小变化过程$đQ = dE + đA$

有限过程 $Q = \Delta E + A$

(2) 热力学第二定律

开尔文表述：系统不可能从单一热源吸收热量并全部转变为功而不产生其他影响。

克劳修斯表述：热量不可能自动地从低温物体传向高温物体。

统计意义：孤立系统内部发生的过程，总是由包含微观态数目较少的宏观态，向包含微观态数目较多的宏观态方向变化。

(3) 熵增加原理

熵差：$S_b - S_a = \int_a^b \frac{đQ}{T}$（积分路径为从 a 到 b 的任意可逆过程）

熵增加原理：孤立系统的熵永远不会减小。对于可逆过程，熵保持不变；对于不可逆过程，熵总是增加的。

3. 理想气体的典型过程

(1) 等体、等压、等温、绝热过程

(2) 热机效率：

$\eta = \frac{A}{Q_1} = \frac{Q_1 - Q_2}{Q_1} = 1 - \frac{Q_2}{Q_1}$（$Q_1$ 为工质总吸热，Q_2 为总放热的绝对值）

制冷系数：$\omega = \frac{Q_2}{A}$（Q_2 为工质从低温热源吸收的热量，A 为外界做功的绝对值）

卡诺循环：由两个等温过程和两个绝热过程组成。

$$\eta_c = 1 - \frac{T_2}{T_1},\quad \omega_c = \frac{Q_2}{A} = \frac{Q_2}{Q_1 - Q_2} = \frac{T_2}{T_1 - T_2}$$

本章习题

(一) 填空题

9-1 在 p-V 图上

(1) 系统的某一平衡态用________来表示；

(2) 系统的某一准静态过程用________来表示；

(3) 系统的某一准静态循环过程用________来表示。

9-2 p-V 图上的一点代表________；p-V 图上任意一条曲线表示________。

9-3 如习题 9-3 图所示，已知图中画不同斜线的两部分的面积分别为 S_1 和 S_2，那么

(1) 如果气体的膨胀过程为 $a \to 1 \to b$，则气体对外做功 $A =$________；

(2) 如果气体进行 $a \to 2 \to b \to 1 \to a$ 的循环过程，则它对外做功 $A =$________。

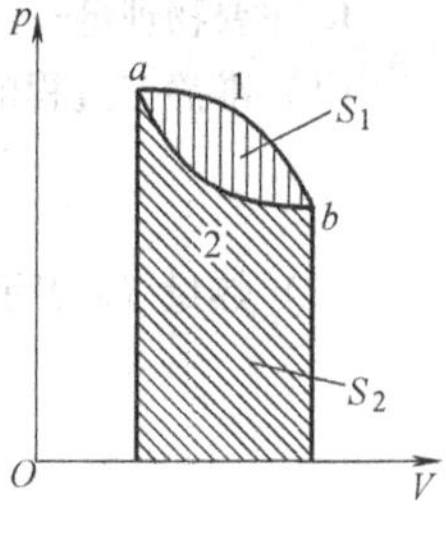

习题 9-3 图

9-4 某理想气体等温压缩到给定体积时外界对气体做功 $|A_1|$，又经绝热膨胀返回原来体积时气体对外做功 $|A_2|$，则整个过程中气体

(1) 从外界吸收的热量 $Q =$________；

(2) 热力学能增加了 $E =$________。

9-5 如习题 9-5 图所示，一定量的理想气体经历 $a \to b \to c$ 过程，在此过程中气体从外界吸收热量 Q，系统热力学能变化 E，请在以下空格内填上“>0”或“<0”或“$=0$”：Q________，E________。

9-6 已知1mol的某种理想气体（其分子可视为刚性分子），在等压过程中温度上升1K，热力学能增加了20.78J，则气体对外做功为________，气体吸收的热量为________。(摩尔气体常数$R=8.31\mathrm{J\cdot mol^{-1}\cdot K^{-1}}$)

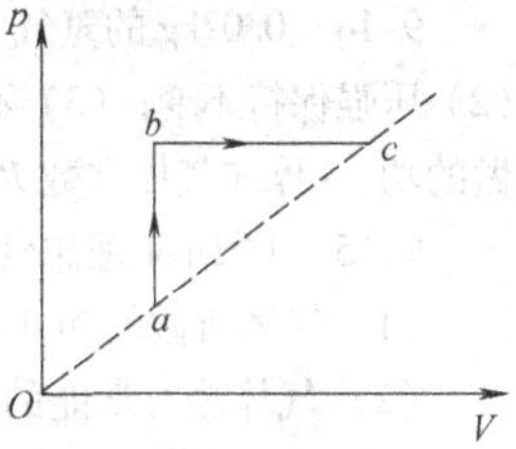

习题9-5图

9-7 一定量的理想气体，从状态A出发，分别经历等压、等温、绝热三种过程由体积V_1膨胀到体积V_2，试示意地画出这三种过程的p-V图曲线。在上述三种过程中：

(1) 气体的热力学能增加的是________过程；

(2) 气体的热力学能减少的是________过程。

9-8 习题9-8图为一理想气体几种状态变化过程的p-V图，其中MT为等温线，MQ为绝热线，在AM、BM、CM这三种准静态过程中：

(1) 温度升高的是________过程；

(2) 气体吸热的是________过程。

9-9 一定量的理想气体，从p-V图上状态A出发，分别经历等压、等温、绝热三种过程由体积V_1膨胀到体积V_2，试画出这三种过程的p-V图曲线，如习题9-9图所示。在上述三种过程中：

(1) 气体对外做功最大的是________过程；

(2) 气体吸热最多的是________过程。

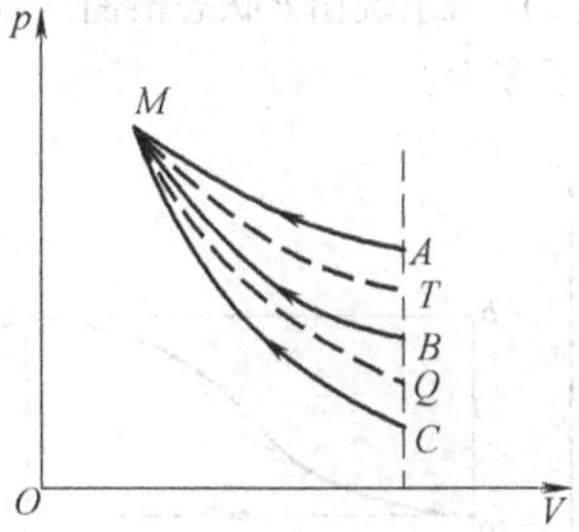

习题9-8图

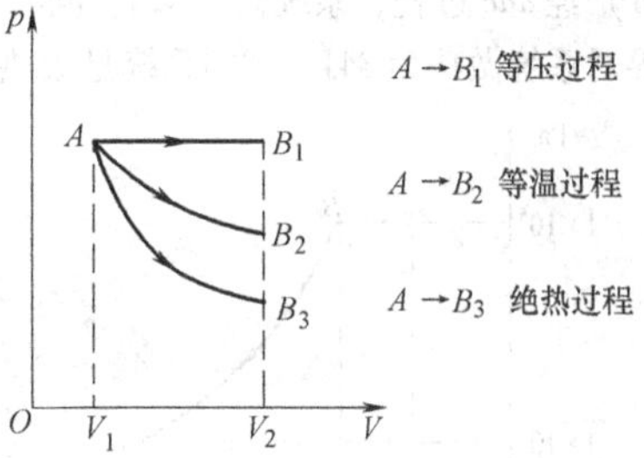

习题9-9图

9-10 在大气中有一绝热气缸，其中装有一定量的理想气体，然后用电炉徐徐供热（见习题9-10图），使活塞（无摩擦地）缓慢上升。在此过程中，以下物理量将如何变化？(选用“变大”“变小”“不变”填空)

(1) 气体压强________________；

(2) 气体分子平均动能________________；

(3) 气体热力学能________________。

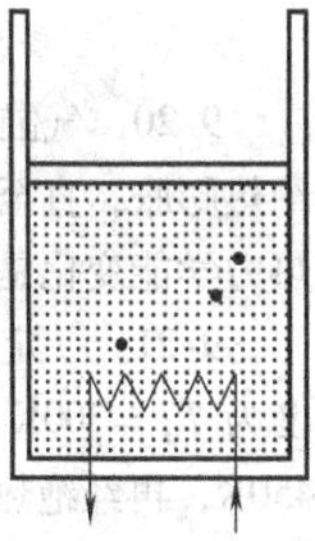
习题9-10图

9-11 有一卡诺热机，用290g空气为工作物质，工作在27℃的高温热源与-73℃的低温热源之间，此热机的效率$\eta=$________________。若在等温膨胀的过程中气缸体积增大到2.718倍，则此热机每一循环所做的功为________________。(空气的摩尔质量为$29\times10^{-3}\mathrm{kg\cdot mol^{-1}}$，摩尔气体常数$R=8.31\ \mathrm{J\cdot mol^{-1}\cdot K^{-1}}$)

9-12 如习题9-12图所示为1mol理想气体（设$\gamma=C_{p,\mathrm{m}}/C_{V,\mathrm{m}}$为已知）的循环过程，其中$CA$为绝热过程，$A$点状态参量$(T_1,V_1)$和$B$点的状态参量$(T_2,V_2)$为已知。试求$C$点的状态参量：

$V_C=$________，$T_C=$________，$p_C=$________。

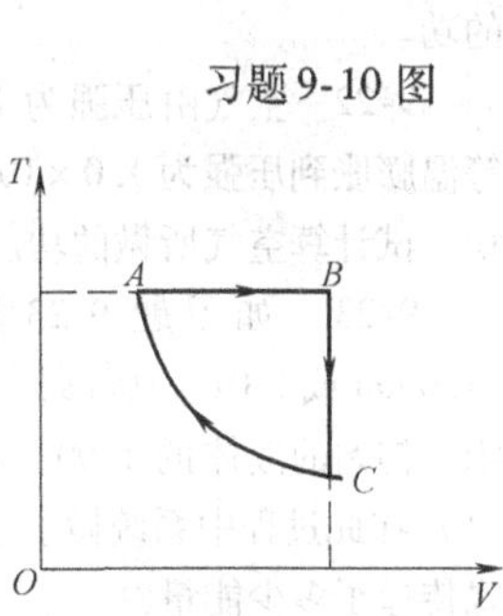

习题9-12图

(二) 计算题

9-13 为了使刚性双原子分子理想气体在等压膨胀过程中对外做功2J，必须传给气体多少热量？

9-14 0.02kg 的氦气（视为理想气体），温度由17℃升为27℃。若在升温过程中，（1）体积保持不变；（2）压强保持不变；（3）不与外界交换热量。试分别求出气体热力学能的改变、吸收的热量、外界对气体所做的功。（摩尔气体常数 $R=8.31\mathrm{J\cdot mol^{-1}\cdot K^{-1}}$）

9-15 将1mol 理想气体等压加热，使其温度升高72K，传给它的热量等于 1.60×10^3J，求：

（1）气体所做的功 A；

（2）气体热力学能的增量 ΔE；

（3）比热容比。（摩尔气体常数 $R=8.31\mathrm{J\cdot mol^{-1}\cdot K^{-1}}$）

9-16 温度为25℃、压强为1 atm 的1mol 刚性双原子分子理想气体，经等温过程体积膨胀至原来的3倍。（摩尔气体常数 $R=8.31\mathrm{J\cdot mol^{-1}\cdot K^{-1}}$，$\ln 3=1.0986$）

（1）计算这个过程中气体对外所做的功。

（2）假若气体经绝热过程体积膨胀为原来的3倍，那么气体对外做的功又是多少？

9-17 一定量的单原子分子理想气体，从 A 态出发经等压过程膨胀到 B 态，又经绝热过程膨胀到 C 态，如习题9-17图所示。试求这全过程中气体对外所做的功、热力学能的增量以及吸收的热量。

9-18 2mol 单原子分子的理想气体，开始时处于压强 $p_1=10$atm、温度 $T_1=400$K 的平衡态。后经过一个绝热过程，压强变为 $p_2=2$atm，求在此绝热过程中气体对外做的功。（摩尔气体常数 $R=8.31\mathrm{J\cdot mol^{-1}\cdot K^{-1}}$）

9-19 一系统由如习题9-19图所示的 a 状态沿 abc 到达 c 状态，有350J 热量传入系统，系统做功126J。（1）经 adc 过程，系统做功42J，问有多少热量传入系统？（2）当系统由 c 状态沿曲线 ca 返回状态 a 时，外界对系统做功为84J，试问系统是吸热还是放热？热量传递了多少？

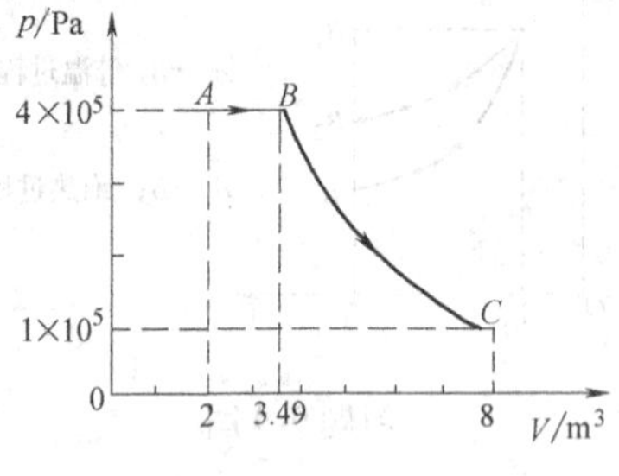

习题9-17图

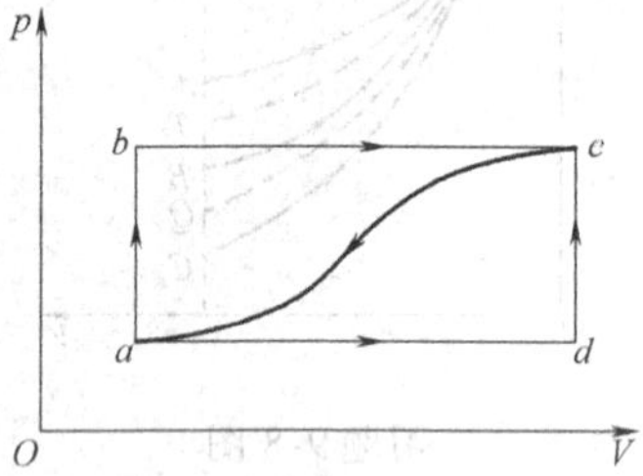

习题9-19图

9-20 气缸内有2mol 氦气，初始温度为27℃，体积为20L。先将氦气定压膨胀，直至体积加倍，然后绝热膨胀，直至恢复初温为止。若把氦气视为理想气体，求：（1）在该过程中氦气吸热多少？（2）氦气的热力学能变化是多少？（3）氦气所做的总功是多少？

9-21 一定量的刚性双原子分子气体开始时处于压强为 $p_0=1.0\times10^5$Pa，体积为 $V_0=4\times10^{-3}\mathrm{m}^3$，温度为 $T_0=300$K 的初态，后经等压膨胀过程温度上升到 $T_1=450$K，再经绝热过程温度回到 $T_2=300$K，求整个过程中对外做的功。

9-22 空气由压强为 1.5×10^5 Pa，体积为 $5.0\times10^{-3}\mathrm{m}^3$，等温膨胀到压强为 1.0×10^5 Pa，然后再经等压压缩到原来的体积。试计算空气所做的功。（$\ln 1.5=0.41$）

9-23 如习题9-23图所示的装置中，在标准大气压（1.0atm 或 1.01×10^5Pa）下的1.00kg 的100℃的蒸汽。水的体积从初始的液体的 $1.00\times10^{-3}\mathrm{m}^3$，变成了水蒸气的 $1.671\mathrm{m}^3$。（1）在此过程中系统做了多少功？（2）在此过程中以热量的形式传递了多少能量？

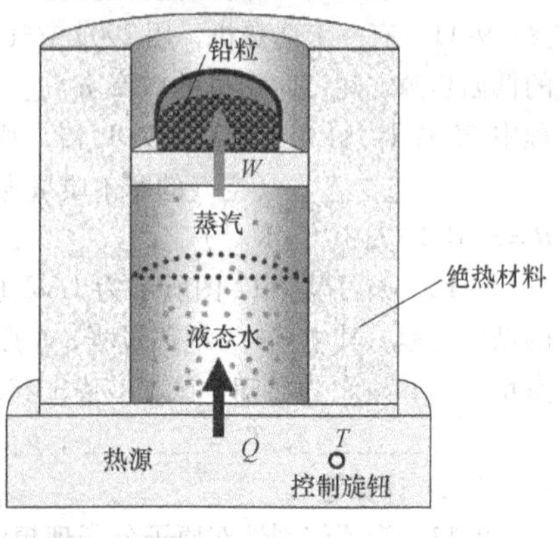

习题9-23图

9-24 假设在地壳两极之一的附近挖一个深井，那里地表的温度为$-40℃$，到达的深处的温度为800℃。(1) 工作在这两个温度之间的一台热机的效率的理论极限是什么?(2) 如果所有以热量形式存在的能量释放到低温热源中用来融化初温为$-40℃$的冰，一个100MW功率的动力工厂（视其为热机）生产0℃液态水的速率是多少？冰的比热容为$2220J\cdot kg^{-1}\cdot K^{-1}$；冰的融化热为$333kJ\cdot kg^{-1}$。(注意：在这种情况下，热机只能工作在0℃和800℃之间。冰的传热效率太低，应该以0℃液态水为低温热源。)

9-25 一台热泵用来向一座建筑物供热。外面的温度为$-5.0℃$，建筑物内的温度保持在22℃。热泵的制冷系数是3.8，热泵以热量形式每小时将7.54MJ热量释放到建筑物内。如果热泵是一台反向工作的卡诺热机，运行该热泵所需的功率是多少？

9-26 一定量的单原子分子理想气体，从初态A出发，沿习题9-26图示直线过程变到另一状态B，又经过等容、等压两过程回到状态A。

(1) 求$A\to B$，$B\to C$，$C\to A$各过程中系统对外所做的功A，热力学能的增量ΔE以及所吸收的热量Q；

(2) 整个循环过程中系统对外所做的总功以及从外界吸收的总热量（过程吸热的代数和）。

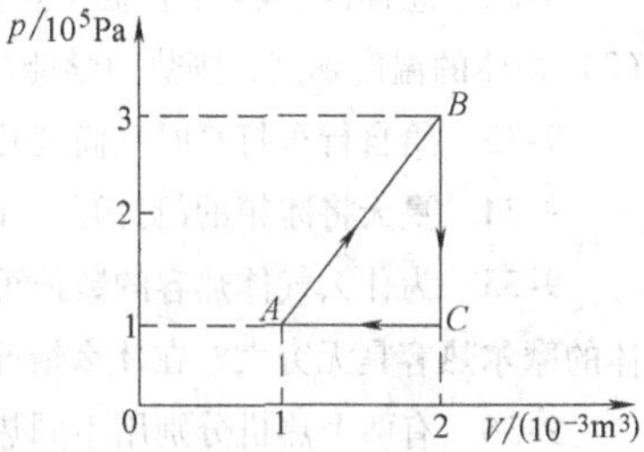

习题9-26图

9-27 2mol氢气（视为理想气体）开始时处于标准状态，后经等温过程从外界吸收了400J的热量，达到末态。求末态的压强。(摩尔气体常数$R=8.31J\cdot mol^{-1}\cdot K^{-1}$)

9-28 1mol理想气体在$T_1=400K$的高温热源与$T_2=300K$的低温热源间做卡诺循环（可逆的），在400K的等温线上起始体积为$V_1=0.001m^3$，终止体积为$V_2=0.005m^3$，试求此气体在每一循环中

(1) 从高温热源吸收的热量Q_1；

(2) 气体所做的净功A；

(3) 气体传给低温热源的热量Q_2。

9-29 一定量的某种理想气体进行如习题9-29图所示的循环过程。已知气体在状态A的温度为$T_A=300K$，求

(1) 气体在状态B和状态C的温度；

(2) 各过程中气体对外所做的功；

(3) 经过整个循环过程，气体从外界吸收的总热量（各过程吸热的代数和）。

9-30 1mol单原子分子理想气体的循环过程如习题9-30图所示，其中c点的温度为$T_c=600K$。试求：

(1) ab，bc，ca各个过程系统吸收的热量；

(2) 经一循环系统所做的净功；

(3) 循环的效率。

(注：循环效率$\eta=A/Q_1$，A为循环过程系统对外做的净功，Q_1为循环过程系统从外界吸收的热量，$\ln 2=0.693$)

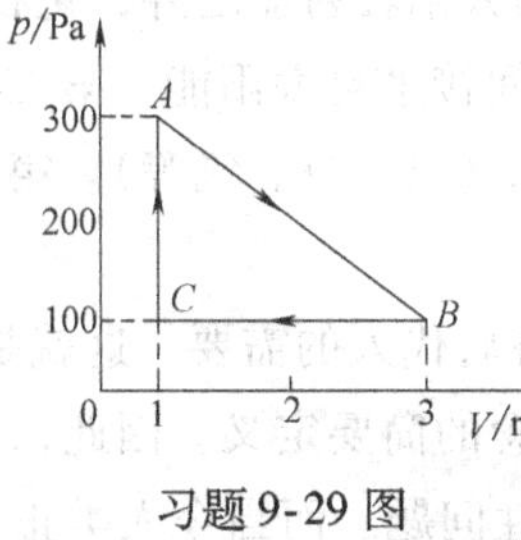

习题9-29图

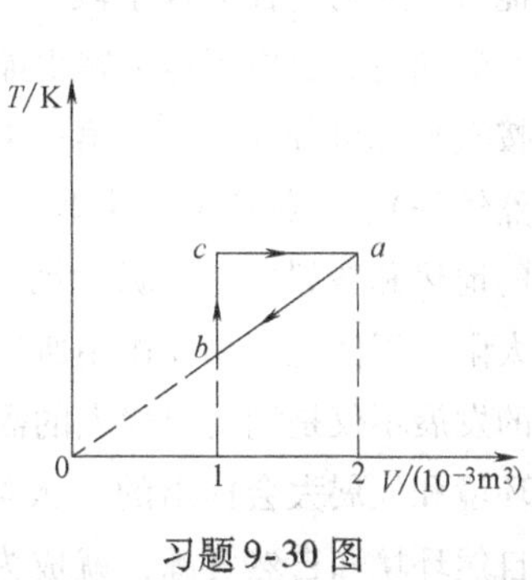

习题9-30图

9-31　总容积为40L的绝热容器，中间用一绝热隔板隔开，隔板重量忽略，可以无摩擦地自由升降。A、B两部分各装有1mol的氮气，它们最初的压强都是1.013×10^5Pa，隔板停在中间。现在使微小电流通过B中的电阻而缓慢加热，直到A部气体体积缩小到一半为止，求在这一过程中：

（1）B中气体的过程方程，以其体积和温度的关系表示；

（2）两部分气体各自的最后温度；

（3）B中气体吸收的热量。

（三）思考题

9-32　怎样区别热力学能与热量？下面哪种说法是正确的？（1）物体的温度越高，则热量越多；（2）物体的温度越高，则热力学能越大。

9-33　给自行车打气时气筒变热，主要是活塞与筒壁摩擦的结果吗？试给此现象以合理的解释。

9-34　夏天将冰箱的门打开，让其中的空气出来为室内降温，这方法可取吗？

9-35　为什么气体热容的数值可以有无穷多个？在什么情况下气体的摩尔热容是零？在什么情况下气体的摩尔热容是无穷大？在什么情况下是正值？什么情况下是负值？

9-36　有两个热机分别用不同热源作卡诺循环，在p-V图上，它们的循环曲线所包围的面积相等，但形状不同，它们吸热和放热的差值是否相同？对外所做的净功是否相同？效率是否相同？

9-37　给气筒里的理想气体加热，使它在等温膨胀过程中推动活塞做功，这不就是将热全部转化为功了吗？怎么说不可能呢？

9-38　有人想利用海洋不同深度处温度不同制造一种机器，把海水的热力学能变为有用的机械功，这是否违反热力学第二定律？

9-39　一条等温线与一条绝热线能否相交两次，为什么？

本章军事应用及工程应用阅读材料——新能源技术及其军事应用

1. 能量的退化与能源

在一切热力学过程中，能量的传递和转换必须遵守能量守恒定律，即热力学第一定律，至于这些能量的品质如何是不重要的。而热力学第二定律告诉我们，在不违反第一定律的前提下，不同品质的能量之间的传递和转换是有限制的。例如，在热机中，从高温热源吸收的热量Q_1不可能全部转化为对外做的净功A，而必须乘以一个效率η，其余的部分Q_2，即$(1-\eta)Q_1$，必须向低温热源放出，变成一种不好利用的能量，通常称这种情况为能量的退化。退化到一定程度的能量是不能再转化成有用功的。因此，人们把可以用来转化成有用功的能量叫作能源。提高热机的效率是提高能量品质的一种有效手段。但由于热机效率的提高是有限度的，所以人们在致力于提高热机效率的同时，也应当尽量减少能源的无谓消耗。

能源按其来源可分为三类：第一类是太阳能。除了直接的太阳辐射能之外，化石能源（煤、石油、天然气等）、生物质能、水能、风能、海洋能等能源也间接来自太阳能。第二类是蕴藏于地球本身的地热和核裂变能资源（铀、钚等）及核聚变能资源（氕、氘、氚等）。第三类是地球和月球、太阳等天体之间相互作用所形成的能量，如潮汐能。

社会的发展不仅是满足当代人的需要，还应考虑和不损害后代人的需要。这就是1987年联合国世界环境和发展大会提出的“人类社会可持续发展”概念的简要定义。因此，保护人类赖以生存的自然环境和自然资源，就成为各国共同关心的全球性问题。而当今人类正面临着有史以来最严峻的环境危机，这在很大程度上是由于能源发展，特别是化石能源的利用引起的。因此，今后世界的能源发展战略是发展多元结构的能源系统和高效、清洁的能源技术。

太阳能是一种巨大且对环境无污染的能源。季节、天气、纬度、海拔等影响着太阳的辐照强度，夜间根本无辐照，所以必须有很好的储能设备才能保证稳定的能量供应。太阳能的转换和利用方式有：光-热转换（太阳能热利用）、光-电转换（太阳能电池）和光-化学转换（光化学电池）。

风能是一种干净的可再生能源。利用风力可以发电、提水、助航、制冷和制热等。风力发电在技术上已日臻成熟。另外，在有条件的地区，海洋能、地热能也是人们积极开发利用的能源。

生物质能是绿色植物通过叶绿素将太阳能转化为化学能而储存在生物质内部的能量。它通常包括木材和森林工业废弃物、农业废弃物、水生植物、油料植物、城市与工业有机废弃物和动物粪便等。化石能源也是由生物质能转变而来的。生物质能的利用技术有：热化学转换技术、生物化学转换技术、生物质块压密成型技术和化学转换技术。

2. 新的能量转换技术

为了节约能量，更有效地利用能源，提高转换效率，改进能量的转换技术也属于新能源技术范畴。煤炭的流体化、磁流体发电以及燃料电池等，就是发展前景十分广阔的新能量转换技术。煤炭的气化、液化统称为煤炭的流体化，它是把煤炭由固体转换为气体、液体的能量转换技术。煤炭的流体化对于合理利用煤炭资源，提供理想的燃料或原料，减少环境污染，都具有十分重要的意义。煤炭的流体化包括煤炭的气化、煤炭的液化和煤气化联合循环发电技术等。磁流体发电是20世纪50年代发展起来的一项发电技术，其基本原理就是物理学中的霍尔效应。燃料电池是通过燃料化学燃烧的方式将化学能直接转换为电能的装置。燃料电池不需要中间机械能的转换过程，不受热力学中卡诺定理的限制，因而可获得较高的效率。早在20世纪60年代，燃料电池就已成功地用于航天技术。

3. 核能在军事上的应用

能源与军事密切相关，各种能量形式在军事上都有着广泛的应用。

（1）链式反应　1945年，美国在日本广岛和长崎投下的两颗原子弹，一颗是铀弹，一颗是钚弹。我们知道这类重核在中子的轰击下发生裂变时，不仅放出大量能量，同时还释放出2~3个快中子，这些中子又能引起新的裂变反应，如此进行下去，直至所有核燃料都裂变为止。这种过程称为链式反应。链式反应的速度很快，因而能在瞬间释放出巨大的能量，这就是原子弹爆炸的基本原理。链式反应也可以在一定的装置中按受控的方式缓慢进行，这就是原子反应堆。

（2）氢弹　两个轻核聚合成一个较重核时，将释放出能量，这就是聚变反应。最易发生的聚变反应是氘（$^{2}_{1}H$）与氚（$^{3}_{1}H$）的聚变，生成氦核（$^{4}_{2}He$）和中子，同时释放出17.6MeV的能量。最初制造的氢弹就是以氘和氚为核装料，它们都是氢的同位素，因而这种炸弹就称为氢弹。

（3）中子弹　中子弹是氢弹小型化的产物，是一种战术核武器。中子弹爆炸时产生的冲击波、光辐射以及放射性沾染的杀伤破坏作用比原子弹和氢弹要小得多，但其贯穿辐射杀伤作用很大，其能量所占比例高达40%。中子弹在爆炸时放出大量的高能中子和γ射线，对人员的杀伤作用很大，因此又称加强辐射弹。中子弹爆炸后，放射性沾染很小，所以经过较短的时间，人员就可以进入爆炸区，这在军事上具有重要的意义。中子弹要用到更复杂的技术和更贵重的核材料——氚，因此，中子弹的造价比一般核弹要贵得多。

（4）新兴核武器　新一代核武器以现有核武器的原理为基础，不用进行现实意义的核试验，不产生剩余核辐射，能绕过《全面禁止核试验条约》的限制，例如，金属氢武器、反物质武器、核同质异能素武器等。金属氢在一定压力下可转化成固态结晶体，稳定性好，室温下不用密封可保存很长时间，便于制成炸药，其爆炸威力相当于同质量TNT炸药的25~35倍，金属氢武器已被列入美国国家重点研究项目。反物质与正常物质湮灭时放出的能量比核裂变和核聚变能都大得多，用它制造反物质炸弹将会产生惊人的杀伤威力，若用反氢点燃氢弹和中子弹，不仅无污染，而且仅用1μg反氢就可替代3~5kg钚，用100μm直径的反氢球可点燃100g氘化锂进行聚变反应。此外还可用反物质射流作为射束武器，这比其他射束武器具有更佳的杀伤效果。所谓核同质异能素是指质量和原子序数相同、在可测量的时间内具有不同能量和放射性的两个或多个核素，利用核同质异能素制成的武器叫核同质异能素武器，高能炸药能量的量级为1kJ/g，而核同质异能素能量量级大约是1GJ/g，是高能炸药的100万倍，其核裂变能量更大。目前，美国和法国合作研究通过重离子碰撞或惯性约束聚变中的微爆炸产生的中子脉冲进行核合成来得到核同质异能素。

（5）核动力　核能还被应用于核潜艇、核动力航空母舰等动力源。其基本工作原理是在潜艇、航空母舰等作战装备上安装小型反应堆，利用核裂变燃料在反应堆中进行受控核反应获得热能，产生水蒸气，从而驱动汽轮机推动舰艇前进。核潜艇由于功率大、水下续航时间长，加上隐蔽性好，已成为现代战争中在水下游弋的核武器库和发射场。例如，美国的“三叉戟”型核潜艇可携带24枚“三叉戟”Ⅱ型导弹，射程11100km，每枚可携带14~17个分导式多弹头，可攻击300~400个不同的战略目标。核动力航空母舰是现代最大的舰船，例如，美国的“尼米兹”级航空母舰平时可搭载80架飞机，装一次核燃料可以连续使用15年，续航力达近百万英里，相当于绕地球三四十圈。由此可见，核能已成为现代军事的重要能源。

第10章 相 对 论

历史背景与物理思想发展脉络

相对论是现代物理学的重要基石。它的建立是20世纪自然科学最伟大的发现之一，对物理学、天文学乃至哲学思想都有深远影响。相对论是科学技术发展到一定阶段的必然产物，是电磁理论合乎逻辑的继续和发展，是物理学各有关分支又一次综合的结果。

19世纪后半叶，光速的精确测定为光速的不变性提供了实验依据。与此同时，电磁理论也为光速的不变性提供了理论依据。1865年麦克斯韦在《电磁场的动力学理论》一文中，就从波动方程得出了电磁波的传播速度。并且证明，电磁波的传播速度只取决于传播介质的性质。从电磁理论出发，光速的不变性是很自然的结论。然而这个结论却与力学中的伽利略变换抵触。

为了解决这些矛盾，洛伦兹在1892年一方面提出了长度收缩假说，用以解释以太漂移的零结果；另一方面发展了动体的电动力学，在1895年与1904年先后建立一阶与二阶变换理论，力图使电磁场方程适用于不同的惯性坐标系。法国著名科学家彭加勒在1895年对用长度收缩假说解释以太漂移的零结果表示不同看法。他提出了相对性原理的概念，认为物理学的基本规律应该不随坐标系变化。他的批评促使洛伦兹提出时空变换的方程式。然而彭加勒也没有跳出绝对时空观的框架。他们已经走到了狭义相对论的边缘，却没有能够创立狭义相对论。

爱因斯坦读到了洛伦兹1895年的论文，对洛伦兹方程发生了兴趣。他很欣赏洛伦兹方程不但适用于真空中的参考系，而且适用于运动物体的参考系。但是他进一步推算，发现要保持这些方程对动体参考系同样有效，必然导致光速不变性的概念，而光速的不变性明显地与力学的速度合成法则相矛盾。

“为什么这两个观念相互矛盾呢？我感到这一难题相当不好解决。我花了整整一年的时间，试图修改洛伦兹的思想，来解决这个问题，但是却徒劳无功。”

“是我在伯尔尼的朋友贝索偶然间帮我摆脱了困境。那是一个晴朗的日子，我带着这个问题访问了他，我们讨论了这个问题的每一个细节。忽然我领悟到这个问题的症结所在。这个问题的答案来自对时间概念的分析，不可能绝对地确定时间，在时间和信号速度之间有着不可分割的联系。利用这一新概念，我第一次彻底地解决了这个难题。”

1905年爱因斯坦十分果断地把相对性原理和光速不变原理放在一起作为基本出发点，他称之为两条公设。爱因斯坦明确指出：在他的理论里，以太的概念将是多余的，因为这里不需要特设的绝对静止参考系。爱因斯坦不是像洛伦兹那样，事先假设某种时空变换关系，而是以这两个公设为出发点，推导出时空变换关系。他非常简洁地建立了一系列新的时空变换公式之后，立即推导出了运动物体的“长度收缩”、运动时间的“时钟变慢”、同时性的相对性以及新的速度合成法则等，由此形成一套崭新的时空观。

爱因斯坦之所以能够如此利落地摒弃旧的一套时空观，是因为他经过十年的思索，考察了一系列物理学中的矛盾，总结了各方面的事实，充分认识到绝对空间和绝对时间是人为的、多余的概念。

“在构思狭义相对论的过程中，关于法拉第电磁感应（实验）的思考对我起了主导作用。按照法拉第的说法，当磁体对于导体回路有相对运动时，导体回路就会感应出电流。不管是磁体运动还是导体回路运动，结果都一样。依照麦克斯韦理论，只需计及相对运动。然而，对这两种情况理论上的解释截然不同。想到面对着的竟是两种根本不同的情况，我实在无法忍受。这两种情况不会有根本的差别，我深信只不过是选择参考点的差别。从磁体看，肯定没有电场；可是从导体回路看，却肯定有电场。于是电场的有无就成为相对的了，取决于所用坐标系的运动状况。只能假设电场与磁场的总和是客观现实。电磁感应现象迫使我假设（狭义）相对性原理。必须克服的困难在于真空中光速的不变性，我最初还不得不想要放弃它。只是在经过若干年的探索之后，我才注意到这个困难在于运动学上一些基本概念的任意性上。”这里所谓的任意性大概是指“同时性”这类概念。

爱因斯坦的论文发表后，相当一段时间受到冷遇，被人们怀疑甚至遭到反对。迈克耳孙至死(1931 年) 还念念不忘“可爱的以太”，认为相对论是一个怪物。J. J. 汤姆孙在 1909 年宣称：“以太并不是思辨哲学家异想天开的创造，对我们来说，就像我们呼吸空气一样不可缺少”。爱因斯坦是在 1922 年获得诺贝尔物理学奖的。不过不是由于他建立了相对论，而是“为了他的理论物理学研究，特别是光电效应定律的发现”。诺贝尔物理学奖委员会主席奥利维亚为此专门写信给爱因斯坦，指明他获奖的原因不是基于相对论，并在授奖典礼上解释说：因为有些结论目前还正在经受严格的验证。

普朗克是支持相对论的代表。正是普朗克认识到了爱因斯坦所投论文的价值，及时地予以发表。所以人们常说，普朗克有两大发现，一是发现了作用量子，二是发现了爱因斯坦。他的学生劳厄在 1911 年就致力于宣传相对论，大概也是受了他的影响。可是，观念的改变不是一朝一夕之事。1911 年索尔维会议召开，由于爱因斯坦在固体比热的研究上有一定影响，人们才注意到他在狭义相对论方面的工作。只是到了 1919 年，爱因斯坦的广义相对论得到了日全食观测的证实，他成为公众瞩目的人物，狭义相对论才开始受到应有的重视。

10.1 狭义相对论

物理学基本内容

19 世纪后期，随着电磁学的发展，电磁技术得到了越来越广泛的应用，与此同时，对电磁规律的更加深入探索成了物理学的研究中心，终于导致了麦克斯韦电磁理论的建立。麦克斯韦方程组不仅完整地反映了电磁运动的普遍规律，而且还预言了电磁波的存在，揭示了光的电磁本质。这是继牛顿之后经典物理学的又一伟大成就。

但是长期以来，物理学界机械论盛行，认为物理学可以用单一的经典力学图像加以描述，其突出表现就是“以太假说”。这个假说认为，以太是传递包括光波在内的所有电磁波的弹性介质，它充满整个宇宙。电磁波是以太介质的机械运动状态，带电粒子的振动会引起以太的形变，而这种形变以弹性波形式的传播就是电磁波。如果波速如此之大且为横波的电磁波真是通过以太传播的话，那么以太必须具有极高的剪切模量，同时宇宙中大大小小的天体在以太中穿行，又不会受到它的任何拖曳力，这样的介质真是不可思议。

从麦克斯韦方程组出发，可以立即得到在自由空间传播的电磁波的波动方程，而且在波动方程中真空光速 c 是以普适常量的形式出现的，$c=\dfrac{1}{\sqrt{\varepsilon_0\mu_0}}$，$\varepsilon_0$ 和 μ_0 分别为真空的电容率和磁导率，它们与参考系的运动显然是无关的！因此，真空光速 c 与参考系的运动无关。但是从伽利略变换的角度看，速度总是相对于具体的参考系而言的，所以在经典力学的基本方程式中速度是不允许作为普适常量出现的。当时人们普遍认为，既然在电磁波的波动方程中出现了光速 c，这说明麦克斯韦方程组只在相对于以太静止的参考系中成立，在这个参考系中电磁波在真空中沿各个方向的传播速度都等于恒量 c，而在相对于以太运动的惯性系中则一般不等于恒量 c。

显然出现了矛盾，于是人们认为：经典物理学中的经典力学和经典电磁学具有很不相同的性质，前者满足伽利略相对性原理，所有惯性系都是等价的；而后者不满足伽利略相对性原理，并存在一个相对于以太静止的最优参考系。人们把这个最优参考系称为绝对参考系，而把相对于绝对参考系的运动称为绝对运动。地球在以太中穿行，测量地球相对于以太的绝对运动，自然就成了当时人们首先关心的问题。最早进行这种测量的就是著名的迈克耳孙-莫雷实验，但实验给出了否定的结果，如何解决矛盾呢？

10.1.1 狭义相对论的基本原理

爱因斯坦（A. Einstein，1879—1955）认为，应该与机械论彻底决裂，完全抛弃以太假说，电磁场是独立的实体，是物质存在的一种基本形态。电磁现象与力学现象一样，不应该存在某个特殊的最优参考系。相对性原理应该具有普遍意义，不仅经典力学规律，而且经典电磁学规律和其他物理学规律在所有惯性系中都应该有不变的数学形式。这样一来，就必须寻找或建立各惯性系之间的新的变换关系，以代替伽利略变换。前面我们曾说，伽利略变换是经典时空观的集中体现，建立新的变换关系就意味着建立一种新的时空观，这就是下面要讨论的狭义相对论时空观。

如前所述，在经典电磁学理论，即麦克斯韦方程组中存在一个普适常量，这就是真空中的光速 c。只要认为经典电磁学理论满足一种新的相对性原理，那么在这种新的变换关系下麦克斯韦方程组应该有保持不变的数学形式，也就是说，在所有惯性系中，电磁波都以光速 c 传播。这就必须承认光速的不变性。

爱因斯坦将以上论述概括为狭义相对论的两条基本原理：

1）相对性原理：基本物理定律在所有惯性系中都保持相同形式的数学表达式，因此，一切惯性系都是等价的；

2）光速不变原理：在一切惯性系中，光在真空中的传播速率都等于 c，与光源的运动状态无关。

作为整个狭义相对论基础的这两条原理，最初是以假设提出的，而现在已为大量现代实验所证实。在欧洲核子研究中心（CERN），阿尔维格尔等人在1964年和1966年做了精密的实验测量：在质子同步加速器中，产生的 π^0 介子以 $0.99975c$ 的速率飞行，它在飞行中发生衰变，辐射出能量为 6×10^9eV 的光子。已测得光子对实验室的速度仍是 c。这个事实是对光速不变原理的直接验证。

10.1.2 狭义相对论的数学表述——洛伦兹变换

爱因斯坦的两个基本假设否定了伽利略变换，他认为，绝对的时间和长度都不一定是正确的，要建立新的时空变换关系，必须满足相对性原理和光速不变原理，这就是洛伦兹（H. A. Lorentz，1853—1928）变换。

设有两个惯性系 S 和 S′。在 S 和 S′上分别选取坐标系 $Oxyz$ 和 $O'x'y'z'$，令这两个坐标系的各对应轴互相平行。并设 S′系相对 S 系以速度 $\boldsymbol{v}$ 沿 x 轴正向运动，且当 $t=t'=0$ 时，两坐标系的原点 O

和O'重合。S系和S′系的观察者分别对同一事件P进行测量。S系的观察者测量到的空间坐标为(x,y,z)，时间是t；S′系的观察者测量到的空间坐标为(x',y',z')，时间为t'，则满足相对性原理的两惯性系间的变换关系为

$$\begin{cases} x' = \dfrac{x - vt}{\sqrt{1 - v^2/c^2}} \\ y' = y \\ z' = z \\ t' = \dfrac{t - vx/c^2}{\sqrt{1 - v^2/c^2}} \end{cases} \tag{10-1}$$

显然，在$v \ll c$的情况下，洛伦兹变换就过渡到伽利略变换。

如果设S′系为静系，则S系相对于S′系以$-\boldsymbol{v}$运动，在式（10-1）中，将带撇的量与不带撇的量互换，并将v换成$-v$，就得到洛伦兹变换的逆变换

$$\begin{cases} x = \dfrac{x' + vt'}{\sqrt{1 - v^2/c^2}} \\ y = y' \\ z = z' \\ t = \dfrac{t' + vx'/c^2}{\sqrt{1 - v^2/c^2}} \end{cases} \tag{10-2}$$

从洛伦兹变换中可以看到，x'和t'都必须是实数，所以速率v必须满足

$$1 - \frac{v^2}{c^2} \geqslant 0 \text{ 或者 } v \leqslant c \tag{10-3}$$

于是我们得到了一个十分重要的结论：一切物体的运动速度都不能超过真空中的光速c，或者说真空中的光速c是物体运动的极限速度。

10.1.3 速度变换法则

现在我们要讨论的是同一个运动质点在S系和S′系中速度之间的变换关系。设质点在这两个惯性系中的速度分量分别为

在S系中

$$u_x = \frac{dx}{dt}, \quad u_y = \frac{dy}{dt}, \quad u_z = \frac{dz}{dt} \tag{10-4}$$

在S′系中

$$u'_x = \frac{dx'}{dt'}, \quad u'_y = \frac{dy'}{dt'}, \quad u'_z = \frac{dz'}{dt'} \tag{10-5}$$

为了求得上列各分量之间的变换关系，我们对洛伦兹变换［式（10-1）］中各式求微分，得

$$\begin{cases} dx' = \dfrac{dx - vdt}{\sqrt{1 - v^2/c^2}} \\ dy' = dy \\ dz' = dz \\ dt' = \dfrac{dt - vdx/c^2}{\sqrt{1 - v^2/c^2}} \end{cases} \tag{10-6}$$

由上式中的第一式除以第四式、第二式除以第四式以及第三式除以第四式，可以得到从S系到S′

系的速度变换公式

$$\begin{cases} u'_x = \dfrac{u_x - v}{1 - vu_x/c^2} \\ u'_y = \dfrac{u_y\sqrt{1 - v^2/c^2}}{1 - vu_x/c^2} \\ u'_z = \dfrac{u_z\sqrt{1 - v^2/c^2}}{1 - vu_x/c^2} \end{cases} \tag{10-7}$$

在式（10-7）中将带撇的量与不带撇的量互换，并将 v 换成 $-v$，就得到速度变换公式的逆变换

$$\begin{cases} u_x = \dfrac{u'_x + v}{1 + vu'_x/c^2} \\ u_y = \dfrac{u'_y\sqrt{1 - v^2/c^2}}{1 + vu'_x/c^2} \\ u_z = \dfrac{u'_z\sqrt{1 - v^2/c^2}}{1 + vu'_x/c^2} \end{cases} \tag{10-8}$$

在上述速度变换公式中，有两点值得注意，一点是尽管 $y'=y$，$z'=z$，但 $u'_y \neq u_y$，$u'_z \neq u_z$。另一点是变换保证了光速的不变性，这可以从后面的例题中看到。

对洛伦兹变换做以下几点说明。

1）在狭义相对论中，洛伦兹变换占有中心地位。狭义相对论时空观集中体现在洛伦兹变换中。相对性原理就是物理定律的数学表达式在洛伦兹变换下具有不变性。物质运动的时空属性被洛伦兹变换以确切的数学形式定量地描述出来。

2）从洛伦兹变换的表达式可以看出，不仅 x' 是 x 和 t 的函数，t' 也是 x 和 t 的函数，而且都与两惯性系的相对速度有关。这就是说，狭义相对论将时间、空间和物质运动三者不可分割地联系在一起了。

3）因时间坐标和空间坐标都是实数，所以洛伦兹变换中的 $\sqrt{1-\left(\frac{v}{c}\right)^2}$ 也应该是实数，这就要求 $v \leqslant c$。而速度 v 是选为参考系的任意两个物理系统之间的相对速度。由此得出这样一个结论：物体的运动速度有个上限，就是光速 c。这是狭义相对论体系本身要求的，它也被现代科学实践所证实。

4）在日常生活中，物体的速度远小于光速，即 $v \ll c$，于是

$$\sqrt{1-\left(\frac{v}{c}\right)^2} \to 1$$

在这种情况下，洛伦兹变换就与伽利略变换一致了，所以伽利略变换是洛伦兹变换在低速情况下的近似。在处理低速运动问题时，应用伽利略变换也就足够精确了。

5）洛伦兹变换是同一事件在不同惯性系中时空坐标之间的变换，所以，应用时必须首先核实 (x,y,z,t) 和 (x',y',z',t') 确实是代表同一事件的时空点。

6）洛伦兹变换要求各惯性系中的时间、空间的基准必须一致。时间基准（时钟）必须选择相同的物理过程；空间长度基准（直尺）必须选择相同的物体和对象。考虑到物体的时空性质会因为运动状态而变化，我们统一规定：各惯性系中的时钟和直尺必须相对于各自的惯性系处于静止状态。

物理知识应用

迈克耳孙-莫雷实验

迈克耳孙-莫雷实验的装置是设计精巧的迈克耳孙干涉仪，图 10-1 是迈克耳孙干涉仪的光路。单色光从光源 S 出发，经半镀银镜 R 分成强度相等的反射、透射光，它们分别由平面镜 M_2 和 M_1 反射沿原路返回产生干涉。

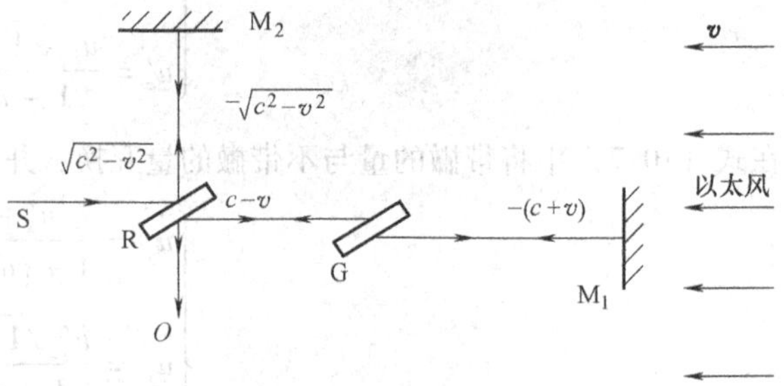

图 10-1

设“以太”相对太阳参考系静止，地球相对太阳系的速度为 v。实验中先将干涉仪的一臂（如 RM_1）与地球运动方向平行，另一臂（RM_2）与地球运动方向垂直。根据伽利略速度变换法则，在与地球固定在一起的实验室参考系中，光速沿不同方向的大小并不相等，因而可以看到干涉条纹。如果将整个装置缓慢地转过 90°，应该发现条纹的移动。由条纹移动的数目，可以推算出地球相对“以太”（太阳）参考系的运动速度 v。

取干涉仪 RM_1 臂长为 l_1，RM_2 臂长为 l_2。通过计算整个实验装置转动 90°前后光通过两臂的时间差的改变量，可得对应的条纹移动数目

$$\Delta N = \frac{l_1 + l_2}{\lambda}\left(\frac{v}{c}\right)^2$$

实验中通常取两臂相等，即 $l_1 = l_2 = l$，于是

$$\Delta N = \frac{2l}{\lambda}\left(\frac{v}{c}\right)^2$$

式中，λ 为实验所用光波波长。

1881 年迈克耳孙首先完成了这一实验。但是，他并没有观察到预期的条纹移动。1887 年，迈克耳孙和莫雷提高了实验精度。他们采用多次反射，使干涉仪臂长 $l = 11\text{m}$，光的波长 $\lambda = 5.9\times10^{-7}\text{m}$，如果地球相对“以太”的速度为 $3.0\times10^4\text{m}\cdot\text{s}^{-1}$（相当于地球绕太阳公转的速度），预期的条纹移动应该是 $\Delta N \approx 0.37$。但是，实验观察却小于 0.01（此数值在仪器误差范围内）。后来，尽管迈克耳孙等人在不同的地理、季节条件下，又进行了多次实验，都得到相同的结果：测不出地球相对“以太”参考系的运动速度。

这个实验的“零”结果否定了宇宙中充满“以太”的机械观念，表明地球上沿各个方向的光速都是相同的，它与地球的运动状态无关；确定了光速不变原理，导致了新的空间-时间和物质运动理论，即相对论的建立。

物理知识拓展

广义相对论的基本思想

1905 年爱因斯坦建立了狭义相对论后，但却有一个问题一直困扰着他，这就是狭义相对论只适用于惯性系。而从麦克斯韦方程组出发得到的以普适常量的形式出现的真空光速 c 在非惯性系中也是不变的！通常我们以地球为惯性系，然而地球有自转和公转，所以从严格意义上来说地球并不是惯性系，只能作为近似的惯性系。为此，爱因斯坦于 1915 年提出了包括非惯性系在内的相对论，即广义相对论。这里只简要介绍一下广义相对论等效原理的概念。

牛顿力学指出，在一均匀引力场中，如果略去除引力以外其他力的作用，则所有物体均以相同的加速

度g下落。一个在引力作用下自由下落的参考系叫“局部惯性系”。假设一空间实验室在引力可略去不计的宇宙空间飞行，设此实验室的加速度a与重力加速度g的关系为$a=-g$。实验室内一站在体重计上的人发现，其读数与在地面上时的相同。即在引力可略去的情况下实验室内物体的动力学效应与在地球引力作用下的动力学效应是等效的，无法区别的。同样，若在实验室内让一小球自由下落，测得的小球加速度$a=g$和在地面上一样，也是无法区分的。

爱因斯坦在牛顿力学的基础上进一步提出：“在一个局部惯性系中，重力的效应消失了，在这样一个参考系中，所有物理定律和在一个在太空中远离任何引力物体的真正惯性系中的一样。反过来说，在一个在太空中加速的参考系中将会出现表观的引力。这样的参考系中，物理定律就和该参考系静止于一个引力物体附近一样。”这就是广义相对论的等效原理。但必须强调的是，等效原理只适用于均匀引力场和匀加速参考系。这个原理是广义相对论的基础。

从等效原理得出的有意思的结论是光线在引力场中要发生偏折。设想一太空船正向太阳自由下落。由于在船内引力已消失，在太空船中和在惯性系中一样，从太空船一侧垂直船壁射向另一侧的光将直线前进(见图10-2a)。但在太阳坐标系中观察，由于太空船加速下落，所以光线将沿曲线传播。因此，根据等效原理，光线将沿引力的方向偏折（图10-2b)。

近年来关于光线偏折的验证是利用了类星体发射的无线电波。进行这种观察，当然要等到太阳、类星体和地球差不多在一条直线上的时候。恰巧人们发现星体3C279每年10月8日都在这样的位置上。利用这样的时机测得的无线电波经过太阳表面附近时发生的偏折为1.7″或1.8″。

值得注意的是光线在太阳附近的偏折意味着光速在太阳附近要减小，为了说明这一点，参看图10-3。图中画出了光波波面传播的情形。波面总是垂直于光线的，正像以横队前进的士兵的排面和队伍前进的方向垂直一样。从图中可以明显地看出光线的偏折，这意味着波面的转向，同时意味着波面靠近太阳那一侧的速度要减小。这正如前进中的横队向右转时，排面右部的士兵要减慢前进的速度一样。

光速在太阳附近要减小这一事实和前面提过的“根据等效原理光速应不受引力影响”的结论是相矛盾的。怎样解决这个矛盾呢？答案只能是这样：从地球到金星的距离，当经过太阳附近时，由于引力的作用而变长了，因而光所经过的时间要长些，并不是因为光速变小了，而是因为距离变长了。这是和欧几里得几何学的推断不相同的。例如，考虑一个由相互垂直的四边组成的正方形（见图10-4），靠近太阳那一边(AB)比离太阳远的那一边（CD）要长。欧几里得几何学在此失效了——空间不再是平展的，而是被引力弯曲或扭曲了。

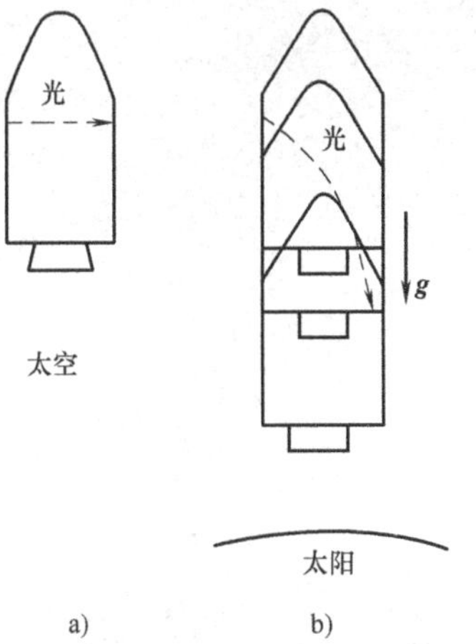

图 10-2

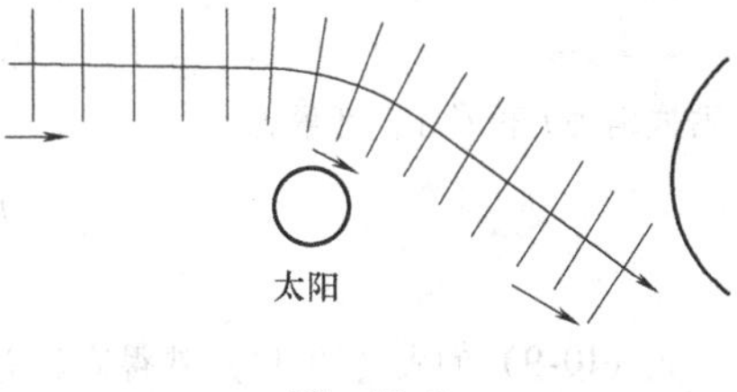

图 10-3

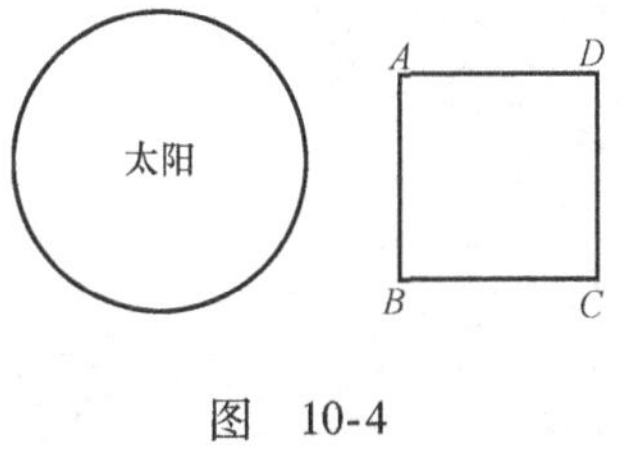

图 10-4

应用能力训练

洛伦兹变换简易推导

洛伦兹变换相当于爱因斯坦狭义相对性原理的数学表述，它是如何得来的呢？

为简便起见，我们假设S系和S′系是两个相对做匀速直线运动的惯性参考系，规定S′系沿S系的x轴正方向以速度$\boldsymbol{v}$相对于S系做匀速直线运动，x'、y'、z'轴分别与x、y和z轴平行，S系原点O与S′系原点O'重合时两惯性系在原点处的时钟都指示零点。我们就在这两个惯性系之间推导新的变换关系。

新变换首先应该满足狭义相对论的两条基本原理。另外，当运动速度远小于真空光速时，新变换应该过渡到伽利略变换，因为在这种情况下伽利略变换被实践检验是正确的。最后，新变换应该是线性的，因为只有这样才能保证当物体在一个参考系中做匀速直线运动时，在另一个参考系中也观察到它做匀速直线运动。

根据这些要求，我们可以用最简便的方法得到洛伦兹变换。我们做最简单的线性假设

$$x' = k(x - vt) \tag{10-9}$$

k是比例系数，与x和t都无关。按照狭义相对论的第一条基本原理，S系和S′系除了做相对运动外并无差异，考虑到运动的相对性，相应地应有

$$x = k(x' + vt') \tag{10-10}$$

容易写出另外两个坐标的变换

$$y' = y \tag{10-11}$$

$$z' = z \tag{10-12}$$

为得到时间坐标的变换，将式（10-9）代入式（10-10），得

$$x = k^2(x - vt) + kvt' \tag{10-13}$$

从中解出t'，得

$$t' = kt + \left(\frac{1-k^2}{kv}\right)x \tag{10-14}$$

确定k需要用到狭义相对论的第二条基本原理。根据我们规定的初始条件，当两个惯性坐标系的原点重合时，有$t=t'=0$。如果就在这时，在共同的原点处有一点光源发出一光脉冲，在S系和S′系都观察到光脉冲以速率c向各个方向传播。所以在S系有

$$x = ct \tag{10-15}$$

在S′系有

$$x' = ct' \tag{10-16}$$

将式（10-15）和式（10-16）代入式（10-9）和式（10-10），得

$$ct' = k(c - v)t \tag{10-17}$$

和

$$ct = k(c + v)t' \tag{10-18}$$

由以上两式消去t和t'后，可解得

$$k = \frac{1}{\sqrt{1-\frac{v^2}{c^2}}} \tag{10-19}$$

将k代入式（10-9）和式（10-14）就得到新变换的最终形式

$$\begin{cases} x' = \dfrac{x - vt}{\sqrt{1-\dfrac{v^2}{c^2}}} \\ y' = y \\ z' = z \\ t' = \dfrac{t - \dfrac{vx}{c^2}}{\sqrt{1-\dfrac{v^2}{c^2}}} \end{cases} \tag{10-20}$$

这种新的变换称为洛伦兹（H. A. Lorentz，1853—1928）变换。显然，在 $v \ll c$ 的情况下，洛伦兹变换就过渡到伽利略变换。

10.2 狭义相对论的时空观

物理学基本内容

10.2.1 同时性的相对性

同时的相对性是建立狭义相对论的一个关键进展。事实上，一切涉及时间的判断总是关于同时事件的判断。

“同时性”这个概念在日常生活中经常用到。例如，说“甲和乙同时从 A 点出发”，指的是同一个地点的两个“事件”是“同时”发生的。又如，说“正在远洋航行的船员与首都群众同时举行了庆祝会”，这是指不同地点的“事件”是“同时”发生的，而且其中之一是“运动参考系”。这两点往往不被人们注意。因为在人们的观念中，时间是绝对的，同时性也是绝对的。所有的人，不论在哪里，无论静止还是运动，都可以利用经过同一标准校准的标准钟（比如北京时间）。这说明，经典力学的时空观符合人们的生活经验和心理。但是，狭义相对论认为，同时的绝对性是不正确的。

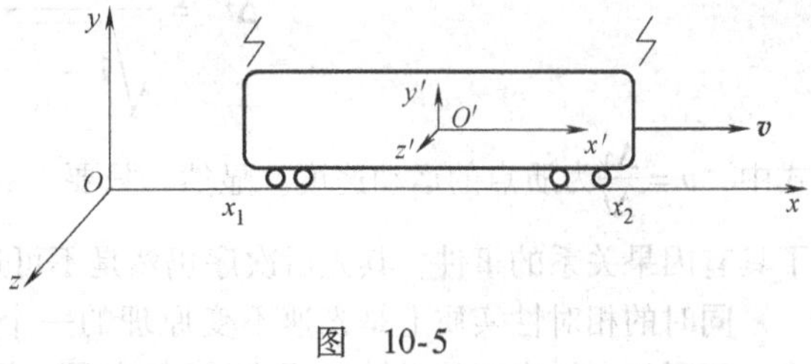

图 10-5

在狭义相对论中，不存在同一的时间，时刻和时间间隔都与观察者的运动状态相联系。设有一列爱因斯坦火车，以速度 v 匀速通过一车站。从车站（S 系）上观测到，两个闪电同时击中车头和车尾，如图 10-5 所示，设闪电击中车尾为事件 1，在 S 系和 S′系的时空坐标分别为 (x_1, t_1) 和 (x'_1, t'_1)（y，z 坐标省略，下同）；设闪电击中车头为事件 2，在 S 系和 S′系的时空坐标分别为 (x_2, t_2) 和 (x'_2, t'_2)。从 S 系观测，两闪电同时击中，即 $t_2 = t_1$。为了确保这两个闪电光脉冲是同时发出的，可以在这两个地点连线的中点 M 处安放一光脉冲接收装置，若该接收装置同时接收到光脉冲信号，就表示这两个信号是同时发出的。而在 S′系观察，这两个光脉冲信号发出的时间分别是

$$t'_1 = \frac{t_1 - \dfrac{vx_1}{c^2}}{\sqrt{1 - \dfrac{v^2}{c^2}}} \text{和} \ t'_2 = \frac{t_2 - \dfrac{vx_2}{c^2}}{\sqrt{1 - \dfrac{v^2}{c^2}}} \tag{10-21}$$

考虑到 $t_1 = t_2$，故 S′系时间间隔为

$$\Delta t' = t'_2 - t'_1 = \frac{\dfrac{v(x_1 - x_2)}{c^2}}{\sqrt{1 - \dfrac{v^2}{c^2}}} \neq 0 \tag{10-22}$$

式（10-22）表明，在 S 系中两个不同地点同时发生的事件，在 S′系看来不是同时发生的，即 从火车（S′系）上观测，这两个闪电不是同时击中的。这里设 $v > 0$，$x_2 - x_1 > 0$，所以 $t'_2 - t'_1 < 0$，即从火

车上观测，击中车头的闪电比击中车尾的闪电早。这就是同时的相对性。因为运动是相对的，所以这种效应是互逆的，即在S′系两个不同地点同时发生的事件，在S系看来也不是同时发生的。由式（10-22）还可以看到，当 $x_1=x_2$ 时，即两个事件发生在同一地点，则同时发生的事件在不同的惯性系看来才是同时的。从这里也可以得到，在狭义相对论中，时间与空间是互相联系的。

为全面地理解同时的相对性问题，要着重从下面四个方面去加深对这一问题的认识：

1）如前所述，在S系中不同地点（$\Delta x\neq 0$）但同时（$\Delta t=0$）发生的事件，在S′系中观测并不同时（$\Delta t'\neq 0$）发生。反之，在S′系中不同地点（$\Delta x'\neq 0$），但同时发生（$\Delta t'=0$）的两个事件，在S系中观测也不同时发生（$\Delta t\neq 0$）。

2）在S系中同时（$\Delta t=0$）又同地（$\Delta x=0$）发生的两个事件，在S′系中观测也是同时发生（$\Delta t'=0$）的，而且发生地点也相同（$\Delta x'=0$）。这就是说，同地事件的同时性具有绝对的意义。

3）在S系中既不同时（$\Delta t\neq 0$）也不同地（$\Delta x\neq 0$）发生的两件事，若满足

$$\Delta t=\frac{v}{c^2}\Delta x \quad 或\, v\Delta x=c^2\Delta t$$

则在S′系中观测必有 $\Delta t'=0$，即两事件同时发生。

4）狭义相对论的另一个重要结论是，任何物体的运动速率都不可能大于真空中的光速。根据这一观点，可以说明：在相对论中关联事件的时间次序是绝对的。这就是说，事件的因果关系顺序在任何惯性系中都不会发生颠倒。如在S系中 t 时刻位于 x 处的质点经时间 Δt 后运动到 $x+\Delta x$ 处. 若在S′系中观测，由洛伦兹变换可知有

$$\Delta t'=\frac{\Delta t-\dfrac{v\Delta x}{c^2}}{\sqrt{1-\dfrac{v^2}{c^2}}}=\frac{\Delta t\left(1-\dfrac{uv}{c^2}\right)}{\sqrt{1-\dfrac{v^2}{c^2}}} \tag{10-23}$$

式中，$u=\dfrac{\Delta x}{\Delta t}$为质点的运动速度。显然，只要 $v\leqslant c$ 且 $u\leqslant c$，则必有 $\Delta t'$与 Δt 是同号的。这就说明了具有因果关系的事件，其先后次序仍然是不可逆的。

同时的相对性实质上是光速不变原理的一个具体表现。同时相对性的意义是：在一惯性系中，不同地点校准了的时钟（同步钟），在另一惯性系的观察者看来，是没有校准的。S和S′系观察者看各自系内的钟均认为是校准的，但S′系认为S系是没有校准，钟沿运动方向是依次落后的（即较早的时刻）。

10.2.2 时间延缓效应

从上面的讨论中我们已经看到，在相对于事件发生地静止的参考系（即S系）中，两个事件的时间间隔为零（即同时），而在相对于事件发生地做匀速直线运动的另一个参考系（即S′系）中观测，时间间隔却大于零，这不就是时间膨胀或时间延缓了吗！不过那里所说的事件是发生在不同地点的，那么发生在同一地点的事件的情形又将怎样呢？

如果在S′系的同一地点 x_0'处先后发生了两个事件，事件发生的时间是 t_1'和 t_2'，时间间隔为 $\Delta t'=t_2'-t_1'$。而在S系中，这两个事件的时空坐标分别为 (x_1,y_1,z_1,t_1) 和 (x_2,y_2,z_2,t_2)，时间间隔为 $\Delta t=t_2-t_1$。利用洛伦兹逆变换式（10-2），可以得到

$$\Delta t=t_2-t_1=\frac{t_2'+\dfrac{vx_0'}{c^2}}{\sqrt{1-\dfrac{v^2}{c^2}}}-\frac{t_1'+\dfrac{vx_0'}{c^2}}{\sqrt{1-\dfrac{v^2}{c^2}}}=\frac{\Delta t'}{\sqrt{1-\dfrac{v^2}{c^2}}}>\Delta t' \tag{10-24}$$

式（10-24）表示，如果在S′系中同一地点相继发生的两个事件的时间间隔是$\Delta t'$，那么在S系中测得同样两个事件的时间间隔Δt，它总要比$\Delta t'$长，或者说相对于S系运动的时钟变慢了，这就是狭义相对论的时间延缓效应。由于运动是相对的，所以时间延缓效应是互逆的，即如果在S系中同一地点相继发生的两个事件的时间间隔为Δt，那么在S′系测得的$\Delta t'$总比Δt长。

如果定义：在一个运动物体上发生两个事件，则把固定于这个物体上的参考系（S′系）中的时钟所经过的时间称为固有时间（也称为原时），以$\Delta\tau_0$表示，而从其他惯性参考系（S系）上测得的时间$\Delta\tau$为观测时间。由式（10-24）可知固有时间恒小于观测时间，即有

$$\Delta\tau = \frac{\Delta\tau_0}{\sqrt{1-\frac{v^2}{c^2}}} > \Delta\tau_0$$

时间的这种延缓效应现已被大量的实验结果所证实。特别是在粒子物理学中更是得到了直接的实验验证，基本粒子的寿命在自身坐标系中是完全确定的。但在实验室中，以不同速度运动的粒子的寿命却各不相同，并且与式（10-24）所给出的关系能很好地符合。

10.2.3 长度收缩效应

在S′系沿x'轴放置一长杆，其两端的坐标分别为x_1'和x_2'，它的静止长度为$\Delta L' = \Delta L_0 = x_2' - x_1'$，静止长度也称为固有长度。当在S系中测量同一杆的长度时，则必须同时测出杆两端的坐标x_1和x_2才能得到杆长的正确值$\Delta L = x_2 - x_1$。根据洛伦兹变换，应有

$$x_1' = \frac{x_1 - vt_1}{\sqrt{1-\frac{v^2}{c^2}}} \tag{10-25}$$

和

$$x_2' = \frac{x_2 - vt_2}{\sqrt{1-\frac{v^2}{c^2}}} \tag{10-26}$$

考虑到在S系测量运动杆两端的坐标必须同时满足这一要求，即$t_1 = t_2$，杆的静止长度可以表示为

$$\Delta L_0 = x_2' - x_1' = \frac{x_2 - x_1}{\sqrt{1-\frac{v^2}{c^2}}} = \frac{\Delta L}{\sqrt{1-\frac{v^2}{c^2}}} \tag{10-27}$$

即

$$\Delta L = \Delta L_0\sqrt{1-\frac{v^2}{c^2}} \tag{10-28}$$

式（10-28）表示，在S系观测到运动着的杆的长度比它的静止长度缩短了，这就是说，在相对物体静止的惯性系中测得的物体的长度最长，称为固有长度。并且，长度收缩效应只发生在运动方向上，在与运动垂直的方向上并不发生收缩。长度收缩完全是相对论效应，是一种普遍的时空性质。从表面上看，长度收缩不符合日常经验。这是因为我们在日常生活和技术领域中所遇到的运动都比光速慢得多。在地球上宏观物体所能达到的最大速度与光速之比的数量级约为10^{-5}左右。在这样的速度下，长度收缩的数量级约为10^{-10}，可以忽略不计。

由于运动的相对性，长度收缩效应也是互逆的，静止放置在S系的杆，在S′系观测同样会得到收缩的结论。

时间膨胀和长度收缩是相关的。例如，宇宙射线中含有许多能量极高的μ子，这些μ子是

在距离海平面10～20km的大气层顶端产生的。静止μ子的平均寿命只有2.2×10^{-6}s，如果不是由于相对论效应，这些μ子即使以光速c运动，在它们的平均寿命内，也只能飞行660m。但实际上很大一部分μ子都能穿透大气层到达底部。地面上的参考系把这类现象描述为运动μ子的寿命延长效应。但从固结于μ子上的参考系看来，它的寿命并没有延长，而是由于相对于它做高速运动的大气层的厚度缩小了，因此可以在μ子寿命内飞越大气层。

综上所述，相对论时空观有以下几个要点：其一，时间、空间是和物质运动的状况相关的。因此，同时性、时间、长度都是相对的，它们的量度跟惯性系的选择有关；其二，时间和空间是密切相关的，不存在绝对的时间和空间；其三，时间和空间是客观的，一切涉及长度的空间尺度都因运动而收缩，一切涉及时间的过程（如分子的振动、粒子的寿命、生命过程等）都因运动而膨胀，这是时空的性质，而不是观测者主观意志的结果。

【例10-1】 两惯性系S和S′沿x轴相对运动，当两坐标原点O和O'重合时为计时开始。若在S系中测得某两事件的时空坐标分别为$x_1=6\times10^4$m，$t_1=2\times10^{-4}$s，$x_2=12\times10^4$m，$t_2=1\times10^{-4}$s，而在S′系中测得该两事件同时发生。试问：

（1）S′系相对S系的速度如何？

（2）S′系中测得这两事件的空间间隔是多少？

【解】（1）设S′系相对S系的速度为v，由洛伦兹变换，在S′系中测得两事件的时间坐标分别为

$$t_1'=\frac{t_1-\frac{vx_1}{c^2}}{\sqrt{1-\frac{v^2}{c^2}}},\ t_2'=\frac{t_2-\frac{vx_2}{c^2}}{\sqrt{1-\frac{v^2}{c^2}}}$$

由题意$t_2'=t_1'$，即

$$t_2-\frac{vx_2}{c^2}=t_1-\frac{vx_1}{c^2}$$

解得

$$v=\frac{c^2(t_2-t_1)}{x_2-x_1}=-\frac{c}{2}=-1.5\times10^8\text{m}\cdot\text{s}^{-1}$$

式中，负号表示S′系沿x轴负向运动。

（2）设在S′系中测得两事件的空间坐标分别为x_1'和x_2'，由洛伦兹变换

$$x_1=\frac{x_1'+vt_1'}{\sqrt{1-\frac{v^2}{c^2}}},\quad x_2=\frac{x_2'+vt_2'}{\sqrt{1-\frac{v^2}{c^2}}}$$

因为$t_2'=t_1'$，所以

$$x_2'-x_1'=(x_2-x_1)\sqrt{1-\frac{v^2}{c^2}}=5.2\times10^4\text{m}$$

【例10-2】 在惯性系S中，测得某两事件发生在同一地点，时间间隔为4s，在另一惯性系S′中，测得这两个事件的时间间隔为6s。试问在S′系中，它们的空间间隔是多少？

【解】 在同一地点先后发生两事件的时间间隔即固有时间，所以在S′系中测得的$\Delta t'=6$s是由于相对论时间膨胀效应的结果，故利用

$$\Delta t'=\frac{\Delta t}{\sqrt{1-\frac{v^2}{c^2}}}$$

可得
$$\frac{\Delta t'}{\Delta t}=\frac{1}{\sqrt{1-\frac{v^2}{c^2}}}=\frac{6\text{s}}{4\text{s}}$$

所以
$$v=\frac{\sqrt{5}}{3}c=\sqrt{5}\times 10^8\text{m}\cdot\text{s}^{-1}$$

根据洛伦兹变换，在S′系中测得两事件的空间坐标分别为
$$x_1'=\frac{x_1-vt_1}{\sqrt{1-\frac{v^2}{c^2}}},\quad x_2'=\frac{x_2-vt_2}{\sqrt{1-\frac{v^2}{c^2}}}$$

由题意 $\Delta x=x_2-x_1=0$，$\Delta t=t_2-t_1=4\text{s}$，故
$$|\Delta x'|=\frac{v\Delta t}{\sqrt{1-\frac{v^2}{c^2}}}=\frac{3}{2}\times\sqrt{5}\times 4\times 10^8\text{m}=6\sqrt{5}\times 10^8\text{m}$$

【例10-3】 离地面6000m的高空大气层中，产生一π介子以速度 $v=0.998c$ 飞向地球。假定π介子在自身参考系中的平均寿命为 $2\times 10^{-6}\text{s}$，根据相对论理论，试问：

(1) 地球上的观测者判断π介子能否到达地球？

(2) 与π介子一起运动的参考系中的观测者的判断结果又如何？

【解】(1) π介子在自身参考系中的平均寿命 $\Delta t_0=2\times 10^{-6}\text{s}$ 为固有时间。在地球上的观测者，由于时间膨胀效应，测得π介子的寿命为
$$\Delta t=\frac{\Delta t_0}{\sqrt{1-\frac{v^2}{c^2}}}=31.6\times 10^{-6}\text{s}$$

即在地球观测者看来，π介子一生可飞行距离为
$$L=v\Delta t\approx 9460\text{m}>6000\text{m}$$

所以判断结果是π介子能到达地球。

(2) 在与π介子共同运动的参考系中，π介子是静止的，地球以速率 $v=0.998c$ 接近π介子。从地面到π介子产生处为 $H_0=6000\text{m}$，是在地球参考系中测得的，由于空间收缩效应，在π介子参考系中，这段距离应为 $H=H_0\sqrt{1-\frac{v^2}{c^2}}=379\text{m}$，在π介子自身参考系中测，在其一生中可飞行的距离为 $L_0=v\Delta t_0\approx 599\text{m}>379\text{m}$，故判断结果是π介子能到达地球。

实际上，π介子能到达地球，这是客观事实，不会因为参考系的不同而改变。

物理知识应用

孪生子佯谬和孪生子效应

1961年，美国斯坦福大学的海尔弗利克在分析大量实验数据的基础上提出，寿命可以用细胞分裂的次数乘以分裂的周期来推算。对于人来说，细胞分裂的次数大约为50次，而分裂的周期大约是2.4年，照此计算，人的寿命应为120岁。因此，用细胞分裂的周期可以代表生命过程的节奏。

设想有一对孪生兄弟，哥哥告别弟弟乘宇宙飞船去太空旅行。在各自的参考系中，哥哥和弟弟的细胞分裂周期都是2.4年。但由于时间延缓效应，在地球上的弟弟看来，飞船上的哥哥的细胞分裂周期要比2.4年长，他认为哥哥比自己年轻。而飞船上的哥哥认为弟弟的细胞分裂周期也变长，弟弟也比自己年轻。

假如飞船返回地球兄弟相见，到底谁年轻就成了难以回答的问题。

这里，问题的关键是，时间延缓效应是狭义相对论的结果，它要求飞船和地球同为惯性系。要想保持飞船和地球同为惯性系，哥哥和弟弟就只能永别，不可能面对面地比较谁年轻。这就是通常所说的孪生子佯谬（twin paradox）。

如果飞船返回地球则在往返过程中有加速度，飞船就不是惯性系了。这一问题的严格求解要用到广义相对论，计算结果是，兄弟相见时哥哥比弟弟年轻。这种现象，被称为孪生子效应。

1971 年，美国空军用两组 Cs（铯）原子钟做实验。发现绕地球一周的运动钟变慢了（203 ±10）ns，而按广义相对论预言运动钟变慢（184 ±23）ns，在误差范围内理论值和实验值一致，验证了孪生子效应。应该注意，与钟一起运动的观测者是感受不到钟变慢的效应的。运动时钟变慢纯粹是一种相对论效应，并非运动时钟的结构发生什么改变。1s 定义为相对于参考系静止的 ^{135}Cs 原子发出的一个特征频率光波周期的 9 192 631 770 倍。在任何惯性系中的 1s 都是这样定义的。但是在不同惯性系中，观察同一个^{135}Cs 原子发出的特征频率光波的周期是不同的。当 $v \ll c$ 时$\Delta t' = \Delta t$，这就回到绝对时间了。相对论效应在全球定位系统（GPS）中已有重要应用。

物理知识拓展

广义相对论的时空特性

1. 引力时间膨胀

前面介绍了空间的弯曲，实际上，广义相对论给出的结论比这要复杂得多。它指出不但空间弯曲，还要有与之相联系的时间“弯曲”。对于图 10-5 所示的情况，不但四边形靠近太阳那一边的长度比远离太阳那一边的长，而且靠近太阳的地方时间也要长些，或者说，靠近太阳的钟比远离太阳的钟走得要慢一些，这种效应叫引力时间膨胀。它也是等效原理的一个推论。

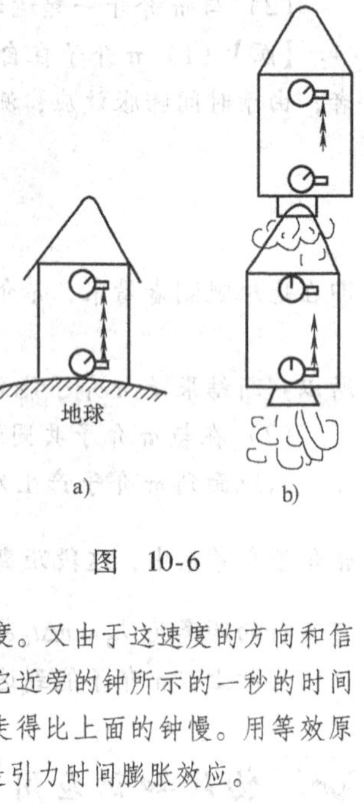

图 10-6

如图 10-6a 所示，设想在地面建造一间实验室，在室内地板和天花板上各安装一只同样的钟。为了比较这两只钟的快慢，我们设下面的钟和一个无线电发报机联动，每秒（或每几分之一秒）向上发出一信号，同时上面的钟附有一收报机，它可以把收到的无线电信号的频率与自己走动的频率相比较。现在应用等效原理，将此实验室用一太空船代替，如图 10-6b 所示。如果此船以加速度 $-\boldsymbol{g}$ 一旦运动，则在船内发生的一切将和地面实验室发生的一样。为方便起见，设太空船在太空惯性系中从静止开始运动时，下面的发报机开始发报。由于太空船做加速运动，所以当信号经过一定的时间到达上面的收报机时，收报机就具有了一定的速度。又由于这速度的方向和信号传播的方向相同，所以收报机收到的连续两次信号之间的时间间隔一定比它近旁的钟所示的一秒的时间长。由于上下两只钟的快慢是通过这无线电信号加以比较的，所以下面的钟走得比上面的钟慢。用等效原理再回到地球上的实验室里，就得到靠近地面的那只钟比上面的钟慢。这就是引力时间膨胀效应。

1972 年有人曾做过这样的实验：用两组原子钟，一组留在地面上，另一组装入喷气客机做高空（约 10 000m）环球飞行。当飞行的钟返回原地与留下的钟相比时，扣除由于运动引起的狭义相对论时间膨胀效应，得到高空的钟快了 1.5×10^{-5}s，这和广义相对论引力时间膨胀计算结果相符合。

2. 黑洞

从广义相对论出发可以得到这样一个结论：如果一个星体的密度非常巨大，它的引力也非常巨大，以致在某一半径（临界半径）之内，任何物体甚至电磁辐射都不能从它的引力作用下逃逸出来。下面我们用牛顿力学来估计一下这样的临界半径。

在第二宇宙速度（也称逃逸速度）的讨论中，可以得到，一质点从质量为 m、半径为 R 的行星或星体表面附近逃逸出星体引力束缚的速度为 $v_2=\sqrt{\frac{2Gm}{R}}$，如果设想这个星体的逃逸速度等于光速 c，则此星体的临界半径应为 $R_s=\frac{2Gm}{c^2}$。显然任何物体只要其速度小于或等于光速，它们都会被这种致密的星体的引力所吸引，而落入这个星体之中。R_s 称为史瓦西（Schwarzschild）半径。很凑巧，广义相对论也给了同样的公式。这样，在宇宙空间就会出现一种引力极强的星体，光束只要从它附近经过都将落入其中，而它却没有任何电磁辐射发射出来，这种星体被称为黑洞。对应于太阳的质量（2×10^{30}kg），这一半径为 3.0km（现时太阳半径为 7×10^7km）。对应于地球的质量（6×10^{24}kg），这一半径为 9mm，即地球变成黑洞时它的大小和一个指头肚差不多。

在黑洞附近，空间受到极大的弯曲，这相当于图 10-4 中太阳的位置处出现了一个无底洞，在这个洞边上有一个单向壁，它的半径就是史瓦西半径，任何物体跨过此单向壁后，只能越陷越深，永远不能再从洞口出来了。

在一个黑洞内部，空间和时间是能相互转换的。从单向壁向黑洞中心不是一段空间距离，而是一段时间间隔，黑洞的中心点不是一个空间点，而是一个时间的点。因此在黑洞中，引力场不是恒定的，而是随时间变化的。这引力场将演变到黑洞中各处引力场的强度都变成无限大为止。这种演变是很快的。例如，对于一个具有太阳质量的黑洞，这段演变只需 10^{-5}s。但是从外面看，黑洞并没有任何演变，它将永远保持它的形态不变。这个看来是矛盾的结论根源在于引力时间膨胀。

前面说过引力能使时钟变慢，在黑洞附近引力时间膨胀效应很大。在到达单向壁时，这一时间膨胀效应是如此之大，以致此处的钟和远处同样的钟相比就慢得停下来了。如果我们设想一个宇航员驾驶飞船到了单向壁上，则从外面远离黑洞的人看来，他的一切生命过程（脉搏、呼吸、肌肉动作）几乎都停下来了。他好像被冻起来了一样。可是宇航员本身并未发现自己有什么变化。他自我感觉正常，只是周围远处的一切都加速了。与此相似，从外面看，黑洞中发生任何变化却需要无限长的时间。也就是说，看不出它有什么变化。

直到 1964 年，天文学家才首次发现了一个黑洞，并认为它是由恒星在其引力坍缩下形成的。

总之，狭义相对论和广义相对论对物理学的不同领域所起的作用各不相同。在宏观、低速的情况下，两者的效应均可略去，而在微观、高能物理中狭义相对论取得了辉煌的成就，它是人们认识微观世界和高能物理的基础。而广义相对论则适用于大尺度的时空，即所谓宇观世界，它的成果要在宇观世界里才能显示出来。

应用能力训练

【例 10-4】 某火箭相对地面的速度为 $v=0.8c$，火箭的飞行方向平行于地面，在火箭上的观察者测得火箭的长度为 50m，问：

（1）地面上的观察者测得这个火箭多长？

（2）若地面上平行于火箭的飞行方向有两棵树，两树的间距是 50m，问在火箭上的观察者测得这两棵树间的距离是多少？

（3）若一架飞机以 $v=600\text{m}\cdot\text{s}^{-1}$ 的速度平行于地面飞行，飞机的静长为 50m，问地面上的观察者测得飞机的长度为多少？

【解】（1）由题意 $l_0=50\text{m}$，地面上的观测者同时测量火箭两端的坐标，得出的火箭长度可直接用长度收缩公式计算。所以

$$l=l_0\sqrt{1-\frac{v^2}{c^2}}=50\times\sqrt{1-\frac{0.8^2c^2}{c^2}}=30\text{m}$$

（2）同理，同上计算 $l=30\text{m}$

（3）同上分析，由于 v/c 太小，按级数展开，故

$$l = l_0\sqrt{1-\frac{v^2}{c^2}} = l_0\left(1-\frac{v^2}{2c^2}\right) \approx 50\text{m}$$

【例10-5】 一位旅客在星际旅行中打了5.0min的瞌睡，如果他乘坐的宇宙飞船是以0.98c的速度相对于太阳系运动的。那么，太阳系中的观测者会认为他睡了多长时间？

【解】 由于飞船中的旅客打瞌睡这一事件相对飞船始终发生于同一地点，故可直接使用时间膨胀公式计算。由时间膨胀公式

$$\Delta t = \frac{\Delta t_0}{\sqrt{1-\frac{v^2}{c^2}}} = 25\text{min}$$

在太阳系中的观测者看来他睡了25min。

【例10-6】 地球的平均半径为6370km，它绕太阳公转的速度约为$v = 30\text{km}\cdot\text{s}^{-1}$，在一较短的时间内，地球相对于太阳可近似看成是在做匀速直线运动。从太阳参考系看来，在运动方向上，地球的半径缩短了多少？

【解】 根据长度收缩公式$l = l_0\sqrt{1-\frac{v^2}{c^2}}$，由于$v$很小，按级数展开，取前两项

$$\sqrt{1-\frac{v^2}{c^2}} = 1 - \frac{1}{2}\frac{v^2}{c^2} + \cdots$$

所以

$$l - l_0 = \frac{l_0}{2}\frac{v^2}{c^2} = 3.19\times10^{-2}\text{m}$$

可见，地球半径沿其运动方向收缩了约3.2cm。

10.3 狭义相对论动力学

物理学基本内容

狭义相对论采用了洛伦兹变换后，建立了新的时空观，同时也带来了新的问题，这就是经典力学不满足洛伦兹变换，自然也就不满足新变换下的相对性原理。如何修正经典理论？一个方案是，坚持光速c是极限速度，物体质量是不变量。这样就不得不放弃动量守恒。而动量守恒是自然界的普遍规律，所以，这个方案是不可取的。另一方案，坚持光速c是极限速度，坚持动量守恒定律。这样，物体的质量就必须是个变量，是随物体速度v而变化的量。事实上，在电子发现不久，1901年考夫曼从放射性实验中发现了电子质量随速度而改变的现象。爱因斯坦对经典力学进行改造或修正，以使它满足洛伦兹变换和洛伦兹变换下的相对性原理。经这种改造的力学就是相对论力学，应用于高速领域。

10.3.1 相对论质量

在经典力学中，根据动能定理，做功将会使质点的动能增加，质点的运动速率将增大，速率增大到多大，原则上是没有上限的。而实验证明这是错误的。例如，在真空管的两个电极之间施加电压，用以对其中的电子加速。实验发现，当电子速率越高时加速就越困难，并且无论施加多大的电压都不能达到光速。这一事实意味着物体的质量不是绝对不变量，可能是速率的函数，随

速率的增加而增大。爱因斯坦给出了运动物体的质量与它的静止质量的一般关系为

$$m = \frac{m_0}{\sqrt{1 - \frac{v^2}{c^2}}} \tag{10-29}$$

这个关系改变了人们在经典力学中认为质量是不变量的观念。

静止质量 m_0 可以看作物体静止时测到的相对论性质量，它在洛伦兹变换下是不变的。相对论性质量 m 是运动速率的函数，在不同惯性系中有不同的值，是在相对论中物体惯性的量度，简称质量。从式（10-29）可以看出，当物体的运动速率无限接近光速时，其相对论性质量将无限增大，其惯性也将无限增大。所以，施以任何有限大的力都不可能将静止质量不为零的物体加速到光速。可见，用任何动力学手段都无法获得超光速运动。这就从另一个角度说明了在相对论中光速是物体运动的极限速度。

1966 年在美国斯坦福投入运行的电子直线加速器，全长 3×10^3m，加速电势差为 $7\times10^6\ \mathrm{V\cdot m^{-1}}$，可将电子加速到 $0.9999999997c$，接近光速，但不能超过光速。有力地证明了相对论质速关系的正确性。

10.3.2 相对论动力学基本方程

根据质速关系，相对论动量应定义为

$$\boldsymbol{p} = m\boldsymbol{v} = \frac{m_0\boldsymbol{v}}{\sqrt{1 - \frac{v^2}{c^2}}} \tag{10-30}$$

由上面的定义可见，在相对论中动量并不正比于速度 $\boldsymbol{v}$，而正比于 $\frac{m_0\ \boldsymbol{v}}{\sqrt{1 - v^2/c^2}}$。可以证明，动量的这种形式使动量守恒定律在洛伦兹变换下保持数学形式不变。同时，在物体运动速率远小于光速的情况下，动量将过渡到经典力学中的形式。

在经典力学中，质点动量的时间变化率等于作用于质点的合力。在相对论中这一关系仍然成立，不过应将动量写为式（10-30）的形式，于是就有

$$\boldsymbol{F} = \frac{\mathrm{d}\boldsymbol{p}}{\mathrm{d}t} = \frac{\mathrm{d}}{\mathrm{d}t}\left(\frac{m_0\boldsymbol{v}}{\sqrt{1 - \frac{v^2}{c^2}}}\right) \tag{10-31}$$

这就是相对论动力学基本方程。显然，当质点的运动速率 $v \ll c$ 时，上式将回到牛顿第二定律。可以说，牛顿第二定律是物体在低速运动情况下对相对论动力学方程的近似。

10.3.3 相对论能量

根据相对论动力学基本方程可以得到

$$\boldsymbol{F} = m\frac{\mathrm{d}\boldsymbol{v}}{\mathrm{d}t} + \boldsymbol{v}\frac{\mathrm{d}m}{\mathrm{d}t} \tag{10-32}$$

式（10-32）中的力和速度都可以表示为标量。在经典力学中，质点动能的增量等于合力做的功，我们将这一规律应用于相对论力学中，考虑到式（10-32），于是有

$$\boldsymbol{F}\cdot\mathrm{d}\boldsymbol{r} = \frac{\mathrm{d}\boldsymbol{p}}{\mathrm{d}t}\cdot\mathrm{d}\boldsymbol{r} = \mathrm{d}\boldsymbol{p}\cdot\boldsymbol{v} = (\boldsymbol{v}\mathrm{d}m + m\mathrm{d}\boldsymbol{v})\cdot\boldsymbol{v} = v^2\mathrm{d}m + mv\mathrm{d}v \tag{10-33}$$

对质速关系式（10-29）变形为

$$m_0^2c^2+m^2v^2=m^2c^2$$

对上式两边求微分，得

$$mv\mathrm{d}v+v^2\mathrm{d}m=c^2\mathrm{d}m$$

将上式代入式（10-33），得

$$E_k=\int_L \boldsymbol{F}\cdot\mathrm{d}\boldsymbol{r}=\int_m^{m_0}c^2\mathrm{d}m=mc^2-m_0c^2 \tag{10-34}$$

$$E_k=m_0c^2\left(\frac{1}{\sqrt{1-\frac{v^2}{c^2}}}-1\right) \tag{10-35}$$

这就是相对论中质点动能的表示式。

显然，当 $v\ll c$ 时，可对 $\left(1-\frac{v^2}{c^2}\right)^{-1/2}$ 进行泰勒展开，得

$$\left(1-\frac{v^2}{c^2}\right)^{-1/2}=1+\frac{1}{2}\frac{v^2}{c^2}+\frac{3}{8}\frac{v^4}{c^4}+\cdots \tag{10-36}$$

取上式的前两项，代入式（10-35），得

$$E_k=m_0c^2\left(1+\frac{1}{2}\frac{v^2}{c^2}-1\right)=\frac{1}{2}m_0v^2 \tag{10-37}$$

这正是经典力学中动能的表达式。

可以将式（10-35）改写为

$$mc^2=E_k+m_0c^2 \tag{10-38}$$

爱因斯坦认为上式中的 m_0c^2 是物体静止时的能量，称为物体的静能，而 mc^2 是物体的总能量，它等于静能与动能之和。物体的总能量若用 E 表示，可写为

$$E=mc^2=\frac{m_0c^2}{\sqrt{1-\frac{v^2}{c^2}}} \tag{10-39}$$

这就是著名的相对论质能关系。

在相对论建立以前，人们是将质量守恒定律与能量守恒定律看作两个互相独立的定律。质能关系把它们统一起来了，认为质量的变化必定伴随着能量的变化，而能量的变化同样伴随着质量的变化，质量守恒定律和能量守恒定律就是一个不可分割的定律了。

关于静能，实际上它代表了物体静止时内部一切能量的总和（在粒子的碰撞、不稳定粒子的衰变以及粒子的湮灭或产生等各种高能物理过程中，都证明静能的存在。例如，静质量为 m_π 的中性 π^0 介子被原子核吸收后，原子核的能量将从能级 E_1 跃迁到能级 E_2。实验表明，这两个能级的能量差 $\Delta E=E_2-E_1$ 是一定的，并正好等于 π^0 介子静能 $m_\pi c^2$。

无论在重核裂变反应还是在轻核聚变反应中，总伴随巨大能量的释放。实验表明，在这些反应前粒子系统的总质量一定大于反应后粒子系统的总质量，质量的减少量 Δm_0 称为质量亏损，反应中释放的能量 ΔE 满足下面的关系

$$\Delta E=\Delta m_0c^2 \tag{10-40}$$

这正是爱因斯坦的质能关系。在上述过程中，减少的静能以动能的形式释放出来了。

由质速关系式（10-29）变形为

$$m_0^2c^4+m^2v^2c^2=m^2c^4 \tag{10-41}$$

将质能关系式（10-39）和动量定义式代入上式，经整理可以得到

$$E^2 = p^2c^2 + m_0^2c^4 \tag{10-42}$$

这就是相对论能量-动量关系。

对于静止质量为零的粒子，如光子，能量-动量关系变为下面的形式

$$E = pc \tag{10-43}$$

或者进一步化为

$$p = \frac{E}{c} = \frac{mc^2}{c} = mc \tag{10-44}$$

将式（10-44）与动量表示式 $p = mv$ 相比较，立即可以得到一个重要结论，即静止质量为零的粒子总是以光速 c 运动。

物理知识应用

轻核的聚变——氢弹

某些轻核结合成质量较大的核时，发生质量亏损，能释放出更多的能量。例如，一个氘核和一个氚核结合成一个氦核时，释放出17.6MeV的能量，平均每个核子放出的能量在3MeV以上，这时的核反应方程是

$${}_1^2\mathrm{H} + {}_1^3\mathrm{H} \rightarrow {}_2^4\mathrm{He} + {}_0^1\mathrm{n}$$

轻核结合成质量较大的核称为聚变。使核发生聚变，必须使它们接近到10^{-15}m距离范围内，也就是接近到核力能够发生作用的范围。由于原子核都是带正电的，要使它们接近到这种程度，必须克服电荷之间的很大的斥力作用。这就要使核具有很大的动能。用什么办法能使大量的轻核获得足够的动能来产生聚变呢？有一种办法，就是把它们加热到很高的温度。从理论分析知道，物质达到几百万摄氏度以上的高温时，原子的核外电子已经完全和原子脱离，成为等离子体，这时小部分原子核就具有足够的动能，能够克服相互间的静电力，在互相碰撞中接近到可以发生聚变的程度。因此，这种反应又称为热核反应。原子弹爆炸时就能产生这样高的温度，所以可以用原子弹引起热核反应。氢弹就是根据这种原理制造出来的。

原子弹爆炸时，维持几百万摄氏度到几千万摄氏度高温的时间仅约百万分之几秒，所以由原子弹引起的热核反应也要求在百万分之几秒时间内完成。为此，要求轻核燃料的密度要大，以便在这相当短的时间内有足够多的轻核燃料发生聚变反应，放出巨大能量。然而，氘和氚在普遍条件下都是气体，密度很小，只有在零下200多摄氏度的低温下才成为液体，并要装在笨重的冷藏设备中，这样制造出来的氢弹体积大，运输困难。此外，氚在自然界中无储备，需人工制造，价格昂贵。因此，现代氢弹一般是将氘-氚反应作为热核爆炸过程的一个中间环节，利用它所产生的超高温，为其他较易发生的热核反应提供进行的条件。研究表明，锂（${}_3^6\mathrm{Li}$）受中子轰击，会分裂为氦和氚核，同时释放出4.8MeV的能量。因此，通常采用锂（${}_3^6\mathrm{Li}$）和氘的化合物——氘化锂作为氢弹的主要热核反应材料，由于氘化锂是固体，不需进行冷却处理来压缩，且价格比氚便宜得多，用氘化锂制造氢弹不但成本低，而且体积小，质量轻，便于运输。

由于在相同质量下，轻核聚变反应所释放的能量是重核裂变反应所释放能量的4倍，因此尽管氢弹杀伤破坏因素与原子弹相同，但威力比原子弹大很多。

如果热核反应能够控制，把它作为一种能源，那是非常理想的，它释放出的能量，就每一个核子平均来说，比裂变反应还要大好几倍。而且裂变反应会产生带有强放射性的物质，会对环境造成放射性污染；热核反应对环境的污染要轻得多，也比较容易处理。热核反应需要的原料——氘，在世界上的储量是非常丰富的。1L海水中大约有0.03g的氘，如果用来发生热核反应，那么，它放出的能量就和燃烧300L汽油相当。可见，海水中的氘就是异常丰富的能源。

物理知识拓展

相对论质量公式的推导

相对论质量公式是怎么来的呢？下面就让我们来探求质量与速率的这种函数关系。

如图10-7所示，设计一个理想实验，取两个惯性系S系和S′系（坐标轴与以上各节的规定相同）。现在S系中有一静止在$x=x_0$处的粒子，由于内力的作用而分裂为质量相等的两部分（A和B），即$m_A=m_B$，并且分裂后m_A以速度$\boldsymbol{v}$沿x轴正方向运动，而m_B以速度$-\boldsymbol{v}$沿x轴负方向运动。设S′系固联在m_A上，所以S′系也相对于S系以速度$\boldsymbol{v}$沿x轴正方向运动，从S′系看m_A是静止不动的，即$v'_A=0$。而m_B相对于S′系的运动速度v'_B可以由洛伦兹速度变换公式求出，得

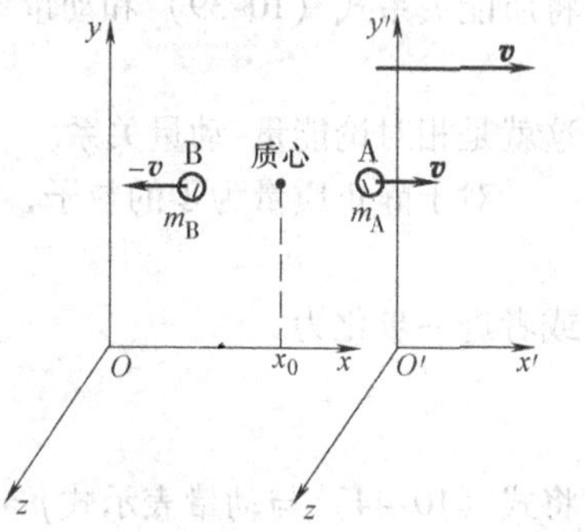

图 10-7

$$v'_B=\frac{-v-v}{1-\frac{(-v)v}{c^2}}=\frac{-2v}{1+\frac{v^2}{c^2}} \tag{10-45}$$

从S系看，粒子分裂后其质心仍在x_0处不动，但从S′系看，质心是以速度$-\boldsymbol{v}$沿x轴负方向运动。也可以根据质心的定义求质心相对于S′系的运动速度

$$v'_0=-v=\frac{dx'_0}{dt}=\frac{d}{dt}\left(\frac{m_Ax'_A+m_Bx'_B}{m_A+m_B}\right)=\frac{m_Av'_A+m_Bv'_B}{m_A+m_B}=\frac{m_B}{m_A+m_B}v'_B \tag{10-46}$$

在上式中考虑了$v'_A=0$。从上式可以解得

$$\frac{m_B}{m_A}=\frac{v'_0}{v'_B-v'_0}=\frac{-v}{v'_B+v} \tag{10-47}$$

由式（10-45）解出v，得

$$v=-\frac{c^2}{v'_B}\left[1-\sqrt{1-\left(\frac{v'_B}{c}\right)^2}\right] \tag{10-48}$$

将式（10-48）代入式（10-47），得

$$\frac{m_B}{m_A}=\frac{\frac{c^2}{v'_B}\left[1-\sqrt{1-\left(\frac{v'_B}{c}\right)^2}\right]}{v'_B-\frac{c^2}{v'_B}\left[1-\sqrt{1-\left(\frac{v'_B}{c}\right)^2}\right]}=\frac{c^2-c\sqrt{c^2-v'^2_B}}{v'^2_B-c^2+c\sqrt{c^2-v'^2_B}}=\frac{c(c-\sqrt{c^2-v'^2_B})}{\sqrt{c^2-v'^2_B}(c-\sqrt{c^2-v'^2_B})}$$

即

$$\frac{m_B}{m_A}=\frac{1}{\sqrt{1-\left(\frac{v'_B}{c}\right)^2}} \tag{10-49}$$

或者

$$m_B=\frac{m_A}{\sqrt{1-\left(\frac{v'_B}{c}\right)^2}} \tag{10-50}$$

由式（10-50）可以看到，在S系观测，粒子分裂后的两部分以相同速率运动，质量相等，但从S′系观测，由于它们运动速率不同，质量也不相等。m_A静止，可看作静质量，用m_0表示；m_B以速率v'_B运动，可视为运动质量，称为相对论性质量，用m表示。去掉v'_B的上下标，于是就得到运动物体的质量与它的静质量的一般关系

$$m=\frac{m_0}{\sqrt{1-\frac{v^2}{c^2}}} \tag{10-51}$$

应用能力训练

【例10-7】 一个电子的总能量为它的静止能量的5倍，问它的速率、动量、动能各为多少?

【解】 由公式 $E=mc^2$ 和 $E_0=m_0c^2$ 可知

$$\frac{E}{E_0}=\frac{m}{m_0}=5$$

由公式

$$m=\frac{m_0}{\sqrt{1-v^2/c^2}}$$

可求得电子的速率

$$v=\frac{\sqrt{24}}{5}c=2.94\times10^8\mathrm{m\cdot s^{-1}}$$

电子的动量

$$p=mv=\sqrt{24}m_0c=1.34\times10^{-21}\mathrm{kg\cdot m\cdot s^{-1}}$$

电子的动能

$$E_\mathrm{k}=E-E_0=4m_0c^2=3.28\times10^{-13}\mathrm{J}$$

[常见错误] 误认电子的动能 $E_\mathrm{k}=\frac{1}{2}mv_0^2$

本章归纳总结

1. 狭义相对论的两条基本原理

(1) 狭义相对性原理　基本物理定律在所有惯性系中都保持相同形式的数学表达式，因此一切惯性系都是等价的;

(2) 光速不变原理　在一切惯性系中，光在真空中的传播速率都等于 c，与光源的运动状态无关。

2. 洛伦兹坐标变换

$$\begin{cases} x'=\dfrac{x-vt}{\sqrt{1-\dfrac{v^2}{c^2}}} \\ y'=y \\ z'=z \\ t'=\dfrac{t-\dfrac{vx}{c^2}}{\sqrt{1-\dfrac{v^2}{c^2}}} \end{cases} \quad \text{逆变换:}\begin{cases} x=\dfrac{x'+vt'}{\sqrt{1-\dfrac{v^2}{c^2}}} \\ y=y' \\ z=z' \\ t=\dfrac{t'+\dfrac{vx'}{c^2}}{\sqrt{1-\dfrac{v^2}{c^2}}} \end{cases}$$

3. 相对论速度变换

$$\begin{cases} u'_x=\dfrac{u_x-v}{1-\dfrac{vu_x}{c^2}} \\ u'_y=\dfrac{u_y\sqrt{1-\dfrac{v^2}{c^2}}}{1-\dfrac{vu_x}{c^2}} \\ u'_z=\dfrac{u_z\sqrt{1-\dfrac{v^2}{c^2}}}{1-\dfrac{vu_x}{c^2}} \end{cases} \quad \text{逆变换:}\begin{cases} u_x=\dfrac{u'_x+v}{1+\dfrac{vu'_x}{c^2}} \\ u_y=\dfrac{u'_y\sqrt{1-\dfrac{v^2}{c^2}}}{1+\dfrac{vu'_x}{c^2}} \\ u_z=\dfrac{u'_z\sqrt{1-\dfrac{v^2}{c^2}}}{1+\dfrac{vu'_x}{c^2}} \end{cases}$$

4. 狭义相对论的时空观

（1）同时性是相对的。

（2）长度缩短：$\Delta L=\Delta L_0\sqrt{1-\frac{v^2}{c^2}}$

（3）时间膨胀：$\Delta\tau=\frac{\Delta\tau_0}{\sqrt{1-\frac{v^2}{c^2}}}$

5. 相对论质量

$$m=\frac{m_0}{\sqrt{1-\frac{v^2}{c^2}}}$$

6. 相对论动量

$$\boldsymbol{p}=m\boldsymbol{v}=\frac{m_0\boldsymbol{v}}{\sqrt{1-\frac{v^2}{c^2}}}$$

7. 相对论能量

$$E=mc^2=\frac{m_0c^2}{\sqrt{1-\frac{v^2}{c^2}}}$$

相对论动能

$$E_k=m_0c^2\left(\frac{1}{\sqrt{1-\frac{v^2}{c^2}}}-1\right)$$

8. 相对论动量和能量的关系

$$E^2=p^2c^2+m_0^2c^4$$

本章习题

（一）填空题

10-1 μ子是一种基本粒子。在相对于μ子静止的坐标系中测得其寿命为$\tau_0=2\times10^{-6}$s，如果μ子相对于地球的速度为$v=0.988c$，则在地球坐标系中测出μ子的寿命为________。

10-2 观察者甲以$\frac{4}{5}c$的速度相对于观察者乙运动，若甲携带一长度为L、截面积为S，质量为m的棒，这根棒安放在运动方向上，则①甲测得此棒的密度为________，②乙测得此棒的密度为________。

10-3 牛郎星距离地球约16光年，宇宙飞船若以________的匀速度飞行，将用4年的时间（宇宙飞船上的钟指示的时间）抵达牛郎星。

10-4 一电子以$0.99c$的速率运动（电子静止质量为9.11×10^{-31}kg，则电子的总能量是________，电子的经典力学的动能与相对论动能之比是________。

10-5 在惯性系中，一次爆炸发生在坐标$(x,\ y,\ z,\ t)=(6\text{m},\ 0,\ 0,\ 0.2\times10^{-8}\text{s})$处，一惯性参考系沿着$x$的正方向以相对速度$0.8c$运动。假设在$t=t'=0$时两参考系的原点重合，则运动参考系中观测者测得该事件的坐标为$(x',\ y',\ z',\ t')=$________。

（二）计算题

10-6 一粒子的动量是按非相对论计算结果的二倍，该粒子的速率是多少？

10-7 在惯性系 S 中观察到两事件同时发生，空间距离为 1m。惯性系 S′沿两事件连线的方向相对于 S 运动，在 S′系中观察到两事件之间的距离为 3m。求 S′系相对于 S 系的速度和在其中测得两事件之间的时间间隔。

10-8 一宇航员要到离地球为 5 光年的星球去旅行。如果宇航员希望把这路程缩短为 3 光年，则他所乘的火箭相对于地球的速度是多少？

10-9 飞船 A 以 $0.8c$ 的速率相对地球向正东飞行，飞船 B 以 $0.6c$ 的速率相对地球向正西方向飞行。当两飞船即将相遇时 A 飞船在自己的天窗处相隔 2s 发射两颗信号弹。在 B 飞船的观测者测得两颗信号弹相隔的时间间隔为多少？

10-10 一物体的速度使其质量增加了 10%，试问此物体在运动方向上缩短了百分之几？

10-11 一静止质量为 m_0 的粒子，裂变成两个粒子，速率分别为 $0.6c$ 和 $0.8c$。求裂变过程的静质量亏损和释放出的动能。

（三）思考题

10-12 长度的量度和同时性有什么关系？为什么长度的量度和参考系有关？

10-13 有一枚相对于地球以接近光速飞行的宇宙火箭，在地球上的观察者将测得火箭上的物体长度缩短，过程的时间延长，有人因此得出结论说：火箭上的观察者将测得地球上的物体比火箭上同类物体更长，而同一过程的时间缩短。这个结论对吗？

10-14 相对论的能量与动量的关系式是什么？相对论的质量与能量的关系式是什么？静止质量与静止能量的物理意义是什么？

本章军事应用及工程应用阅读材料——太空“利剑”——粒子束武器

物理学理论指出，我们生活着的五光十色、千姿百态、奥妙无穷的大千世界是由物质组成的，而物质由分子组成，组成分子的原子又由电子和原子核构成。在物质结构的更深层次，还有质子、中子以及层子、介子、超子和一系列反粒子等，正是这些微观世界的神奇粒子组成了世界万物。自从 1897 年人类发现了第一个基本粒子——电子以来，迄今已发现了三百多种大大小小的粒子，科学家依据它们的特性将其分为四大家族：重子族、轻子族、介子族和媒子族。科学家们一直在孜孜不倦地探索这些家族的神秘性，每当科学家对粒子的属性有所新的察觉，相应的理论和技术就给人类带来新的利用，最先利用的常常是军事领域。

粒子虽小，但是只要把它们加速到数万米每秒的速度乃至接近光速，并将其集流成束，就会具有极大的动能。把这样的粒子束射向目标，它们能发挥比枪弹或炮弹更大的威力。这就是粒子束武器的物理学基本原理。目前粒子束武器所利用的基本粒子主要有电子、质子和中子。有“太空利剑”“攻坚能手”之称的粒子束武器已被许多国家列为武器发展的重点项目。

粒子束武器产生高能粒子束的简单原理是：首先，由高能电源输出巨大的电能，通过储能及转换装置变成高压脉冲，然后将高压脉冲转换为电子束，并将电子束中的粒子注入粒子加速器。粒子加速器一般分成多个加速级，每级都施加很高的电压，被注入到加速器里的带电粒子顺次通过各加速级，在电场力的作用下，连续地被加速。在加速器的出口处，带电粒子被加速到接近光的速度，最后通过大电磁透镜中的聚焦磁场把大量的高能粒子聚集成一股狭窄的束流射向目标。如果在带电粒子束从加速器射出时，用某种技术去掉每个带电粒子的多余电荷，使之变为中性粒子，这样射出的就是中性粒子束。

粒子束武器对目标的破坏机理有三种：

第一，具有很大动能的粒子束射到目标上时，能使目标的表面层迅速破碎、汽化，向外飞溅。大部分粒子还将穿透目标外层，进入目标内部，与目标材料的分子发生一系列碰撞，把能量传给后者，致使目标材料的温度急剧上升，以致被熔化烧穿或产生热应力。

第二，高速粒子束能在引爆炸药中引起离子交换，使其内部电荷分布不均匀，形成附加电场；大量的能量沉积和粒子束的强烈冲击，还会在目标中产生激波。附加电场和激波都可能提前引爆炸药，或破坏目标中的热核材料。

第三，粒子束还可对目标的电子设备和元器件造成很大的影响，直至使电子设备失效。低强度的粒子束照射可引起目标电子线路元器件工作状态改变、开关时间改变、漏电。高强度的粒子束照射则会使电子元器件彻底损坏，当高速运动的带电粒子在大气层内运动，由于与空气分子、目标材料分子作用而减速时，损失的能量将转化为高能 γ 射线和 X 射线，这些射线可能破坏目标的瞄准、引信、制导和控制电路。此外，带电粒子束的大电流短脉冲，还可能激励出很强的电磁脉冲，这也会对目标的电子线路造成很强的干扰和破坏。

与一般武器相比，粒子束武器具有如下几个特点：

1）拦截速度快：粒子束武器发射出的高能粒子的速度近于光速，这个速度比一般炮弹或导弹的速度快几万到十几万倍。因此，用粒子束武器拦截各种空间飞行器，可在极短的时间内命中目标，非常适合对付在远距离高速飞行的洲际弹道导弹。用粒子束武器射击一些近距离和速度比较慢的飞行器时，一般不需要考虑和计算射击提前量。

2）能量高度集中，穿透力强：粒子束武器可以将巨大的能量高度集中到一小块面积上，是一种杀伤点状目标的武器。而普通炸弹或核弹爆炸后，其能量从爆心向四面八方传播，只能作为一种杀伤面状目标的武器。

3）反应时间短：能快速灵活地改变粒子束流的方向，以对付不同的目标。一般大型武器的发射装置都比较庞大，因此改变射击方向时动作比较缓慢，往往需要几十秒至几分钟的时间。而粒子束武器只要改变一下粒子加速器出口处导向电磁透镜中电流的方向或强度，就能在百分之一秒的时间内迅速改变粒子束的射击方向。

4）“弹药”不受限制：只要电源供应充足，粒子束武器就可以在“弹药”供应方面达到“自产自销”，随耗随补，连续射击。

5）能全天候作战：粒子束武器能在各种气象条件下使用，它发射出去的粒子束具有很大的动能，能够穿透云雾，受天气影响小。

6）无放射性污染：粒子束武器射击后，既不会造成任何污染，也不会给己方带来什么不利的影响。所以，用粒子束武器拦截在大气层内飞行的核导弹非常合适。

粒子束武器按其技术性能一般分为大气层内使用的带电粒子束武器和外层空间使用的中性粒子束武器。前者主要用于战术防空，后者可用于反弹道导弹和反卫星系统，天基中性粒子束武器还可对几百至几千千米外的战略目标实施连续多次拦截。

但是，要想研制出实战使用的粒子束武器，还必须解决一系列技术难题，例如，能源问题、粒子加速器问题、粒子束传输问题以及粒子束对目标的破坏机理等。而且，粒子束武器的使用还受到地球磁场等环境因素的影响。军事科学家们正在物理学理论的指导下，努力攻克这些难题。

部分习题参考答案

第1章

1-1 （1）$5\mathrm{m}\cdot\mathrm{s}^{-1}$；
（2）$17\mathrm{m}\cdot\mathrm{s}^{-1}$

1-2 $v=v_0+ct^3/3,\ x=x_0+v_0t+\frac{1}{12}ct^4$

1-3 $x=(y-3)^2$

1-4 $0.35\mathrm{m}\cdot\mathrm{s}^{-1}$，方向8.98°（东偏北），$1.16\mathrm{m}\cdot\mathrm{s}^{-1}$

1-5 $a_\tau=-c,\ a_\mathrm{n}=(b-ct)^2/R$

1-6 $\boldsymbol{v}=50(-\sin5t\boldsymbol{i}+\cos5t\boldsymbol{j})\mathrm{m}\cdot\mathrm{s}^{-1},\ a_\tau=0$，圆

1-7 $a_\mathrm{n}=25.6\mathrm{m}\cdot\mathrm{s}^{-2},\ a_\tau=0.8\mathrm{m}\cdot\mathrm{s}^{-2}$

1-8 （1）$a=A\omega^2\sin\omega t$；
（2）$t=\frac{1}{2}(2k+1)\frac{\pi}{\omega}(k=0,1,2,\cdots)$

1-9 8m，10m

1-10 （1）$S/\Delta t$；
（2）$-2\boldsymbol{v}_0/\Delta t$

1-11 （1）变速率曲线运动；
（2）变速率直线运动

1-12 北偏西30°，正北

1-13 $a_\tau=-g/2$（负号表示与速度方向相反），$\rho=2\sqrt{3}v^2/(3g)$

1-14 $a_\tau=B,\ a_\mathrm{n}=A^2/R+4\pi B$

1-15 $x=2t^3/3+10$ （SI）

1-16 $t=\sqrt{\frac{R}{c}}-\frac{b}{c}$

1-17 （1）$\boldsymbol{r}=x\boldsymbol{i}+y\boldsymbol{j}=r\cos\omega t\boldsymbol{i}+r\sin\omega t\boldsymbol{j}$；
（2）$\boldsymbol{v}=\frac{\mathrm{d}\boldsymbol{r}}{\mathrm{d}t}=-r\omega\sin\omega t\boldsymbol{i}+r\omega\cos\omega t\boldsymbol{j}$，
$\boldsymbol{a}=\frac{\mathrm{d}\boldsymbol{v}}{\mathrm{d}t}=-r\omega^2\cos\omega t\boldsymbol{i}-r\omega^2\sin\omega t\boldsymbol{j}$；
（3）$\boldsymbol{a}=-\omega^2(r\cos\omega t\boldsymbol{i}+r\sin\omega t\boldsymbol{j})=-\omega^2\boldsymbol{r}$，这说明$\boldsymbol{a}$与$\boldsymbol{r}$方向相反，即$\boldsymbol{a}$指向圆心

1-18 1.3s

1-19 $2.78\mathrm{m}\cdot\mathrm{s}^{-2}$

1-20 （1）$\Delta t=17.346\mathrm{s}$；
（2）$\Delta h=294.75\mathrm{m}$

1-21 $\varphi=48°$

1-22 （1）$202\mathrm{m}\cdot\mathrm{s}^{-1}$；
（2）806m，$161\mathrm{m}\cdot\mathrm{s}^{-1}$，$-171\mathrm{m}\cdot\mathrm{s}^{-1}$

1-23 （1）$18.6\mathrm{m}\cdot\mathrm{s}^{-1}$；
（2）$35\mathrm{r}\cdot\mathrm{min}^{-1}$；
（3）1.7s

1-24 $4.079\mathrm{m}\cdot\mathrm{s}^{-1}$

1-25 $v=2\sqrt{x+x^3}$

1-26 $v=8\mathrm{m}\cdot\mathrm{s}^{-1},\ a=35.8\mathrm{m}\cdot\mathrm{s}^{-2}$

1-27 （1）$y=\frac{g}{2v_0^2}x^2$；
（2）$v=\sqrt{v_0^2+g^2t^2},\ a_t=\frac{\boldsymbol{a}\cdot\boldsymbol{v}}{|\boldsymbol{v}|}=\frac{g^2t}{\sqrt{v_0^2+g^2t^2}}$
$a_n=\frac{|\boldsymbol{a}\times\boldsymbol{v}|}{|\boldsymbol{v}|}=\frac{gv_0}{\sqrt{v_0^2+g^2t^2}}$

1-28 $v=\frac{2}{3}(\mathrm{e}^{3t}-1),x=\frac{2}{3}\left(\frac{1}{3}\mathrm{e}^{3t}-\frac{1}{3}-t\right)$

1-29 $f_\mathrm{earth}=1.16\times10^{-5}\mathrm{Hz}$，
$\omega_\mathrm{earth}=7.27\times10^{-5}\mathrm{rad}\cdot\mathrm{s}^{-1}$，
$f_\mathrm{sun}=3.17\times10^{-8}\mathrm{Hz}$
$\omega_\mathrm{sun}=1.99\times10^{-7}\mathrm{rad}\cdot\mathrm{s}^{-1}$，
$2.97\times10^4\mathrm{m}\cdot\mathrm{s}^{-1}$，$464\cos\theta\mathrm{m}\cdot\mathrm{s}^{-1}$，
$0.034\mathrm{m}\cdot\mathrm{s}^{-2}\cos\theta$

1-30 火箭的运动学方程为$y=l\tan kt$，当$\theta=\frac{\pi}{6}$时，火箭的速度为$\frac{4}{3}lk$，加速度为$\frac{8\sqrt{3}}{9}lk^2$

1-31 （1）$\frac{\mathrm{e}^{19.62\times10^{-2}t}-1}{10^{-2}\ (\mathrm{e}^{19.62\times10^{-2}t}+1)}$；
（2）$45.9\mathrm{m}\cdot\mathrm{s}^{-1}$，$100\mathrm{m}\cdot\mathrm{s}^{-1}$

1-32 （1）452m；（2）12.5°；
（3）$a_\tau=1.88\mathrm{m}\cdot\mathrm{s}^{-2}$，$a_\mathrm{n}=9.62\mathrm{m}\cdot\mathrm{s}^{-2}$

1-33 $2\mathrm{r}\cdot\mathrm{s}^{-2}$，860

1-34 （1）子弹沿抛物线轨迹运动，水平速度大小为$50\mathrm{m}\cdot\mathrm{s}^{-1}$，方向与飞机飞行方向相反；

（2）子弹以 $300\text{m}\cdot\text{s}^{-1}$ 的速度离开飞机，并沿抛物线轨迹运动。射手必须把枪指向斜上方与铅直方向成56.4°角

1-35 $49.22\text{km}\cdot\text{h}^{-1}$

1-36 $15\text{m}\cdot\text{s}^{-2}$

1-37 $\Delta T = T' - T = 3k^2T/4$

1-38 $|\boldsymbol{v}_{AE}| = \sqrt{(\boldsymbol{v}_{AF})^2 - (\boldsymbol{v}_{FE})^2} = 170\text{km}\cdot\text{h}^{-1}$，$\theta = \arctan(v_{FE}/v_{AE}) = 19.4°$（飞机应取向北偏东19.4°的航向）

第2章

2-1 5.2N

2-2 F_{f0}

2-3 2N，1N

2-4 $a_A = 0$，$a_B = 2g$

2-5 $\dfrac{F}{m'+m}$，$\dfrac{m'F}{m'+m}$

2-6 $(\mu\cos\theta - \sin\theta)g$

2-7 $a = g/\mu_s$

2-8 $\boldsymbol{a}_B = -\dfrac{m_3}{m_2}g\boldsymbol{i}$，$\boldsymbol{a}_A = 0$

2-9 $\dfrac{1}{\cos^2\theta}$

2-10 （1）$\dfrac{mg}{\cos\theta}$；

（2）$\sin\theta\sqrt{\dfrac{gl}{\cos\theta}}$

2-11 迎角

2-12 $F_N = m\left(g\cos\theta + \dfrac{v^2}{R}\right)$，$a_\tau = g\sin\theta$

2-13 （1）$v = v_0 e^{-\frac{Kt}{m}}$；

（2）$\dfrac{mv_0}{K}$

2-14 $\sqrt{\dfrac{6k}{mA}}$

2-15 （1）$F_T = (mv^2/R) - mg\cos\theta$，

$a_\tau = g\sin\theta$；

（2）它的数值随 θ 的增加按正弦函数变化，$\pi > \theta > 0$ 时，$a_\tau > 0$，表示 $\boldsymbol{a}_\tau$ 与 $\boldsymbol{v}$ 同向；$2\pi > \theta > \pi$ 时，$a_\tau < 0$，表示 $\boldsymbol{a}_\tau$ 与 $\boldsymbol{v}$ 反向

2-16 $a_1 = \dfrac{(m_1 - m_2)g + m_2a_2}{m_1 + m_2}$，

$F_T = \dfrac{(2g - a_2)m_1m_2}{m_1 + m_2}$，

$a_2' = \dfrac{(m_1 - m_2)g - m_1a_2}{m_1 + m_2}$

2-18 $\dfrac{2m\sqrt{v_0}}{k}$

2-19 221m

2-20 $3.53\text{m}\cdot\text{s}^{-2}$

2-21 （1）$F_N = mg\sin\theta - m\omega^2 l\sin\theta\cos\theta$，

$F_T = mg\cos\theta + m\omega^2 l\sin^2\theta$；

（2）$\omega_c = \sqrt{g/(l\cos\theta)}$，

$F_T = mg/\cos\theta$

2-22 460.71m，5488N

2-23 （1）$F_T = m(g\sin\theta + a\sin\theta)$，

$F_N = m(g\sin\theta - a\sin\theta)$；

（2）$a = g\cot\theta$

2-24 （1）620.5N；

（2）584N

2-25 （1）$a_1 = m_2\omega^2(L_1 + L_2)/m_1$；

（2）$a_2 = \omega^2(L_1 + L_2)$

2-26 820.2kN

2-27 $h = \dfrac{la}{9}$

2-28 2.2km

2-29 $7.17\text{m}\cdot\text{s}^{-1}$

2-30 $a = 1.18\text{m}\cdot\text{s}^{-1}$

2-31 $\arctan\mu$

2-32 $0.91\text{m}\cdot\text{s}^{-2}$

2-33 $v = \dfrac{mg\cdot F_0}{k}\ (1 - e^{-\frac{k}{m}t})$

2-34 $\omega = 17.3\text{rad}\cdot\text{s}^{-1}$，$v = 28.9\text{m}\cdot\text{s}^{-1}$

$a_C = 500\text{m}\cdot\text{s}^{-2}$，$F_C = 3630\text{N}$

2-35 $x = \dfrac{k}{6m}t^3$

2-36 $37.8\text{m}\cdot\text{s}^{-1}$

2-37 $h(t) = h_0 - \dfrac{S_2}{S_1}\sqrt{2gh_0}t + \dfrac{g}{2}\dfrac{S_2^2}{S_1^2}t^2$

2-38 双机盘旋时，外侧僚机的坡度应稍大于长机的坡度。这是因为长机和僚机盘旋一周的时间相同，但外侧僚机的速度比长机大。

2-39 $C_Y = 0.4$；$C_X = 0.032$；$K = 12.5$

2-40 12

2-41 16.3N

2-42 （1）$30.0\text{m}\cdot\text{s}^{-1}$；

（2）467m

2-43 $v_T = \dfrac{1}{2k}$

第3章

3-1 $-\frac{1}{2}mgh$

3-2 $-F_0R$

3-3 $-\frac{2Gm'm}{3R}$

3-4 $\frac{m^2g^2}{2k}$

3-5 $\sqrt{\frac{2k}{mr_0}}$

3-6 $\frac{2(F-\mu mg)^2}{k}$

3-7 $\frac{2Gm_Em}{3R}$，$-\frac{Gm_Em}{3R}$

3-8 保守力的功与路径无关，$A=-\Delta E_p$

3-9 $\sqrt{2gl-\frac{k(l-l_0)^2}{m}}$

3-10 -0.207

3-11 $\frac{k(x^2-a^2)}{(x^2+a^2)^2}$

3-12 (1)$E_{KA}=\frac{1}{2}mb^2\omega^2$，$E_{KB}=\frac{1}{2}ma^2\omega^2$

(2) $\boldsymbol{F}=-ma\omega^2\cos\omega t\boldsymbol{i}-mb\omega^2\sin\omega t\boldsymbol{j}$

$A_x=\frac{1}{2}ma^2\omega^2$，$A_y=\frac{1}{2}mb^2\omega^2$

3-13 $v_5=5\text{m/s}$，$v_{10}=5\sqrt{3}\text{m/s}$，$v_{15}=10\text{m/s}$

3-14 (1) $A=31\text{J}$

(2) $5.35\text{m}\cdot\text{s}^{-1}$

(3) 是

3-15 $\frac{(F-\mu mg)^2}{2k}\leqslant E_P\leqslant\frac{(F+\mu mg)^2}{2k}$

3-16 $x=v\sqrt{m/k}$

3-17 $A_{外}=\frac{45}{32}\rho_0a^4g-\frac{3}{4}\rho_0a^4g=\frac{21}{32}\rho_0a^4g$

3-18 $A=882\text{J}$

3-19 (1) 162J

(2) 162J

(3) 324W

3-20 $100\text{m}\cdot\text{s}^{-1}$

3-21 $A=-\frac{9}{5}kc^{\frac{1}{3}}l^{\frac{5}{3}}$

3-22 $v=\sqrt{\frac{4Rg}{\pi}(\sin\alpha+\frac{\alpha^2}{2})}$

3-23 (1) 连线与小球所在位置竖直方向夹角 $\theta=60°$，$v=1.57\text{m}\cdot\text{s}^{-1}$

(2) $y=\sqrt{3}x-8x^2$

3-24 $\frac{F}{k}<L\leqslant\frac{3F}{k}$

3-25 (1) $h=\frac{v_0^2}{2g(1+\mu\cot\alpha)}=4.25\text{m}$；

(2) $v=[2gh(1-\mu\cot\alpha)]^{\frac{1}{2}}=8.16\text{m/s}$

3-26 $k/(2r^2)$

3-27 (1) $2.66\times10^5\text{J}$

(2) $2.66\times10^5\text{J}$

3-28 $\frac{G_1}{G_2}=\frac{\sin30°+0.2}{\sin30°-0.2}=\frac{7}{3}$

3-29 $4.23\times10^6\text{J}$，$1.51\times10^3\text{s}$

3-30 (1) 8J；

(2) 0

3-31 (1) $k\leqslant1.02\times10^4\text{N}\cdot\text{m}^{-1}$，$x\geqslant8.1632\text{m}$

(2) 弹簧所需的压缩距离太长，占用空间太大，无法在实际应用中使用

3-32 (1) $2.55\times10^{19}\text{J}$；

(2) 相当于406.6枚“城堡/亡命徒”核炸弹

3-33 $2.8\times10^{22}\text{J}$

第4章

4-1 (1) 0.003s

(2) $0.6\text{N}\cdot\text{s}$；

(3) 2g

4-2 $4\text{m}\cdot\text{s}^{-1}$，$2.5\text{m}\cdot\text{s}^{-1}$

4-3 $356\text{N}\cdot\text{s}$，$160\text{N}\cdot\text{s}$

4-4 $\frac{m'v_0}{m\cos\theta}$

4-5 $\boldsymbol{i}-5\boldsymbol{j}$

4-6 $10\text{m}\cdot\text{s}^{-1}$，北偏东36.87°

4-7 $\frac{m_1}{m_1+m_2}$

4-8 $I=\sqrt{I_x^2+I_y^2}=0.739\text{N}\cdot\text{s}$，方向：与 x 轴正方向夹角 $\theta=202.5°$

4-9 $F=149\text{N}$，方向：与 x 轴正向夹角为 122.6°，指向左下方

4-10 $\Delta x=\frac{muv_0\sin\alpha}{(m'+m)g}$

4-11 $s=s_0-\frac{m'}{m'+m}l$

4-12 $v_0=(m'+m)\sqrt{5gl}/m$

4-13 $x = v_0\sqrt{\dfrac{m_1 m_2}{k(m_1+m_2)}}$

4-14 （1）$F_N = 1.8\times10^3$N，方向向右；

（2）$v_A = 6\text{m}\cdot\text{s}^{-1}$，

$v_B = \dfrac{mv_0 - m_A v_A}{m+m_B} = 22\text{m}\cdot\text{s}^{-1}$

4-15 （1）$I = 68\text{N}\cdot\text{s}$；

（2）$t = 6.86$s；

（3）$v = 35\text{m}\cdot\text{s}^{-1}$

4-16 $\overline{F} = 100$N

4-17 $\boldsymbol{v}_3 = -300\boldsymbol{i}\text{m}\cdot\text{s}^{-1}$

4-18 （1）$v \approx 0.857\text{m}\cdot\text{s}^{-1}$；

（2）$\overline{F} = 143$N

4-19 $v' = -\dfrac{mv\cos\alpha}{m'+2m}$

4-20 102500N

4-21 （1）$F_T = 26.78$N；

（2）$I = 4.7\text{N}\cdot\text{s}$，方向水平向左

4-22 $v_1 = -\dfrac{mv}{m'}$，$v_2 = \dfrac{mv}{m'+m}$

4-23 （1）$v_A = v_B = \dfrac{x_0}{4}\sqrt{\dfrac{3k}{m}}$；

（2）$x_{\max} = \dfrac{x_0}{2}$；

4-24 $2200\text{km}\cdot\text{h}^{-1}$

4-25 （1）$4.5\times10^{-3}\text{kg}\cdot\text{m}\cdot\text{s}^{-1}$；

（2）$0.529\text{kg}\cdot\text{m}\cdot\text{s}^{-1}$；

（3）比较上两问的答案，可看出推的过程提供主要的支持力

4-26 $\boldsymbol{I} = (6\sqrt{2}+8)\boldsymbol{i} + 6\sqrt{2}\boldsymbol{j}$，

$\overline{\boldsymbol{F}} = (600\sqrt{2}+800)\boldsymbol{i} + 600\sqrt{2}\boldsymbol{j}$

4-27 $v_{中子} = -2.2\times10^7\text{m}\cdot\text{s}^{-1}$，$v_{碳} = 4\times10^6\text{m}\cdot\text{s}^{-1}$

4-28 $F \approx 881173$N

4-29 （1）$P = v^2 q_m$

（2）$F = 30$N，$P = 45$W

4-30 约为北偏西 arctan0.12 的 4851.8m 处

4-31 $N = Mv_1 - Mv_2$

$= \rho Q(v_1 - v_2)$

4-32 $\Delta v = \dfrac{6mu\cos\theta}{m_0 + 6m}$

4-33 $F_{NB} = 222$kN，

$F_{ND} = 226$kN

第5章

5-1 $2.5\text{rad}\cdot\text{s}^{-2}$

5-2 $-0.05\text{rad}\cdot\text{s}^{-2}$，250

5-3 刚体的质量和质量分布以及转轴的位置

5-4 $mgl/2$

5-5 $50ml^2$

5-6 4rad

5-7 $\dfrac{3}{4}ml^2$，$mgl/2$，$2g/3l$

5-8 $25\text{kg}\cdot\text{m}^2$

5-9 $\dfrac{-k\omega_0^2}{9J}$，$2J/(k\omega_0)$

5-10 $\dfrac{6v_0}{\left(4+\dfrac{3m'}{m}\right)l}$

5-11 $\dfrac{3v_0}{2l}$

5-12 $\dfrac{m'\omega_0}{m'+2m}$

5-13 （1）$\beta = 7.35\text{rad}\cdot\text{s}^{-2}$；

（2）$\beta = 14.7\text{rad}\cdot\text{s}^{-2}$

5-14 $\beta = \dfrac{2g}{19r}$

5-15 $\beta = 0.99\text{rad}\cdot\text{s}^{-2}$

5-16 $\omega = 25\text{rad}\cdot\text{s}^{-1}$

5-17 （1）$h = 63.3$m；

（2）$F_T = 37.9$N

5-18 $\beta = \dfrac{(m_1-m_2)grt}{(m_1+m_2)r^2+J}$

5-19 （1）$\omega = 15.4\text{rad}\cdot\text{s}^{-1}$；

（2）$\theta = 15.4$rad

5-20 $\omega = 11.3\text{rad}\cdot\text{s}^{-1}$

5-21 $M = \dfrac{1}{2}mgl\cos\theta$，$B = \dfrac{3g}{2l}\cos\theta$，方向垂直纸面向里，$w = \sqrt{\dfrac{3g}{l}\sin\theta}$

5-22 $v = \sqrt{\dfrac{4mgh}{m'+2m}}$

5-23 $v = 7.00\text{m}\cdot\text{s}^{-1}$；

5-24 $E_k = \dfrac{1}{2}mgl$，$v = \sqrt{3gl}$

5-25 （1）$-2.3\times10^{-9}\text{rad}\cdot\text{s}^{-2}$；

（2）2600 年；

（3）24ms

5-26 $J = 221.45\text{kg}\cdot\text{m}^2$，$E_k = 1.01\times10^4$J

5-27 （1）$J = 6489.6\text{kg}\cdot\text{m}^2$；

（2）$E_k = 4.35\times10^6$J

5-28 （1）$E_k=4.93\times10^7$J；

（2）$t=102.7$min

5-29 $\beta=28.2\text{rad}\cdot\text{s}^{-2}$，$338\text{N}\cdot\text{m}$

5-30 130N

5-31 $396\text{N}\cdot\text{m}$

5-32 $\frac{E_k}{E_{k_0}}=\frac{3}{1}$

5-33 $\frac{-Rmv}{J+MR^2}$，$V=-\frac{R^2mv}{J+MR^2}$

5-34 $\omega=3.36\text{rad}\cdot\text{s}^{-1}$

5-35 $M=J\frac{\omega}{T}$，$E=J\frac{2\pi^2}{T^2}$；$\overline{P}=J\frac{2\pi^2}{T^3}$

5-36 （1）$mgtD$ 方向为 Z 轴负方向，

（2）mgD 方向为 Z 轴负方向

5-37 （1）$3.09\times10^7\text{kg}\cdot\text{m}^2\cdot\text{s}^{-1}$，

$4.53\times10^7\text{kg}\cdot\text{m}^2\cdot\text{s}^{-1}$；

（2）$1.52\times10^7\text{N}\cdot\text{m}$

5-38 $\omega_z=3.23\text{rad}\cdot\text{s}^{-1}$

5-39 0.8s

5-40 $r=1.03$m，$a=6.5\times10^4\text{m}\cdot\text{s}^{-2}$

5-41 $\sqrt{\frac{k(\varphi-\varphi_0)}{ml^2\sin2\varphi}}$

5-42 $t=2m_2\frac{v_1+v_2}{\mu mg}$

5-43 （1）两人将绕轻杆中心 O 做角速度为 $6.67\text{rad}\cdot\text{s}^{-1}$的转动；

（2）做9倍于原有角速度的转动。

5-44 $N_A=0.9P$，$f_A=0.3P$，$d=0.6r$

5-45 $t=(J\ln2)/k$

5-46 $T=11mg/8$

5-47 $v=2\omega_0r_0$，$A=\frac{3}{2}mr_0^2\omega_0^2$

5-48 （1）$5880\text{km}\cdot\text{h}^{-1}$；

（2）$5630.6\text{km}\cdot\text{h}^{-1}$

5-49 $10\text{rad}\cdot\text{s}^{-2}$，6.0N，4.0N

5-50 （1）$\omega=\frac{mv_0}{\left(\frac{1}{2}M+m\right)R}$

（2）$\Delta t=\frac{3mv_0}{2\mu Mg}$

第6章

6-1 （1）$2\pi\sqrt{2m/k}$；

（2）$2\pi\sqrt{m/2k}$

6-2 2:1

6-3 0.05m，−37°

6-4 $x=0.04\cos\left(\pi t+\frac{1}{2}\pi\right)$

6-5 （1）π；

（2）−π/2；

（3）π/3

6-6 1:1

6-7 π

6-8 $2\pi^2mA^2/T^2$

6-9 3/4；$2\pi\sqrt{\Delta l/g}$

6-10 0.02

6-11 5×10^{-2} m

6-12 10，$-\frac{1}{2}\pi$

6-13 （1）$x=0.1\cos(7.07t)$ （SI）；

（2）29.2 N；

（3）0.074s

6-14 $x=0.1\cos(5\pi t/12+2\pi/3)$ （SI）

6-15 （1）0.5Hz；

（2）8.8cm，226.8° = 3.96 rad（或−2.33rad）

6-16 （1）$\pm4.24\times10^{-2}$m；

（2）0.75s

6-17 $x=0.204\cos(2t+\pi)$ （SI）

6-18 （1）$x=5\sqrt{2}\times10^{-2}\cos\left(\frac{\pi t}{4}-\frac{3\pi}{4}\right)$ （SI）；

（2）$3.93\times10^{-2}\text{m}\cdot\text{s}^{-1}$

6-19 $x=6.48\times10^{-2}\cos(2\pi t+1.12)$ （SI）

6-20 如解答图6-1所示

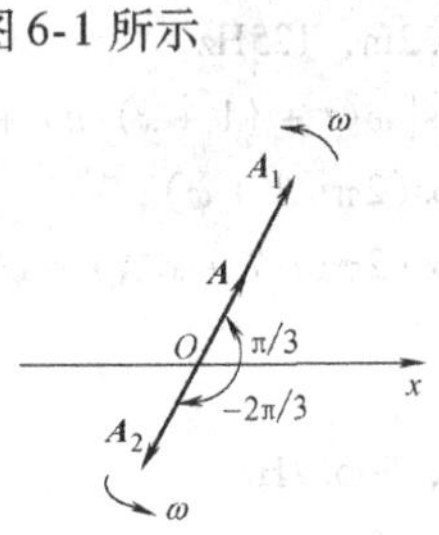

解答图6-1

$x=2\times10^{-2}\cos(4t+\pi/3)$ （SI）

6-21 $37.79\text{m}\cdot\text{s}^{-2}$

6-22 $2763.2\text{rad}\cdot\text{s}^{-1}$，$2.07\text{m}\cdot\text{s}^{-1}$，$5726.46\text{m}\cdot\text{s}^{-2}$

6-23 （2）12.48kg；

（3）54.49kg

6-24 （1）$7.25\times10^6\text{N}\cdot\text{m}^{-1}$；

（2）50人

6-25 8.77s

6-26 0.56s, $x = 2.05 \times 10^{-2}\cos(11.2t - 2.92)$ (SI)

或$x = 2.05 \times 10^{-2}\cos(11.2t + 3.36)$ (SI)

6-27 (1) 0.63s;

(2) $-1.3\text{m}\cdot\text{s}^{-1}$, $\frac{1}{3}\pi$;

(3) $x = 15 \times 10^{-2}\cos\left(10t + \frac{1}{3}\pi\right)$ (SI)

6-28 (1) 4.19s;

(2) $4.5 \times 10^{-2}\text{m}\cdot\text{s}^{-2}$;

(3) $x = 0.02\cos\left(1.5t + \frac{1}{2}\pi\right)$ (SI)

6-29 (1) 0.16J;

(2) $x = 0.4\cos\left(2\pi t + \frac{1}{3}\pi\right)$

6-30 (1) $\omega = 8\pi\text{s}^{-1}$, $T = (1/4)\text{s}$, $A = 0.5\text{cm}$, $\varphi = \pi/3$

(2) $v = -4\pi \times 10^{-2}\sin\left(8\pi t + \frac{1}{3}\pi\right)$ (SI);

$a = -32\pi^2 \times 10^{-2}\cos\left(8\pi t + \frac{1}{3}\pi\right)$ (SI);

(3) 7.90×10^{-5}J;

(4) 3.95×10^{-5}J, 3.95×10^{-5}J

6-31 $21\text{m}\cdot\text{s}^{-1}$

6-32 (1) $x = 0.16\cos(314t + \pi/2)$;

(2)0.0117s

第7章

7-1 π

7-2 0.8m, 0.2m, 125Hz

7-3 $y = A\cos[\omega(t + (1 + x)/u) + \varphi]$

7-4 $y_1 = A\cos(2\pi t/T + \varphi)$,

$y_2 = A\cos(2\pi(t/T + x/\lambda) + \varphi)$

7-5 $\frac{\omega\lambda}{2\pi}Sw$

7-6 637.5Hz, 566.7Hz

7-7 (1) $y = 0.04\cos\left(2\pi\left(\frac{t}{5} - \frac{x}{0.4}\right) - \frac{\pi}{2}\right)$ (SI);

(2) $y_P = 0.04\cos\left(0.4\pi t - \frac{3\pi}{2}\right)$ (SI)

7-8 (1) $A = 0.05\text{m}$, $\nu = 50\text{Hz}$, $\lambda = 1.0\text{m}$, $u = 50\text{m}\cdot\text{s}^{-1}$

(2) $v_{max} = 15.7\text{m}\cdot\text{s}^{-2}$, $a_{max} = 4.93 \times 10^3\text{m}\cdot\text{s}^{-2}$;

(3) $\Delta\varphi = 2\pi(x_2 - x_1)/\lambda = \pi$, 两振动反相

7-9 (1) $y = 3 \times 10^{-2}\cos 4\pi[t + (x/20)]$ (SI);

(2) $y = 3 \times 10^{-2}\cos\left(4\pi\left(t + \frac{x}{20}\right) - \pi\right)$ (SI)

7-10 $y = 3.0 \times 10^{-2}\cos\left(50\pi(t - x/6) - \frac{1}{2}\pi\right)$ (SI)

7-11 (1) $y = 0.10\cos\left(\pi t - \frac{1}{2}\pi\right)$ (SI);

(2) $y = 0.10\cos\left(\pi t - \frac{1}{2}\pi - \frac{3}{2}\pi\right)$

$= 0.10\cos(\pi t - 2\pi)$ (SI)

或$y = 0.10\cos\pi t$ (SI)

7-12 (1) $y = A\cos\left(2\pi\left(250t + \frac{x}{200}\right) + \frac{1}{4}\pi\right)$ (SI);

(2) $v = -500\pi A\sin\left(500\pi t + \frac{5}{4}\pi\right)$ (SI)

7-13 (1) $y_0 = \sqrt{2} \times 10^{-2}\cos\left(\frac{1}{2}\pi t + \frac{1}{3}\pi\right)$ (SI);

(2) $y = \sqrt{2} \times 10^{-2}\cos\left(2\pi\left(\frac{1}{4}t - \frac{1}{4}x\right) + \frac{1}{3}\pi\right)$ (SI);

(3) 如解答图7-1所示

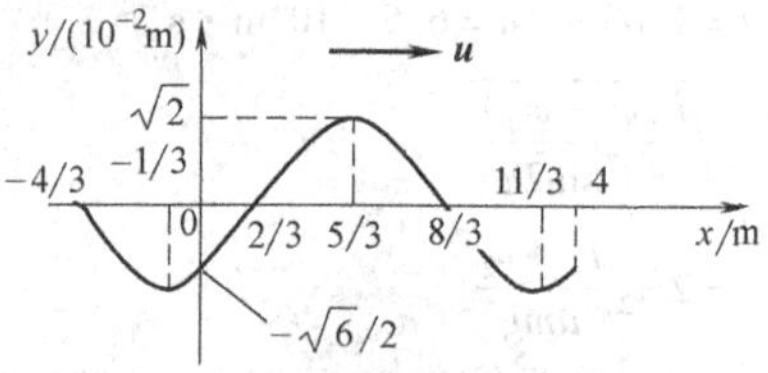

解答图7-1

7-14 (1) 以P为原点:

$y = 3\cos\left(4\pi t - \frac{2}{15}\pi x\right)$;

(2) 以Q为原点:

$y = 3\cos\left(4\pi t - \frac{2}{15}\pi x - \frac{2}{3}\pi\right)$

7-15 (1) $y = 3\cos\left[2\pi\left(t - \frac{x}{0.1}\right) + \pi\right]$(cm)

(2) $-6\pi\text{cm}\cdot\text{s}^{-1}$

7-16 (1) $y = 0.1\cos\left(\pi t - \frac{\pi x}{2} + \frac{\pi}{2}\right)$;

(2) $y_P = 0.1\cos\pi t$

7-17 (1) $A = 0.05\text{m}$, $u = 2.5\text{m}\cdot\text{s}^{-1}$, $\nu = 5\text{Hz}$, $\lambda = 0.5\text{m}$;

(2) $v_{max} = 1.57\text{m}\cdot\text{s}^{-1}$; $a_{max} = 49.3\text{m}\cdot\text{s}^{-2}$;

(3) 9.2π, 0.92s

7-18 $v_P = -0.2\pi\sin\left(\pi t - \frac{1}{2}\pi\right)$

7-19 $v = \frac{u\Delta v}{\Delta v + 2v}$

第 8 章

8-1 5:3，10:3

8-2 1:1:1

8-3 1:1，2:1，10:3

8-4 分布在（v_p，$+\infty$）速率区间内的分子数在总分子数中占的百分率，分子平动动能的平均值

8-5 $2000\text{m}\cdot\text{s}^{-1}$，$500\text{m}\cdot\text{s}^{-1}$

8-6 2

8-7 （1）6.21×10^{-21}J，$483.44\text{m}\cdot\text{s}^{-1}$；

（2）300K

8-8 略

8-9 1.11×10^7J，4.16×10^4J，$0.93\text{m}\cdot\text{s}^{-1}$

8-10 （1）1.35×10^5 Pa，7.5×10^{-21}J；

（2）362K

8-11 1.61×10^7K

8-12 （1）2.07×10^{-15}J；

（2）$1.57\times10^6\ \text{m}\cdot\text{s}^{-1}$

8-13 $3.21\times10^{17}\ \text{m}^{-1}$，7.79m

8-14 $9.53\times10^7\ \text{m}\cdot\text{s}^{-1}$

8-15 3.2×10^{17}个$\cdot\text{m}^{-3}$，7.8m，$4.7\times10^4\text{s}^{-1}$

8-16 1443m

8-17 84℃

第 9 章

9-1 （1）一个点；

（2）一条曲线；

（3）一条封闭曲线

9-2 系统的一个平衡态，系统经历的一个准静态过程

9-3 （1）S_1+S_2；

（2）$-S_1$

9-4 （1）$-|A_1|$；

（2）$-|A_2|$

9-5 >0，>0

9-6 8.31J，29.09J

9-7 （1）等压；

（2）绝热

9-8 （1）BM，CM；

（2）CM

9-9 （1）等压；

（2）等压

9-10 （1）不变；

（2）变大；

（3）变大

9-11 33.3%，8.31×10^3J

9-12 V_2，$T_1\left(\frac{V_1}{V_2}\right)^{\gamma-1}$，$R\frac{T_1}{V_2}\left(\frac{V_1}{V_2}\right)^{\gamma-1}$

9-13 7J

9-14 （1）$Q=\Delta E=623$J，$A=0$；

（2）$\Delta E=623$J，$Q=1.04\times10^3$J，$A=417$J；

（3）$\Delta E=623$J，$Q=0$，$A=-623$J

9-15 （1）598J；

（2）1.0×10^3J；

（3）1.6

9-16 （1）2.72×10^3J；

（2）2.2×10^3J

9-17 14.9×10^5J，0，14.9×10^5J

9-18 4.74×10^3J

9-19 （1）266J；

（2）−308 J

9-20 （1）1.25×10^4J；

（2）$\Delta E=0$；

（3）1.25×10^4J

9-21 700J

9-22 5.75×10^7J

9-23 （1）1.6867×10^5J；

（2）2.427×10^6J

9-24 （1）78.29%；

（2）$65.74\text{kg}\cdot\text{s}^{-1}$

9-25 436W

9-26 （1）过程 $A\to B$，$A_1=200$J，$\Delta E_1=750$J，$Q_1=950$J

$B\to C$，$A_2=0$，$Q_2=\Delta E_2=-600$J

$C\to A$，$A_3=-100$J，$\Delta E_3=-150$J，$Q_3=-250$J；

（2）$Q=100$J

9-27 0.925×10^5Pa

9-28 （1）5350J；

（2）1337J；

（3）4013J

9-29 （1）$T_B=300$K，$T_C=100$K；

（2）$A_{AB}=400J$，$A_{BC}=-200J$，$A_{CA}=0$；

（3）$Q=200J$；

9-30 （1）$Q_{ab}=-6.23\times10^3J$，$Q_{bc}=3.74\times10^3J$，

$Q_{ca}=3.46\times10^3J$；

（2）$A=0.97\times10^3J$；

（3）$\eta=13.4\%$；

9-31 （1）$T_B\ (0.04-V_B)^{1.4}=51V_B$；

（2）322K，965K；

（3）1.66×10^4J

第10章

10-1 $1.3\times10^{-5}s$

10-2 $m/(LS)$，$25m/(9LS)$

10-3 $0.968c$

10-4 $5.8\times10^{-13}J$，0.08:1

10-5 $(9.2m,\ 0,\ 0,\ -2.33\times10^{-8}s)$

10-6 $\frac{\sqrt{3}}{2}c$

10-7 c，$9.4\times10^{-9}s$

10-8 $u=\frac{4}{5}c$

10-9 $\tau=6s$

10-10 9%

10-11 $0.286m_0$，$0.286m_0c^2$

附　录

附录A　矢量

标量是只有大小（一个数和一个单位）的量，如质量、长度、时间、密度、能量和温度等都是标量。矢量（vector）是既有大小又有方向的量（见附图1-1），并有一定的运算规则，如位移、速度、加速度、角速度、力矩、电场强度等都是矢量。在高中数学里也把矢量叫作向量。矢量有以下几种表示方式：

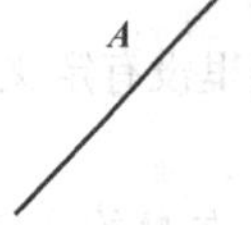

附图1-1　矢量的表示

1）几何表示：有方向的线段，线段长度表示矢量的大小，箭头表示方向；

2）解析表示：如$\boldsymbol{A}=(A_1, A_2, A_3)$，大小为$A=|\boldsymbol{A}|$；

3）张量表示：按照一阶张量的变换规律变换。

如果两个矢量有同样的大小和方向，则彼此相等。长度为一个单位的矢量叫作单位矢量，记为$\boldsymbol{e}_A=\boldsymbol{A}/A$。矢量和标量之间可以有各种函数关系，如标量的矢量函数$\boldsymbol{r}=\boldsymbol{r}(t)$、矢量的标量函数$W=W(\boldsymbol{F}, \boldsymbol{r})$等。

矢量有以下的运算法则。

1. 矢量的加法

矢量根据平行四边形法则或三角形法则（见附图1-2）合成，矢量加法满足

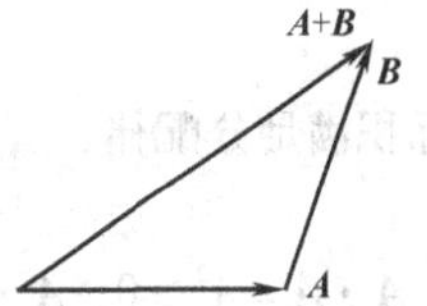

附图1-2　矢量的加法

1）交换律（commutative）

$$\boldsymbol{A}+\boldsymbol{B}=\boldsymbol{B}+\boldsymbol{A}$$

2）结合律（associative）

$$\boldsymbol{A}+(\boldsymbol{B}+\boldsymbol{C})=(\boldsymbol{A}+\boldsymbol{B})+\boldsymbol{C}$$

零矢量通过下式定义

$$\boldsymbol{A}+\boldsymbol{0}=\boldsymbol{A}$$

并不是所有的量都满足交换律的，比如旋转运动，旋转的次序是否可以颠倒呢？也就是说$\theta_x+\theta_y=\theta_y+\theta_x$是否成立呢？从附图1-3可以看出，砖块按照不同次序旋转，其结果不相同。旋转也可以绕附在砖块上的轴进行，结论将是一样的。当然，绕同一轴的两次旋转，其次序可

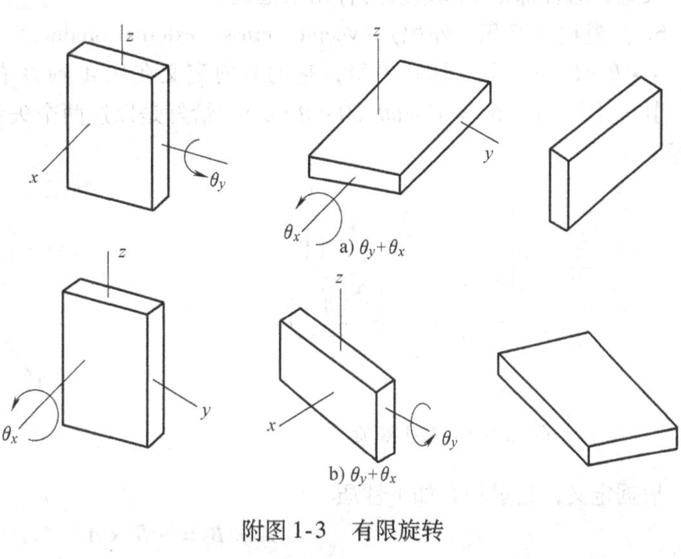

附图1-3　有限旋转

以交换，但这并不妨碍我们得到结论：有限旋转不是矢量。一般来说，不在一个平面内的两次旋转的效果是与次序有关的，不过，随着角位移的逐渐减小，结果将越来越趋于一致。利用矢量分析理论可以证明无限小角位移是矢量，或者更精确地说是轴矢量。

2. 数乘

一个矢量$\boldsymbol{A}$乘以一个标量λ，结果仍为矢量，即$\lambda\boldsymbol{A}=\boldsymbol{C}$，这个矢量的大小是$C=|\lambda|A$；当$\lambda>0$时，它和原矢量平行；如果$\lambda<0$，则反向。数乘满足

1）结合律

$$\lambda(\mu\boldsymbol{A}) = (\lambda\mu)\boldsymbol{A}$$

2）分配律（distributive）

$$(\lambda+\mu)\boldsymbol{A} = \lambda\boldsymbol{A}+\mu\boldsymbol{A}$$
$$\lambda(\boldsymbol{A}+\boldsymbol{B}) = \lambda\boldsymbol{A}+\lambda\boldsymbol{B}$$

这里没有定义矢量的减法，但是，结合加法和数乘（-1）就可以得到有关的结果。例如，

$$\boldsymbol{A}-\boldsymbol{A} = \boldsymbol{A}+(-1\times\boldsymbol{A}) = \boldsymbol{0}$$

3. 矢量的分解

在一个平面内，如果存在两个不共线的矢量$\boldsymbol{e}_1$和$\boldsymbol{e}_2$，则平面内的矢量$\boldsymbol{A}$就可以分解为

$$\boldsymbol{A} = A_1\boldsymbol{e}_1 + A_2\boldsymbol{e}_2$$

最常用的是$\boldsymbol{e}_1$和$\boldsymbol{e}_2$相互垂直，在三维空间中，进行这样的分解需要3个不共面的矢量。

4. 标量积（点积、内积）（scalar，dot，inner product）

两个矢量的标积是一个标量，定义为

$$\boldsymbol{A}\cdot\boldsymbol{B} = AB\cos\theta$$

式中，θ是两矢量的夹角。当$\boldsymbol{B}$为单位矢量时，标量积就是矢量$\boldsymbol{A}$在单位矢量$\boldsymbol{B}$方向上的投影。根据定义有

$$\boldsymbol{A}\cdot\boldsymbol{B} = \boldsymbol{B}\cdot\boldsymbol{A}$$

标积满足分配律

$$\boldsymbol{A}\cdot(\alpha\boldsymbol{B}+\beta\boldsymbol{C}) = \alpha\boldsymbol{A}\cdot\boldsymbol{B}+\beta\boldsymbol{A}\cdot\boldsymbol{C}$$

显然，$\boldsymbol{A}\cdot\boldsymbol{A}=A^2\geqslant0$，$\boldsymbol{A}\cdot\boldsymbol{A}=0$意味着$\boldsymbol{A}$是零矢量。$\boldsymbol{A}\cdot\boldsymbol{B}=0$又意味着什么呢？它说明其中之一是零矢量，两者都是零矢量或两者相互垂直。

5. 矢量积（叉积、外积）（vector，cross，external product）

$\boldsymbol{A}\times\boldsymbol{B}=\boldsymbol{C}$是一个（轴）矢量，它的方向定义在从$\boldsymbol{A}$到$\boldsymbol{B}$右手螺旋的前进方向（见附图1-4）；其大小是$|\boldsymbol{A}\times\boldsymbol{B}|=AB\sin\theta$ $(0<\theta<\pi)$，恰好是以这两个矢量为边的平行四边形的面积（见附图1-5）。

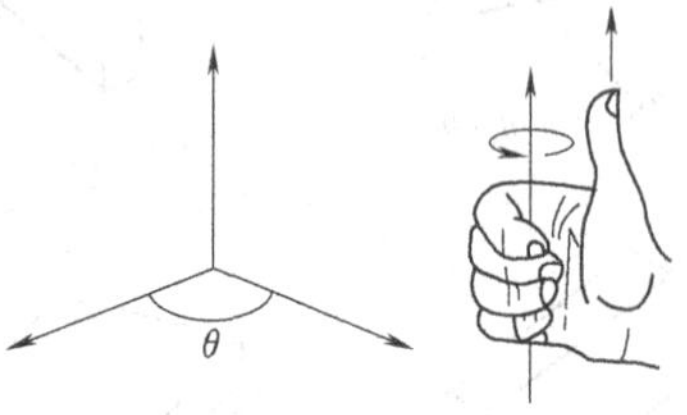

附图1-4 右手螺旋

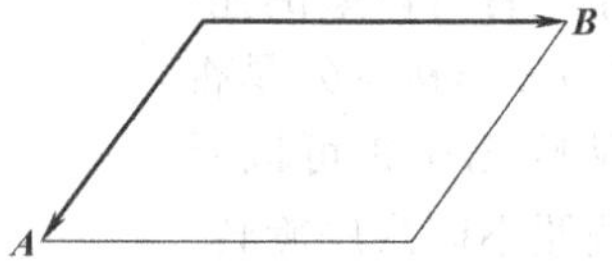

附图1-5

根据定义，矢量积有如下性质

$$\boldsymbol{A}\times\boldsymbol{B} = -\boldsymbol{B}\times\boldsymbol{A}$$

$$\boldsymbol{A}\times(\alpha\boldsymbol{B}+\beta\boldsymbol{C})=\alpha\boldsymbol{A}\times\boldsymbol{B}+\beta\boldsymbol{A}\times\boldsymbol{C}$$

$$\boldsymbol{A}\times\boldsymbol{A}=\boldsymbol{0}$$

既然矢量积是矢量，那么它就还可以再和其他矢量进行矢量乘积

$$\boldsymbol{A}\times(\boldsymbol{B}\times\boldsymbol{C})=\boldsymbol{B}(\boldsymbol{A}\cdot\boldsymbol{C})-\boldsymbol{C}(\boldsymbol{A}\cdot\boldsymbol{B})$$

极矢量和轴矢量（赝矢量）在镜子面前将表现出不同的行为，当$\boldsymbol{A}\times\boldsymbol{B}$平行或垂直镜面时，其成像规律完全不同（见附图1-6）。事实上，我们正是根据这种行为来定义轴矢量和极矢量的。

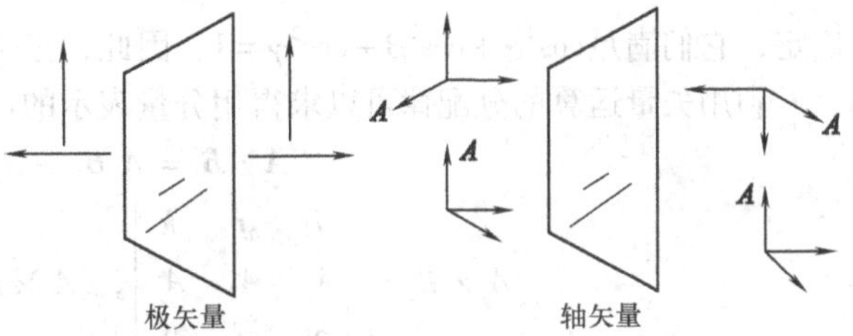

附图1-6　极矢量和轴矢量

6. 混合积

3个矢量可以用以下方式进行结合，其结果称为混合积。混合积有以下的循环性质

$$\begin{aligned}(\boldsymbol{A}\times\boldsymbol{B})\cdot\boldsymbol{C}&=(\boldsymbol{C}\times\boldsymbol{A})\cdot\boldsymbol{B}\\&=(\boldsymbol{B}\times\boldsymbol{C})\cdot\boldsymbol{A}\\&=-(\boldsymbol{B}\times\boldsymbol{A})\cdot\boldsymbol{C}\end{aligned}$$

混合积可以用来计算平行六面体的体积，矢量也可以用来作为标量运算的工具。

对于矢量来说，必须区别定义过的运算和没有定义过的运算，例如，下面的表达式都是非法的：

$$\frac{1}{\boldsymbol{A}},\ \ln\boldsymbol{B},\ \sqrt{\boldsymbol{C}},\ \exp(\boldsymbol{D})$$

矢量是不同于标量的数学对象，将矢量等同于标量的表达式肯定是不正确的。

矢量在物理学中有着广泛的应用。许多物理量是矢量，例如

$$\boldsymbol{F},\ \boldsymbol{v},\ \boldsymbol{v}=\boldsymbol{\omega}\times\boldsymbol{r},\ \boldsymbol{M}=\boldsymbol{r}\times\boldsymbol{F},\ \boldsymbol{r}_C=\frac{\sum m_i\boldsymbol{r}_i}{\sum m_i}$$

都是矢量。大多数矢量可以用大小和方向来说明，叫作自由矢量。有一些量可以用沿某一直线的矢量来表示，例如，用杆秤来称量时，秤砣和称物的重力可以用通过悬挂点的竖直线上的矢量来表示，至于在线上的位置则无关紧要，这类矢量叫滑移矢量。有些矢量，如空间点的电场强度，则是完全束缚的。

进行矢量运算不需要依赖于具体的坐标系，可以使得描述物理现象的方程的普遍性得到更好的反映。矢量运算较简洁，不过在多数情况下，还是需要选定坐标系并用分量来进行具体运算。

7. 正交坐标系

一个坐标系要包括由基矢量（base vectors）组成的基，基矢量相互正交的坐标系称为正交坐标系（orthogonal coordinate system），此外还有斜交坐标系，本书中只采用正交坐标系。我们熟悉的直角坐标系（Cartesian system）的基是（$\boldsymbol{i}$, $\boldsymbol{j}$, $\boldsymbol{k}$），其中的基矢量都是单位矢量，且满足正交和右手螺旋关系

$$\boldsymbol{i}\cdot\boldsymbol{j}=\boldsymbol{j}\cdot\boldsymbol{k}=\boldsymbol{k}\cdot\boldsymbol{i}=0,\ \boldsymbol{i}\cdot\boldsymbol{i}=\boldsymbol{j}\cdot\boldsymbol{j}=\boldsymbol{k}\cdot\boldsymbol{k}=1$$

$$\boldsymbol{i}\times\boldsymbol{j}=\boldsymbol{k},\ \boldsymbol{j}\times\boldsymbol{k}=\boldsymbol{i},\ \boldsymbol{k}\times\boldsymbol{i}=\boldsymbol{j}$$

一个矢量可以用基矢量来展开

$$\boldsymbol{A}=A_x\boldsymbol{i}+A_y\boldsymbol{j}+A_z\boldsymbol{k}$$

利用单位矢量的性质和正交关系，可以求得矢量的三个分量为

$$A_x = \boldsymbol{A} \cdot \boldsymbol{i},\ A_y = \boldsymbol{A} \cdot \boldsymbol{j},\ A_z = \boldsymbol{A} \cdot \boldsymbol{k}$$

矢量 $\boldsymbol{A}$ 的模为

$$A = \sqrt{A_x^2 + A_y^2 + A_z^2}$$

矢量 $\boldsymbol{A}$ 的方向可由方向余弦

$$\cos\alpha = \frac{A_x}{A},\ \cos\beta = \frac{A_y}{A},\ \cos\gamma = \frac{A_z}{A}$$

确定，它们满足$\cos^2\alpha + \cos^2\beta + \cos^2\gamma = 1$，因此，三个方向余弦中只有两个是独立的。

利用矢量运算的分配律可以求得用分量表示的运算结果。例如

$$\boldsymbol{A} \cdot \boldsymbol{B} = A_1B_1 + A_2B_2 + A_3B_3$$

$$\boldsymbol{A} \times \boldsymbol{B} = \begin{vmatrix} \boldsymbol{i} & \boldsymbol{j} & \boldsymbol{k} \\ A_1 & A_2 & A_3 \\ B_1 & B_2 & B_3 \end{vmatrix},\ (\boldsymbol{A} \times \boldsymbol{B}) \cdot \boldsymbol{C} = \begin{vmatrix} A_1 & A_2 & A_3 \\ B_1 & B_2 & B_3 \\ C_1 & C_2 & C_3 \end{vmatrix}$$

基矢量不一定是正交的或右手的，可以是斜交的或左手的，但是，它们必须是完整的和线性独立的。完整性要求它们的个数和空间维数一致，如果一组矢量满足关系式

$$C_1A_1 + C_2A_2 + \cdots + C_nA_n = 0$$

的条件是所有系数为零，我们就说这些矢量是线性独立的，否则就说是线性相关（linearly dependent）的。如果这些矢量中包括有零矢量，则一定是线性相关的，两个线性相关的矢量一定共线（collinear），3 个线性相关的矢量一定共面（coplanar）。

8. 矢量函数的导数

若一矢量随某些自变量变化，这个矢量就成为这些自变量的函数，如设矢量 $\boldsymbol{A}$ 的大小和方向随时间 t 变化，则 $\boldsymbol{A}$ 就成为 t 的函数，即 $\boldsymbol{A} = \boldsymbol{A}(t)$。这样的矢量 $\boldsymbol{A}$ 是个变矢量，在 t 时刻为 $\boldsymbol{A}(t)$，到 $t + \Delta t$ 时刻就变为 $\boldsymbol{A}(t + \Delta t)$，而

$$\Delta\boldsymbol{A} = \boldsymbol{A}(t + \Delta t) - \boldsymbol{A}(t)$$

称为矢量 $\boldsymbol{A}$ 在 Δt 时间内的增量。矢量的增量与标量的增量不同，它既包含有矢量大小的变化，也包含矢量方向的变化（见附图 1-7）。如果 $\Delta\boldsymbol{A}$ 与 $\boldsymbol{A}$ 同向，则 A 增大；若 $\Delta\boldsymbol{A}$ 与 $\boldsymbol{A}$ 反向，则 A 减小；若 $\Delta\boldsymbol{A}$ 与 $\boldsymbol{A}$ 垂直，且 $|\Delta\boldsymbol{A}| \to 0$，则 $\boldsymbol{A}$ 只改变方向。

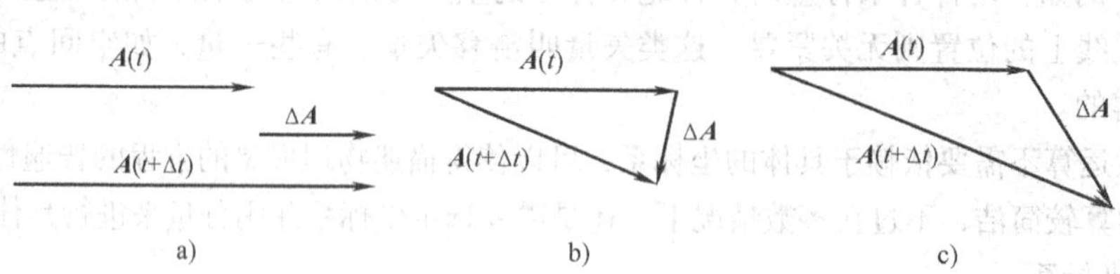

附图 1-7

矢量函数 $\boldsymbol{A}$ 对时间 t 的导数定义为

$$\frac{\mathrm{d}\boldsymbol{A}}{\mathrm{d}t} = \lim_{\Delta t \to 0} \frac{\boldsymbol{A}(t + \Delta t) - \boldsymbol{A}(t)}{\Delta t} = \lim_{\Delta t \to 0} \frac{\Delta\boldsymbol{A}}{\Delta t}$$

由于 $\Delta t \to 0$ 时 $\Delta\boldsymbol{A}$ 的极限 $\mathrm{d}\boldsymbol{A}$ 的方向一般不同于 $\boldsymbol{A}(t)$，所以$\frac{\mathrm{d}\boldsymbol{A}}{\mathrm{d}t}$可能是方向不同于 $\boldsymbol{A}(t)$ 的一个矢量，特别当 $\boldsymbol{A}$ 大小不变，只改变方向时，$\Delta\boldsymbol{A}$ 的极限 $\mathrm{d}\boldsymbol{A}$ 的方向是垂直于 $\boldsymbol{A}$ 的，这时$\frac{\mathrm{d}\boldsymbol{A}}{\mathrm{d}t}$是一个与 $\boldsymbol{A}$ 时刻保持垂直的矢量。

矢量函数的导数还可以表示成直角坐标分量式，因为$\boldsymbol{A}(t)=A_x(t)\boldsymbol{i}+A_y(t)\boldsymbol{j}+A_z(t)\boldsymbol{k}$，所以

$$\frac{\mathrm{d}\boldsymbol{A}}{\mathrm{d}t}=\frac{\mathrm{d}}{\mathrm{d}t}[A_x(t)\boldsymbol{i}+A_y(t)\boldsymbol{j}+A_z(t)\boldsymbol{k}]$$

考虑到$\boldsymbol{i}$、$\boldsymbol{j}$、$\boldsymbol{k}$是大小和方向均不变的单位矢量，故得到

$$\frac{\mathrm{d}\boldsymbol{A}}{\mathrm{d}t}=\frac{\mathrm{d}A_x(t)}{\mathrm{d}t}\boldsymbol{i}+\frac{\mathrm{d}A_y(t)}{\mathrm{d}t}\boldsymbol{j}+\frac{\mathrm{d}A_z(t)}{\mathrm{d}t}\boldsymbol{k}$$

显然，$A_x(t)$，$A_y(t)$，$A_z(t)$是普通的函数，而$\frac{\mathrm{d}A_x(t)}{\mathrm{d}t}$，$\frac{\mathrm{d}A_y(t)}{\mathrm{d}t}$，$\frac{\mathrm{d}A_z(t)}{\mathrm{d}t}$就是普通函数的导数。以后将会看到，应用以上一些矢量的表述和运算，能将力学中的物理量和它们间的关系以严格而简练的形式表达出来，这种矢量表述方法是由物理学家吉布斯首先创立的。物理量的矢量表述已广泛应用于近代科技文献中，读者在今后的学习过程中将会逐渐习惯它、熟悉它。由矢量导数定义可以证明下列公式

$$\frac{\mathrm{d}(\boldsymbol{A}+\boldsymbol{B})}{\mathrm{d}t}=\frac{\mathrm{d}\boldsymbol{A}}{\mathrm{d}t}+\frac{\mathrm{d}\boldsymbol{B}}{\mathrm{d}t}$$

$$\frac{\mathrm{d}(C\boldsymbol{A})}{\mathrm{d}t}=C\frac{\mathrm{d}\boldsymbol{A}}{\mathrm{d}t}\quad（C\text{为常数}）$$

$$\frac{\mathrm{d}(\boldsymbol{A}\cdot\boldsymbol{B})}{\mathrm{d}t}=\boldsymbol{A}\cdot\frac{\mathrm{d}\boldsymbol{B}}{\mathrm{d}t}+\boldsymbol{B}\cdot\frac{\mathrm{d}\boldsymbol{A}}{\mathrm{d}t}$$

$$\frac{\mathrm{d}(\boldsymbol{A}\times\boldsymbol{B})}{\mathrm{d}t}=\frac{\mathrm{d}\boldsymbol{A}}{\mathrm{d}t}\times\boldsymbol{B}+\boldsymbol{A}\times\frac{\mathrm{d}\boldsymbol{B}}{\mathrm{d}t}$$

9. 矢量的积分

矢量函数的积分是很复杂的，下面举两个简单的例子。

1）设$\boldsymbol{A}$和$\boldsymbol{B}$均在同一平面直角坐标系内，且$\frac{\mathrm{d}\boldsymbol{B}}{\mathrm{d}t}=\boldsymbol{A}$，于是有

$$\mathrm{d}\boldsymbol{B}=\boldsymbol{A}\mathrm{d}t$$

上式积分并略去积分常数，得

$$\begin{aligned}\boldsymbol{B}&=\int\boldsymbol{A}\mathrm{d}t=\int(A_x\boldsymbol{i}+A_y\boldsymbol{j})\mathrm{d}t\\&=(\int A_x\mathrm{d}t)\boldsymbol{i}+(\int A_y\mathrm{d}t)\boldsymbol{j}\\&=B_x\boldsymbol{i}+B_y\boldsymbol{j}\end{aligned}$$

其中

$$B_x=\int A_x\mathrm{d}t,\ B_y=\int A_y\mathrm{d}t$$

2）若矢量$\boldsymbol{A}$在平面直角坐标系内沿附图1-8所示的曲线变化，那么$\int\boldsymbol{A}\cdot\mathrm{d}\boldsymbol{s}$为这个矢量沿曲线的线积分，由于

$$\begin{aligned}\boldsymbol{A}&=A_x\boldsymbol{i}+A_y\boldsymbol{j}\\\mathrm{d}\boldsymbol{s}&=\mathrm{d}x\boldsymbol{i}+\mathrm{d}y\boldsymbol{j}\end{aligned}$$

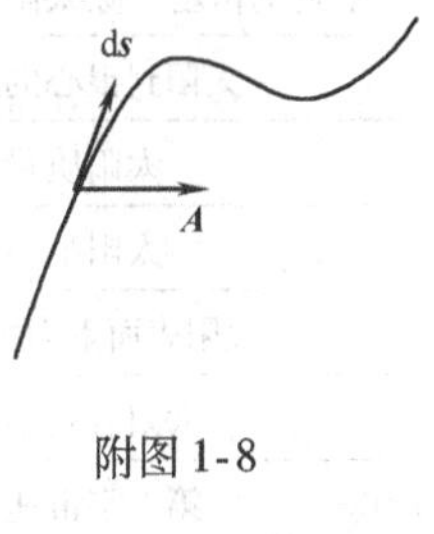

附图 1-8

所以

$$\begin{aligned}\int\boldsymbol{A}\cdot\mathrm{d}\boldsymbol{s}&=\int(A_x\boldsymbol{i}+A_y\boldsymbol{j})\cdot(\mathrm{d}x\boldsymbol{i}+\mathrm{d}y\boldsymbol{j})\\&=\int(A_x\mathrm{d}x+A_y\mathrm{d}y)\end{aligned}$$

$$= \int A_x \mathrm{d}x + \int A_y \mathrm{d}y$$

若上式中 ***A*** 为力，d*s* 为位移，则上式就变成力做功的计算式。

附录 B 常用物理常数表

光速	$c = 2.99792458 \times 10^{10} \mathrm{cm \cdot s^{-1}}$
引力常量	$G = 6.67259 \times 10^{-11} \mathrm{N \cdot m^2/kg^2}$
普朗克常量	$h = 6.0626 \times 10^{-34} \mathrm{J \cdot s}$
玻耳兹曼常数	$K = 1.3806 \times 10^{-23} \mathrm{J/K}$
里德伯常量	$R_\infty = 1.0974 \times 10^{7} \mathrm{m^{-1}}$
斯忒藩－玻耳兹曼常量	$\sigma = 5.671 \times 10^{-8} \mathrm{W/m^2 \cdot K^4}$
元电荷（基本电荷）	$e = 1.602 \times 10^{-19} \mathrm{C}$
电子质量	$m_e = 9.109 \times 10^{-31} \mathrm{kg}$
原子质量单位	$1\mathrm{u} = 1.660531 \times 10^{-24} \mathrm{g}$
精细结构常数	$1/\alpha = hc/2\pi e^2 = 137.0360$
第一玻尔轨道半径	$a_0 = h^2/4\pi^2 m_e e^2 = 0.5291775 \times 10^{-8} \mathrm{cm}$
经典电子半径	$r_e = e^2/m_e c^2 = 2.8179380 \times 10^{-13} \mathrm{cm}$
质子质量	$m_p = 1.673 \times 10^{-27} \mathrm{kg}$
中子质量	$m_n = 1.675 \times 10^{-27} \mathrm{kg}$
电子静止能量	$m_e c^2 = 0.5110034 \mathrm{MeV}$
地球质量	$m_{地球} = 5.976 \times 10^{24} \mathrm{kg}$
地球赤道半径	$R_{地球} = 6378.164 \mathrm{km}$
地球表面重力加速度	$g_{地球} = 980.665 \mathrm{cm\ sec^{-2}}$
天文单位	$AU = 1.495979 \times 10^{8} \mathrm{km}$
1 光年	$1\mathrm{y} = 9.460 \times 10^{12} \mathrm{km}$
1 秒差距	$\mathrm{pc} = 3.084 \times 10^{13} \mathrm{km} = 3.2621\mathrm{y}$
千秒差距	$\mathrm{kpc} = 1000\mathrm{pc}$
地月距离	$3.8 \times 10^{5} \mathrm{km}$
太阳到冥王星的平均距离	$5.91 \times 10^{9} \mathrm{km}$
最近的恒星（除太阳外）的距离	$4 \times 10^{13} \mathrm{km} = 1.31\mathrm{pc} = 4.31\mathrm{y}$
太阳到银心的距离	$2.4 \times 10^{17} \mathrm{km} = 8\mathrm{kpc}$
太阳质量	$m_{太阳} = 1.989 \times 10^{33} \mathrm{g}$
太阳半径	$R_{太阳} = 6.9599 \times 10^{10} \mathrm{cm}$
太阳表面重力加速度	$g_{太阳} = 2.74 \times 10^{4} \mathrm{cm \cdot s^{-2}}$
太阳有效温度	$T_{\mathrm{efff}} = 5800\mathrm{K}$
第一宇宙速度	$7.9 \mathrm{km/s}$
第二宇宙速度	$11.2 \mathrm{km/s}$

（续）

第三宇宙速度	16.7km/s
哈勃常数	$H_0 = 50\text{km} \cdot \text{s}^{-1}\text{Mpc}^{-1}$ $H_0 = 100\text{km} \cdot \text{s}^{-1}\text{Mpc}^{-1}$
哈勃时间	$1/H_0 = 19.7 \times 10^9\text{y}$　$(H_0 = 50)$ $1/H_0 = 9.8 \times 10^9\text{y}$　$(H_0 = 100)$
宇宙平均密度	$\rho_c = 3H_0^2/8\pi G = 6 \times 10^{-30}\text{g} \cdot \text{cm}^{-3}$
宇宙体积	$\frac{4}{3}\pi R^3 = 7 \times 10^{11}\text{Mpc}^3$

附录 C　质量尺度表

（单位：g）

钱德拉塞卡质量（白矮星的质量上限）	2.8×10^{33}
奥本海默－沃尔科夫极限（中子星的质量上限）	6.0×10^{33}
演化结果为黑洞的恒星所具有的最小质量	4×10^{34}
恒星由于不稳定而脉动时的质量	1.2×10^{35}
球状星团的质量	1.0×10^{39}
银河系中心黑洞的最可几质量	6×10^{39}
小麦哲伦云的质量	4×10^{42}
大麦哲伦云的质量	2×10^{43}
银河系中可视物质和暗物质的总质量	2.6×10^{45}
后发星系团中恒星的总质量	1.3×10^{47}
后发星系团的维里质量	2.7×10^{48}
阿贝尔 2163 星系团的维里质量	6×10^{49}
星系团中的所有物质的质量（包括重子物质和非重子物质）	2×10^{52}
宇宙中所有可视物质的质量	8×10^{52}
原初核合成理论预言的重子物质的质量	1×10^{54}
宇宙的临界密度所对应的总质量	2×10^{55}

参 考 文 献

[1] 康颖．大学物理［M］．2版．北京：科学出版社，2005.
[2] 张三慧．大学物理学［M］．3版．北京：清华大学出版社，2005.
[3] 范中和．大学物理［M］．2版．西安：西北大学出版社，2008.
[4] 哈里德，瑞斯尼克，沃克，等．物理学基础［M］．张三慧，李椿，滕小瑛，等译．北京：机械工业出版社，2005.
[5] HUGH D YOUNG. 西尔斯当代大学物理［M］．北京：机械工业出版社，2010.
[6] WOLFGANG BAUER. 现代大学物理［M］．北京：机械工业出版社，2012.
[7] 郭奕玲．物理学史［M］．北京：清华大学出版社，2005.